A1-C-V-6
(OA-IV vowels)

Veränderungen der Vegetationsbedeckung
in Côte d'Ivoire

ERDWISSENSCHAFTLICHE FORSCHUNG

IM AUFTRAG DER KOMMISSION FÜR ERDWISSENSCHAFTLICHE FORSCHUNG
DER AKADEMIE DER WISSENSCHAFTEN UND DER LITERATUR · MAINZ
HERAUSGEGEBEN VON WILHELM LAUER

BAND XXX

Veränderungen der Vegetationsbedeckung in Côte d'Ivoire

Zeitlicher Vegetations- und Klimawandel in Côte d'Ivoire

von

Dieter Anhuf

Anthropogene Veränderungen der Vegetationsbedeckung in Côte d'Ivoire seit der Kolonialisierung

von

Martin Wohlfarth-Bottermann

FRANZ STEINER VERLAG · STUTTGART 1994

Gefördert durch
das Bundesministerium für Forschung und Technologie, Bonn,
und das Ministerium für Wissenschaft und Forschung des
Landes Nordrhein-Westfalen, Düsseldorf.

Inv.-Nr. 94/A 35617

Geographisches Institut
der Universität Kiel
ausgesonderte Dublette

> Die Deutsche Bibliothek – CIP-Einheitsaufnahme
>
> **Veränderungen der Vegetationsbedeckung in Côte d'Ivoire.** –
> Stuttgart : Steiner, 1994
> (Erdwissenschaftliche Forschung ; Bd. 30)
> Enth.: Zeitlicher Vegetations- und Klimawandel in Côte d'Ivoire / von
> Dieter Anhuf. Anthropogene Veränderungen der Vegetationsbedeckung
> in Côte d'Ivoire seit der Kolonialisierung / von Martin Wohlfarth-
> Bottermann
> ISBN 3-515-06614-4
> NE: Anhuf, Dieter: Zeitlicher Vegetations- und Klimawandel in Côte
> d'Ivoire; Wohlfarth-Bottermann, Martin: Anthropogene Veränderungen
> der Vegetationsbedeckung in Côte d'Ivoire seit der Kolonialisierung;
> GT

© 1994 by Akademie der Wissenschaften und der Literatur, Mainz. Alle Rechte vorbehalten.
Jede Verwertung des Werkes außerhalb der Grenzen des Urheberrechtsgesetzes ist unzulässig und strafbar. Dies gilt besonders für Übersetzung, Nachdruck, Mikroverfilmung oder vergleichbare Verfahren sowie für die Speicherung in Datenverarbeitungsanlagen.
Druck: Rheinhessische Druckwerkstätte GmbH, 55232 Alzey.
Bindearbeiten: Großbuchbinderei J. Schäffer, 67269 Grünstadt.
Printed in Germany.
Gedruckt auf säurefreiem, chlorfrei gebleichtem Papier.

Vorwort des Herausgebers

Die Kommission für Erdwissenschaftliche Forschung der Akademie der Wissenschaften und der Literatur, Mainz, widmet sich seit 1976 Studien zur Geoökologie der Sahara und ihrer Randgebiete. P. FRANKENBERG (Bonner Geogr. Abh. 58, 1978) legte eine Arbeit zur Florengeschichte der Sahara als Beitrag zur pflanzengeographischen Differenzierung des nordafrikanischen Trockenraums im Hinblick auf die geoökologische Abgrenzung der Tropen und Subtropen vor. D. KLAUS konzentrierte seine Studien auf klimatologische und klimaökologische Aspekte der Dürre im Sahel (Erdwissenschaftliche Forschung, Bd. XVI, 1981). Schließlich haben W. LAUER und P. FRANKENBERG den Versuch unternommen, die Klima- und Vegetationsgeschichte der westlichen Sahara auf der Basis der florengeographischen Arbeiten und der bisherigen Literatur zu rekonstruieren (Abh. d. Akad. d. Wiss. u. d. Lit., Math.-nat. Klasse, 1979/1).

Um die genannten großräumigen Übersichten methodisch und inhaltlich besser absichern zu können, konzentrieren sich weitere Studien auf kleinräumige Beispiele mit dem Ziel, die Zusammenhänge zwischen Pflanzenwelt, Wasserhaushalt und Mikroklima als Vorgabe für paläoklimatische Erkenntnisse präziser zu erfassen. Geländestudien in Süd-Tunesien galten daher in den Jahren 1982/84 der Landschaftsdegradation sowie dem zeitlichen Vegetationswandel und der Vegetationskonstruktion vergangener Zeitscheiben am Beispiel begrenzter Landschaftsausschnitte. Dabei wurde die Methode entwickelt, durch das Studium ökoklimatisch günstiger und ungünstiger Jahre Beziehungen zu Gunst- und Ungunstphasen früherer Klimaphasen abzuleiten (FRANKENBERG 1983, 1986, 1987).

Im Herbst 1984 verfolgten P. FRANKENBERG und D. ANHUF Studien zur Rekonstruktion der Vegetation des neolithischen Klimaoptimums im Senegal, um einen Raum südlich der Sahara den Tunesien-Forschungen vergleichend zur Seite zu stellen (Erdwissenschaftliche Forschung, Bd. XXIV, 1989). Zugleich wurde ein wesentlicher Beitrag zum vieldiskutierten Savannenproblem geleistet durch eine Analyse der Transformation der ursprünglichen Waldvegetation in die heutigen, offenen Savannen.

Dr. DIETER ANHUF hat dann ab Februar 1988 Forschungen zur gleichen Thematik in der Elfenbeinküste (Côte d'Ivoire) selbständig fortgesetzt. Er legt in diesem Band seine Ergebnisse vor. Die Arbeiten konzentrieren sich auf die Analyse des Klima- und Vegetationswandels im Bereich der tropisch wechselfeuchten und immerfeuchten Pflanzenformationen. Es wurde der Beweis geführt, daß die sudanesischen und guineeischen, savannenartigen Landschaften im wesentlichen Kulturformationen darstellen. Auf der Basis der Rekonstruktion der potentiell natürlichen Vegetation ließ sich auf statistischem Wege das mutmaßliche Bild des Pflanzenkleides zur Zeit des neolithischen Klimaoptimums (um 8000 B.P.) und zum Höhepunkt der letzten Eiszeit (um 18000 B.P.) mit Hilfe von Proxydaten ableiten. Aus der Tatsache, daß seit Beginn dieses Jahrhunderts relativ humide, weitgehend „normale" und relativ aride Klimaphasen wechselten, war es möglich, zusätzlich auch analoge Hinweise auf die Niederschlagdimensionen früherer, langzeitlicher Klimaschwankungen für beide Zeitscheiben unter Zugrundelegung phänologischer und pflanzenphysiologisch relevanter Klimadaten zu ermitteln.

Die Studien in Senegal und Côte d'Ivoire sind nicht nur Beiträge im Rahmen der Aktivitäten der Kommission für Erdwissenschaftliche Forschung der Akademie in Mainz, sondern zugleich auch zum „Klimaprogramm der deutschen Bundesregierung" innerhalb der Arbeitsgruppe „Terrestrische Paläoklimatologie" (Leitung: B. FRENZEL).

Dem Bundesministerium für Forschung und Technologie (BMFT) sei an dieser Stelle für die finanzielle Unterstützung im Rahmen des genannten Klimaprogramms gedankt.

Der weitere Beitrag in diesem Band von Dr. Martin WOHLFARTH-BOTTERMANN befaßt sich mit Studien zur anthropogenen Veränderung der Vegetationsbedeckung in Côte d'Ivoire. Dieses Land hat in jüngerer Zeit durch die Degradation der quasi-natürlichen Wald- und Graslandformationen tiefgreifende Strukturveränderungen erfahren. Der Autor dokumentiert sowohl die Formen des menschlichen Eingriffs in die vorhandene Naturlandschaft als auch das Voranschreiten der räumlichen wie zeitlichen Prozesse. Die Studie basiert auf der Analyse statistischer Daten der Landnutzungsveränderung und auf der Auswertung historischer Quellen seit Beginn der Kolonialzeit.

Beide Arbeiten ergänzen einander durch Anwendung unterschiedlicher methodischer Vorgaben und Zielsetzungen.

Bonn, im Herbst 1993   WILHELM LAUER

Zeitlicher Vegetations- und Klimawandel in Côte d'Ivoire

von

Dieter Anhuf

Mit 108 Abbildungen, 12 Tabellen

Inhaltsverzeichnis

1. *Einführung in die Problemstellung*   17
   1.1. Erfassung der rezenten Vegetationsbedeckung   17
   1.2. Ermittlung der Vegetation vor starken anthropogenen Eingriffen   18
   1.3. Ermittlung der Paläo-Vegetation   18

2. *Der Untersuchungsraum*   19

3. *Erfassung der Vegetationsverhältnisse*   31
   3.1. Arbeitsansatz und terminologische Vorbemerkungen   32
   3.2. Methodik der geobotanischen Bestandsaufnahmen   36
   3.3. Beschreibung und Klassifikation der inventarisierten Vegetationstypen   38
   3.4. Auswertung der Vegetationskartierung im Hinblick auf eine flächenhafte Interpretation "punktueller" Einzelaufnahmen   50

4. *Der jüngere zeitliche Wandel der realen Bodenbedeckung anhand von Luftbildanalysen der Zeitschnitte 1955 und 1979*   51
   4.1. Der Wandel der realen Bodenbedeckung im Raum Seguéla   51
   4.2. Der Wandel der realen Bodenbedeckung im Raum Toumodi   62
   4.3. Der Wandel der realen Bodenbedeckung im Raum Nassian   74
   4.4. Der Wandel der realen Bodenbedeckung im Raum Boundiali   83

5. *Der kurzfristige Vegetationswandel infolge anthropogener Eingriffe und dessen mikro- und regionalklimatische Auswirkungen*   91
   5.1. Das Klimasystem "Tropischer Feuchtwald"   91
   5.2. Ausmaß der Feuchtwaldzerstörung in Afrika, speziell in der Côte d'Ivoire   94
   5.3. Die Auswirkungen der Feuchtwaldzerstörungen auf die einzelnen Klimaelemente   99
   5.4. Die Auswirkungen auf den regionalen klimatischen Wasserhaushalt   104
   5.4.1 Die Feuchtwaldzerstörung im Spiegel der Abflußdaten   105
   5.4.2 Die Feuchtwaldzerstörung im Spiegel der Daten des Gebietsniederschlages   111

6. *Jüngere zeitliche Variationen von Meßwerten des Klimas in Côte d'Ivoire*   115
   6.1. Die klimatische Situation in der Côte d'Ivoire   115
   6.2. Der Witterungsablauf und der Niederschlag   119
   6.3. Der ghanaische Trockengürtel   124
   6.4. Analyse der Niederschlagszeitreihen   131
   6.4.1 Untersuchungen zum klimatischen Wasserhaushalt   131
   6.4.2 Mögliche Veränderungen der Niederschlagsjahressummen   137
   6.4.3 Mögliche Veränderungen der Zeitreihen der zonalen Mittelwerte der Niederschlagssummen   145
   6.4.4 Mögliche Veränderungen des Niederschlagsjahresganges   148

7.	*Der Vegetationswandel in der Côte d'Ivoire nördlich der immergrünen Feuchtwälder in langzeitlicher Dimension*	160
	7.1. Die aktuelle Vegetationsbedeckung in Côte d'Ivoire	160
	7.2. Die Zusammenhänge zwischen der aktuellen Vegetation und den Böden	196
	7.3. Mögliche Rekonstruktion einer potentiellen Vegetation in der Côte d'Ivoire unter den rezenten Klimabedingungen	201
8.	*Das Paläoklima im Bereich der Guinea- und Sudanzone von der Côte d'Ivoire*	205
	8.1. Das Paläoklima im Bereich der Guineaküste Westafrikas	205
	8.2. Die Reaktion der Pflanzenwelt auf die natürlichen Klimaschwankungen und den Einfluß des Menschen	217
	8.3. Die Rekonstruktion des klimatischen Wasserhaushaltes mit Hilfe rezenten Datenmaterials	224
	8.4. Die Rekonstruktion der Vegetation für die Zeitscheibe 18.000 B.P. (Klimapessimum)	234
	8.5. Die Rekonstruktion der Vegetation für die Zeitscheibe 8.500 B.P. (Klimaoptimum)	240
9.	*Zusammenfassung / Summary / Resumé*	243
10.	*Literaturverzeichnis*	254
11.	*Anhang*	275

Abbildungsverzeichnis

Abb. 2. 1:	Regionale Schwerpunkte der Untersuchungen
Abb. 2. 2:	Jahresgang der Sonnenstunden an den Stationen Abidjan, Bouaké, Ferkessedougou
Abb. 2. 3:	Sonnenscheinstunden und Globalstrahlung
Abb. 2. 4:	Karte der Klimaregionen nach den Niederschlagsgangtypen in der Côte d'Ivoire.
Abb. 2. 5:	Karte der floristischen Vegetationszonen Westafrikas
Abb. 2. 6:	Niederschlagszeitreihen von Bouaké und Abidjan
Abb. 3. 1:	Frisch gebrannter "Forêt claire" im Raum Bouna, Dez.1988; ANHUF
Abb. 3. 2:	Die Ausprägung der naturnahen Vegetationsformationen vom immergrünen tropischen Feuchtwald bis in die "vegetationslose" Sahara (o.) sowie die Ableitung eines "Sukzessionsschemas" zunehmender Degradation für die sudanischen Trockenwälder in der Côte d'Ivoire
Abb. 3. 3:	Baumsavanne im Bereich von Bouaké, dominiert von *Butyrospermum paradoxon / Vitellaria paradoxa*, Dez. 1990; ANHUF
Abb. 3. 4:	Lageskizze der eigenen Aufnahmeflächen
Abb. 3. 5:	Bowal-Savanne nordwestlich von Bouna, Dez.1988; ANHUF
Abb. 3. 6:	*Terminalia macroptera* - Savanne nördlich von Bouna, Dez.1988; ANHUF
Abb. 3. 7:	*Borassus aethiopum* - Savanne bei Toumodi, Feb. 1991, ANHUF
Abb. 3. 8:	"Forêt claire" im Norden der Côte d'Ivoire, Sept. 1989; POREMBSKI
Abb. 3. 9:	*Berlinia grandiflora* - Savannenwald; ANHUF
Abb. 3.10:	Galeriewald entlang des Comoé, 1979, BARTHLOTT
Abb. 3.11:	Lichter Trockenwald südl. Sifie a.d. Straße nach Man, ANHUF, 1991
Abb. 3.12:	Dichter Trockenwald, trockenerer Ausprägung dominiert von *Anogeissus leiocarpus*, Dez. 1988, ANHUF
Abb. 3.13:	Dichter Trockenwald, feuchterer Ausprägung auf der Fläche 92, 1988, ANHUF
Abb. 3.14:	Halbimmergrüner Feuchtwald nordöstlich von Man, Feb. 1991, ANHUF
Abb. 3.15:	Ombrophiler immergrüner Feuchtwald am Mt. Tonkui, Feb. 1991, ANHUF
Abb. 4. 1:	Lageskizze des Untersuchungsraumes westlich von Séguéla
Abb. 4. 2:	Karte zur visuellen Abschätzung des Bedeckungsgrades des Bodens
Abb. 4. 3.	Niederschlagsdiagramme der Stationen Vavoua und Séguéla
Abb. 4. 4:	Karte der realen Bodenbedeckung im Raume Seguéla im Jahre 1955/56
Abb. 4. 5:	Karte der realen Bodenbedeckung im Raume Seguéla im Jahre 1975
Abb. 4. 6:	Karte der Feuchtwalddegradation im Raum Danane - Man - Seguéla (verändert nach WOHLFARTH-BOTTERMANN, 1989)
Abb. 4. 7:	Lageskizze des Untersuchungsraumes südlich von Dimbokro
Abb. 4. 8:	Die Anbaugürtel Westafrikas (verändert nach WRIGLEY, 1982)
Abb. 4. 9:	"Savane préforestière" und Siedlungsgebiet der Baoulé
Abb. 4.10:	Kakaopflanzung in der Region von Bondoukou, 1989; ANHUF
Abb. 4.11:	Karte der realen Bodenbedeckung im Raum südlich von Dimbokro im Jahre 1955/56
Abb. 4.12:	Karte der realen Bodenbedeckung im Raum südlich von Dimbokro im Jahre 1975

Abb. 4.13:   Kleinbäuerliche Bananenpflanzung im Raum Bofrebo, ANHUF
Abb. 4.14:   Lageskizze des Untersuchungsraumes bei Nassian
Abb. 4.15:   Moschee aus dem 15. Jahrhundert in Kong, ANHUF
Abb. 4.16:   Niederschlagsdiagramme der Stationen Bouna und Kakpin der Jahre 1989 - 1991
Abb. 4.17:   Karte der realen Bodenbedeckung im Raum Nassian im Jahre 1954/55
Abb. 4.18:   Karte der realen Bodenbedeckung im Raum Nassian im Jahre 1972
Abb. 4.19   Vegetationslose Granitflächen im Südteil des Comoé-Nationalparkes; 1991, POREMBSKI
Abb. 4.20:   Lageskizze des Untersuchungsraumes bei Boundiali
Abb. 4.21:   Hügelkultur (culture de billon) bei den Senoufo, ANHUF
Abb. 4.22:   Reisanbau der Senoufos in der Nähe von Korhogo, ANHUF
Abb. 4.23:   Karte der realen Bodenbedeckung im Raum Korhogo/Boundiali im Jahre 1972
Abb. 4.24:   "Bois sacré" von Korhogo, MUND
Abb. 4.25:   Arealtypenspektren der Phanerophyten und der Individuenzahlen des "Bois Sacré" in Korhogo

Abb. 5.1 :   Geographische Verbreitung der immergrünen und halbimmergrünen Feuchtwälder (verändert nach BRUENIG, 1987)
Abb. 5.2 :   Karte der jährlichen Niederschlagsmengen in Afrika
Abb. 5.3 :   Der klimatischer Wasserhaushalt eines intakten geschlossenen immergrünen tropischen Feuchtwaldes
Abb. 5.4 :   Karte der ursprünglichen und rezenten (Ende 1990) Verbreitung der immergrünen und halbimmergrünen Feuchtwälder im tropischen Afrika
Abb. 5.5 :   Anthropogene Vegetationsveränderungen in der Cote d'Ivoire zwischen 1900 und 1990 (verändert nach WOHLFARTH-BOTTERMANN, 1991)
Abb. 5.6 :   Zeitreihe der wöchentlichen Werte der Mitteltemperatur
Abb. 5.7 :   Zeitreihe der wöchentlichen Werte der mittleren relativen Feuchte
Abb. 5.8 :   Zeitreihe der wöchentlichen Werte der Evaporation
Abb. 5.9 :   Zeitreihe der wöchentlichen Werte der Niederschläge
Abb. 5.10:   Zeitreihen der mittleren monatlichen Feuchtewerte an den Stationen Abidjan, Dimbokro, Gagnoa und Boundoukou
Abb. 5.11:   Einzugsgebiete der untersuchten Pegel
Abb. 5.12:   Trends von MQ versus HtQ
Abb. 5.13:   Abflußjahresgänge der untersuchten Flußläufe

Abb. 6.1 :   Niederschlagsjahresgang der äquatorialen Küstenstationen Tabou, Grand Lahou und Adiaké
Abb. 6.2 :   Mittlere Druckverteilung auf Meeresniveau und die dazugehörigen oberflächennahen Winde im Januar und Juli (gestrichelte Linie: Position der ITCZ)(nach NIEUWOLT, 1982^2, S.37)
Abb. 6.3 :   Saisonale Zirkulationsmuster der westafrikanischen Tropen (nach LAUER, 1989)
Abb. 6.4 :   Niederschlagsjahresgang der Station Abidjan
Abb. 6.5 :   Niederschlagsjahresgang der Station Bouaké
Abb. 6.6 :   Niederschlagsjahresgang der Station Odienné

Abb. 6.7 :   Niederschlagsjahresgang der Station Bouna
Abb. 6.8 :   Niederschlagsjahresgang der Station Ferkessedougou
Abb. 6.9 :   Niederschlagsjahresgang der Station Man
Abb. 6.10: Karte der jährlichen Niederschlagsmengen entlang der westafrikanischen Guineaküste
Abb. 6.11: Küstenverlauf und Hauptwindrichtungen
Abb. 6.12: Druckverteilung über dem Ostatlantik im Juli
Abb. 6.13: Zirkulationsmuster des Atlantik vor der westafrikanischen Küste
Abb. 6.14: Zeitreihe hydrologischer Klimadiagramme der Station Bouaké
Abb. 6.15: Fünfjährig gleitende Mittelwerte und Niederschlagsjahressummen Stationen: Odienné, Korhogo, Bouna
Abb. 6.16: Fünfjährig gleitende Mittelwerte und Niederschlagsjahressummen Stationen: Touba, Vavoua, Bondoukou
Abb. 6.17: Fünfjährig gleitende Mittelwerte und Niederschlagsjahressummen Station: Séguéla
Abb. 6.18: Fünfjährig gleitende Mittelwerte und Niederschlagsjahressummen Stationen: Man, Bouaflé, Abengourou
Abb. 6.19: Fünfjährig gleitende Mittelwerte und Niederschlagsjahressummen Stationen: Gagnoa, Abidjan, Tabou
Abb. 6.20: Zeitreihen der zonalen Mittelwerte der jährlichen Niederschlagssummen; Waldzone - Feuchtwälder, Waldzone - halbimmergrüne Wälder, Übergangszone Wald - Savanne
Abb. 6.21: Zeitreihen der zonalen Mittelwerte der jährlichen Niederschlagssummen; Subsudanzone, Sudanzone
Abb. 6.22: Vergleich des Niederschlagsaufkommens für die Perioden 1931-1960 und 1961-1990 (Stationen Gagnoa, Bouaflé, Abengourou)
Abb. 6.23: Vergleich des Niederschlagsaufkommens für die Perioden 1931-1960 und 1961-1990 (Stationen Séguéla und Vavoua)
Abb. 6.24: Vergleich des Niederschlagsaufkommens für die Perioden 1931-1960 und 1961-1990 (Stationen Touba, Odienné, Korhogo)
Abb. 6.25: Vergleich des Niederschlagsaufkommens für die Perioden 1931-1960 und 1961-1990 (Stationen Dabakala und Bondoukou)
Abb. 6.26: Vergleich des Niederschlagsaufkommens für die Perioden 1931-1960 und 1961-1990 (Stationen Bouna und Tengrela)

Abb. 7.1 :   Karte der Vegetationszonen der Côte d'Ivoire
Abb. 7.2 :   Lage der eigenen Testflächen und der anderer Autoren
Abb. 7.3.:   Cola Nüsse (*Cola nitida*), POREMBSKI
Abb. 7.4.:   Arealtypenspektrum der Baumarten des südlichen Comoé-Nationalparkes
Abb. 7.5.:   *Ceiba pentandra* in unmittelbarer Dorfnähe, Senegal, ANHUF, 1988
Abb. 7.6.:   Zuordnung der eigenen Testflächen zu den extrahierten Faktoren, sowie deren Zugehörigkeit zu den verschiedenen Waldformationen
Abb. 7.7.:   Dendrogramm der untersuchten Bodenprofile; BECK, 1991
Abb. 7.8.:   Karte der potentiellen Waldformationen der Côte d'Ivoire unter den rezenten Klimabedingungen

Abb. 8.1.:   Pollendiagramm des atlantischen Tiefbohrkerns V 22.196 (verändert nach LEZINE, 1991, S. 460)
Abb. 8.2.:   Geographische Verbreitung der Feuchtwaldrelikte im westlichen Afrika um 18.000 B.P. (nach MALEY, 1987)
Abb. 8.3.:   Spätquartäre Sommer- und Wintertemperaturen im Kern RC 24-16 (nach SCHNEIDER, 1991, S.132)
Abb. 8.4.:   Verbreitungsareale von Baumarten, die vorwiegend die immergrünen (*Entandophragma utile*) und halbimmergrünen Feuchtwälder (*Chlorophora excelsa* + *Nesogordonia papaverifera*) Afrikas besiedeln (aus KNAPP, 1973, S.59 + 85)
Abb. 8.5.:   Verbreitungsgebiet von *Lindernia numularifolia* (aus: FISCHER, 1992)
Abb. 8.6.:   Verbreitungsgebiet von *Podocarpus latifolius* (aus: MALEY ET AL., 1990, S. 345)
Abb. 8.7.:   Karte der mittleren Jahresniederschläge an der Côte d'Ivoire
Abb. 8.8.:   Vergleich des Niederschlagsjahresganges in Trocken- und Feuchtperioden; Stationen: Tengrela, Odienné, Boundiali, Bouna
Abb. 8.9.:   Vergleich des Niederschlagsjahresganges in Trocken- und Feuchtperioden; Stationen: Touba, Man, Bouaké, Bondoukou
Abb. 8.10:   Vergleich des Niederschlagsjahresganges in Trocken- und Feuchtperioden; Stationen: Daloa, Dimbokro, Abengourou
Abb. 8.11:   Vergleich des Niederschlagsjahresganges in Trocken- und Feuchtperioden; Stationen: Divo, Sassandra, Grand Lahou, Aboisso
Abb. 8.12:   Karte der mittleren Jahresniederschläge in Trockenperioden an der Côte d'Ivoire
Abb. 8.13:   Karte der mittleren Jahresniederschläge in Feuchtperioden an der Côte d'Ivoire
Abb. 8.14:   Rekonstruierte Vegetationsbedeckung der Côte d'Ivoire post 18.000 B.P.
Abb. 8.15:   Rekonstruierte Vegetationsbedeckung der Côte d'Ivoire post 8.500 B.P.

Verzeichnis der im Text verwandten Tabellen

Tab. 2.1.:	Nutzholzarten der westafrikanischen Tropen - Handels- und botanische Namen
Tab. 4.1.:	Artenliste inventarisierter Phanerophyten eines "Bois sacre" in Korhogo
Tab. 5.1.:	Vorläufige Ergebnisse des Waldinventars der FAO von 1990 (Forestry Project Profile, 1991, Rome)
Tab. 5.2.:	Veränderungen des zonalen Gebietsniederschlages in zeitlicher und räumlicher Dimension
Tab. 6.1.:	Klimadaten ausgewählter Stationen der Côte d'Ivoire: a) monatliche Mitteltemperatur, b) mittlere Maximum-, c) mittlere Minimumtemperatur, d) relative Feuchte (Periode 1961-1975)
Tab. 6.2.:	Niederschlagsdaten ausgewählter westafrikanischer Küstenstationen
Tab. 6.3.:	Anzahl landschaftsökologisch humider Monate an der Station Bouaké a) ohne, b) mit Berücksichtigung des Bodenwasserhaushaltes
Tab. 6.4.:	Liste der berücksichtigten Niederschlagsstationen
Tab. 7.1.:	Faktorladungen der ersten 33 Faktoren der PCA der Vegegtationsstandorte in der Côte d'Ivoire
Tab. 7.2.:	Faktorwerte der ersten 33 Faktoren der PCA der inventarisierten Phanerophyten

Anhang

Tab. A.I.:	Artenlisten inventarisierter Phanerophyten der eigenen Testflächen
Tab. A.II.:	Verzeichnis der Phanerophyten, die der Analyse zugrunde lagen

1. Einführung in die Problemstellung

Im Rahmen der Arbeitsgruppe "Terrestrische Paläoklimatologie" des Klimaprojektes der Deutschen Bundesregierung sollten die Umweltbedingungen verschiedener Zeitscheiben der Vergangenheit detailliert erarbeitet werden. Zur Bearbeitung standen die Zeitscheiben des Klimapessimums post 18.000 B.P. und der neolithischen Feuchtphase post 8.500 B.P., die gewisse Analogien zukünftiger Klimazustände zu ziehen erlauben. In diesem Zusammenhang sollten auch Vegetationsrekonstruktionen für den Raum Westafrikas erstellt werden, denn die Rekonstruktion des Vegetationsbesatzes erlaubt notwendige Abschätzungen wesentlicher Parameter des Regelkreises Vegetation - Klima, wie z.B. Wasserhaushalt, Albedo und Rauhigkeit. Darüberhinaus gestatten die Ansätze der quantifizierten Vegetationsrekonstruktion Aussagen über Biomassenproduktion und damit letztlich auch die Tragfähigkeit der betroffenen Räume. Gleichzeitig versuchen die Analysen des Vegetations- und Klimawandels zu erhellen, welche Vegetation vor der weitgehenden Umgestaltung der Landschaft durch den Menschen in den Untersuchungsräumen vorherrschte. Dabei werden sowohl der Mensch als auch das Klima als landschaftsverändernde Faktoren betrachtet, berücksichtigend, daß beide Einflußgrößen auch untereinander vernetzt sind.

In erster Linie sollen die Veränderungen der Vegetation flächendeckend als Grundlage zur Analyse des Klimas der betreffenden Zeitscheiben erarbeitet werden. Dazu werden ökologisch interpretierbare Vegetationskarten der Zeitscheiben 18.000 B.P. und 8.500 B.P. im Vergleich zur rezenten Bodenbedeckung für die Elfenbeinküste erstellt.

Die Vegetationsrekonstruktionen können auch Vegetations-"Szenarien" möglicher zukünftiger Klimaentwicklungen bei hoher Humidität (10.000-8.000 B.P., 6.000-4.000 B.P.) bzw. höherer Aridität (18.000 B.P. und 2.000 B.P.) sein.

Die gegenwärtigen Arbeiten konzentrieren sich darauf, eine Rekonstruktion früherer Vegetationsmuster für die sudanischen und guineensischen Savannenlandschaften sowie für die tropischen halbimmergrünen Feuchtwälder zu erstellen. Die Untersuchungen dazu wurden an der Côte d'Ivoire durchgeführt.

Innerhalb der Côte d'Ivoire kann die quasi idealtypische Süd-Nord-Abfolge der Vegetationszonen Westafrikas beobachtet werden: immergrüne Feuchtwälder, halbimmergrüne Feuchtwälder, eine Zone des Übergangs, subsudanische und sudanische Savannenformationen.

1.1. Erfassung der rezenten Vegetationsbedeckung

Als Ausgangsinformation wird die gegenwärtige Vegetationsbedeckung durch den Einsatz von Luftbildern sowie einer detaillierten Auswertung von eigenen Feldstudien, Karten und Literatur ermittelt.

Methodisch basieren die Untersuchungen in ihrer Langzeitdimension vor allem auf der Interpretation von Reliktbeständen früherer Vegetation bzw. Indikatoren einer potentiellen

Vegetation der Elfenbeinküste. Ein erster Schritt dorthin ist die Abschätzung der potentiellen Waldgesellschaften unter den rezenten Klimabedingungen.

1.2. Ermittlung der Vegetation vor starken anthropogenen Eingriffen

Aus eigenen Felduntersuchungen (1988-1991) sowie der Dokumentation über Literatur und unveröffentlichte Quellen konnte nahezu eine lückenlose Erfassung von naturnaher Vegetation geschehen. Diese Relikte konnten einerseits an zahlreichen Stellen "aufgespürt" werden, andererseits sind diese zum Teil nicht mehr aktuell vorhanden, aber in der Literatur vor allem der 20er und 30er Jahre sehr gut aufgenommen und weitgehend quantifiziert tabellarisch aufbereitet.

Aus der Information der Vegetationsrelikte wird eine Vegetationskarte des Zustandes vor starken anthropogenen Eingriffen des Menschen für die Côte d'Ivoire erstellt.

1.3. Ermittlung der Paläo-Vegetation

Das Material, das eine vegetationsökologische Analyse der genannten Zeitscheiben ermöglicht, kann zunächst nur über eine Dokumentation vorhandener Information über Paläovegetation und Paläoklima im Vergleich zu den rezenten Bedingungen zusammengestellt und standardisiert werden. Es handelt sich um Informationen aus folgenden Sachgebieten:
Geomorphologie, Paläopedologie, Palynologie, Paläobotanik, Tiefseebohrungen, Isotopenanalysen, Dendrochronologie, Vor- und Frühgeschichte

Die rezenten Klima- und Bodenkarten dienen der Übertragung der Punktinformation der Reliktvegetation auf die Fläche. Der nächste Schritt beinhaltet die Ableitung der rechnerischen Beziehungen der aktuellen naturnahen Vegetation zu Klima (Niederschlag, Niederschlagszeit, Temperatur) und Boden.

In zahlreichen eigenen Arbeiten der Arbeitsgruppe ANHUF, FRANKENBERG, LAUER wurden für Afrika in verschiedenen Maßstabsebenen derartige Beziehungen über multivariate Modelle abgeleitet. Dies geschah vor allem für Tunesien (FRANKENBERG, 1986 und 1988), die gesamte Sahara (FRANKENBERG, 1978), für Afrika insgesamt (LAUER/FRANKENBERG, 1981), für den Senegal (FRANKENBERG/ANHUF, 1989), für die Elfenbeinküste (ANHUF, 1990).

Die entsprechenden Modelle dienen dazu, die rezenten, sicherlich weitgefächerten Analogien Vegetation/Klima auch für die Paläo-Zeitscheiben anzuwenden. Darüberhinaus kann so die punktuelle Vegetationsinformation aus der Dokumentation räumlich "verdichtet" werden.

Das Ergebnis dieser raumzeitlichen Vegetationsanalyse "Die rekonstruierte Vegetationsbedeckung der Côte d'Ivoire post 18.000 B.P. und post 8.500 B.P." steht am Ende dieser auf dem aktualistischen Prinzip beruhenden Studie zum "Zeitlichen Vegetations- und Klimawandel in der Côte d'Ivoire".

2. Der Untersuchungsraum

Der Untersuchungsraum, in dem die kleinräumigen, detaillierten Vegetations- und Klimaanalysen durchgeführt wurden, erstreckte sich über die gesamte Côte d'Ivoire mit Ausnahme der geschlossenen immergrünen Regen-/Feuchtwälder. Im Verlauf der mehrmonatigen Feldanalysen konzentrierten sich die Untersuchungen auf vier Teilräume: 1) Den Bereich zwischen Man und Séguéla, 2) den Bereich zwischen Toumodi und Dimbokro, 3) den Bereich zwischen Dabakala und Nassian sowie 4) die Region zwischen Boundiali und Ferkéssédougou mit einem Schwerpunkt bei Korhogo (Abb. 2.1).

Für kleinere Testflächen innerhalb dieser Teilräume wurden Luftbildvergleiche sowie Bodenkartierungen vorgenommen. Das Vegetationsbild einer vom Menschen wenig beeinflußten Landschaft wird in Annäherung für den gesamten Bereich nördlich der Waldzone entworfen. Die starke räumliche Streuung der eigenen Testparzellen in Abhängigkeit klimatischer und edaphischer Standortbedingungen macht eine solche Näherung möglich.

Die Lageposition der Côte d'Ivoire zwischen 4° 20' und 10° 50' verursacht Übergänge zwischen dem äquatorialen Klima im Süden und dem sudanischen Klima im Norden. Seine geographische Lage sowie das weitestgehende Fehlen orographischer Hindernisse bedingt eine nahezu breitenkreisparallele Anordnung der Klimazonen in der Elfenbeinküste.

Das Diagramm der Sonnenscheinstunden von Abidjan, Bouaké und Ferkéssédougou (Abb. 2.2.) unterstreicht die typischen Charakteristika im Strahlungsgang der westafrikanischen Tropen. Einen zweigipfligen Typ finden wir nur an der Küstenstation Abidjan. Die Strahlungsmaxima liegen unmittelbar vor der ersten (März und Mai) und nach der zweiten Regenzeit im November (Abb. 2.3). Im Frühjahr werden die höchsten Sonnenstunden vor dem Zenitdurchgang der Sonne erreicht; im Herbst dagegen erst über einen Monat danach. Die geringsten Globalstrahlungswerte werden während der großen Regenzeit im Juni sowie der anschließenden kleinen Trockenzeit im Zeitraum von Juli bis September registriert.

Der Norden der Côte d'Ivoire weist im Gegensatz dazu schon den typischen "trockentropischen" Jahresgang auf (vgl. Abb. 2.1). Hier werden die höchsten Sonnenstundenwerte überhaupt erzielt (> 2.700 / Jahr im Vergleich zu 1.416 / Jahr am Flughafen Köln/Bonn), mit einem klaren Maximum während der Wintermonate (Nov. - Jan.). In die Zeit des mittleren Sonnenstundenminimums fällt der entscheidende Regenzeitmonat (August).

Der Untersuchungsraum liegt damit vollständig im Bereich tropischen Tageszeitenklimate (TROLL). Die Abb. 2.4 zeigt die Hauptklimaregionen der Côte d'Ivoire:

1) Der Süden, auch als Waldzone bezeichnet, kennt vier Jahreszeiten. Es beginnt mit der großen Regenzeit von April bis Mitte Juli. Darauf folgt eine kleine Trockenzeit von Mitte Juli bis Mitte September, die abermals von einer zweiten kleinen Regenzeit von Mitte September bis November abgelöst wird. Das Jahr endet mit der großen Trockenzeit von Dezember bis Ende März.

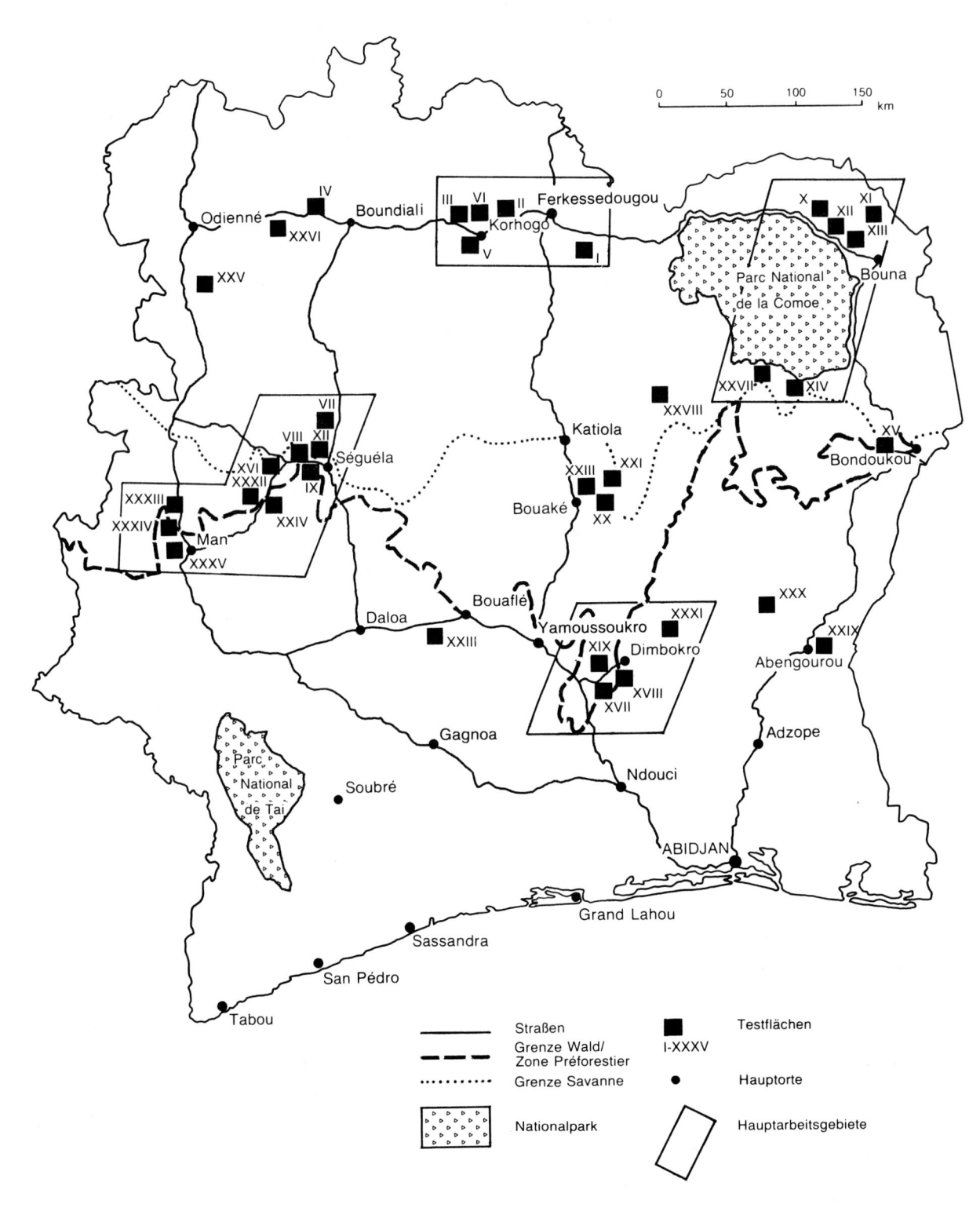

Abb. 2.1: Regionale Schwerpunkte der Untersuchungen

Jahresgang der Sonnenscheinstunden
Abidjan, Bouake, Ferkéssédougou

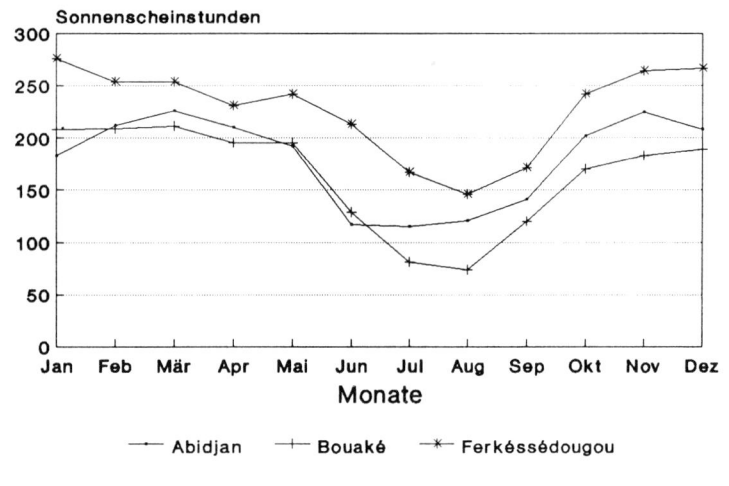

nach: Rudloff (1981)

Abb. 2.2: Jahresgang der Sonnenstunden an den Stationen Abidjan, Bouake, Ferkessedougou

Sonnenscheinstunden und Globalstrahlung
Stationen: Abidjan und Banco

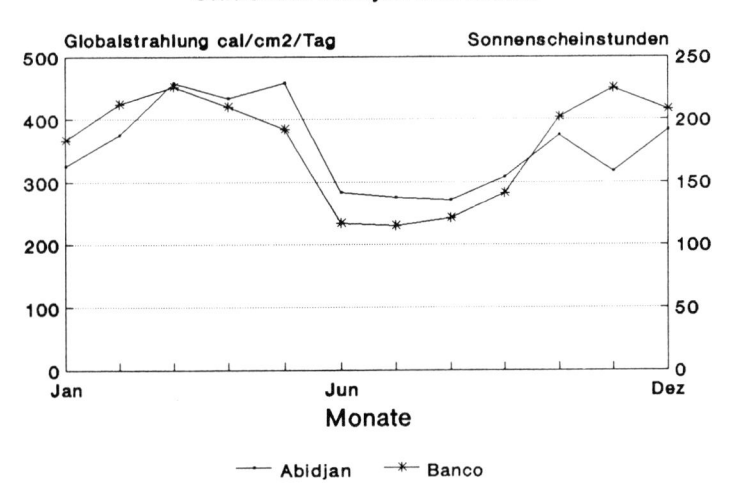

aus: Rudloff 1981, Cachan & Duval 1963

Abb. 2.3: Sonnenscheinstunden und Globalstrahlung

2) Das Zentrum hat bereits eine um einen Monat verlängerte winterliche Trockenzeit von November bis März. Die daran anschließende zweigipflige Regenzeit erreicht ihre Niederschlagsmaxima im Juni und im September. In den Monaten Juli und vor allem im August sind die Niederschläge zwar leicht reduziert, aber die Monate sind dennoch als pflanzenökologisch humid zu bezeichnen.

3) Der Nordwesten kennt nur noch eine Regenzeit von Juni bis September mit einem Niederschlagsmaximum im August.

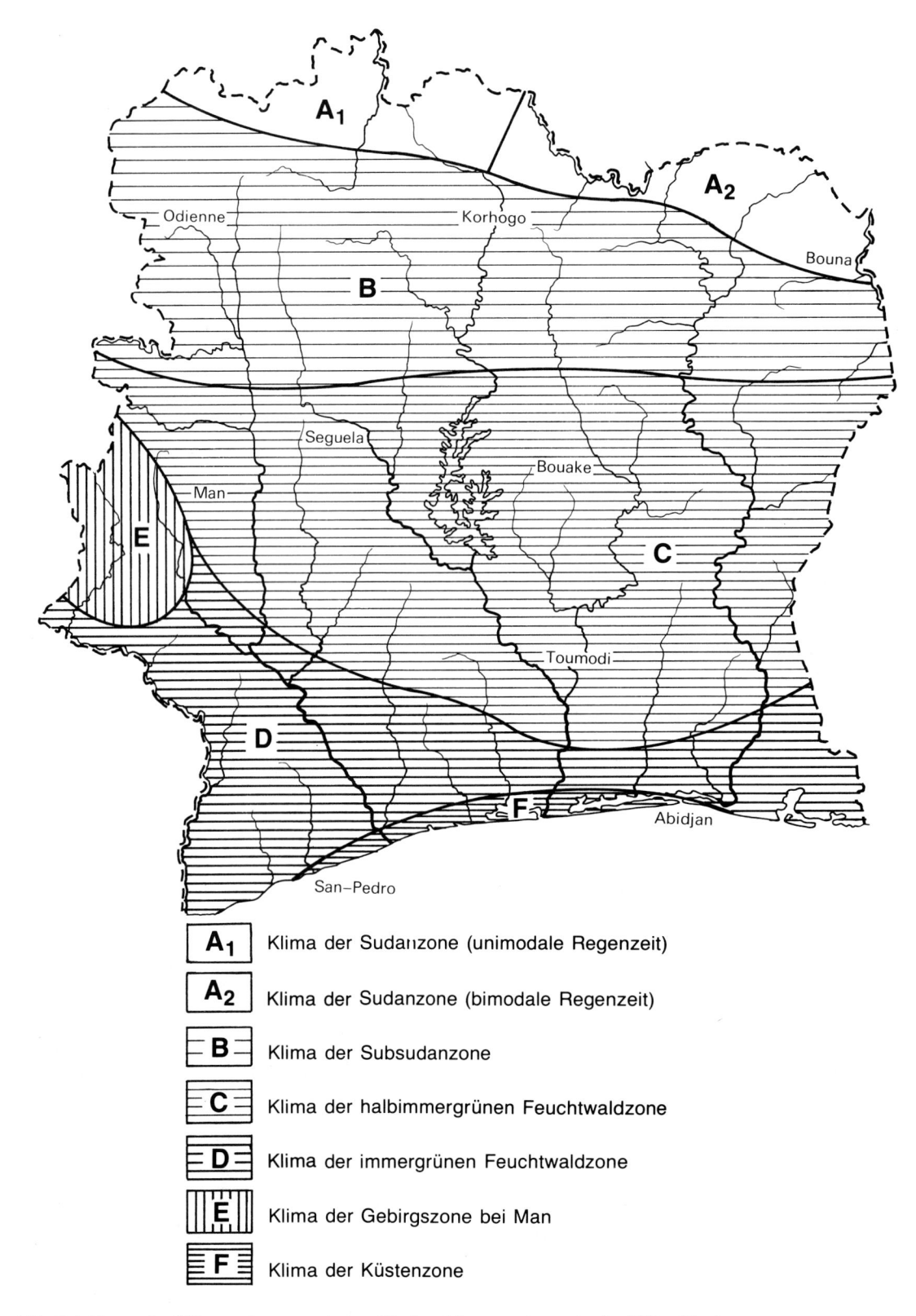

A₁	Klima der Sudanzone (unimodale Regenzeit)
A₂	Klima der Sudanzone (bimodale Regenzeit)
B	Klima der Subsudanzone
C	Klima der halbimmergrünen Feuchtwaldzone
D	Klima der immergrünen Feuchtwaldzone
E	Klima der Gebirgszone bei Man
F	Klima der Küstenzone

Abb. 2.4: Karte der Klimaregionen nach den Niederschlagsgangtypen in der Côte d'Ivoire

4) Der Nordosten ist vergleichbar dem Zentrum. Das zweigipflig ausgeprägte Niederschlagsmaximum ist mit dem ersten Regenmaximum im Juni und dem zweiten bereits im August schon sehr stark zusammengewachsen. Im Juli sind die Nierderschläge leicht reduziert, aber der Monat bleibt deutlich humid. Damit verfügt der Nordosten insgesamt über "eine" große Feuchtphase von Mai bis Ende Oktober. Auch wenn an der Station Ferkéssédougou im zentralen nördlichen Bereich der Côte d'Ivoire der Übergang zum nordwestlichen und damit rein sudanischen Niederschlagsgangtyp beinahe vollzogen ist, so besitzt auch diese Station noch einen schwachen aber deutlich erkennbaren zweigipfligen Niederschlagsgangtyp.

5) Eine besondere Rolle spielt die Bergregion von Man. Nur die Monate Dezember und Januar sind wirklich trocken. In allen anderen Monaten sind Niederschlagsereignisse zu verzeichnen. Das Maximum der Regenfälle wird im September registriert. Eigentlich besitzt die Station Man ebenfalls noch einen zweigipfligen Gangtyp; die darin eingeschaltete Trockenzeit ist jedoch so kurz und kaum als solche zu identifizieren, so daß das Bild eines mächtigen eingipligen Niederschlagsmaximums entsteht.

Dieses räumliche Bild unterschiedlicher Klimaregionen in der Côte d'Ivoire ist das Resultat der jahreszeitlichen Verteilung unterschiedlich feuchter Luftmassen. Das Land wird prinzipiell von zwei Luftmassen beherrscht. Es handelt sich dabei einmal um kontinental trockene Luftmassen (Harmattan) der Nordhalbkugel während der Wintermonate, die sich in der Zeit von Dezember bis Februar sogar für wenige Tage bis an die Atlantikküste bei Abidjan durchsetzen können. Während der übrigen Jahreszeit herrschen tropisch feuchtwarme Luftmassen vor, die von Südwesten vom Meer aufs Land getrieben werden. Diese deutlich saisonale Verteilung der Luftmassen hat den feuchttropischen Luftmassen auch den Namen Monsun (mousson) eingetragen. Im August sind die feuchtheißen Luftmassen so weit nach Norden vorgeschoben, daß an der Atlantikküste eine relative Trockenzeit beobachtet wird.

Der zentrale Untersuchungsraum gehört danach vier verschiedenen Klimaregionen an. Es fehlt nur der Süden, die Waldzone. Dementsprechend wurden innerhalb der jeweiligen Klimaregionen Schwerpunkte für die eigenen Feldstudien festgelegt (vgl. Abb. 2.1). Neben den klimatischen Besonderheiten spielte die Vegetation eine dominierende Rolle bei der Auswahl dieser Schwerpunkte.

Im vegetationsgeographischen Sinne liegen die Untersuchungsgebiete sowohl im Bereich der "domaine guineéne" als auch in der "domaine soudanien" (Abb. 2.5.). Mit dem Erreichen einer jährlichen Trockenzeit von über 4 Monaten wird der Übergang von den Feucht- zu den Trockenwäldern eingeleitet. Unter den tropischen Feuchtwäldern werden die immergrünen Feucht(Regen)wälder in Gebieten verstanden, in denen die jährliche Trockenzeit nicht länger als ein bis zwei Monate andauert, aber auch die periodisch laubwerfenden Feuchtwälder in Gebieten mit einer jährlichen Trockenzeit von nicht mehr als 3-4 Monaten. Die Verwendung des Begriffes <u>Feuchtwald</u> anstatt des Ausdruckes Regenwald ist zu bevorzugen, weil grundsätzlich der klimatische Wasserhaushalt eher über die Ausbreitung dieser Waldformationen entscheidet als allein die räumliche und zeitliche Verteilung der Niederschläge.

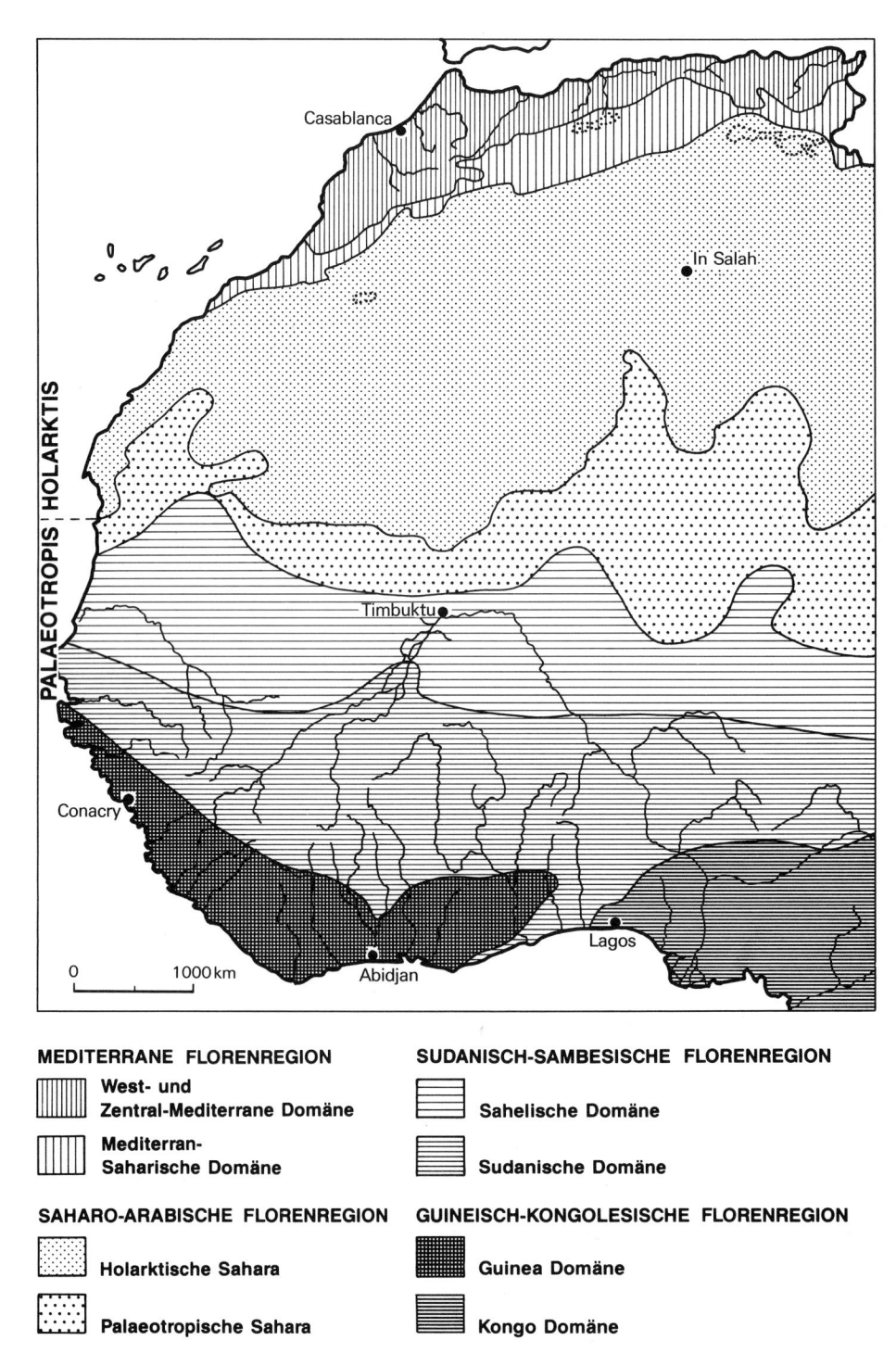

MEDITERRANE FLORENREGION
- West- und Zentral-Mediterrane Domäne
- Mediterran-Saharische Domäne

SAHARO-ARABISCHE FLORENREGION
- Holarktische Sahara
- Palaeotropische Sahara

SUDANISCH-SAMBESISCHE FLORENREGION
- Sahelische Domäne
- Sudanische Domäne

GUINEISCH-KONGOLESISCHE FLORENREGION
- Guinea Domäne
- Kongo Domäne

Abb. 2.5: Karte der floristischen Vegetationszonen Afrikas

Die halbimmergrünen tropischen Feuchtwälder verlieren in den bis zu 4 Monaten andauernden Trockenphasen erkennbar Laub, besonders in den obersten Stockwerken. Obwohl der Artenreichtum nur noch bis zu 50% dessen der hyperombrophilen immergrünen Feuchtwälder liegt (vgl. ANHUF & FRANKENBERG, 1991), verfügen diese Wälder über den größten Reichtum an Nutzhölzern, zum anderen erreichen die Baumarten mit 50-60m ihre größten Höhen (vgl. Tab. 2.1).

Tabelle 2.1. Nutzholzarten der westafrikanischen Tropen - Handelsnamen und botanische Namen

Handelsname	Botanische Bezeichnung
Bongossi (Azobe)	Lophira alata
Limba	Terminalia superba
Sipo	Entandophragma utile
Teak	Tectona grandis
Iroko	Chlorophora excelsa
Iroko	Chlorophora regia
Makore	Tieghemella heckelii
Mansonia	Mansonia altissima
Sapelli	Entandophragma cylindricum
Wenge	Milletia laurentii
Abachi/Samba	Triplochiton scleroxylon
Abura	Mitragyna stipulosa
Afzelia	Afzelia bella
Ako	Antiaris welwitchii
Amazakou	Guibourtia ehie
Bubinga	Guibourtia ehie
Bosse	Guarea cedrata
Canarium/Okum	Canarium schweinfurtii
Danta	Nesogordonia papaverifera
Dibetou	Lovoa trichilioides
Faro / Daniellia	Daniellia thurifera
Framire	Terminalia ivorensis
Ilomba	Pycnanthus angolensis
Khaya / Acajou	Khaya anthotheca
Kondroti	Bombax buonopozense
Kosipo	Entandophragma candollei
Movingui	Distemonanthus benthamianus
Niangon	Tarrietia utilis
Tiama	Entandophragma angolense

Mit einer weiteren Verkürzung der humiden Jahreszeit wird der Übergang zu den Trockenwäldern der Sudanzone erreicht. Pflanzengeographisch ist die Sudanzone der Raum zwischen den guineeischen Regenwäldern im Süden und der afrikanischen Trockenzone der Sahara im Norden. Innerhalb der sudano-sambesischen Region bildet der westafrikanische Teil eine eigenständige Domäne, die von der Atlantikküste bis an die äthiopische und ostafrikanische Gebirgsregion (Somalia-Massai-Domäne) reicht. Für die Sudanzone Westafrikas sind die Trockenwälder typisch. Sie sind regen- bzw. sommergrün. Die aride Zeit dauert so lange (über 4 Monate), daß die meisten Gehölze in der Trockenzeit ihr Laub abwerfen, um die Transpiration einzuschränken.

Der feuchte Trockenwaldtyp ist außerordentlich empfindlich gegen Feuer und Rodung, so daß heute nur noch vereinzelte Inseln dieser Wälder im westlichen Afrika anzutreffen sind, so z. B. in Guinea-Bissau, Liberia, Sierra Leone und in der Côte d'Ivoire. Dort sind Reste des feuchteren dichten regengrünen Trockenwaldes am ehesten noch im Nordosten des Landes, am Südrand des Comoé-Nationalparkes erhalten geblieben.

Mit zunehmender Aridität (über 6 Monate) folgt auf die dichten Trockenwälder der lichte Trockenwald, auch als "forêt sèche" bezeichnet. Sein oberes Baumstratum erreicht nur noch Höhen zwischen 8 und 20 m, die Baumkronen berühren sich nur noch selten, häufig finden sich schon schirmförmige Kronen und die Belaubung besteht vielfach aus "zusammengesetzten Blättern" (z.B. Akazien). Im Unterwuchs dieser Wälder fehlen Baumvertreter, es herrschen in erster Linie Chamaephyten und Hemikryptophyten vor. Es finden sich aber auch Therophyten und Geophyten. Im Gegensatz zu den auf diesen Arealen häufig anzutreffenden "forêts claires", die nach der Yangambi-Klassifikation von 1956 den Savannen zugerechnet werden, fehlt den "forêts sèches" ein durchgehender Grasteppich, der regelmäßig der Feuereinwirkung ausgesetzt ist. In der Côte d'Ivoire wäre nur der äußerste Nordosten an der Grenze zu Burkina Faso von einem solchen lichten Waldtyp bestanden, dessen feuchtere Variante bereits mit 4-6 humiden Monaten auskommt.

Allen Räumen zwischen Sahara und Regenwald und damit auch den 4 Untersuchungsgebieten eignet klimatisch eine enorme Variabilität des Niederschlagsaufkommens (Abb. 2.6). Neben den langfristigen Veränderungen von Klima und Vegetation in der Côte d'Ivoire werden ebenso die kurzzeitigen Vegetations- und Klimaschwankungen analysiert. Ohne das Verständnis dieser kurzzeitigen Oszillationen ist ein Verstehen der langzeitlichen Wandlungen von Klima und Vegetation unmöglich. Neben der Natur ist der Mensch der wichtigste Gestalter der jeweiligen Naturräume. Seit dem Neolithikum hat der Mensch seine Spuren in der Côte d'Ivoire - und nicht nur in der Savannenzone - hinterlassen (LOUCOU, 1984). Die kulturlandschaftliche Analyse der Untersuchungsgebiete stützt die Beurteilung der im Laufe der jüngeren Vergangenheit entstandenen Vegetation. Diese wiederum ist geprägt durch die Agrarnutzung der Menschen in diesen Regionen.

In allen Ländern Schwarzafrikas südlich des riesigen Trockenraumes Sahara spielt die Landwirtschaft für die Bevölkerung und die nationalen Ökonomien dieser Länder eine überragende Rolle. Die Mehrheit der Bewohner der Côte d'Ivoire ist auch heute noch in der Landwirtschaft beschäftigt, insgesamt 60% der Erwerbspersonen im Jahre 1988. Immerhin

Zeitreihen der Jahresniederschläge
Station Bouaké

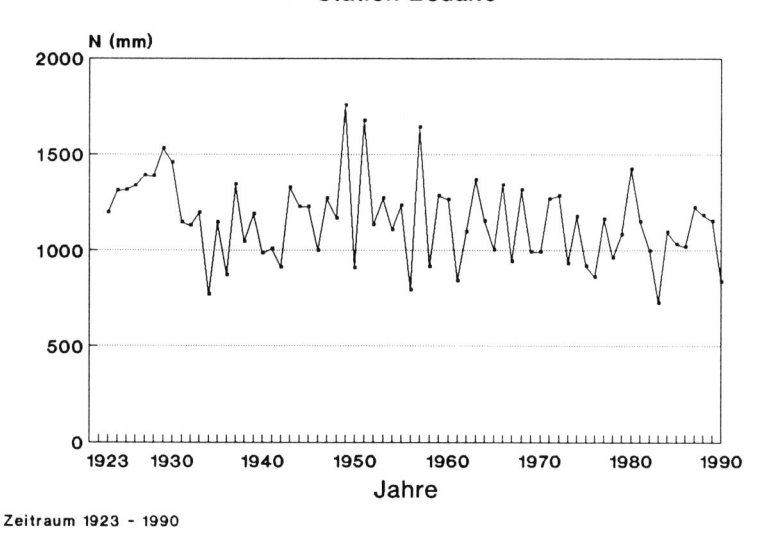

Zeitraum 1923 - 1990

Zeitreihen der Jahresniederschläge
Station Abidjan

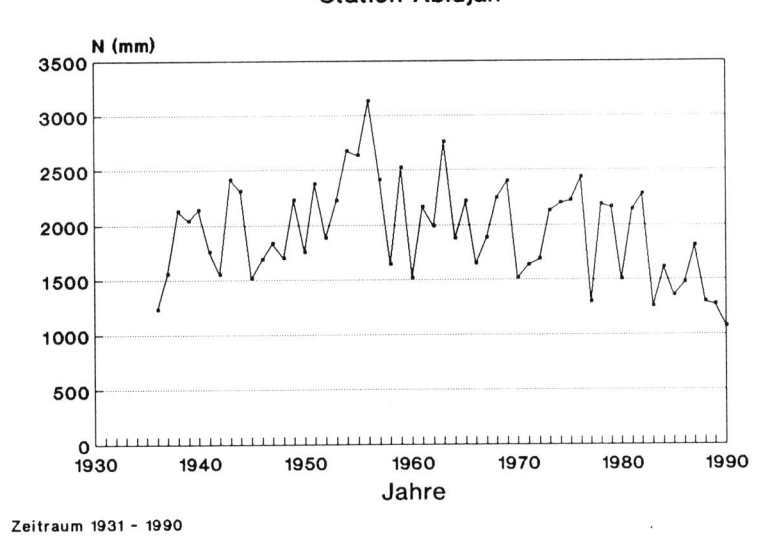

Zeitraum 1931 - 1990

Abb. 2.6: Niederschlagszeitreihen von Bouké und Abidjan

stammen 80% der Ausfuhrerlöse direkt oder indirekt (agroindustrielle Produkte) aus der Land- und Forstwirtschaft.

Entsprechend den unterschiedlichen Klimaregionen des Landes spiegeln sich die landwirtschaftlichen Aktivitäten in den genannten Anbauregionen wieder. Die naturräumlichen Gegebenheiten erlauben vereinfacht eine Trennung der agraren Wirtschaftsformen in die der Regenwaldzone auf der einen und in die der Savannenzone auf der anderen Seite.

Die Landwirtschaft der *Regenwaldzone* ist geprägt durch das nebeneinander bäuerlicher Kleinbetriebe einerseits und z.T. riesiger Plantagenbetriebe andererseits. " Die klein- und mittelbäuerlichen Betriebe von 2 bis 10 ha Betriebsfläche verbinden Anbaufläche von Kaffee und Kakao, Kautschuk oder Ölpalmen mit Nahrungsmittelhackbau" (WIESE, 1988, S.42). Ananas- und Bananenpflanzungen dagegen befinden sich häufig in europäischer Privathand bzw. im Besitz wohlhabender Ivorer oder auch nationaler und internationaler Gesellschaften. Zu vergessen sind auch nicht die Kokosplantagen entlang der Lagunenzone, besonders östlich der Hauptstadt Abidjan. Die nach wie vor bedeutensten Agrarprodukte sind der Kaffee und der Kakao. Die Côte d'Ivoire ist der Welt größter Produzent von Robusta-Kaffee und von Kakao, obwohl seit den 70er Jahren eine umfangreiche Diversifizierungspolitik auf dem Sektor der Agrarproduktion eingeleitet wurde. Dadurch sollte es gelingen, die einseitige Abhängigkeit des Landes von den internationalen Rohstoffpreisen zu reduzieren.

In Konkurrenz zum marktorientierten Exportkulturenanbau tritt die Nahrungsmittelproduktion. Ihr Flächen- und Arbeitskräftebedarf hat weithin zu einer klaren Arbeitsteilung zwischen Mann und Frau in der Regenwaldzone geführt. Der Frau untersteht der Nahrungsmittelanbau, der Mann ist neben den Rodungsarbeiten auf den Feldern der Frau, in erster Linie für die Baum- und Strauchkulturen verantwortlich. Die traditionelle Nahrungsmittelproduktion ist gekennzeichnet durch den Brandrodungshackbau in Verbindung mit einer Landwechselwirtschaft. "Am Nordrand des Regenwaldes dominiert eine Yams-Kochbananen-Assoziation als Ausdehnungsbereich der Baoulé-Yamskultur. In den südöstlichen Regenwaldgebieten, etwa im Siedlungsbereich der Agni oder Akie, sind Kochbanane, Taro und Yams Grundnahrungsmittel, ergänzt durch Maniok, Mais und Erdnuß. Der Westen der Regenwaldzone bis hin in die Bergländer der westlichen Landesteile gehört der großen westafrikanischen Reisbauregion an" (WIESE, 1988, S.52/53).

Grundsätzlich verschieden gestaltet sich das Bild der Landwirtschaft in der *Savannenzone*. Hier dominiert der subsistenz- oder binnenmarktorientierte Nahrungsmittelanbau von Yams, Mais und Hirse. Kaffee wird nur noch im südlichen Bereich des V-Baulé großflächig angebaut, ansonsten dominiert Baumwolle den exportorientierten Anbau. Die Region der Yams-Kultur (civilisation de l'igname) konzentriert sich auf das Land der Baoulé mit Bouaké als Zentrum; Mais- und Hirsekultur wird vorzugsweise von den nördlichen Savannenbewohnern, Senoufo und Malinke, praktiziert. Damit sind gleichzeitig auch die Kernräume alter, eigenständiger Bauernkulturen angesprochen, die der Baulé und der Senoufo. Erstere haben mit dem Tag der Unabhängigkeit eine tragende Rolle in der Ausbreitung der Kaffee- und Kakaokultur in den klein- und mittelbäuerlichen Pflanzerbetrieben übernommen. Zeugen der früheren Baulé-Kultur sind die ausgedehnten Borassus-Savannen (savane à rhoniér) in der Vorwaldzone (vgl. Abb. 3.7). Die *Borassus*-Palme stammt ursprünglich aus der "domaine soudanienne", dominiert heute jedoch den südlichsten Zipfel des Baoulé-Dreiecks und ist damit weit in die "domaine guinéene" vorgeschoben. Die Ursache dieses weiten Südausgreifens sudanischer Florenelemente ist ausschließlich anthropogen bedingt und läßt sich kaum edaphisch oder klimatisch erklären, wie dies die französische Literatur zur Entstehungsgeschichte des V-Ausschnittes immer wieder zu belegen versucht (vgl. Kap.7 + 8) Neben der Fächerpalme erreicht auch ein anderer Kulturbaum der Sudanzone am Südrand des V-Ausschnittes seine südlichste, ebenfalls antzhropogen bedingte, Ausdehnung. Der Néré (*Parkia biglobosa*) ist nach PELISSIER (1980) eine angpflanzte und vom Menschen verbreitete Art der nördlichen Sudanzone.

Im Siedlungsgebiet der Senoufo mit dem Zentrum Korhogo im Norden liegt der Kernraum der ivorischen Baumwollproduktion. Die Worte WIESE's (1988) gebrauchend, "gehört das Senoufoland zu den eindrucksvollsten Agrarlandschaften der Elfenbeinküste. Die Kulturlandschaft läßt sich am besten mit dem Begriff der Obstbaumsavanne umschreiben: Mango- (*Magnifera indica*), Néré- (*Parkia biglobosa*) und Karitébäume (*Butyrospermum paradoxon/Vitellaria paradoxa*) stehen wie in einem Obstgarten über den ausgedehnten Ackerfluren. Sie sind in der charakteristischen, wachstumsfördernden Hügelkultur der Senoufo angelegt; Yams-Mais- oder Mais-Erdnuß-Kultur dominiert (S.80). Speziell der Bereich des Senoufolandes ist nachhaltig in eine intensiv genutzte Kulturlandschaft verwandelt worden, in der Reste natürlicher Vegetationsbedeckung weitestgehend fehlen (vgl. Abb. 4.21/4.22). Die Bereiche des nicht unmittelbar unter Kultur genommenen Landes, sind geprägt von offenen und offensten Baumsavannen. Sie verdanken ihre Existenz den jährlich gelegten Bränden, um das Land offen zu halten. Die Senoufos betreiben neben dem intensiven Ackerbau auch Viehzucht. Schafe und Rinder beweiden das nicht bestellte Ackerland in unmittelbarer Umgebung der Dörfer. Die gelegten Brände zum Beginn der Trockenzeit (Nov.-Dez.) dienen dem verstärkten Aufwuchs der perennen Weidegräser. Das Resultat ist ein enormer Zuwachs an pflanzlicher Trockenmasse (= Futtermasse) im Vergleich zu den nicht gebrannten Flächen (vgl. Kap. 3). Gleichzeitig wirk das Feuer als "Verbuschungskontrolle". Ohne Feuer würden diese Standorte langfristig wieder von Trockenwäldern ohne Grasstratum "zugewuchert" werden.

Mit Ausnahme der genannten Kernräume um Korhogo und Bouaké sind die größten Bereiche der ivorischen Savannenzone nur sehr dünn besiedelt. Sie gehören zusätzlich zu den aktuellen Abwanderungsgebieten. Die Plantagen-, Pflanzer- und holzverarbeitenden Betriebe der Regenwaldzone bieten wirtschaftlich attraktivere Arbeitsplätze als die autochtone Landwirtschaft.

Traditionell ist eine "Einrahmung" der zentralen Siedlungsbereiche der einzelnen Ethnien der Savannenzone durch breite Waldgebiete zu beobachten. Sie sind quasi als Pufferzone zu den benachbarten Völkern zu werten. Das gilt sowohl für den nordwestlichen Rand des Senoufolandes (westlich Boundiali) am Übergang zu den Siedlungsräumen der Malinke, als auch in der Vorwaldzone am Übergang vom Baoulé- in das Agni-Gebiet im Raum Dimbokro. Hier liegt auch einer der Schwerpunkte der vorliegenden Untersuchung.

Neben dem Ackerbau prägt die Viehzucht das Bild des Agrarlandes in der Savannenzone. Außer der Kleinviehhaltung (Geflügel, Schafe, Ziegen, Schweine), spielt besonders die Rinderhaltung eine zunehmend bedeutendere Rolle für die Fleischversorgung des Landes selbst aber auch im Hinblick auf eine wünschenswerte Produktionssteigerung. Wichtige Zentren der Rinderzucht sind einmal der Norden des Landes mit den Verwaltungsbezirken Odienné, Boundiali, Korhogo, Ferkéssédougou und Bouna sowie der Bereich des V-Baulé mit dem Zentrum Bouaké. Große Teile dieser Rinderherden sind nicht im Besitz von Ivorern, sondern werden von angestellten Hirten aus den nördlichen Nachbarstaaten Mali und Burkina Faso bevorzugt während der winterlichen Trockenzeit in den Norden des Landes getrieben. Auch wenn der aktuelle Rinderbestand des Landes kaum die Millionengrenze überschreitet, so hat das Miteinander von Ackerbau und Viehzucht oder die Dominanz der

Viehzucht in einzelnen Regionen, so z.B. im Land der Lobi (Bezirk Bouna), entscheidend zur Ausgestaltung der heutigen nordivorischen Savannen beigetragen. Ähnlich den bereits vorliegenden Ergebnissen aus der Sahel- und Sudanzone des Senegal belegen die Untersuchungen aus der Sudan- und Guineazone der Elfenbeinküste, daß sämtliche Standorte, die in ihrer Vegetationszusammensetzung auf einen "Forêt claire" oder noch offenere Savannenformationen hindeuten, anthropogen verursachte Degradationsformen eines dichten Trockenwaldes oder gar eines halbimmergrünen Feuchtwaldes sind (vgl. Kap. 7). Die diese Standorte dominierenden Baumarten wie *Borassus aethiopum*, *Butyrospermum paradoxon*, *Acacia dudgeonii* sind auf der einen Seite extrem feuerresistente Spezies oder solche, die für die Viehhaltung oder lokale Wirtschaft eine besondere Bedeutung haben. Diese Standorte, die in ihrer Physiognomie heute einer "savane arborée" mit weniger als 25% Baumanteilen pro Flächeneinheit entsprechen, sind Ausdruck einer seit vielen Jahrhunderten existierenden Kulturlandschaft, in der die Symbiose von Ackerbau (z.T. mit Tierhaltung) und Nutzbaum typisch ist für eine Savannenparklandschaft, die, ebenso wie in den übrigen Savannengebieten Westafrikas, anthropo-zoogen bedingt ist.

3. Erfassung der Vegetationsverhältnisse

Arbeiten zum zeitlichen Vegetations- und Klimawandel der Tropen (West-Afrikas) benötigen als Ausgangsinformation die gegenwärtige Vegetationsbedeckung. Diese ist, wie jede natürliche oder potentielle Vegetationsbedeckung auch, abhängig von den regionalen und zonalen klimatischen und edaphischen Bedingungen. Beide gemeinsam kontrollieren die Pflanzenverfügbarkeit von Wasser, das bei verhältnismäßig ausgeglichenem Temperatur- und Wärmehaushalt der betrachteten Regionen den limitierenden Standortfaktor bildet.

Zahlreiche Untersuchungen zur Veränderlichkeit der Vegetationsdecke haben gezeigt, daß auch die tropischen Räume von den großen Klimaoszillationen der letzten ca. 20.000 Jahren nicht verschont geblieben sind. Sicher ist, daß auch die Vegetation der Tropen mit den natürlichen Klimaschwankungen variiert. Ein weiteres Problem bei der Beurteilung einer sich wandelnden Vegetation ist der in den jüngeren Zeitabschnitten (ab ca. 8.000 B.P.) zunehmend anthropogen induzierte Einfluß auf die Ausprägung der irdischen Pflanzendecke.

So sehen sich sämtliche Arbeiten zum zeitlichen Wandel tropischer Ökosysteme mit dem Problem konfrontiert, daß über die Erfassung der rezenten Vegetationsbedeckung sicherlich nur noch in Ausnahmefällen die natürliche Vegetation erfaßt wird. Damit erlangt ein weiterer Arbeitsschritt zentrale Bedeutung bei der Beurteilung und Abschätzung früherer und rezenter Vegetationsverhältnisse. Welche Vegetationsformation erlaubt Hinweise auf eine noch weitgehend naturnahe Vegetation? Wird es gelingen, für sämtliche zu betrachtende Vegetationsformationen neben den diversen Degradationsformen - die uns manchmal schon als naturnah erscheinen mögen - auch noch Relikte einer von Menschen weitgehend unbeeinflußten Vegetation aufzuspüren? Viele dieser Relikte sind heute zum Teil schon nicht mehr vorhanden, aber in der Literatur vor allem der 30er und 50er Jahre sehr gut aufgenommen und weitgehend quantifiziert tabellarisch aufbereitet.

Wenn Vegetations- und Klimarekonstruktionen der Vergangenheit nicht nur rein wissenschaftlichem Interesse, sondern als Szenarien zukünftiger Klimaentwicklung bei hoher Humidität (10.000 - 8.000 B.P./6.000 - 4.000 B.P.) bzw. höherer Aridität (18.000 B.P. und 2.000 B.P.) dienen sollen, ist eine Erfassung der Vegetationstypen und ihre floristische Differenzierung unumgänglich. Sie allein ermöglicht über den Bedeckungsgrad und die Lebensformenspektren eine Abschätzung der Biomasse. Außerdem können über die so erarbeiteten Vegetationsverhältnisse wesentliche Randbedingungen des Klimasystems abgeleitet werden, wie etwa die Landschaftsverdunstung und die Oberflächen-Reflektionseigenschaften. In zahlreichen Arbeiten wurden für Afrika in verschiedenen Maßstabsebenen derartige Beziehungen über multivariate Modelle abgeleitet. Dieses geschah vor allem für Tunesien (FRANKENBERG 1986, 1987), die gesamte Sahara (FRANKENBERG 1978, 1979), für Afrika insgesamt (LAUER & FRANKENBERG 1981), für den Senegal (FRANKENBERG & ANHUF 1989) und in einer ersten Annäherung für die Elfenbeinküste (ANHUF 1990).

3.1 Arbeitsansatz und terminologische Vorbemerkungen

Im Rahmen des eingangs näher beschriebenen Forschungsprojektes sollen die Umweltbedingungen verschiedener Zeitscheiben der Vergangenheit detailliert erarbeitet werden. Dazu zählen vor allem auch Vegetationsrekonstruktionen für den Raum West-Afrikas. Die Rekonstruktion des Vegetationsbesatzes erlaubt notwendige Abschätzungen wesentlicher Parameter des Regelkreises Vegetation - Klima, wie z.B. die Biomasse und den Wasserhaushalt. Gleichzeitig versuchen die Analysen des Vegetations- und Klimawandels aufzuzeigen, welche Vegetation vor der weitgehenden Umgestaltung der Landschaft durch den Menschen in den Untersuchungsräumen vorherrschte. Dabei werden sowohl der Mensch als auch das Klima als landschaftsverändernde Faktoren betrachtet, berücksichtigend, daß beide Einflußgrößen auch untereinander vernetzt sind.

Nach dem Abschluß vergleichbarer Arbeiten zur Rekonstruktion früherer Vegetationsmuster des nordafrikanischen Trockenraumes am Beispiel Tunesiens, der Sahara und Senegals (vgl. Kap. 3.) konzentrieren sich die gegenwärtigen Arbeiten darauf, eine Rekonstruktion früherer Vegetationsmuster für die sudanischen und guineensischen Landschaften sowie für die tropischen halbimmergrünen Feuchtwälder zu erstellen.

Gemäß der in Kap. 2 skizzierten klimatischen Situation der Elfenbeinküste, kann das Land pflanzengeographisch in zwei Regionen untergliedert werden: die Guinea-Zone im Süden und die Sudan-Zone im Norden. Innerhalb der floristischen Guinea-Zone dominieren die tropischen Feuchtwälder. Sie können in die immergrünen Feuchtwälder in Gebieten, in denen die jährliche Trockenzeit nicht länger als 1 bis 2 Monate andauert, und in die halbimmergrünen Feuchtwälder in Gebieten mit einer jährlichen Trockenzeit von nicht mehr als 3 bis 4 Monaten differenziert werden (ANHUF & FRANKENBERG, 1991).

Pflanzengeographisch nimmt die Sudanzone den Übergangsraum zwischen den guineensischen Regenwäldern im Süden und der afrikanischen Trockenzone der Sahara im Norden ein. Dort dominieren die Trockenwälder. Sie sind regen- bzw. sommergrün. Die aride Zeit dauert so lange (über 4 Monate), daß die meisten Gehölze in der Trockenzeit ihr Laub verlieren. Die Abnahme der Niederschläge von Süden nach Norden und die daran gekoppelte Verlängerung der ariden Jahreszeit erlaubt eine weitere Unterteilung dieser Wälder in dichte Trockenwälder (forêts denses sèches) und offene Trockenwälder (forêts sèches). Letztere gedeihen in Gebieten, deren aride Jahreszeit bereits länger als die Hälfte des Jahres andauert (ANHUF & FRANKENBERG, 1991).

Sämtliche Trockenwaldtypen sind außerordentlich empfindlich gegenüber Feuer und Rodung, so daß heute nur noch vereinzelte Inseln dieser Wälder im westlichen Afrika anzutreffen sind. Die ursprünglichen Trockenwaldgebiete, besonders im Raume der Elfenbeinküste, werden von den unterschiedlichsten Gras-, Strauch- und Baum-Savannen als lichte Vegetationstypen, oder von den Savannenwäldern bzw. "forêts claires" als dichte Vegetationstypen bestanden. Es muß jedoch darauf verwiesen werden, daß es sich bei dieser Begriffswahl nicht um ökologisch definierte, natürliche Formationsbegriffe handelt. Natürliche Savannenformationen sind erst bei Niederschlagshöhen von 400 - 600 mm

Jahresniederschlag und einer über 8 Monate andauernden ariden Jahreszeit zu erwarten (vgl. WALTER 1973, MÜLLER-HOHENSTEIN 1981).

Der hier benutzte Savannenbegriff ist ausschließlich physiognomisch zu verwenden, als Degradationsformation der sudanischen Wälder. Nach der Yangambi-Klassifikation (1956) beschränkt sich der Savannenbegriff auf die floristische Sudanzone, wogegen die ökologisch natürlichen Savannenländer Afrikas nach dieser Klassifikation als Steppen bezeichnet werden. Im Rahmen der hier durchgeführten Untersuchungen wird der Savannenbegriff ausschließlich physiognomisch für die unterschiedlichsten Degradationsstufen der sudanischen Wälder verwandt. Die geringste Degradationsstufe nimmt dabei der "forêt claire" ein. Im Gegensatz zu den Trockenwäldern ist dieser Wald von einem durchgehenden Grasteppich gekennzeichnet, der regelmäßig der Feuereinwirkung ausgesetzt ist (vgl. Abb. 3.1). Die nächste Degradationsstufe nehmen die etwas lichteren Savannenwälder ein, gefolgt von den Baum-, den Strauch- und als höchste Degradationsstufe den Grassavannen. Daraus läßt sich, ausgehend von den naturnahen Vegetationszonen, ein "Sukzessionsschema" zunehmender Degradation entwickeln (vgl. Abb. 3.2.).

Die Ausgangssituation für das "Erreichen" unterschiedlicher Degradationsstufen kann dabei sehr verschieden sein. Handelt es sich bei den Eingriffen des Menschen um eine Totalrodung des Geländes zur Vorbereitung auf eine ackerbauliche Inkulturnahme, kann mit dem ersten Eingriff bereits die zweithöchste Degradationsstufe erreicht werden (Grassavanne). Häufig werden jedoch die großen Bäume aus arbeitstechnischen Gründen oder als Schattenspender stehengelassen. Die Folge davon ist der "weit verbreiteste Savannentyp West-Afrikas", die Baumsavanne" (Abb. 3.3.).

Abb. 3.1: Frisch gebrannter "Forêt claire" im Raum Bouna, Dez.1988; *Anhuf*

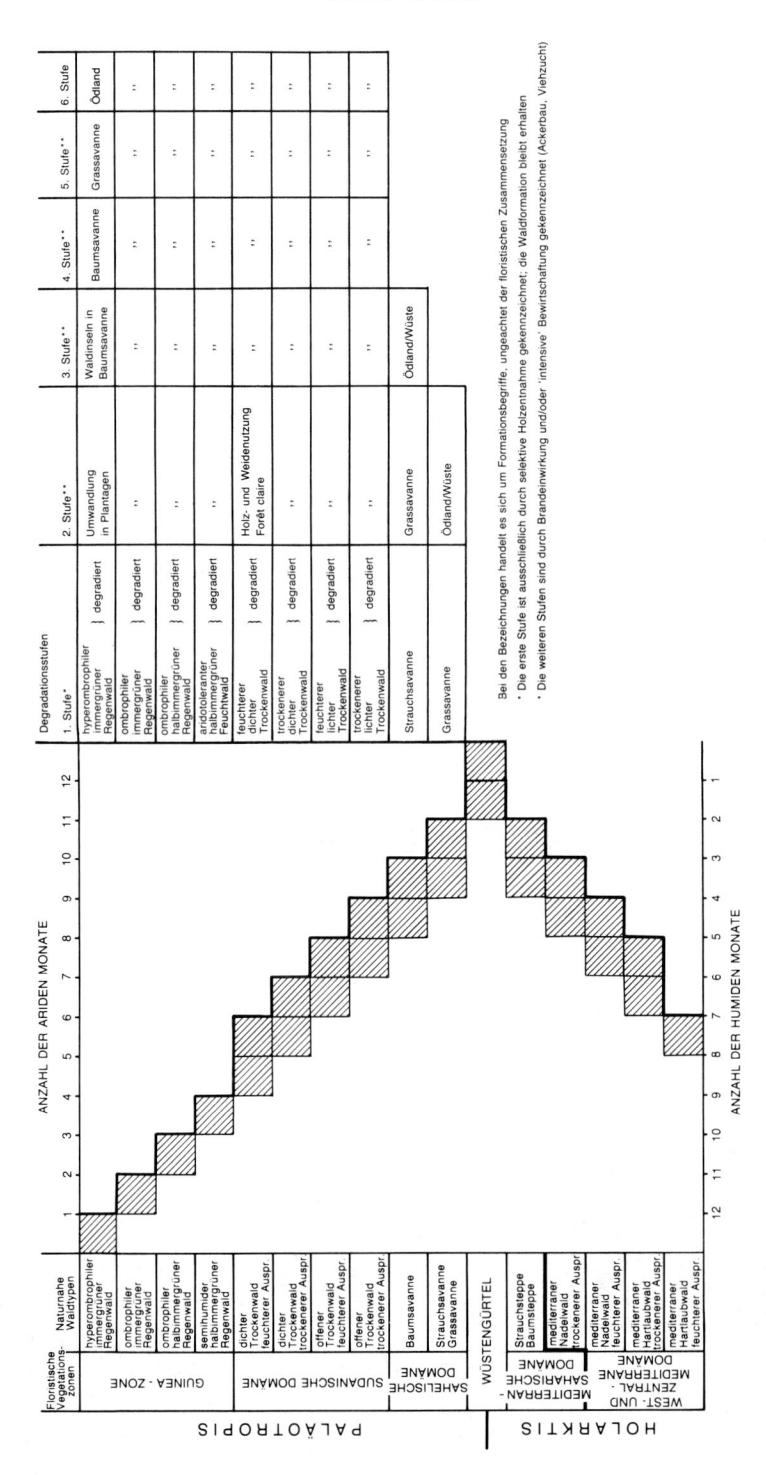

Abb. 3.2: Die Ausprägung der naturnahen Vegetationsformationen vom immergrünen tropischen Feuchtwald bis in die "vegetationslose" Sahara (o.) sowie die Ableitung eines "Sukzessionsschemas" zunehmender Degradation für die sudanischen Trockenwälder in der Côte d'Ivoire

Kann sich die Parzelle mehrere Jahre lang ohne Feuereinwirkung "erholen", wird sich über unterschiedlich lange Sukzessionsphasen wieder die natürliche Vegetationsformation durchsetzen. Das gilt uneingeschränkt auch für die tropischen Feuchtwälder!!

Häufig ist jedoch nur eine gelegentliche Einflußnahme auf die natürlichen Wälder festzustellen. Sie werden teilweise gebrannt, aber nicht völlig gerodet. Über kurz oder lang bildet sich ein geschlossenes Grasstratum in den durch wiederholtes Brennen zunehmend lichter werdenden Wäldern aus. Viele der heutigen "Savannenstandorte" sind gekennzeichnet durch regelmäßige Beweidung. Bei dieser Form der Nutzung sind entscheidende Parameter der Zeitpunkt und die Häufigkeit des Brandes, bzw. auch die Zeitdauer der regelmäßigen Beweidung. "Alle Savannen-Vegetationsformen sind durch den Einfluß des Feuers entstanden. Die Zahl der natürlichen Feuer ist jedoch verschwindend gering im Vergleich zu den vom Menschen angelegten Brände. Die Auswirkungen des Feuers auf die Gehölze sind je destruktiver desto heißer sie sind. Die feuerempfindlichen Arten verschwinden gänzlich. Selektiv nehmen die meisten dickrindigen, feuerresistenten Arten überhand (z.B. *Butyrospermum paradoxon*)." (Barthlott 1979, S. 71ff; vgl. Abb. 3.3.). Das Feuer als Waffe gegen die Wälder Afrikas wird seit Jahrtausenden eingesetzt. Lanfranchi, 1990 und Warnier (1990) vermutet anthropogen bedingte Feuer bereits seit dem späten Paläolithikum (ca. 13.000 - 12.000 B.P.).

Abb. 3.3: Baumsavanne im Bereich von Bouké, dominiert von *Butyrospermum paradoxon* / *Vitellaria paradoxa*, Dez.1990; *Anhuf*

Nach weidewirtschaftlichen Gesichtspunkten stehen sich Wald und Grasland häufig diametral gegenüber. Das Brennen vernichtet die alten Blätter und fördert den Neuaustrieb. Sehr frühe Feuer zerstören dann sogar die sonst feuerresistenten aber gleichzeitig auch ungenießbaren oder wenig geschätzten perennen Gräser. Die regelmäßige Brennung riesiger Savannenflächen Afrikas sind eine notwendige Voraussetzung für den Erhalt bedeutender Weideareale in Form der noch heute praktizierten traditionellen Weidewirtschaft dieser Räume. "Ohne Feuer wäre der Comoe-Nationalpark ein dichtes Waldgebiet, das vielen der dort jetzt in großen Herden vorkommenden Tierarten keine Lebensmöglichkeit bieten würde. Will man den Park wegen seines Wildbestandes erhalten, muß die Savanne regelmäßig abgebrannt und damit der 'Feuer-Klimax' erhalten werden" (BARTHLOTT 1979, S.70).

3.2. Methodik der geobotanischen Bestandsaufnahmen

Das vordringliche Ziel dieser Untersuchungen ist die Erfassung des zeitlichen Vegetations- und Klimawandels in der Côte d'Ivoire. Methodisch basieren diese Untersuchungen in ihrer Langzeitdimension (vgl. Kap. 7) vor allem auf der Interpretation von Reliktbeständen früherer Vegetationen. Dazu wurden in der "domaine sudanais", der "domaine subsudanais" und der "domaine guinéene" Testflächen ausgewählt, auf denen sämtliche Baumarten bestimmt und ausgezählt wurden (vgl. Abb. 3.4). Die Überprüfung des dabei angelegten Herbariums übernahm freundlicherweise PROF. AKE ASSI (Universität Abidjan). Die Vegetationsaufnahmen wurden auf die Baumarten (größer 2 m) beschränkt, weil der Baum das wesentliche Element der Landschaftsstabilität und auch ein bedeutender Indikator der westafrikanischen Savannenlandschaft ist und das Raummuster der Veränderung der Baumarten, sowie deren Anzahl pro Flächeneinheit einen entscheidenden Aspekt des Vegetationswandels im Sinne einer Landschaftsdegradation repräsentiert.

Neben der Bestimmung der Phanerophyten sowie deren Anzahl pro Testfläche wurde der mittlere Abstand der Bäume zueinander, ihre durchschnittliche Höhe sowie der Kronendurchmesser ermittelt. Mit Hilfe dieses Datensatzes ließen sich absolute wie relative Häufigkeiten der einzelnen Arten und der prozentuale Bedeckungsgrad der Testflächen bestimmen. Um eine einheitliche Größe der Testflächen für sämtliche Vegetationsformen zu gewährleisten, die gleichzeitig auch das Minimumarealprinzip - besonders in den halbimmergrünen Feuchtwäldern - berücksichtigen, wurden als Grundgröße der Testflächen jeweils eine Fläche von 1 ha (100 x 100 m) gewählt. Verlangten die örtlichen Gegebenheiten ein kleineres Testareal, z.B. bei Inselwäldern so wurden die Einzelergebnisse später auf die o.g. Grundgröße hochgerechnet. Die durchschnittlichen Baumhöhen sowie deren prozentualen Bedeckungsgrad haben sich bereits in früheren Studien (vgl. Kap. 4) als wesentliche Kenngrößen zur Charakterisierung der unterschiedlichen Vegetationsformationen und zu ihrer Identifizierbarkeit auf Luftbildern erwiesen.

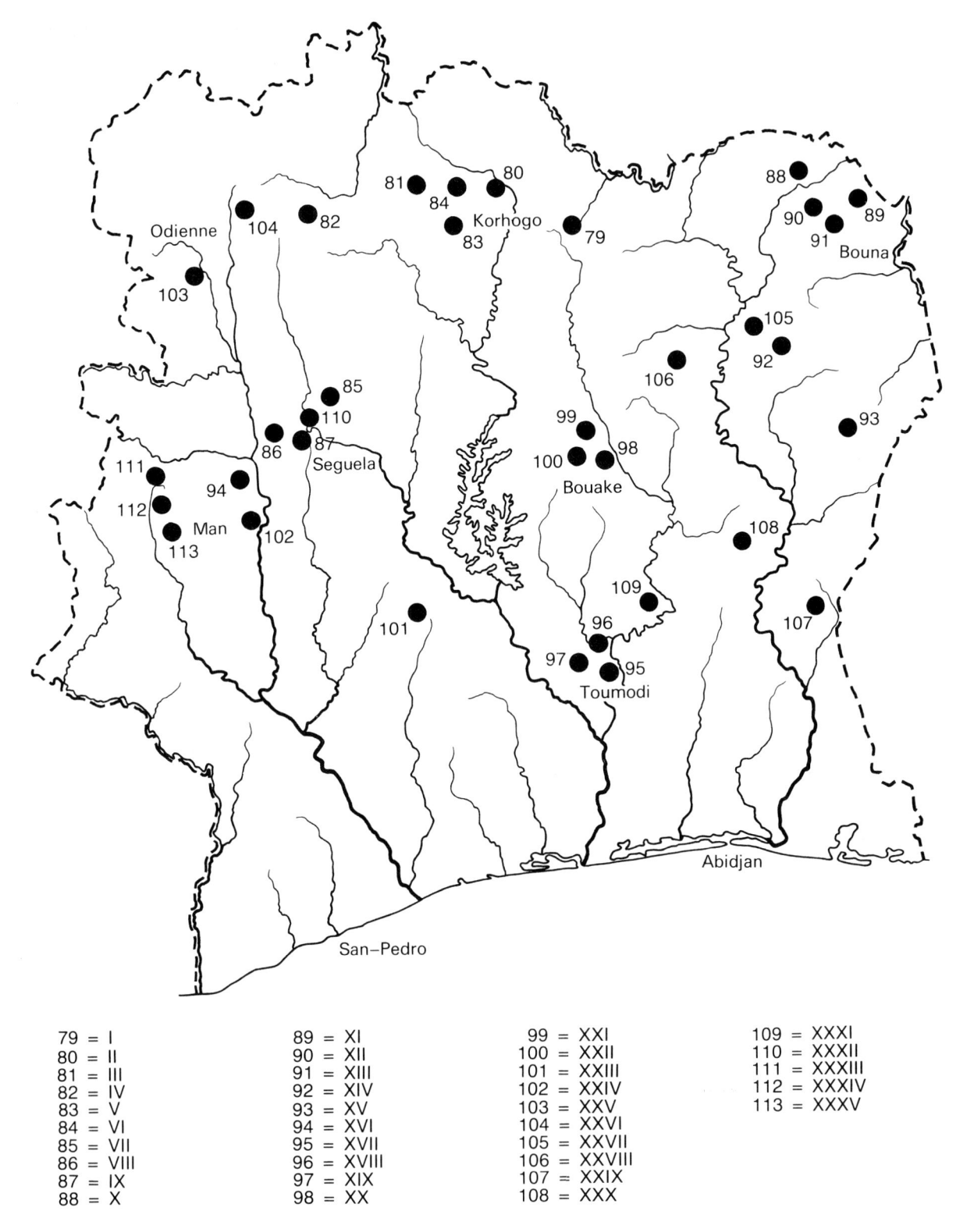

Zeitlicher Vegetations- und Klimawandel in Côte d'Ivoire 37

79 = I	89 = XI	99 = XXI	109 = XXXI
80 = II	90 = XII	100 = XXII	110 = XXXII
81 = III	91 = XIII	101 = XXIII	111 = XXXIII
82 = IV	92 = XIV	102 = XXIV	112 = XXXIV
83 = V	93 = XV	103 = XXV	113 = XXXV
84 = VI	94 = XVI	104 = XXVI	
85 = VII	95 = XVII	105 = XXVII	
86 = VIII	96 = XVIII	106 = XXVIII	
87 = IX	97 = XIX	107 = XXIX	
88 = X	98 = XX	108 = XXX	

Abb. 3.4: Lageskizze der eigenen Aufnahmeflächen

3.3. Klassifikation und Beschreibung der inventarisierten Vegetationstypen

Die so inventarisierten Testflächen wurden anschließend in erster Linie nach physiognomischen Kriterien, in zweiter Linie nach phytosoziologischen Gesichtspunkten klassifiziert, wie dies zuvor bereits GUILLAUMET & ADJANOHOUN (1972) vorgeschlagen haben. Wesentliches Merkmal der physiognomischen Klassifizierung ist der Bedeckungsgrad der Gehölzdichte. Nach diesen Merkmalen wurden in Analogie zu den Arbeiten von BARTHLOTT (1979) folgende Vegetationstypen ausgeschieden:

Gras- und Baumformationen

1. Gras- und Bowal-Savannen

   1.1. Gras-Savannen (weniger als 2 % Strauch-/Baumanteil)
   Savanes herbeuses
   Grass savanna
   1.2. Bowal-Savannen (weniger als 2 % Strauch-/Baumanteil)

2. Strauch- und Baum-Savannen

   2.1. Strauch-Savannen (größer 2 % und kleiner 5 % Strauch-/Baumanteil)
   Savanes arbustives
   Shrub savanna
   2.2. Baum-Savannen (5 - 25 % Baumanteil)
   Savanes arbores
   Tree savanna

3. Galeriewälder (*Forêt galerie*, Gallery forest)

4. Wald-Savannen

   4.1. Savannenwald (25 - 50% Baumanteil)
   Savanes boisées
   Savanna woodland
   4.2. lichter Wald mit durchgehendem Grasunterwuchs (50 - 75% Baumanteil
   Forêt claire
   Woodland

Waldformationen

5. Trockenwälder

5.1. Offener Trockenwald (75 - 100% Baumanteil)
Forêt sèche
Dry forest

5.2. Dichter Trockenwald (85 - 100%)
Forêt dense sèche
Dry deciduous forest

6. Feuchtwälder

6.1. semihumider halbimmergrüner Feuchtwald
Forêt semi-décidue (semihumide)
Semi-deciduous forest (semihumid)

6.2. ombrophiler halbimmergrüner Feuchtwald
Forêt semi-décidue (ombrophile)
Semi-deciduous forest (ombrophil)

6.3. immergrüner Feuchtwald
Forêt sempervirente
Moist evergreen forest

Bei der nachfolgenden Charakterisierung der einzelnen Vegetationstypen wird für die sudanischen Savannenareale nach dem Schema von BARTHLOTT (1979) verfahren. Die nähere Beschreibung der guineensischen Savannenstandorte erfolgt nach GUILLAUMET & ADJANOHOUN (1971).

1.1. Bei den Gras-Savannen lassen sich zwei Typen unterscheiden:

a) Die Gras-Savannen bevölkern bevorzugt hydromorphe Böden, zumeist in Depressionen innerhalb der *Terminalia-* und *Daniellia-*Baumsavannen. Die dominierenden Gräser sind *Brachiaria jubata, Laudetia simplex, Anthropogon africanus, Panicum drageanum* sowie *Vetivera fulvibarbis*.
b) Daneben finden sich Gras-Savannen auf den Fluß- und Marigôt- begleitenden Terrassen oder flachen Abhängen. Hier dominiert *Vetivera fulvibarbis*, begleitet von *Brachiaria jubata* und *Anthropogon africanus*.

1.2. Die Bowal-Savannen repräsentieren einen edaphischen Sonderstandort. Bowals sind ebene, nahezu vegetationsfreie Savannenareale über harten Laterit-Panzerflächen, sogenannten "Curiasses dénudées" ohne jede lockere Bodenkrume. Vorhandene Gehölze sind gewöhnlich in kleinen Gruppen auf akkumulierten Feinbödenresten anzutreffen (vgl. Abb. 3.5). Dominierende Art auf der eigenen Testfläche (90) war *Dichrostachys cinera*.

Abb. 3.5: Bowal-Savanne nordwestlich von Bouna, Dez.1988; *Anhuf*

2. Baum- und Strauch-Savannen

Hierbei handelt es sich um Savannenformationen, in denen ebenfalls noch der Graswuchs das Erscheinungsbild dominiert. Die weitere Differenzierung dieser Standorte in Strauch- oder Baum-Savannen sowie Waldsavannen ist rein physiognomisch begründet, nämlich nach dem Deckungsgrad der Gehölze. Die von BARTHLOTT (1979) vorgenommene phytosoziologische Differenzierung charakterisiert die entsprechenden Savannenstandorte nach den sie dominierenden Baumarten, nicht nach dem Deckungsgrad. Da es sich bei sämtlichen Savannenformationen um anthropogen verursachte Vegetationstypen handelt, spiegelt der Deckungsgrad nahezu ausschließlich eine Degradationsstufe wieder, je nach Stärke der rezenten oder früheren Feuereinwirkung. Die prägenden Bäume erreichen Höhen zwischen 6 und 15 m. Floristisch sind die Leguminosen (*Pappilionaceae, Cesalpiniaceae, Mimosaceae*) beherrschend, gefolgt von den Rubiaceae und den Euphobiaceae. Die Strauchschicht beinhaltet Gehölze mit einer Höhe von 2 bis 8 m. Bei den "Sträuchern" im Nordosten der Côte d'Ivoire handelt es sich jedoch eigentlich um Arten, die unter normalen Bedingungen Baumform annehmen würden. Sträucher im eigentlichen Sinne - Gehölze, die sich an der Basis verzweigen und somit keinen Hauptstamm mit Krone ausbilden - sind *Cochlosbermum planchonii, Piliostigma thonningii* und die *Gardenia*-Arten. "Das Fehlen 'echter Sträucher' (im morphologischen Sinne) in einer offenen Baum-Strauch-Savanne ist nebenbei ein deutliches Indiz, daß es sich hier um eine anthropogene Kunstform

(Feuerklimax) handelt, die historisch gesehen so jung sein muß, daß sich angepaßte Strauchtypen im Verlauf der Evolution noch nicht entwickeln oder einwandern konnten" (BARTHLOTT 1979, S. 50).

Terminalia macroptera - Savanne
Dieser Savannentyp erscheint nur einmal in den eigenen Aufnahmen (I). Es handelt sich dabei um eine Baumsavanne, die allerdings ebenso hohe Individuenzahlen von Detarium microcarpum und Vitellaria paradoxa (vor allem Jungwuchs) aufzuweisen hat. Die Gehölze erreichen kaum einmal 8 m Höhe, der Boden ist stark verhärtet und sehr trocken (vgl. Abb. 3.6).

Abb. 3.6: *Terminalia macroptera* - Savanne nördlich von Bouna, Dez.1988; *Anhuf*

Vitellaria Paradoxa (ex *Butyrospermum paradoxon*) - Savanne
Sämtliche Vitellaria-Savannenstandorte sind ausgesprochen lichte Areale. Der Baum selbst ist extrem feuerresistent und übersteht die nahezu jährlichen Brände auf den zumeist als Ackerstandorten genutzten Testflächen (II,VI,IX,XI,XII,XXI) (vgl. Abb. 3.3.).

Daniellia oliveri - Savanne
Dieser Savannentyp erscheint nur einmal in den eigenen Aufnahmen (IV). Es handelt sich dabei um einen dichten Savannenwald in der Entwicklung hin zu einem forêt claire. Der Standort selbst war mindestens ein Jahr nicht mehr gebrannt worden. Auch die laut Barthlott gemeinsam mit Daniellia häufig auftretenden Gardenia-Arten, in diesem Falle Gardenia erubescens, wurden in mehreren Exemplaren vorgefunden.

Borassus aethiopum - Savanne

Dieser Savannentyp ist über große Flächen im südlichen und zentralen Bereich des V-Baoulé (XVIII, XIX) dominant. Es handelt sich dabei um einen sehr offenen Vegetationstyp (Baumsavanne 5-25%), der bereits aus großer Entfernung zu erkennen ist (vgl. Abb. 3.7). Die mächtige Fächerpalme ist extrem feuerresistent, "weshalb diese Palmensavannen wohl als reine Feuerklimax-Formationen zu verstehen sind" (BARTHLOTT 1979, S.56). Begleitet wird *Borassus* von weiteren Savannenvertretern wie *Parkia biglobosa* und *Annona senegalensis*.

Abb. 3.7: *Borassus aethiopum* - Savanne bei Toumodi, Feb.1991; *Anhuf*

Im Gegensatz zu den Gras-, Strauch- und Baumsavannen kommen die Savannenwälder unserer Vorstellung vom Wald schon sehr viel näher. Die Baumhöhen erreichen 15 - 20 m und die Kronendecke ist bereits sehr ausladend. Eine ausgeprägte Strauchschicht, wie sie die Trockenwälder kennzeichnet, ist jedoch nicht ausgebildet, wohingegen eine geschlossene Bedeckung des Bodens durch Gräser zu beobachten ist. Der Bedeckungsgrad der Phanerophyten liegt bei 50 - 75 %, kann allerdings im Übergangsstadium zu einem (dichten) Trockenwald auf nahezu 100 % ansteigen.

3. Wald-Savannen

Isoberlinia doka - Savannenwald

Der "klassische" Vertreter der Savannenwälder und "forêts claires" ist die Leguminose *Isoberlinia doka* (**Abb.** 3.8). Diese Art fehlt nach Angaben von BARTHLOTT (1979) in den offenen und offeneren Savannenformationen völlig. Die eigenen Testflächen (VIII, X, XVI) wurden ausschließlich in "forêts claires" aufgenommen, wobei letzterer sogar den Übergang zu einem Trockenwald repräsentiert, dem bereits jegliches Grasstratum fehlt.

Abb.3.8: "Forêt claire" im Norden der Côte d'Ivoire, Sept. 1989; *Neumann*

Berlinia grandiflora - Savannenwald
Eine Position zwischen den Savannen und den feuchten Galeriewäldern nehmen die grundwasserbeeinflußten, aber offenen *Berlinia grandiflora*-Savannenwälder ein. *Berlinia grandiflora* gedeiht in der Nähe von Flüssen oder Marigôts, wird aber manchmal auch als Schattenbaum angepflanzt (vgl. Abb. 3.9). Andererseits ist das Auftreten von *Berlinia* an den Rand der geschlossenen semihumiden halbimmergrünen Feuchtwälder gebunden. Ebenso findet sich diese Leguminose als "Waldrandbildner" bei den Inseln geschlossener Feuchtwälder in den Savannenbereichen nördlich der heutigen Feuchtwaldgrenze. Die übrigen bekannten *Berlinia*-Arten sind sämtliche Feuchtwaldvertreter. Der eigene Standort III hat Anteile an einem Galeriewald. Auf den Testflächen V, XV, XXVIII und XXXII ist die Art zwar nicht dominant. Dort übernimmt sie die Funktion als "Waldrandbildner" besagter Waldinseln.

4. Galeriewald

Galeriewälder finden sich ausschließlich entlang der perennierenden Flüsse wie Comoe, Sassandra, N'zi, Bandama, bzw. entlang der temporär gefüllten Trockenflüsse (Marigôts)(vgl. Abb. 3.10). Auf die Aufnahme solcher Flächen wurde bewußt verzichtet, weil sie für das Phänomen der Landschaftsdegradation keine wesentlichen Erklärungsansätze erwarten ließ.

Abb.3.9: *Berlinia grandiflora* - Savannenwald

Abb.3.10: Galeriewald entlang des Comoé, 1979, *Barthlott*

Zwei Testflächen (XX, XXVI) reichten allerdings jeweils an einer Seite an den Rest eines solchen Galeriewaldes heran, was die hohe Anzahl von Raphia sudanica in der Artenliste erklärt. Der Grundwasser unbeeinflußte Phanerophytenanteil dieser Fläche deutet vielmehr auf eine *Berlinia grandiflora*-Savannenwald hin.

Damit sind die Savannenstandorte der eigenen Testflächen hinreichend dargestellt und charakterisiert. Im weiteren werden nun die Wälder kurz beschrieben, die vor allem am Übergang Wald/Savanne in ihrer Baumartenzusammensetzung erfaßt wurden. Im Gegensatz zu den weiter südlich gelegenen Gebieten, wo die verschiedenen Waldtypen zum Teil sogar flächendeckend auftraten, sind im Norden der Côte d'Ivoire nur noch Inseln dieser Wälder in unterschiedlicher Ausdehnung vorhanden (vgl. dazu auch die Karten der Abb. 4.4; 4.5; 4.18; 4.19). Diese "Inselwälder" sind in die angegebenen Savannenstandorte eingestreut. Rein physiognomisch unterscheiden sich diese Wälder von den umgebenden Savannen bereits durch die größeren Höhen der Baumkronen und die wesentlich dickstämmigeren Bäume. Vielfach sind bereits mehrere Baumstraten zu differenzieren, Graswuchs im Unterwuchs fehlt völlig.

BARTHLOTT (1979) unterscheidet in seiner Arbeit über die Vegetation des Comoe-Nationalparkes zwei Typen von Inselwäldern, eine feuchte und eine trockenere Fazies. In Anlehnung an die eigenen Arbeiten (ANHUF & FRANKENBERG 1991) soll hier jedoch der Versuch unternommen werden, eine noch stärkere Differenzierung vorzunehmen. Danach ist zwischen den lichten und den dichten Trockenwäldern auf der einen und den ombrophilen halbimmergrünen und den semihumiden halbimmergrünen Feuchtwäldern auf der anderen Seite zu unterscheiden.

5. Trockenwälder

5.1. Lichte Trockenwälder

Die Trockenwälder sind die typischen Vegetationsformation der afrikanischen Sudanzone. Die aride Jahreszeit dauert über vier Monate, die Wälder sind regen- bzw. sommergrün. Bei noch länger anhaltender Trockenheit (über sechs Monate) folgt auf die dichten Trockenwälder der offene Trockenwald. Die Testfläche XVI ist das Beispiel für den Übergang von einem dichten Trockenwald trockener Prägung, zu einem lichten offenen Trockenwald (vgl. Abb. 3.11 sowie A.I.). Gleichzeitig weist diese Insel ebenso zahlreiche Vertreter der sie umgebenden Savannen auf.

5.2. Dichte Trockenwälder

Prägende Baumarten eines dichten Trockenwaldes, trockenerer Ausprägung sind *Khaya senegalensis, Diospyros mespiliformis, Anogeissus leiocarpus, Terminalia laxiflora* und *Vitex doniana* (vgl. ANHUF & FRANKENBERG 1991). Ein sehr eindrückliches Beispiel eines solchen Vegetationstypes konnten mit den Testflächen VIII und XV aufgenommen werden (vgl. Abb. 3.12). Fläche VII befindet sich noch in der Entwicklung zu diesem dichten Trockenwald, auch wenn bereits charakteristische Arten des Waldes vorhanden sind.

Abb.3.11: Lichter Trockenwald südl. Sifie a.d. Straße nach Man, *Anhuf*, 1991

Abb.3.12: Dichter Trockenwald, trockenerer Ausprägung dominiert von *Anogeissus leio carpus*, Dez. 1988, *Anhuf*

Der dichte Trockenwald, feuchterer Ausprägung

Der feuchtere Variante des Trockenwaldtyps ist außerordentlich empfindlich gegenüber Feuer und Rodung. Als Folge dieser Eigenschaft findet man heute nur noch vereinzelte Inseln dieser Wälder im westlichen Afrika vor. Im Nordosten der Elfenbeinküste, am Südrand des Comoe-Nationalparkes und westlich des Comoe-Flusses entlang der Piste nach Dabakala konnten solche Waldreste noch inventarisiert werden (XIV, XXVII, XXVIII)(vgl. Abb. 3.13). Ein weiterer Fundort befindet sich an der Piste von Séguela nach Man (XXXII). Diese Testfläche wurde an dem gleichen Areal angelegt, das AVENARD (1974) bereits inventarisiert hat. Er kam bei seiner Analyse zu dem Ergebnis, daß es sich bei dieser Waldinsel um den Rest eines halbimmergrünen Feuchtwaldes handelt. Zumindest repräsentiert der Rand dieser Waldinsel am Übergang zu einer offenen, regelmäßig gebrannten Strauchsavanne einen dichten Trockenwald, feuchterer Ausprägung, dem allerdings auch Arten des semihumiden halbimmergrünen Feuchtwaldes eigen sind. BARTHLOTT (1979) hat diese Wälder als feuchte Inselwälder bezeichnet. Die Bezeichnung ist leicht irreführend, weil sie eher mit den halbimmergrünen Feuchtwäldern als mit den Trockenwäldern assoziiert wird. Im Bereich des Comoe-Nationalparkes handelt es sich bei diesen Inselwäldern eindeutig um den feuchtesten Waldtyp der dort angetroffen wird.

6. Feuchtwälder

6.1. Der semihumide halbimmergrüne Feuchtwald

Mit den halbimmergrünen Feuchtwäldern sind die artenreichen und wirtschaftlich interessantesten Wälder Afrikas erreicht. Die dominierende Lebensform dieser Wälder ist der Baum. Innerhalb der Wälder können drei verschiedene Baumstraten differenziert werden. Die höchsten Bäume, die aus dem mittleren geschlossenen Kronendach hinausragen und in den immergrünen Feuchtwäldern sogar ein zweites manchmal ebenfalls nahezu geschlossenes Kronendach bilden, werden als Megaphanerophyten (über 30 m) oder auch "Überständer" bezeichnet. Einer der bekanntesten Vertreter dieser Arten ist *Ceiba pentandra* (Kapok/silk cotton tree). Ein mittleres Baumstratum (Mesophanerophyten) beherrscht den Bereich zwischen 8 und 30 m Höhe. Die unterste Schicht nehmen die Mikrophanerophyten (2 bis 8 m) ein. Das unterste Stockwerk ist immergrün, wogegen das oberste Stockwerk durch regelmäßigen Laubfall infolge der zwei- bis viermonatigen Trockenzeit charakterisiert ist.

Als einen Repräsentanten des Übergangs von dichtem Trockenwald feuchterer Ausprägung zu semihumidem halbimmergrünem Feuchtwald kann die Testfläche XXXI nördlich von Dimbokro angesehen werden (vgl. Kap. 4.2.). Die Savannenvertreter dieser Testfläche machen jedoch eine noch nicht abgeschlossene Sukzession hin zu einem Feuchtwald wahrscheinlich.

Der am weitesten nach Norden vorgerückte Vertreter eines echten halbimmergrünen Feuchtwaldes wurde 30km östlich von Man aufgenommen (vgl Abb. 3.14. Weitere Feuchtwaldareale wurden auf den Testflächen XV, XXIII, XXIV, XXIX und XXX inventarisiert.

"*Typische Nutzhölzer dieses Waldtypes sind Triplochiton scleroxylon (Obeche), Chlorophora excelsa (Iroko) und Terminalia superba, die diese Waldtypen physiognomisch stark prägen.*" (ANHUF & FRANKENBERG 1991, S.252).

Abb.3.13: Dichter Trockenwald, feuchterer Ausprägung auf der Fläche 92, 1988, *Anhuf*

Abb.3.14: Halbimmergrüner Feuchtwald nordöstlich von Man, Feb. 1991, *Anhuf*

6.2. Der ombrophile halbimmergrüne Feuchwald

Die ombrophilen halbimmergrünen Wälder verfügen über den größten Reichtum an Nutzholzarten. Die einzelnen Baumarten erreichen darin mit 50 bis 60 Metern die absolut größten Höhen. Das mittlere (Mesophanerophyten) und untere Baumstratum (Mikrophanerophyten) sind immergrün. Die diesen Waldtyp prägenden Spezies gehören primär zu den Familien der *Moraceae* (*Chlorophora excelsa*), *Meliaceae* (vor allem *Entandophragma cylindricum*), *Sapotaceae* (*Tieghemella heckelii*) und der *Ulmaceae* (*Celtis adolfi-friderici, Celtis mildbreadii*). Zwei der eigenen Testflächen sind diesem Waldtyp zuzuordnen, XXXIII und XXXIV. Erstere repräsentiert einen sehr degradierten Typ dieses Waldes, letztere ist bereits am Übergang zu den ombrophilen immergrünen Feuchtwäldern anzusiedeln.

6.3. Der ombrophile immergrüne Feuchtwald

Eine einzige Testfläche wurde innerhalb des ombrophilen Regenwaldes aufgenommen. Diese wiederum repräsentiert allerdings einen Sonderstandort, weil es sich um ein Beispiel aus den Bergregenwäldern westlich von Man handelt (XXXV). Die Höhenlage (über 1000 m) und die relative Isolation des Mont Tonkui bedingt die relative Artenarmut dieses Waldes. Allerdings sind die Charakterarten *Parinari excelsa*, *Fagara angolensis* und *Afrosersalisia cerasifera* dennoch enthalten (vgl. Abb. 3.15).

Abb.3.15: Ombrophiler immergrüner Feuchtwald am Mt. Tonkui, Feb. 1991, *Anhuf*

3.4. Auswertung der Vegetationskartierung im Hinblick auf eine flächenhafte Interpretation der "punktuellen" Einzelinformationen

Die unter Kapitel 3.3. beschriebenen unterschiedlichen Vegetationstypen treten, innerhalb ihrer natürlichen Verbreitungsgebiete, verteilt über den gesamten Raum der Côte d'Ivoire nördlich der immergrünen Feuchtwälder auf, ihre flächenhafte wie örtliche Verteilung variiert entsprechend stark. Um wenigstens für Einzelbeispiele die Verteilung und Ausdehnung quantifizieren zu können, ist eine flächenhafte Kartierung unumgänglich. Da diese aus Zeit- und Arbeitsgründen unmöglich im Gelände geleistet werden konnte, wurde auf ein Hilfsmittel zurückgegriffen, mit dessen Unterstützung eine solche Aufgabe lösbar wird. Aus dem Jahre 1954/1955 existiert eine vollständige Überfliegung und damit Abdeckung der Côte d'Ivoire mit Luftbildern. Die Auswertung dieser Aufnahmen setzte die Kenntnis der vorhandenen Vegetationsformationen voraus, um die erforderliche Identifizierung in den Bildern leisten zu können. Aus den Erfahrungen früherer Arbeiten auf dem Gebiet der Vegetationskartierung mit Hilfe von Luftbildern (FRANKENBERG & ANHUF, 1989 und ANHUF & GRUNERT & KOCH, 1990) waren auch die Grenzen dieser Methoden unmittelbar einsichtig. Bei dem vorhandenen Bildmaßstab (1:20.000 bis 1:50.000) ist ausschließlich eine Kartierung nach physiognomischen Gesichtspunkten zu leisten, nicht jedoch nach floristischen Merkmalen, in keiner der genannten Vegetationsformationen. Auf der Grundlage des Bedeckungsgrades ist eine Unterscheidung von Gras-, Strauch-, Baum-Savannen möglich, nicht jedoch ob es sich um eine *Terminalia macroptera*-Savanne oder *Daniellia oliveri*-Savanne handelt. Ebenfalls unproblematisch war die Erfassung der Galerievegetation entlang der Wasserläufe. Auch die Inselwälder ließen sich sehr gut erkennen, wobei es jedoch nahezu unmöglich war in lichte Trockenwälder oder dichte Trockenwälder zu differenzieren. Noch schwieriger war die Situation bei der Unterscheidung von Waldsavanne, "forêt claire" und lichtem Trockenwald. Sämtliche Formationen weisen einen hohen Bedeckungsgrad mit Phanerophyten auf, auch die mittlere Baumhöhe in den genannten Formationen sind nahezu identisch. Am leichtesten fällt die Differenzierung dann, wenn lichte Trockenwaldareale an die Waldsavannenareale grenzen, weil deren Kronendach weniger kompakt und daher farblich heller als die Waldareale selbst erscheinen.

4. Der jüngere zeitliche Wandel der realen Bodenbedeckung anhand von Luftbildanalysen der Zeitschnitte 1955 bis 1979

Den jüngeren zeitlichen Wandel der realen Bodenbedeckung in der Côte d'Ivoire unter den gravierenden Eingriffen des Menschen zu erfassen, dient ein Luftbildvergleich der Befliegungen der Jahre 1954 bis 1979. Die Lufbildvergleiche gestatten es, insbesondere die Veränderungen in der naturnahen Baumflora zu analysieren. Methodisch wird ein zweifacher Schritt der Analyse angewandt: Der rein kartographische Luftbildvergleich, der sich auf Verifizierungen in Kartierungen der realen Bodenbedeckungen der Jahre 1988 bis 1990 stützen kann, sowie der Vergleich der Veränderung der Baumvegetation in den einzelnen Testgebieten in dem Untersuchungszeitraum. Derartige Luftbildvergleiche sind bisher bereits zur Analyse der Auswirkungen der Sahel-Dürre unternommen worden (DE WISPELAERE 1980, FRANKENBERG & ANHUF 1989, ANHUF & GRUNERT & KOCH 1990). Die Photointerpretation zur Analyse der Landschaftsdegradation im westlichen Afrika ist also ein bewährtes Vorgehen zur flächenhaften Erfassung der Landschaftsveränderung. Dabei wurde klar, daß die Landschaftsdegradation über die Veränderung der Albedo, die Veränderung der Landschaftsverdunstung und damit über gravierende Veränderungen im Strahlungs-, Wärme- und Wasserhaushalt die Randbedingungen des Klimageschehens in diesen Räumen erheblich variiert.

4.1. Der Wandel der realen Bodenbedeckung in der Umgebung von Séguéla

Im Übergangsbereich der halbimmergrünen Feuchtwälder zu der Vorwaldzone (secteur préforestier) südlich von Séguéla (an der Straße nach Man, vgl. Abb. 4.1.) ist zum Zwecke der Analyse des Vegetationswandels in kurzer zeitlicher Dimension ein Luftbildvergleich der Jahre 1954/1955 und 1979 vorgenommen worden, um die dortigen Landschaftsveränderungen über diese mehr als zwei Jahrzehnte festzuhalten. Ergänzend dazu wurden in diesem Bereich sechs Testflächen ausgewählt, auf denen sämtliche Baumarten bestimmt und ausgezählt wurden (vgl. dazu speziell Kap. 7.1). Ein Gitternetz unterstützte die zunächst rein flächenhafte Kartierung der einzelnen Vegetationsformationen. Es erwies sich als außerordentlich hilfreich, den Bedeckungsgrad des Bodens durch die jeweilige Baumvegetation mit Hilfe eines unterschiedlich stark abgetönten Gitternetzes vorzunehmen (vgl. Abb. 4.2). Maßgeblich für den Grad der Abtönung waren die zuvor in Kap. 3.3. definierten mittleren Bedeckungsgrade der einzelnen Vegetationsformationen. Neben der kartographischen Erfassung der Landschaftsveränderungen innerhalb der vorhandenen Vegetationsformationen wurde ebenfalls auf der Basis eines Gitternetzes die Flächenveränderungen berechnet. Da die Vegetation ein wesentliches Element des landschaftsökologischen Wasserhaushaltes ist, bietet das Raummuster der Veränderungen der Flächenanteile der beteiligten Vegetationsformationen einen wesentlichen Aspekt des Vegetationswandels im Sinne einer Landschaftsdegradation sowie eines sich verändernden landschaftsökologischen Wasserhaushaltes.

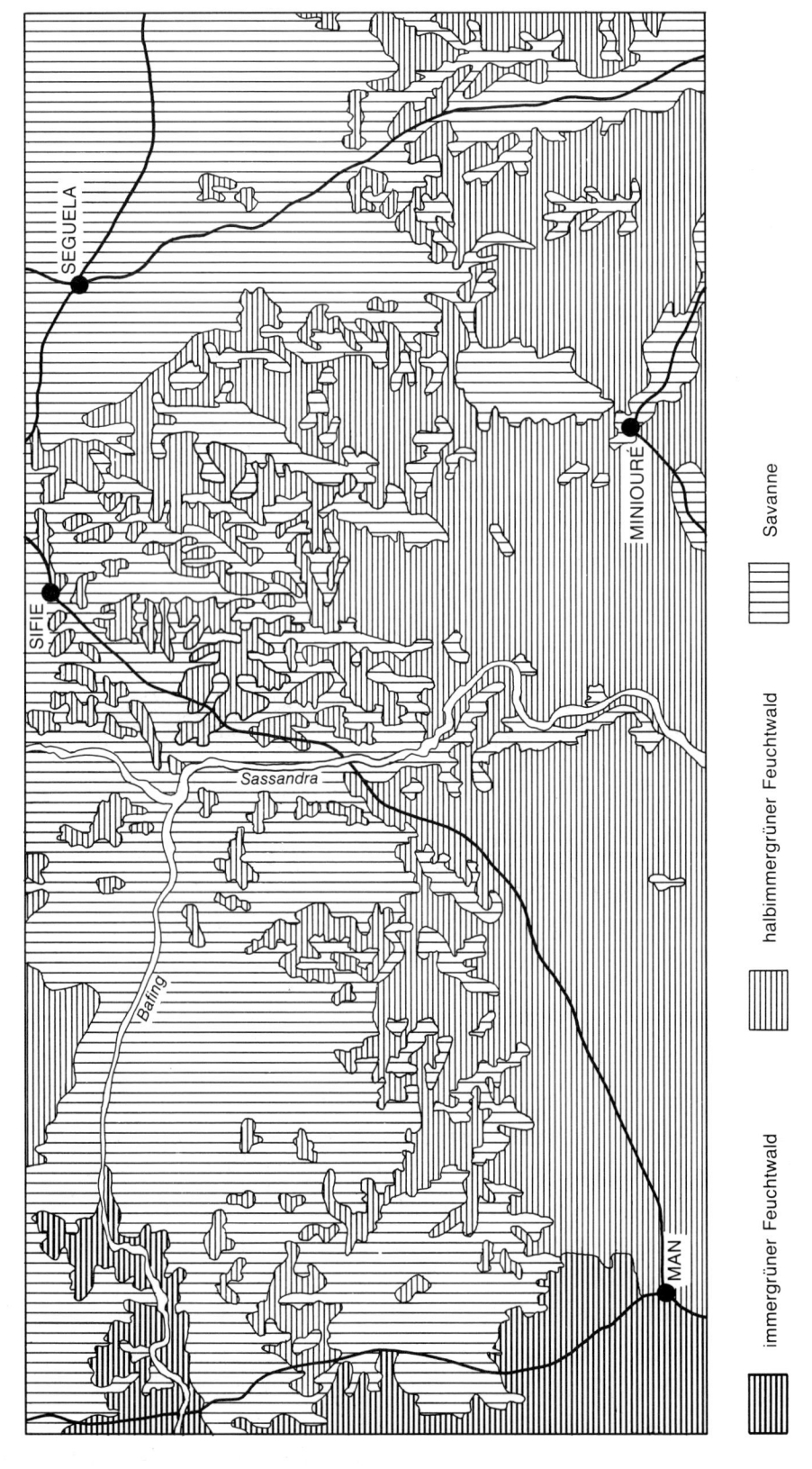

Abb. 4.1: Lageskizze des Untersuchungsraumes westlich von Séguéla

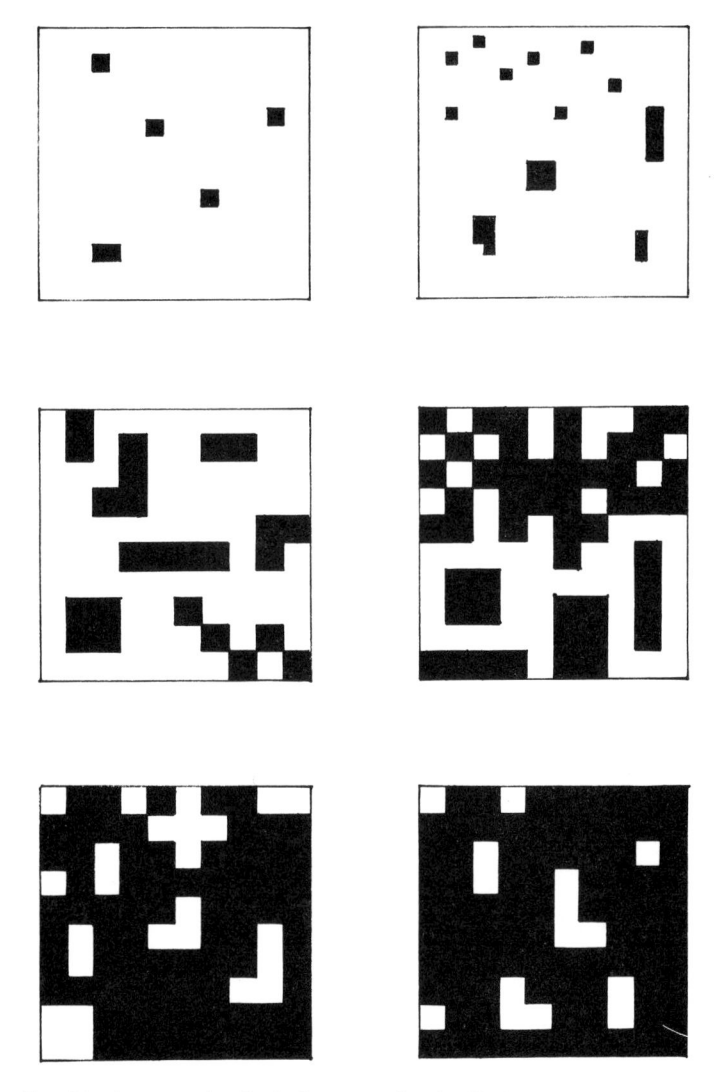

Abb. 4.2: Karte zur visuellen Abschätzung des Bedeckungsgrades des Bodens

Der östliche Rand des halbimmergrünen Feuchtwaldes wird durch einen breiten Übergangssaum markiert, in dem Wald- und Savannenareale miteinander verzahnt scheinen. Bemerkenswert ist hier wie auch in dem folgenden Beispiel (Kap. 4.2.) der "messerscharfe" und abrupte Übergang von offenen und offensten Savannenformationen zu geschlossenen Wäldern, deren Auftreten in diesem Bereich auf vereinzelte Inseln oder längsgestreckte Streifen beschränkt zu sein scheint.

Das Untersuchungsgebiet (Abb. 4.1.) repräsentiert einen Übergangsraum in verschiedenster Hinsicht. Die zu beobachtenden floristischen Veränderungen scheinen unmittelbar an die klimatischen Übergänge dieser Zone gebunden zu sein. So vollzieht sich in diesem Bereich der Wandel von den tropisch humiden Klimaten im Süden zu den nördlich anschließenden sudanischen Klimaten mit nur noch einer Regenzeit pro Jahr. Vavoua, in der Waldzone gelegen, verzeichnet noch den typischen äquatorialen zweigipfligen Niederschlagsjahresgang, wohingegen in Séguéla der frühsommerliche Niederschlagsgipfel schon beinahe verschwunden ist (Abb. 4.3.). AVENARD ET ALII (1974) weisen in ihren Untersuchungen darauf hin, daß besonders markante Unterschiede in Trockenjahren an diesen beiden Stationen bestehen. Vavoua weist selbst in Trockenjahren noch einen zweigipfligen Jahresgang auf, wohingegen das zweite Maximum in Séguéla völlig ausfällt. Deutlich werden die Unterschiede bei der Auswertung der Anzahl der ariden Monate. Nach den Berechnungen von AVENARD ET ALII (1974) beträgt die mittlere Anzahl der ariden Monate in Vavoua sechs, in Séguéla schon sieben Monate. In Trockenjahren verlängert sich die aride Phase bei beiden Stationen um jeweils einen Monat, in sehr starken Trockenjahren um jeweils bis zu zwei Monate (vgl. dazu Kap. 6).

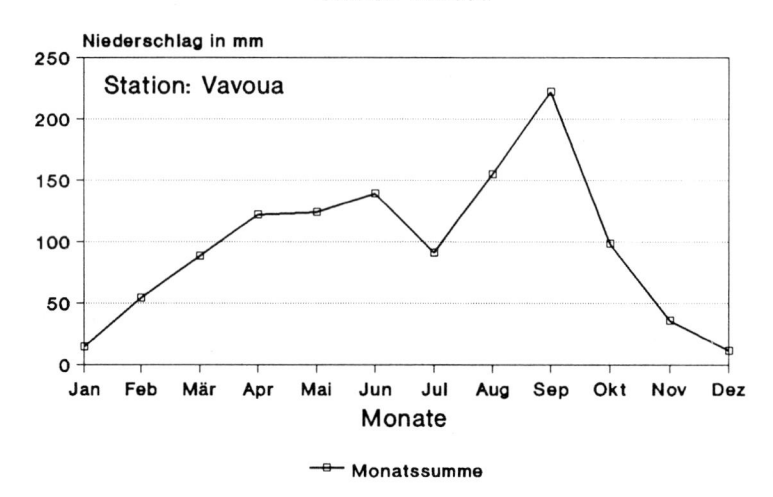

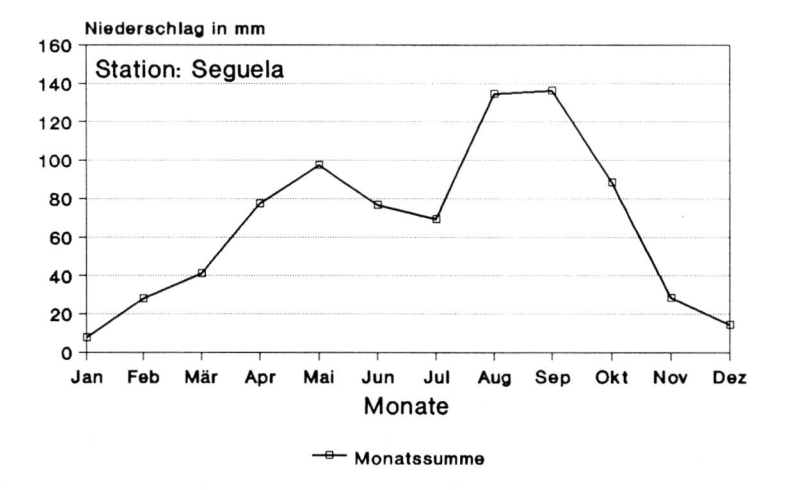

Abb. 4.3: Niederschlagsdiagramme der Stationen Vavoua und Séguéla

Gleichzeitig ist das Untersuchungsgebiet als Übergangsraum in geologischer Hinsicht anzusprechen. Der größte Teil der Côte d'Ivoire gehört zum alten afrikanischen Sockel, dessen Alter bei 1,8 bis 3 Milliarden Jahren anzusetzen ist. Die geologische Entwicklung kann in zwei wesentliche Phasen differenziert werden. In der älteren Phase (ca. 3 Milliarden Jahre) erfolgte die allmähliche Einebnung besonders im westlichen Teil des Landes ("semi plate-forme libérienne", ARNAUD 1983). Diese Entwicklung hielt bis in das mittlere Präkambrium (2,3 Milliarden Jahre) an. In der darauffolgenden Phase gelangte vor allem der östliche Landesteil zunehmend unter den Einfluß einer einsetzenden Meerestransgression. Ein erster Abschnitt der Transgressionsphase ist durch Sedimentation mariner Ablagerungen gekennzeichnet, begleitet von vulkanischer Tätigkeit am Rande dieses Senkungsbereiches. Die marinen Ablagerungen prägen heute als Schiefer das geologische Bild des Landes. Darüber und in den nicht so stark geosynklinal abgesenkten Bereichen lagerten sich in einer späteren Phase dithritische Sedimente ab, die in diesem Bereich als Flysch bezeichnet werden; sie sind heute ebenfalls als Schiefer ausgeprägt, die ihre größte Ausdehnung im Südosten der Côte d'Ivoire entlang einer Linie Dimbokro, M'Bahiakro und Bondoukou haben (vgl. Abb. 4.7). Vor ungefähr 2 Milliarden Jahren war diese Phase beendet. Sie wurde durch das "Orogene ébournéene" abgelöst, einer Phase der Hebung und Faltung. In jener Zeit entstanden die Granite und Schiefer, die bis heute die Landoberfläche an der Côte d'Ivoire maßgeblich prägen. Das Orogen wurde von einer sehr langen Ruhephase (1,5 Milliarden Jahre) abgelöst, in der Erosion und Einebnung vorherrschten. Erst zu Beginn der Kreidezeit (135 Millionen Jahre) kam es zu regional begrenzter vulkanischer Aktivität, bevor mit dem ausgehenden Tertiär die Sedimentation des Küstensaumes begann, die bis heute anhält.

Die Reste der im mittleren Präkambrium ausgeflossenen Vulkane bilden heute die sogenannten "roches vertes". Sie widerstehen den rezenten Verwitterungsbedingungen besonders stark, so daß die "grünen Hügel" immer noch ein markant ausgeprägtes Relief aufweisen. Wesentlich weichere Landschaftsformen, weil leichter verwitter- und erodierbar, befinden sich in den Bereichen der Schiefer. Hier haben sich im Laufe der Vergangenheit die großen Flüsse der Côte d'Ivoire wie Bandama, Comoe und Sassandra eingegraben.

Der Rest des Landes ist durch das Bergland von Man charakterisiert. Dabei handelt es sich vom Gestein her um einen besonderen Granit, das vergleichbar den basischen Gesteinen der äquatorialhumiden Verwitterung weitgehend trotzt. Ebenfalls als "Härtlinge" erweisen sich die präkambrischen Dolerite im Raum Touba.

Mit der Ausnahme der beschriebenen Zonen sind die Reliefkontouren im übrigen Land als weich zu bezeichnen. Der vorherrschende Eindruck ist der einer leicht gewellten Landschaft auf die gelegentlich einzelne Inselberge oder Rücken aufgesetzt sind.

Wesentliches Augenmerk der Feldstudien lag auf der Erfassung der Vegetationsverhältnisse am Übergang von den Feuchtwäldern zu den Savannen (vgl. auch Kap. 4.3.). Neben der floristischen Zusammensetzung (vgl. Kap. 7) galt hier zunächst das Interesse der Erfassung der unterschiedlichen Vegetationsformationen von den Grassavannen über die Baumsavannen bis hin zu den geschlossenen halbimmergrünen Feuchtwäldern. Über den Bedeckungsgrad sowie gemessene Baumhöhen konnten die so erfaßten Vegetationsformationen anschließend in den Luftbildern nahezu problemlos identifiziert und damit die zeitlichen Veränderungen erfaßt werden.

Das Ergebnis des zeitlichen Vergleichs der Bodenbedeckung ist in den Karten Abb. 4.4 und 4.5 wiedergegeben. Das jeweilige Kartenbild läßt sich in drei wesentliche Bereiche untergliedern. Der mittlere Kartenteil ist charakterisiert durch einen 1954/55 noch recht kompakten Block geschlossener halbimmergrüner Feuchtwälder (forêt semi-decidue). Östlich davon schließt sich ein Bereich an, der besonders reich an saisonalen Entwässerungsadern ist, die weitestgehend von dichten Galeriewäldern bestanden sind. Diese Wasserläufe entwässern sämtlich zu dem im Westen gelegenen Sassandra hin. Im Vergleich zu den zuvor beschriebenen mittleren Kartenbereich liegt dieser ca. 50 bis 100 m unterhalb des Feuchtwaldgebietes.

Auch der östliche Teil des Kartenblattes liegt bereits etwas niedriger als der Zentralblock, aber die Absenkung zu dem weiter im Nordwesten vorbeifließenden Yarani, ein Nebenfluß des Marahoue, ist nicht so stark wie im Westen. Hier ist 1954/55 die Vegetation schon am stärksten aufgelichtet, es dominieren die Savannen. Entlang des unteren Kartenrandes verläuft die wichtige Verbindungspiste von Séguéla über Sifie nach Man im Westen (vgl. Abb. 4.1).

Im Jahre 1979 sind die Anteile halbimmergrüner Feuchtwälder von 20% auf 7% Flächenanteile des gewählten Kartenausschnittes zusammengeschrumpft. Daß es sich bei diesen Veränderungen tatsächlich um einen völligen Verlust der Waldflächen handelt, unterstreichen die Flächenanteile der degradierten Feuchtwälder. Ihr Anteil ist zwar von 5% im Jahre 1954/55 auf 8% angestiegen, aber auch wenn man eine teilweise Degradierung der zuvor beschriebenen halbimmergrünen Feuchtwälder annimmt, so ist deren Anteil in den vergangenen 25 Jahren um insgesamt 50% zurückgegangen. Das Phänomen der degradierten halbimmergrünen Feuchtwälder ist generell dann zu beobachten, wenn die Wälder nur selektiv ab- bzw. ausgeholzt wurden, um die freiwerdenden Flächen z.B. mit Obst oder anderen marktorientierten Früchten zu bepflanzen (z.B. Bananen und Kaffee). Die verbliebenen Waldbäume werden bevorzugt als Schattenspender stehengelassen, so daß man eine solche Kulturform als eine Art "Waldgarten" bezeichnen könnte. Bei den Ethnien der Elfenbeinküste, die schon seit sehr langer Zeit die Waldregion bewohnen, ist dies die traditionelle Kulturform bei der agrarischen Inwertsetzung der Wälder. Solche Prozesse haben auch in der jüngeren Vergangenheit noch eine, wenn auch sehr untergeordnete, Rolle im Landschaftswandel der zentralen westlichen Côte d'Ivoire gespielt.

Den größten Flächengewinn in dem betrachteten Zeitraum haben die Strauchsavannen zu verzeichnen, deren Anteil von 7% auf nahezu 20% angestiegen ist. Absolut entspricht dieser Zugewinn exakt dem Verlust an halbimmergrünen Feuchtwäldern. Es wäre jedoch falsch, dieses Ergebnis so vereinfacht zu interpretieren, denn der "normale Weg" der Landschaftsveränderung in diesem Raum der Côte d'Ivoire vollzieht sich nicht unmittelbar vom intakten Feuchtwald zur offenen Strauchsavanne. Dazu bedarf es großer Flächenrodungen für die Anlage von agroindustriellen Großbetrieben, wie z.B. Ölpalmen-, Kautschuk- oder auch Ananasplantagen. Der marktorientierte Anbau ist in diesem Raum vielmehr auf die familiären Pflanzungen beschränkt und konzentriert sich in erster Linie auf den Kaffee. Eine solche Ausdehnung der kleinbäuerlichen Pflanzerbetriebe ist, wie bereits erwähnt, an dem Zuwachs der Flächenanteile degradierter halbimmergrüner Feuchtwälder aber auch an der Ausdehnung der lichten Trockenwälder abzulesen.

Die Verdoppelung der kartierten Ackerflächen entspräche spiegelbildlich annähernd dem natürlichen Bevölkerungszuwachs. Unter Berücksichtigung der ethnohistorischen Gegebenheiten dieses Teiles der Kontakzone Wald-Savanne ist eine solche Interpretation nicht ohne weiteres möglich.

Die Sub-Präfektur von Vavoua, zu der das Testgebiet gehört, ist mit 7.200 km^2 eine der größten des Landes, allerdings nur sehr dünn besiedelt (ca. 5 E/km^2). Nur in der Umgebung von Séguéla steigt die Einwohnerdichte auf das Doppelte an. Generell wird der Norden der Region von den Malinke bewohnt, der Süden von den Gouro. Das heutige Bild der geographischen Verbreitung der jeweiligen ethnischen Gruppen ist das Resultat jahrhundertealter Wanderungsbewegungen der Völker aus den offenen Sudansavannen in Richtung Süden, an den Rand der geschlossenen Wälder heran. So weiß man von Wanderungen der Mandé, zu denen auch die Malinke gehören, schon weit vor Beginn des 14. Jahrhunderts. Bereits zu dieser Zeit besiedelten die Mandé den Waldrand dieser Region. Eine weitere Expansionsphase der Mandé ist zum Ende des 14. Jahrhunderts belegt. Sie waren Händler und ließen sich am Rand des Waldes auf der Suche nach Gold und Cola-Nüssen (*Cola nitida*) nieder. Das eigentliche Untersuchungsgebiet in der Umgebund von Séguéla war zu dieser Zeit bereits von den Sénoufos besiedelt (vgl. dazu Kap. 4.3. und 4.4.). Etwas später wurden die Sénoufos durch die Malinke weiter nach Osten abgedrängt. Die Malinke lebten in friedlicher Koexistenz mit den Gouro, die bereits seit den ersten Mandéwanderungen das Waldland südlich der Region Man - Vavoua bewohnten. Die noch heute im Untersuchungsgebiet anzutreffende Verteilung der Gouro im Süden und der Malinke weiter nördlich spiegelt die bereits in historischer Zeit existierenden wirtschaftlichen beziehungen dieser beiden Völker wieder. Die Waldbewohner waren die Cola-Lieferanten und die Malinke waren die Händler, die von hier aus den Transport nach Norden in die Sudan- und Sahelzone organisierten.

Aktuell verläuft die Grenze zwischen den beiden Ethnien entlang einer Linie zwischen dem Monts Goma und ca. 200 km weiter südlich zu beiden Seiten des Sassandra-Flusses. AVENARD ET AL. (1974) bezeichnen diesen Streifen als "no man's land", nicht zuletzt verursacht durch den Fluß und seiner feuchten Umgebung, die vor allem aus gesundheitlichen Gründen als Siedlungsgebiete gemieden wurden.

Südlich der Piste von Vavoua nach Minouré wird das Siedlungsbild heute von Einwanderern aus der Savannenzone geprägt. Sie haben weitflächige Lichtungen in den Wald gebrannt und geschlagen. Die Grenze Wald - Savanne im Bereich Séguéla - Sifie ist auch heute noch weitgehend auf die historischen Beziehungen zurückzuführen. Die Gouro besiedeln nach wie vor den Wald und es gibt praktisch keine territorialen Ausweitungen weder dieser Bevölkerungsgruppe noch der der Malinké. Diese Grenze ist auch nicht ökologisch bedingt, sondern vielmehr seit Ankunft der Malinké nahezu unverändert geblieben.

58 DIETER ANHUF

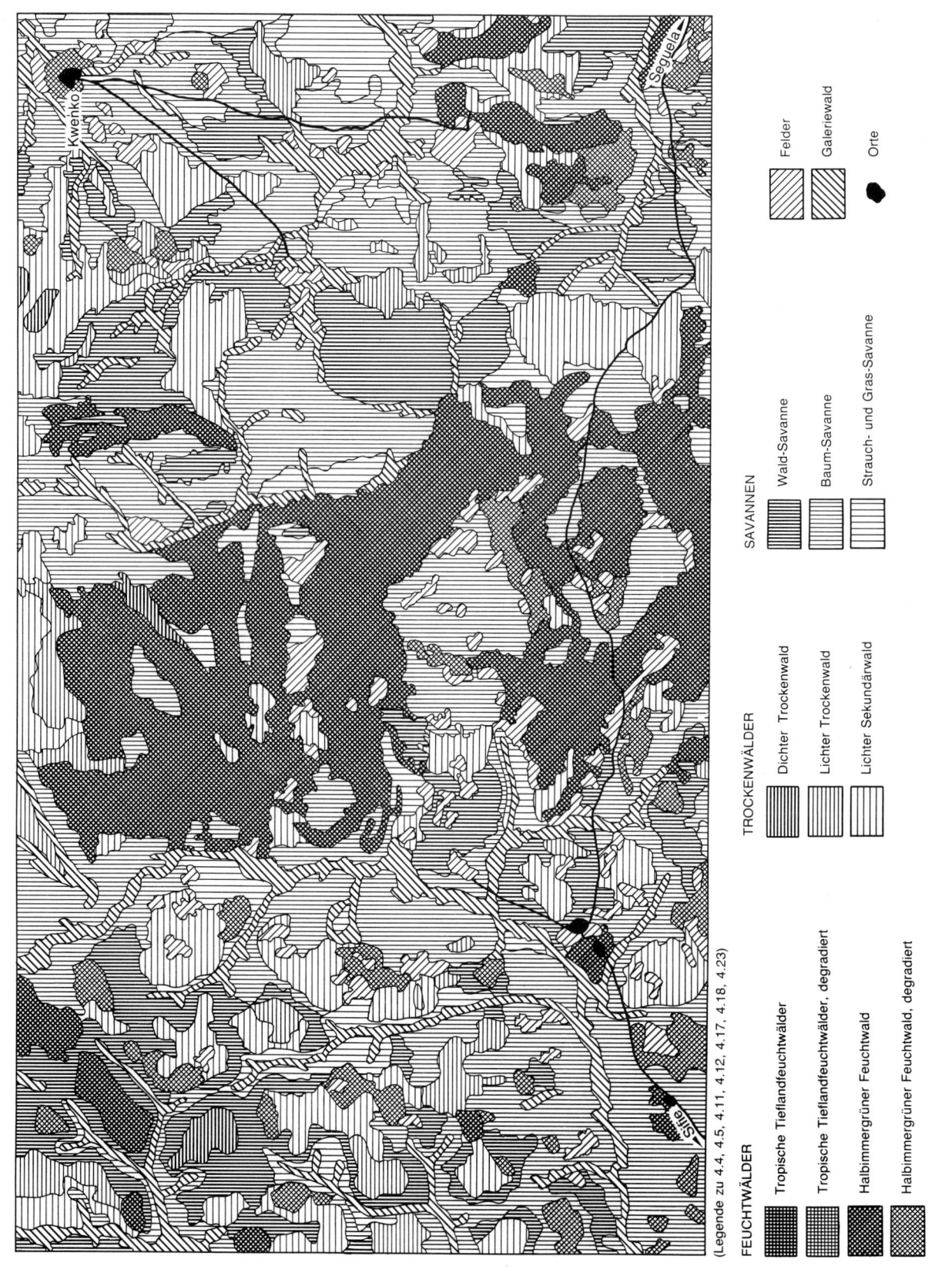

(Legende zu 4.4, 4.5, 4.11, 4.12, 4.17, 4.18, 4.23)

FEUCHTWÄLDER
- Tropische Tieflandfeuchtwälder
- Tropische Tieflandfeuchtwälder, degradiert
- Halbimmergrüner Feuchtwald
- Halbimmergrüner Feuchtwald, degradiert

TROCKENWÄLDER
- Dichter Trockenwald
- Lichter Trockenwald
- Lichter Sekundärwald

SAVANNEN
- Wald-Savanne
- Baum-Savanne
- Strauch- und Gras-Savanne

- Felder
- Galeriewald
- Orte

Abb. 4.4: Karte der realen Bodenbedeckung im Raume Seguéla im Jahre 1955/56

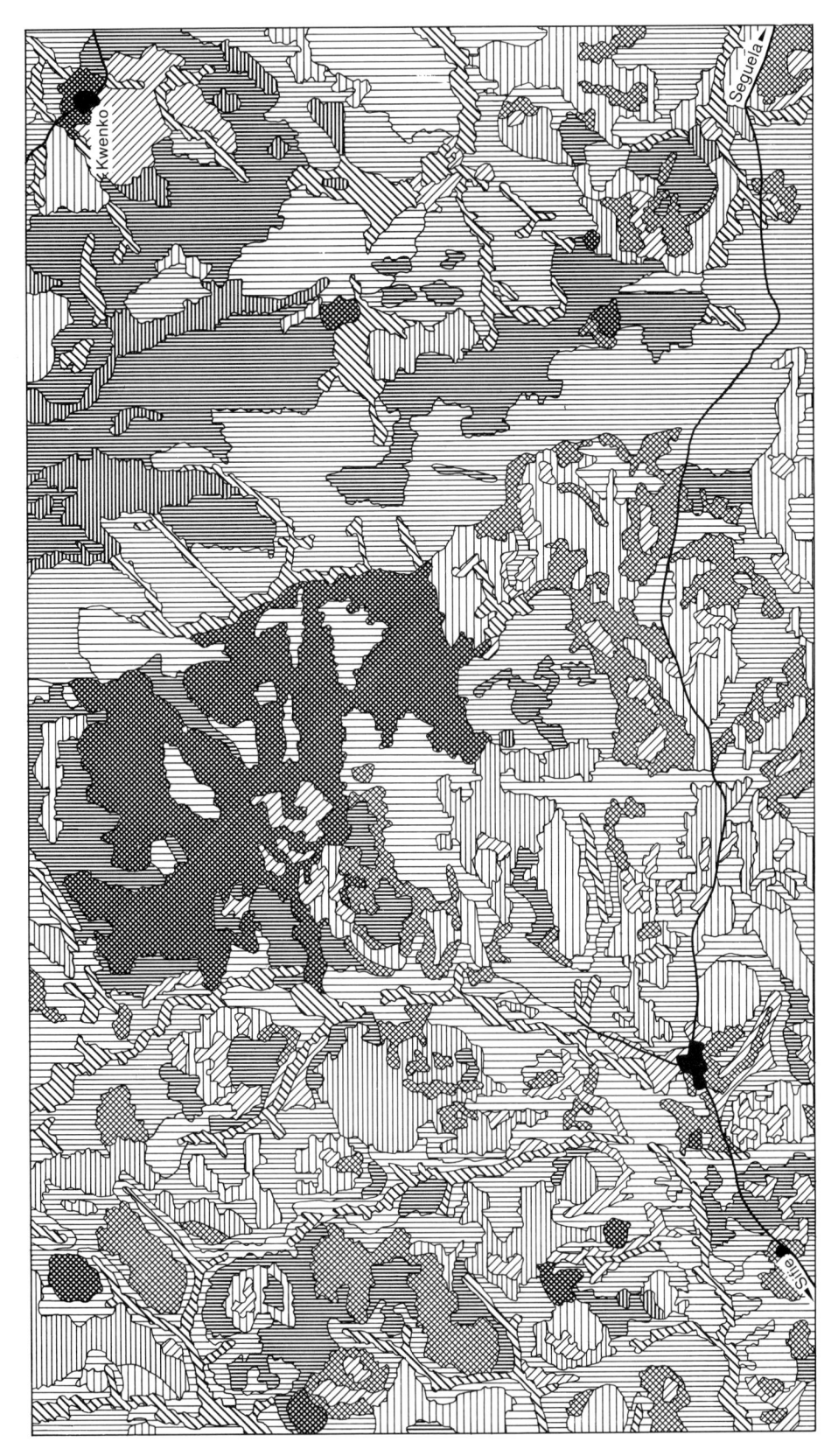

Abb. 4.5: Karte der realen Bodenbedeckung im Raume Seguéla im Jahre 1975

Dagegen hat die Waldgrenze im Bereich Séguéla - Zuénoula in der jüngeren Vergangenheit weitreichende Veränderungen erfahren. Die Einführung der Plantagenwirtschaft durch die Franzosen hat die räumlichen Bevölkerungsstrukturen dieser Region völlig gewandelt. Der Kaffee hat sowohl neue Siedler hierhergebracht als auch die Grenze Wald - Savanne zugunsten der letzteren nach Süden verschoben.

Nachdem in den letzten Jahren die Teerstraße zwischen Vavoua und Séguéla fertiggestellt worden ist und ebenfalls an einer solchen Straße von Man nach Séguéla (von Man aus) bereits gearbeitet wird, dürfte es nur eine kurze Zeit dauern, bis das in die unmittelbare Vergangenheit hinein historisch bedingte räumlich-ethnische Verteilungsmuster der Bevölkerung völlig verschwunden sein wird. Seit Mitte der 70er Jahre ist die Region zusätzlich Einwanderungsgebiet von Savannenbewohnern aus den nördlichen Nachbarstaaten Mali und Burkina Faso sowie aus dem Bereich des V-Baoulé. Auslöser der Zuwanderung aus dem Norden ist die zu dieser Zeit sich zunehmend verschlechternde klimatische Situation der Sahelzone. Das Baoulé-Dreieck ist einer der am dichtesten besiedelten Räume der Côte d'Ivoire. Die im Zuge der Saheldürre ebenfalls verschlechterte Niederschlagsversorgung verursachte einen Rückgang der Kaffeeplantagen im nördlichen Baoulé-Gebiet. Zahlreiche Baoulé sind daraufhin nach Westen in das Untersuchungsgebiet abgewandert. Zusätzlicher Migrationsdruck wurde durch die Anlage des Kossou-Staudammes und Stausees ausgelöst, der heute eine Fläche von ca. 1.750 km^2 traditionellen Ackerlandes der Baoulé mit Wasser bedeckt. Die im Sinne des Landschaftswandels aktivste Gruppe sind allerdings die Zuwanderer aus den nördlichen Savannengebieten, deren kulturelles "Landschaftsumfeld" die offene Baum- oder Strauchsavanne ist. In Verbindung mit den traditionellen Kulturtechniken der Savannenbewohner ist das Ergebnis ihrer Rodungstätigkeit sehr bald eine sudanische Baumsavannenlandschaft, was auch die Ergebnisse dieser Kartierung unterstreichen.

Betrachtet man die Ergebnisse der eigenen Vergleichsuntersuchungen im Raume Séguéla, so muß betont werden, daß die hier ermittelte Feuchtwaldreduktion um insgesamt etwa 65% vergleichsweise sogar noch gering ausfällt, wenn man andere Untersuchungen des zentralöstlichen Raumes der Côte d'Ivoire im Vergleich dazu sieht. WOHLFARTH-BOTTERMANN (1991) hat die Degradation der Feuchtwälder im Raume Man - Danané - Toulepleu seit dem Beginn diesen Jahrhunderts bis 1974 untersucht. Für 1974 legt der Autor eine Auswertung einer LANDSAT-MSS - Szene vor. Dieser Szenenausschnitt reicht im Nordosten bis unmittelbar an das eigene Untersuchungsgebiet heran, wenn es dieses auch nicht mehr abdeckt (vgl. Abb. 4.6). Der Autor verwandte in seiner Analyse ebenfalls Bedeckungsgrade zur Ermittlung der Waldbedeckung. Er unterscheidet Flächen mit > 50% Waldbedeckung, Flächen < 50% Waldbedeckung sowie Savannen. Die Werte seiner Berechnungen beziehen sich allerdings nur auf die geschlossenen Feuchtwaldareale. Die in der Abb. 4.6. ausgewiesenen Savannenareale (hellste Signatur) nimmt der Autor schon für das Jahr 1900 als gegeben an. Im Jahre 1900 setzte sich die Feuchtwaldregion im Raume Man zu 71,6% aus dichten Wäldern (> 50% Waldbedeckung) und zu 28,4% aus lichteren Feuchtwäldern zusammen. 1970 war der Anteil dichter Feuchtwälder auf 27,9% geschrumpft, 1974 waren nurmehr insgesamt 17,5% dieser Wälder verblieben; insgesamt also ein Rückgang um über 75%.Dementsprechend stieg der Anteil der Savannenflächen innerhalb der ehemaligen Wald-

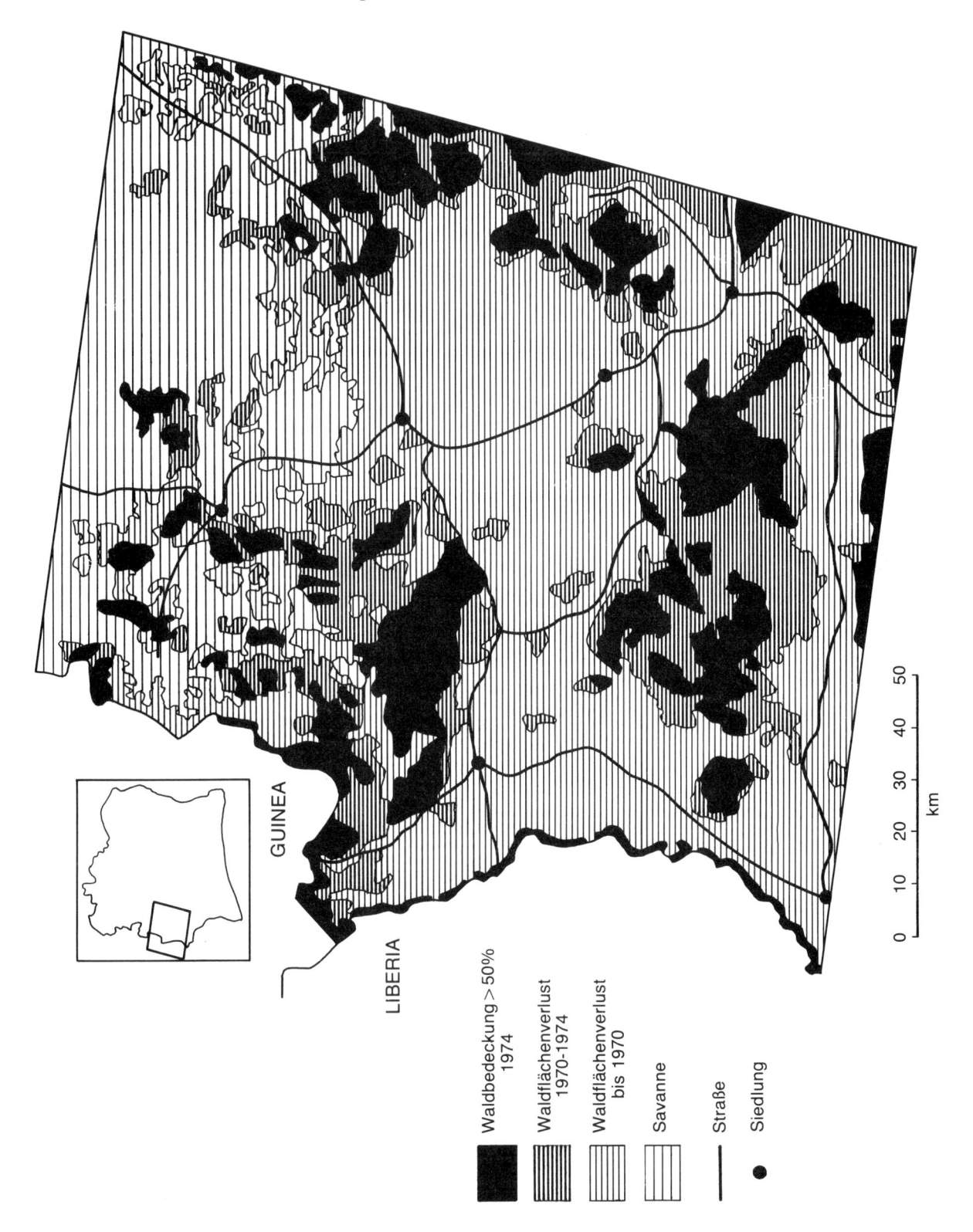

Abb. 4.6: Karte der Feuchtwalddegradation im Raume Danane - Man - Seguéla (verändert nach Wohlfarth-Bottermann, 1991)

region von 0% im Jahre 1900 auf 54,1 % im Jahre 1974. Erstaunlicherweise haben sich nach Ansicht des Autors die Flächenanteile mit lichteren Feuchtwäldern (< 50% Bedeckung) zwischen 1900 und 1974 nicht verändert. WOHLFARTH-BOTTERMANN hält diesen Wert für die genannten Zeitscheiben konstant bei 28,4%. Ohne im einzelnen das Analyse- und Klassifikationsverfahren des Autors nachprüfen zu können, ist diese Aussage sicherlich nicht der Realität entsprechend. Denn warum sollten so gewaltige Veränderungen im Naturhaushalt, die die Wälder betreffen, ausgerechnet bei den weniger dichten Wäldern nicht stattgefunden haben, so daß die Werte der Flächenanteile über einen Zeitraum von 75 Jahren auf die Kommastelle genau gleichgeblieben sind.

Weder klimatisch noch edaphisch und noch weniger floristisch ist ein solches Ergebnis akzeptabel, denn auch die lichteren Feuchtwälder verfügen über die gleichen Nutzholzarten wie die dichten Wälder und sind demnach in gleicher Weise von der selektiven Rodung betroffen gewesen. Dieses untermauern die eigenen zeitlichen Vergleichsstudien. Entscheidend ist jedoch das Gesamtergebnis. Danach ist die Feuchtwaldfläche auf ein Viertel des Anteils zurückgegangen, der noch zu Beginn des Jahrhunderts angetroffen werden konnte. Wenn auch die Werte der eigenen Untersuchung deutlich niedriger ausfallen, so zeigt sich dennoch eine hohe Konvergenz bei den Resultaten der Waldzerstörung. Die ehemaligen Waldflächen erscheinen heute nahezu ausschließlich als offene Savannenlandschaften. Die Gewinne der Flächenanteile der Savannenareale entsprechen bei beiden Autoren den Flächen, die den Waldarealen verloren gegangen sind.

4.2. Der Wandel der realen Bodenbedeckung in der Umgebung von Toumodi

Im Zentrum der Côte d'Ivoire erstrecken sich die sudanischen Savannenformationen am weitesten nach Süden und der Regenwald erreicht seine geringste Nordausdehnung. Dieser Bereich wird nach seiner Physiognomie und der dort lebenden ethnischen Gruppe als V-Baoulé bezeichnet. Dieser V-Ausschnitt repräsentiert gleichfalls das größte Areal in Westafrika, das nach ADJANOHOUN (1964) biogeographisch als "savane préforestières" bezeichnet wird. Die Nordgrenze verläuft auf der Höhe von Katiola (ca. 8 °N), seine Südgrenze erreicht das Dreieck bei Singrobo (ca. 6 °N). Insgesamt umfaßt der Bereich eine Fläche von 25.000 km^2 und wird an seiner West- und Ostflanke von halbimmergrünen Feuchtwäldern bei Séguéla und M'Bahiakro eingerahmt. Innerhalb des V-Baoulé ist das Verteilungsmuster der Vegetationsformationen nicht einheitlich, Waldinseln wechseln sich mit offenen Baumsavannen ab, Galeriewälder grenzen an Grassavannen. Die Waldinseln weisen die gleichen floristischen Zusammensetzungen auf, wie die geschlossenen halbimmergrünen Feuchtwälder im Süden oder Westen bzw. Osten des V-Baoulé. Die Savannen befinden sich sowohl auf gut wie schlecht drainierten Böden, ihr Spektrum reicht von offener Grassavanne bis zu den lichten Sekundärwäldern (forêts claires). Besonders charakteristisch sind die Borassus-Savannen südlich der Linie Yamoussoukro - Bocanda. Nördlich dieser Linie werden die Baumsavannen entweder von *Daniellia oliveri, Lophira lanceolata* oder *Terminalia glaucescens* dominiert (vgl. Kap. 7). Generell ergibt sich das folgende Bild der zu beobachtenden Vegetationsabfolgen: an den tiefsten Geländepunkten, die zeitweise unter Wasser stehen, breitet sich der Galeriewald aus. Er wird begleitet von unterschiedlich breiten "Talauen", die ausschließlich von Gräsern bewachsen sind. Mit dem Erreichen der zum Teil sehr flachen Anstiege zu den höher gelegenen Verebnungsflächen erreichen die Phanerophyten einen stetig höher werdenden Anteil in der Savannenlandschaft. Auf den höchsten Punkten der Flächen sind häufig noch Waldreste anzutreffen, die sowohl inselförmig als auch als schmale zusammenhängende Bänder den Landschaftscharakter prägen. Leichte Abwandlungen erfährt das obige Schema über kristallinen Schiefern. Die Galeriewälder verschwinden und werden von kleinen Bouquets mit *Phönix reclinata* ersetzt.

Wesentliche Aspekte des Naturhaushaltes des V-Baoulé sind geologischen und klimatischen Ursprungs. Französische Autoren (AVENARD, BONVALLOT, LATHAM, RENARD-DUGERDIL, RICHARD 1974) heben immer wieder die Grenze zwischen Graniten und Schiefern / Grauwacken als dominierender Faktor für die Vegetationsunterschiede zwischen Savanne und Wald hervor (besonders im östlichen Teil des V-Baoulé entlang einer Linie Lamto-Sakassou-Bofrebo-Noufou (vgl. Abb. 4.7.) Desweiteren ist das Auftreten vulkanischer Sedimente im westlichen Bereich des V-Baoulé aus geologischer Sicht ein wesentliche Standortfaktor für den Wald. Über den Graniten dominiert die Savanne (ROUGERIE, 1960, S.88). Die Verifizierung dieser Aussagen ist im Detail nur sehr begrenzt möglich. Nördlich von Dimbokro reichen die Savannenareale weit in die von Schiefer geprägten Areale hinein. Südlich davon sind die granitischen Verebnungsflächen auch heute noch häufig mit halbimmergrünen Wäldern bedeckt (Abb. 4.7.).

Auch aus klimatischer Sicht spricht vieles für eine natürliche Ursache dieses markanten Landschaftsteils. Die Südwestgrenze markiert annähernd den Übergang von dem äquatorial-tropischen in den wechselfeuchten sudanischen Klimabereich (vgl. Kap. 6). Entsprechend sind auch die Jahresisohyeten an den Rändern des V-Baoulé eng aneinander geschart. Ökologisch bedeutsam ist die 1.200 mm Niederschlagsgrenze, an der die halbimmergrünen Feuchtwälder ihre Trockengrenze im westlichen Afrika erreichen (vgl. dazu auch Kap. 7 sowie ANHUF & FRANKENBERG 1991). Bei genauer Betrachtung des Verlaufes von Isohyeten und Waldgrenze fällt eher ein asymmetrischer Verlauf beider Grenzen auf. Im Westen deckt sich die Waldgrenze im Bereich von Séguéla mit der 1.400 mm Jahresisohyete, im Osten im Bereich von M'Bahiakro sogar fast mit der 1.000 mm Jahresisohyete.

Ein sehr wesentlicher Faktor bei der Gestaltung der Landschaft ist der Mensch. Die Art und Weise seines gestalterischen Handelns ist durch die Zugehörigkeit zu einer der drei großen gesellschaftlich, kulturell wie wirtschaftlich unterschiedlichen Bevölkerungsgruppen des Landes vorgegeben. Die Menschen der westlichen Waldregionen waren nur in Sippenverbänden organisiert und bestimmten das gesellschaftliche Bild in der gesamten Guinearegion westlich des Bandama-Flusses (vgl. dazu die Grou in Kap. 4.1). Die zweite gesellschaftliche Großgruppe bilden die Sudanvölker im nördlichen Teil der Elfenbeinküste (Malinke, Senoufo - vgl. dazu Kap. 4.3. und 4.4.). Die dritte Gruppe setzt sich aus den Völkern der Akan-Königreiche zusammen, die den Südosten und das Zentrum der Côte d'Ivoire (Baoulé) bewohnen. Sie hatten ihr Zentrum im heutigen Ghana. Die Be-

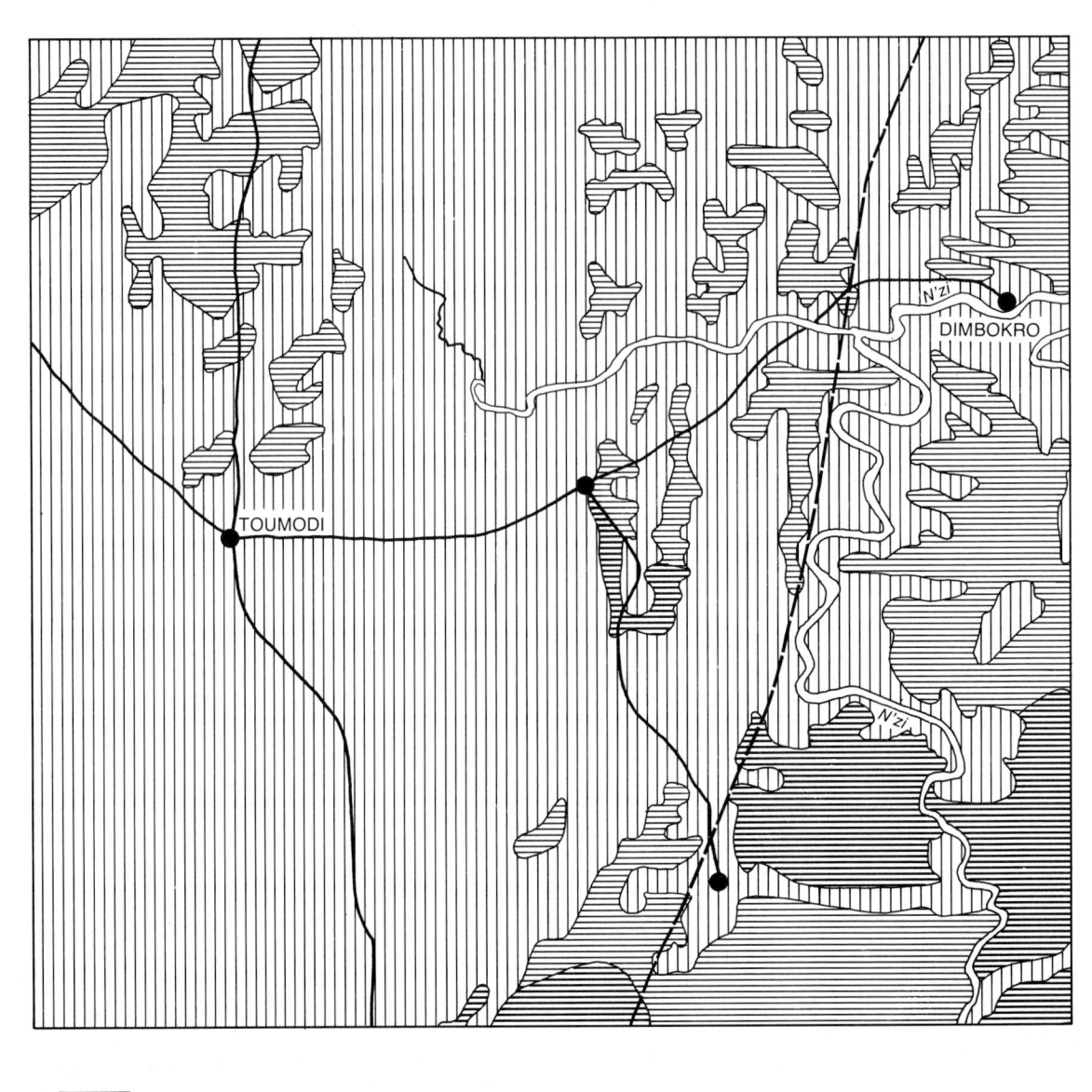

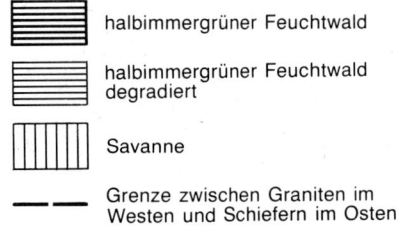

Abb. 4.7: Lageskizze des Untersuchungsraumes südlich von Dimbokro

Legend:
- halbimmergrüner Feuchtwald
- halbimmergrüner Feuchtwald degradiert
- Savanne
- Grenze zwischen Graniten im Westen und Schiefern im Osten

siedlungsgeschichte und damit die Veränderungen des Landschaftscharakters in den letzten 500 Jahren sind gekennzeichnet durch die "Völkerwanderungen" der Sudan-Völker nach Süden und der Akan-Völker nach Westen. *"Bis heute ist der agrarsoziale und agrargeographische Unterschied zwischen Reisbauern im Westen und Knollenpflanzern (Yams) im Osten des Bandama-Flusses von Bedeutung"* (WIESE, 1988, S.32).

Die Entstehung der Akan-Königreiche läßt sich bis ins 13. Jahrhundert zurückverfolgen. Seit etwa 1700 schlossen sich die einzelnen Reiche zu einer Konföderation zusammen, die als das Ashanti-Reich bekannt wurde. Macht, Reichtum, Kultur- und Staatsentwicklung der Akan-Reiche beruhte auf dem Gold, spätestens seit dem 18. Jahrhundert auch auf dem Sklavenhandel. Nicht zuletzt wegen ihrer wirtschaftlichen Bedeutung erhielten bestimmte Abschnitte der westafrikanischen Guineaküste von den Europäern Namen wie die Elfenbeinküste und die Goldküste (heutiges Ghana), wohingegen sich der Begriff der Sklavenküste ausschließlich auf den Küstenstreifen zwischen der Volta- und der Nigermündung, Teilen des heutigen Ghana, Togo, Benin und Nigerias, beschränkte. So wie die Handels- und Warenströme bis zum Beginn des 19. Jahrhunderts innerafrikanisch orientiert waren, war auch der Sklavenhandel seit vielen Jahrhunderten auf den schwarzen Kontinent konzentriert. Die Existenz alter Fernhandelswege beweist dieses. Die für die Côte d'Ivoire bedeutendste Handelsstraße begann in Djenné am Niger (Mali) und verlief über Kong (vgl. Kap. 4.3.) in das Ashanti-Reich bis an die Küste nach Axim und Cape Coast in Ghana (vgl. dazu Abb. 4.8.)

Mitte des 18. Jahrhunderts kam es zum Bruch zwischen den Baoulé und dem Ashanti-Reich. Die Baoulé konzentrierten ihr Siedlungsgebiet weiter nach Westen in den Bereich zwischen den Bandama-Fluß im Westen und dem Comoé-Fluß im Osten und verdrängten dabei die Malinke weiter nach Westen und die Senoufos nach Norden. Ihre gesellschaftliche Struktur, der Handel mit Gold und später mit Textilien, ein ausgeprägtes und weitentwickeltes Handwerk verschafften ihnen schnell eine wirtschaftlich bedeutende Stellung auf dem Gebiet der Elfenbeinküste, die bis heute nahezu ungebrochen ist.

Der Vergleich der geographischen Lage des Siedlungsgebietes der Baoulé mit den Vegetationszonen der Elfenbeinküste macht deutlich, daß das Siedlungsgebiet nahezu deckungsgleich mit dem "Secteur Preforestier" (vgl. Abb. 4.9.) übereinstimmt. Dieses gilt sowohl für die westliche, die nördliche als auch weitestgehend für die östliche Grenze. Im südlichen Abschnitt der Ostgrenze bildet der N'zi eine natürliche Grenze zu den benachbarten Agni. An dem Abzweig des N'zi nach Nordwesten in der Höhe von Abengourou dehnt sich das Baoulé-Gebiet über den N'zi hinaus nach Osten bis an die Ufer des Comoé-Flusses in den Bereich der halbimmergrünen Wälder aus. Die Landstriche entlang der Flüsse sind auch hier äußerst dünn besiedelt, wie schon zuvor für Teile des Sassandra-Flusses geschildert (vgl. Kap. 4.1.). Hier zeigt sich, daß die Einflüsse der Geofaktoren zur Erklärung des zu beobachtenden Verlaufes der Grenze Wald - Savanne allein kaum ein befriediegendes Ergebnis zu liefern vermögen. Vielmehr scheint der Gedanke an eine anthropogen erzeugte Savannenlandschaft im Bereich des V-Ausschnittes näher zu liegen.

Die Gegensätze zwischen Wald- und Savannenbewohnern finden weiterhin ihren Ausdruck in dem räumlichen Erscheinungsbild des Nahrungsmittelanbaus. Wichtigste

Grundnahrungsmittel der Agni im südöstlichen Feuchtwaldgebiet sind Kochbananen, Taro und Yams, ergänzt durch Maniok, Mais und Erdnüsse. Die westliche Feuchtwaldzone gehört der westafrikanischen Reisbauregion (vgl. WIESE, 1988) an. Neben Trocken- und Naßreis als Basis findet man ebenfalls Kochbananen, Taro und Maniok vor, weiter im Nordwesten (vgl. Kap. 4.1.) auch Mais und Maniok. Dagegen beherrschen Yamskulturen das Baoulé-Land in der "Savane préforestière". Ergänzend zu den Yams-Wurzeln (l'igname) werden an Getreide vor allem Mais in der Savannenzone angebaut, im Übergangsgebiet zum Südwesten ersetzt der Reis den Mais, gen Südosten gewinnt die Kochbanane an Bedeutung, teilweise auch Taro.

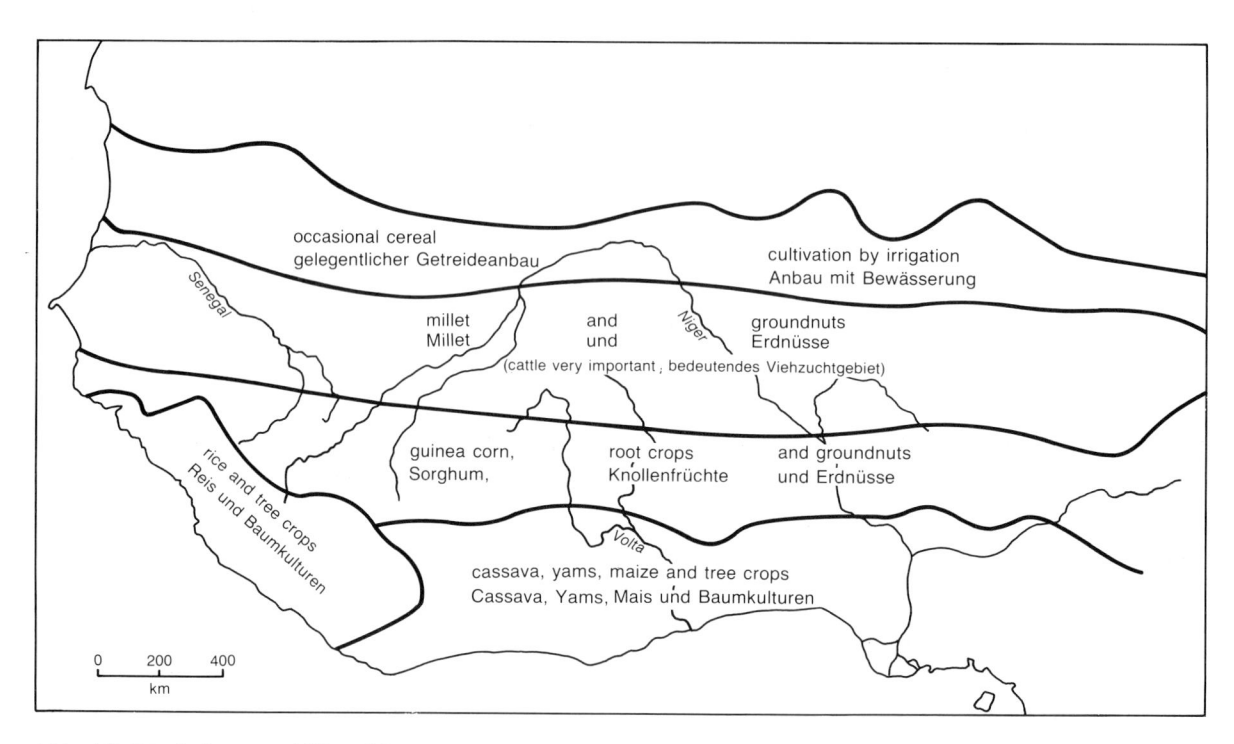

Abb. 4.8: Die Anbaugürtel Westafrikas (verändert nach Wrigley, 1982)

Yams (*Dioscorea*-Arten) gehört zu den Stärkepflanzen und wird seit Jahrhunderten als Nahrungsmittel angebaut. Die Inhaltsstoffe sind ähnlich denen unserer Kartoffeln. In der Elfenbeinküste ist "Fufu", ein Brei aus gestampften und gekochten Yams-Knollen ein weitverbreitetes und beliebtes Gericht. Neuere Untersuchungen bei Rotationsversuchen mit Yams haben in Nigeria ergeben, daß die besten Erträge dann erzielt werden, wenn dem Yamsanbau eine Brache vorgeschaltet ist und diese dann unmittelbar vor dem Anbau gebrannt wird (WRIGLEY, 1982).

Resümierend läßt sich feststellen, daß die Baoulé wie die übrigen Savannenbewohner die Wälder in ihrem Siedlungsbereich weitgehend zerstört und durch Ackerkulturen und den dazugehörigen Brachflächen ersetzt haben. Der regelmäßige Gebrauch des Feuers hat große Bereiche der Naturlandschaft in monotone Baumsavannen verwandelt, in denen nur feuerresistente Arten den jährlichen Brand überleben. WOHLFARTH-BOTTERMANN (1991) berichtet über die Brandrodungstechnik der Baoulé, die in zunehmendem Maße in die

Feuchtwaldregionen der südwestlichen Elfenbeinküste abwandern. Es wird sich bei diesen Arbeiten nicht darauf beschränkt, die Flächen anzuzünden und zwischen den stehengebliebenen Bäumen die Yams-Knollen anzupflanzen. Der Autor beschreibt vielmehr eine konsequente Rodung, bei der die einzelnen Bäume durch individuelle gezielt gelegte Feuer abgetötet werden. Die allergrößten Bäume überleben die Baoulé-Brandrodung zwar für eine begrenzte Zeit, das Ergebnis ist in jedem Falle eine offene und weitgehend baumlose Kulturlandschaft.

Mit der Einführung des Kaffeestrauches und des Kakaobaumes entwickelte sich rasch ein duales landwirtschaftliches System: Nahrungsmittel- und "Cash-Crop" - Anbau. Die streng hierarchische Struktur der Baoulé-Gesellschaft förderte die rasche Akzeptanz und den professionellen Ausbau dieser Marktprodukte (vgl. Abb. 4.10.). Da der Kaffeestrauch den Halbschatten bevorzugt (der Kakaobaum ist ohnehin ein Waldbaum), die offenen Savannen infolge jahrhundertelanger Rodung als Anbauflächen nicht in Frage kamen, wurden bevorzugt die noch vorhandenen, z.T. sehr breiten Galeriewälder entlang der Flüsse und Entwässerungsrinnen zu Standorten des Kaffeeanbaus. Dadurch setzte ein verstärktes Interesse für die grenznahen Feuchtwaldareale ein, so daß die Baoulé-Kaffeebauern zusätzlich in die dünn besiedelten Grenzregionen nach Westen und Osten drängten. Die zunehmende Bedeutung des Kaffeeanbaus läßt sich gegenwärtig am Zustand der Borassus-Palmenhaine ablesen. Auch heute noch stellt der aus diesen Palmen gezapfte Palmwein das beliebteste Getränk der Bevölkerung dar. Infolge der starken Konzentration auf den kaffee- und Kakaoanbau in den letzten über drei Jahrzehnten ließ zwangsläufig die Pflege der Palmenhaine nach. Sie wurden zur Weingewinnung zu stark "zur Ader gelassen", entsprechende Neuanpflanzungen fehlen; ein vermehrtes Palmensterben ist zu beobachten. Die wirtschaftlich ertragreicheren Strauch- und Baumkulturen führten zu einer massiven Veränderung der traditionellen landwirtschaftlichen Strukturen.

Der von staatlicher Seite geförderte Ausbau der agroindustriellen Produktion in der Elfenbeinküste führte zu weiteren wirtschaftlichen und sozialen Veränderungen, die bis heute noch nicht abgeschlossen sind. Der Ausbau weltwirtschaftlich bedeutender Plantagenkulturen wie Kautschuk, Palmöl, Ananas und Fruchtbananen zog ein enormes Arbeitskräftepotential nach sich, das von den ansässigen Waldbewohnern in den Feuchtwaldgebieten allein nicht gedeckt werden konnte. Die Folgen davon waren und sind bedeutende einseitig ausgerichtete Migrationsströme von Nord nach Süd (Südwesten und Südosten). Bei den beteiligten Personen handelt es sich sowohl um ivorische Migranten als auch um Millionen von benachbarten Ausländern. Die Elfenbeinküste wurde zum Einwanderungsland. Wesentliche "Pull-Faktoren" sind die erheblich höheren Einkommen, die in den Kaffee-, Kakao- und anderen Pflanzungen und Plantagen erzielt werden können. Diese Magnetwirkung blieb auch bei der Baoulé-Bevölkerung nicht aus. Besonders aus dem zentralen Bereich ihres Siedlungsgebietes verließen viele Savannenbewohner ihre Heimat und gingen in die Wälder, begünstigt durch ein dichtes und hervorragend ausgebautes Verkehrsnetz. Die in nur 2 - 4 Busstunden zu erreichende ivorische Hauptstadt veranlaßte besonders die jungen Leute, auch aus dem südlichen V-Baoulé, ihre Dörfer zu verlassen, um in der Stadt, der Agroindustrie oder im tertiären Sektor ihr wirtschaftliches Glück zu versuchen.

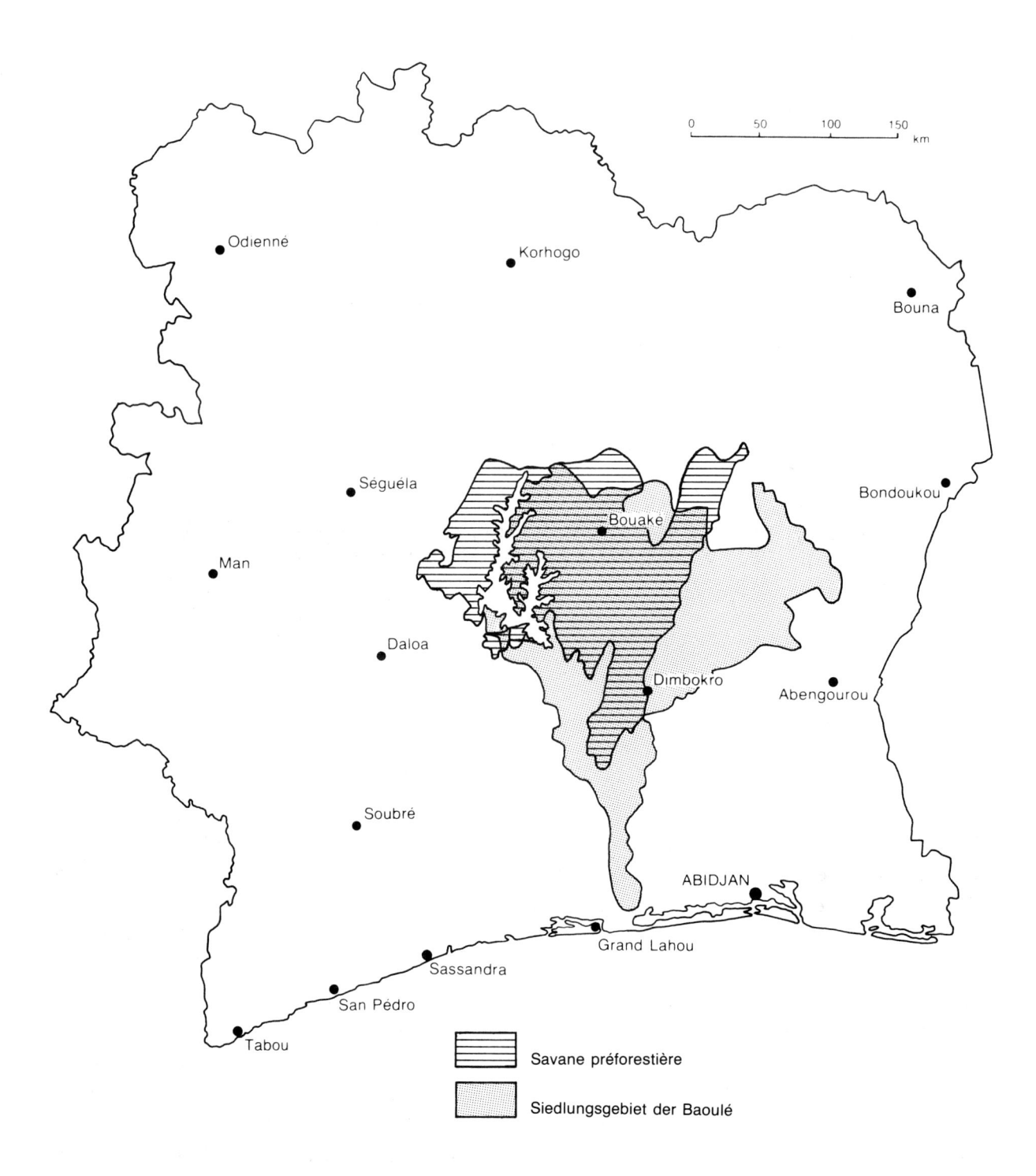

Abb. 4.9: "Savane préforestière" und Siedlungsgebiet der Baoulé

Zeitlicher Vegetations- und Klimawandel in Côte d'Ivoire 69

Zusammenfassend unterstreicht die Darlegung der unterschiedlichen Einflüsse der verschiedenen Faktoren, daß der zu beobachtende Verlauf der Grenze Wald - Savanne nicht monokausal zu erklären ist, sondern daß es vielmehr die Abweichungen von den vereinfachten Schemata sind, die den rezenten Grenzverlauf bedingen. Mögliche Erklärungsansätze an einem konkreten Beispiel soll zunächst der jüngere Wandel der realen Bodenbedeckung anhand von Luftbildanalysen liefern.

Abb. 4.10: Kaffee- und Kakaopflanzung in der Region Bondoukou, 1989; *Anhuf*

Der gewählte Kartenausschnitt (vgl Abb. 4.11. und 4.12.) befindet sich zwischen 30 km und 10 km südwestlich von Dimbokro (vgl. auch Abb. 4.7). Seine südliche Begrenzung wird bei 6° 30' N erreicht, im Norden reicht das Untersuchungsgebiet bis an 6° 38' N heran. Im Westen verläuft die Grenze in Höhe von 4° 55', im Osten in der Höhe von 4° 45' W. Die mittlere Geländehöhe der verebneten Flächen beträgt rund 120 m NN. Das gesamte Gelände steigt nach Osten, zum N'zi allmählich auf ein Niveau von 65-70 m hinab. Das Untersuchungsgebiet wird von der über Toumodi nach Dimbokro verlaufenden Teerstraße diagonal gequert. Den rechten Kartenrand nimmt der N'zi ein, einer der bedeutenden Nebenflüsse des Bandama.

Der Kartenausschnitt ist geprägt von drei Landschaftselementen: Die Verebnungsflächen mit einer mittleren Höhe von 120 m NN dominieren den westlichen Kartenrand bis etwa auf die Höhe der Piste von Loukoujakro über Akuvikro weiter nach Süden, sowie den Bereich zwischen Bofrebo und Krokokro und dem nordöstlichen Kartenrand. Den kleinsten Flächenanteil nehmen die beiden Hauptentwässerungsadern, der N'zi und der Kan ein. Letzterer quert das obere Drittel des Kartenausschnittes von West nach Ost und mündet unmittelbar südlich Krokokro in den N'zi. Während der Kan nur in der Regenzeit im Luftbild offene Wasserflächen erkennen läßt, ist der N'zi ganzjährig wasserführend. Beide werden von einem breiten Gürtel von Galeriewäldern begleitet. Das dritte Landschaftselement wird durch die zahlreichen kleinen Entwässerungsrinnen gebildet, die rückschreitend die o.g. Verebnungsflächen angreifen und teilweise abtragen. Die Übergänge von der Ebene zu den Entwässerungslinien sind als flache Böschungen ausgebildet. Dieses Landschaftselement dominiert den gesamten zentralen, westlichen und südöstlichen Bereich des gewählten Kartenausschnittes. Die zuvor beschriebene Diskordanz zwischen Graniten im Westen und Schiefern im Osten verläuft sehr dicht entlang des westlichen Ufers des N'Zi (vgl. Abb. 4.7).

Bei der Betrachtung der Karten zur aktuellen Bodenbedeckung in den Jahren 1955/56 und 1975 (vgl. Abb. 4.11. und 4.12.) ist diese zuvor skizzierte morphologische Differenzierung kaum wiederzufinden. Deutlich treten nur die beiden großen Entwässerungsadern mit ihren Galeriewäldern hervor. Die zahlreichen kleinen temporär wasserführenden Entwässerungslinien werden ebenfalls von schmalen Bändern begleitet, die einen Galeriewald tragen. Dominantes Element der Vegetationsbedeckung sind die Strauch- und Grassavannen, die bereits Mitte der 50er Jahre nahezu die Hälfte (45%) des gesamten Kartenausschnittes bedeckten. Räumlich sind diese offensten Savannenflächen am westlichen Kartenrand, entlang der beiden Flüsse und im mittleren Kartenteil konzentriert. Sie bedecken sowohl die Verebnungsflächen als auch die leicht geneigten Abhänge; sie sind weder auf den granitischen noch den schiefrigen Untergrund beschränkt.

Prägendes Element des Untersuchungsgebietes sind die quasi an zwei Ketten aufgereihten Inseln halbimmergrüner tropischer Feuchtwälder. Die eine Kette quert die Karte von Süd nach Nord im westlichen Teil, die zweite Kette verläuft parallel dazu im östlichen Bereich entlang des N'zi. Das Bemerkenswerte an diesen Waldinseln sind zwei Tatsachen: der Anteil nicht degradierter Wälder lag bereits 1955/56 deutlich unter 1%. Daran hat sich in den nachfolgenden 20 Jahren nichts geändert. Der gesamte Flächenanteil der, wenn auch degradierten, Feuchtwälder betrug 1955/56 aber auch Mitte der 70er Jahre etwa 17%. Bereits in der frühen Kartierung wird deutlich, warum in dieser Region ein so hoher Grad an Degradation in den Wäldern erreicht ist. Kaum eine der Waldinseln war zu jenem Zeitpunkt frei von rezent gerodeten Ackerflächen. Über 75% der gesamten Ackerflächen lag 1955/56 innerhalb der Waldinseln. Nur ein kleiner Teil befand sich auf den offenen Savannenflächen, meist ausschließlich in unmittelbarer Nähe zu den kleinen temporären Wasseradern. Insgesamt ist der Anteil der Ackerflächen in diesem Kartenausschnitt äußerst gering und betrug 1955/56 kaum 2,5%. In den darauffolgenden Jahren bis 1975 kann zwar eine Verdoppelung der Ackerflächen beobachtet werden, mit unter 5% an der Gesamtfläche bleibt der Anteil nach wie vor gering. Diese Verdoppelung entspricht auch in diesem Fall in etwa den natürlichen Bevölkerungsbewegungen, wie bereits im vorangegangenen Beispiel (vgl. Kap. 4.1.) gesehen. Eine solche Zunahme der Nahrungsmittelproduktion läßt andererseits eine ähnliche Steigerung bei den Strauch- und Baumkulturen erwarten. Von der Richtigkeit der Annahme muß ausgegangen werden, auch wenn die Luftbildinterpretation nicht in der Lage war, diese Flächen gesondert auszuweisen. Das liegt einmal an der z.T. sehr schlechten Qualität der Bildabzüge, andererseits natürlich am Bildmaßstab, der im Mittel bei 1:60.000 liegt. Für diese Annahme spricht allerdings, daß sich die Flächenanteile der halbimmergrünen

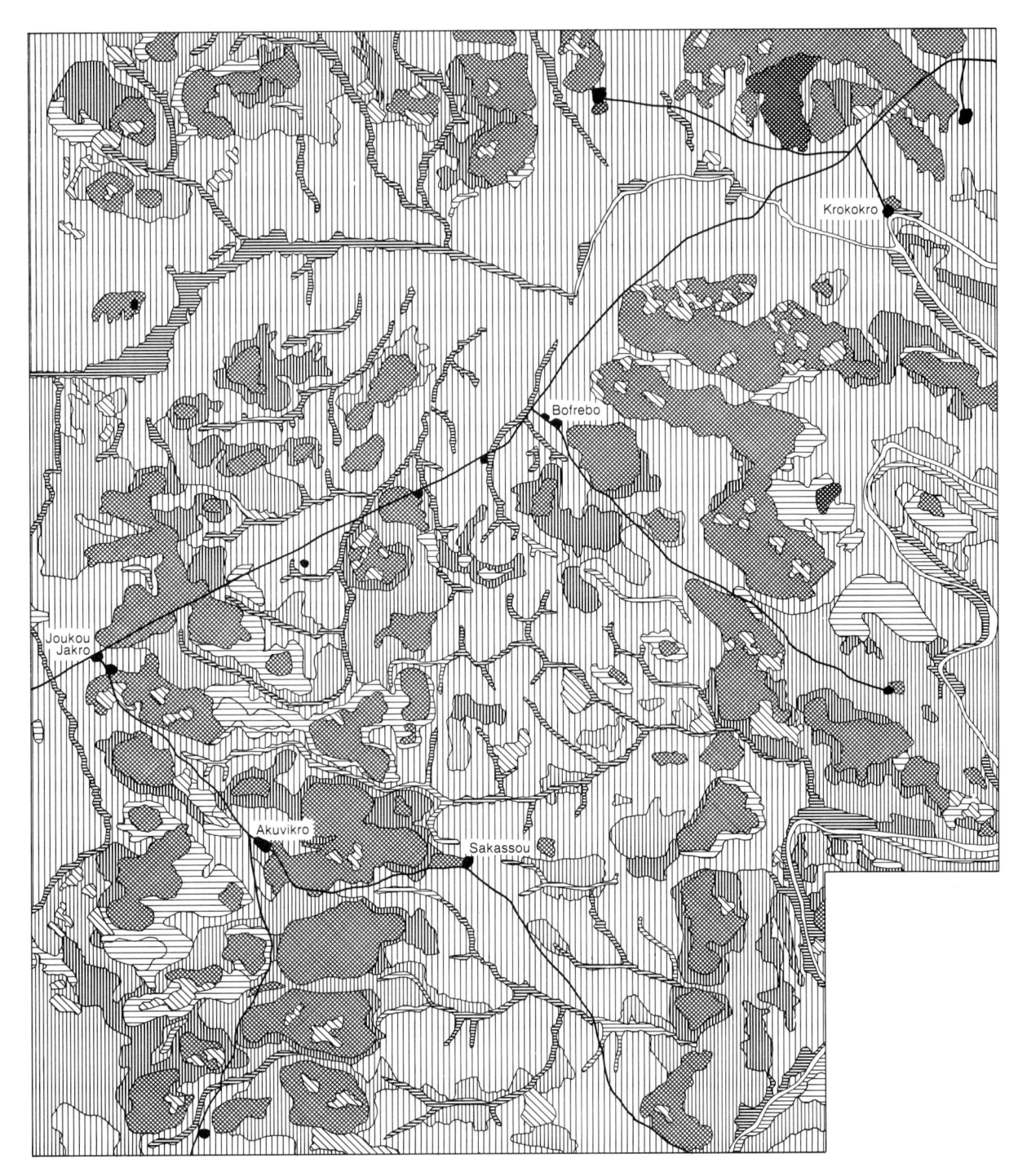

Abb. 4.11: Karte der realen Bodenbedeckung im Raume südlich von Dimbokro im Jahre 1955/56

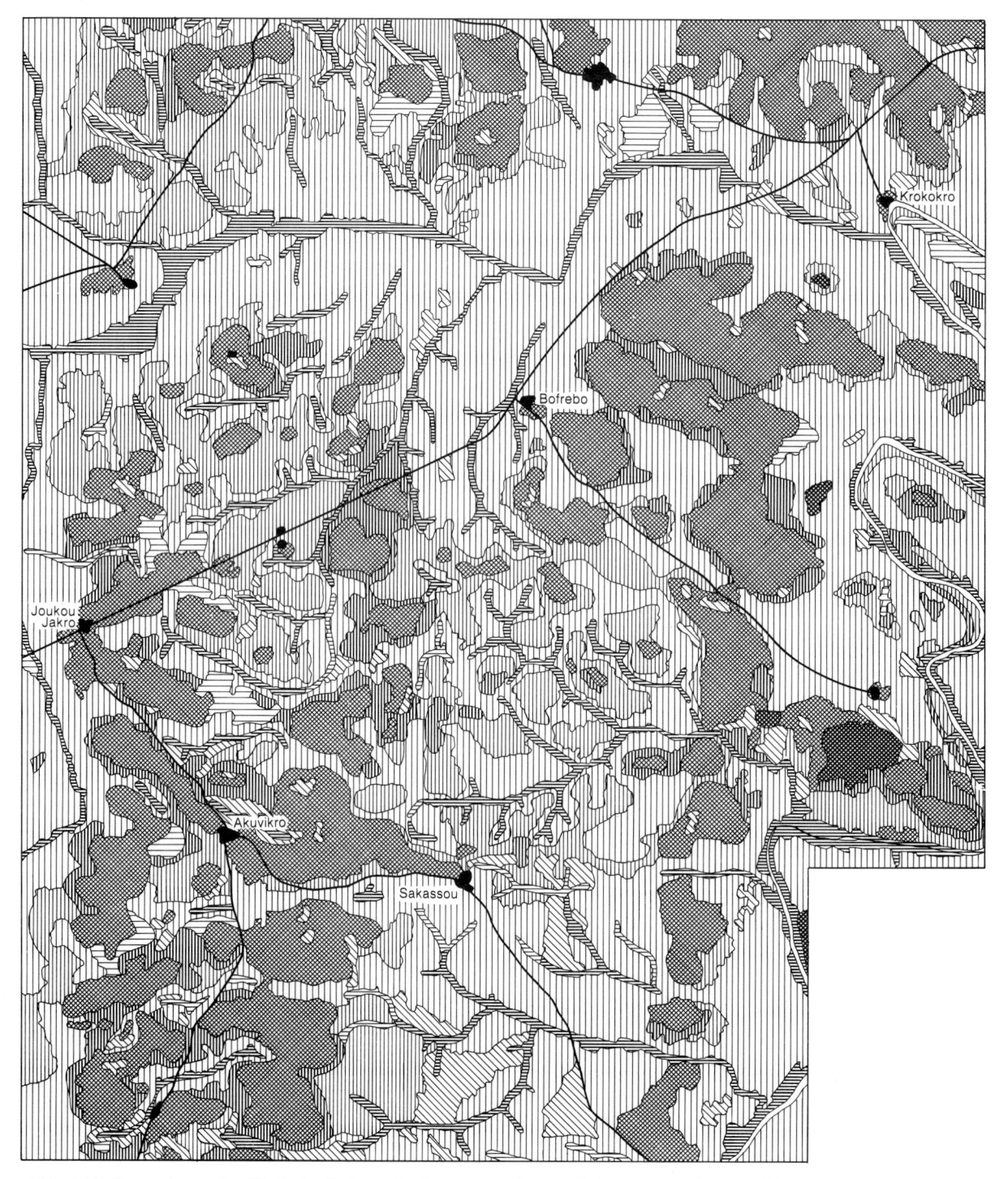

Abb. 4.12: Karte der realen Bodenbedeckung im Raume südlich von Dimbokro im Jahre 1975

Feuchtwälder in dem betrachteten Zeitraum von 20 Jahren überhaupt nicht verändert haben, mehr noch, daß die äußeren Grenzen der Waldinseln bei beiden Kartierungen so gut wie unverändert geblieben sind (vgl. Abb. 4.11. und 4.12.), was in keiner der anderen Kartierungen zu beobachten war. Andererseits war bei der Bildinterpretation an der Oberflächenstruktur der Wälder deutlich zu erkennen, daß über 20 Jahre kaum Veränderungen stattgefunden haben. Das oberste Stockwerk wird nach wie vor von den schattenspenden "Überständern" *Ceiba pentandra, Bombax buonopozense, Cola gigantea* und *Antiaris africana* gebildet, darunter befinden sich Bananenstauden, Kaffeesträucher und z.T. Kakaobäume. Dieses spricht für ein hohes Maß an "Pflege" der noch verbliebenen Feuchtwaldareale als entscheidende Produktionsstandorte für die Baum- und Strauchkulturen. Auch die jüngst (1990/91) durchgeführten Untersuchungen auf verschiedenen Standorten innerhalb des Kartenausschnittes vermitteln den Eindruck eines gepflegten und intensivst genutzten "Waldgartens" in dem Bereich von Bofrebo (vgl. Abb. 4.13.). Die offenen Savannenstandorte in Dorfnähe dienen der traditionellen Nahrungsmittelproduktion. Mitte der 50er Jahre lagen noch über 75% der Ackerflächen innerhalb der Waldinseln. Dieser Anteil ist 20 jahre später auf ca. 15% zurückgegangen; die Ausweitungen des Nahrungsmittelanbaus (s.o.) fand auf den offenen Savannenstandorten statt, nicht innerhalb der Waldinseln.

Zusammenfassend läßt der Vergleich der realen Bodenbedeckung im Raume Bofrebo südlich von Dimbokro für die Jahre 1955/56 und 1975 eine sehr hohe räumliche Konstanz der den Landschaftscharkter prägenden Elemente erkennen, was allein schon in dem Vergleich der absoluten Zahlenangaben der jeweiligen Einheiten deutlich wird. Den absolut höchsten Wert der Veränderung von 10% haben die offensten Strauch- und Grassavannen zu verzeichnen. Dieser Flächengewinn resultiert aus der fortgeschrittenen Degradation der Baum- und Waldsavannen und der lichten Sekundärwälder. Die Feuchtwaldareale waren davon nicht betroffen. Dieses Beispiel zeigt, daß auch ein "Savannenbewohner" unter gewissen Umständen (hier wirtschaftlicher Art) sehr schnell erkennt, wie wertvoll ein "Produktionsstandort Wald" sein kann. Dieses bedeutet allerdings keine Abwendung von den traditionellen Verhaltensweisen. Die offenen Strauch- und Grassavannen werden jahraus jahrein weiter gebrannt, obwohl der wirtschaftliche Wert eines solchen Verhaltens nicht nachvollziehbar ist. Auch die Erhaltung des Feuerklimax "Borassus-Savanne" zur Weinerzeugung (vgl. Abb. 3.7.) ist angesichts des heute vielfach beklagenswerten Zustandes der Palmen wenig überzeugend. Daß der Wald auch unter den rezenten Klimabedingungen des V-Baoulé in der Lage ist, Terrain der Savannenstandorte für sich zurückzugewinnen, zeigen die Untersuchungen der französischen Kollegen von der Forschungsstation Lamto (BONVALLOT & DUGERDIL & DUVIARD, 1970, DESCOINGS, 1972, DEVINEAU, 1975, DEVINEAU & LECORDIER & VUATTOUX, 1984, GORDON, 1963, LACHAISE, 1974, LAMOTTE, 1977, MENAUT & CESAR, 1979, MONNIER, 1977, POISSONET & CESAR, 1972, ROLAND & HEYDACKER, 1973, SCHMIDT, 1973, VUATTOUX, 1970, 1976). Auch ist die "ökologische Benachteiligung" der Standorte über Granit für die Wiederbewaldung bzw. als natürlicher Savannenstandort aufgrund der Ergebnisse aus Lamto kaum glaubhaft. Es ist sicherlich zutreffend, daß die Baoulé den ökonomischen Wert eines Waldstandortes erkannt haben, daß sie andererseits aber als

Neusiedler in einem geschlossenen Feuchtwald, wie z.B. im Bereich Séguéla (Kap. 4.1), diesen systematisch und sehr gezielt niederbrennen, um freie Anbauflächen für ihre Igname-Kulturen zu erhalten (WOHLFARTH-BOTTERMANN, 1991).

Abb. 4.13: Kleinbäuerliche Bananenpflanzung im Raume Bofrebo

4.3 Der Wandel der realen Bodenbedeckung in der Umgebung von Nassian

Das Untersuchungsgebiet liegt im Nordosten der Côte d'Ivoire. Dominante Erscheinung dieses heute am dünnsten besiedelten Teiles des Landes ist der Comoé-Nationalpark mit einer Fläche von 11.500 km». Eingerahmt wird dieser Park von drei bedeutenderen Siedlungen bzw. Städten. Im Westen Kong, im Osten Bouna, im Süden Nassian. Mit wenigen Ausnahmen verlaufen entlang der Nationalparkbegrenzung unbefestigte Straßen, die die genannten Orte verbinden. Die eigenen Testparzellen befinden sich am nordöstlichen Rand des Parkes in der Umgebung von Bouna und am südlichen Rand bei Nassian (vgl. Abb. 4.14, Übersichtkarte). Bouna ist ein kleines Verwaltungszentrum mit ca. 15.000 Einwohnern. Seine Bedeutung liegt in seiner "strategischen Lage" an der Gabelung zweier grenzüberschreitender Pisten nach Burkina Faso im Norden und Ghana im Osten. Kong im Westen des Parkes ist heute ein kleiner unbedeutender Ort, abseits der nationalen und internationalen Handels- und Verkehrswege. Das war bis ins 19. Jahrhundert hinein anders. Die Stadt wurde bereits im 11. Jahrhundert durch die Senoufo gegründet und entwickelte sich anschließend zu einem bedeutenden islamischen Zentrum und wichtigen Etappenort entlang der alten Handelsstraße von Mankono (am Rande des Regenwaldes) über Kong nach Bobo-Dioulasso bzw. ghana-

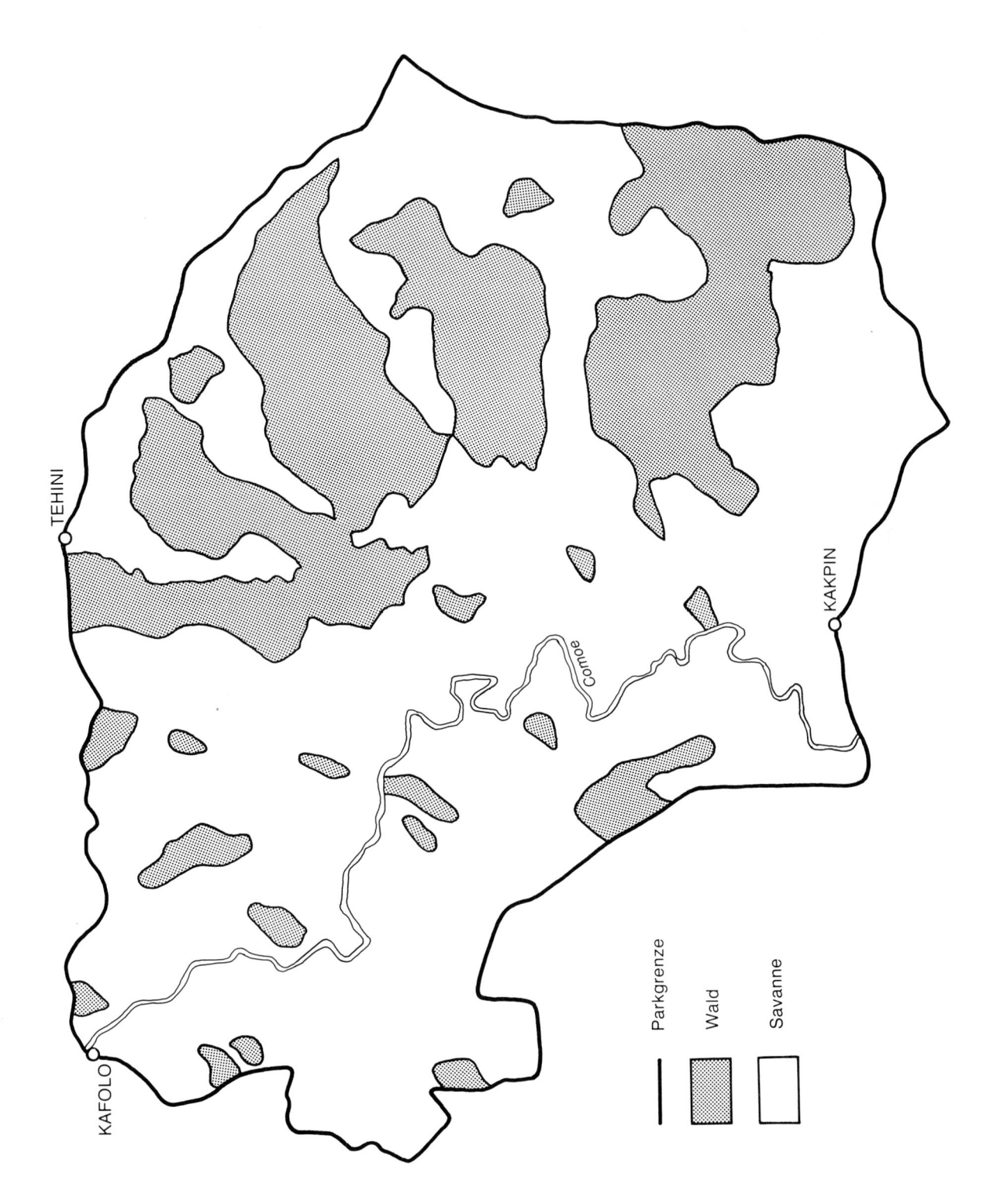

Abb.4.14: Lageskizze des Untersuchungsraumes bei Nassian

ischen Küste bis nach Djenné in Mali, also in die Sudan- und Sahelzone (vgl. Abb. 4.15). Von dort kamen Salz, Fleisch und Vieh, die gegen Colanüsse (*Cola nitida*, vgl. Kap. 7), Gold und Sklaven eingetauscht wurden. Bei Auseinandersetzungen zwischen dem afrikanischen Fürsten Samori und den heranrückenden französischen Kolonialtruppen hat der Afrikaner 1898 Kong dann nahezu völlig zerstört. Nassian im Süden ist ein kleines Zentrum einiger in der Region verbliebener Senoufo-Dörfer.

Abb. 4.15: Moschee aus dem 15. Jahrhundert in Kong

Das Untersuchungsgebiet wird in seinem Untergrund von präkambrischen Graniten und Magmatiten geprägt. Am Westrand des Parkes zieht ein schmales Band aus Schiefern durch, an dessen Rändern vereinzelt Überreste präkambrischer Vulkane das flache Gelände leicht überragen. Erst rund 100 km südlich dehnt sich dieses Schieferband weiter nach Osten aus und dominiert den gesamten südöstlichen Bereich der Côte d'Ivoire (vgl. Kap. 4.1). Die Westgrenze dieses Schieferbandes prägt ebenfalls den Übergangsbereich Wald-Savanne in den Regionen von Dimbokro - Toumodi (vgl. Kap. 4.2).

Der nördliche Teil des Untersuchungsgebietes liegt in der sudanischen Klimazone. Das Savannenklima ist geprägt von einer eingipfligen Regenzeit, die im März/April einsetzt und bis Oktober dauert, mit einem Niederschlagsmaximum im August. Nach Süden wird schnell der Übergang zu den guineensischem Klima erreicht. In normalen Jahren ist dort ein äquatorialer Niederschlagstyp mit zwei Regenmaxima ausgeprägt. Auch wenn die Niederschlagsmengen absolut kaum höher als im Norden bei Bouna liegen, ist die Trockenzeit um zwei Monate kürzer als dort und dauert zwei bis drei Monate an (vgl. Abb.

4.16). Entsprechend dieser klimatischen Differenzierung ist das Untersuchungsgebiet auch in pflanzengeographischer Hinsicht zweigeteilt, in die Guinea-Zone im Süden und die Sudan-Zone im trockeneren Norden. Die französische Geobotanik unterscheidet innerhalb der Sudan-Zone zwischen der subsudanischen und sudanischen Zone, wobei erstere als Übergangsraum zu Guineensis betrachtet wird. BARTHLOTT (1979, S.70) schreibt: *"Die ursprünglichen Klimaxformationen sind vermutlich im Süden geschlossene Wälder (forêts semi-décidues) ohne Grasstratum; und im Norden Savannenfelder (forêts claires) mit Grasstratum gewesen"*. Daß diese Beurteilung der sudanischen Wälder im Norden nicht dem Klimax entspricht soll in einem späteren Abschnitt (Kap. 7) geklärt werden. Das Spektrum der angetroffenen Vegetationstypen reicht von nahezu baumlosen (weniger als 2 % Baumanteil) Grassavannen bis zu dichten geschlossenen Wäldern, die den halbimmergrünen Feuchtwäldern (forêts semi-décidues) sehr nahe kommen. Neben den sehr umfangreichen Untersuchungen von BARTHLOTT (1979) konnten sechs weitere Testflächen in diesem Gebiet aufgenommen werden, die mit zwei Ausnahmen außerhalb des Nationalparkes liegen (vgl. Übersichtskarte Abb. 4.14.). Testfläche XIV bei Kalabo liegt am südlichen Parkrand und damit auch unmittelbar in der nachfolgend beschriebenen vergleichenden Luftbildanalyse. Die bei der Luftbildauswertung vorgenommene Vegetationstypisierung erfolgte ebenfalls nach physiognomischen Gesichtspunkten (vgl. Kap. 3.2) über den Baumanteil pro Fläche.

Der gewählte Kartenausschnitt (vgl. Abb. 4.17 und 4.18) beinhaltet Flächen des Südteils des Nationalparkes sowie Flächen des daran anschließenden Senoufo-Landes in der Umgebung von Nassian. Die drei Orte Kalabo (13 km nördlich von Nassian), Depingo und Dédité werden durch eine nur in der Trockenzeit regelmäßig zu befahrene Piste verbunden. Sie bildet gleichzeitig die Südgrenze des Nationalparkes in diesem Abschnitt.

Das Relief dieses Kartenausschnittes ist außerordentlich flach mit mittleren Höhen von 320 m NN auf den höher gelegenen Verebnungsflächen und ca. 240 m auf der Basis der Entwässerungsadern. Östlich der Straße von Kalabo und nach Depingo treten sehr flache leicht erhobene Granitfelsen an die Erdoberfläche. Sie sind häufig vegetationslos oder bilden Sonderstandorte mit ihren zeitweise wassergefüllten Cuvetten (vgl. Abb. 4.19). Sie werden in dieser Kartierung nicht gesondert ausgewiesen.

Das Untersuchungsgebiet beherbergt nahezu das gesamte Spektrum der erwarteten Vegetationstypen dieses Übergangsraumes zwischen dem guineensischen und sudanischen Florenelement: Baum- und Strauchsavanne (2-5 % und 5-25 %), Waldsavanne bis hin zu den "forêt claire", "forêt sèche", "forêt dense sèche" bis hin zu den trockenen halbimmergrünen Feuchtwaldinseln. Es fehlen lediglich die reinen Grassavannen unter 2 % Baumanteil der Bowal-Flächen (vgl. Kap. 7). Die zahlreichen kleinen Entwässerungslinien haben den Comoé-Fluß weiter im Westen als Vorfluter. Sie sind nur wenige Meter in das Relief eingetieft und werden in Abhängigkeit vom Grundwasserspiegel von dichten oder degradierten Galeriewaldtypen bestanden.

In unmittelbarer Nachbarschaft dazu konzentrieren sich auch die Kulturflächen, bevorzugt auf die von Natur aus lichteren Auenbereiche bzw. den sanft ansteigenden Terrassen- bzw. Hangbereich. Die höher gelegenen "Kuppenbereiche" des Flachreliefs tragen zumeist noch Inseln dichter Wälder. Nur in Ausnahmefällen waren diese bereits 1954 gerodet und in Kultur genommen, so z.B. südwestlich von Kalabo bzw. weiter gen Westen in Richtung auf den Comoé-Fluß zu. Die offenen Grassavannen konzentrieren sich entlang der Piste von Kalabo nach Depingo, sowie östlich davon innerhalb des heutigen Nationalparkes. Es sind ebenfalls noch zahlreiche Ackerparzellen in dem Nationalparkgelände anzutreffen, da dieser Bereich in den 50er Jahren noch nicht unter Schutz gestellt war. Offiziell existiert dieser Park erst seit 1968 als Nationalpark. 1972 waren diese Felder bereits weitestgehend aufgegeben.

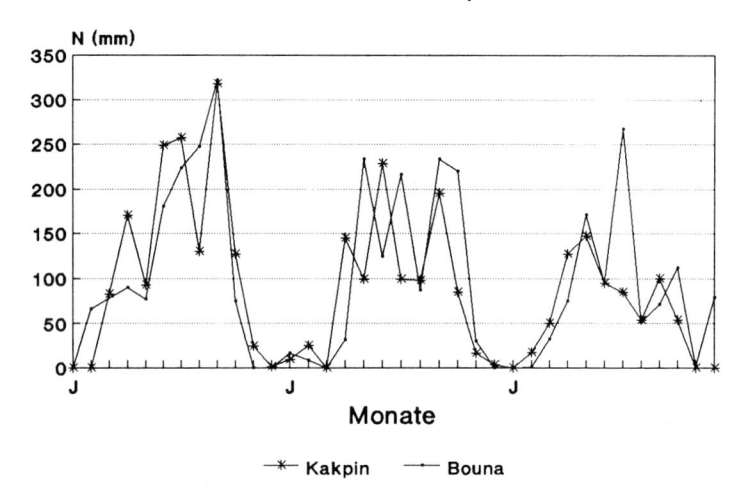

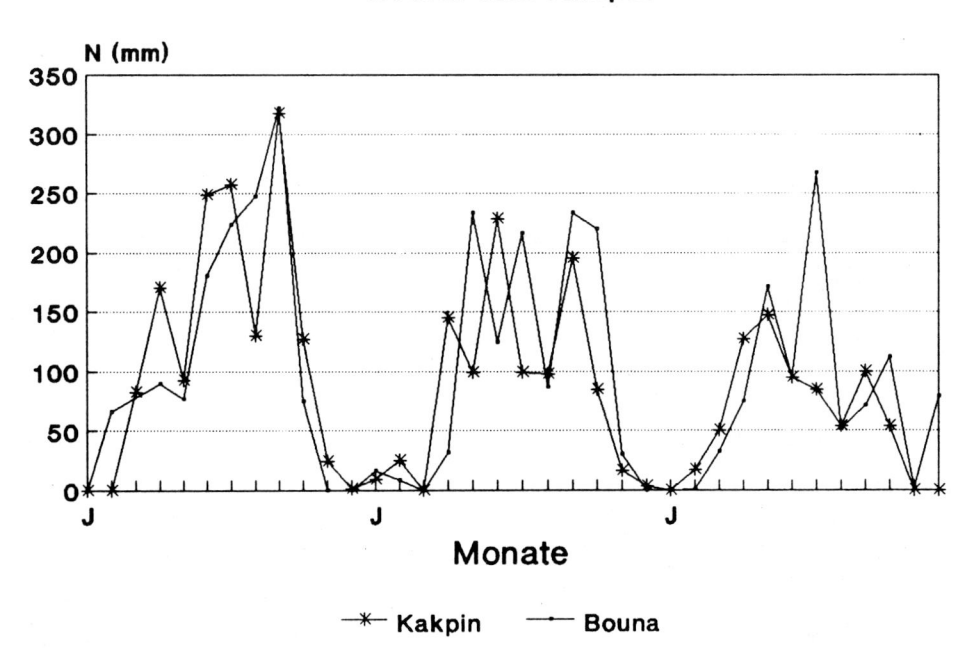

Abb. 4.16: Niederschlagsdiagramme der Stationen Bouna und Kakpin der Jahre 1989 - 1991

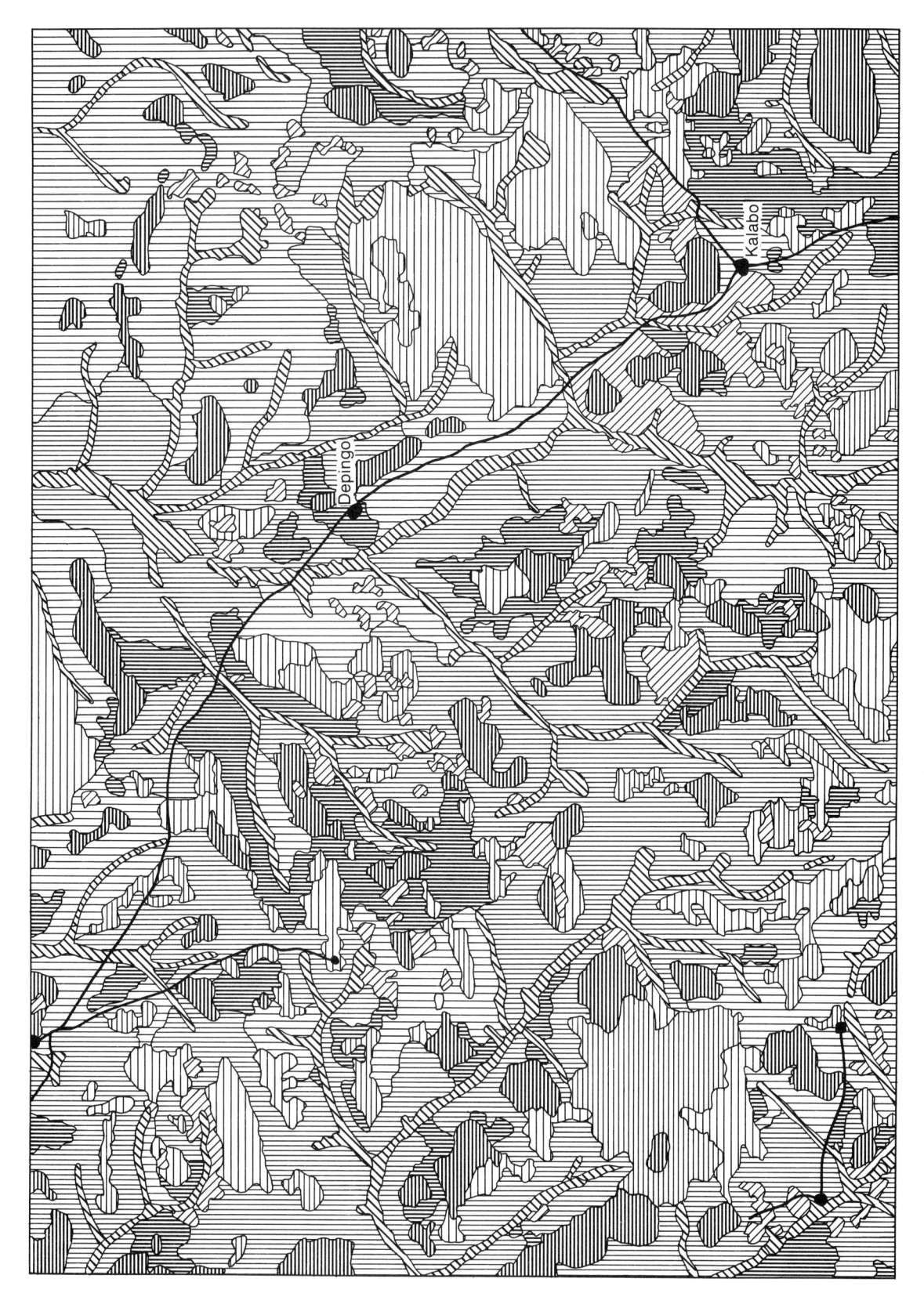

Abb. 4.17: Karte der realen Bodenbedeckung im Raum Nassian im Jahre 1954/55

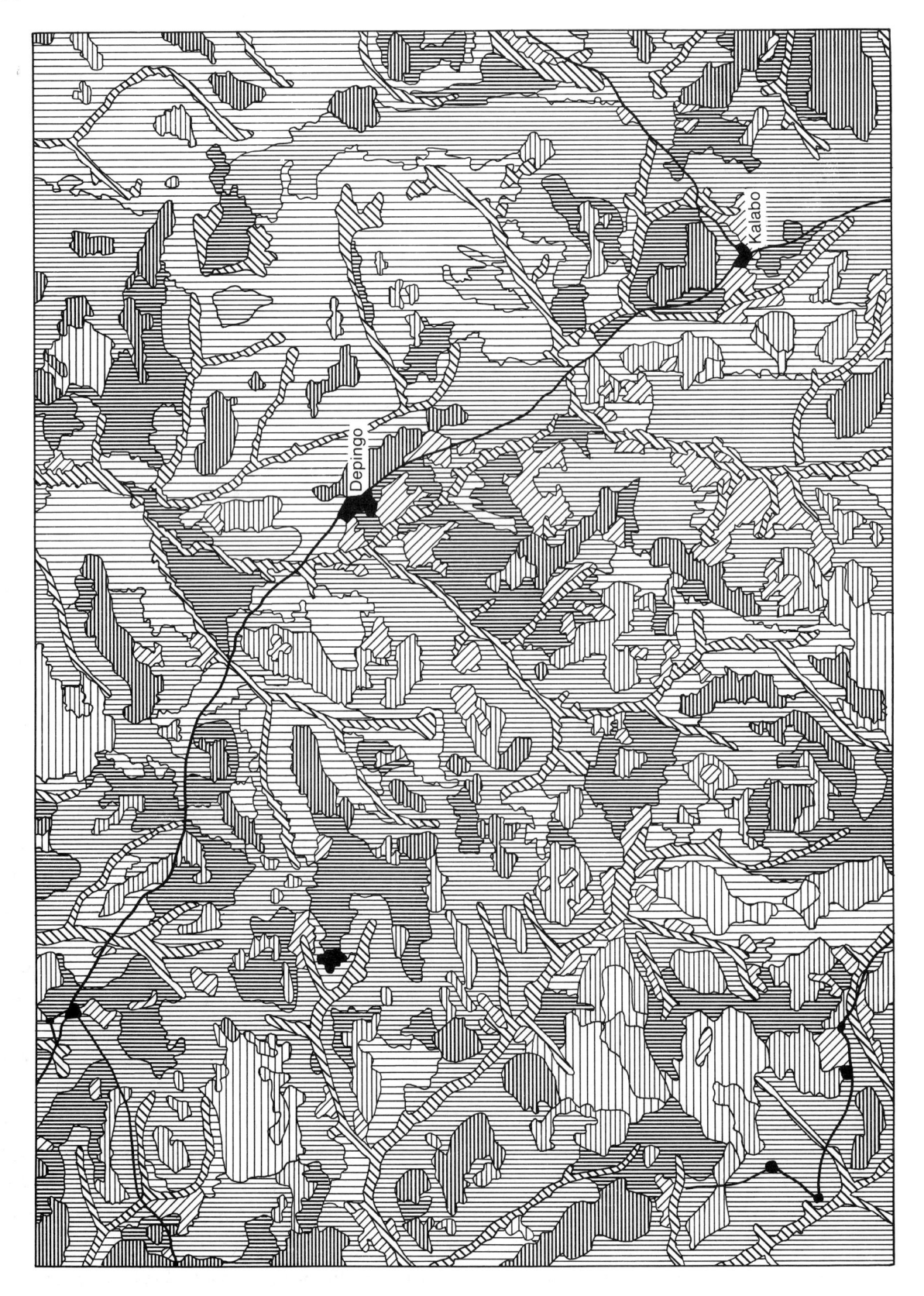

Abb. 4.18: Karte der realen Bodenbedeckung im Raum Nassian im Jahre 1972

Abb. 4.19: Vegetationslose Granitflächen im Südteil des Comoé - Nationalparkes; 1991, *Porembski*

Generell ist eine leichte Zunahme der ackerbaulichen Aktivitäten zwischen 1954 und 1972 zu beobachten, die am ehesten noch in der Nähe der Orte deutlich werden. Dennoch liegt dieser Anteil bei knapp 5 % des Gesamtausschnittes. Diese vergleichsweise geringe Bedeutung ackerbautreibender Landwirtschaft ist historisch im Zusammenhang mit der Zerstörung von Kong (s.o.) zu sehen. Die gegenwärtige Entwicklung läßt allerdings keine einschneidenden Veränderungen für die Zukunft erwarten. Nach wie vor besteht ein gewaltiger Nord-Süd-Gegensatz der Savannenzone gegenüber der Regenwaldzone im Süden. Der höhere Grad der Diversität und Exportorientierung der Agrarprodukte in der Waldzone führt zu enormen Einkommensunterschieden bei der ländlichen Bevölkerung. Eine Intensivierung der agraren Bemühungen durch die Förderung des Baumwollanbaus wie z.B. im Großraum Korhogo scheitert an der peripheren Lage des Nordosten der Côte d'Ivoire, der zu geringen Bevölkerungsdichte und der mangelnden Anbindung an das sonst hervorragende Verkehrsnetz des Landes. Die Region ist seit dem Ende der Kolonialzeit Abwanderungsgebiet geworden. *"Unter entwicklungspolitischen Aspekten kann man den äußersten Nordwesten und Nordosten der Elfenbeinküste als die 'Peripherie der Peripherie' bezeichnen, in der seit den ausgehenden 70er Jahren erst durch zentralörtliche Einrichtungen und Teerstraßenbau die Anbindung an die Metropole Abidjan erfolgte."* (WIESE 1988, S.77) Trotz der sehr niedrigen Bevölkerungsdichte dieses Raumes ist eine ständige Zunahme der Rinderherden festzustellen. Das Auftauchen malischer oder burkinischer Viehzüchter in der nordivorischen Savannenzone hat lange Tradition. Mit der Verschlechterung des

Nahrungspotentials der sahelischen Weiden infolge der bis in die Mitte der 80er Jahre anhaltenden Dürre geht eine stetige Südverlagerung der Weideareale bis in die Randbereiche der Feuchtwälder einher. Der zentrale Bereich der nördlichen ivorischen Savannenzone ist in dem Bereich zwischen Ferkessedougou und Boundiali sehr dicht besiedelt (Senoufo-Land, vgl. Kap. 4.4), so daß eine erhöhte Konzentration nomadischer Viehherden im Nordwesten und Nordosten des Landes zu beobachten ist. Besonders im Raum Bouna (vgl. Übersichtskarte Abb. 4.14.) wuchs der Rinderbesatz seit Beginn der 80er Jahre um über 25 % an (WIESE 1988).

Das Resultat dieser Entwicklung spiegeln die Bildvergleiche wieder. Die spärliche Landwirtschaft (Ackerbau) ist, besonders in den Bereichen, die weiter von der Hauptpiste, die das Kartenblatt diagonal quert, entfernt liegen, weiter zurückgegangen. Der Flächenanteil der Ackerparzellen insgesamt ist in dem Vergleichszeitraum nahezu konstant geblieben. Die zum Teil offenen Grassavannen - als Folge des Ackerbaus - von 1954 haben sich in einem Fall sogar schon bis zu einem Savannenwald entwickelt (äußerster Südwesten des Ausschnittes). Auf dem übrigen Kartenblatt außerhalb des Nationalparkes ist eine generelle Auflichtung der Vegetation festzustellen, eine Folge der verstärkten Brandeinwirkung durch Viehzucht treibende Nomaden. Innerhalb des Comoé-Parkes ist eine deutliche Tendenz zur Vegetationsverdichtung festzustellen.

Mit Ausnahme der dichten Trockenwälder, die einen Rückgang von 40% zu verzeichnen haben sowie der lichten Trockenwälder mit einem Verlust von 60% des Bestandes ist bei den übrigen Formationen eine generelle Zunahme der prozentualen Flächenanteile festzustellen. Auch der Verlust der "dichten Trockenwälder" wiegt nicht so schwer, wie es die Zahl 40% andeutet, denn große Teile dieser Wälder wurden zwar selektiv ausgeholzt und teilweise in Kultur genommen, aber nicht vollständig zerstört. Dieses zeigen die Zahlen der prozentualen Flächenanteile für die "lichten Trockenwälder". Diese Flächen nahmen von 5,2% im Jahre 1954/55 auf 7,8% im Jahre 1972 zu. Faßt man die Flächenanteile der dichten und lichten Trockenwälder zusammen, so ergibt der zeitliche Vergleich einen Rückgang dieser Waldareale von knapp 10%. Dieses Vorgehen ist sicherlich sinnvoll, da es sich in diesem Fall nur um eine Betrachtung der Vegetationsformationen als Maß des Grades der Bodenbedeckung handelt und nicht um eine floristische Differenzierung der jeweiligen Waldtypen.

Die Viehzüchter meiden weitestgehend die Trockenwaldinseln, so daß deren Flächenanteile nahezu unverändert blieben. Auch innerhalb des Parkes ist 1972 z.T. noch eine Zunahme der Degradation der 1954 vorhandenen Vegetationsformationen festzustellen. Dieses Phänomen ist darin begründet, daß der Park als Nationalpark erst 1968 offiziell unter Schutz gestellt wurde. Ein rezentes Bild der flächenhaften Verteilung der einzelnen Vegetationsformationen kann gegenwärtig nicht gegeben werden, da neueres Luftbildmaterial nicht vorliegt. Nach den eigenen Vegetationskartierungen 1988-1990 kann jedoch davon ausgegangen werden, daß zumindest die Waldinseln in vielen Bereichen noch weitestgehend erhalten geblieben sind.

4.4. Der Wandel der realen Bodenbedeckung in der Umgebung von Boundiali

Das Untersuchungsgebiet liegt im zentralen nördlichen Bereich der Côte d'Ivoire. Die Lage, ca. 150 km westlich der wichtigsten Nord-Süd-Verbindungen des Landes, läßt nicht unmittelbar eine der am dichtesten bewohnten Agrarlandschaften der afrikanischen Savannengürtel erwarten. Das Zentrum dieses Senoufo-Landes ist Korhogo mit über 50 Einwohnern/km». WIESE (1988) bezeichnet diese Region als Obstbaumsavanne: *"Mango-, Néré- und Karité-Bäume stehen wie in einem Obstgarten über den ausgedehnten Ackerfluren. Sie sind in den charakteristischen, wachstumsfördernden Hügelkulturen der Senoufos angelegt; Yams, Mais oder Mais- und Erdnusskulturen dominieren"* (S.80)(vgl. Abb. 4.21.).

Das Siedlungsbild wird dominiert von einzelstehenden kompakten Gehöfteinheiten jeweils eines Familien-Clans oder von dichtbebauten Weilern. Die Senoufo sind nicht nur Ackerbauer sondern auch Viehhalter. Sowohl den traditionellen Savannenhaustieren wie Schafen und Ziegen widmen sie ihre Arbeitszeit als auch den Rindern. Die Kombination von Ackerbau und Viehzucht war eine wesentliche Voraussetzung für die Ausbildung dieser dichtbesiedelten Kulturlandschaft, die auf eine hohe Siedlungskontinuität und lange Seßhaftigkeit der Bevölkerung schließen läßt. Weitere Indizien für ein solches "Altsiedelland" mit hoher Bevölkerungskonzentration sind die speziellen Hügel- und Beetkulturen, der vielfach bereits vollzogene Daueranbau (wenn auch erst in jüngerer Zeit) sowie die massive anthropogene Selektion und damit Beeinflussung der Savannenvegetation. Die eingangs erwähnten Savannebäume wie Mango (*Magnifera indica*), Néré (*Parkia biglobosa*) und Karité (*Vitellaria paradoxa*) sind Anzeiger extremer anthropogener Beeinflussung; gepflanzt oder feuerresistent prägen sie in vielen Teilen des Senoufo-Landes das Vegetationsbild, manchmal sogar in Monokultur (vgl. auch Kap. 7). So sind die in jüngerer Vergangenheit durch den Bevölkerungsdruck notwendig gewordenen Produktionssteigerungen zunächst über eine Intensivierung der Flächenproduktion geschehen. Mit dem Beginn der 70er Jahre wurde jedoch deutlich, daß die reinen Intensivierungsmaßnahmen nicht ausreichten, den Bedarf der wachsenden Bevölkerung zu befriedigen. Zumal auch der in dieser Zeit von staatlicher Seite geförderte Reisanbau nicht den erwarteten wirtschaftlichen Erfolg erbrachte. In den bereits weitestgehend gerodeten Auenbereichen der kleinen saisonalen Flüsse und Bäche des Kernlandes wurde Reisanbau praktiziert (vgl. Abb. 4.22.). Nach anfänglichen Erfolgen führte jedoch der Verfall der von staatlicher Seite gezahlten Erzeugerpreise für den Reis dazu, daß man von einem weiteren Ausbau der Reiskulturen absah. Man wandte sich dem finanziell wesentlich lukrativeren Baumwollanbau zu. Die niedrigen Erzeugerpreise für den Reis hatten somit eine erhebliche Ausdehnung der Baumwollflächen im Siedlungsgebiet der Senufo zufolge. Nicht zuletzt der größere Flächenbedarf von Baumwollkulturen (im Vergleich zu Reis) war mit dafür verantwortlich, daß die Senoufos nun in zunehmendem Maß ihr Siedlungsgebiet nach Süden und Westen ausdehnten (s.u.).

Dieses Bild einer intensiv genutzten Kulturlandschaft vermittelt die rechte Teilkarte der realen Vegetationsbedeckung im Raum westlich von Boundiali (vgl. Abb. 4.23.). Das beherrschende Element sind die landwirtschaftlichen Nutzflächen sowie die als Brachflächen anzusprechenden Gras- und Strauchsavannenanteile.

☰ Baumsavanne		╱╱ Forêt claire	
⫼ Ackerfläche		■ Untersuchungsgebiet	

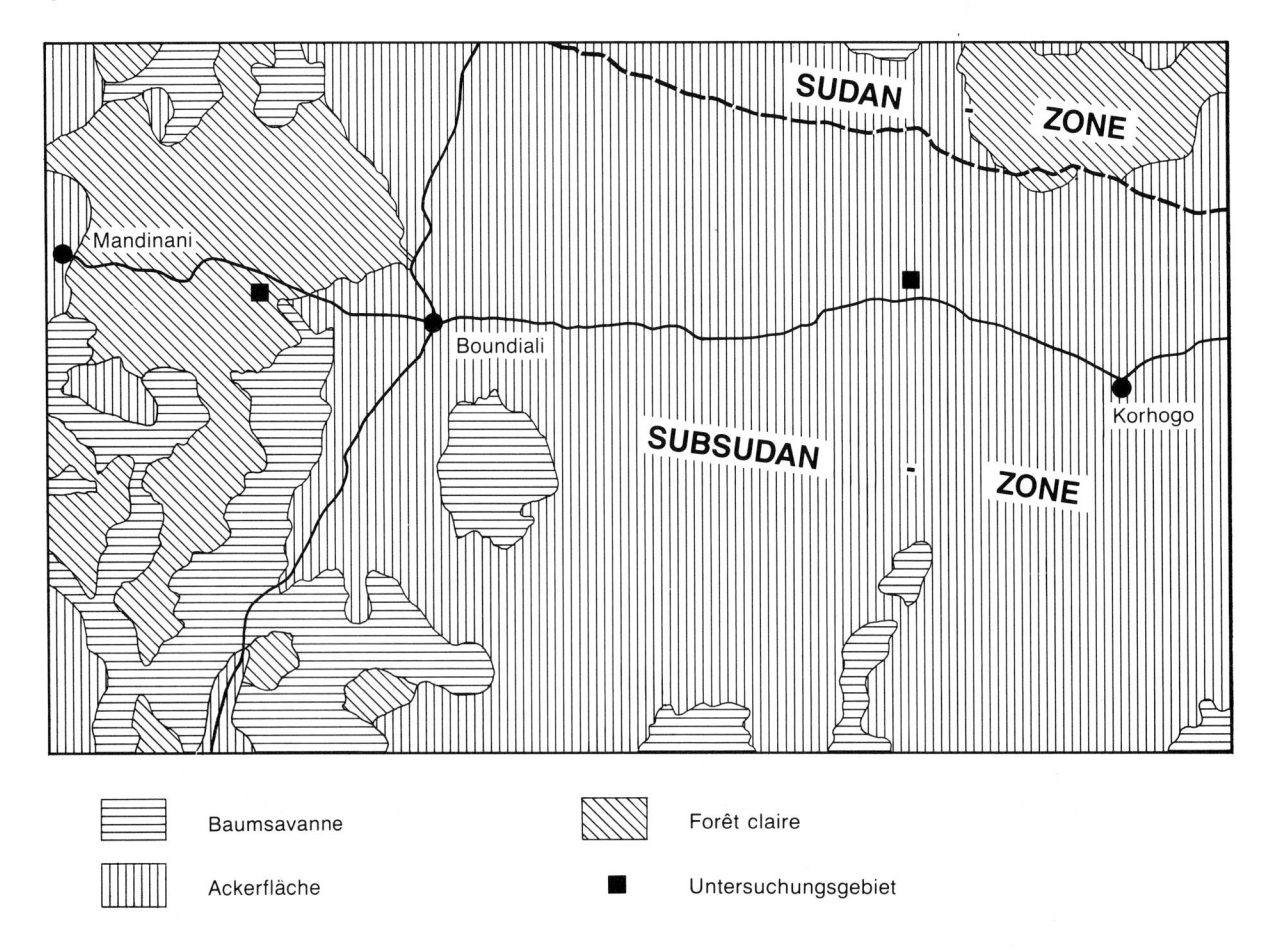

Abb. 4.20: Lageskizze des Untersuchungsraumes bei Boundiali

Beide Einheiten zusammen dominieren zu ca. 48 % den gewählten Kartenausschnitt. Rund 35 % der Flächen sind als Obstbaumsavannen (5-25 % Baumanteil) charakterisiert, in denen die oben genannten Savannenbäume dominieren. Das Grasstratum dieser Flächen dient sowohl als Viehfutter als auch teilweise zur Regenerierung der Baumwollparzellen. Dichtere Savannenformationen (25-50% Baumanteil) oder gar Savannenwälder in Form der "Forêts claires" finden sich nur noch sehr verstreut in dieser Landschaft. Der linke Kartenausschnitt der Abb. 4.23. repräsentiert zum Zeitpunkt der Kartierung im Jahre 1972 quasi das ideale Vegetationsmosaik einer sudanischen Savanne. Ca. 3 % der Fläche sind von Galeriewäldern unterschiedlicher Dichte und unterschiedlichem Degradationsgrad bestanden. 15 % nehmen die dichten Baumsavannen ein.

Weiter im Westen entlang der Straße nach Odienné (linker Kartenteil) wird der westliche Rand des Siedlungskernlandes der Senoufo erreicht. Die Kartierung repräsentiert einerseits die rezente Entwicklung im Landschaftsbild andererseits beinhaltet sie noch die wesentlichen Merkmale des Übergangsbereiches zu den benachbarten Malinke-Völkern im Raum von Odienné. Bis in die 70er Jahre hinein sind keine nennenswerten Rodungstätigkeiten der Senoufo an den Grenzen ihres Siedlungsgebietes zu verzeichnen gewesen, weder nach Westen noch nach Süden. Das anhaltende Bevölkerungswachstum und die dadurch verursachte

Landverknappung hat seit Ende der 60er Jahre zu spontaner Landnahme und vermehrter Rodungstätigkeit geführt. Vor allem hatte man zuvor die feuchten Bereiche der Wasserläufe gemieden, weil die Onchozerkose (Flußblindheit) einer dauernden Besiedlung im Wege stand. Seit dieser Zeit geraten auch die bis dahin dichten "Forêts claires" immer stärker unter den Einfluß der Brandrodung. Früher hatten diese dichten Wälder den Charakter von "Bannwäldern" gegen die benachbarten Völker, in diesem Falle gegen die Malinke im Westen. Weiterer Druck auf die vorhandene Vegetation geht von den Fulbe-Viehzüchtern aus, die, infolge der großen Dürre im Norden, zunehmend stärker in die sudanischen Savannen Afrikas eindringen. Abgesehen von sozialen Spannungen zwischen Ackerbauern und Viehzüchtern besonders in dem dicht besiedelten Senoufo-Land, ist den Viehzüchtern an einer raschen Vermehrung des Futterpotentials in den ehemaligen Waldgebieten gelegen. Geschlossene Wälder wie "forêts sèches" oder auch "forêts claires", die die dichtesten Vegetationsformationen dieser Standorte repräsentieren, besitzen nach Analysen von MEURER ET AL. (1991) in Benin nur ein nutzbares Futterpotential von 0,2 bis 0,5 Tonnen Trockenmasse/Hektar/Jahr. Im "forêt claire" sind es dagegen schon zwischen 0,3 bis 2,2 Tonnen Trockenmasse/Hektar/Jahr, in Galeriewäldern nur zwischen 0,5 bis 1,1 Trockenmasse/Hektar/Jahr. Bei den offenen Grassavannen (5-25 % Baumbedeckung) steigt das nutzbare Futterpotential auf 1,4 bis 4,2 Tonnen Trockenmasse/Hektar/Jahr, ungeachtet der teilweise noch zusätzlichen Futterreserven durch vorhandene Schneitelbäume. Diese Standorte werden z.T. sogar ganzjährig beweidet. Allein durch ihre räumliche Nähe zu den Siedlungen unterliegen sie einer intensiven Weidenutzung.

Abb. 4.21: Hügelkultur (culture de billon) bei den Senoufo, *Anhuf*

Abb. 4.22: Reisanbau der Senoufos in der Nähe von Korhogo, *Anhuf*

Mit zunehmender Entfernung von den Dörfern verdichtet sich die Vegetation und die Anteile der Waldsavannen werden größer.

Ein hoher Baumanteil in den Vegetationsformationen steht einer intensiven Beweidung scheinbar diametral entgegen. Die zunehmende Verarmung des gesamten Baumbestandes durch wiederholtes Brennen kommt der Viehwirtschaft außerordentlich entgegen (s.o.). Diese Aussage bedeutet jedoch nicht, daß als Klimax der Feuerdegradation überall eine offene Baum- und auch Strauchsavanne erwartet werden kann. Vielmehr ist das vielerorts vorhandene Mosaik von offenen Baumsavannen, Galeriewaldstandorten, dichten Baumsavannen (25-50 %) bis hin zu den "forêts claires" quasi als Klimax der rezenten ackerbaulichen und viehwirtschaftlichen Nutzungsformen anzusehen. Denn auch der Viehzüchter benötigt Weidestandorte, die im weiteren Verlauf der Trockenzeit ebenfalls noch ausreichend Futter für seine Herden anbieten. Dazu zählen besonders die dichten Baumsavannen, die Savannenwälder und die "forêts claires", denn speziell nach Brand ermöglichen diese dichten Standorte eine Jungwuchsbeweidung. Gleichzeitig steigt auf den Standorten größerer Phanerophytendichte der Futterreserveanteil der Schneitelbäume massiv an. MEURER ET AL.(1991) ermittelte einen Beitrag von 15,8 bis 24 kg Trockenmasse/Hektar/Jahr im Bereich der wenigen noch vorhandenen Trockenwälder Benins, die Baumsavannen verfügen dagegen nur über Reserven von 4 bis 5,5 kg Trockenmasse/Hektar/Jahr.

Auf einen zeitlichen Vergleich des Vegetationswandels in diesem Raum wurde verzichtet, weil es sich bei der rezenten Entwicklung nur um einer weitere Öffnung der hier kartierten Savannenstandorte handelt, also ausschließlich um einen Prozeß zunehmender Degradation. WOHLFARTH-BOTTERMANN (1991) macht Zahlenangaben der Savannenveränderung für den

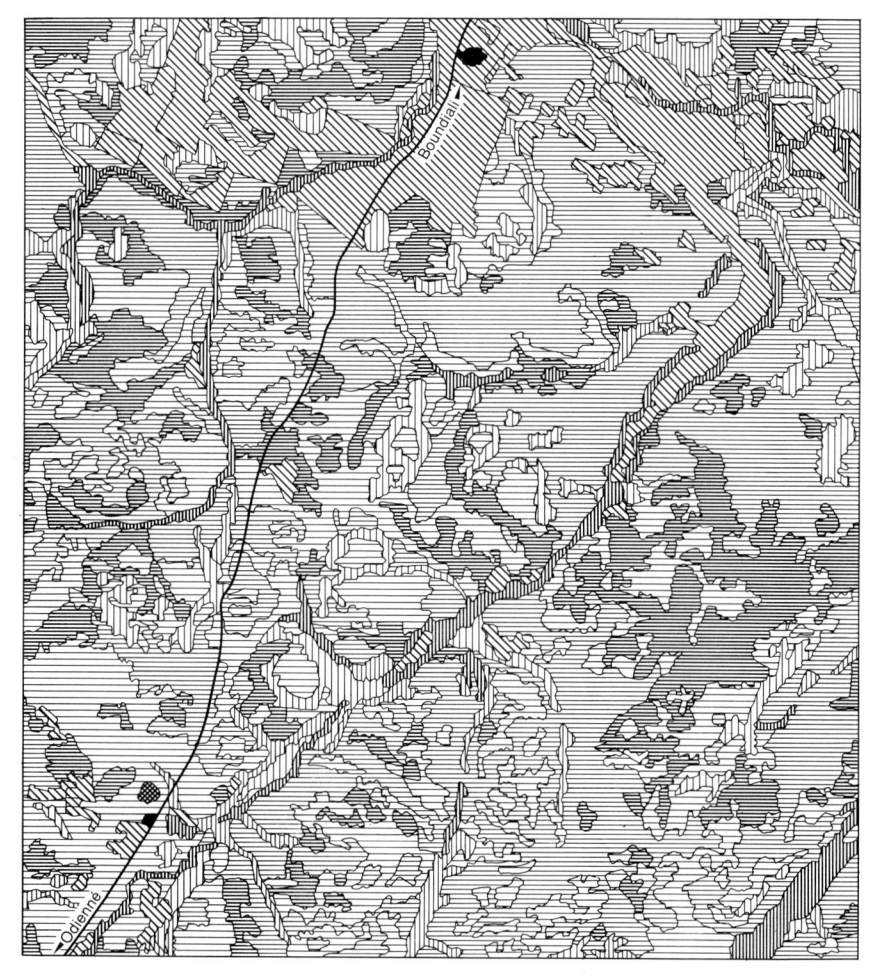

Abb. 4.23: Karte der realen Bodenbedeckung im Raum Korhogo / Boundiali im Jahre 1972

Raum Korhogo für den Zeitraum 1974 bis 1979 (im Osten des eigenen Gebietes). Die landwirtschaftlich genutzte Fläche hat danach in der Zeit von 1974 bis 1979 um mehr als das Doppelte zugenommen. Die Waldsavannen und lichten Sekundärwälder (u.a. auch "forêts claires") haben in dem von ihm untersuchten Raum um über 90% abgenommen. Die Baumsavannenanteile sind um ca. 14% zurückgegangen. Die Flächen der Strauch- und Grassavannen verringerten sich ebenfalls um über 10%. Der größte Teil dieser Flächen ist heute unter Kultur genommen, zumal die Umwandlung offenster Savannenareale in Kulturland mit dem geringsten Arbeitsaufwand verbunden ist.

Nirgendwo konnten Spuren einer auch nur in Ansätzen befindlichen Wiederbewaldung gefunden werden. Die einzigen Relikte dichter Vegetationsformationen, deren Erhalt vorläufig noch gesichert erscheint, finden sich in den "bois sacré". Hierbei handelt es sich um die Reste dichter Trockenwälder, dem natürlichen Klimaxstadium ohne Feuereinwirkung. *"Tous ces îlots boisés de villages représenten sans doute des portions ou des résidus d'une ancienne végétation naturelle qui ont été délimités à un temps donné par les habitants pour servir de lieux des cultes des fétiches ou de cimetières spéciaux réservés aux "Chefs de terre". Ces bois. pour la plupart sacrés sont des vestiges d'anciennes forêts denses sèches climaciques"* (GUINKO, 1984, S.182). Diese "bois sacré" bilden heute jedoch nur noch kleine Inseln von Wäldern innerhalb der offenen Savannen (vgl. Abb. 4.24.). Sie verdanken ihre Existenz dem Umstand, daß sie immer gegen die Savannenfeuer geschützt wurden und daß das Ausholzen z.B. zur Feuerholzgewinnung verboten war und ist. Daß aber auch schon diese Wälder eine deutliche selektiv wirkende "anthropogene Handschrift" tragen, konnte GUINKO (1984) für Burkina Faso zeigen. Das Artenspektrum der heutigen Wälder entspricht zwar dem der natürlichen dichten Trockenwälder, ist aber bereits sehr stark verarmt.

GUINKO unterscheidet nach der Vegetationszusammensetzung drei verschiedene Typen von "Heiligen Wäldern". Den feuchtesten Waldtyp bezeichnet er als "groupement à *Antiaris africana* et *Chlorophora excelsa*". Dieser Typ ist vom Erscheinungsbild her bereits den halbimmergrünen Feuchtwäldern sehr ähnlich mit sehr hohen Bäumen von 30 - 40 m. Die dominierenden Arten sind die oben genannten sowie *Ceiba pentandra*. Das mittlere Baumstratum setzt sich aus *Albizia zygia*, *Diospyros mespiliformis*, *Erythrophleum africanum* und *Lannea kerstingii* zusammen. Diese Wälder finden sich zumeist auf gut drainierten Böden.

Ein zweiter, trockenerer Typ des "Bois sacré" bezeichnet GUINKO als Wald " à *Anogeissus leiocarpus et Pterocarpus erinaceus*". Sein Erscheinungsbild entspricht dem eines "forêt dense sèche" mit einer mittleren Höhe von 15-20 m. *Anogeissus* dominiert diese Wälder z.T. mit bis zu 80%. Daneben verfügt dieser Wald im höheren Baumstratum über *Khaya senegalensis* und *Celtis integrifolia*, die diesen Wald häufig um einige Meter überragen. Das mittlere Baumstratum setzt sich neben *Anogeissus leiocarpus* und *Pterocarpus erinaceus* aus *Stereospermum kunthianum*, *Tamarindus indica*, *Diospyros mespiliformis*, *Lonchocarpus laxiflorus* und *Laneea microcarpa* zusammen.

Des weiteren unterscheidet GUINKO noch einen dritten Typ. Dieser ist jedoch auf den südsahelischen Bereich beschränkt und soll hier nicht näher behandelt werden. Insgesamt hat

Abb. 4.24: "Bois sacré" von Korhogo

der Autor 7 solcher "Heiligen Wälder" untersucht und floristisch inventarisiert. Er stellte über alle 7 Testflächen gemittelt eine Dominanz des sudano-zambesischen Florenelementes mit 77,6% fest, nur etwa 3,5% der Arten entstammen dem guineo-congolesischen Florenelement. Für sämtliche Reliktwälder ermittelte er eine Dominanz der Bäume von 80% in den jeweiligen Lebensformenspektren.

Bei den eigenen Pflanzenaufnahmen in der Côte d'Ivoire gelang es nur an einem einzigen Standort einen solchen "Bois sacré" aufzunehmen. Der "Bois sacré de Korhogo" enthielt insgesamt 20 Baumarten (nur diese wurden bestimmt und ausgezählt)(vgl. Tab. 4.1.). 50% der Arten entstammten hier dem sudano-guineensischen und nur 30% dem sudano-zambesischen Florenelement. Immerhin wurden noch weitere 10% Arten ermittelt, die sogar aus dem noch feuchteren Bereich der Guineensis stammten (vgl. Abb. 4.25.). Legt man jedoch die Artenhäufigkeit je Arealtyp zugrunde, so erreicht das guineo-congolesische Florenelement eine absolute Dominanz von über 62%, der Anteil des sudano-zambesischen Florenelements geht von 30% auf 17,4% zurück, der Anteil des guineensischen Florenelements von 10% auf 7,3%. Dieses Ergebnis unterstreicht die geäußerte Feststellung, daß es sich bei den "Bois sacré" tatsächlich um Reliktwälder der ehemals weit verbreiteten dichten Trockenwälder (forêt dense sèche) dieser Klimazone handelt (vgl. ANHUF & FRANKENBERG, 1991).

Tabelle 4.1: Artenliste inventarisierter Phanerophyten eines "Bois sacré"
Fläche 083 - Bois sacré de Korhogo a.d. Str. nach Boundiali

Art	Familie	Arealtyp	Anzahl
Adansonia digitata L.	Bombacaceae	SZ	2
Albizia malacophylla var.ugandensis	Leguminosae[2]	SZ	3
Antiaris africana Engl.	Moraceae	GC	3
Berlinia grandiflora (Vahl)Hutch.&Dalz	Leguminosae[1]	GC-SZ	3
Bligia sapida Konig	Sapindaceae	GC-SZ	5
Cassia siamea Lam.	Leguminosae[1]	I	6
Ceiba pentandra (L.) Gaertn.	Bombacaceae	GC-SZ	12
Cola gigantea var. glabrescens Brenan & Keay	Sterculiaceae	GC-SZ	10
Delonix regia Raf.	Leguminosae[1]	I	3
Detarium microcarpum Guill.&.Perr.	Leguminosae[1]	SZ	4
Diospyros mespiliformis Hochst.	Ebenaceae	GC-SZ	3
Ficus thonningii Blume	Moraceae	GC-SZ	2
Isoberlinia doka Craib.& Stapf	Leguminosae[1]	SZ	1
Malacantha alnifolia (Bak.) Pierre	Sapotaceae	GC-SZ	2
Manilkara multinervis (Bak.) Dubard	Sapotaceae	GC-SZ	2
Mimusops kummel Bruce ex A.DC.	Sapotaceae	SZ	1
Terminalia macroptera Guill.& Perr.	Combretaceae	SZ	1
Trichilia prieureana A. Jus.	Meliaceae	GC	2
Uapaca heudelotii Baill.	Euphorbiaceae	GC-SZ	1
Zanha colungensis Hiern	Sapindaceae	GC-SZ	3

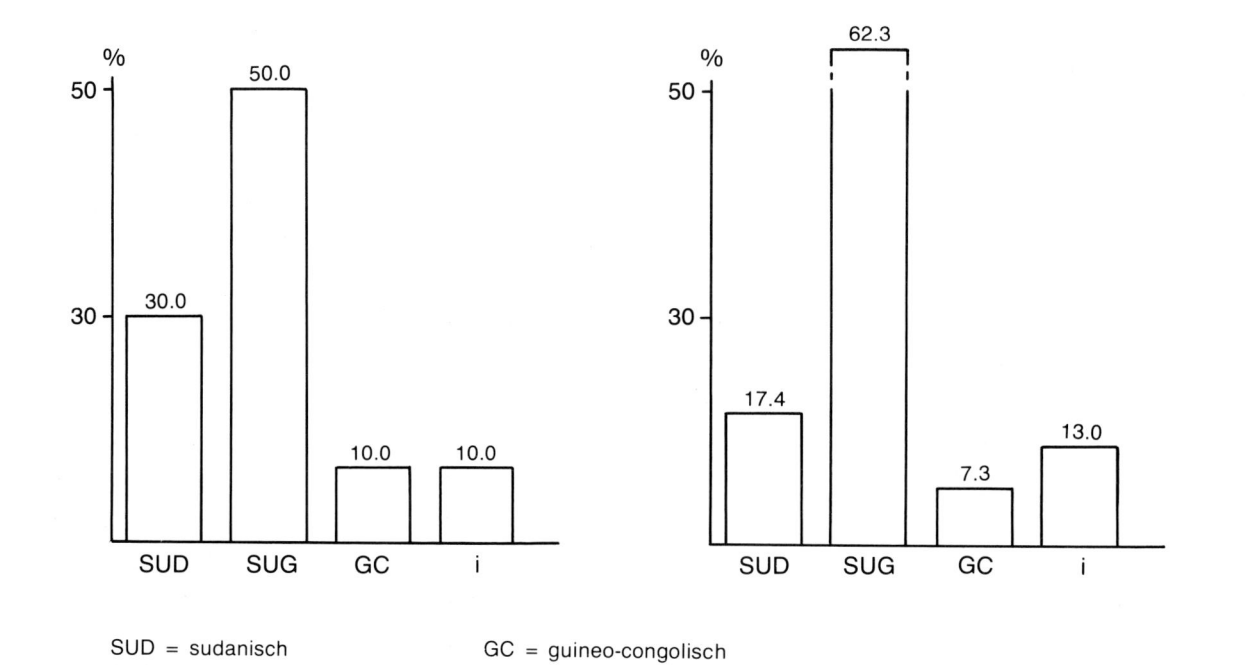

SUD = sudanisch GC = guineo-congolisch
SUG = sudano-guineensisch i = eingeführt

Abb. 4.25: Arealtypenspektren der Phanerophyten und der Individuenzahlen des "Bois Sacré" in Korhogo

5. Der kurzfristige Vegetationswandel infolge anthropogener Eingriffe und dessen mikro- und regionalklimatische Auswirkungen

Die unmittelbare Reaktion der Vegetation auf die seit Ende der Kolonialzeit zunehmend massiveren Eingriffe des Menschen sollen in diesem Kapitel näher beschrieben werden. Die Einflüsse von Klimafluktuationen auf die Vegetation, wie sie FRANKENBERG (1985) ausführlich für die Sahelzone beschrieben hat, sind aufgrund der einseitig ausgerichteten Vegetationsveränderungen in der Côte d'Ivoire nahezu unmöglich. Der seit den 60er Jahren zunehmend stärker gewordene Trend der Vegetationszerstörung überlagert sämtliche natürliche Reaktionen des Pflanzenkleides auf registrierte Klimafluktuationen.

5.1. Das Klimasystem "Tropischer Feuchtwald"

Die Tropenzone ist solarthermisch auf den Bereich zwischen nördlichem und südlichem Wendekreis begrenzt. Der Wasserhaushalt bedingt eine weitere Unterteilung in feuchte und trockene Tropen (LAUER, 1975). Die immergrünen und halbimmergrünen tropischen Feuchtwälder finden sich unmittelbar nördlich und südlich des Äquators (vgl. Abb. 5.1). Dennoch gibt es auch in äquatorfernen Regionen Bereiche, wo durch das positive Zusammenwirken wesentlicher Klimaelemente Bedingungen geschaffen werden, die es den Feuchtwäldern gestatten, selbst in diesen entlegenen Regionen zu gedeihen. Es handelt sich hierbei speziell um Bereiche der Ostküsten der Kontinente, in Afrika ist dies die Ostseite der Insel Madagaskar.

Innerhalb der Tropenzone gibt es eine reiche hygrische Differenzierung. Der hygrischen Untergliederung der inneren Tropen liegt die regelhafte Veränderung des Regenregimes in Abhängigkeit der Windgürtel zugrunde. Der Motor sämtlicher klimatologischer Vorgänge in dem System Erde-Atmosphäre ist die Sonne. Die jährliche "Wanderung" des Sonnenhöchststandes bedeutet ebenfalls eine Wanderung der Niederschlagszonen innerhalb der Tropenzone. Generell wird die Regenzeit vom Äquator zu den Randtropen hin immer kürzer, die Niederschlagsmengen verringern sich zugleich. Diese klimatischen Vorgänge sind die Ursache für die Ausprägung von Feuchtwäldern in der Nähe des Äquators und Trockenwäldern weiter nördlich oder südlich davon.

Über den Ozeanen im Küstenbereich und auch über den großen Tieflandsbecken (Kongo), wo genügend Feuchtigkeit an der Erdoberfläche vorhanden ist, kommt es aufgrund der hohen tropischen Temperaturen zu kräftigen Verdunstungserscheinungen. Die aufsteigende Luft ist sehr stark mit Feuchtigkeit angereichert. Vor allem die Landoberflächen in den küstennahen Bereichen werden stärker beregnet, weil die von den Ozeanen herkommenden Winde durch Relief und Reibung leichter zum Abregnen gezwungen werden. Vergleicht man die Mittelwerte der jährlichen Niederschlagsmengen mit der geographischen Breite, so zeigt sich ein klares Maximum in den Tropen in der Nähe des Äquators. Ein zweiter wichtiger Faktor,

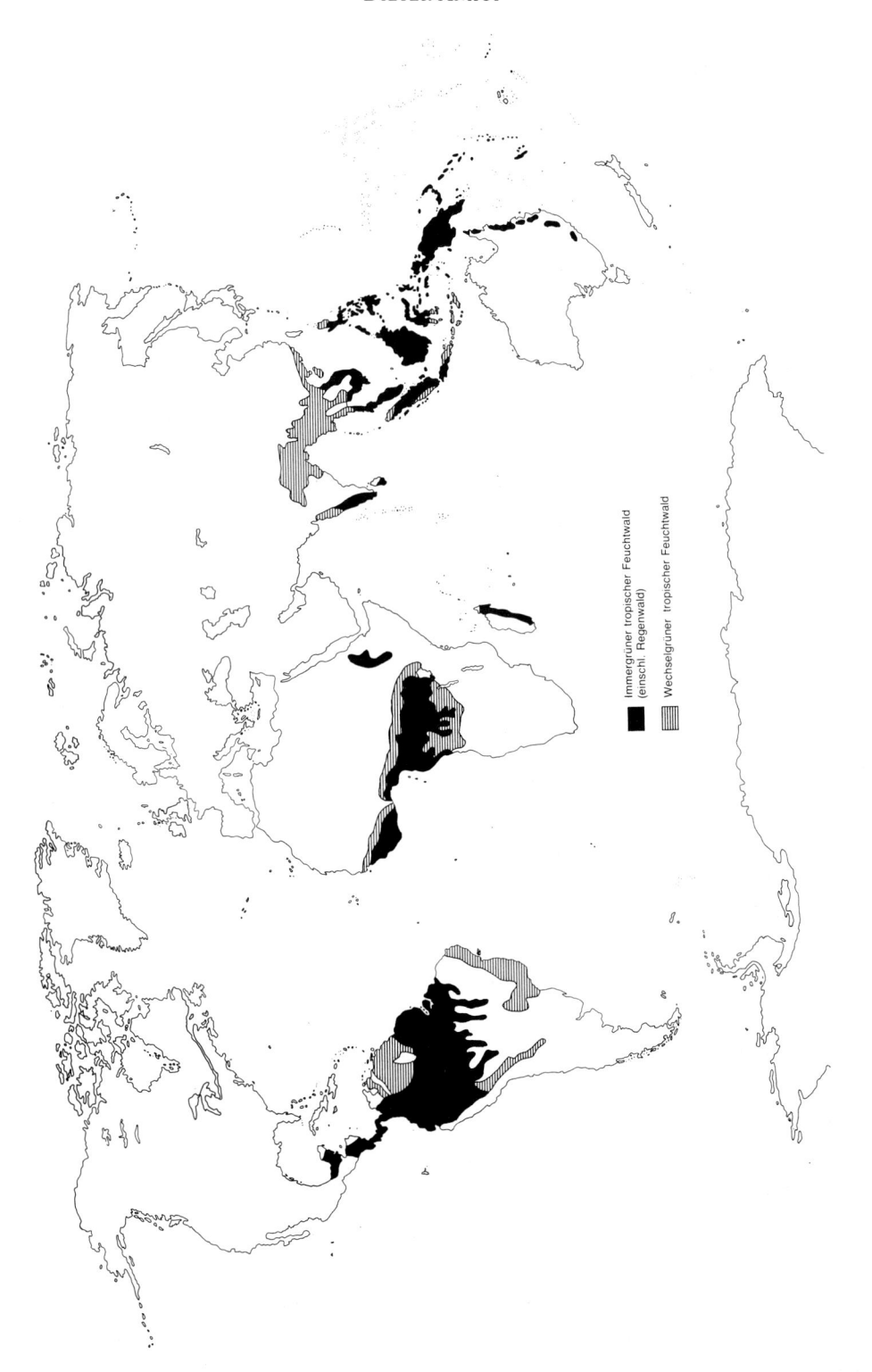

Abb. 5.1: Geographische Verbreitung der immergrünen und halbimmergrünen Feuchtwälder (verändert nach BRUENIG, 1987)

der hohe Niederschlagsmengen fördert, ist das Relief. In Westafrika wird dieser Effekt vor allem an den Küstenregionen Liberias, Sierra Leones, Guineas und am Kamerunberg deutlich (vgl Abb. 5.2.).

Dadurch, daß andere klimatische Elemente sehr viel einheitlicher in den Tropen vorherrschen, ist die saisonale Verbreitung des Niederschlages sehr gut dazu geeignet, eine Differenzierung der Tropenzone vorzunehmen. Das Niederschlagsregime der Tropen wird von der innertropischen Konvergenzzone und deren "Wandern" in Abhängigkeit des Sonnenstandes beherrscht. So ist am Äquator ein doppeltes Niederschlagsmaximum mit praktisch keiner Trockenzeit ausgeprägt. Mit zunehmender Entfernung vom Äquator wachsen die beiden Niederschlagsmaxima zu einem zusammen.

Mit dem volkstümlichen Begriff der tropischen Regenwälder verbinden wir normalerweise nur die Vorstellung von den sogennannten "immergrünen feuchten Tieflandsregenwäldern". Der Begriff der "Tropischen Feuchtwälder" beinhaltet einmal die immergrünen Feuchtwälder, in denen die jährliche Trockenzeit nicht länger als einen bis zwei Monate andauert, andererseits aber auch die periodisch laubwerfenden Feuchtwälder in Gebieten mit einer jährlichen Trockenzeit von nicht mehr als drei bis vier Monaten (vgl. ANHUF & FRANKENBERG, 1991 sowie Abb. 5.1.). Die Verwendung des Begriffes Feuchtwälder ist deshalb sinnvoller, weil die potentielle Verbreitung dieser Vegetationsformation besser durch die Bilanz des Wasserhaushaltes als allein durch die räumliche und zeitliche Verteilung der Niederschläge erklärt wird. Die Bedeutung des bilanzierten Wasserhaushaltes als entscheidender "Standortfaktor" für die Ausbreitung "Tropischer Feuchtwälder" verdeutlicht das nachfolgende Beispiel. Beim Vergleich der Niederschlagsjahressummen der beiden westafrikanischen Küstenstädte Freetown (Hauptstadt von Sierra Leone) und Sassandra (Côte d'Ivoire, 200 km östlich der Grenze zu Liberia) erhält die erste Station mit 3.639 mm beinahe die doppelte Regenmenge wie Sassandra mit 1.964 mm. Wenn man sich nun vor Ort die Vegetation in den genannten Regionen ansieht, so stellt man etwas überrascht fest, daß in der Umgebung des sehr viel feuchteren Freetown nur ein halbimmergrüner Feuchtwald gedeiht, wohingegen die Umgebung des viel "trockeneren" Sassandra von einem immergrünen Feuchtwald bestanden ist. Zur Aufklärung dieses augenscheinlichen Widerspruchs muß nicht die Gesamtregenmenge, sondern vielmehr die Anzahl der landschaftsökologisch humiden bzw. ariden Monate eines Jahres betrachtet werden. Freetown verfügt über nur 7 humide und 5 aride Monate in jedem Jahr. Sassandra weist dagegen 11 humide und nur 1 ariden Monat auf.

Diese beiden genannten Waldtypen bedecken theoretisch 3.620.000 km^2 des afrikanischen Kontinents, das sind 12% der gesamten Fläche. Auf den westafikanischen Bereich (Angola, Benin, Côte d'Ivoire, Ghana, Guinea, Guinea-Bissau, Liberia, Nigeria, Senegal, Sierra Leone, Togo) entfallen 680.000 km^2, (2,2% der Gesamtfläche Afrikas)(SOMMER, 1976).

Den größten Teil des feuchten Klimas in und über den tropischen Feuchtwäldern produzieren die Wälder selbst. Nahezu 75% der Niederschläge verdunsten wieder, bevor sie im Boden versickern (Abb. 5.3.). Das bedeutet, daß von 2000 mm Jahresniederschlag letztlich nur 500 mm abfließen oder ins Grundwasser versickern, 1500 mm Niederschlag kehren als Wasserdampf wieder in die Atmosphäre zurück und stehen damit erneut als potentielles Niederschlagswasser zur Verfügung (kleiner Wasserkreislauf).

5.2. Das Ausmaß der Feuchtwaldzerstörung in Afrika, speziell in der Côte d'Ivoire

Die Zerstörung der tropischen Feuchtwälder hat dramatisch zugenommen. Eine erste weltweite und nach einheitlichen Merkmalen vorgenommene Schätzung der verbliebenen Tropenwaldareale im Jahre 1980 durch die FAO (Food and Agriculture Organisation) hat einen Bestand von weltweit 19,4 Millionen km^2 Wald (DEUTSCHER BUNDESTAG, 1990) ergeben. Diese Fläche entspricht 13% der Landoberfläche. Es muß dabei angemerkt werden, daß diese Zahlen sich nicht auf die tropischen Feuchtwälder beschränken, sondern auch die tropischen Trockenwälder beinhalten. Wichtig ist diese Zahl 19,4 Millionen Km^2 vor dem Hintergrund, daß bis zum Jahre 1980 bereits die Hälfte der ursprünglichen Waldbestände vernichtet waren.

Immer wieder stößt man bei der Festlegung der Entwaldungsraten auf das Problem sehr unterschiedlicher Zahlenangaben in den verschiedenen Quellen. So variieren die Zahlen für den Gesamtwaldbestand in den Tropen zwischen 19,0 und 17,2 Millionen km^2. Dieses liegt einmal an den unterschiedlichen Definitionen, was unter dem Begriff tropischer Wälder und natürlich auch tropischer Feuchtwälder verstanden wird. Weitere Unklarheiten bestehen dahingehend, ob ebenfalls Sekundärwälder berücksichtigt wurden und wenn ja, ab welchem Alter. Ein nicht unerheblicher Unsicherheitsfaktor sind ebenfalls die Daten, die von den Forstbehörden und Ministerien der jeweiligen Länder zu erhalten sind. Eine wesentliche Frage ist auch die der "Unberührtheit" der inventarisierten Wälder; handelt es sich in allen Fällen um sogenannte Primärwälder, oder sind auch Wälder berücksichtigt, die zwar noch eine geschlossene Waldformation darstellen, in denen aber bereits selektiv Holz geschlagen wird.

Trotz dieser Unsicherheiten liegen seit dem September 1990 Vergleichswerte zu der Tropenwaldwerhebung der FAO aus dem Jahre 1980 vor. Grundlage dieser neuesten Tropenwaldaufnahme bildet die Auswertung vorhandener Satellitendaten. An erster Stelle stehen dabei die Aufnahmen des NOAA - Satelliten (National Oceanic and Atmosphere Administration). Sie sind mit einem hochauflösenden Radiometer (AVHRR - Advanced Very High Resolution Radiometer) ausgerüstet, dessen spektraler Beobachtungsbereich besonders für Studien über Vegetationsveränderungen geeignet ist.

Die Reflexionseigenschaften grüner Biomasse unterscheidet sich deutlich von denen der Böden. Sie werden bestimmt durch die Absorption des einfallenden Sonnenlichtes im blauen und roten Bereich. Dafür sorgt das Chlorophyll. Im Gegensatz zum Spektralbereich des sichtbaren Lichtes (400 - 700 nm) wird im nahen Infrarotbereich der größte Teil der Strahlung reflektiert. Am Ende der Vegetationszeit nimmt die Absorptionsfähigkeit des Chlorophyll sehr schnell ab. Das zuvor charakterisierte Verhältnis von Absorption und Reflexion zwischen dem sichtbaren und dem nahen Infrarotbereich wird schwächer.

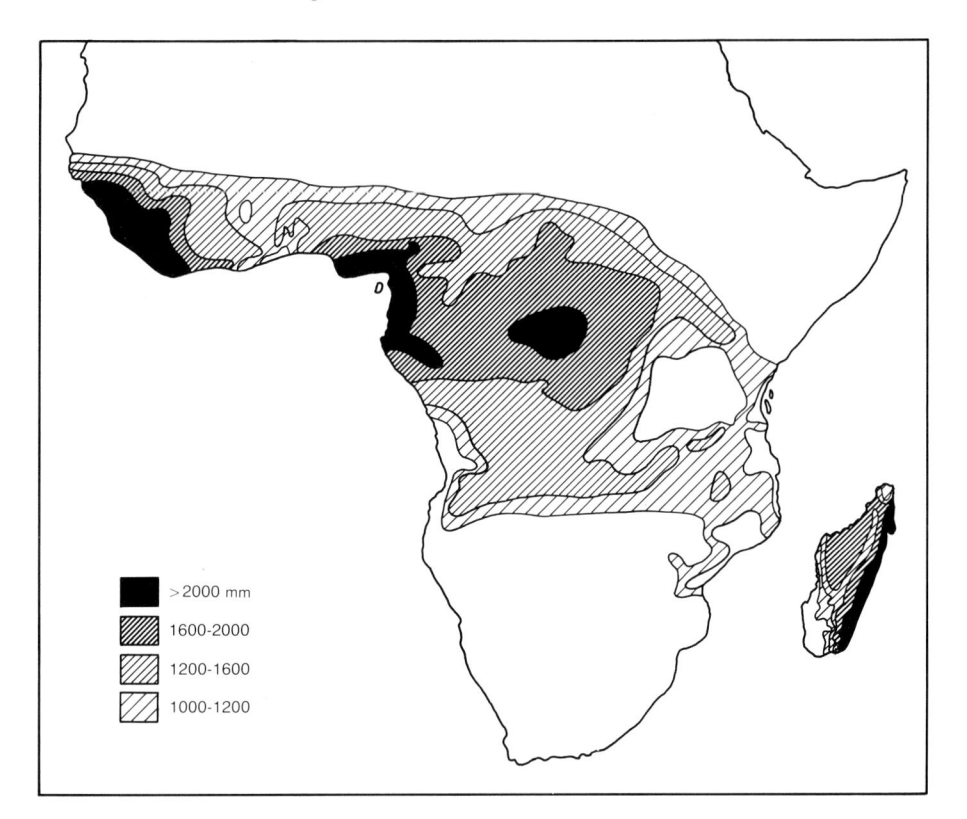

Abb. 5.2: Karte der jährlichen Niederschlagsmengen in Afrika

Abb. 5.3: Der klimatische Wasserhaushalt eines intakten geschlossenen immergrünen tropischen Feuchtwaldes

Dieses Verhältnis (Ratio), das als Vegetationsindex bezeichnet wird, ist ein Maß der physiologischen Aktivität der Pflanzen. Der genannte Vegetationsindex (NDVI - Normalized Difference Vegetation Index) wird berechnet aus der Differenz zwischen dem Refexionsgrad des nahen Infrarotbereiches (NIR) und des sichtbaren Lichtes (SL), geteilt durch deren Summe.

$$NDVI = \frac{NIR - SL}{NIR + SL}$$

Der Vorteil der Vergleichsuntersuchungen von 1990 liegt in der unmittelbaren Vergleichbarkeit mit den Daten von vor 10 Jahren, da sich das durchgeführte Inventar auf die gleichen Basisdaten bezog. Obwohl das neueste Waldinventar der FAO (FAO - Forestry Department - Forest Ressouces Assessment 1990 Project) zum Zeitpunkt der ersten Ergebnisveröffentlichung noch nicht vollständig war, repräsentieren die untenstehenden Zahlen doch immerhin schon 80% der tropischen Feuchtwaldzone.

Die Zahlen in Tab. 5.1. sind nicht unmittelbar vergleichbar mit den o.g. Zahlen für den Restbestand der tropischen Wälder (19,4 Mio km^2). Die hier bezifferte Gesamtwaldfläche für 1980 beträgt global lediglich 14.501.000 km^2 und beschränkt sich ausschließlich auf die Feuchtwaldareale. Die Zahlen dokumentieren eine weiterhin anhaltende massive Reduzierung der vorhandenen tropischen Feuchtwaldareale. In den letzten 10 Jahren sind damit erneut 479.000 km^2 Feuchtwald vernichtet worden, eine Fläche die fast dem Doppelten der alten Bundesrepublik Deutschland entspricht. Die mittlere jährliche Entwaldungsrate beträgt in Afrika 48.000 km^2. Dies bedeutet, daß Afrika im weltweiten Vergleich die höchste jährliche prozentuale Veränderung aufweist.

Tabelle 5.1: Vorläufige Ergebnisse des Waldinventars der FAO von 1990 (Forestry Project Profile, 1991, Rome)

Kontinent	Anzahl der berücksichtigten Länder	Waldflächen 1980	Waldflächen 1990 (1981 - 1990)	Jährliche Entwaldungsrate	jährliche prozentuale Veränderung
			km^2		
Afrika	15	2.897.000	2.418.000	48 000	- 1.7 %
Lateinamerika	32	8.259.000	7 530.000	73 000	- 0.9 %
Asien	15	3.345.000	2 875.000	47 000	- 1.4 %
Total	62	14.501.000	12.823.000	168 000	- 1.2 %

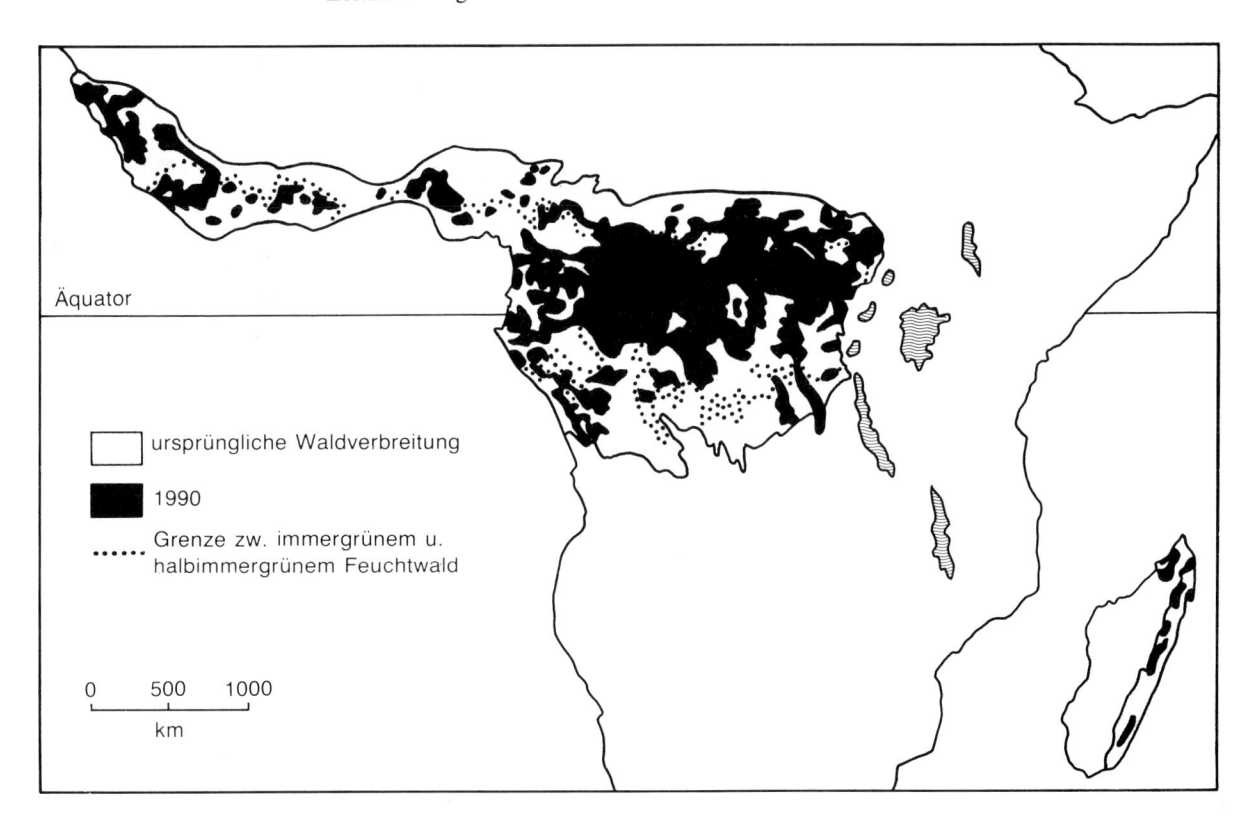

Abb. 5.4: Karte der ursprünglichen und rezenten (Ende 1990) Verbreitung der immergrünen und halbimmergrünen Feuchtwälder im tropischen Afrika

Die Abb. 5.4. zeigt die kartographische Auswertung einer NOAA-AVHRR Scene vom 01.12.-10.12.1990. Die als ursprüngliche Waldverbreitung ausgewiesene Fläche beinhaltet die Areale der immergrünen und halbimmergrünen Feuchtwälder. Ebenfalls wurden die Areale der "Savane-préforetsière"(mosaique forêt-savane) hinzugerechnet. Abb. 5.4 verdeutlicht allerdings auch, daß es sich bei der Degradation der Wälder innerhalb Afrikas um räumlich und zeitlich differenzierte Prozesse handelt. Während insbesondere die Oberguineaküste von der Côte d'Ivoire bis nach Kamerun hinein als nahezu entwaldet bezeichnet werden muß, weist Zaire noch große geschlossene Feuchtwaldareale im Bereich des Kongo auf.

Die eigenen Berechnungen ergeben einen Waldverlust im Jahre 1990 von ca. 57% bei den immergrünen Feuchtwäldern und von 28,4% bei den halbimmergrünen Feuchtwäldern gegenüber der natürlichen Waldverbreitung, ein Ergebnis mit hoher Übereinstimmung mit den Resultaten der FAO-Analysen von 1991. Auch die Ergebnisse der flächenhaften Ausdehnung ist unter Berücksichtigung des Maßstabes von Abb. 5.4. (ca. 1: 43.000.000) in einem hohen Maße übereinstimmend.

WOHLFARTH-BOTTERMANN (1991) hat in seiner Studie "Anthropogene Veränderungen der Vegetationsbedeckung in Côte d'Ivoire seit der Kolonialisierung" in 10-Jahres-Abständen die Vegetationsentwicklung kartographisch dargestellt. Aus dieser Serie sind nachfolgend die

98 DIETER ANHUF

1900

1990

| immergrüner und halbimmergrüner 'Primär'-Feuchtwald | Rodungsflächen (Waldbedeckung <50%) | Savanne |

nach Wohlfarth-Bottermann (1993)

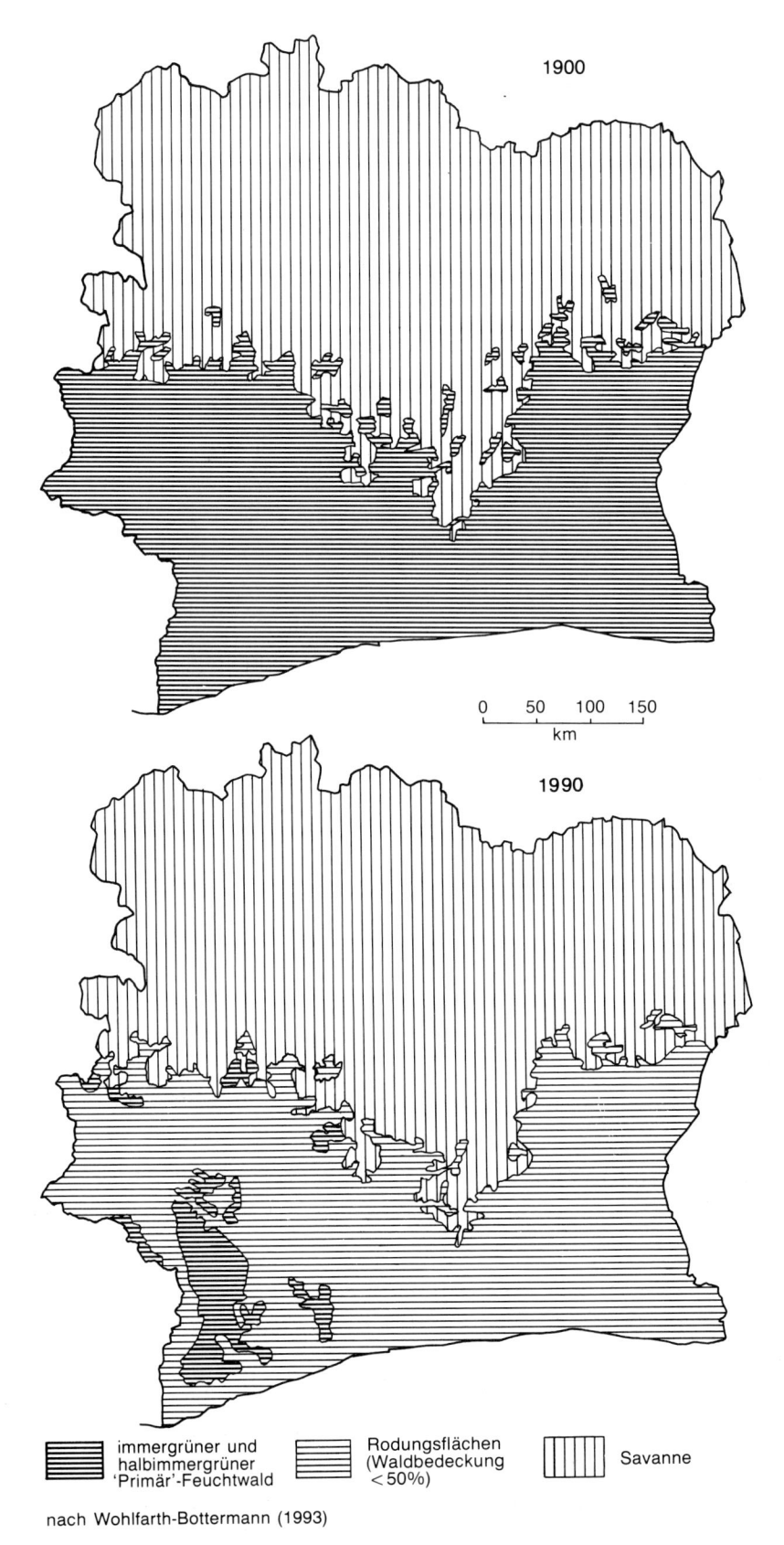

Abb. 5.5: Anthropogene Vegetationsveränderungen in der Côte d'Ivoire zwischen 1900 und 1990 (verändert nach WOHLFARTH-BOTTERMANN, 1994)

Szenarien des Autors für 1900 und 1990 wiedergegeben (Abb. 5.5). Als Grenzwert zur Differenzierung der bewaldeten und waldfreien Flächen wurde eine Waldbedeckung von 50% gewählt. Aufgrund mangelnder Informationen zur räumlichen Veränderung der Trockenwälder/Savannen liegt der Karte von 1990 der Zustand von 1970 zugrunde (Abb. 5.5). Die vom Autor nicht berechneten Flächenanteile werden hier nachgereicht. Die Elfenbeinküste verfügt über eine Gesamtfläche von ca. 322.000 km^2. Davon waren im Jahre 1900 noch knapp die Hälfte (46,4%) mit immergrünen Feuchtwäldern bedeckt; der zweitgrößte Flächenanteil entfiel auf die offenen Savannen mit 40,7%. Die dichteren Baumsavannen nahmen 10,7% ein, und ein verschwindet kleiner Teil entfiel schon damals auf die Trockenwäldern (ca. 1,5%). Zu diesem Zeitpunkt waren ca. 0,7% als Rodungsflächen bzw. als Feuchtwälder mit selektiver Holznutzung ausgewiesen.

Bis zum Jahre 1990 haben sich diese Verhältnisse völlig verändert. Immergrüne und halbimmergrüne Feuchtwälder bedecken gerade noch zu 1,3% (!!) das Land. Dafür nehmen die Rodungsflächen innerhalb des ursprünglichen Feuchtwaldareals nunmehr 34,2% ein. Auf 7,5% der ehemaligen Waldflächen ist eine selektive Holzentnahme zu beobachten. Industrielle Großplantagen nehmen mitlerweile 2,3% der "Waldfläche" ein, ungefähr doppelt soviel wie die verbliebenen Feuchtwaldreste selbst. Der Anteil der offenen Savannen ist nur geringfügig auf 42,2% angestiegen, die Trockenwaldareale blieben unverändert, die dichten Waldsavannen sind ebenfalls um rund 40% zurückgegangen und etwas weniger als 5% der Staatsfläche werden mittlerweile von den großen Stauseen eingenommen.

Der Bildvergleich zeigt, wie nachhaltig die Elfenbeinküste ihr Naturreservat "Wald", das zu einem wesentlichen Anteil an dem wirtschaftlichen Wohlstand des Landes beteiligt war, ausgebeutet, ja vernichtet hat. Dagegen betrachtet erscheinen die Arealverluste der immergrünen Feuchtwälder in ganz Afrika mit rd. 43% für den Zeitraum 1900 bis 1990 nahezu gering. Der Flächenverlust der halbimmergrünen Wälder ist auch für den gesamten Kontinent als gravierend zu bezeichnen. 1990 existierten nur noch rund 28% der ehemaligen Waldflächen auf dem Kontinent.

5.3. Die Auswirkungen der Feuchtwaldzerstörungen auf die einzelnen Klimaelemente

Zur Beurteilung der gravierenden Folgen der Waldzerstörung am Beispiel der Côte d'Ivoire steht am Beginn eine vereinfachte Analyse des Klimasystems "Tropischer Feuchtwald".

In einem immergrünen Feuchtwaldgebiet vor den Toren Abidjans, im "Forêt de Banco" wurden in den Jahren 1959/1960 von CACHAN & DUVAL (1963) umfangreiche Untersuchungen zur vertikalen und saisonalen Klimaschwankungen duchgeführt. Über mehr als 1 Jahr liegen die auf Wochenbasis gemittelten Werte der Elemente Temperatur, rel. Luftfeuchte, Evaporation sowie des Niederschlages vor. Besonders interessant sind die Daten deshalb, weil sie jeweils in verschiedenen Höhenniveaus über Grund gemessen wurden. Gleichzeitig liegen differenzierte Niederschlagsdaten für den Kronenbereich des Waldes (46 m) und für den Erdboden vor.

In Abb. 5.6 sind von oben nach unten die Kurven der Mitteltemperatur in 1 und 46m Höhe über dem Erdboden für 53 Wochen vom 30.11.1959 bis 04.12.1960 abgetragen. Die niedrigsten Mitteltemperaturen sind in der großen "winterlichen" Trockenzeit sowie am Ende der Hauptregenzeit zu beobachten. Die Werte im Wald am Boden (1 m Höhe) liegen in dieser Zeit bei ca. 22,5° C. Im Bereich der höchsten Baumkronen über dem Wald liegen die wöchentlichen Mittelwerte im Dezember etwa bei 25,5 - 26,0° C, im Sommer dagegen nur bei ca. 23,8° C. Trotz der Wintermonate sind die Dezembertemperaturen höher als die Julitemperaturen im Sommer. Ursache ist die starke Bewölkung am Ende der Hauptregenzeit Ende Juli, die das Temperaturniveau dämpft. Im Gegensatz dazu werden die höchsten Temperaturen im Februar registriert. In Bodennähe liegen diese Temperaturen bei 25,7° C, über den Baumkronen dagegen bei 28,5° C. Sie werden damit am Ende der großen Trockenzeit erreicht, wenn der Bewölkungsgrad und damit die relative Luftfeuchtigkeit im Mittel am geringsten ist. Die mittleren Maximumtemperaturen in dieser Zeit erreichen am Boden 26° C und über dem Blätterdach 32° C (CACHAN & DUVAL).

Die über das Jahr gemittelte Differenz der wöchentlichen Mitteltemperaturen zwischen den beiden Höhenniveaus liegt bei ca. 2,5° C. Die geringsten Temperaturdifferenzen zwischen dem Boden und dem Blätterdach des Waldes sind in den feuchtesten Wochen des Jahres und kurz danach zu beobachten. In der Woche vom 20.06.60 fielen 209,6 mm Niederschlag, in der Woche danach noch einmal 169,8 mm. In diesen zwei und den zwei darauffolgenden Wochen betrug die Temperaturdifferenz nur ca. 1° C. Zusammenfassend kann konstatiert werden, daß die Temperaturen am Boden eines geschlossenen immergrünen Feuchtwaldes im Jahresmittel um 2,5 - 3,0° C niedriger sind als über dem Wald. Jahreszeitlich aufgelöst bedeutet dies eine Temperaturdifferenz von 1,5 - 2,0° C während der Regenzeit und 2,5 - 3,5° C während der Trockenzeit. Generell fallen diese Temperaturdifferenzen in der winterlichen langen Trockenzeit höher aus als in der kürzeren sommerlichen Trockenzeit von Mitte Juli bis Mitte September. Diese Ergebnisse werden durch neuere Messungen von EICHLER (1987) bestätigt. Bei Vergleichsmessungen in ungestörten und gerodeten Waldbeständen registrierte der Autor eine signifikante Temperaturerhöhung in 2 m Höhe um 3 - 5° C.

Abb. 5.7. zeigt die Zeitreihe der mittleren minimalen Luftfeuchte über den gleichen Zeitraum. Die Jahreszeiten werden dabei sehr deutlich. Die Luftfeuchtigkeit im Bereich des Waldbodens unterschreitet praktisch niemals die 70% Marke, auch nicht während der heißen Saison (Februar bis Mai) und nicht während der kleinen Trockenzeit (Ende Juli) des Jahres 1960 (33. Woche). Auffallend ist jedoch die generell sehr hohe Luftfeuchtigkeit in allen Niveaus des Waldes.

Selbst über dem Kronendach sinkt die relative Feuchte selten unter 60%. Die vertikalen Differenzen zwischen dem Boden und dem Kronendach sind dennoch beachtlich. Sie erreichen während der großen Trockenzeit Werte von 20-30% Unterschied. In der Regenzeit können sich die Werte bis auf unter 10% angleichen. In der kleinen Trockenzeit steigen die Differenzbeträge leicht an, erreichen allerdings selten Werte von 15%. Dieses gilt auch für die zweite, kürzere Regenzeit von Ende September bis Mitte November. Verallgemeinernd kann festgestellt werden, daß die Veränderlichkeit der relativen Feuchte über das Jahr am Boden größer ist als über dem Blätterdach des Waldes. Im Vergleich dazu betragen die Werte eines waldfreien Standortes wie am Beispiel des Flughafens von Abidjan in 2 m Höhe während der Trockenzeit 69% im Februar, 74% im Juni, 77% im August und 75% im Oktober. Die monatlichen Durchschnittswerte im Wald betragen im Februar 77,5%, im Juni 90,4%, im August 79,4% und im Oktober 82,4%. In den vier Jahreszeiten werden Differenzen von 8,5% für die große Trockenzeit, 16,4% für die große Regenzeit, 2,5% für die kleine sommerliche Trockenzeit und 7,4% für die zweite kürzere Regenzeit erreicht.

Dieses Ergebnis spiegelt sich auch in den wöchentlichen Messungen der Evaporation einer freien Wasserfläche in 1 und 46 m über dem Boden wieder (vgl. Abb. 5.8). Am Boden übersteigen die gemessenen Wochenwerte selten 4 mm, über dem Wald werden mehrfach im Jahr Werte um 15 mm und darüber erreicht. In der großen heißen Trockenzeit werden am Gipfel 6 - 9 mal so hohe Werte wie am Boden erreicht, in der kleinen Trockenzeit liegt der Faktor bei 3 - 4. Insgesamt wurden für 1960 am Waldboden 106 mm gemessen, über den Baumwipfeln waren es 503,5 mm (für 3 Wochen liegen keine Verdunstungswerte vor).

Wöchentliche Werte der Mitteltemperatur in 1 und 46 m über Grund

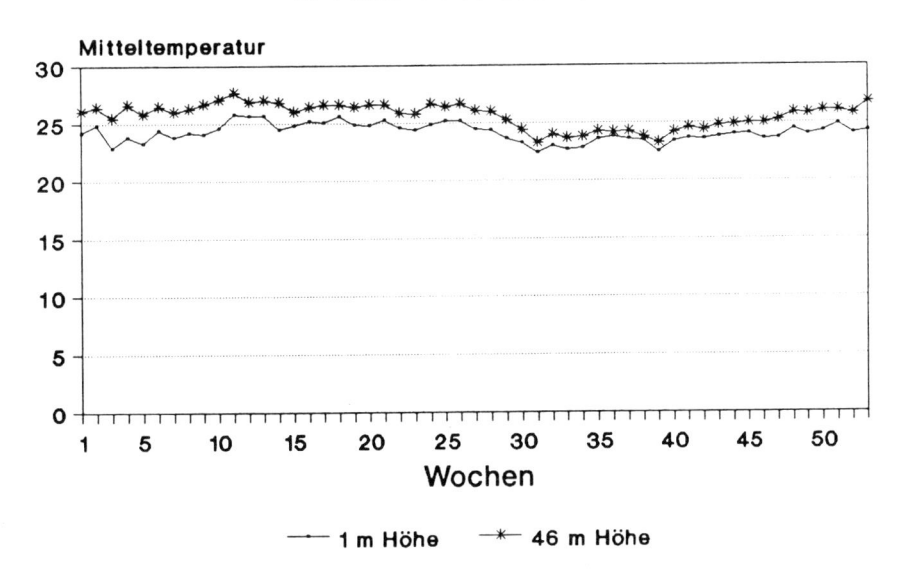

— 1 m Höhe   —*— 46 m Höhe

01. Woche: 30.11. - 06.12.1959
53. Woche: 28.11. - 04.12.1960

Abb. 5.6: Zeitreihe der wöchentlichen Werte der Mitteltemperatur

**Wöchentliche Werte der mittleren Feuchte
in 1, 33 und 46 m über Grund**

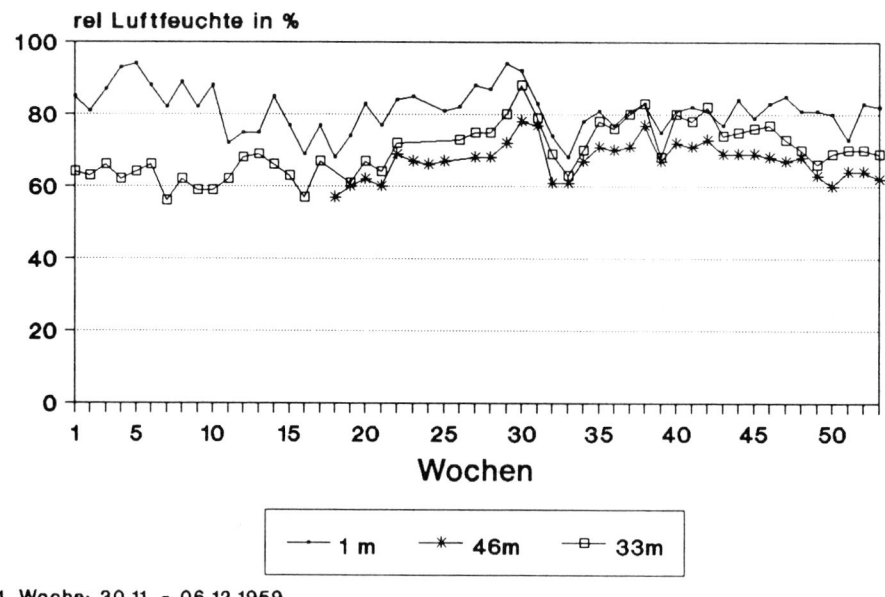

01. Woche: 30.11. - 06.12.1959
53. Woche: 28.11. - 04.12.1960

Abb. 5.7. Zeitreihe der wöchentlichen Werte der mittleren relativen Feuchte

**Wöchentliche Werte der Evaporation
in 1 und 46 m über Grund**

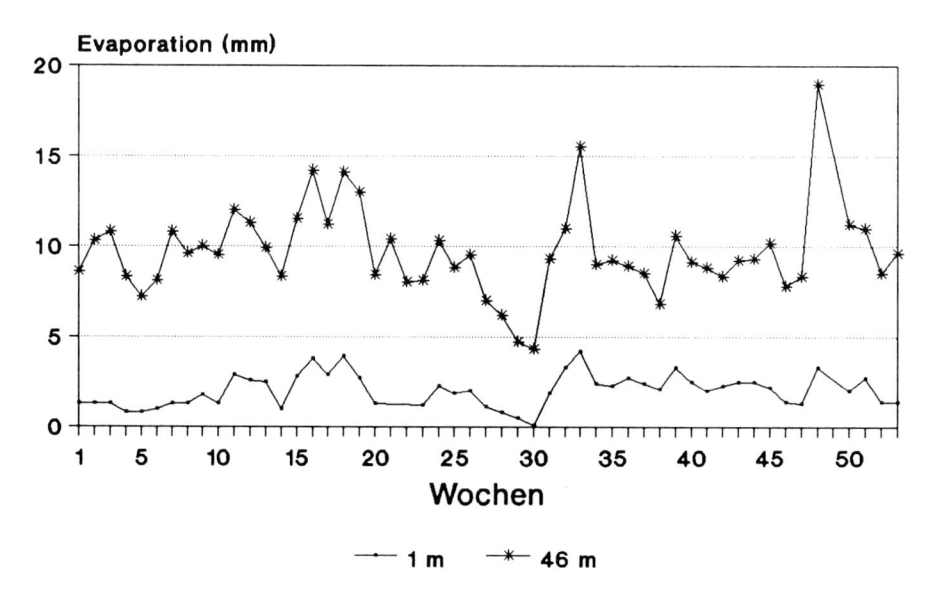

01. Woche: 30.11. - 06.12.1959
53. Woche: 28.11. - 04.12.1960

Abb. 5.8. Zeitreihe der wöchentlichen Werte der Evaporation

Wöchentliche Werte der Niederschläge am Boden und im Gipfelbereich des Waldes

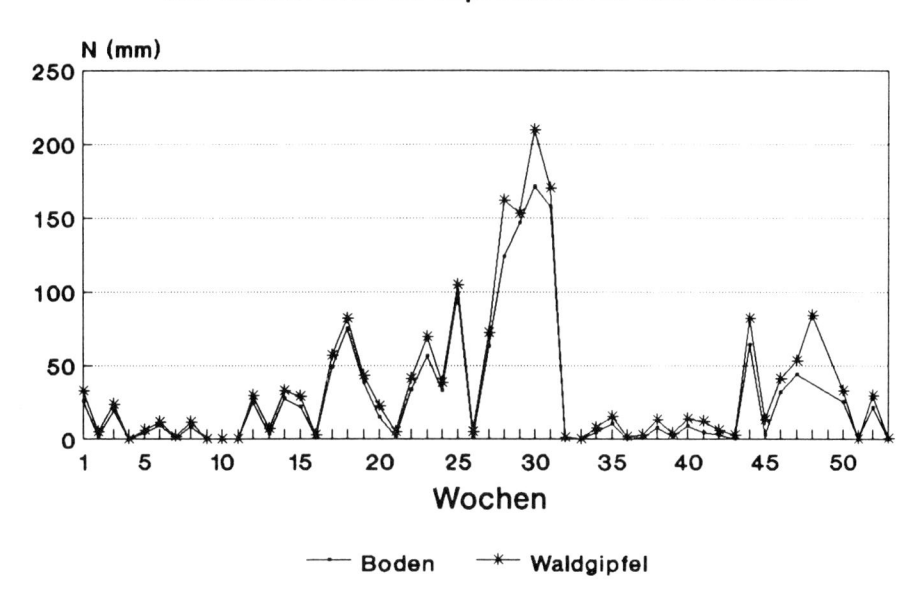

01. Woche: 30.11. - 06.12.1959
53. Woche: 28.11. - 04.12.1960

Abb. 5.9: Zeitreihe der wöchentlichen Verdunstungswerte

Ein Vergleich der wöchentlichen Verdunstungswerte in 46 m Höhe mit den jeweiligen Wochenwerten der Niederschläge zeigt, daß in 20 der 53 Wochen des Meßzeitraumes 1959 - 1960 die Verdunstungswerte die Niederschlagswerte überstiegen, ein Hinweis auf den großen Trockenstreß der Blätter des obersten Stockwerkes.

In Abb. 5.9 sind die In Abb. 5.9 sind die wöchentlichen Werte der gemessenen Niederschläge abgetragen. CACHAN UND DUVAL ermittelten für die Periode vom 29.12.1959 - 4.12.1960 eine Niederschlagsmenge von 1.776,5 mm. Die Regenmengen für den Flughafen der Hauptstadt betrugen für 1960 1.990 mm. Die Untersuchungen der beiden Autoren begannen jedoch bereits am 4.5.1959 mit danach regelmäßigen Aufzeichnungen der Klimaelemente. Allein für den Zeitraum vom 4.5.-28.12.1959 registrierte die Forschungsstation im Wald eine Regenmenge von 2.212,1 mm. Das Jahr 1960 war damit erheblich trockener als das Jahr 1959 (vgl. dazu auch Kap. 6). 1959 war die "große Trockenzeit" sehr feucht und langanhaltend vom 11.5.-26.7. (1.695,4 mm), die "kleine Regenzeit" dauerte vom 24.8.-20.12. (599,2 mm). Im Gegensatz dazu war die große Trockenzeit 1960 sehr viel kürzer (16.5.-3.7.) und erheblich trockener (876,3 mm). Allerdings hatte diese Regenzeit bereits einen "Vorläufer" in der Zeit vom 29.2.-15.5., in dem immerhin 422,4 mm Niederschlag fielen. Die kleine Regenzeit 1960 dauerte vom 26.9.-4.12. und erbrachte 336,9 mm (alle Zahlenangaben aus CACHAN & DUVAL, s.o., 1963). Im Zusammenhang mit den Auswirkungen der Feuchtwaldzerstörung auf den klimatischen Wasserhaushalt sind jedoch viel mehr Vergleichsmessungen der Regenmengen "auf dem Dach" des Waldes bzw. an dessen Boden von Interesse. In der Umgebung ihres Beobachtungsturmes hatten die Autoren insgesamt 8 Regenmesser im Wald aufgestellt. Im

Mittel erreichen ca. 80% der Regenmengen auch den Waldboden. Die Werte der einzelnen Regenmessungen schwankten allerdings zwischen 50 und 93%. Nach Untersuchungen anderer Autoren kann mit einem mittleren Wert von 75% für immergrüne tropische Feuchtwälder gerechnet werden. Dabei wird die Regenmenge, die den Waldboden erreicht, entscheidend von der Intensität und der Dauer der Regen gesteuert. Generell sind die registrierten Mengen am Boden nach einer vorangegangenen Durchfeuchtung des Waldes höher als nach einer Trockenphase. Eine geschlossene Walddecke wie im obigen Beispiel reduziert in jedem Falle die Erosivität der ankommenden Niederschläge bis nahe an den Nullpunkt.

5.4. Auswirkungen der Vegetationszerstörungen auf den regionalen klimatischen Wasserhaushalt

Bei der Vernichtung oder Degradation tropischer Wälder ist mit einer nachhaltigen Veränderung wesentlicher Elemente des Naturhaushaltes zu rechnen. Die Klimaelemente, die sich regional ändern, sind in erster Linie die Albedo, die Temperatur in Bodennähe, der Wasserdampfgehalt in der Luft, der oberflächliche Abfluß und die Evapotranspiration.

Werden Waldflächen gerodet, so erscheinen sie anschließend aus der Vogelperspektive heller als zuvor. 87% des einfallenden Sonnenlichtes werden über einem Wald zur Verdunstung des Wassers oder bei der Erwärmung der Luftschichten absorbiert. Nur 13% der ankommenden kurzwelligen Strahlung werden reflektiert (Albedo). Waldvernichtung oder Degradation hat eine unmittelbare Erhöhung der Albedo zur Folge. Über Savannenformationen erhöht sie sich auf ca. 15-19% und über Weideland steigt dieser Wert sogar auf nahezu den doppelten Betrag an (18-22%) (DEUTSCHER BUNDESTAG 1990).

Im vorigen Kapitel sind besonders die vertikalen Temperaturdifferenzen in einem intakten immergrünen Feuchtwald dargestellt worden. Die Differenzen zwischen der Temperatur im Wald in Bodennähe und über dem schattenspendenden Blätterdach in 46 m Höhe betrug im Mittel 2,5 - 3° C. Das gemessene Temperaturniveau oberhalb des Waldes ist demnach auch für den Boden zu erwarten, wenn der Wald dort nicht mehr existiert. Bei Vergleichsmessungen in ungestörten und gerodeten Waldbeständen wurde eine signifikante Erhöhung der Lufttemperatur in 2 m Höhe um 3 - 5° C von EICHLER (1987) gemessen. Die Werte aus der Elfenbeinküste im vorigen Kapitel stimmen mit diesen Daten weitgehend überein. Auch der Bericht der Enquete-Kommission des Deutschen Bundestages (1990) geht von einem Temperaturanstieg in Bodennähe von 2 - 5° C aus. Die Ursache dieser Temperaturerhöhung ist der aufgrund geringerer Verdunstungsleistung resultierende höhere Anteil an fühlbarer Wärme bei der Umwandlung der Sonnenstrahlung. Der in Kap. 5.2. festgestellte Flächenverlust immergrüner und halbimmergrüner Feuchtwaldareale von 90 % in den vergangenen 90 Jahren ließe einen deutlichen Temperaturtrend an den existierenden Klimastationen in der Waldregion erwarten. Leider konnten für die Elfenbeinküste keine längeren Zeitreihen der Monatsmitteltemperaturen beschafft werden, die auf diese Frage eine Antwort hätten geben können. Es kann jedoch davon ausgegangen werden, daß sich solche Temperaturerhöhungen nicht auf die Feuchtwaldgebiete beschränken, sondern auch in der offenen Savannenzone im Norden des Landes zu beobachten sind. FRANKENBERG (1985) und ANHUF (1989) konnten an zahlreichen Beispielen aus der nördlichen wie südlichen Sahelzone in West- und Ostafrika einen solchen positiven Temperaturtrend besonders während der Hauptregenzeit im August nachweisen.

5.4.1 Die Feuchtwaldzerstörung im Spiegel der Abflußdaten

Theoretisch am leichtesten müßten daneben die Veränderungen der wichtigsten Glieder des Wasserkreislaufes zu erfassen sein. Entscheidende Parameter des Wasserkreislaufes tropischer Feuchtwälder sind der Niederschlag, die Verdunstung von der Boden- und Pflanzenoberfläche (Evaporation), die Verdunstung der Pflanzen selbst (Transpiration), der Anteil des Regens, der von den Pflanzen festgehalten wird und anschließend ebenfalls verdunstet (Interzeption). Unmittelbar daran gekoppelt ist die relative Luftfeuchtigkeit sowie der oberflächliche Abfluß.

In dem zuvor (Kap. 5.3.) zitierten Beispiel des Banco-Waldes betrugen die minimalen relativen Luftfeuchtewerte zum trockensten Zeitpunkt des Jahres nie weniger als 70% am Boden des Waldes. Über den Wipfeln der Baumkronen sanken diese Werte während des gleichen Zeitpunktes unter 50% ab. Diese Differenz von über 20% relativer Luftfeuchte blieb auch in den feuchtesten Wochen bestehen. Wurden am Boden Werte von über 90% registriert, stiegen diese über dem Wald auf max. 78% an. Diese Zahlen verdeutlichen die hohe Übereinstimmung mit den Werten, die am Flughafen der Hauptstadt Abidjan auf einem entwaldeten Terrain gemessen werden. Auch in diesem Beispiel zeigt sich die hohe Repräsentanz der Werte "über dem Wald" als Indikator für die Feuchteverhältnisse eines gerodeten ehemaligen Waldareals. Nahezu vergleichbare Werte veröffentlichte EICHLER (1987). Dort betrug die gemessene trockenzeitliche mittägliche relative Luftfeuchtigkeit 70% im intakten Primärwald. Sie sank nach Rodung auf unter 45% auf den Rodungsflächen ab. Die wesentlich höheren Werte von Abidjan liegen in der unmittelbaren Küstennähe der Station begründet. In ähnlicher Distanz zum Golf von Guinea liegt auch der Banco-Wald. Für weiter im Binnenland gelegene Waldstandorte wäre danach die mittleren monatlichen Verdunstungswerte der Stationen Dimbokro, Gagnoa oder Bondoukou zu berücksichtigen (vgl. Abb. 5.10).

Desweiteren ist zu erwarten, daß sich nach Zerstörung der Wälder das Verhältnis von Abfluß zu Verdunstung ändert. Nahezu 70-75% der Niederschläge über einem intakten Wald verdunsten wieder, bevor sie in den Boden eindringen; nur 25% gelangen in den Boden und damit letztlich zum Abfluß. Bei einer völligen Zerstörung des Waldes kann sich das oben gezeigte Bild im Extremfall spiegelbildlich verändern, so daß 70 bis 75% der gefallenen Niederschläge abfließen, dabei ungenutzt bleiben und großen Schaden durch Erosion verursachen und nur noch 25 bis 30% des Regens wieder in die Atmosphäre zurückgelangt (vgl. Abb. 5.3). Dieses Wasser aber fehlt der Atmosphäre, so daß weniger Wasserdampf als bisher in die ohnehin schon von Dürren geplagten Sahelländer im Norden gelangt, so daß man dort mit einer weiter sich verstärkenden Aridität rechnen muß.

Zeitreihen der mittleren Feuchtewerte Stationen Abidjan, Dimbokro, Gagnoa, Bondoukou

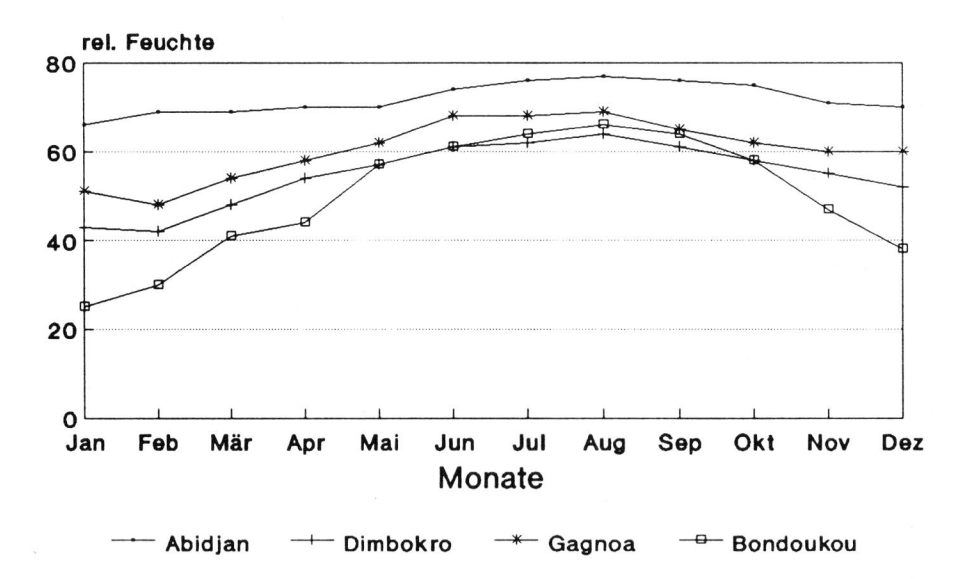

Abb. 5.10: Zeitreihen der mittleren monatlichen Feuchtewerte an den Stationen Abidjan, Dombokro, Gagnoa und Boundoukou

Der Nachweis dieser Modellvorstellungen durch "harte Zahlen" ist bis heute jedoch immer noch sehr schwierig. Die Abnahme der Niederschläge in Afrika nördlich des Äquators in den letzten 30 Jahren sind in zahlreichen Zeitreihen verschiedener Autoren belegt. Inwieweit diese Abnahme schon oder überhaupt auf die Vernichtung der tropischen Feuchtwälder zurückzuführen ist, blieb bislang noch ungewiß. Dieses liegt an dem vorhandenen Datenmaterial. Die große räumliche und zeitliche Variabilität der Niederschläge in den feuchten Tropen zu erfassen, fehlt vielerorts ein dazu notwendiges, wesentlich dichteres Stationsnetz als es heute vorhanden ist. Darüberhinaus sind die Zeitreihen häufig zu kurz, um langfristige Veränderungen feststellen zu können. Nur wenige Zeitreihen in der Cote d'Ivoire reichen bis an den Anfang unseres Jahrhunderts zurück und wenn, sind diese Datenreihen häufig lückenhaft, z.T. vorgenommene Stationsverlegungen sind nicht vermerkt.

Den Versuch, mit vorhandenen Abflußdaten der großen Flüsse in der Côte d'Ivoire dennoch eine Vorstellung möglicher Auswirkungen der Vegetationsvernichtung auf den klimatischen Wasserhaushalt zu erhalten, haben ANHUF & BENDIX (1992) näher beschrieben. Die Analysen ergaben, daß der Mittelwasserstand (MQ) der betroffenen Flüsse eindeutig dem Klimatrend folgt. Feuchte Jahre haben überdurchschnittliche, trockene Perioden defizitäre Abflußmengen zur Folge. Überdies hatte sich gezeigt, daß die gemessenen Abflußmengen nicht dazu geeignet sind, Veränderungen der Landnutzung festzustellen. Landnutzungsveränderungen, in diesem Fall besonders durch gesteigerte Rodungstätigkeiten, können dagegen nur über die langfristigen Veränderungen der Abflußgeschwindigkeiten abgeschätzt werden, da diese direkt vom Abflußbildungsprozeß abhängig sind. BENDIX (1988) konnte an einem Beispiel aus

Mitteleuropa nachweisen, daß die Steigerung der Abflußgeschwindigkeit eindeutig aus der forcierten Degradierung der vorhandenen Vegetation und der agraren Flächenumgestaltung resultierte.

Die gemeinsamen Untersuchungen beinhalten die Flußgebiete des *Sassandra*, des *Bandama Rouge*, des *N'Zi* und des *Comoé* (Abb. 5.11). Die Trendanalysen des Mittelwasserstandes und der Abflußgeschwindigkeiten ergaben ein räumlich sehr differenziertes Bild. Während im Bereich des *N'Zi* sowohl die Abflußmengen als auch die Abflußgeschwindigkeiten leicht abnehmen, betragen beim *Bandama* die Rückgänge der Abflußmengen ca. 64%, bei gleichzeitiger Abnahme der Geschwindigkeit von "nur" 30% (vgl. Abb. 5.12). Dieses bedeutet insgesamt bereits eine nicht unwesentliche Geschwindigkeitssteigerung, die jedoch auch teilweise noch mit einer Steigerung der Niederschlagsintensität zusammmenhängen könnte, die besonders im Bereich des *Bandama* für die Monate September/Oktober von ANHUF & BENDIX (1992) nachgewiesen werden konnten. Sehr viel deutlicher zeigte sich eine Geschwindigkeitssteigerung im Einzugsgebiet des Comoé bei gleichzeitiger Abnahme der Abflußmengen. Einer Reduzierung der Abflußmengen um 58% (Zeitraum 1953-1987) steht eine Zunahme der Abflußgeschwindigkeit um 33% gegenüber.

Die auf der Basis von Abflußdaten festgestellten Veränderungen des regionalen klimatischen Wasserhaushaltes können sowohl insgesamt, aber auch unter Berücksichtigung der den jeweiligen Einzugsgebieten eigenen Charakteristika durch die Ergebnisse anderer Untersuchungen in vollem Umfang bestätigt werden. Für das Einzugsgebiet des *Sassandra* wurden vergleichende Luftbildanalysen in einem kleinen Testgebiet in der Umgebung von *Séguéla* durchgeführt (vgl. Kap 4.1). Die Anteile halbimmergrüner Feuchtwälder sind in dem betrachteten Zeitraum um insgesamt 50% zurückgegangen. Im gleichen Zeitraum betrug der Flächengewinn der offenen Baumsavannen in diesem Gebiet ebenfalls 50%. Waren bis Ende der 60er Jahre die Wälder dieser Region noch in der Lage, die frühsommerlichen Niederschläge vollständig in ihrem System zu speichern, so daß es erst im Juli zu nennenswert erhöhten Abflußmengen kam, so hat sich diese Situation mitlerweile nachhaltig geändert. Durch die Zerstörung der Wälder ist heute ein veränderter Abflußjahresgang des *Sassandra* zu beobachten (vgl. Abb 5.13). Die ersten frühsommerlichen Regen gelangen nahezu ungebremst zum Abfluß, so daß mitlerweile eine leicht zweigipflige Gangkurve ausgeprägt ist. Der ungeschützte Boden ist während der drei- bis viermonatigen Trockenperiode so stark abgetrocknet und verhärtet, daß die ersten Regen ungehindert oberflächlich in den Vorfluter abfließen. Erst allmählich steigt durch die langsame Durchfeuchtung des Bodens die Infiltrationsrate und damit die Speicherleistung der Böden, so daß die Abflußgangkurve zunächst wieder niedrigere Werte anzeigt, bevor danach allmählich die Spitzenabflußwerte gegen Ende der Gesamtregenzeit erreicht werden.

Im Einzugsbereich des *N'Zi* liegt ein weiteres Testgebiet der vergleichenden Luftbildanalysen (vgl. Kap. 4.2) zur Vegetationsveränderung. Es handelt sich dabei um eine Region, die bereits seit Jahrhunderten als offene Baumsavanne mit einzelnen halbimmergrünen Feuchtwaldinseln zu beschreiben ist. Die Ursache dieses Landschaftsbildes ist anthropogenen Ursprungs. Seit dem 15. Jahrhundert gehört diese Region zu den am dichtesten besiedelten Gebieten der gesamten Elfenbeinküste (V-Baoulé). Den im Hinblick

108   DIETER ANHUF

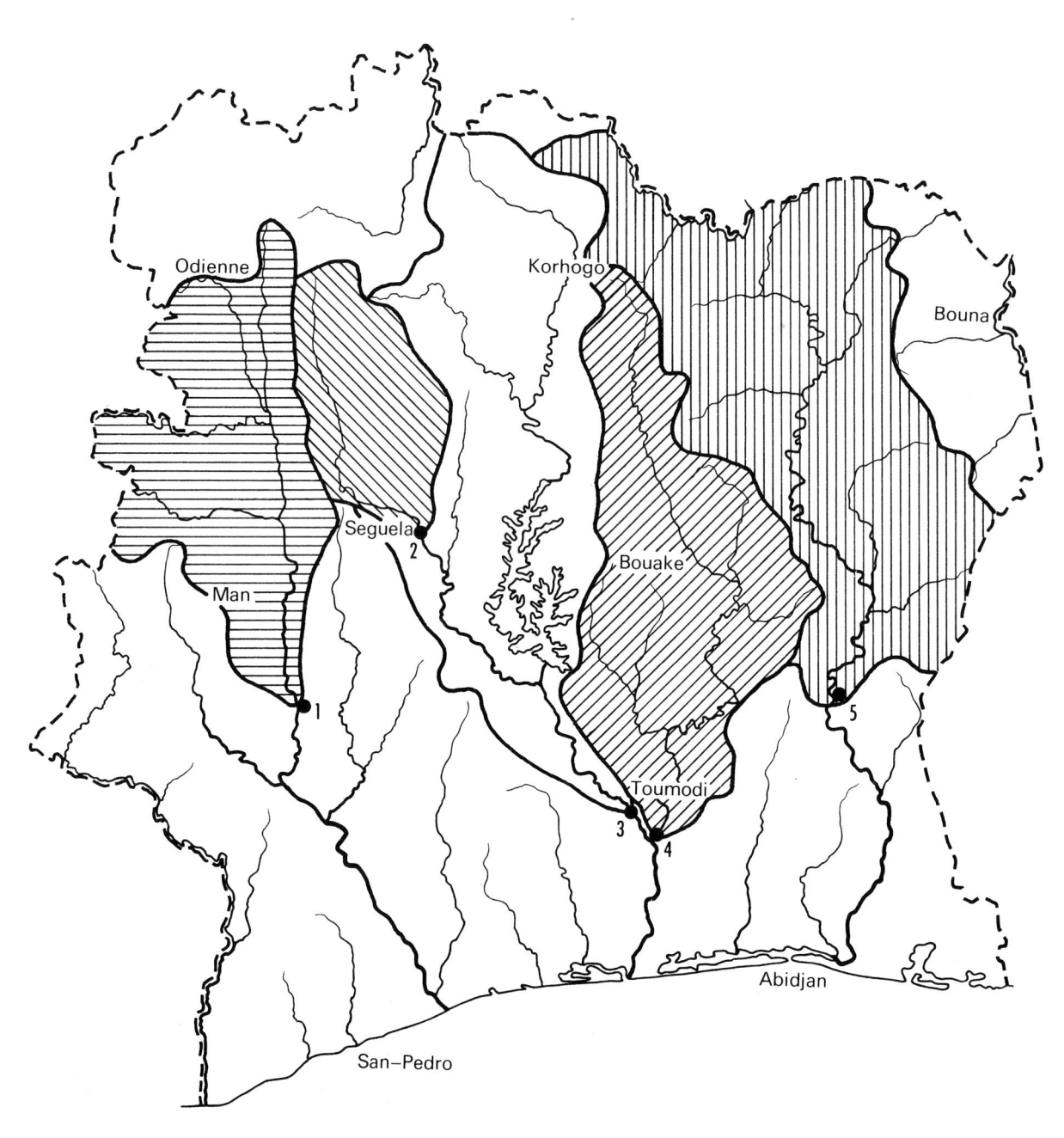

1 Sassandra / Guessabo
2 Bandama Rouge (Marahouè) / Béoumi
3 Bandama / Brimbo
4 N'zi / Ziénoa
5 Comoe / Aniassué

Abb. 5.11: Einzugsgebiete der untersuchten Pegel

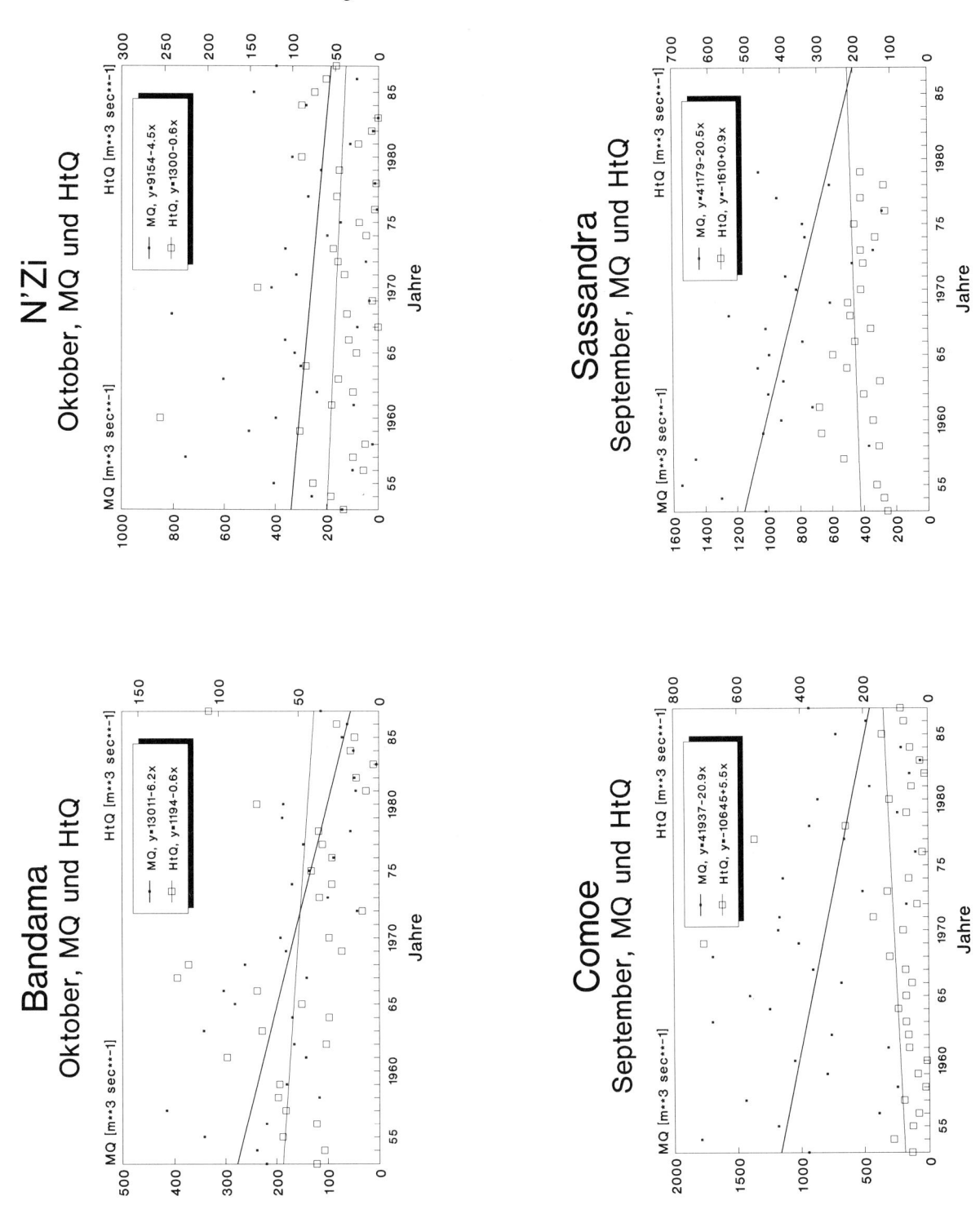

Zeitlicher Vegetations- und Klimawandel in Côte d'Ivoire

Abb. 5.12: Trends von MQ versus HtQ

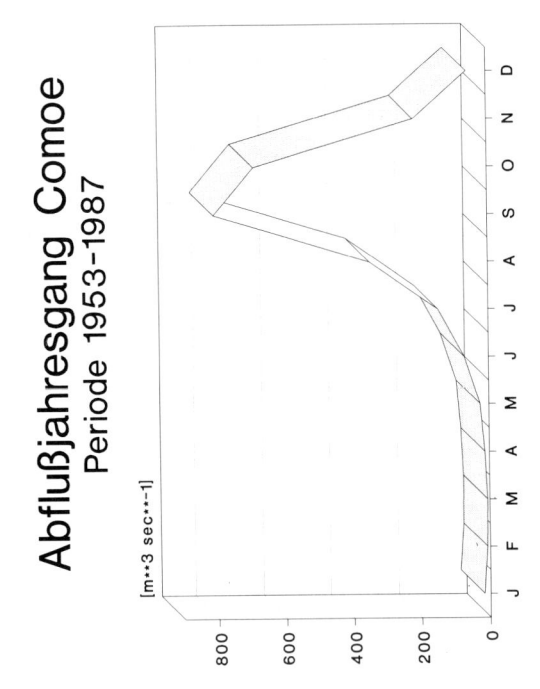

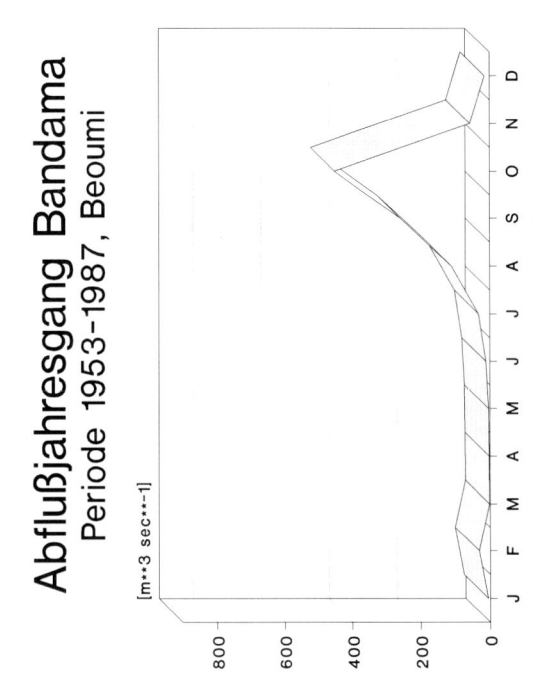

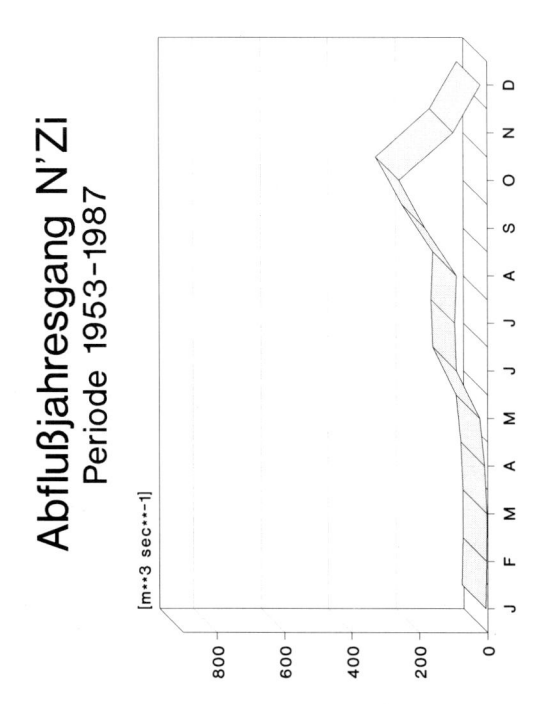

Abb. 5.13: Abflußjahresgänge der untersuchten Pegel

auf den klimatischen Wasserhaushalt wichtigsten Faktor repräsentieren die weitflächig angelegten Kaffee- und Kakaopflanzungen. Die in den vergangenen Jahrzehnten nur mäßig fortgeschrittene Entwaldung wird durch den schützenden Einfluß der bodenbedeckenden Pflanzungen kompensiert. Dadurch erscheint das Abflußverhalten des *N'Zi* anthropogen relativ unbeeinflußt. Weitere Beispiele zu Veränderungen der Bodenbedeckung sind in Kap. 4 beschrieben und bestätigen die Ergebnisse für die anderen Flußsysteme in gleichem Maße.

5.4.2. Die Feuchtwaldzerstörung im Spiegel der Daten des Gebietsniederschlages

Wie bereits im vorstehenden Kap. 5.4.1. erwähnt, gestaltet sich der Versuch, mit dem vorhandenen Datenmaterial die Auswirkungen der Vegetationsvernichtung zu quantifizieren, als durchaus problematisch. Im folgenden soll nun untersucht werden, ob über sogenannte Gebietsmittelwerte des Niederschlages sowohl der Jahressummen als auch der jeweiligen Monatswerte signifikante Veränderungen im klimatischen Wasserhaushalt festgestellt werden können.

Der Bereich der Côte d'Ivoire läßt sich nach den charakteristischen Vegetationsformationen in insgesamt 5 Regionen aufteilen: die immergrünen Feuchtwälder, die halbimmergrünen Feuchtwälder, eine Zone des Übergangs, die subsudanischen und die sudanischen Savannen. Über die registrierten Niederschläge der sich darin befindlichen Klimastationen wurde jeweils ein Gebietsmittelwert errechnet. Berücksichtigt wurden nur die Stationen, deren Datenpool sich über zwei 30jährige Perioden erstreckte. Die jeweiligen Gebietsmittelwerte wurden dabei für jede 30jährige Periode getrennt berechnet. In einem zweiten Schritt wurden dann die prozentualen Veränderungen der letzten 30-Jahres-Periode gegenüber der vorigen berechnet. Für die Zone 1 (immergrüner Feuchtwald) ergeben sich für die Periode von 1961 -1990 nur geringfügige Niederschlagsreduktionen von 8,9% im Jahresdurchschnittswert gegenüber dem Zeitraum 1931 - 1960. In der Zone 2 (halbimmergrüne Feuchtwälder) sind die Niederschlagsreduktionen mit 13,5% schon um 50% höher als in der Zone 1. Im Mittel der Jahre 1931-1960 erhielt diese Zone 1.453,7 mm Jahresniederschlag wohingegen zwischen 1961 und 1990 nur noch 1.257,0 mm registriert wurden. Auf dem Weg von der Guineaküste der Côte d'Ivoire nach Norden werden im Bereich der Übergangszone von Wald und Savanne (Zone 3) Niederschlagsreduktionen von 21,5% gegenüber der Periode von 1931 - 1960 beobachtet. Die Gebiets-Jahresniederschläge nahmen von 1.201,4 mm auf 942,8 mm ab. In der sich nördlich anschließenden Zone der subsudanischen Savannen (Zone 4) sind beim Vergleich der zwei Perioden nur geringfügige Verschiebungen festzustellen. Insgesamt belaufen sich die Reduktionen des Jahresniederschlages auf 8,9 %, also eine genauso starke Abnahme der Jahresniederschlagsmenge wie in Zone 1 (s.o.). Insgesamt liegen hier die absoluten Niederschlagsmengen auch höher als beispielsweise in Zone 3. Für den Zeitraum bis 1960 wurden 1.277,8 mm im Mittel für diese Zone gemessen. Die Jahresniederschläge reduzierten sich in der Periode bis 1990 auf 1.163,4 mm. In der nördlichsten Vegetationszone der Elfenbeinküste, der Region der sudanischen Savannen, ist eine erneute Steigerung der Niederschlagsabnahme zu beobachten. Dort reduzierten sich die Niederschläge im Mittel in der Zeit von 1961 - 1969 um 15% gegenüber der vorherigen Periode ab. Die Gesamtsummen beliefen sich bis 1960 im Durchschnitt auf 1.320,2 mm, bis 1990 nur noch auf 1.122,5 mm Jahresniederschlag. Die Analysen der prozentualen Niederschlagsreduktion der betrachteten 30jährigen Perioden hat danach zum Ergebnis, daß innerhalb der Elfenbeinküste kein einheitlicher süd-nord-gerichteter negativer Niederschlagstrend beobachtet werden kann. Vielmehr sind innerhalb eines global existierenden Süd-Nord-Gradienten hier in dem speziellen Untersuchungsgebiet zwei Plateaus ausgebildet, die sich jeweils im Norden an Gebiete erhöhter Niederschlagsreduktion anschließen. So ist eine markante Reduktion von der Zone immergrüner Feuchtwälder über die Gebiete der halbimmergrünen Feuchtwälder in das Gebiet des Übergangs deutlich ausgebildet. Nördlich dieses Mosaiks von Waldinseln und Savannenstandorten wird ein zweites Plateau mit generell höheren Niederschlägen erreicht, an das sich im Norden dann wiederum eine Zone reduzierter Niederschlagsmengen anschließt. Das zweite Plateau wird genau in der Zone erreicht, wo der eindeutig zweigipflige äquatoriale Niederschlagsgangtyp in den sudanischen eingipfligen Niederschlagsgangtyp übergeht. Besonders im Nordwesten der Elfenbeinküste, im Raum *Odienné* werden dabei erheblich höhere Jahresniederschläge (im Mittel ca. 1.700 mm/Jahr) registriert als beispielsweise im Südzipfel des V-Baoulé mit ca. 1.200 mm Jahresniederschlag. In den zur Verfügung stehenden Niederschlagsdaten der Zone 4 überwiegen allerdings auch die Stationen des westlichen Landesteiles gegenüber dem Osten. Insgesamt standen leider nur 4 Stationen in dieser Zone für den Periodenvergleich zur Verfügung, wobei 3 Stationen aus dem westlichen und nur eine Station aus dem östlichen Bereich der Côte d'Ivoire stammen. Die stärksten Niederschlagsreduktionen sind damit in der Übergangszone (Zone 3) und der Sudanzone im Norden (Zone 5) zu beobachten.

Tabelle 5.2: Veränderungen des zonalen Gebietsniederschlages in zeitlicher und räumlicher Dimension

Zone	N (1931-1960)	%	N (1961-1990)	%	N-Reduktion Per.1 - Per.2
Zone 1$_{(14)}$	1.863,1 mm	100,0%	1.697,8 mm	100,0%	- 8,9 %
Zone 2$_{(12)}$	1.453,7 mm	78,0%	1.257,0 mm	74,0%	- 13,5 %
Zone 3$_{(7)}$	1.201,4 mm	64,5%	942,8 mm	55,0%	- 21,5 %
Zone 4$_{(7)}$	1.277,8 mm	68,5%	1.163,4 mm	68,5%	- 8,9 %
Zone 5$_{(4)}$	1.320,2 mm	70,9%	1.122,5 mm	69,0%	- 15,0 %

$_{(14)}$ Anzahl der berücksichtigten Stationen

Im Anschluß daran sollen nun die zeitlichen Vergleiche den jeweiligen Nord-Süd-Veränderungen innerhalb der Zonen gegenübergestellt werden. Zunächst einmal wurde der normale Niederschlagstrend von Süd nach Nord über die einzelnen Regionen separat für die Perioden berechnet. Dabei wurden die Niederschlagsmengen in Zone 1 = 100% gesetzt. Diese 100% entsprechen für den Zeitraum 1931 - 1960 1.863,1 mm Jahresniederschlag im Mittel für die Zone 1. Im Vergleich dazu erhielt die Zone 2 in der gleichen Periode mit 1.453,7 mm Jahresniederschlag nur noch 78% der Menge, die über den immergrünen tropischen Feuchtwäldern registriert wurde. Weiter nach Norden in die Zone 3 gelangten mit 1.201,4 mm Jahresniederschlag nur noch rund 64,5% der Niederschlagsmenge in diese Zone. Das bedeutet, daß die Niederschlagsmengen von der Guineaküste bis in diesen Bereich über eine Distanz von rund 300 km bereits um 35% abgenommen hat, was einer Niederschlagsreduktion von ca. 20 mm pro km entspricht. Mit dem Erreichen der Zone 4 ist ein leicht positiver Trend in den beobachteten Niederschlagssummen festzustellen, denn die Zone 4 erhält mit 68,5% der Küstenregionen mehr Niederschlag als die weiter südlich liegende Zone 3. In Zone 5 setzt sich dieser positive Trend weiter fort, denn dort werden immerhin noch 70,9% der Niederschlagsmenge der Küstenstationen registriert. Es sei hier betont, daß es sich hierbei einzig und allein um die prozentualen Veränderungen der Niederschlagsmengen handelt, bei der sowohl die Niederschlagsgenese als auch deren jahreszeitliche Verteilung unberücksichtigt bleiben.

Im Vergleich dazu sind die prozentualen Veränderungen für die zweite Periode von 1961 - 1990 in ihrer Süd-Nord-Ausprägung erheblich modifiziert. Auch in diesem Falle wurden die Niederschlagsmengen der Zone 1 (1.697,8 mm Durchschnittsniederschlag für die Gesamtzone) auf 100% gesetzt. In der letzten 30jährigen Periode belaufen sich die Niederschlagsreduktionen als Differenz von Zone 1 zu Zone 2 bereits auf 26% im Vergleich zu 22% der vorangegangenen Periode. Zone 2 erhält also noch 74% der Niederschläge, die an der Küste beobachtet bzw. registriert werden. Auf dem Weg weiter nach Norden, d.h. in die Zone 3, ist für den Zeitraum 1961-1990 eine massive Reduktion der Niederschlagsmengen zu beobachten. In dieser zweiten Periode werden nur noch etwas mehr als 55% der Niederschlagsmengen registriert, die an der Küste fallen. Das bedeutet, daß auf die Distanz von knapp 200-300 km eine Gesamtreduktion von rund 45% stattgefunden hat. Im Vergleich zur vorangegangenen Periode 1931-1960, in der diese Region immerhin noch 64,5% der Niederschläge an der Küste enthielt, hat sich die Situation im Übergangsbereich zwischen Wald und Savanne erheblich verschlechtert. Im Vergleich der Situation von Zone 4 zu Zone 1 sind praktisch keinerlei Veränderungen zur Periode 1931-1960 festzustellen. Auch in den Jahren 1961-1990 verzeichnete diese Region wie bereits in den 30 Jahren zuvor einen durchschittlichen Regeninput von 68,5% der Menge, die in dem immergrünen Feuchtwaldbereich registriert wird. Damit bleibt auch in der zweiten hier analysierten Periode das zuvor bereits beschriebene Niederschlagsplateau erhalten. Auf dem Weg weiter in den Norden in die Zone 5 ist in den letzten 30 Jahren jedoch mit einer leichten Niederschlagsabnahme auch im Verhältnis zur Zone 4 zu rechnen. Während in der ersten Periode die Niederschlagsmengen von Zone 4 zu Zone 5 erneut anstiegen, ist in dieser zweiten Periode ein leichter Niederschlagsrückgang von Zone 4 zu Zone 5 zu beobachten, der jedoch mit weniger als 2% relativ gering ausfällt.

Zusammenfassend lassen sich die vergleichenden Analysen der jeweiligen Perioden wie folgt bewerten. Generell ist ein übergeordneter negativer Niederschlagstrend von etwa 9% gegenüber der Periode 1931-1960 für die gesamte Regenwaldzone zu beobachten. Auch in der Zone 4 (die subsudanischen Savannenbereiche) ist dieser übergeordnete Negativtrend in den Jahresniederschlägen in gleicher Höhe ausgeprägt. Wesentliche Veränderungen ergaben sich vor allem in den Bereichen der Zone 3, der Zone 5 und abgeschwächt auch in der Zone 2. Die Veränderungen in den Perioden können somit unmittelbar interpretiert werden, weil durch den Vergleich der beiden Zeitscheiben und die Gleichsetzung der Ausgangsdaten auf 100% der übergreifende Klimatrend herausgerechnet werden kann.

Damit legen die hier vorgelegten Ergebnisse eine nachhaltige Veränderung des regionalen klimatischen Wasserhaushaltes nahe. Infolge der weiträumigen Veränderungen des Vegetationsbesatzes in den Regionen der halbimmergrünen Wälder (Zone 2) wurde das Transpirationsvermögen der verbliebenen Vegetation erheblich herabgesetzt. Diese Transpirationsverluste führen zu einem verminderten Wasserdampfangebot der Atmosphäre, was sich in einer unmittelbaren Reduktion der Niederschlagsmengen in der nördlich anschließenden Zone dokumentiert. Im Vergleich dazu sind im Bereich der Zone 3 ("Zone préforestier") keine nennenswerten Vegetationsveränderungen in den vergangenen Jahrzehnten zu beobachten. Das Transpirationsvermögen der bereits vor 60 Jahren offenen Baumsavannen blieb unverändert, so daß auch das Niederschlagsaufkommen dieser Region allein dem übergeordneten leicht negativen Niederschlagstrend von 8,9% folgt. Im Bereich der Zone 4 (subsudanische Savannen) sind erneut massive Veränderungen des Landschafthaushaltes in den vergangenen 30 Jahren zu beobachten gewesen (vgl. Kap. 4), so daß damit auch die Abweichungen der Niederschlagsverhältnisse in der Zone 5 (sudanische Savannen) in direkten Zusammenhang gebracht werden können.

Die Ergebnisse der vorstehenden Analyse haben gezeigt, daß der Mensch durch seine Veränderungen des Landschaftshaushaltes die Auswirkungen des übergreifenden negativen Klimatrends potenziert hat. Die Niederschlagsreduktionen innerhalb der Zone 3 von 21,5% in den letzten 30 jahren sind zu mehr als 50% als "man-made" zu bewerten.

6. Jüngere zeitliche Variationen von Meßwerten des Klimas in Côte d'Ivoire

6.1. Die klimatische Situation in der Côte d'Ivoire

Kein anderer Kontinent der Erde ist so symmetrisch zu den Breitengraden angeordnet wie Afrika. Nahezu der gesamte Erdteil ist charakterisiert durch tropische Klimate mit Ausnahme der äußersten nördlichen und südlichen Bereiche, die von subtropischen Klimaten beherrscht sind. Bedingt durch diese Lage wird das klimatische Geschehen zu beiden Seiten des Äquators von den subtropischen Antizyklonen dominiert (Hadley-Zirkulation).

Trotz dieser symmetrischen Lage weist aber insbesondere der westafrikanische Teil nördlich des Äquators und westlich von 12° östlicher Länge einige markante Besonderheiten auf, die es zu erwähnen gilt und die nicht unwesentlich das klimatische Geschehen der Côte d'Ivoire im speziellen mitsteuern.

Die südatlantische Hochdruckzelle, die die westafrikanische Guineaküste beeinflußt (St.Helena-Hoch), ist kräftig ausgeprägt. Die Folge sind deutlich ausgebildete und ziemlich ortsfeste Zirkulationsmuster der Atmosphäre sowie des darunterliegenden Ozeans. Besonders deutlich wird dies an der Ostseite der Antizyklone vor der Südatlantikküste. Die aus der Hochdruckzelle herauswehenden Winde sorgen für einen permanenten Kaltwasserauftrieb subarktischen Tiefenwassers. Eine unmittelbare Folge dieses Phänomens, das als der Benguelastrom bezeichnet wird, ist die ausgeprägte Aridität an der südwestlichen Küste Afrikas, deren Auswirkungen bis nahe an den Äquator heranreichen (vgl. Abb. 5.2.).

Eine weitere Besonderheit des westafrikanischen Kontinentes ist die wesentlich größere West-Ost-Ausdehnung nur wenige Grade über dem Äquator als auf dessen Südseite. Die Konstellation eines stets heißen Kontinents im Norden und eines äquatorialen Ozeans südlich davon verursacht stetig anlandige Winde entlang der Guineaküste über das ganze Jahr. Dies hat zur Folge, daß über Westafrika die feuchten Klimagürtel weiter nach Norden reichen als im zentralen und östlichen Teil des Kontinents, was ebenfalls der leichte Westsüdwest-Verlauf der Niederschlagsjahresisohyeten über Westafrika dokumentiert (vgl. Abb. 5.2).

Die geographische Lage der Elfenbeinküste bedingt ihre Zugehörigkeit zu den Tropen. Innerhalb der klimatischen Tropenzone hat das Land Anteil an den immerfeuchten und den wechselfeuchten Gebieten der Tropen. Für eine lange Zeit des Jahres stehen diese Regionen unter dem Einfluß feuchttropischer Luftmassen. Sie stammen aus dem Bereich des Golfes von Guinea. Dies gilt für den größten Teil Westafrikas; in Zentralafrika bzw. im südlichen Sudan bilden sowohl der indische Ozean als auch das Kongobecken die entscheidenden Wasserdampfreservoire. Für eine kurze Zeit des Jahres aber schwächt sich dieser Luftmassenzustrom ab oder wird kurzfristig sogar ganz unterbrochen; stattdessen gelangen die Gebiete unter den Einfluß kontinentaler Luftmassen mit erheblich geringerer Luftfeuchtigkeit (Harmattan) und demzufolge kaum nennenswerten Niederschlägen. Die saisonale Umkehr der Zirkulationsmuster wird auch in Westafrika als Monsun bezeichnet, weil ihr jahreszeitliches Auftreten durch die Konvergenz der Passatströmungen der beiden Halbkugeln in der ITCZ verursacht wird. Daß es sich bei diesem "Südwest-Monsun" nicht um einen umgelenkten Südostpassat handelt, der nach Überschreitung des Äquators durch den Einfluß der Corioliskraft nach Nordost (Südwestwind) abgelenkt wird, konnte FLOHN bereits in den frühen 50er Jahren (1953) mit Nachdruck deutlich machen. Da die westafrikanische Guineaküste nur knapp 5° Nord erreicht, muß der Einfluß der Corioliskraft verschwindend gering bleiben. So ist diese deutliche Südwestströmung an der Küste vielmehr aus der Kombination eines reinen Gradientwindes infolge der starken Erhitzung des afrikanischen Kontinents und der allgemeinen äquatorialen Westwindströmung zu interpretieren.

Im Bereich des äquatorialen Regengürtels entlang der Guineaküste bis etwa 200 km landeinwärts ist eine solche Windumkehr allerdings nur an vereinzelten Tagen des Jahres zu beobachten. Das ganze Jahr über dominieren dort die auflandigen Südwest-Winde, auch wenn die vertikale Mächtigkeit dieser feuchttropischen Luftmassen im Winter wesentlich reduziert ist. Diese verursachen leichte regelmäßige Winterniederschläge entlang der Küste (vgl. Abb. 6.1). TREWARTHA (1962) erklärt dieses Phänomen nach Beobachtungen ghanaischer Meteorologen mit einem Verbleiben der ITCZ über dem Küstenbereich sogar in den Wintermonaten und damit nördlich des Äquators (vgl. Abb. 6.2).

Der nördlich sich anschließende Gürtel der wechselfeuchten Tropen ist bereits klarer "jahreszeitlich" charakterisiert. In dieser Zone, die vom Atlantik im Westen bis an die begrenzenden afrikanischen Hochgebirge heranreicht, herrscht ein tropisches Temperaturregime vor und die Niederschläge sind in sieben bis neun Monaten ausreichend, um diese Zeit als pflanzenökologisch humide Phase des Jahres zu bezeichnen. In dieser Zone wandert die ITCZ mit den dazugehörigen Niederschlägen zu bestimmten Zeiten des Jahres nord- und südwärts, mit der Folge einer kürzeren Trockenzeit im südlichen oder längeren ariden Phase in den nördlicheren Regionen. An diesem Klimagürtel haben neben der Elfenbeinküste, Liberia, Guinea, Sierra Leone, Ghana, Togo, Benin, Nigeria und Zentralkamerun Anteil. Immerhin liegen über 5 Millionen km» auf der Nord- und Südseite der Feuchtwaldzone unter dem Einfluß dieses wechselfeuchten Tropenklimas; das sind ca. 20 % der Gesamtfläche des afrikanischen Kontinentes (vgl. Abb. 6.3).

"Im Bereich der inneren, äquatornahen Tropen bleibt die Temperatur ohne merklichen Jahresgang. Die Jahresschwankung beträgt zwischen 0° und 5° C" (LAUER, 1975, S.10). Die mittleren Jahresdurchschnittstemperaturen betragen an der Küste zwischen 25,8° und 26,4° C. In den wechselfeuchten Regionen erreichen sie Werte bis 27,3° C im Norden. Im Süden werden jährliche Schwankungen von 2,5° bis 3,2°K, an einigen Stationen im Norden werden auch schon einmal bis zu 5° beobachtet.

Die Höchsttemperaturen überschreiten praktisch nie die 40° C - Grenze. An den Küstenstationen werden maximal 36° C erreicht. Die mittleren jährlichen Minimumtemperaturen liegen in den wechselfeuchten Gebieten bei etwa 15,5° bis 20,5° C, an der Küste entsprechend höher zwischen 23° und 24° C (vgl. Tab. 6.1). Die jährlichen Maximumtemperaturen werden im Februar und März erreicht, die Minima im Dezember und Januar. Im Gegensatz dazu sind in den tropischen Feuchtklimaten die Minima der Temperaturen im Juli und August zu beobabachten, wenn der Himmel nahezu permanent wolkenverhangen ist.

Niederschlagsjahresgang Station Tabou

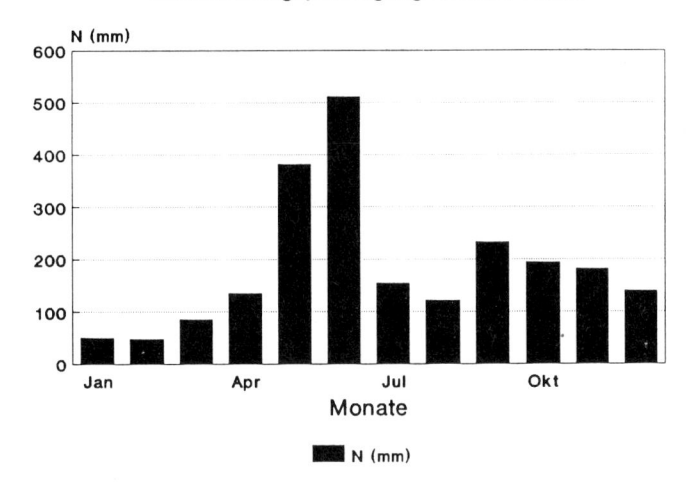

Zeitraum 1922 - 1990

Niederschlagsjahresgang Station Grand Lahou

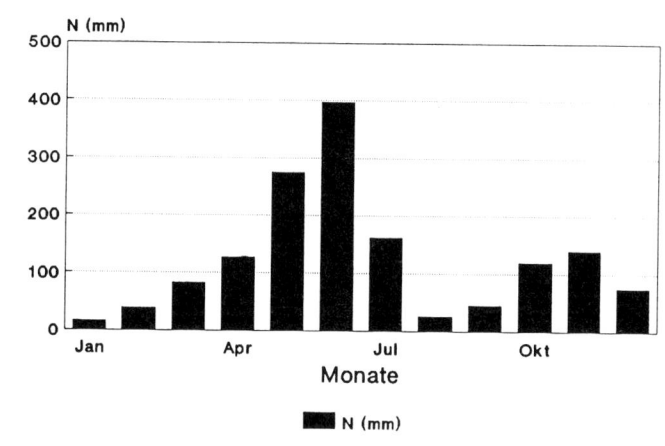

Zeitraum 1922 - 1990

Niederschlagsjahresgang Station Adiake

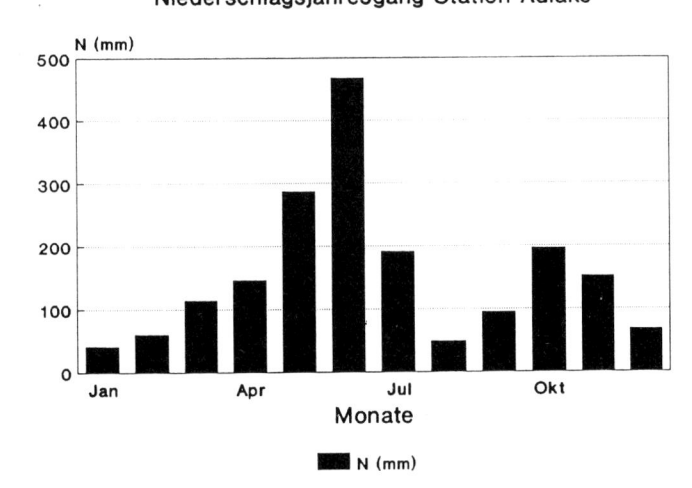

Zeitraum 1944 - 1990

Abb. 6.1: Niederschlagsjahresgang der äquatorialen Küstenstationen Tabou, Grand Lahou und Adiaké

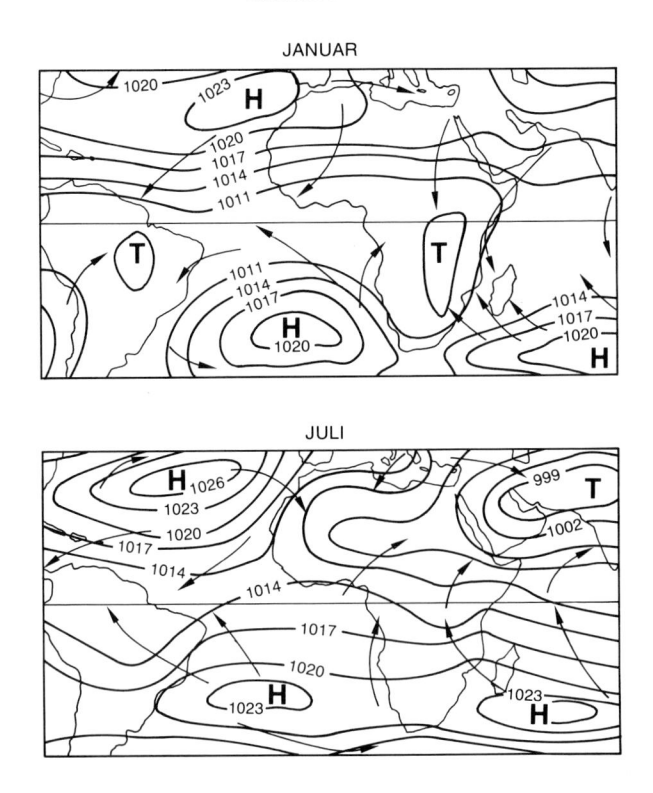

Abb. 6.2: Mittlere Druckverteilung auf Meeresniveau und die dazugehörigen oberflächennahen Winde im Januar und Juli (gestrichelte Linie: Position der ITCZ) (nach NIEUWOLT, 1982[2], S.37)

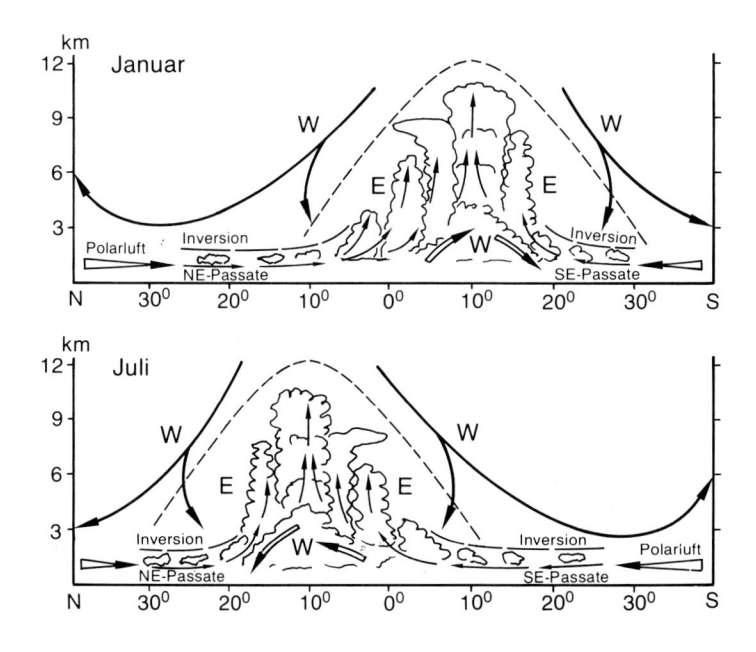

Abb. 6.3: Saisonale Zirkulationsmuster der westafrikanischen Tropen (nach LAUER, 1989)

Die relative Luftfeuchtigkeit ist gleichbleibend hoch über das ganze Jahr. Zwischen 85 und 95 % werden jeweils in den frühen Morgenstunden registriert. Im Mittel erreicht die Feuchte am Nachmittag Werte zwischen 50 und 75 %. In den Trockenmonaten kann die Feuchte an den Inlandsstationen auf 35 % zurückgehen, wohingegen sie in den Küstenregionen nie unter 70 % absinkt. Bei Einsetzen des Harmattan wird ein Rückgang der Luftfeuchte innerhalb von 2 bis 3 Stunden von nahezu 100 % auf 30 bis 40 % beobachtet (z.B. Abidjan), während die Temperatur nahezu konstant bleibt. Dieses Einsetzen des Harmattans wird besonders an den Küstenstationen Westafrikas einerseits von den Europäern als angenehm kühle und vor allem trockene Zeit, andererseits aber von den Afrikanern als die kalte "Winterzeit" angesehen.

6.2. Der Witterungsablauf und der Niederschlag

Aus den Nachbarländern der Elfenbeinküste, nämlich aus Ghana und Sierra Leone liegen sehr gute Beschreibungen über den Ablauf der klimatischen Jahreszeiten vor (MANSHARD, 1962 und GREGORY, 1965): Der Januar ist gekennzeichnet durch eine ausgesprochen atmosphärische Stabilität, verursacht von der saharischen Antizyklone und den resultierenden Nordost-Winden (Harmattan/Passat). Regenfälle in dieser Zeit bilden die Ausnahme und bleiben in der Regel unter 25 mm. Nur die Küstenregion erhält in dieser Jahreszeit Niederschlagsmengen bis zu 50 mm (Station *Tabou*). Von Februar bis April nimmt die Anzahl der atmosphärischen Störungen erheblich zu, besonders im Osten. Diese Störungslinie ist etwa 300 bis 600 km südlich der ITCZ Bodenfront ausgeprägt, weil dort die horizontale Mächtigkeit der Feuchtluftmassen aus dem Golf von Guinea bereits ausreicht, um Instabilitäten hervorzurufen. Im Mai liegen die durchschnittlichen Regenmengen bei 200 bis 250 mm an nahezu allen Stationen des Landes. Die Niederschlagsmengen werden abermals höher im Juni, wobei eine stärkere Zunahme im Süden als im Norden zu verzeichnen ist. Im Juli und August sind keinerlei Störungen zu verzeichnen. Die feuchten äquatorialen Luftmassen sind so mächtig ausgeprägt, daß permanent monsunale Niederschläge das Witterungsgeschehen beherrschen. Im September werden noch einmal Regenmengen von 400 bis 450 mm registriert. In der zweiten Monatshälfte ist infolge der nun stattfindenden Südverlagerung der ITCZ eine erneute Zunahme von Störungen zu beobachten. Die Anzahl der Störungen nimmt im Oktober weiter zu, die Regenmengen betragen noch etwa 300 bis 400 mm. Im November und verstärkt im Dezember nehmen sowohl die Anzahl der Störungen als auch die Niederschlagsmengen rasch ab.

Infolge der jahreszeitlichen Verteilung der unterschiedlich feuchten Luftmassen sind an der Elfenbeinküste vier (fünf) verschiedene Niederschlagsjahresgangtypen zu beobachten.

1. Der Süden, auch als Waldzone bezeichnet, kennt vier Jahreszeiten (vgl. Abb. 6.4). Es beginnt mit der großen Regenzeit von April bis Mitte Juni. Darauf folgt eine Trockenzeit von Anfang Juli bis Ende September, die abermals von einer zweiten kleinen Regenzeit von Oktober bis November abgelöst wird. Das Jahr endet mit der großen Trockenzeit von Ende Dezember bis Ende Februar.

Tabelle 6.1: Klimadaten ausgewählter Stationen der Côte d'Ivoire: a) monatliche Mitteltemperatur, b) mittlere Maximum-, c) mittlere Minimumtemperatur, d) relative Feuchte

Mitteltemperatur - Periode 1961-1975

	Jan.	Febr.	März	April	Mai	Juni	Juli	Aug.	Sept.	Okt.	Nov.	Dez.	Jahr
ABIDJAN AERO	26,7	27,4	27,6	27,5	27,1	25,9	25,3	24,5	24,6	25,9	26,9	27,8	26,4
ADIAKE	26,5	27,5	27,6	27,4	27,1	25,7	24,8	24,4	25,0	26,0	26,6	26,5	26,3
BONDOUKOU	26,4	28,0	28,0	27,3	26,6	25,3	24,4	23,9	24,4	25,4	26,1	25,7	26,0
BOUAKE	25,5	27,7	27,5	26,8	26,2	25,2	24,2	24,9	24,4	25,1	25,8	25,8	25,8
DIMBOKRO	27,1	29,0	29,0	28,5	28,1	26,9	26,1	25,1	26,2	26,9	27,3	26,7	27,3
GAGNOA	25,9	27,3	27,3	27,1	26,8	25,7	24,9	24,6	25,3	26,2	26,3	25,8	26,1
MAN	23,9	26,0	26,7	26,2	25,9	25,0	24,0	23,9	24,4	24,9	24,7	23,8	25,0
ODIENNE	24,1	27,2	28,5	28,2	27,2	26,0	25,3	24,8	24,9	25,5	25,3	23,5	25,9
SASSANDRA	26,2	26,9	26,9	26,8	26,5	25,3	24,4	24,1	24,5	25,4	26,1	26,1	25,8
TABOU	26,1	26,7	26,9	26,8	26,5	25,6	25,0	24,4	24,7	25,4	26,0	25,0	25,8

Mittlere Maximum-Temperaturen - Periode 1961-1975

	Jan.	Febr.	März	April	Mai	Juni	Juli	Aug.	Sept.	Okt.	Nov.	Dez.	Jahr
ABIDJAN AERO	30,1	30,6	30,6	30,7	30,3	28,6	27,4	26,7	27,1	28,4	29,8	29,8	30,1
ADIAKE	31,4	32,3	32,1	31,8	31,1	28,8	27,6	27,1	28,0	29,6	30,9	31,0	30,1
BONDOUKOU	33,4	34,5	33,9	32,5	31,3	29,4	27,9	27,2	28,3	30,1	31,8	31,8	30,6
BOUAKE	32,5	33,7	33,1	31,8	30,9	29,2	27,7	27,4	28,3	29,5	30,6	31,3	30,5
DIMBOKRO	33,7	35,2	34,9	34,0	33,2	31,5	30,2	29,5	30,5	31,6	32,5	32,1	32,4
GAGNOA	31,5	32,9	32,7	32,3	31,4	29,5	28,4	28,1	29,1	30,4	30,8	30,4	30,6
MAN	32,2	33,2	32,8	31,6	30,9	29,2	27,8	27,4	28,6	29,7	30,2	30,7	30,4
ODIENNE	33,4	35,5	35,1	34,2	32,6	31,0	29,5	28,9	29,6	31,0	32,0	32,3	32,1
SASSANDRA	29,9	30,8	30,9	30,8	30,1	28,0	27,0	26,7	27,4	28,6	29,6	29,6	29,1
TABOU	29,6	30,4	30,5	30,5	29,7	27,9	27,1	26,4	26,9	28,1	29,0	29,2	28,8

Mittlere Minimum-Temperaturen - Periode 1961-1975

	Jan.	Febr.	März	April	Mai	Juni	Juli	Aug.	Sept.	Okt.	Nov.	Dez.	Jahr
ABIDJAN AERO	23,2	24,3	24,6	24,3	23,9	23,3	23,0	22,1	22,2	23,3	24,0	23,7	23,5
ADIAKE	21,6	22,8	23,0	23,1	23,0	22,5	21,9	21,6	22,0	22,5	22,3	21,9	22,4
BONDOUKOU	19,3	21,5	22,2	22,2	21,8	21,1	20,7	20,5	20,5	20,6	20,7	19,6	20,9
BOUAKE	20,3	21,6	22,0	21,9	21,7	21,0	20,6	20,5	20,5	20,7	20,8	20,3	21,0
DIMBOKRO	20,6	22,7	23,1	23,1	23,0	22,4	22,0	21,8	21,9	22,2	22,0	21,2	22,2
GAGNOA	20,4	21,7	22,0	22,0	22,1	21,8	21,3	21,2	21,5	21,9	21,9	21,2	21,6
MAN	15,5	18,8	20,5	20,8	20,9	20,8	20,3	20,3	20,2	20,1	19,1	16,8	19,5
ODIENNE	14,6	18,8	21,3	22,2	21,8	21,0	20,9	20,5	20,2	19,9	18,4	15,0	19,6
SASSANDRA	22,4	22,9	23,0	22,9	22,9	22,4	21,9	21,4	21,6	22,1	22,5	22,7	22,4
TABOU	22,4	23,1	23,2	23,1	23,2	23,2	22,8	22,5	22,4	22,8	22,9	22,6	22,9

Relative Luftfeuchtigkeit - Periode 1961-1975

	Jan.	Febr.	März	April	Mai	Juni	Juli	Aug.	Sept.	Okt.	Nov.	Dez.	Jahr
ADIDJAN AERO	82	83	82	83	83	85	85	87	87	86	83	83	84
ADIAKE	80	80	80	82	83	87	86	85	85	85	83	83	83
BONDOUKOU	53	57	66	69	76	79	80	81	82	78	72	65	72
BOUAKE	56	61	68	73	77	81	82	83	82	80	76	68	74
DIMBOKRO	69	68	71	75	77	79	79	80	79	78	76	75	76
GAGNOA	75	73	76	78	80	83	83	83	82	80	79	79	79
MAN	65	67	72	76	76	81	83	85	82	80	78	73	77
ODIENNE	45	48	56	67	73	77	80	82	80	77	70	61	69
SASSANDRA	85	84	82	84	86	88	87	88	85	86	86	86	86
TABOU	86	85	85	86	87	88	87	89	90	88	87	87	87

2. Das Zentrum hat bereits eine um einen bis zwei Monate verlängerte winterliche Trockenzeit von November bis Ende Februar (vgl. Abb. 6.5). Die daran anschließende zweigipflige Regenzeit erreicht ihre Niederschlagsmaxima im Mai/Juni und im September. In den Monaten Juli und vor allem August sind die Niederschläge zwar leicht reduziert, aber die Monate sind dennoch als pflanzenökologisch humid zu bezeichnen (vgl. FRANKENBERG & LAUER & RHEKER, 1990).

3. Der Nordwesten (vgl. Abb. 6.6) kennt nur noch eine Regenzeit von Juni bis September mit einem Niederschlagsmaximum im August.

4. Der Nordosten ist vergleichbar dem Zentrum mit einer großen Trockenzeit von November bis März (vgl. Abb. 6.7). Das zweigipflig ausgeprägte Niederschlagsmaximum ist mit dem ersten Regenmaximum im Juni und dem zweiten bereits im August schon sehr stark zusammengewachsen. Im Juli sind die Niederschläge leicht reduziert, aber der Monat bleibt deutlich humid. Damit verfügt der Nordosten insgesamt über "eine große Feuchtphase" von Mai bis Oktober. An der Station *Ferkessedougou* im zentralen nördlichen Bereich der Côte d'Ivoire ist der Übergang zum nordwestlichen und damit rein sudanischen Niederschlagsgangtyp schon vollzogen. Einzig in sehr feuchten Jahren besitzt auch diese Station noch einen schwachen, aber dann deutlich erkennbaren zweigipfligen Niederschlagsgangtyp (vgl. Abb. 6.8).

5. Eine besondere Rolle spielt die Bergregion von *Man* (vgl. Abb. 6.9). Nur die Monate Dezember und Januar sind wirklich trocken. In allen anderen Monaten sind Niederschlagsereignisse zu verzeichnen. Das Maximum der Regenfälle wird im September registriert. Eigentlich besitzt die Station *Man* ebenfalls noch einen zweigipfligen Gangtyp; die darin eingeschaltete Trockenzeit ist jedoch nicht als solche zu identifizieren, so daß das Bild eines eingipfligen Niederschlagsmaximums mit sehr breiter Basis entsteht. Vom Kurvenverlauf und dem Zeitpunkt des Niederschlagsmaximums aus betrachtet, entspräche *Man* einem rein sudanischen Niederschlagsgang. Die breite Basis (Februar bis November) charakterisiert die Station im Sinne LAUERS (1975) als Monsunstation. Das bei dieser Station zu beobachtende Niederschlagsmaximum während der 1., der großen Regenzeit, ist gekappt (Leelage im Nordwesten des Berglandes von Guinea); dafür entfällt die sommerliche "kleine Trockenzeit".

Obwohl der gesamte Gürtel der wechselfeuchten Tropen Westafrikas zwischen drei und fünf aride Monate (Niederschlag $\leq$ 50 mm) zu verzeichnen hat, variieren die Gesamtniederschlagssummen beträchtlich. Einige Küstenstationen verzeichnen über 4.000 mm Regen/Jahr, während in der Umgebung von *Accra* (Ghana) weniger als 800 mm fallen (vgl. Abb. 6.10).

Die ariden Monate konzentrieren sich auf das Winterhalbjahr (November bis Februar). An der Küste ist eine zweite, die sogenannte "kleine Trockenzeit" im August zu beobachten. Regional tritt dieses Phänomen zwischen *Sassandra* und *Porto Novo* (Benin) auf und ist nur wenige Kilometer landeinwärts von der Küste zu beobachten. An den Stationen mit einem eingipfligen Niederschlagsmaximum sind die Monate Juli und August die feuchtesten; dennoch sind über das Jahr gesehen 5 Monate als geoökologisch arid zu bezeichnen. Diese Tatsache ist die Ursache für das Fehlen eines ombrophilen immergrünen tropischen

Feuchtwaldes in einer Region die jährlich fast 4.000 mm und mehr Jahresniederschläge erhält (*Conacry*, *Freetown*, *Monrovia*).

An den Stationen mit einem zweigipfligen Niederschlagsmaximum ist in der Regel der Juni der feuchteste Monat, mit der Ausnahme eines schmalen Bandes, das sich von *Bouké* an der Elfenbeinküste über *Katiola, Dabakala, Ouelle, Boundoukou* bis *Kintampo* (Ghana) erstreckt, in dem die Höchstniederschläge im September registriert werden. Dieses Phänomen erklärt GRIFFITH (1972) mit der herbstlichen Südverlagerung der ITCZ. Auf ihrem Weg nach Süden "stoßen die Luftmassen quasi an das Jos-Plateau (Nigeria) und das Guinea-Hochland an", so daß ein erhöhtes Maß an "Steigungsregen" das Maximum im September verursachen soll.

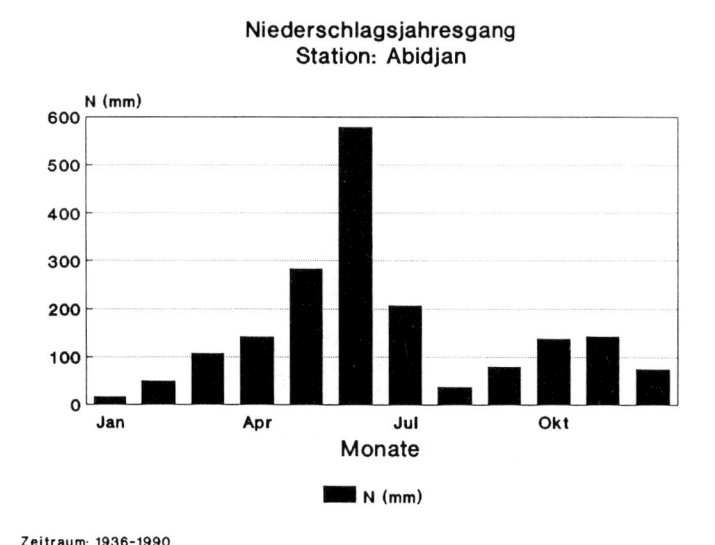

Abb. 6.4: Niederschlagsjahresgang der Station Abidjan

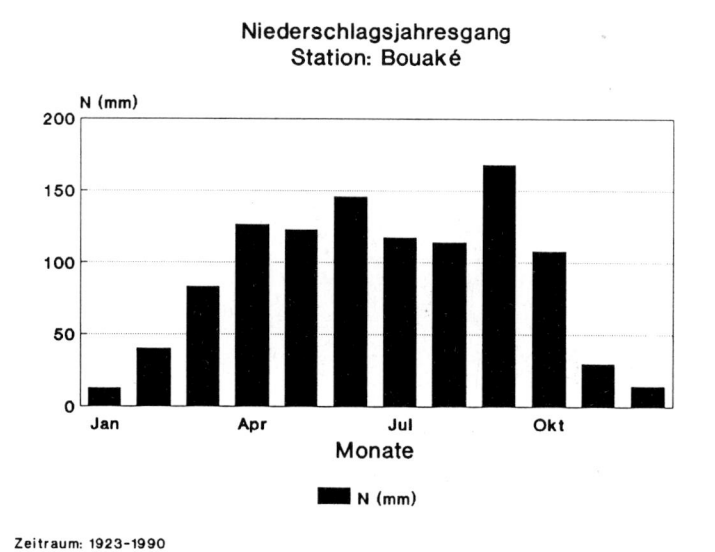

Abb.6.5: Niederschlagsjahresgang der Station Bouaké

Zeitlicher Vegetations- und Klimawandel in Côte d'Ivoire 123

Zeitraum: 1921-1990

Abb. 6.6: Niederschlagsjahresgang der Station Odienné

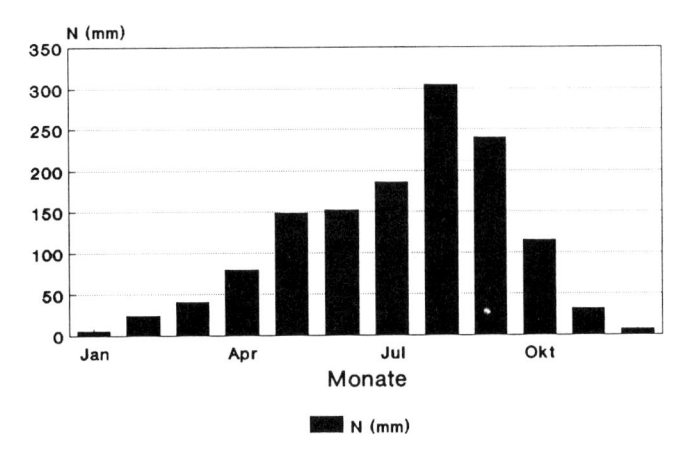

Zeitraum: 1927-1971

Abb.6.7: Niederschlagsjahresgang der Station Bouna

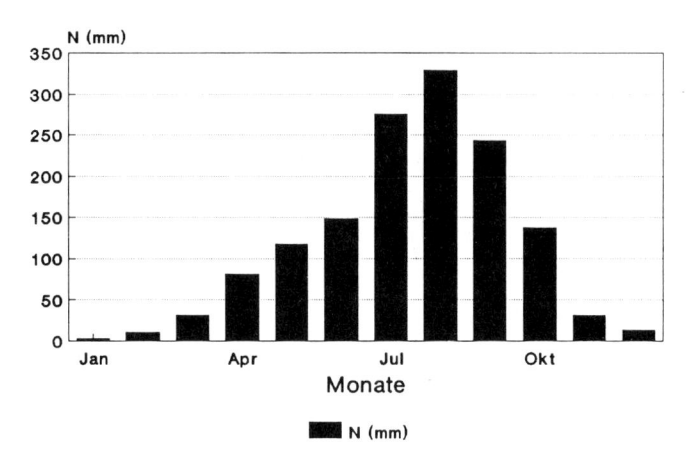

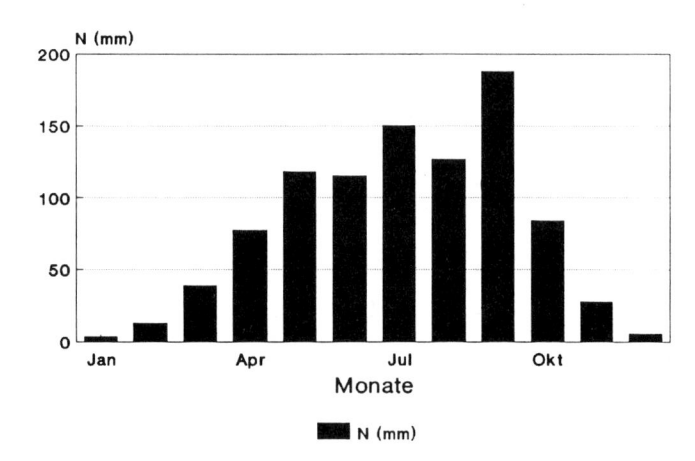

Zeitraum: 1921-1990

Abb.6.8: Niederschlagsjahresgang der Station Ferkessedougou

**Niederschlagsjahresgang
Station: MAN**

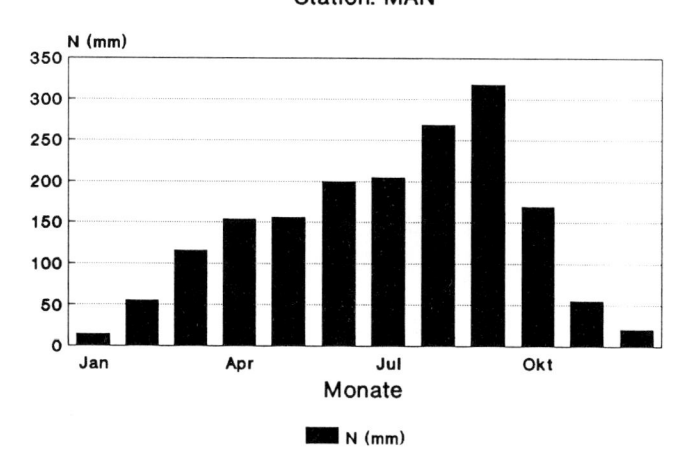

Zeitraum: 1923-1988

Abb. 6.9: Niederschlagsjahresgang der Station Man

6.3. Der ghanaische Trockengürtel

Jede Beschreibung oder Diskussion des Klimas des westafrikanischen Kontinents bliebe unvollständig, ohne eine ausführliche Analyse des Phänomens eines Trockengürtels entlang dieser Küste zwischen Ghana und Benin. Auf der West- und Ostseite dieser Trockenzone dominiert das feuchte tropische Äquatorialklima, das seinen Ausdruck in der Verbreitung tropisch immergrüner Feuchtwälder findet. Die Tab. 6.2 der Niederschlagsmenge westafrikanischer Küstenstationen verdeutlicht die ebenso schnellen wie außerordentlichen Abnahmen der Regenmengen. Danach ist zwischen *Axim* und *Takoradi* (vgl. Abb. 6.10) ein Gradient von 15 mm pro Kilometer zu verzeichnen. Zur Erklärung dieses Phänomens sind verschiedene Gründe anzuführen, die erst in ihrer gegenseitigen Beeinflussung und in diesem Falle Verstärkung das Phänomen westafrikanischer Trockengürtel verursachen. Dabei ist zunächst die Ausprägung eines sekundären Niederschlagsminimums im August entlang der Guineaküste zu nennen (vgl. Abb. 6.4). Während über großen Teilen Westafrikas ein eingipfliges Niederschlagsmaximum vorherrscht, gestalten sich die Verhältnisse südlich von 7 bis 8° N differenzierter. Sogar im äußersten Südwesten Sierra Leones ist ebenfalls nur ein eingipfliges Maximum im Niederschlagsgang festzustellen. Erst in Liberia und dann entlang der Guineaküste nach Osten sind zwei Sommermaxima ausgeprägt, eines im Juni und eines im Oktober.

Das Junimaximum ist gekoppelt an das Nordwärtswandern der ITCZ und dem dadurch zunehmenden Einfluß tropisch maritimer Luftmassen über dem Kontinent. Zu der Zeit allerdings, wenn diese Luftmassen ihre stärkste vertikale Ausdehnung (Mächtigkeit) erreichen, nehmen die Regenmengen ab und die Temperaturen gehen zurück. Erst im Herbst

Tabelle 6.2: Niederschlagsdaten ausgewählter westafrikanischer Küstenstationen

Station	J	F	M	A	M	J	J	A	S	O	N	D	Jahr
Ziguinchor 12°35'N; 16°20'W													
Conakry 09°34'N; 13°57'W	01	02	04	17	158	555	1319	1100	715	334	121	12	4341 mm
Freetown 08°29'N; 13°13'W	10	06	27	81	229	433	869	872	652	288	138	34	3639 mm
Monrovia 06°18'N; 10°48'W	30	56	96	216	509	973	996	373	744	772	236	130	5131 mm
Tabou 04°28'N; 07°20'W	46	43	76	134	336	508	183	155	234	169	178	135	2197 mm
Sassandra 04°57'N; 06°05'W	14	41	51	117	228	470	188	30	44	81	116	72	1452 mm
Grand Lahou 05°09'N; 05°01'W	13	40	81	128	253	437	191	31	51	99	111	55	1490 mm
Abidjan 05°15'N; 04°01'W	16	49	107	141	284	579	206	37	80	138	143	75	1855 mm
Adiaké 05°15'N; 03°18'W	22	66	106	138	271	504	198	57	96	147	140	52	1797 mm
Axim 04°53'N; 02°14'W	41	54	122	157	426	613	147	56	90	205	130	74	2115 mm
Takoradi 04°53'N; 01°46'W	33	25	78	110	278	249	84	41	49	127	63	45	1182 mm
Accra 05°32'N; 00°12'E	16	37	73	82	145	193	49	16	40	80	38	18	787 mm
Akuse 06°04!N; 00°12'E	20	41	129	107	167	152	69	32	94	197	115	36	1159 mm
Cotonou 06°24'N; 02°31'E	36	51	104	134	201	338	120	22	82	164	68	19	1339 mm
Lagos 06°27'N; 93°24'E	28	47	102	144	254	437	248	62	144	200	68	27	1761 mm
Port Harcourt 04°46'N; 07°01'E	33	61	127	180	226	335	323	335	384	272	147	48	2471 mm
Douala 04°05'N; 09°42'E	52	86	198	222	223	510	222	722	530	415	155	67	3902 mm

bei Rückwanderung der ITCZ verzeichnen die Niederschlagsgangtypen der Küstenzone ihr zweites Maximum (Oktober).

Als einen wichtigen Grund nennt TREWARTHA (1962) die vom Meer auf das Land wehenden Winde, die in diesem Abschnitt nahezu küstenparallel verlaufen. Die Windrichtung an der Küste ist über das ganze Jahr Südwest. In den Küstenregionen, die Westsüdwest/Ostnordost verlaufen, weht der Wind damit entweder küstenparallel, teilweise sogar ablandig (vgl. Abb. 6.11). Die so hervorgerufene Windscherung verursacht Divergenz der oberflächennahen Luftströmung und behindert damit die Niederschlagsbildung. ELDIN (1971) betont zusätzlich, daß selbst ohne Scherungseffekte die gleiche Niederschlagsmenge, die den Küstenabschnitt zwischen A und B erreicht, sich auf eine dreifach größere Fläche aufteilen muß als im Abschnitt B bis C.

Eigentlich wären ähnliche Phänomene und dadurch verursachte Niederschlagsreduzierungen auch für den Küstenabschnitt östlich von *Cape Palmas* (Grenze Liberia/Côte d'Ivoire) zu erwarten, weil der Küstenverlauf dort ebenfalls Westsüdwest/Ostnordost ist. In der Tat ist eine Abnahme der Niederschläge von *Tabou* über *Sassandra* bis hinauf nach *Grand Lahou* festzustellen; die Trockenzeit ist jedoch bei weitem nicht so stark ausgeprägt wie an der Küste Ghanas (vgl. Tab. 6.2). Dennoch liegt auch dieser bereich unter dem Einfluß der südatlantischen St.Helena-Antizyklone, deren Ausläufer im (Nord-) Sommer sogar bis auf den westafrikanischen Kontinent reicht. Dadurch gerät der Küstensaum unter dauernde dynamische Absinkbewegungen (vgl. Abb. 6.12).

Als ein ebenfalls wesentlichen Gesichtspunkt bei der Erklärung des Phänomens des westafrikanischen Trockengürtels (in der Vegetationsgeographie auch als Dahomey-Gap bekannt) verweist bereits TREWARTHA (1962) auf die Existenz eines kühlen Meeresstromes entlang der genannten Küstenabschnitte. Sehr ausführlich hat sich LEROUX (1983) und in jüngster Zeit auch SCHNEIDER (1991) mit diesem Phänomen auseinandergesetzt. Auf der Nordhalbkugel herrscht an der Oberfläche eine nordöstliche Strömung vor, verursacht durch die Druck- und Windverhältnisse des Azorenhochs. Auf seiner östlichen Seite, vor der nordwestafrikanischen Küste, wird er als Kanarenstrom (**K.S.**) bezeichnet, dessen Einfluß bis nach Dakar (Senegal) äquatorwärts reicht, wo er nach Westen abbiegt und zum nördlichen Äquatorialstrom wird und weiter im Westen in die Wurzelzone des Golfstromes mit aufgenommen wird (vgl. FRANKENBERG & ANHUF, 1991).

Auf dem Südatlantik herrscht auf der Oberfläche eine südöstliche Strömung vor, verursacht durch das St.Helena-Hoch. Diese Strömung ist im Vergleich zu ihrem nördlichen Pendant wesentlich stärker und konstanter ausgeprägt. Seine Ostseite bildet der küstenparallel verlaufende Benguelastrom (**B.S.**) vor der südwestafrikanischen Küste. Auf seinem Weg nach Norden in Richtung Äquator biegt er allerdings vor dessen Erreichen ebenfalls nach Westen ab und wird damit zum südlichen Äquatorialstrom (**s.Ä.S.**). Auf seinem Wege weiter nach Westen gabelt sich der südliche Äquatorialstrom auf. Ein Teil überschreitet den Äquator, der zweite biegt vor der Küste Südamerikas nach Süden ab und bildet dort den Brasilienstrom.

Zwischen beiden Äquatorialströmen schiebt sich der äquatoriale Gegenstrom (**Ä.G.**), der sein Entstehungsgebiet etwa in 50 ° West hat (vgl. Abb. 6.13). Er fließt in östlicher Richtung und aus ihm entsteht der Guineastrom (G.S.), der entlang der Guineaküste bis zur Bucht von

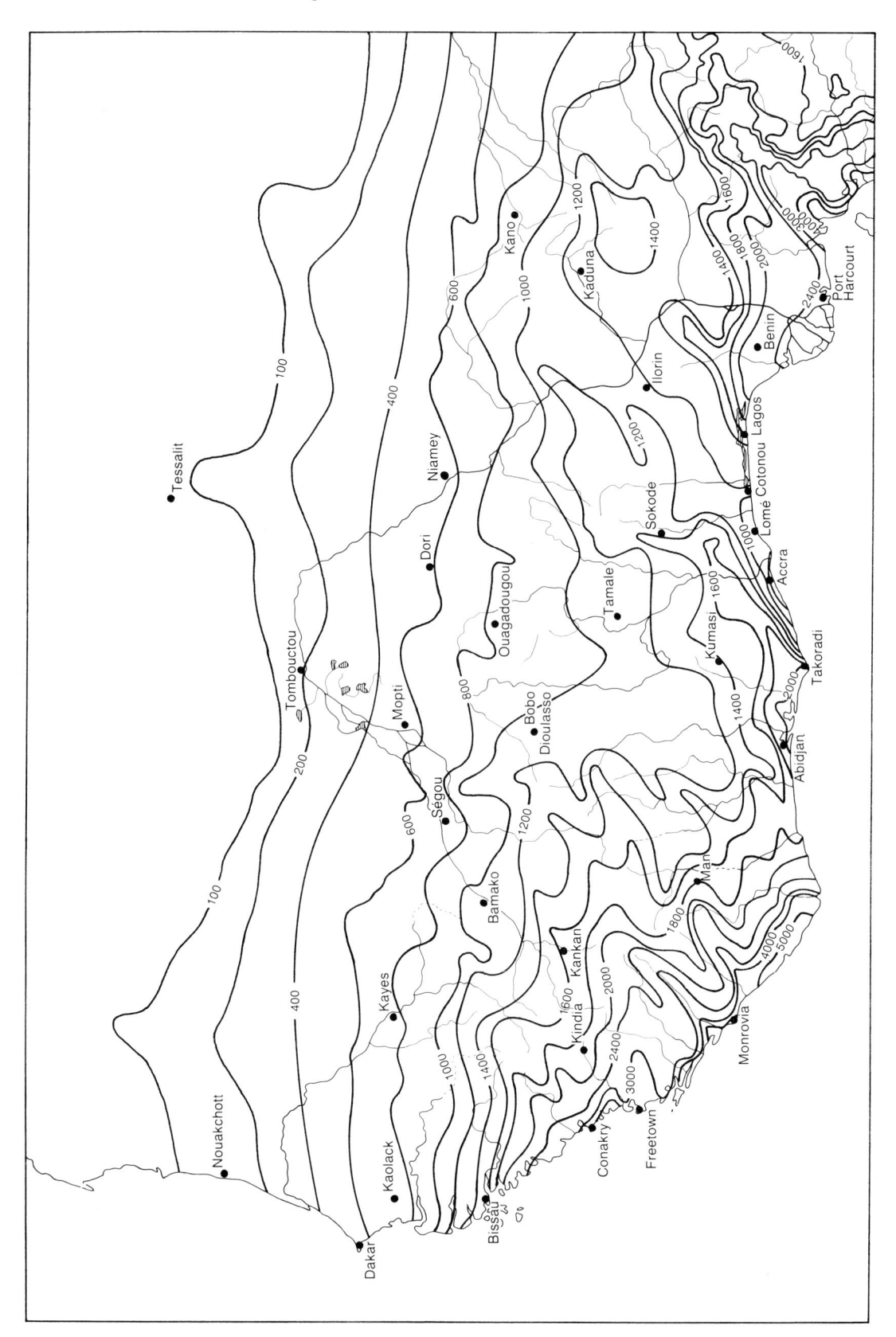

Abb. 6.10: Karte der jährlichen Niederschlagsmengen entlang der westafrikanischen Guineaküste

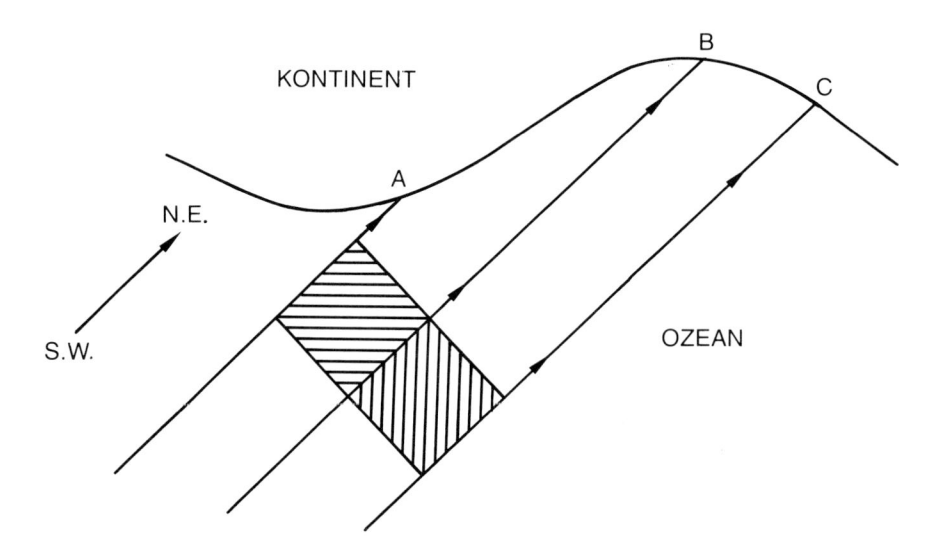

Abb. 6.11: Küstenverlauf und Hauptwindrichtung

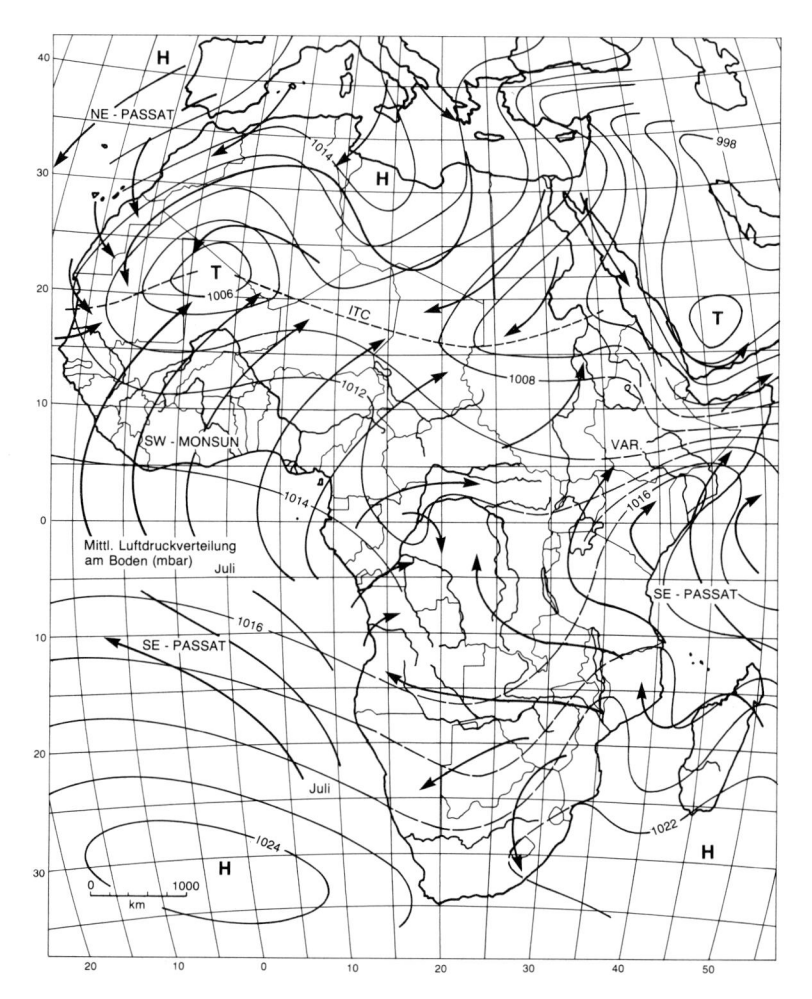

Abb.6.12: Druckverteilung über dem Ostatlantik im Juli

Biafra verläuft. In den Sommermonaten ist in seinem Bereich zwischen der Côte d'Ivoire und Benin ein verstärktes Auftreten von kaltem Auftriebswasser zu beobachten.

An der Guineaküste zwischen Cape Palmas und Benin stellt sich die Situation im Jahresverlauf wie folgt dar: Von Januar bis März herrscht die kleine kühle Jahreszeit vor. Einige kurze Perioden mit "Upwelling-Phänomenen" können beobachtet werden. Der Guineastrom ist nur schwach ausgeprägt und häufig nicht nachweisbar. In den Monaten April bis Juni herrscht die heiße Jahreszeit vor. Der Guineastrom ist gut entwickelt und stabil. Am Übergang von Juni zu Juli nehmen die "Upwelling-Phänomene" stark zu, der Guineastrom erreicht seine höchste Fließgeschwindigkeit. Es folgt eine weitere kühlere Jahreszeit von Juli bis September. In dieser Zeit sind verstärkt kalte Auftriebswässer an der ivorischen Küste zwischen *Tabou* und *Grand Lahou*, wie an der ghanaisch-togolesischen Küste zwischen *Takoradi* und *Lomé* zu beobachten. Es handelt sich bei beiden lokalen Phänomenen um ein gemeinsames, das nur östlich von *Abidjan* bis zum "*Cape des Trois Points*" (*Axim*) unterbrochen ist, weil die Küste ihren Verlauf ändert und an diesem Küstenabschnitt "Downwelling-Prozesse" stattfinden.

Im Oktober ändern sich diese Verhältnisse rapide. Der Guineastrom verliert an Kraft und verschwindet nahezu. Die Folge ist eine kleine zweite Hitzephase entlang der besagten Küstenabschnitte in den Monaten November und Dezember, eine Voraussetzung für die ausreichende Verfügbarkeit von Wasserdampf, der als Spender für die schwachen aber regelmäßigen winterlichen Niederschläge entlang der Küste zu werten ist.

Die sommerliche "kleine Trockenzeit" ist als Folge des wechselnden Einflusses unterschiedlich temperierten Meerwassers zu interpretieren. Das Zusammentreffen feuchtwarmer Luftmassen über einem kühlen Untergrund führt z.T. zur Bildung von Nebel im Bereich des Benguelastromes vor der Küste von Gabun, Kongo und Angola bzw. zu einer flachgeschichteten Bewölkung. Diese Wolken sind generell kaum niederschlagsträchtig. Konvektive Aufstiegsbewegungen werden durch die mangelnde Wärmezufuhr unterbunden.

Rezent ist der Einfluß des kalten Auftriebswassers über der Waldregion an der Elfenbeinküste reduziert, denn die kleine Trockenzeit im Sommer dauert (über Wald) nicht länger als 1-2 Monate an (August und September). Im Gegensatz dazu ist dieser Einfluß im Osten des Golfes von Guinea, im Golf von Biafra erheblich stärker ausgeprägt. Im Nordsommer ist der gabunesische Wald permanent von einer flachen Wolkendecke bedeckt, die bis 800 km ins Landesinnere reicht. Diese Wolkendecke, aus der praktisch kein Regen fällt, prägt die große winterliche (Südhalbkugel) Trockenzeit. Dennoch überlebt der Regenwald auf diesen Flächen, weil durch die Temperaturabsenkung auch erheblich geringere Verdunstungsverluste zu verzeichnen sind. So kann der immergrüne Regenwald auch noch bei einer 4 monatigen Trockenzeit existieren, vorausgesetzt, die übrigen Monate sind sehr feucht; ansonsten wäre der größte Teil Gabuns von Savannen anstatt von Wald bedeckt.

Es ist festzuhalten, daß zwischen den Meeresoberflächentemperaturen und dem Niederschlagsgeschehen des westafrikanischen Küstenbereiches signifikante Zusammenhänge bestehen. In Jahren mit wenig oder gar keinem Auftriebswasser bleibt das Meerwasser sehr warm. Außergewöhnlich hohe Niederschläge können in der westafrikanischen Küstenregion

130 DIETER ANHUF

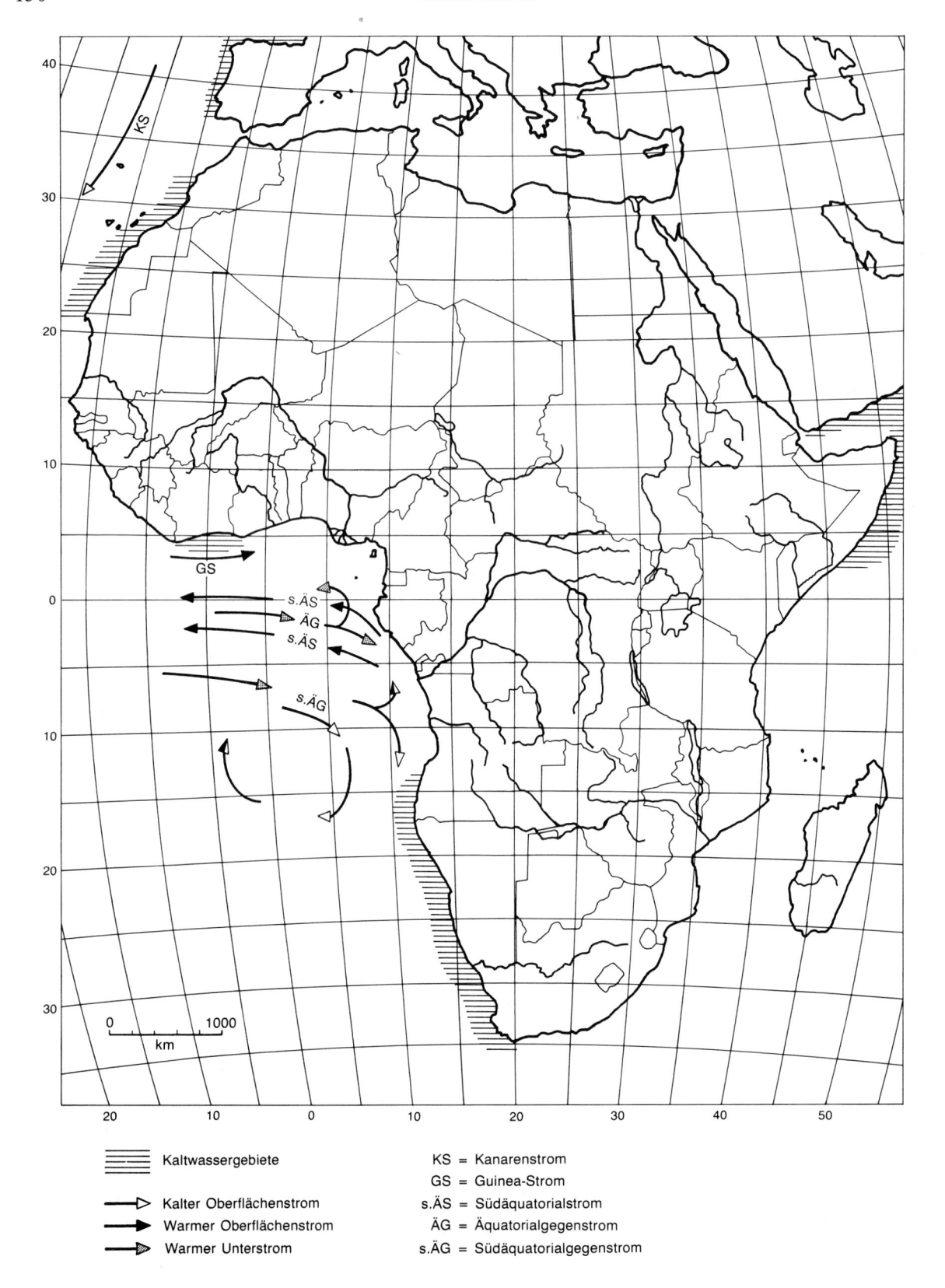

	Kaltwassergebiete	KS	= Kanarenstrom
		GS	= Guinea-Strom
▷	Kalter Oberflächenstrom	s.ÄS	= Südäquatorialstrom
▶	Warmer Oberflächenstrom	ÄG	= Äquatorialgegenstrom
▷	Warmer Unterstrom	s.ÄG	= Südäquatorialgegenstrom

Abb. 6.13: Zirkulationsmuster des Atlantik vor der westafrikanischen Küste

beobachtet werden. So wurde z.B. 1984, einem Jahr praktisch ohne "Upwelling", durchgehend Regen in Gabun von Juni bis September registriert. In der Côte d'Ivoire war 1984 die sommerliche "kleine Trockenzeit" um einen Monat reduziert. Während der feuchtesten Jahre 1949 und 1968 wurden auch an der Elfenbeinküste durchgehend hohe Niederschläge von Juli bis September gemessen.

6.4. Analyse der Niederschlagszeitreihen

6.4.1. Untersuchungen zum klimatischen Wasserhaushalt

In zeitlich kleiner Dimension haben in der Elfenbeinküste seit dem Ende des vorigen Jahrhunderts relativ humide und relativ normale bzw. relativ aride Phasen gewechselt, die im Sinne von Analogfällen durchaus auch Hinweise auf die Niederschlagsdimensionen langzeitlicher Klimaschwankungen geben können, wie sie in Kap. 8 detailliert für die Zeit seit dem Höhepunkt der letzten Kaltphase unseres Klimas dargestellt sind.

Die Änderungen in der Wasserbilanz von den feuchten 60er zu den trockeneren Jahren der Folgeperiode bis heute zeigen jährliche hydrologische Klimadiagramme der Station *Bouaké* im Zentrum des V-Baoulé gelegen, in denen für jedes Jahr zwischen 1931 und 1990 das jährliche Niederschlagsaufkommen und die potentielle Landschaftsverdunstung (nach LAUER & FRANKENBERG, 1981) dargestellt sind (vgl. Abb. 6.14). Die Null-Linie in den Diagrammen entspricht der jeweiligen Trockengrenze der einzelnen Monate in den untersuchten Jahren. Positive Wasserhaushaltsbilanzen sind durch Abweichungen von dieser Linie nach oben, negative durch Abweichungen von dieser Linie nach unten dargestellt. Die jeweilige monatliche Trockengrenze wurde nach LAUER & FRANKENBERG, 1981 festgelegt.

Es lassen sich insgesamt 4 - 5 Jahrestypen, d.h. 4-5 Regenzeitentypen aus der Zeitreihe 1931-1990 herauskristallisieren. Diese Typisierung ist allerdings relativ subjektiv, zumal bei dieser ersten Eingruppierung die Änderungen des Bodenspeicherwassers nicht berücksichtigt wurden. Es wird vor allem deutlich, daß die Regenzeitausprägung von Jahr zu Jahr sehr stark variieren kann und daß ein Diagramm der Mittelwerte eine Regenzeitkontinuität vortäuscht, die real nicht gegeben ist. Von besonderem Interesse ist in diesem Zusammenhang die Tatsache, daß die interannuellen Schwankungen sich nicht nur auf die arideren Zonen des westlichen Afrikas (Sahelzone) konzentrieren, sondern daß dieses Phänomen ebenso bis hinein in die Zone der immergrünen Feuchtwälder zu beobachten ist. Die Ergebnisse der Abb. 6.14 zeigen, daß auch die vermeintlich humiden und perhumiden Zonen der inneren Tropen von Jahr zu Jahr einem wechselnden Klima- und Trockenstreß unterworfen sind. Die 5 subjektiv gruppierten Regenzeittypen sind folgende:

Der Typ mit nur 3 klimatisch ariden Monaten im Jahresverlauf, der in der gesamten Zeitreihe der vergangenen 60 Jahre jedoch die absolute Ausnahme bildet. Die Trockenzeit konzentriert sich auf den kalendarischen Jahreswechsel mit den Monaten November, Dezember und Januar. In allen übrigen Monaten, auch während der sogenannten kleinen Trockenzeit im Sommer, sind positive Wasserbilanzen zu beobachten.

Zeitreihe hydrologischer Klimadiagramme der Station Bouaké, 1931-1945

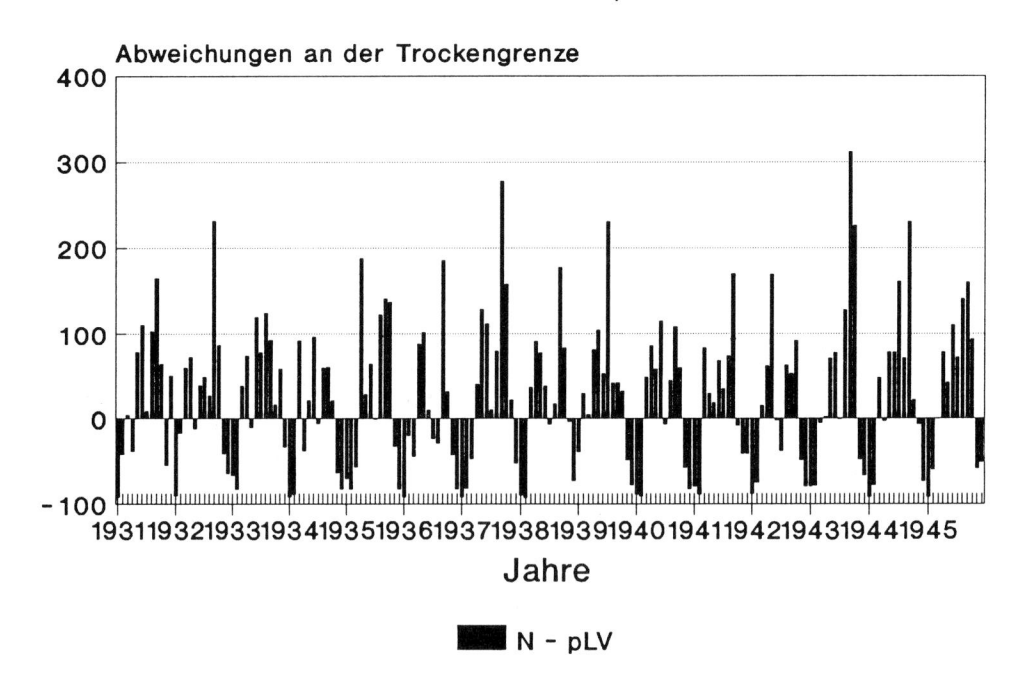

Abweichungen an der Trockengrenze

Jahre

■ N - pLV

Zeitreihe hydrologischer Klimadiagramme der Station Bouaké, 1946-1960

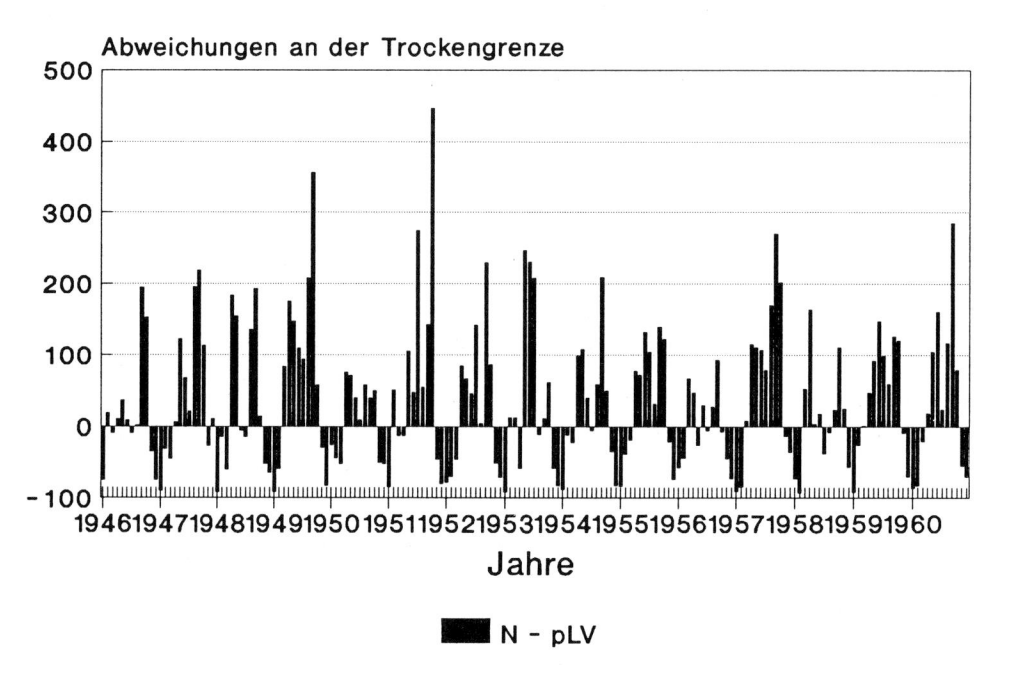

Abweichungen an der Trockengrenze

Jahre

■ N - pLV

Abb. 6.14: Zeitreihe hydrologischer Klimadiagramme der Station Bouaké

Zeitreihe hydrologischer Klimadiagramme der Station Bouaké, 1961-1975

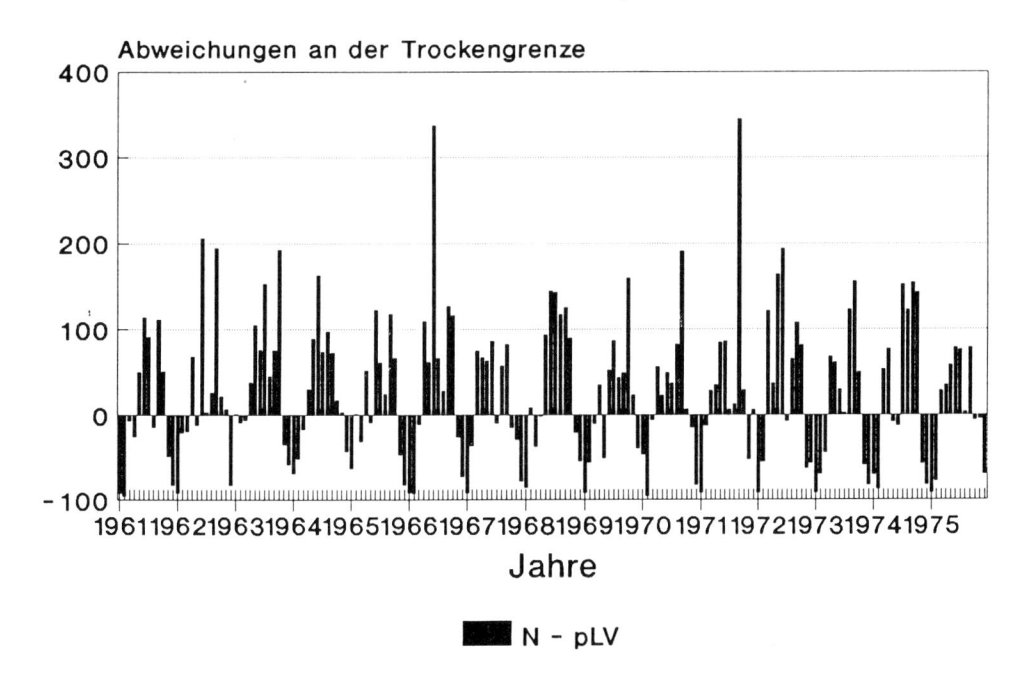

Abweichungen an der Trockengrenze

Jahre

■ N - pLV

Zeitreihe hydrologischer Klimadiagramme der Station Bouaké, 1976-1990

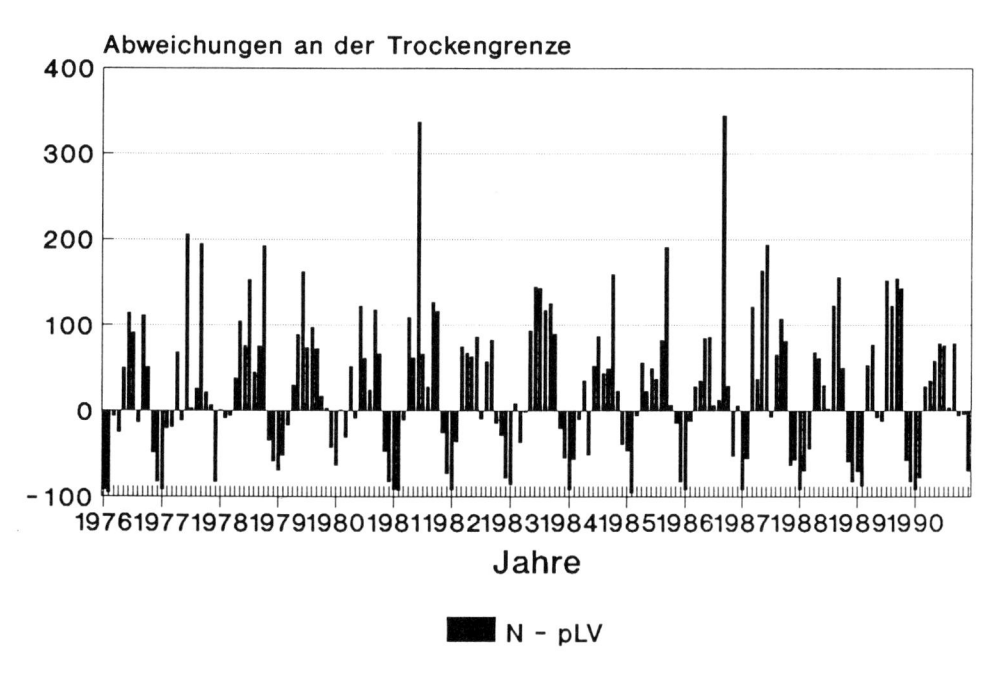

Abweichungen an der Trockengrenze

Jahre

■ N - pLV

Abb. 6.14: Zeitreihe hydrologischer Klimadiagramme der Station Bouaké

Der Typ mit 4 ariden Monaten im Jahresverlauf, in dem in der Regel die winterliche Trockenzeit um einen Monat verlängert ist. Die Frühjahrsregen setzen dann einen Monat später ein.

Der Typ mit 5 ariden Monaten im Jahresverlauf, bei dem der 5. aride Monat, zumeist nur sehr schwach ausgebildet und auf die Zeit der kleinen sommerlichen Trockenzeit fällt. In mehr als der Hälfte aller analysierten 60 Jahre (32 von 60) ist dieser Regenzeittyp zu beobachten, so daß man diesen Typ als den charakteristischen der "Zone préforestier" bezeichnen kann.

Ein weiterer Regenzeittyp ist der mit nur noch 6 humiden und 6 ariden Monaten im Jahresverlauf. Er ist insbesondere dann zu beobachten, wenn die kleine sommerliche Trockenzeit deutlich ausgeprägt ist und das Klima der Region über 2 Monate arid macht, oder wenn das Ende der Regenzeit besonders früh erreicht wird, so daß der Oktober bereits zu einem deutlich ariden Monat wird.

Der letzte Regenzeittyp repräsentiert einen extrem defizitären Regenzeittyp mit sogar 7 ariden Monaten. Der Vergleich der Zeitreihe hydrologischer Klimadiagramme zeigt allerdings, daß es sich bei diesem letztgenannten Regenzeittyp um ein sehr selten auftretendes Ereignis handelt, das durchschnittlich 1-2 mal in 15 Jahren beobachtet werden kann. Auch in diesem Fall sind keinerlei signifikante Veränderungen des Niederschlagsjahresganges zu beobachten, wenn auch die zweite Regenzeit im Frühherbst wesentlich kürzer ausfällt. Die Gesamtmenge der Niederschläge ist gegenüber anderen Jahren erheblich reduziert.

Bei einer Auszählung der Häufigkeit der einzelnen Regenzeittypen über die gesamte Zeitachse wird deutlich, daß Typ 1 (3 aride Monate) nur 2mal in den vergangenen 60 Jahren beobachtet wurde, Typ 2 mit 4 ariden Monaten repräsentiert immerhin schon 1/6 aller Jahre, d.h. daß alle 6 Jahre mit einem Regenzeittyp gerechnet werden kann, der in 4 Monaten des Jahres eine negative klimatische Wasserbilanz aufweist. Der charakteristische Regenzeittyp ist der bereits genannte mit 5 ariden Monaten, der in mehr als 50% aller Fälle auftritt, d.h. jedes 2. Jahr ist durch diesen Typ geprägt. Der 4. Regenzeittyp wurde in den untersuchten 60 Jahren nur in 8 Fällen beobachtet, so daß im Mittel auch nur alle 7-8 Jahre mit einem solchen Ereignis gerechnet werden muß, der letzte Regenzeittyp mit immerhin 7 ariden Monaten wurde in 5 der 60 Jahre beobachtet, was einer Auftrittshäufigkeit alle 12 Jahre bedeutet. Bei dem Vergleich aller 4 Teilabbildungen der Zeitreihen hydrologischer Klimadiagramme fällt auf, daß für den Raum *Bouaké* keinerlei signifikante Veränderungen über den gesamten Zeitraum zu beobachten sind. So hat sich das Verhältnis der Jahre mit besonders wenigen bzw. besonders vielen ariden Monaten pro Jahr in dem Zeitraum 1931-1960 gegenüber der nachfolgenden Periode 1961-1990 praktisch nicht verändert. Einzig und allein ist für die zweite 30jährige Periode eine leichte Zunahme der Jahre mit 5 ariden Monaten zu beobachten, wohingegen die Anzahl der Jahre mit nur 4 ariden Monaten leicht zurückgegangen sind.

Leider konnten keine Daten zur Veränderung des Bodenspeicherwassers erhoben werden, so daß die nachfolgende Analyse einen beschreibenden Charakter erhält, dem der unmittelbare Datenbeleg fehlt, dessen hoher Annäherungswert an die Realität jedoch in den

Gesprächen mit französischen und ivorischen Kollegen angenommen werden kann. Die zuvor beschriebene Analyse fußte ausschließlich auf dem unmittelbaren Vergleich des Niederschlags-Inputs mit der potentiellen Landschaftsverdunstung und den daraus rechnerisch resultierenden Feuchteüberschüssen bzw. -defiziten. Nachfolgend wird nun der Versuch unternommen, aus der vorliegenden Daten (Abb. 6.14) den Einfluß des Bodenspeicherwassers auf die Gestaltung der ariden und humiden Jahreszeit abzuschätzen. Dazu wurden in der nachfolgenden (Tab. 6.3) die Einzeljahre mit der Anzahl der ariden Monate nach der zuvor dargestellten Methode den Ergebnissen unter Einbeziehung der Veränderung des Bodenspeicherwassers (rechte Spalte) gegenübergestellt. Die Ergebnisse zeigen, daß unter Berücksichtigung des Bodenwasserhaushaltes die jährliche Wasserbilanz in über 80% der Einzelfälle positiver ausfällt als nach den Ergebnissen der vorangegangenen Analyse. In nur 11 der 60 Jahre konnte auch unter Berücksichtigung des Bodenwasserhaushaltes keine positivere Bewertung dieser Jahre vorgenommen werden. Im einzelnen handelt es sich dabei um die Jahre 1937, 1939, 1950, 1958, 1964, 1968, 1969, 1971, 1973, 1976, 1977, 1978, 1981, 1989 und 1990. Eine genauere Betrachtung dieser Jahre macht jedoch deutlich, daß nur 1977 eine kritische Jahreswasserbilanz zu beobachten ist, denn in diesem Jahr waren immerhin 6 aride Monate beobachtet worden. In den übrigen Fällen, in denen keinerlei Veränderungen in der Anzahl der ariden/humiden Monate festgestellt wurden, ist die jährliche Wasserbilanz mit 4 bzw. 5 ariden Monaten als unproblematisch für die vorhandene Vegetation zu werten. In allen übrigen Fällen (in 49 der 60 Jahre) kann unter Einbeziehung des Bodenwasserhaushaltes eine generelle Verbesserung der klimatischen Wasserbilanz beobachtet werden. So ist beispielsweise in allen Fällen, in denen zuvor eine 7 monatige Trockenzeit errechnet wurde, diese besondere Trockenstreßsituation bestätigt worden. Nach den neuerlichen Berechnungen waren diese Jahre durch eine 6- bzw. sogar nur durch eine 5-monatige aride Phase gekennzeichnet.

Verallgemeinert lassen sich die Ergebnisse der Analyse unter Berücksichtigung des Bodenspeicherwassers wie folgt beurteilen. In der überwiegenden Anzahl der Jahre dominieren nun Regenzeittypen mit 3, 4 oder max. 5 ariden Monaten. Das Schwergewicht liegt jedoch bei einer Trockenzeit von 3 bzw. 4 ariden Monaten. In über 25% aller Jahre (17 von 60) ist die sommerliche oder die alljährliche Trockenzeit auf nur 3 Monate im Jahr beschränkt. In knapp der Hälfte (27 von 60 Jahren) ist von einem ariden Zeitraum auszugehen, der sich nur über 4 Monate im Jahr erstreckt. Bei einem abschließenden Vergleich der beiden 30jährigen Perioden ist nach Einbeziehung des Bodenwasserhaushaltes für den Zeitraum 1961 - 1990 eine deutliche Verschlechterung der jährlichen Wasserbilanz festzustellen. Gab es in dem Zeitraum von 1931-1960 in zwei Jahren eine Trockenzeit von nicht mehr als 2 Monaten, so ist ein solches Ereignis für den Folgezeitraum nicht mehr zu beobachten. Auch ist die Anzahl der Jahre mit nur 3 ariden Monaten im Jahr von 10 auf 7 in dem Vergleichszeitraum gesunken. Demgegenüber stieg die Anzahl der Jahre, in denen mit 4 ariden Monaten gerechnet werden muß. In der Hälfte aller Jahre der Periode 1961-1990 war der klimatische Wasserhaushalt im Bereich der "Zone préforestier" von 4 ariden Monaten geprägt. Gleichzeitig hat auch die Anzahl der Jahre mit 6 ariden Monaten von einem Ereignis in dem Zeitraum 1931-1960 auf 3 Ereignisse in der Folgeperiode zugenommen.

Tabelle 6.3: Anzahl landschaftsökologisch humider Monate an der Station Bouaké a) ohne, b) mit Berücksichtigung des Bodenwasserhaushaltes

	a	b		a	b
1931	4	3	1961	7	6
1932	5	3	1962	5	4
1933	4	2	1963	4	3
1934	6	4	1964	4	4
1935	5	4	1965	5	3
1936	7	6	1966	5	4
1937	4	4	1967	6	4
1938	5	3	1968	5	4
1939	3	3	1969	5	5
1940	5	3	1970	5	4
1941	5	4	1971	3	3
1942	6	4	1972	5	4
1943	5	4	1973	5	5
1944	5	3	1974	6	4
1945	4	3	1975	5	3
1946	5	2	1976	5	5
1947	4	3	1977	6	5
1948	7	5	1978	4	4
1949	4	3	1979	5	4
1950	5	5	1980	5	4
1951	5	4	1981	4	4
1952	6	5	1982	5	3
1953	5	4	1983	7	6
1954	6	4	1984	4	3
1955	5	4	1985	5	4
1956	8	5	1986	5	3
1957	5	4	1987	6	5
1958	5	5	1988	5	4
1959	4	3	1989	5	5
1960	5	4	1990	4	4

Eine abschließende Bewertung der klimatischen Jahreswasserbilanz kommt danach zu dem Schluß, daß sich in der Periode von 1961 - 1990 die klimatischen Bedingungen für die Pflanzendecke verschlechtert haben. Trotz dieser Änderungen der Wasserbilanz sind die klimatischen Voraussetzungen dennoch dahingehend zu bewerten, daß sie den Wuchs und den Erhalt eines semihumiden halbimmergrünen Feuchtwaldes zuließen (vgl. ANHUF & FRANKENBERG, 1991). Die Analyse der jährlichen Wasserbilanzen entsprechen damit in keinem Falle der in dieser Zone vorzufindenden Vegetationsbedeckung. Die offenen lichten Baumsavannen, die das charakteristische Merkmal dieser Vegetationszone repräsentieren, sind von klimatischer Seite nicht zu erklären. Vielmehr sind die Reste des ehemaligen halbimmergrünen Feuchtwaldes, die in diesem Bereich nur noch in vereinzelt und isoliert aufzufindenden Inseln auftreten, als Zeugen der natürlichen Vegetationsbedeckung unter den gegebenen klimatischen Verhältnissen zu werten.

6.4.2. Mögliche Veränderungen der Jahressummen der Niederschläge

Zur weitergehenden Charakterisierung der zeitlichen Varianz des Niederschlagsaufkommens in der Côte d'Ivoire werden anschließend zunächst die möglichen Veränderungen der Jahressummen der Niederschlagsmengen untersucht. Neben der Darstellung der Niederschlagszeitreihen wurden jeweils die fünfjährig gleitenden Mittelwerte über die gesamte Zeitreihe berechnet um Rhythmen und Trends des Niederschlagsaufkommens präziser erkennen zu können.

Die Messungen an den Klimastationen der Côte d'Ivoire setzen in der Regel in der ersten Hälfte der 20er Jahre dieses Jahrhunderts ein. Die fünfjährig gleitenden Niederschlagsmittel der Stationen der Sudan- und der Subsudanzone im Norden der Côte d'Ivoire erreichen ihre Maximalwerte in der Mitte der 50er Jahre. Seit 1960 weisen diese Werte einen langanhaltenden Negativtrend auf, der erst zu Beginn der 80er Jahre wieder positive Vorzeichen annimmt. Dieses überregionale Trendverhalten gestaltet sich unter Berücksichtigung der West-Ost-Erstreckung dieser Zone jedoch differenzierter. Im Westen an der Station *Odienné* ist von Mitte der 50er bis Mitte der 70er Jahre keinerlei Trendverhalten festzustellen. Erst zum Ende der 70er Jahre setzt ein eindeutig negativer Trend ein, der zur Mitte der 80er Jahre seinen Tiefpunkt erreicht. Im zentralen und westlichen Bereich dieser Zone setzt dieser deutlich negative Trend bereits zum Ende der 50er Jahre ein. Die größten interannuellen Schwankungen der Regenzeitausprägung sind bei allen Stationen in der Mitte und am Ende der 50er Jahre ausgeprägt. Damit fällt dieses hohe Schwankungsniveau mit der Periode der feuchtesten Jahre in den letzten 60 Jahren zusammen. Ausgesprochene Feuchtjahre in der gesamten Region waren die Jahre 1954, 1955, 1957, 1959, 1960, 1968 und 1969. Es handelt sich dabei um Jahre, in denen gleichzeitig an der Guineaküste und auch in der Sahelzone des westlichen Afrika (vgl. FRANKENBERG & ANHUF 1989) positive Niederschlagsanomalien beobachtet wurden. NICHOLSON (1981) erklärt das gleichzeitige Auftreten von Feuchtjahren an der Guineaküste und in der Sudan- und Sahelzone mit einem frühzeitigen Beginn der Nordwanderung der ITCZ. Hieraus resultiert eine Verlängerung der Regenzeit, besonders auch in den nördlichen Zonen der Sudanzone um über einen Monat. Die "kleine Trockenzeit" in der Elfenbeinküste war in diesen Jahren normal bzw. sogar übernormal feucht ausgebildet. Das von LAMB (1978) beschriebene extreme Feuchtjahr 1967 in der Sahelzone Afrikas läßt sich in der Sudanzone der Côte d'Ivoire nur in sehr abgeschwächter Form im zentralen und östlichen Bereich (Stationen *Korhogo* und *Bouna* - vgl. Abb. 6.15) nachvollziehen. Im Westen ist das Jahr 1967 völlig normal ausgeprägt. Im Gegensatz dazu ist an keiner der sudanischen Stationen in der gesamten Zone das von LAMB beschriebene Trockenjahr ausgeprägt. Vielmehr handelt es sich an allen Stationen 1968 um ein Feuchtjahr. Ebenso fehlen sämtliche Anzeichen der großen Saheldürre in diesem Bereich Afrikas. An allen Stationen ist zu Beginn der 70er Jahre keinerlei Trockenperiode zu erkennen. Erst in der zweiten Hälfte der 70er Jahre kann in den Zeitreihen eine leichte Trockenphase festgestellt werden. Im Gegensatz

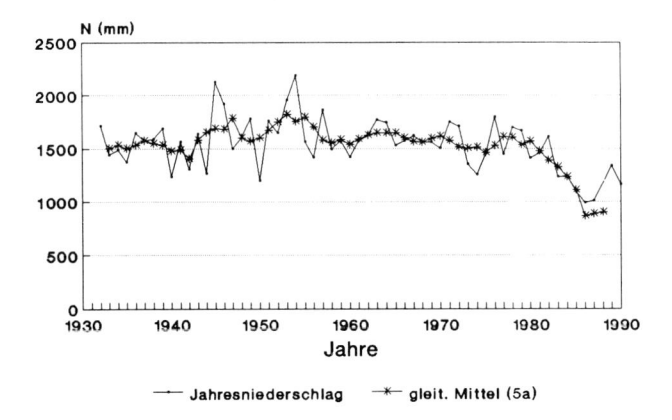

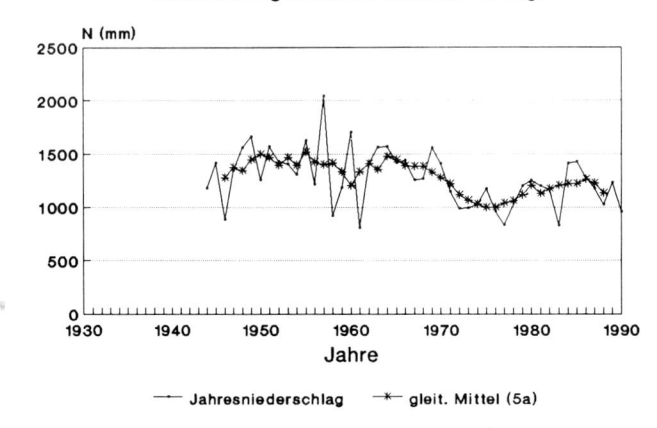

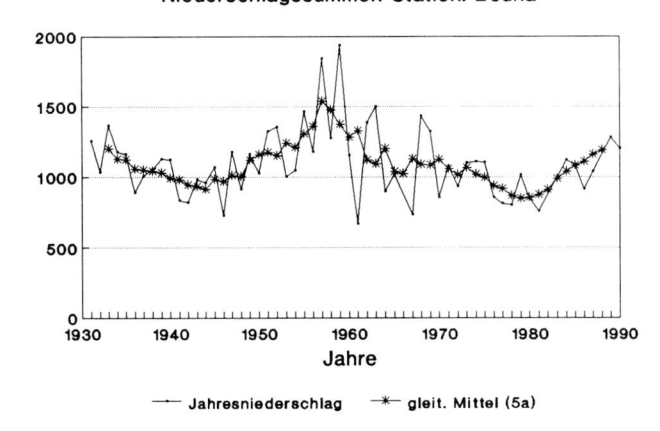

Abb. 6.15: Fünfjährig gleitende Mittelwerte und Niederschlagsjahressummen Stationen: Odienné, Korhogo, Bouna

dazu ist allerdings an allen Stationen das deutliche und für viele Teile Afrikas beschriebene extreme Trockenjahr 1983 deutlich als Negativjahr zu erkennen. Insgesamt eignet der nördlichsten Zone der Elfenbeinküste eine durchschnittliche Reduktion der jährlichen Niederschlagssummen von ca. 100-150 mm über den gesamten Zeitraum der letzten 60 Jahre. Im Gegensatz dazu bedeuten die sehr abrupten Niederschlagsreduktionen im Westen der Zone (*Odienné* - Abb. 6.15) über einen Zeitraum von rund 10 Jahren eine erhebliche Verschlechterung der klimatischen Wasserbilanz in dem letzten Abschnitt des Untersuchungszeitraumes. Innerhalb des genannten Zeitraumes sind die Niederschlagsmengen um fast 1/3 zurückgegangen.

Im Verlauf der Zeitreihen der Niederschlagsjahressummen in der Zone des Übergangs von den Feuchtwäldern in die Savannen lassen sich im Vergleich zur Sudan- und Subsudanzone große Parallelen entdecken. Auch in dieser Zone werden zu Beginn und in der Mitte der 50er Jahre die höchsten durchschnittlichen Niederschläge erzielt. Danach setzt sich an den betrachteten Stationen im westlichen Bereich dieser Zone (*Touba* und *Vavoua* - Abb. 6.16) ein negativer Niederschlagstrend durch. Ebenso wie in der nördlichen Zone wird auch hier zu Beginn der 80er Jahre das niedrigste Niveau in den Niederschlagsjahressummen erreicht, bevor die Niederschlagsmengen wieder einen positiven Trend erfahren. Von dieser übergreifenden Trendentwicklung ist nur der Osten dieser Zone (Station *Bondoukou*) ausgenommen. In den vergangenen 60 Jahren ist von kleineren Oszillationen über kurze Zeiträume insgesamt keinerlei Trendverhalten festzustellen. Die höchsten interannuellen Schwankungen sind, wie in dem obigen Beispiel auch, zum Zeitpunkt der höchsten Gesamtniederschlagsmengen zu beobachten, also besonders in den 50er Jahren. Die Parallelität im Verlauf der Zeitreihen der Niederschlagsjahressummen in dieser Zone mit denen der Sudanzone wird auch in den hervorzuhebenden Feucht- oder Trockenjahren besonders deutlich. Deutlich ausgeprägte Feuchtjahre sind die Jahre 1954, 1955, 1957,1959 sowie 1968 und 1980. In dieser Zone wird mit dem Jahr 1983 die absolut minimale Niederschlagsjahressumme in dem gesamten Beobachtungszeitraum erreicht.

Ein völlig anderes Bild dagegen erweist die Station *Séguéla* (Abb. 6.17). Hier treten besonders seit der Mitte der 50er Jahre bis 1980 zum Teil sehr extreme Schwankungen von Jahr zu Jahr auf, die es in dem Kapitel über mögliche Veränderungen in dem Niederschlagsjahresgang noch besonders zu untersuchen gilt. An der Station *Séguéla* sind auffallend abweichende Feuchtjahre zu beobachten, so besonders 1956, 1961 und 1962 sowie 1967 und 1970. Insgesamt ist damit auch für diese Zone zumindest im westlichen Bereich ein leicht negativer Niederschlagstrend manifestiert. Die Folge davon ist eine Niederschlagsreduktion über das Jahr in einer Größenordnung von 150-200 mm. Die dennoch nur relativ gering-fügigen Auswirkungen auf den klimatischen Wasserhaushalt konnten bereits zuvor an dem Beispiel der Station Bouaké näher beschrieben werden. Eine generelle Verschlechterung der klimatischen Bedingungen für die Vegetation insbesondere in der Periode 1961 - 1990 wurde bereits festgestellt. Dennoch sind klimatische Bedingungen gegeben, die in dieser Zone des Übergangs einen semi-humiden halbimmergrünen Feuchtwald gedeihen lassen.

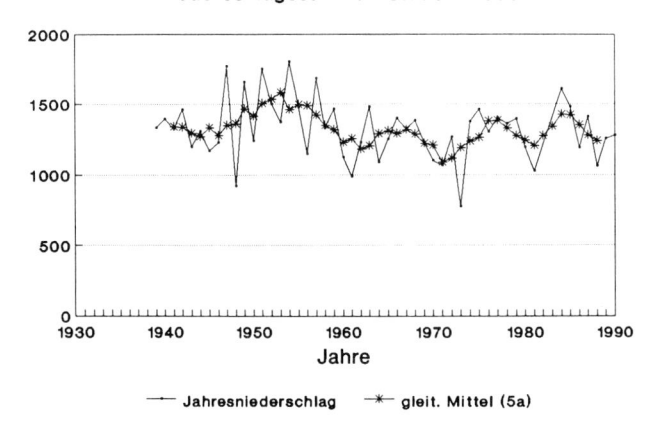

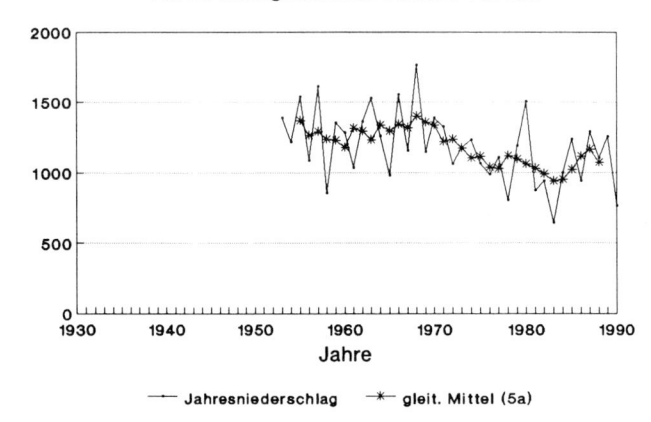

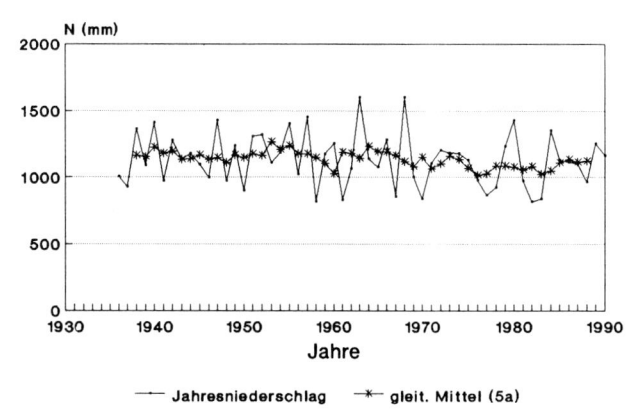

Abb. 6.16: Fünfjährig gleitende Mittelwerte und Niederschlagsjahressummen Stationen: Touba, Vavoua, Bondoukou

Fünfjährig gleitende Mittelwerte und Niederschlagssummen Station: Seguela

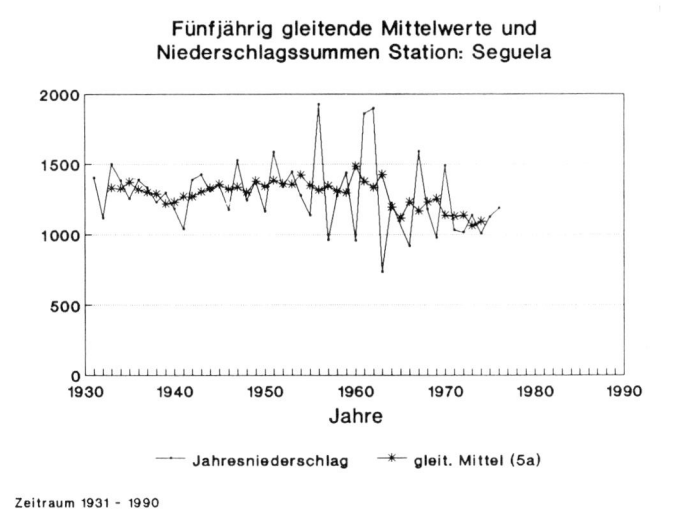

Abb. 6.17: Fünfjährig gleitende Mittelwerte und Niederschlagsjahressummen Station: Séguéla

Mit dem Erreichen der Region der halbimmergrünen Feuchtwälder wird die Zone der größten Synchronität im Verlauf der jeweiligen Zeitreihen erreicht. Diese Synchronität bezieht sich besonders auf den Verlauf der Zeitreihen der Niederschlagssummen von West nach Ost bzw. vice versa. Die Zeitreihen weisen eine erste Feuchtperiode um die Mitte der 30er Jahre aus, der anschließend eine Periode defizitärer Niederschläge bis zur Mitte der 40er Jahre folgt. Im Anschluß daran ist über einen Zeitraum von 6 Jahren eine deutliche Zunahme der Niederschlagsjahressummen zu verzeichnen. Am Ende dieses Anstieges steht eine Periode positiver Niederschlagsabweichungen, die ihren Höhepunkt in der Mitte der 50er Jahre erreicht (vgl. Abb. 6.18). Sekundäre Maxima weisen die Stationen *Bouaflé* und *Man* (vgl. Abb. 6.18) auch noch für das Jahr 1962 auf. Im Osten des Landes ist das Maximum der 50er Jahre an das Ende des Jahrzents verschoben und erreicht dort 1959/1960 seinen Höhepunkt. Seit dem Beginn der 60er Jahre ist nun eine deutliche Tendenz abnehmender Niederschläge in den Zeitreihen zu beobachten. Diese Periode konsekutiv niederschlagsdefizitärer Jahressummen erstreckte sich bis in die zweite Hälfte bzw. zum Ende der 70er Jahre. Somit dauert die Trockenheit im Bereich der halbimmergrünen Feuchtwaldzone, wenn auch nur schwach ausgeprägt, nunmehr bereits seit über 20 Jahren an, denn beim Vergleich der Zeitreihen der genannten Stationen *Man*, *Bouaflé* und *Abengourou* ist seit dem Ende der 60er Jahre diese kontinuierliche Aridisierungstendenz zu beobachten. Innerhalb der genannten Zeitreihen sind zwei extreme Ereignisse besonders hervorzuheben. Zum einen handelt es sich um die große Dürre zu Beginn der 80er Jahre (1983) die an allen Stationen deutlich ausgeprägt ist. Nur im Südosten des Landes (*Abengourou*) erscheint das Jahr 1983 nicht als das trockenste in den vergangenen 60 Jahren. Desweiteren ist an der Station *Bouaflé* schon bereits zur Mitte der 70er Jahre ein starker Einbruch in den Niederschlagsjahressummen zu beobachten, den die anderen Kurven nicht so deutlich zeigen. Es ist dies eine Phase, die gerade im zentralwestlichen Bereich der Elfenbeinküste deutliche

Veränderungen im Bild der Agrarstruktur dieses Raumes verursacht hat. *Bouaflé* liegt im Zentrum des Kaffeeanbaugebietes der Bauolé. Seit dieser Zeit wird aus dem nördlichen Bereich des ehemaligen Kaffeeanbaugebietes (Station *Béoumi*) eine zunehmende Verschlechterung in der Ertragslage der Kaffeesträucher berichtet (vgl. WIESE, 1988). Danach haben sich die Aktivitäten des Kaffeeanbaus aus dem nördlicheren Teil des Siedlungsgebietes der Baoulé nach Südwesten in den Bereich zwischen *Bouaflè* und *Daloa* verlagert. Es scheint sich hierbei jedoch um ein regionalklimatisches Phänomen zu handeln, denn diese "Baisse" in den Niederschlagsjahressummen ist sonst an keiner der benachbarten Stationen (*Daloa* und *Bongouanou*) zu beobachten.

Abschließend bleiben die lang- und kurzzeitigen Veränderungen im Verlauf der Niederschlagszeitreihen der immergrünen Feuchtwaldzone der Côte d'Ivoire zu beschreiben. Die Zeitreihen der Niederschlagssummen setzen zu Beginn der 30er Jahre ein mit einem an allen Stationen zu beobachtenden leichten Abschwung der jährlichen Regenmengen. Dieser Abschwung findet sein Ende in der Mitte der 30er Jahre. Anschließend folgt eine kurze Zeit positiver Niederschlagsabweichung im Vergleich zu dem Zeitraum davor. Die maximalen Niederschlagsjahressummen werden auch hier in der Mitte der 50er Jahre beobachtet. Abweichend zu den bisherigen Beispielen der nördlicher gelegenen Klimazonen ist in diesem Bereich der immergrünen Feuchtwälder jedoch noch ein markantes zweites Plateau hoher Niederschlagsjahressummen in der ersten Hälfte der 60er Jahre ausgeprägt (vgl. Abb. 6.19, *Gagnoa* und *Abidjan*). Im westlichen Bereich der Waldzone (*Tabou*) ist dieses zweite Plateau mit feuchten Jahren sogar auf die Wende der 60er in die 70er Jahre verschoben. Aber auch die anderen beiden Stationen zeigen zu Beginn des 7. Dezenniums immer wieder Einzeljahre mit positiven Niederschlagsabweichungen. Mit Ausnahme des Westens (*Tabou*) ist dennoch auch für die Feuchtwaldzone mit der ersten Hälfte der 60er Jahre der Zeitpunkt gegeben, seit dem sich ein langanhaltender negativer Trend in der Entwicklung der jährlichen Niederschlagsmengen abzeichnet, der zumindest über 15 Jahre im Bereich des Küstenhinterlandes (*Gagnoa*) zu beobachten ist. An den anderen Stationen in der unmittelbaren Küstennähe ist dieser Negativtrend sogar über 20 Jahre ausgeprägt, im Bereich der Hauptstadt (*Abidjan*) ist er bis heute ungebrochen. Die Feuchtwaldzone des Westens charakterisiert ein seit der ersten Hälfte der 80er Jahre anhaltender stark negativer Trend der jährlichen Niederschlagssummen. Markante Feuchtjahre sind auch in dieser Zone die Jahre 1954, besonders 1955, 1956 dann besonders 1963 - ein sahelisches Trockenjahr -, 1968, ebenfalls ein extremes sahelisches Trockenjahr, sowie 1984. Markante Trockenperioden finden sich 1945, 1950 eingeschränkt, 1958, 1967 (sahelisches Feuchtjahr), 1970, 1977 und z.B. bei *Abidjan* auch das bekannte Trockenjahr 1983.

Der Vergleich der meteorologischen Meßperioden Westafrikas von 1931-1990 am Beispiel der Côte d'Ivoire dokumentiert eine, wenn auch nur leichte Niederschlagsreduktion in dem gesamten Bereich der Guineazone. Im Gegensatz dazu sind die Niederschlagsreduktionen in der nördlich anschließenden Sudanzone bereits markanter ausgebildet. Synchron für den gesamten westafrikanischen Raum ist die Abnahme der Niederschlagsjahresmengen auf die zweite 30-jährige Periode des Untersuchungszeitraumes konzentriert. Darüberhinaus haben die in Auswahl vorgestellten Einzelanalysen aber auch gezeigt, daß innerhalb der einzel-

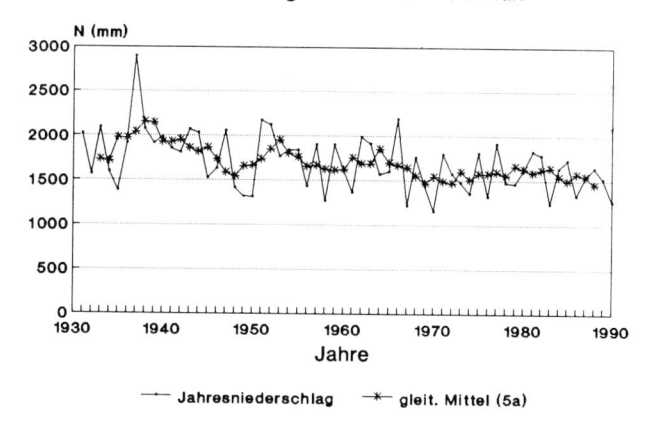

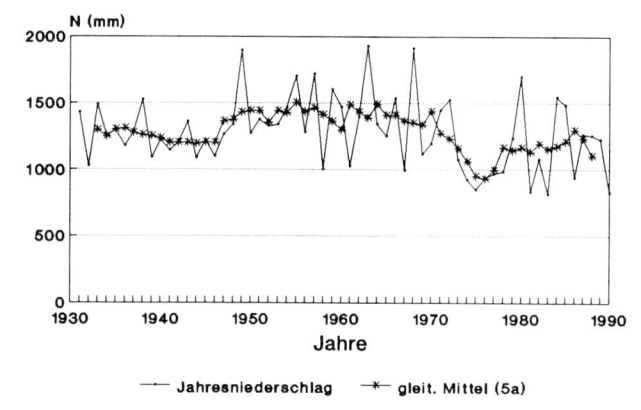

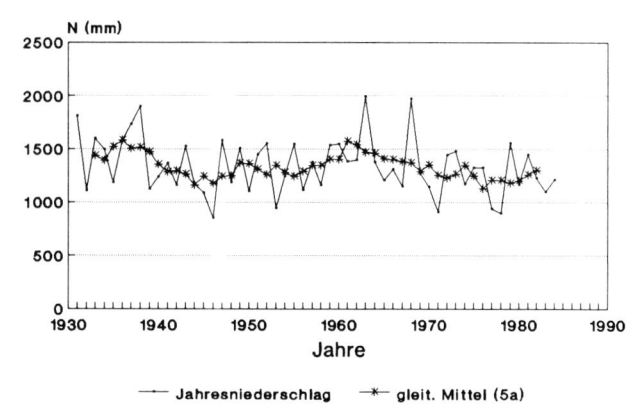

Abb. 6.18: Fünfjährig gleitende Mittelwerte und Niederschlagsjahressummen Stationen: Man, Bouaflé, Abengourou

144 DIETER ANHUF

Fünfjährig gleitende Mittelwerte und Niederschlagssummen Station: Gagnoa

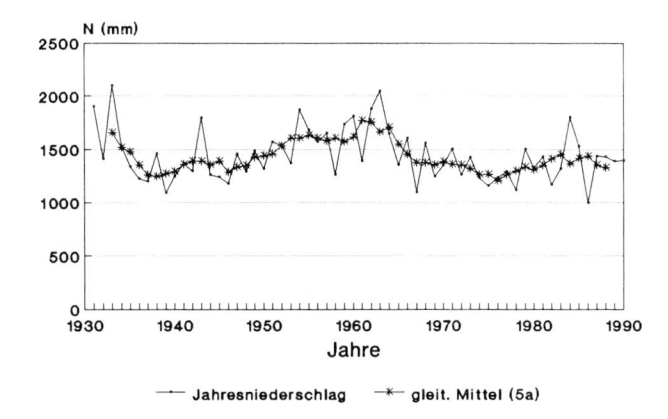

Zeitraum 1936 - 1990

Fünfjährig gleitende Mittelwerte und Niederschlagssummen Station: Abidjan

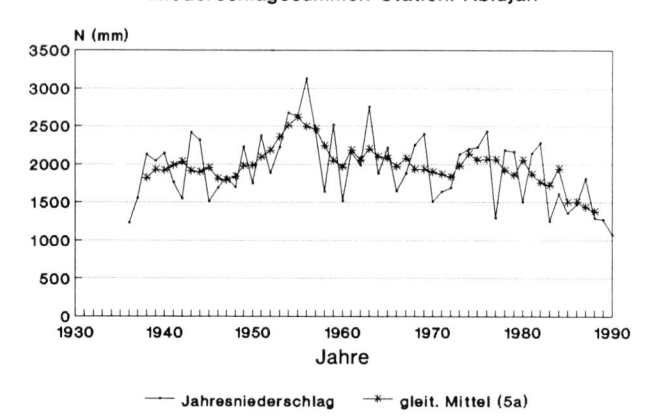

Zeitraum 1936 - 1990

Fünfjährig gleitende Mittelwerte und Niederschlagssummen Station: Tabou

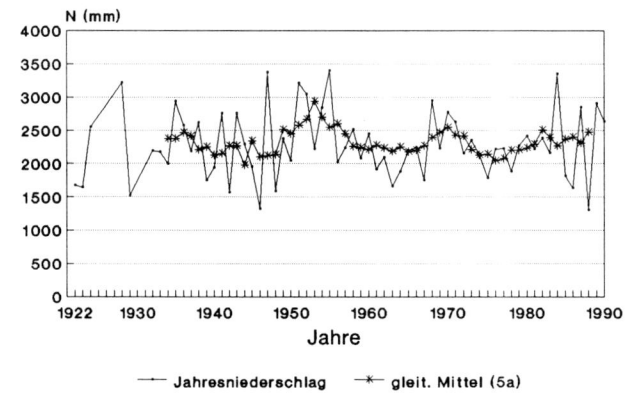

Zeitraum 1931 - 1990

Abb. 6.19: Fünfjährig gleitende Mittelwerte und Niederschlagsjahressummen Stationen: Gagnoa, Abidjan, Tabou

nen Zonen z.T. sehr große räumliche Unterschiede in den jeweiligen Ausprägungen der Niederschlagsereignisse zu beobachten sind. Diese starke räumliche Differenzierung innerhalb der Niederschlagsjahressummen haben u.U. erhebliche Folgen in der Wirtschaft einer Region verursacht. Bei der Beurteilung möglicher Veränderungen des klimatischen Wasserhaushaltes in den einzelnen Klimazonen der Côte d'Ivoire verkomplizieren diese Regionalaspekte jedoch die Einsicht auf die übergreifenden Tendenzen, so daß im folgenden Abschnitt eine kurze Beschreibung der Zeitreihen der zonalen Mittelwerte der jährlichen Niederschlagssummen für die einzelnen Klima- und Vegetationszonen erfolgt.

6.4.3. Mögliche Veränderungen der Zeitreihen der zonalen Mittelwerte der Niederschlagssummen

Die Zeitreihen der zonalen Mittelwerte der jährlichen Niederschlagssummen bestätigen die bereits zuvor festgestellten Veränderungen in den Trends der Niederschlagsmengen. Für die beiden Waldzonen (vgl. Abb. 6. 20) werden nunmehr die beiden Plateaus in den Zeitreihen erheblich deutlicher. Markante Feuchtphasen in der Waldzone sind in der ersten Hälfte der 50er Jahre und zu Beginn der 60er Jahre zu beobachten. Im Bereich der Übergangszone von den Wäldern in die Savanne sind diese beiden Plateaus nur noch andeutungsweise in den Gebietsmittelwerten zu erkennen. Insgesamt handelt es sich bei dieser Zeitreihe (vgl. Abb. 6. 20) um einen sehr ausgeglichenen Kurvenverlauf, bei der erst seit Beginn der 80er Jahre leicht defizitäre Niederschlagsmengen zu beobachten sind.

Auf dem Weg weiter nach Norden in die Subsudanzone (vgl. Abb. 6. 21) werden allerdings ebenfalls die bereits zuvor für die Waldzone charakterisierten Plateaus in den Niederschlagszeitreihen deutlich. Im Gegensatz zu der Übergangszone ist jedoch in diesem Bereich seit Mitte der 70er Jahre ein anhaltend negativer Trend der Niederschlagssummen festzustellen, der sein bisheriges Tief in der ersten Hälfte der 80er Jahre erreicht hat und seither eine leicht positive Entwicklung andeutet.

Etwas ungewöhnlich erscheint das Bild der Zeitreihe der zonalen Mittelwerte in der Sudanzone. Innerhalb des Zeitraumes von 1931-1990 ist nur noch ein Plateau ebenfalls von Beginn bis Mitte der 50er Jahre in den Niederschlagssummen zu erkennen. Von den übrigen Abbildungen der zonalen Mittelwerte abweichend ist der stark negative Trendverlauf in den Niederschlagssummen während der 40er Jahre in dieser Zone. Immerhin wurden in dieser Zeit stärkere Niederschlagsdefizite in dieser Zone beobachtet als z.B. zu Beginn der achtziger Jahre. Bei dem hier gezeigten Beispiel aus der Sudanzone der Elfenbeinküste handelt es sich sicherlich um eine Singularität, denn in allen anderen publizierten Zeitreihen über die Niederschlagsentwicklung der Sudanzone ist zwar ebenfalls ein deutlicher Einbruch in den Niederschlagssummen während der 40er Jahre zu verzeichnen, allerdings ist dieser Einbruch bei weitem nicht so massiv und nicht so nachhhaltig gewesen, wie z.B. die anhltenden Niederschlagsreduktionen seit Mitte der 60er Jahre bis Mitte der 80er Jahre. Obwohl es sich hierbei um eine Zeitreihe der zonalen Mittelwerte handelt, muß berücksichtigt werden, daß in dieser Zone in der Côte d'Ivoire nur 4 Niederschlagsstationen Berücksichtigung finden

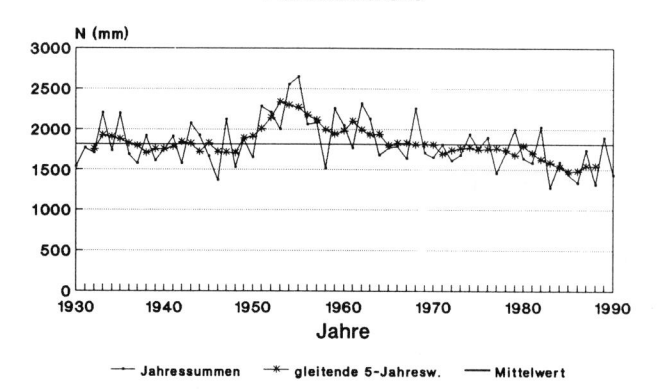

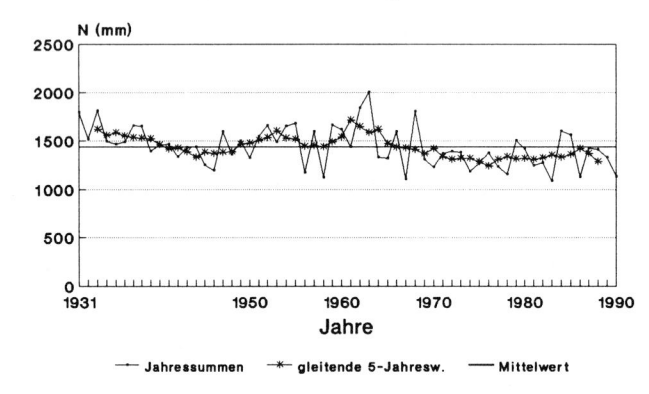

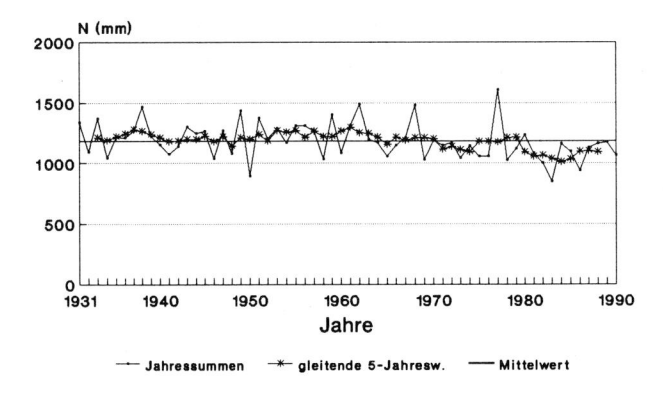

Abb. 6.20: Zeitreihen der zonalen Mittelwerte der jährlichen Niederschlagssummen; Waldzone - Feuchtwälder, Waldzone - halbimmergrüne Wälder, Übergangszone Wald - Savanne

konnten. So handelt es sich bei diesem Beispiel möglicherweise um eine räumliche Singularität handelt, bei der die negativen Niederschlagsanomalien der 40er Jahre noch ausgeprägter waren als in den späten 60er, 70er und frühen 80er Jahren dieses Jahrhunderts.

Abschließend können die oben dargestellten Zeitreihen wie folgt bewertet werden. Generell sind ein bis zwei feuchte Perioden in den 50er und frühen 60er Jahren und eine trockenere Periode seit dem Beginn der 70er Jahre zu beobachten, die nahezu den gesamten afrikanischen Kontinent betroffen haben (vgl. dazu auch die Untersuchungen von FRANKENBERG & ANHUF, 1989 für den Bereich des Senegal). Die feuchte Periode in den 50er Jahren korrespondiert ebenfalls mit einer feuchten Periode in der Sahelzone des östlichen Afrikas. Demgegenüber setzt die trockenere Periode in der Sudan und der Guineazone erst sehr viel später ein als in der nördlichen Sahelzone. Nach NICHOLSON (1981) ist über Afrika eine markante Grenze ausgeprägt, an der häufig periodische Entwicklungen sich spiegelbildlich gegenüberstehen. So hebt die Autorin hervor, daß die Auswirkungen und die Ausmaße der strengen Dürreperiode in der Sahelzone bis etwa in den Bereich um etwa 10° Nord spürbar und nachweisbar sind. Damit reicht die "Saheldürre" bis in die sudanoguinesische Zone hinein. Zur gleichen Zeit berichtet NICHOLSON von übernormalen Niederschlagsmengen im äquatorialen Bereich von Westafrika, speziell im Kongobecken. Diese z.T. deutlich gegenläufigen Korrelationen von Witterungserscheinungen über längere Phasen konnten ebenfalls von FRANKENBERG & ANHUF in den Senegalstudien nachgewiesen werden. Verallgemeinernd lassend sich die gegenläufigen Entwicklungen in der Guinea- und südlichen Sudanzone im Vergleich zu der nördlichen Sudanzone und der daran anschließenden Sahelzone so darstellen, daß z.B. eine ausgeprägte sommerliche Trockenzeit zum Zeitpunkt des Sonnenhöchststandes entlang der Guineaküste (südlich von 10° Nord) in der Regel feuchte Jahre in der Sahelzone zur Folge hat. Das Resultat ist eine bimodale Niederschlagsverteilung im Bereich der Guineaküste der Côte d'Ivoire mit maximalen Niederschlägen im Juni und Oktober. Umgekehrt bedeutet das Fehlen einer deutlichen sommerlichen Trockenzeit in der Guineazone eine quasi unimodale Niederschlagsverteilung, die generell mit extremen Trockenjahren in der nördlichen Sahelzone korrespondiert. Desweiteren scheint das Auftreten von Trockenjahren in der Sudanzone nach NICHOLSON (1981) in erster Linie an die Bedingungen während der Monate Juli /August geknüpft zu sein, und zwar viel mehr als an die nordwärtige Verlagerung der ITCZ. Die einfachste Hypothese von Trockenjahren, nach der die ITCZ im Verhältnis zum Mittel zu weit im Süden verbleibt, so daß die Regenzeit später beginnt und damit kürzer andauert, scheint auch nach Untersuchungen anderer Autoren (vgl. LAMB, 1978) nur von untergeordneter Bedeutung zu sein. Festzustehen scheint, daß eine starke nordwärtige Verlagerung der ITCZ auf die Nordhalbkugel mit dafür entscheidend ist, daß sehr feuchte Jahre in der Sahelzone auftreten können, aber daß insgesamt die Position der ITCZ in Trockenjahren von geringerer Bedeutung ist. So haben Untersuchungen gezeigt, daß die ITCZ im Grunde genommen in den Monaten Juni - September wenig variiert. Generell ist eine erheblich schnellere Südwandung der ITCZ ab September zu beobachten als die nordwärtige Wanderung zwischen Januar und August. Wesentliches Merkmal von Trockenjahren ist besonders die unterschiedliche Intensität in der Ausprägung der Regenzeit. Diese Intensität ist in den

Trockenjahren erheblich schwächer ausgebildet und bildet daher nach den Worten NICHOLSONS den kritischen Faktor für die Beurteilung eines Jahres als Trocken- oder Normaljahr. Als Maß der Intensität sieht NICHOLSON die Bewertung der Anzahl der Monate, die während der Regenzeit über 100 mm Niederschlag erhalten. Auf dieses "Intensitätsmaß" wird in der weiteren Untersuchung bei der Veränderung des Niederschlagsjahresganges noch besonders eingegangen werden. Generell, und das haben auch die anderen Untersuchungen der Autorin in der Sahelzone gezeigt, ist in Trockenjahren nur in seltensten Fällen eine Veränderung im Ablauf der Regenzeit festzustellen. Vielmehr ist die starke Abnahme in der Gesamtmenge des Niederschlages während der Regenzeit das entscheidende Faktum für die Ausprägung von Trockenjahren. Im Gegensatz dazu muß die Beurteilung der Einzeljahre im Bereich der Guineazone nach dem Kriterium der Ausprägung der kleinen Trockenzeit vorgenommen werden, so daß die Entscheidung über Feucht- oder Trockenjahre im Bereich der Guineazone in den sogenannten Trockenmonaten fällt. In den Trockenjahren 1930 und 1950 war beispielsweise ein prononciertes Niederschlagsminimum in den Monaten Juli und September zu verzeichnen, gefolgt von einer durchgehenden Trockenzeit von November bis Ende Januar. NICHOLSON konnte für die große Saheldürre in den 70er Jahren zeigen, daß die Klimastationen im Bereich der Guineazone besonders extrem trockene Winter in der Zeit von November bis Ende Februar zu verzeichnen hatten.

Im Anschluß an die Untersuchung der zeitlichen Variabilität der Niederschlagsjahressummen schließt sich nun die Untersuchung über mögliche Veränderungen im Niederschlagsjahresgang an.

6.4.4. Mögliche Veränderungen des Niederschlagsjahresganges

Aus der Analyse des Wasserhaushaltes an der Station Bouakè (Kap. 6.4.1.) der einzelnen Jahre von 1931-1990 ist jedoch auch deutlich geworden, daß Zeitreihenanalysen von Jahresniederschlagsmengen ökologisch sehr unterschiedlich wirksame Regenzeitausprägungen als ähnlich erscheinen lassen können oder vice versa. Es ist zuvor bereits angedeutet worden, daß bei Zeitreihenanalysen die Betrachtung der Zeitreihen von Einzelmonaten der Regenzeiten im Vordergrund stehen muß. Zur weitergehenden Charakterisierung der zeitlichen Varianz des Niederschlagsaufkommens in der Côte d'Ivoire wurden daher in einem nächsten Schritt die Veränderungen im Niederschlagsjahresgang über die bereits genannten 30-jährigen Perioden untersucht. Die dabei ausgewählten Klimastationen stehen für die Gebiete der Landschaftsuntersuchungen sowie gleichzeitig für die unterschiedlichen Klimagebiete innerhalb der Côte d'Ivoire, die zuvor in Kap. 6.1 vorgestellt wurden.

Wie Untersuchungen von FRANKENBERG & ANHUF, (1989), KLAUS, (1981) bereits im Senegal gezeigt haben, ist in Phasen verstärkter Trockenheit ebenfalls mit Veränderungen des Niederschlagsjahresganges zu rechnen. Solche Veränderungen werden vor allem in Form einer Verkürzung der Gesamtregenzeit bzw. auch der Verlagerung der Hauptregenmonate beobachtet. Eine mögliche zeitliche Verlagerung des Hauptniederschlagsaufkommens könnte u.U. klimatische Veränderungen auslösen, die möglicherweise Verschiebungen von bis zu einer

Tabelle 6.4: Liste der berücksichtigten Niederschlagsstationen

001	Tengrela	10°29' N	06°24' W	1953-1980/90	356m
002	Ouangolodougou	09°58' N	05°09' W	1950-1980/90	309m
003	Odienne	09°30' N	07°34' W	1921-1980/90	434m
004	Boundiali	09°31' N	06°28' W	1922-1980/90	665m
005	Korhogo	09°26' N	05°37' W	1919-1980/90	381m
006	Ferkessedougou	09°05' N	05°10' W	1927-1980/90	325m
007	Tafire	09°04' N	05°09' W	1952-1980/90	409m
008	Bouna	09°16' N	02°59' W	1921-1980/90	319m
009	Niakaramandougou	08°40' N	05°17' W	1951-1980/90	386m
010	Touba	08°17' N	07°41' W	1939-1980/90	494m
011	Mankono	08°03' N	06°11' W	1939-1980/90	329m
012	Katiola	08°00' N	05°05' W	1951-1980/90	312m
013	Dabakala	08°23' N	04°26' W	1923-1980/90	258m
014	Seguela	07°58' N	06°44' W	1922-1980	351m
015	Boundoukou	08°03' N	02°47' W	1920-1980/90	371m
016	Beoumi	07°40' N	05°34' W	1939-1980/90	223m
017	Bouake	07°44' N	05°04' W	1923-1980/90	376m
018	M'Bahiakro	07°27' N	04°20' W	1945-1980/90	181m
019	Danane	07°15' N	08°09' W	1947-1980/90	365m
020	Man (Aero)	07°23' N	07°31' W	1923-1980/90	339m
021	Vavoua	07°22' N	06°28' W	1953-1980/90	260m
022	Tiebissou	07°09' N	05°13' W	1959-1980/90	190m
023	Ouelle	07°17' N	04°00' W	1956-1980/90	213m
024	Daloa (Agri)	06°52' N	06°28' W	1920-1980/90	276m
025	Bouafle	06°59' N	05°45' W	1924-1980/90	187m
026	Bocanda	07°04' N	04°31' W	1956-1980/90	116m
027	Daukro	07°03' N	03°57' W	1956-1980/90	230m
028	Agnibilekro	07°40' N	03°12' W	1945-1980/90	221m
029	Toulepleu	06°37' N	08°27' W	1925-1980/90	254m
030	Guiglo	06°33' N	07°28' W	1925-1980/90	217m
031	Oume	06°22' N	05°25' W	1945-1980/90	207m
032	Toumodi	06°34' N	05°01' W	1963-1980/90	150m
033	Dimbokro	06°39' N	04°42' W	1932-1980/90	92m
034	Bongouanou	06°39' N	04°12' W	1922-1980/90	100m
035	Abengourou	06°40' N	03°40' W	1920-1980/90	201m
036	Gagnoa	06°08' N	05°57' W	1923-1980/90	226m
037	Cechi	06°16' N	04°27' W	1951-1980/90	112m
038	Adzope	06°00' N	03°50' W	1945-1980/90	125m
039	Tai	05°52' N	07°28' W	1944-1980/90	123m
040	Soubre	05°47' N	06°36' W	1940-1980/90	134m
041	Lakota	05°51' N	05°40' W	1945-1980/90	200m
042	Divo	05°50' N	05°20' W	1947-1980/90	152m
043	Tiassale	05°53' N	04°49' W	1922-1980/90	200m
044	Agboville	05°55' N	04°15' W	1923-1980/90	54m
045	Azaguie	05°43' N	04°01' W	1969-1980/90	80m
046	Lame	05°27' N	03°51' W	1924-1980/90	23m
047	Alepe	05°03' N	03°40' W	1956-1980/90	33m
048	Aboisso	05°28' N	03°12' W	1922-1980/90	34m
049	Grabo	04°55' N	07°29' W	1944-1980/90	78m
050	Sassandra	04°57' N	06°05' W	1923-1980/90	62m
051	Grand-Lahou	05°08' N	05°01' W	1922-1980/90	4m
052	Dabou	05°18' N	04°22' W	1952-1980/90	5m
053	Adiopodoume	05°19' N	04°13' W	1947-1980/90	25m
054	Banco	05°23' N	04°02' W	1933-1980/90	10m
055	Abidjan (Aero)	05°15' N	03°56' W	1936-1980/90	7m
056	Tabou	04°25' N	07°22' W	1919-1980/90	20m
057	Adiake	05°18' N	03°18' W	1944-1980/90	35m

Klimazone bedeuten würden. Solche enormen Veränderungen konnten im Bereich des Senegal in allen dort vorzufindenden Klimazonen beobachtet werden:

Aus der Sahelzone wurde in den vergangenen 20 Jahren klimatisch gesehen ein Wüstenrandbereich, die südliche Sahelzone und die Nordsudanzone verzeichnete eine Verschiebung hin zu einer Sahelzone und der Bereich des subguineensischen Klimas wurde klimatisch zur Sudanzone. Den Klimazonen der Côte d'Ivoire entsprechend sollen im nachfolgenden die möglichen Veränderungen jeweils ebenso zunächst auf der Basis der Klimastationen in den betreffenden Klima-/Vegetationszonen analysiert werden. Dazu standen die täglichen Niederschlagswerte seit Beginn der Beobachtungsperiode für insgesamt 57 Stationen des Landes zur Verfügung (vgl. Tab. 6.4).

Im Bereich der immergrünen tropischen Tieflandfeuchtwälder sind an allen Stationen in dieser Zone keinerlei Verschiebungen im Niederschlagsjahresgang zu beobachten. Der bimodal ausgeprägte Niederschlagsjahresgang erreicht einen ersten Gipfel im Juni und seinen zweiten entweder bereits im September, im Oktober oder im November. Der erste Niederschlagsgipfel im Juni ist an sämtlichen Stationen deutlich ausgeprägt. Die Stationen des Südwesten der Côte d'Ivoire verzeichnen bereits im September ihr zweites Niederschlagsmaximum. Dieser Bereich erstreckt sich von der Küste bis hinauf in das Bergland von *Man*. Namentlich sind hier die Stationen *Tabou* an der Küste, *Soubré*, *Tai* und *Guiglo* zu nennen (vgl Abb. 6.1). Die übrigen Bereiche dieser Klima-/Vegetationszone erzielen die zweithöchsten Niederschläge generell im Oktober. Nur die unmittelbar an der Küste gelegenen Stationen wie *Sassandra, Grand Lahou* und *Abidjan* erhalten die zweithöchsten Niederschläge erst im November. Dieser genannte schmale Küstenstreifen, der sich bis maximal 30 km landeinwärts erstreckt, verbleibt übers Jahr gesehen am längsten unter dem absteigenden Ast des St. Helena-Hochrückens, der zum Höhepunkt der sommerlichen Regenzeit der Nordhalbkugel seinen Einfluß bis auf die südivorische Küste ausdehnt. Dieser Küstenstreifen ist auch landschaftsökologisch der labilste, denn die sommerliche Trockenphase von 2 bis z.T. 3 Monaten (Station *Sassandra*) bedingt einen permanenten Klimastreß für die immergrünen tropischen Feuchtwälder, deren Überleben nur durch die hohen monsunalen Niederschlagsüberschüsse des Juni garantiert werden kann.

In der Zone der halbimmergrünen tropischen Feuchtwälder mit ebenfalls einem zweigipflig ausgeprägten Niederschlagsjahresgang, der sich nördlich an die Zone 1 anschließt, sind ebenfalls keinerlei Veränderungen im Niederschlagsjahresgang zu beobachten. Das erste Niederschlagsmaximum wird infolge der Monsunregen auch in dieser Zone bereits im Juni erreicht. Die herbstlichen Niederschläge konzentrieren sich auf die Monate September oder Oktober. Generell ist in dieser Zone 2 jedoch eine von West nach Ost verlaufende Dreigliederung zu beobachten. Im Westen (Station *Gagnoa*, Abb. 6.22) ist das Niederschlagsmaximum im Juni deutlich ausgeprägt. Das zweite Maximum im September ist etwas schwächer ausgebildet. Weiter in dem zentral gelegenen Bereich dieser Zone 2 (Station *Bouaflé*) sind die monsunalen Juni-Niederschläge von untergeordneter Bedeutung, da die September-Niederschläge bei weitem stärker ausgeprägt sind. In diesem zentralen Bereich der Côte d'Ivoire ist trotz des äquatorialen Niederschlagsgangtypes eine stärkere Pronouncierung des sudanischen Einflusses in der zweiten Regenzeit zu beobachten. Weiter

Zeitreihen der zonalen Mittelwerte der jährlichen Niederschlagssummen "Subsudanzone"

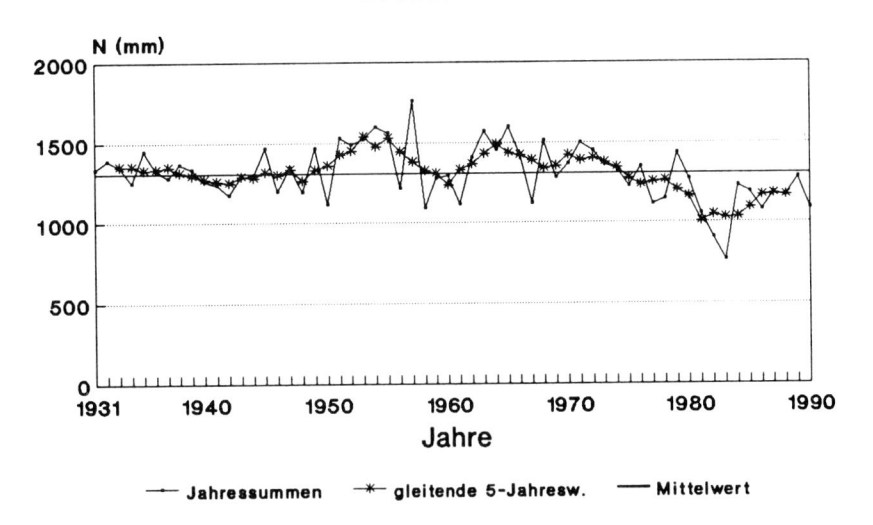

Periode 1931 - 1990

Zeitreihen der zonalen Mittelwerte der jährlichen Niederschlagssummen "Sudanzone"

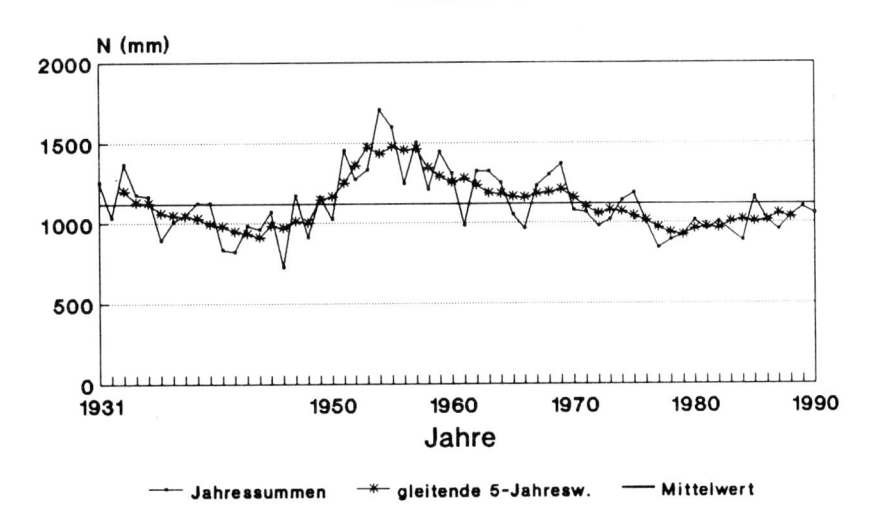

Periode 1931 - 1990

Abb. 6.21: Zeitreihen der zonale Mittelwerte der jährlichen Niederschlagssummen; Subsudanzone, Sudanzone

gen Osten (Station Abengourou), in Richtung auf die ghanaische Grenze zu dreht sich das vorherige Bild abermals um, und der Niederschlagsgangtyp ist ähnlich dem im westlichsten Bereich (*Gagnoa*) dieser Zone. Auch hier dominieren eindeutig die monsunalen Niederschläge im Juni. Das zweite Niederschlagsmaximum wird hier jedoch erst im Oktober erreicht. Generell zeigt sich in allen 3 Teilregionen dieser Zone 2 ein leichter Niederschlagsrückgang im Vergleich zu der Periode 1931-1960.

Mit dem Erreichen der Zone 3, des Übergangs vom Wald in die Savanne können die nördlichen Ausläufer eines noch leicht äquatorial geprägten zweigipfligen Niederschlagsjahresganges beobachtet werden. Der Höhepunkt der ersten Regenzeit fällt wie in den vorangegangenen Fällen auf den Juni, das zweite Maximum ist im September zu beobachten. In dieser Zone des Übergangs ist jedoch bereits eine deutliche Dominanz des sudanischen Niederschlagstyps spürbar, denn sämtliche Stationen erreichen während der zweiten Regenzeit gegen Ende des Sommers die absolut höchsten Niederschlagswerte (vgl. dazu auch Zone 4 und 5). Ein generelles Merkmal sämtlicher Stationen in dieser Zone ist eine zeitliche Verlagerung im Jahresablauf. Beide Niederschlagsmaxima rücken näher zusammen, die dazwischen ausgeprägte trockenere Jahreszeit an der Station Bouaké wird in der Regel um einen Monat verkürzt, so daß das erste Niederschlagsmaximum nun durchweg im Juni beobachtet werden kann, wohingegen es in der Periode 1931-1960 deutlich im Mai ausgeprägt war. Generell kann in der gesamten Zone noch keine Veränderung in der Anzahl der landschaftsökologisch humiden Monate beobachtet werden, es wird jedoch deutlich, daß bereits im Anlauf der Regenzeit, also vor dem ersten Niederschlagsmaximum, erheblich weniger Niederschlag diese Regionen erreicht. Besonders eklatant hat sich die Situation an der Station *Séguéla* in den letzten 30 Jahren verändert (vgl. Abb. 6.23). Bis zu den Monaten August und September wird nicht einmal im Durchschnitt die 100 mm Niederschlagsgrenze überschritten. Auch das Niederschlagsmaximum im September ist um über 100 mm im Vergleich zu der Periode 1931-1960 reduziert. In der nur 70 km südlich von *Séguéla* gelegenen Station *Vavoua* sind solche dramatischen Niederschlagsreduktionen nicht zu beobachten (vgl Abb. 6.23). Die mögliche Ursache dieser auf kleinem Raum markanten Veränderungen sind die jeweils im südwestlichen Vorland dieser Station noch erhaltenen Vegetationsformationen. So ist der Südwesten *Vavouas* noch mit einigermaßen intakten halbimmergrünen Feuchtwäldern bedeckt, wohingegen im südwestlichen Vorland von *Séguéla* die halbimmergrünen Feuchtwälder offenen Grassavannen mit vereinzeltem Baumbewuchs in den letzten Jahrzehnten gewichen sind. Die eklatanten Niederschlagsreduktionen in diesem Bereich sind demnach auch auf anthropogen induzierte Veränderungen des regionalen klimatischen Wasserhaushalt zurückzuführen.

Mit dem Erreichen der Zone 4, der subsudanischen Savannenformationen, wird erwartungsgemäß endgültig der äquatoriale Niederschlagsjahresgangtyp verlassen und durch den eingipfligen sudanischen Jahresgangtyp abgelöst (*Touba, Odienné* und *Korhogo*)(vgl. Abb. 6.24). Mit dem Überschreiten des Bandama-Blanc (Weißer Bandama), etwa parallel zur wichtigsten Nord-Süd-Verbindung von Abidjan in das nördlich benachbarte Burkina Faso, wird die deutliche Zuordnung des Gangtyps zu dem sudanischen Niederschlagsregime jedoch problematisch.

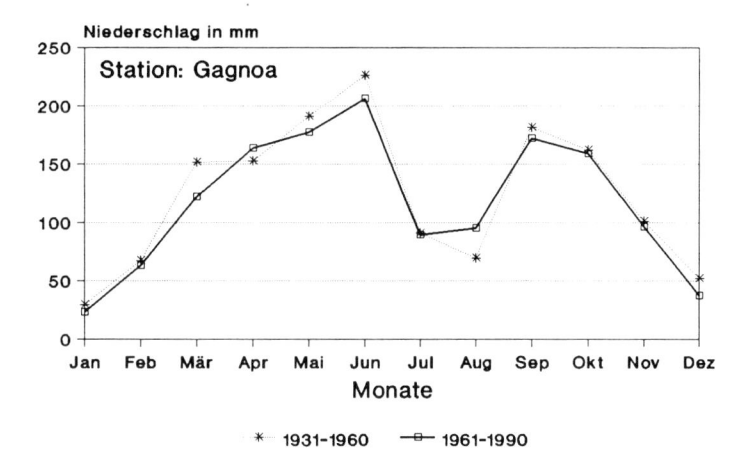

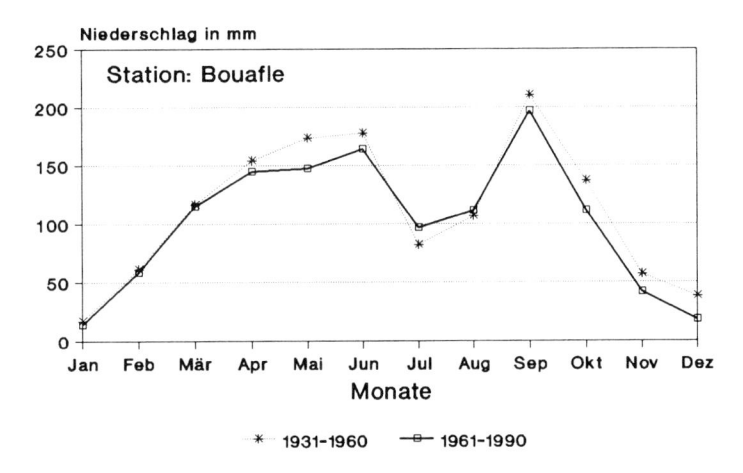

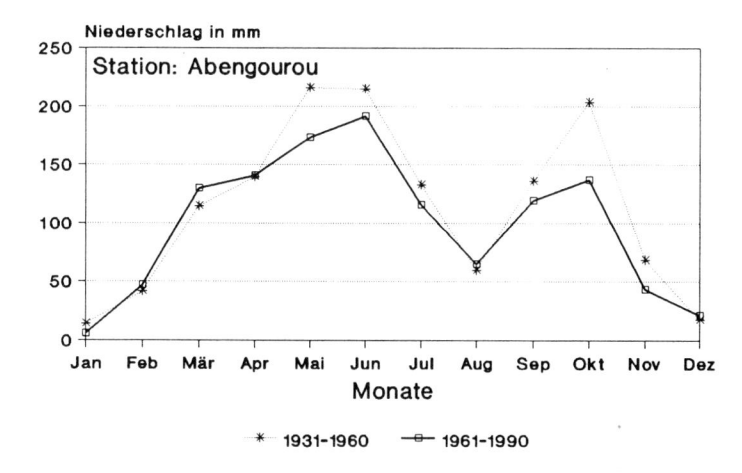

Abb. 6.22: Vergleich des Niederschlagsaufkommens für die Perioden 1931-1960 und 1961- 1990 (Stationen Gagnoa, Bouaflé, Abengourou

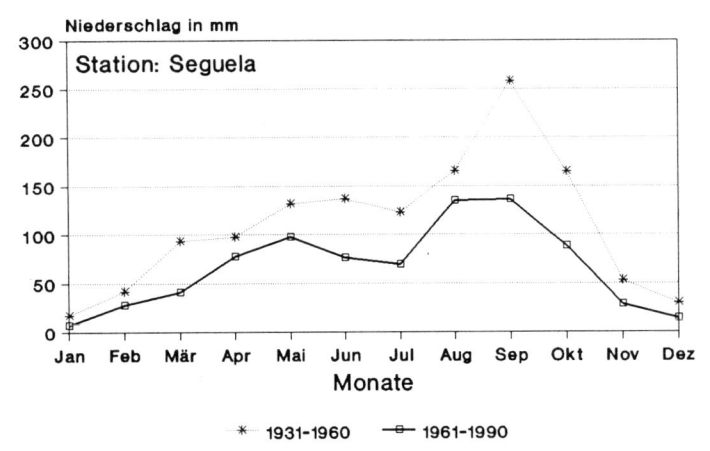

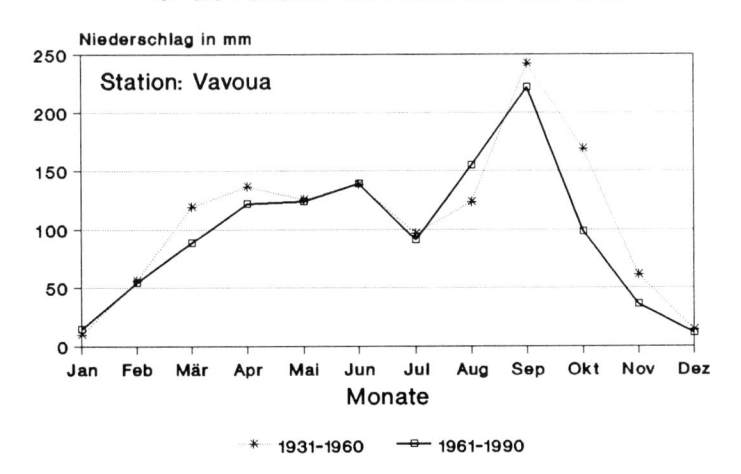

Vergleich des Niederschlagsaufkommens für die Perioden 1931-1960 und 1961-1990

Station: Seguela

Station: Vavoua

Abb. 6.23: Vergleich des Niederschlagsaufkommens für die Perioden 1931-1960 und 1961-1990 (Stationen Séguéla und Vavoua)

Die Abb. 6.25 mit den Stationen *Dabakala* und *Bondoukou* belegt vielmehr, daß diese Zone übergeordnet zwar vom sudanischen Niederschlagsgangtyp beherrscht wird, daß aber ebenfalls noch Elemente des äquatorialen Niederschlagsgangtyps in diesem Bereich vorhanden sind. So ist an den genannten Stationen im Juni ein wenn auch nur schwaches zweites Niederschlagsmaximum ausgeprägt. Diese klimatische Besonderheit hat enorme Folgen für den klimatischen Wasserhaushalt in dieser Zone. Im Vergleich zu der Station Odienné im Westen der Côte d'Ivoire, die immerhin über 1.700 mm Jahresniederschlag erhält, ist der Osten (Station *Bondoukou*) mit 1037 mm Jahresniederschlag vermeintlich erheblich benachteiligt. Der Vergleich der Anzahl arider und humider Monate im Jahr belegt jedoch ein völlig anderes Bild. Obwohl Odienné erheblich höhere Niederschlagssummen erhält, erreicht die Station maximal 6 humide Monate im Jahr. Im östlichen Teil der Zone ist die landschaftsökologisch humide Phase um einen Monat verlängert, so daß die aride Jahreszeit nur 5 Monate im Jahr andauert. Vergleichbar zu dem verhältnismäßig trockenen

Nordosten der Côte d'Ivoire werden 7 humide Monate im Westen nur unmittelbar am südlichen Rand der subsudanischen Savannenzone an der Station *Touba* beobachtet.

Die zuvor beschriebene klimatische Bevorzugung des nordöstlichen Teils der Côte d'Ivoire setzt sich sogar in der Zone 5, dem Bereich der sudanischen Savannen fort. Sogar die Station *Bouna* (vgl. Abb. 6.26) erweist noch einen deutlich zweigipflig geprägten Niederschlagsjahresgang mit einem ersten Maximum im Juni und einem zweiten im September. Im Vergleich der beiden 30jährigen Perioden dieser Station ist jedoch eine nachhaltige Verschlechterung des klimatischen Wasserhaushaltes festzustellen. Die erste Regenzeit hat sich vom Juni auf den Juli verschoben, und die Anzahl der ökologisch humiden Monate hat sich in den letzten 30 Jahren um 1 Monat verringert, so daß mittlerweile nur noch 5 humide Monate an der Station beobachtet werden, im Vergleich zu 6 - 7 humiden Monaten in dem Zeitraum 1931-1960. Weiter nach Westen fortschreitend wird nach Überquerung des Comoé-Flusses wiederum das eindeutig sudanisch dominierte Niederschlagsregime erreicht mit einem Niederschlagsmaximum im August (Stationen *Ouangolodougou* und *Tengrela*). Am Beispiel der Niederschlagsjahresgänge kann erneut die starke meridionale Differenzierung der nördlichen Savannenzonen abgelesen werden, die die bereits zuvor vorgenommene Differenzierung der Côte d'Ivoire in 5 verschiedene Niederschlagszonen nachhaltig rechtfertigt.

Die zuvor geschilderten Analysen haben im wesentlichen zum Ergebnis, daß sich die Niederschlagsjahresgänge besonders innerhalb der Übergangszone von Wald zu Savanne (Zone préforestièr) regional nachhaltig in den letzten 30 Jahren geändert haben.

Diese Veränderungen im Niederschlagsjahresgang können bei genauer Betrachtung der Zeitreihen der Niederschlagsmonatssummen jedoch nicht bestätigt werden. Auslöser dieser scheinbaren Verschiebung des Jahresganges ist ausschließlich die nur für einen verkürzten Zeitraum zur Verfügung stehende Niederschlagszeitreihe der Station *Séguéla*. Für die einzelnen Monate dieser Station liegen nur bis zum Jahre 1978 durchgehend Regenbeobachtungen vor, danach ist die Zeitreihe bis 1989 einschließlich unterbrochen. Damit umfaßt die sogenannte zweite 30jährige Periode ausschließlich einen Zeitraum von 18 Jahren. Wichtiger ist dabei allerdings der Zeitraum, wann diese Zeitreihe aussetzt. Seit dem Höhepunkt der Dürrephase der 70er Jahre liegen also keinerlei Regenbeobachtungen in den einzelnen Monaten mehr vor. Damit repräsentiert das zuvor beschriebene Ergebnis einer "nachhaltigen Veränderung" des Niederschlagsjahresganges ausschließlich eine Singularität, die auch schon in anderen Bereichen Westafrikas speziell während der Saheldürre beobachtet werden konnte. Der Vergleich mit der benachbarten Station *Vavoua*, deren Zeitreihe tatsächlich bis 1990 durchgehend vorhanden ist, verdeutlicht, daß auch in diesem Bereich der Übergangszone vom Wald in die Savannen der Côte d'Ivoire keinerlei nachhaltige Veränderungen des klimatischen Wasserhaushaltes nachzuweisen sind. Bei der beobachteten Veränderung des Niederschlagsjahresganges an der Station *Séguéla* handelt es sich vielmehr um ein typisches Phänomen von Trockenjahren, in denen häufig ein verspäteter Start der Regenzeiten zu beobachten ist. Abschließend können die Analysen zur Veränderung des Niederschlagsjahresganges mit den Worten von Klaus (1981, S.28) zusammengefaßt werden:
Dürrejahre und alle niederschlagsdefizitären Jahren zeigen generell eine Tendenz zur Änderung

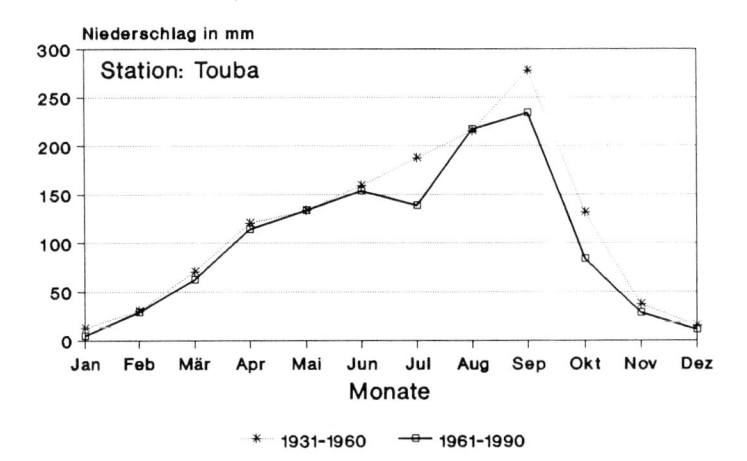

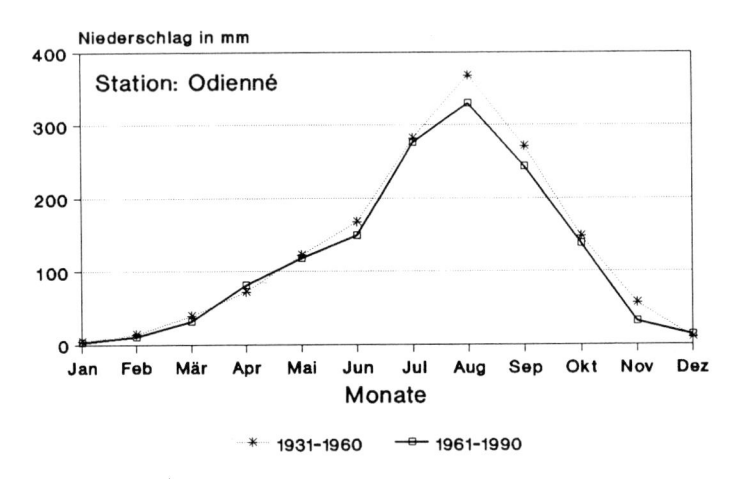

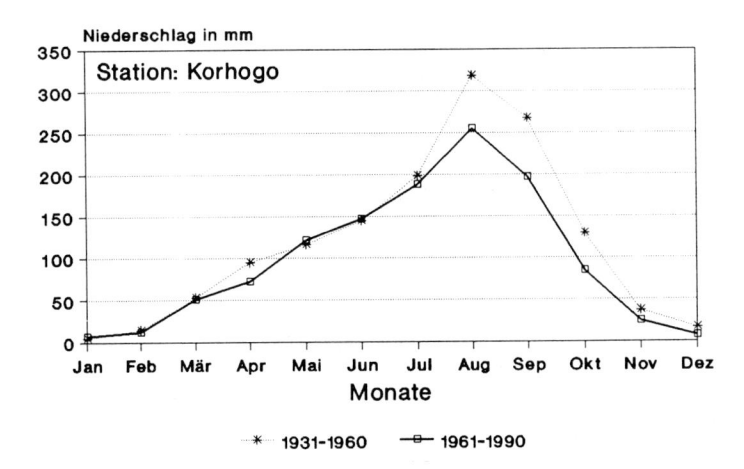

Abb. 6.24: Vergleich des Niederschlagsaufkommens für die Perioden 1931-1960 und 1961-1990 (Stationen Touba, Odienné, Korhogo)

**Vergleich des Niederschlagsaufkommens
für die Perioden 1931-1960 und 1961-1990**

Station: Dabakala

**Vergleich des Niederschlagsaufkommens
für die Perioden 1931-1960 und 1961-1990**

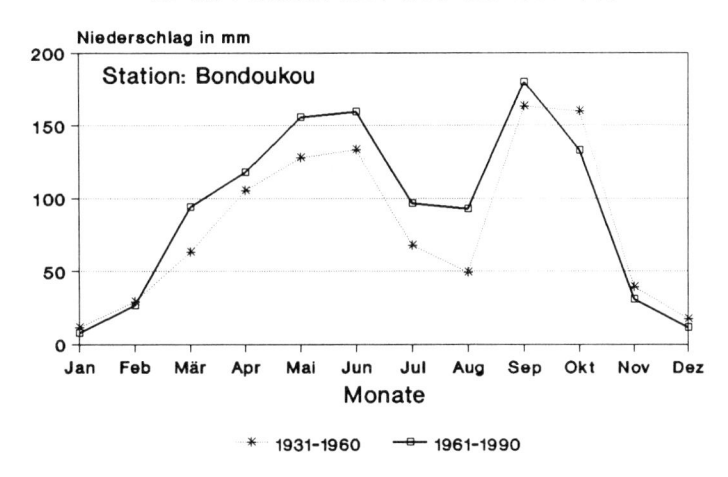

Station: Bondoukou

Abb. 6.25: Vergleich des Niederschlagsaufkommens für die Perioden 1931-1960 und 1961-1990 (Stationen Dabakala und Bondoukou)

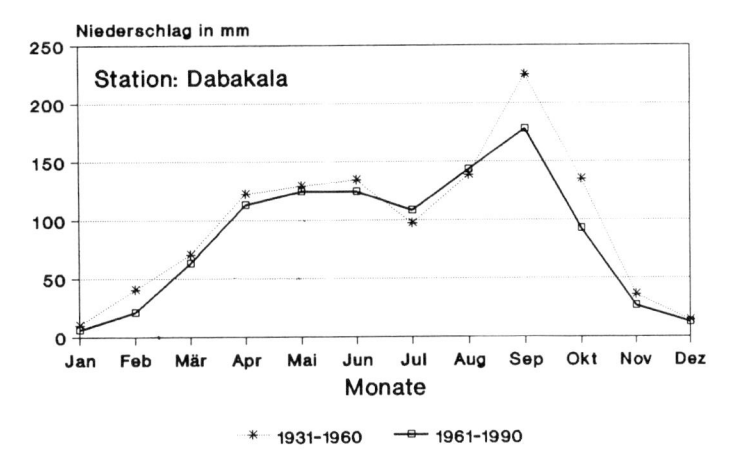

der jahreszeitlichen Verteilung der monatlichen Niederschlagssummen. Eine Verfrühung und Verspätung der Niederschlagssummen ist festzustellen. Die Verfrühung ist bevorzugt im Südsahel, die Verspätung im Nordsahel zu belegen".

Die abschließende Bewertung des vorangegangenen Kapitels zu jüngeren zeitlichen Variationen von Meßwerten des Klimas in der Côte d'Ivoire zeigt, daß sich bereits in der vorliegenden Meßperiode von rund 60 Jahren längere Klimafluktuationen (Pendelungen) in den Dimensionen des Wechsels von Feucht- und Trockenzeiten der weiter zurückliegenden Klimageschichte zeigen. Es wird deutlich, daß die vielerorts beschriebene und analysierte Saheldürre auch in der Sudan- und in der Subguinea- und Guineazone ausgebildet ist. Die rein athmosphärischen "Erklärungen" des Klimageschehens in Westafrika über die letzten 60 Jahre, wie dies bereits ausführlichst bei FRANKENBERG & ANHUF (1989) dargelegt worden ist, reichen jedoch nicht aus, die unterschiedlichen Negativtrends in den Niederschlagszeitreihen

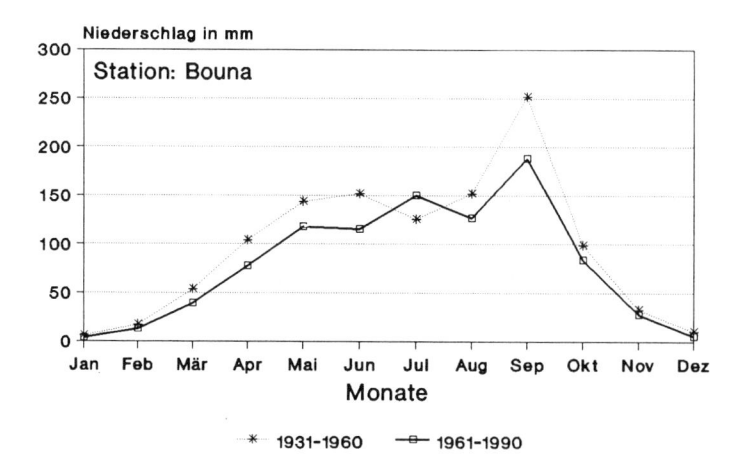

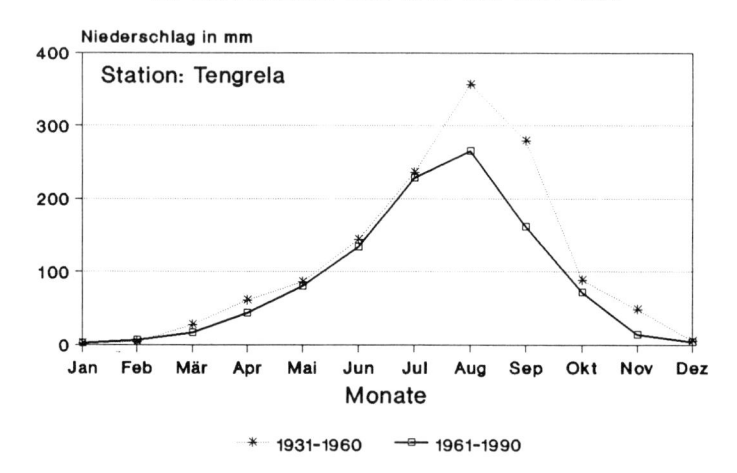

Abb.6.26: Vergleich des Niederschlagsaufkommens für die Perioden 1931-1960 und 1961-1990 (Stationen Bouna und Tengrela)

der verschiedenen Klimazonen der Côte d'Ivoire zu erklären. Vielmehr liegen den zonal sehr differenzierten Ergebnissen der vorangegangenen Analysen sehr differenzierte regionale Aridisierungstrends im Sinne von positiven Rückkoppelungen biophysikalischer Faktoren zugrunde. Die massive Verminderung der Biomasse in der Zone der immergrünen und halbimmergrünen Feuchtwälder vermindert über den veränderten kleinen Wasserkreislauf den Wasserdampftransport nach Norden. Die in nordöstlicher Richtung auf den Kontinent vordringenden monsunalen Luftmassen werden mit Wasserdampf aus den westafrikanischen Regenwaldgebieten "gefüttert". Dieser Wasserdampf stammt ursprünglich aus dem Bereich des Atlantik vor der Guineaküste Westafrikas und wurde zunächst nach Übertritt auf den Kontinent zum ersten Mal über den Feuchtwäldern umgesetzt. Während der letzten Jahrzehnte ist ein Großteil der tropischen Waldformationen in Westafrika durch Kulturland ersetzt worden. Die Transpirationsleistungen der neuen Bestände sind dabei wesentlich reduziert worden, mit der Folge nachhaltiger Niederschlagsreduktionen in den einzelnen Vegetations- und Klimazonen der Côte d'Ivoire. Insgesamt ist der Westafrikanische Teil des Gesamtkontinentes in den vergangenen 30 Jahren von einer generellen Niederschlagsreduktion von knapp 9% gekennzeichnet. Die darüberhinausgehenden Niederschlagsreduktionen in der Zone der halbimmergrünen Feuchtwälder und in der Zone des Übergangs vom Wald in die Savanne müssen nach den vorangegangenen Analysen eindeutig als Folge der vermehrten Vegetationsreduktion der vergangenen Jahrzehnte angesehen werden. Besonders deutlich wurde der anthropogene Einfluß auf die Veränderung des zonalen Gebietsniederschlages im Bereich der sudanischen Savanne (vgl. Kap. 5). Neben der Zone der immergrünen Feuchtwälder war nur in diesem Bereich ebenfalls der übergeordnete klimatische Negativtrend des Niederschlagsaufkommens zu beobachten gewesen. Alle anderen Zonen, die des halbimmergrünen Feuchtwaldes, die der "Übergangszone Wald - Savanne" sowie der sudanischen Savanne im äußersten Norden, hatten z.T. erheblich darüberhinausgehende Niederschlagsreduktionen zu verzeichnen. Die Ursache für dieses räumlich sehr differenzierte Bild in der Côte d'Ivoire ist speziell in den Veränderungen in dem Bereich der halbimmergrünen Feuchtwälder und der "Übergangszone Wald - Savanne" zu suchen. Die Übergangszone ist über die gesamten vergangenen sechs Jahrzehnte nahezu unverändert in seiner Vegetationsbedeckung geblieben. Das Gebiet trug bereits mit Beginn der 30er Jahre eine offene Baumsavannenvegetation, die nur von vereinzelten Inseln feuchterer Waldrelikte durchsetzt ist. Diese Vegetationsformation einer offenen Baumsavanne entspricht klimatisch den natürlichen Bedingungen einer südlichen Sahelzone. Dementsprechend ist auch das Transpirationsverhalten dieser Zone zu bewerten. Obwohl, wie zuvor gesehen, die Niederschlagsreduktion in der Übergangszone von den Wäldern zu den Savannen in den letzten 30 Jahren über 20% betrug, hatte diese Verminderung des Wasser-Inputs keinerlei Auswirkungen auf die von der dort vorherrschenden Vegetation möglichen Transpirationsleistung. Die anthropogen erzeugte südsahelische Baumsavanne war dennoch in der Lage, die ihr eigene Transpirationsleistung "zu erbringen", so daß in dem nördlich sich anschließenden Abschnitt des kleinen Wasserkreislaufes keine nachhaltig negativen Veränderungen des Niederschlags-Inputs zu beobachten sind. Die dennoch festgestellte Niederschlagsveränderung von 8,9% entspricht damit in der Größenordnung dem übergeordneten klimatischen Trend, der für das ganze Land in den vergangenen 30 Jahren zu beobachten war.

7. Der Vegetationswandel in Côte d'Ivoire außerhalb der immergrünen Regenwälder in langzeitlicher Dimension

Die Vegetation in Côte d'Ivoire steht sicherlich bereits seit dem Neolithikum unter starker Prägung durch den Menschen. Im Anschluß an das neolithische Klimaoptimum und den Übergang zum orts- bzw. temporär ortsfesten Ackerbau nahm der Druck der anthropogen induzierten Vegetationsveränderungen in den sommergrünen lichten und dichten Trockenwäldern erheblich zu. Die Phase der intensiven Transformation der Natur- in eine Kulturlandschaft im Bereich der Elfenbeinküste begann wahrscheinlich bereits vor ca. 1.000 Jahren. Spätestens seit dem 16. Jahrhundert war die heutige Savannenlandschaft "bevölkert". Vor der Kolonialzeit waren im gesamten Raum außerhalb des immergrünen tropischen Tieflandsfeuchtwaldes regelrechte Staaten entstanden. Allerdings hatte sich auch im Feuchtwaldgebiet bei Aboisso bereits das Sanwi-Reich gebildet. Ebenso drangen von Westen her bereits im 17. und 18. Jahrhundert Völkerschaften in den Regenwald ein. Seit 1838 erfolgte die französische Durchdringung der etablierten Staaten und leitete eine weitere Phase intensivster Landschaftsveränderungen v. a. auch im Feuchtwaldgebiet ein (Plantagenwirtschaft).

Die im folgenden Kap. 8 angestrebte Rekonstruktion der Vegetation des "Neolithischen Klimaoptimums" sowie der pessimalen Klimaphase um 18.000 B.P. kann jedoch nur über eine Klimarekonstruktion, vorwiegend nach marinen und terrestrischen Pollenanalysen sowie unter Einbeziehung geomorphologischer Befunde gelingen. Basis der "Rekonstruktion" früherer Vegetationszustände in Côte d'Ivoire ist die Analyse der aktuell existierenden Pflanzendecke, daraus erfolgt die Ableitung einer Karte der naturnahen Vegetation unter rezenten Klimabedingungen.

7.1. Die aktuelle Vegetationsbedeckung in Côte d'Ivoire

Innerhalb der Côte d'Ivoire kann die quasi idealtypische Abfolge der Vegetationszonen Westafrikas beobachtet werden: Immergrüne Regenwälder, halbimmergrüne Regenwälder, eine Zone des Übergangs, subsudanische und sudanische Savannenformationen (Abb. 7.1). Die Analyse des Vegetationswandels der Elfenbeinküste versucht zu ergründen, welche Vegetation vor der weitgehenden Umgestaltung durch den Menschen dort vorherrschte. Diesen Vegetationszustand gilt es zu erfassen und seine Fortdauer bzw. die Zeitmarken seiner Veränderung zu benennen.

Methodisch basieren die Untersuchungen in ihrer Langzeitdimension vor allem auf der Interpretation von Reliktbeständen früherer Vegetation bzw. Indikatoren einer potentiellen Vegetation der Elfenbeinküste. Als wesentlich erwies sich die Frage, ob die heutigen Savannen vor der Besitzergreifung durch den Menschen einmal Waldländer in verschiedenster Ausprägung gewesen sein könnten. AUBREVILLE äußerte 1949 die Vermutung, daß die heutigen Savannen Westafrikas früher durchweg Gehölzformationen von dem Typus eines

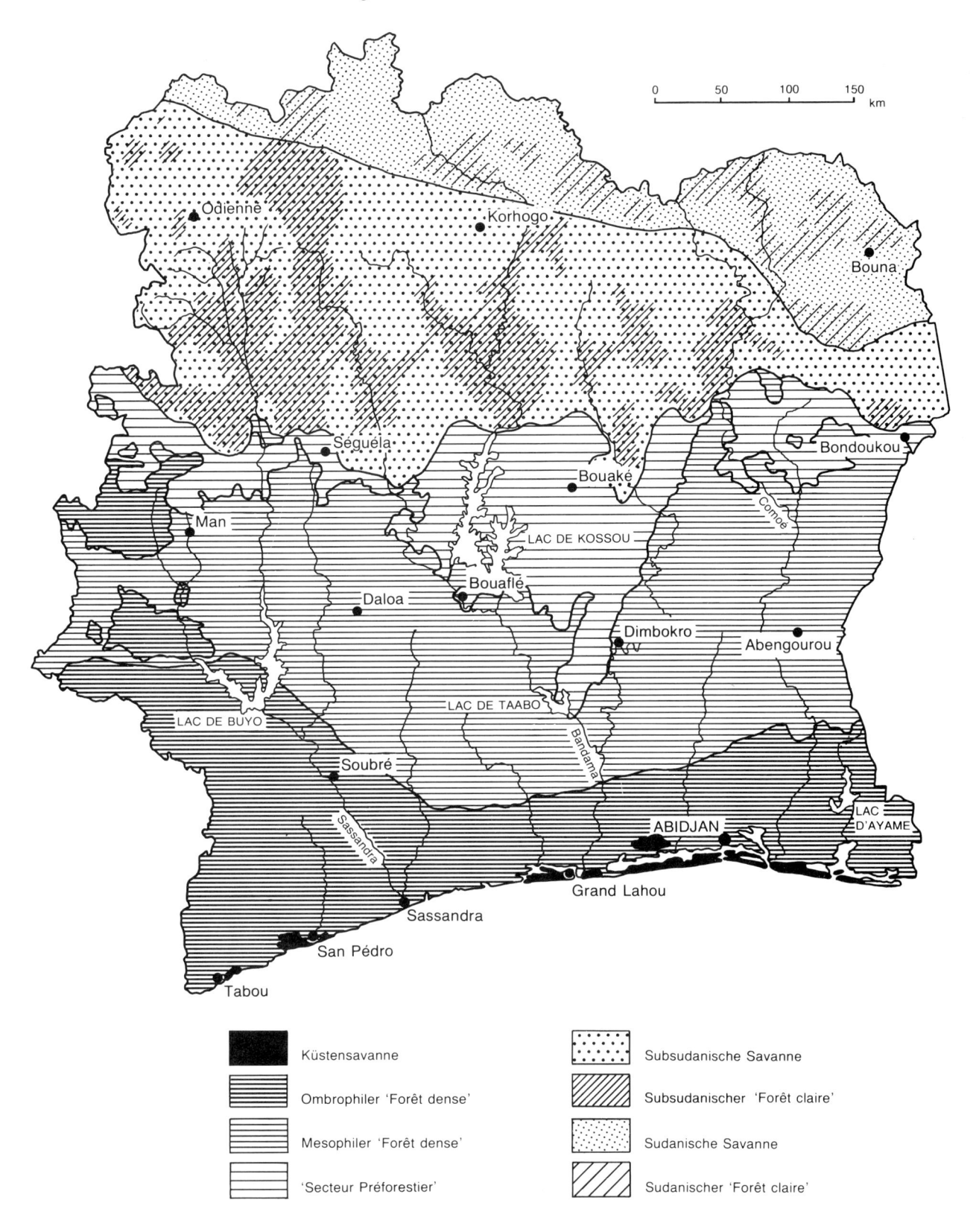

Abb. 7.1: Karte der Vegetationszonen der Côte d'Ivoire

Legende:
- Küstensavanne
- Ombrophiler 'Forêt dense'
- Mesophiler 'Forêt dense'
- 'Secteur Préforestier'
- Subsudanische Savanne
- Subsudanischer 'Forêt claire'
- Sudanische Savanne
- Sudanischer 'Forêt claire'

lichten Trockenwaldes in der nördlichen Sudan- und Sahelzone oder von dem Typus eines dichten Trockenwaldes in den südlicheren Regionen der Sudanzone waren.

So ist es ein Ziel der Studie, diese Gehölzformationen der Vergangenheit für Beispielräume in der Sudan- und Guineazone der Elfenbeinküste präziser zu fassen, um auch ein räumlich differenziertes Bild der ehemaligen "Forêts" zu erhalten. Dazu wurden in der "domaine sudanais", der "domaine sub-sudanais" und der "domaine guinéen" Testflächen ausgewählt, auf denen sämtliche Baumarten bestimmt und augezählt wurden. Die Vegetationsaufnahmen wurden dabei auf die Baumarten (>2 m) beschränkt, weil der Baum das wesentliche Element der Landschaftsstabilität und auch ein bedeutender Indikator der westafrikanischen Savannenlandschaften ist, und das Raummuster der Veränderungen der Baumarten, sowie deren Anzahl pro Flächeneinheit einen entscheidenden Aspekt des Vegetationswandels im Sinne einer Landschaftsdegradation repräsentiert.

Die eigenen Pflanzenaufnahmen wurden anschließend denen anderer Autoren (BEAUFORT, 1972 (*01-20*); DEVINEAU ET AL., 1984 (*21-38*); KEAY, 1949 (*39-47*); VUATTOUX, 1976 (*48-78*); ANHUF (*79-113*); ADAM, 1968 (*114-123*); GUILLAUMET, 1967 (*124-130*); ADJANOHOUN, 1964 (*131-200*); AKE ASSI, 1968 (*201-204*); DUGERDIL, 1970 (205-217); MIEGE, 1966 (*218-229*)), die ebenfalls über Häufigkeitsangaben der einzelnen Arten verfügten, vergleichend zur Seite gestellt. Ein Kollektiv von 229 Aufnahmeflächen konnte damit als Basis für die nachfolgenden Analysen dienen (vgl. Abb. 7.2).

Das Ziel dieser Analysen sollte sein, die vorliegenden 229 Pflanzenaufnahmen zu Standortgruppen zusammenzufassen, die sich nach ihrem Artenbesatz ähnlich sind. Die Standorte sind sich dabei um so ähnlicher, je stärker sie von denselben Arten (absolut oder relativ) bestanden und damit geprägt werden. Es handelt sich dabei um eine Analyse der räumlichen Ähnlichkeit einzelner Standorte nach ihrem Baumbesatz.

Grundlage dieses Ähnlichkeitsverfahrens bietet der faktorenanalytische Ansatz. Dabei werden, von den aufgefundenen Phanerophyten als Fälle (501) und den 229 Standorten als Variable ausgehend, Faktoren als "Standorttypen" extrahiert und über die Faktorladungen deren Zusammenhang mit den einzelnen Standorten, über die Faktorwerte mit den einzelnen Arten hergestellt. Das Verfahren liefert Faktoren, die Standorte ähnlichen Baumbestandes integrieren.

Damit sind räumlich differenzierte Ähnlichkeitsstrukturen der Vegetationszusammensetzung für alle berücksichtigten Standorte gegeben. Die Faktorwerte geben die Ausprägung der Faktoren durch die sie charakterisierenden Arten wieder.

Die Hauptkomponentenanalyse mit anschließender Varimax-Rotation lieferte 33 Faktoren mit einem Eigenwert > = 1. In der Tab. 7.1 sind die Faktorladungen der ersten 33 Faktoren der Hauptkomponentenanalyse der Standorte über 501 Fälle dargestellt. Die Standorte ähnlichen Artenbesatzes werden durch hohe Faktorladungen eines Faktors und absolut niedrige Ladungen der übrigen Faktoren geprägt, da die Artenhäufigkeiten der jeweiligen Testflächen über die Standorte hoch miteinander korrelieren.

Die Darstellung der Faktorladung der jeweiligen Faktoren liegt in klassifizierter Form vor. Das Abgrenzungskriterium für die einzelnen Klassen bildet die Höhe der Faktorladung. Faktorladungen > 0,707 erklären mehr als die Hälfte der Varianz der Eingangsvariablen. Bei

Faktorladungen > 0,5 werden immerhin noch mehr als 25% der Varianz durch diesen Faktor erklärt. Niedrigere Faktorladungen wurden nicht berücksichtigt. In der Tab. 7.1 sind die Standortnummern aufgeführt, bei denen Faktorladungen von > 0,707 (ohne Klammer) bzw. von > 0,5 (in Klammern) vorlagen. Die eigenen Vegetationsaufnahmen wurden kursiv gedruckt.

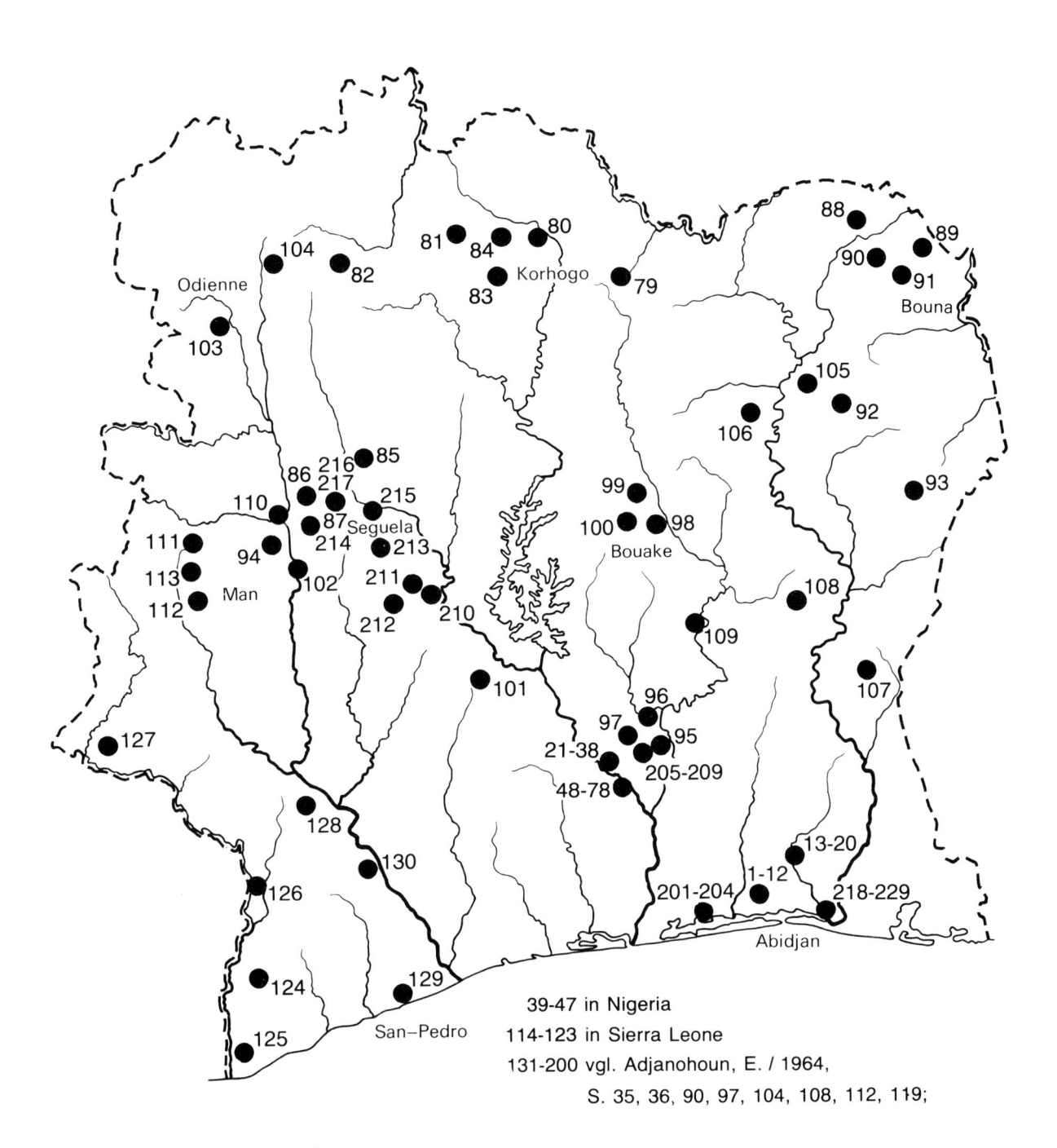

Abb. 7.2: Lage der eigenen Testflächen und der anderer Autoren

Tabelle 7.1: Faktorladungen der ersten 33 Faktoren der PCA der
Vegetationsstandorte in der Elfenbeinküste

F 1	F 2	F 3	F 4	F 5	F 6	F 7	F 8	F 9	F 10	F 11
33	23	21	(1)	218	53	61	106	13	39	(205)
34	24	22	(2)	222	54	62	(211)	14	41	(206)
35	25	27	(3)	223	55	63	(212)	16	(42)	207
(36)	26	28	(4)	224		(99)	(213)	17	43	208
48	(32)	29	5	225			214	18	44	(209)
49	(36)	30	6	226			215			
50	37	(31)	7	227			216			
51	38		8	228			217			
(52)	(71)		9	229						
56	(77)		10							
(57)	(78)		11							
58										
59										
60										
65										
66										
(67)										
(68)										
(69)										
(70)										
72										
(73)										
75										
(76)										
97										

F 12	F 13	F 14	F 15	F 16	F 17	F 18	F 19	F 20	F 21	F 22
40	80	124	96	83	107	19	85	64	219	(73)
45	84	(125)	98	94	108	20	86		220	74
92	(87)	126	103	(110)	(109)		91			
105	89	127			112					
	100	(128)								
		(129)								

F 23	F 24	F 25	F 26	F 27	F 28	F 29	F 30	F 31	F 32	F 33
(102)	79	(93)	46	--	12	104	15	113	90	221
130	(82)	(101)	47						(81)	
	95	111								

(79 - 113 = Nummern der selbst erhobenen Testflächen)

Der 1. Faktor intergriert die Standorte 33-36, 48-52, 55-60, 65-70, 72, 73, 75, 76 und 97 als Standorte ähnlichen Baum- und Strauchbestandes. Physiognomisch sind diese Standorte als "savane arborée / Baumsavanne" zu klassifizieren mit einer Baum- und Strauchschicht, die 5-

25% der Fläche bedeckt. Charakterisiert sind sie durch die Arten *Annona senegalensis* und *Cochlospermum planchonii* sowie *Piliostigma thonningii* (*Bauhinia*) und *Cussonia barteri* (vgl. Tab. 7.2 der Faktorwerte des ersten Faktors). Es handelt sich bei den vier Arten um reine Kulturfolger, die gerne und schnell aufgelassene Felder besiedeln und auf diesen z.T. geschlossenes Buschwerk bilden. Ihr Verbreitungsgebiet erstreckt sich über alle Vegetationszonen von den nördlichen Sudanzonen bis an den Rand des Regenwaldes. Ihre edaphischen Ansprüche sind wenig spezialisiert, so daß man sie auf sandigem bis tonigem Substrat findet. *Piliostigma* (*Bauhinia*) verfügt über eine recht gute Feuerverträglichkeit und wird darüber hinaus häufig als Bauholz und zur Seilherstellung genutzt und bietet ein breites Spektrum der Einsatzmöglichkeiten in der lokalen Medizin. *Annona senegalensis* spielt eine wichtige Rolle in der lokalen Nahrungsmittelversorgung, insbesondere während der Regenzeit. Das Fruchtfleisch ist süß und wird deshalb besonders gern von Kindern, aber auch von den Erwachsenen gegessen. Die Blätter dienen als Viehfutter und auch als Frischgemüse (vgl. SAVONNET, 1980 und IRVINE, 1961). Die größte Bedeutung dieser Pflanze soll nach MAYDELL (1983) jedoch in ihrem weiten lokalmedizinischen Einsatzbereich liegen, der von Region zu Region im tropischen West- und Zentralafrika wechselt.

Tabelle 7.2: Faktorwerte der ersten 33 Faktoren der PCA der Pflanzenaufnahmen

Nr.	Artname	FW	A	S/F
Faktor 1				
36	Annona senegalensis	***	2	S
126	Cochlospermum planchonii	***	2	S
160	Cussonia barteri	*	2	S
376	Bauhinia thonningii	*	3	S

Cochlospermum planchonii, eigentlich ein Strauch, schlägt am Ende der Regenzeit aus. Seine Wurzeln werden Suppen zugesetzt, besonders wenn pflanzliches Öl knapp wird, oder sie werden zur Herstellung eines gelben Farbstoffes genutzt. So ist es nicht verwunderlich, daß die oben zuletzt genannte Art ebenfalls reichhaltige Anwendungsmöglichkeiten im traditionellen dörflichen Leben bietet. Zum einen wird sie als Beizmittel bei der Indigo-Färbung oder zur Seifenherstellung und zum anderen in der lokalen Medizin eingesetzt.

Dadurch sind diese Standorte als typische Symbiose von intensivem Ackerbau mit lichten Baumbeständen und/oder sekundärem Buschwerk geprägt. Sämtliche Standorte, die diese spezielle Artenkombination aufweisen, sind im südlichen Bereich des "V-Baoulé" angesiedelt, einer Region, die seit Jahrhunderten vom Menschen besiedelt wird und dementsprechend eine massive Umgestaltung der Naturlandschaft erfahren hat. Natürlicher Minimumfaktor einer solchen Vegetationsformation sind Niederschlagsmengen von 600-700 mm. An den Stationen in der Côte d'Ivoire werden allerdings 1100-1200 mm registriert.

Mit dem 2. Faktor wird erneut ein Savannentyp charakterisiert, der sowohl von Savannen- (*Piliostigma (Bauhinia) thonningii* und *Ficus capensis*) als auch von "Wald"-Bäumen wie *Eupatorium odoratum* und *Leea guineensis* beherrscht wird. Die Standorte 23 bis 26 sowie 37 und 38, auf den vor Feuer geschützten Testparzellen im Lamto-Reservat, dokumentieren nach Aussagen DEVIENEAU's (1976) damit ein Übergangsstadium von einer der Brache überlassenen Baumsavanne hin zu einem echten "Forêt mesophil" (oder Forêt semi-decidue / moist semi-deciduous forest). Ein Relikt der ehemals offenen Savannenlandschaft ist *Ficus capensis*, die besonders in der Côte d'Ivoire eine weitreichende Verwendung in der lokalen Medizin findet, wobei ein sehr differenzierter Einsatz je nach Region und damit je nach Ethnie zu beobachten ist (vgl. IRVINE, 1961). Auf der anderen Seite dominiert *Leea guineensis*, ein heiliger und daher in der Elfenbeinküste geschützter Baum, die Standorte des 2. Faktors. Weitere Spezies, die nach DEVINEAU (1976) den Sukzessionsprozess hin zu einem semihumiden halbimmergrünen Feuchtwald verdeutlichen, sind *Afzelia africana* und *Canthium hispidum*. Unter Ausschaltung der Brandeinwirkung kann sich der Wald auch heute noch gegen die Savannen - zumindest in diesem Bereich - durchsetzen (vgl. dazu auch Tab. A 1 im Anhang).

Tabelle 7.2: Faktorwerte der ersten 33 Faktoren der PCA der Pflanzenaufnahmen

Nr.	Artname	FW	A	S/F
Faktor 2				
- 69	Borassus aethiopium	**	3	S
160	Cussonia barteri	*	2	S
219	Erythroxylum emarginatum	*	3	S
223	Eupatorium odoratum	***	4	F
227	Ficus capensis	***	3	S
295	Leea guineensis	***	3	F
376	Bauhinia thonningii	***	3	S
394	Psychotria obscura	*	3	F
423	Secamone afzelli	**	4	S

Der 3. Faktor faßt die Standorte 21-22, 27-32 und 75 zusammen. Es handelt sich dabei um einen dritten "V-Baoule"-Typ einer Baumsavanne stark anthropogener Überprägung, den allerdings andere Gehölzformationen prägen. Hohe positive Faktorwerte der Arten *Borassus aethiopum*, *Bridelia ferruguinea*, *Crossopterix febrifuga* und *Cussonia barteri* charakterisieren diesen Savannenfaktor. Wesentlicher Unterschied zu Faktor 1 ist die Tatsache, daß die diesen Faktor ladenden Standorte im Gegensatz zu den rein sudanischen Spezies in Faktor 1 von Pflanzengesellschaften der Übergangszone zwischen der "domaine sudanais" und der "domaine guinéen" geprägt werden.

Tabelle 7.2: Faktorwerte der ersten 33 Faktoren der PCA der Pflanzenaufnahmen

Nr.	Artname	FW	A	S/F
Faktor 3				
- 36	Annona senegalensis	*	2	S
69	Borassus aethiopum	***	3	S
75	Bridelia ferruginea	**	3	S
156	Crossopterix febrifuga	***	3	T/S
160	Cussonia barteri	***	2	S

Überragende Bedeutung dieser Standorte kommt der *Borassus*-Palme (rônier) zu, die diese heute degradierte Savannenformation dominiert. Ihr Erscheinungsbild ist so prägnant, daß die von ihr beherrschten Vegetationsformationen von den französischen Botanikern schon zu Beginn diesen Jahrhunderts den Namen "Savane à rôniers" vgl. Abb. 3.7) erhielten. Neben dem Erscheinungsbild beherrscht sie auch das wirtschaftliche Leben im Süden des "V-Baoulé". Nahezu alle Teile der Pflanze werden genutzt. Der süße Saft der Früchte enthält bis zu 20% Zucker (rd. 50 kg pro Palme und Jahr (MAYDELL, 1983, S.173)). Er wird zu dem weithin bekannten Palmwein vergoren. Zur Veränderung des Geschmackes wird dem Wein ein Sud aus abgekochten *Bridelia ferruginea*-Blättern zugeführt - eine wichtige Tatsache, die erklärt, daß *Borassus* und *Bridelia* in der Elfenbeinküste nahezu stets gemeinsam auf den gleichen Standorten angetroffen werden können.

Daneben wird auch das Holz, obwohl kaum sägbar aber leicht spaltbar, wegen seiner Termiten-, Pilz- und Salzwasserresistenz als Bauholz sehr geschätzt. Die Blätter finden u.a. ihre Verwendung als Flechtmaterial, beim Abdecken der Hütten, für Möbel und vieles mehr.

Aber auch der stark prägende Anteil des Savannen- und Wald (halbimmergrün)-Baumes *Crossopterix febrifuga* ist auf den Einfluß des Menschen bei seiner gezielten Umgestaltung der afrikanischen Natur- in Kultur- und damit Savannen-Landschaften zurückzuführen. Auch wenn seine wirtschaftliche Bedeutung nicht so deutlich herausgehoben ist wie bei der *Borassus*-Palme, spielt er doch eine wichtige Rolle in der lokalen Medizin, für Mensch und Vieh gleichermaßen. Die Wurzeln werden als stark fiebersenkendes Mittel verwendet, die pulverisierte Rinde wird gegen Ruhr und Diarrhö eingesetzt und Frauen trinken einen Sud der ausgekochten Rinde, um möglicher Sterilität vorzubeugen oder um ihre Fruchtbarkeit wiederzuerlangen. Die Viehzüchter verwenden das gleiche Rezept, um ein regelmäßiges Kalben ihrer Kühe sicherzustellen (vgl. IRVINE, 1961 und BOUTRAIS, 1980).

Damit spiegelt die vorhandene Phanerophyten-Flora der genannten Standorte das unmittelbare Abbild des landwirtschaftlichen Nutzungssystems der Baoulé in der Elfenbeinküste wieder. Basis ist ein zweijähriger Brandrodungsfeldbau. Im ersten Jahr wird *Igname* (*Dioscoreaceae* = Yamswurzel), im zweiten entweder Mais, Erdnüsse oder Maniok angebaut. Hinzu kommt das Sammeln und die Weiterverarbeitung von Naturprodukten sowie seit altersher die Viehzucht.

Durch die starke anthropogene Überprägung dieser Standorte fehlt jedoch auch hier jeglicher Vertreter eines Waldbaumes. Nach MENAUT (1983) handelt es sich bei diesen Standorten um einen typischen Vertreter der "savane arborée" (tree savanna) mit weniger als 25% Baumanteil pro Fläche.

Der 4. Faktor integriert die Standorte 1 bis 11 als ähnlich in ihrem Baumbestand. Sämtliche Testflächen liegen im Bereich des "Forêt de Banco" vor den Toren *Abidjans*. Alle Arten entstammen der "domaine guinéen" und es handelt sich nahezu ausnahmslos um Regenwaldarten bis auf *Coula edulis, Dacryodes klaineana, Holoptelea grandis*, die sich auch in den ombrophilen halbimmergrünen Feuchtwäldern finden lassen. *Dacryodes klaineana* taucht des öfteren sogar in den "Forêts denses sèches" auf. Die mit Abstand höchsten Faktorladungen von 0,818 bis 0,903 sind auf den Standorten 5 bis 8 zu beobachten, die im Vergleich zu den anderen dieses "Waldtypenfaktors" besonders starke Häufigkeiten der o.g. Arten aufweisen. Ursache dafür dürfte die randliche Lage der Aufnahmeflächen innerhalb des Waldes sein, der heute nur noch eine Insel innerhalb einer nahezu gänzlich gerodeten Kulturlandschaft bildet.

Tabelle 7.2: Faktorwerte der ersten 33 Faktoren der PCA der Pflanzenaufnahmen

Nr.	Artname	FW	A	S/F
Faktor 4				
28	Allanblackia floribunda	**	4	F
55	Baphia bancoensis	*	6	T
61	Berlinia confusa	**	4	F
65	Blighia welwitschii	***	4	F
115	Chrysophyllum subnudum	*	4	F
137	Cola nitida	***	4	T
139	Combretodendron macrocarpum	**	4	F/T
153	Coula edulis	***	4	F
163	Dacryodes klaineana	***	4	T
197	Drypetes aubrevillei	*	5	F
270	Holoptelea grandis	*	4	F
343	Octoknema borealis	***	5	F
438	Strombosia glaucescens	***	4	F
470	Trichoscypha arborea	***	4	F
477	Turreanthus africanus	**	5	F
491	Vitex micrantha	*	5	F

Dazu wäre ebenfalls noch *Cola nitida* zu rechnen, deren Früchte, die Cola-Nüsse, seit Jahrhunderten eine überragende Rolle im transafrikanischen Handel spielen. Überall auf den Märkten und an den Straßen der bedeutenden Handelsstädte des Nordsahel wie *Nouakchott, Tombouktou, Agadez, N'Djamena,* und *Khartoum* werden diese rötlich, gelben Nüsse (vgl.

Abb. 7.3.), die bis zu 3% Koffein und 40% Stärke enthalten, als durstlöschendes Nahrungs-, Genuß- und Anregungsmittel angeboten. Man findet die *Cola*-Nüsse aber auch auf den nordafrikanischen Märkten und Europäer und Amerikaner haben *Cola nitida* für diverse Erfrischungsgetränke (Coca *Cola*) verwandt.

Von untergeordneterer Bedeutung ist an diesen Standorten das Vorhandensein einzelner endemischer Spezies aus dem "Bloc forestière à l'Ouest du Togo" (Nr. 197 in Tab. 7.2) (vgl. ADJANAHOUN & AKE ASSI 1968). Nach Aussagen von BARTHLOTT (1979) handelt es sich bei einer ganzen Reihe der hier durch hohe und höchste Faktorwerte extrahierten Charakterarten um typische Vertreter eines primären Hochwaldes im Sinne eines "ombrophilen immergrünen Feuchtwaldes"/Foret dense sempervirente (vgl. ANHUF & FRANKENBERG (1991)).

Abb. 7.3: Cola Nüsse (Cola nitida)

Mit dem 5 Faktor wird die Ähnlichkeit der Standorte 218 und 222 - 229 beschrieben. Sie sind sämtlich in der Küstensavanne von Eloka lokalisiert, ungefähr 30 km östlich von Abidjan auf dem landseitigen Ufer der "Lagune Ebrié". Zwischen den Jahren 1951 und 1964 hat MIEGE (1966) vergleichende Untersuchungen auf jeweils den selben Testflächen durchgeführt. Dort, wo keine Störung durch Ackerbau in dem Beobachtungszeitraum vorhanden war, konnte ein weitreichendes Verschwinden des ehemals geschlossenen Grasteppichs (Grassavanne) beobachtet werden, der einem Sekundärwald Platz gemacht hatte. Unter den sich ausbreitenden Baumarten spielt *Psidium guayava* eine herausragende Rolle. Der Guayavenbaum, ursprünglich in Lateinamerika beheimatet, kam schon früh auf den afrikanischen Kontinent und erfreut sich dort bei der ländlichen Bevölkerung großer Beliebtheit. Er ist extrem schnellwüchsig und gleichzeitig feuerresistent. Bereits nach 2 Jahren beginnen die Bäume Früchte zu tragen und ab dem 7. - 8. Lebensjahr haben sie ihre volle Produktionsfähigkeit erreicht, die rund 30 Jahre anhält. Obwohl es sich um einen Kulturbaum handelt, spielt er für die Wiederbewaldung im Bereich der Eloka-Savanne eine herausragende Rolle. In seinem Schutz gedeihen die etwas langsamer wüchsigen Vertreter eines "Forêt secondaire", wie z.B. *Macaranga barteri*, *Vernonia colorata* und *Xylophia aethiopica* (vgl. MIEGE, 1966, S.165).

Tabelle 7.2: Faktorwerte der ersten 33 Faktoren der PCA der Pflanzenaufnahmen

Nr.	Artname	FW	A	S/F
Faktor 5				
22	Albizia adianthifolia	*	4	F
227	Ficus capensis	***	3	S
301	Lophira alata	*	4	F
304	Macaranga barteri	**	4	F/S
389	Psidium guajava	***	9	(F)
487	Vernonia colorata	*	3	F
494	Xylophia aethiopica	*	3	T

Als nächstes ist mit dem 6. Faktor ein naher Verwandter der Baumgesellschaften charakterisiert, die die Faktoren 2 und 4 prägten. Neben *Borassus aethiopum* tritt besonders *Pseudarthia hookeri* auf diesen Savannenstandorten (Baumsavanne) 53, 54 und 55 charakterisierend in den Vordergrund. Ähnlich den Standorten 48 bis 51 (1. Faktor) werden auch diese regelmäßig jedes Jahr gebrannt. Nach den Ergebnissen von VUATTOUX (1976) blieb die Anzahl der Baumarten auf den genannten Standorten zwischen 1965 und 1974 nahezu unverändert. Auch wenn in den Jahren dazwischen ab und zu einmal ein Keimling eines "Waldvertreters" gezählt wurde, so war dieser im Jahr darauf durch das Feuer wieder zerstört worden. Das wichtigste Ergebnis der Untersuchungen von VUATTOUX (1976) muß in der vollständigen Unterdrückung aufkommender Waldvertreter durch regelmäßigen Brand dieser Flächen gesehen werden.

Tabelle 7.2: Faktorwerte der ersten 33 Faktoren der PCA der
Pflanzenaufnahmen

Nr.	Artname	FW	A	S/F
Faktor 6				
69	Borassus aethiopum	**	3	S
156	Crossopterix febrifuga	*	3	T/S
160	Cussonia barteri	*	2	S
386	Pseudartia hookeri	***	3	S

Der 7. Faktor faßt die Standorte 61-63, *81* und *99* zusammen. Es handelt sich dabei um einen vierten V-Baule Typ einer "Savane arborée"(5-25%) stark anthropogener Überprägung, den die Palme *Borassus aethiopum* prägt (vgl. Tab. 7.2). Weitere charakteristische Arten sind *Piliostigma (Bauhinia) thonningii* sowie *Bridelia ferruginea*. Damit sind sich die Faktorwerte der Faktoren 3 und 7 auf den ersten Blick scheinbar sehr ähnlich. Die unmittelbare "Verwandschaft" dieser beiden Vegetationsformationen ist über die *Borassus*-Palme und *Bridelia ferruginea* abzuleiten; die diese begleitenden Spezies charakterisieren den jeweiligen Faktor als verschieden gegenüber dem anderen. *Piliostigma (Bauhinia) thonningii*, die zusammen mit *Borassus aethiopum* die Standorte des Faktors 7 prägt, kommt auf den Standorten des Faktors 3 nicht vor (negative Faktorladungen). Dafür fehlen *Crossopterix febrifuga* und *Cussonia barteri* auf den Standorten 61-63 und 99, wohingegen sie maßgeblich die Testflächen des Faktors 3 mitprägen.

Die Standorte 81 und 99 sind von ihrem Erscheinungsbild her eher als "Forêts claires" zu bewerten, die aufgrund ihrer Artzusammensetzung am Anfang eines Sukzessionsstadiums hin zu einem "Forêt dense sèche" stehen, mit einem mittleren Baumstratum der Gattungen *Syzygium* und *Parinari* (vgl. MENAUT, 1983).

Tabelle 7.2: Faktorwerte der ersten 33 Faktoren der PCA der
Pflanzenaufnahmen

Nr.	Artname	FW	A	S/F
Faktor 7				
- 36	Annona senegalensis	*	2	S
69	Borassus aethiopum	***	3	S
75	Bridelia ferruginea	**	3	S
(-)156	Crossopterix febrifuga	*	3	T/S
(-)160	Cussonia barteri	*	2	S
(-)223	Eupatorium odoratum	*	4	F
(-)227	Ficus capensis	**	3	S
376	Bauhinia thonningii	***	3	S
(-)386	Pseudarthia hookeri	**	3	S

Mit den Parzellen 81 und 99 werden auch zwei der eigenen Aufnahmeflächen angesprochen, die rund 30 km nördlich von Bouaké, bzw. weitere 200 km im Norden gelegen sind. Die räumliche Distanz zwischen den Parzellen der Lamto-Savanne und der eigenen bei Bouaké beträgt rund 200 km, von dort bis Korhogo sind es abermals 200 km. Die jährlichen Niederschlagsmengen betragen knapp 1300 mm an der südlicheren und rund 1100 mm an der nördlicheren Station, dennoch ist von der Artenzusammensetzung her keinerlei Unterschied zwischen diesen Standorten festzustellen. Das entscheidende Agenz ist auch bei diesen Standorten allein das alljährliche Feuer, das am Rande der feuchten halbimmergrünen Feuchtwälder nur den Bestand rein sudanischer Spezies zuläßt.

Faktor 8 lädt die Standorte 211-217 hoch. Sie sind alle im Bereich *Vavoua, Séguéla, Sifié* konzentriert (vgl. Abb. 7.2) und befinden sich damit auch in unmittelbarer Nähe zu den eigenen Testparzellen *85* bis *87, 94, 102* und *110* (vgl. Faktor 16 und 23). Die zum Faktor 8 zusammengelegten, vom Baumwuchs her also ähnlichen Standorte 211-217 entstammen sämtlich den Untersuchungen von DUGERDIL (1970) und sind im Übergangsbereich Wald - Savanne angelegt worden. Die diesen Faktor prägenden Flächen entstammen in erster Linie dem halbimmergrünen Feuchtwald der "domaine guinéen" (forêt semi-décidue)(Nr. 211-213). GUILLAUMET & ADJANOHOUN (1971) unterteilen diese Wälder noch einmal in eine Assoziation, die von *Celtis sp.* und *Triplochyton* und eine zweite, die von *Afzelia africana* und *Aubrevillea kerstingii* oder von *Antiaris africana* und *Chlorophora sp.* dominiert wird.

Die Tab. 7.2 der Faktorwerte macht deutlich, daß danach die hier untersuchten Waldstandorte zu der Assoziation "*Celtis + Triplochyton*" zu zählen sind und damit den semihumiden halbimmergrünen Feuchtwaldtyp repräsentieren (vgl. HALL & SWAINE, 1981 und ANHUF & FRANKENBERG, 1991).

Die Standorte 214-217, zwischen Sifié und Séguéla gelegen, befinden sich nach Aussagen der Autorin an der nördlichen Grenze ihres natürlichen Verbreitungsgebietes. Als wesentliches Indiz führt sie das Fehlen jeglicher immergrüner Spezies an, die bereits durch eine beachtliche Anzahl aus dem nördlichen Bereich der "forêts sèches" ersetzt wurden (z.B. *Daniellia oliveri* und *Diospyros mespiliformis* - vgl. Tab. 7.2).

Der 9. Faktor schließlich gruppiert die Standorte 13, 14 und 16-18 zu einem zweiten Regenwaldtyp, der vor allem von den Arten *Allanblackia floribunda, Dacryodes klaineana, Diospyros sanza-minica* und *Scottelia curiacea* beherrscht wird. Im Gegensatz zu Faktor 4 (vgl. Tab. 7.2) weist dieser zweite Regenwaldtyp keinerlei Endemiten des "Bloc forestière à l'Ouest du Togo" auf. Auch dieser Wald gehört nach anderen Untersuchungen im Azagny Reservat (ca. 100 km westlich Abidjan) noch zu den immergrünen geschlossenen Feuchtwäldern (vgl. BARTHLOTT, 1979).

Nach HALL & SWAINE (1981) besitzen diese Testflächen aus dem Yapo-Reservat sogar große Affinität zu den "hyperombrophilen immergrünen-Feuchtwäldern". Eine vergleichbare Testfläche in Ghana, die diesem Waldtyp entspricht, enthält nach Angaben der Autoren ebenfalls *Dacryodes klaineana, Diospyros sanza-minica* und *Trichoscypha arborea*.

Tabelle 7.2: Faktorwerte der ersten 33 Faktoren der PCA der
Pflanzenaufnahmen

Nr.	Artname	FW	A	S/F
Faktor 8				
20	Aidia genipaeflora	*	4	F
46	Antidesma membranaceum	*	3	S/T
99	Celtis adolfi-friderici	**	4	F
102	Celtis mildbraedii	*	4	F
105	Chaetacme aristata	*	4	F/T
107	Chlorophora excelsa	*	4	F
129	Cola caricaefolia	**	5	F/T
133	Cola gigantea var. glabrescens	**	3	F
156	Crossopterix febrifuga	**	3	T/S
164	Daniellia oliveri	**	3	S
189	Diospyros mespiliformis	**	3	F/T
302	Lophira lanceolata	**	3	S
332	Morus mesozygia	*	4	F/T
344	Olax subscorpioidea	*	4	T/S

Tabelle 7.2: Faktorwerte der ersten 33 Faktoren der PCA der
Pflanzenaufnahmen

Nr.	Artname	FW	A	S/F
Faktor 9				
28	Allanblackia floribunda	***	4	F
43	Anthostema aubryanum	*	4	F
127	Coelocaryon oxycarpum	*	4	F
163	Dacryodes klaineana	***	4	T
190	Diospyros sanza-minika	***	4	F
421	Scottelia coriacea	***	4	F
437	Strephonema pseudocola	**	5	F
438	Strombosia glaucescens	*	4	F
470	Trichoscypha arborea	*	4	F

Faktor 10 integriert die Standorte 39, 41 und 43-44 als Standorte ähnlichen Baumbestandes. Diese Standorte wurden 1949 von KEAY im Norden Nigerias (ca. 750 mm Jahresniederschlag) untersucht. Nach KEAY wurde diese Region bis etwa 1860 intensiv ackerbaulich genutzt, ist seitdem aber nur noch spärlich bevölkert. Dennoch wird diese Region heute regelmäßig gebrannt und beweidet. Als Folge wird eine Verbreitung feuerresistenter Spezies wie *Combretum glutinosum* und *Strychnos spinosa* (vgl. Tab. 7.2) gefördert.

Tabelle 7.2: Faktorwerte der ersten 33 Faktoren der PCA der Pflanzenaufnahmen

Nr.	Artname	FW	A	S/F
Faktor 10				
37	Anogeissus leiocarpus	***	2	T
52	Azadirachta indica	*	9	S
143	Combretum glutinosum	***	2	S
146	Combretum nigricans	*	2	S
149	Commiphora pedunculata	*	2	S
290	Lannea microcarpa	*	2	S
375	Bauhinia reticulatum	*	1	S
384	Prosopis africana	*	2	S
419	Sclerocarya birrea	*	2	S
441	Strychnos spinosa	***	2	S

Bei dieser Aussage verwundert sicherlich die starke Dominanz von *Anogeissus leiocarpus* auf den Standorten. *Anogeissus* ist normalerweise ein Anzeiger für fehlendes Gras-/Buschfeuer. Auf solchen Standorten sind die zuvor genannten feuerresistenten Arten nur in Einzelexemplaren vorhanden. Die vergleichbar ähnlich starke Dominanz aller drei Arten deuten nach KEAY darauf hin, daß *Anogeissus* zwar noch zahlreich vertreten ist, daß aber unter zunehmendem Einfluß des Feuers der Jungwuchs von *Anogeissus* zugunsten der feuerverträglichen Arten wie *Strychnos* und *Dichrostachys* völlig unterbunden wird.

Faktor 11, der die Standorte 205-209 als ähnlich zusammenfaßt, kennzeichnet einen Waldtyp, der besonders die Situation am östlichen Rand des V - Baoulé bei *Dimbokro* beschreibt (vgl. DUGERDIL, 1970). Die Grenze zwischen *Borassus* - Savanne auf der einen und dem "Forêt semi-décidue" auf der anderen Seite verschiebt sich hier eindeutig zugunsten des Waldes. Markierten die Standorte 214-217 (vgl. Faktor 8) die nördlichste Ausdehnung des Waldes im Raume Séguéla, so zeigen die Testflächen bei Dimbokro zumindest eine Entwicklung hin zu einem semihumiden halbimmergrünen Feuchtwald mit *Afzelia africana* und *Chlorophora excelsa*. Eine wichtige Rolle bei dieser Sukzession kommt *Cola cordifolia* zu, die mit ihren riesigen Blättern an den Waldrändern schnell für Schatten sorgt, der wiederum das Auskeimen weiterer "Waldarten" wie *Antidesma membranaceum*, *Holarrhena floribunda* und *Hoslundia opposita* begünstigt (vgl. Tab. 7.2).

Der 12. Faktor intergriert die Standorte 40, 42, 45, *92* und *105* als ähnlich in der sie charakterisierenden Artenzusammensetzung. Diese Standorte sind räumlich denen des Faktors 10 (KEAY 1949) sehr verwandt und tragen einen dichten Trockenwald. Die hier zusammengefaßten Pflanzenaufnahmen werden von der Spezies *Anogeissus leiocarpus* dominiert. Nach Ansicht des Autors erklärt sich die Dominanz durch ein Ende des

Abbrennens dieser Standorte bei gleichzeitiger regelmäßiger Beweidung. Anogeissus-Blätter werden vom Vieh gemieden, so daß auf den Standorten in Nigeria, am östlichen Rand des eigenen Standortes *92* und auf Nr. *105* nahezu homogene dichte *Anogeissus*-Wälder entstanden sind. Auch die Testflächen im Bereich des Comoé-Nationalparkes gehören zu den wenigen Bereichen, die dort seit einiger Zeit nicht gebrannt werden, die unmittelbare Nähe des Dorfes *Kalabo* (Senoufo-Bevölkerung, vgl. Kap. 4.1) macht eine regelmäßige Beweidung wahrscheinlich.

Tabelle 7.2: Faktorwerte der ersten 33 Faktoren der PCA der Pflanzenaufnahmen

Nr.	Artname	FW	A	S/F
Faktor 11				
17	Afzelia africana	**	3	T/S
26	Albizia zygia	**	4	F/T
44	Antiaris africana	*	4	T
46	Antidesma membranaceum	*	3	S/T
58	Baphia pubescens	**	4	F
63	Blighia sapida	**	3	F/T
98	Ceiba pentandra	*	3	F/T
102	Celtis mildbraedii	*	4	F
105	Chaetacme aristata	*	4	F/T
107	Chlorophora excelsa	*	4	F
217	Erythropleum guineense	*	3	T/S
269	Holarrhena floribunda	**	3	F
294	Lecaniodiscus cupanoides	**	4	F/T
309	Mallotus oppositifolius	**	3	F
320	Mezoneuron benthamianum	**	4	F/T
329	Monodora tenuifolia	**	4	F
341	Newbouldia laevis	*	4	F
344	Olax subscorpioidea	*	4	T/S
431	Spondias mombin	*	3	T
435	Sterculia tragacantha	*	3	F/T

Eine ähnliche Entwicklung muß auch für die Testparzelle *105* angenommen werden, die heute bereits innerhalb des Comoé-Nationalparkes gelegen ist, allerdings unmittelbar an der Grenze. Die deutliche Unterscheidung zu den Standorten des Faktors 10 kommt in den negativen Faktorladungen der feuerresistenten Spezies *Combretum* und *Strychnos* zum Ausdruck.

Andererseits gehört Standort *92* sicher nicht in die gleiche Kategorie wie die übrigen Savannenstandorte im Norden Nigerias. Verursacht wird diese Zuordnung durch die mächtigen Häufigkeiten von *Anogeissus* und *Diospyros mespiliformis* am östlichen Rand der Testparzellen. Wie die Tab. 7.2 der Faktorwerte bereits andeutet, sind ebenso hohe Faktorwerte der Waldbaumarten *Antiaris africana* und *Cola millenii* zu beobachten.

Desweiteren wurden auf der genannten Testparzelle für das höchste Baumstratum (bis ca. 30 m) *Ceiba pentandra*, *Chlorophora exelsa* und für das mittlere Stratum *Malacantha alnifolia* gefunden (vgl. Tab. 7.2), die nach ADJANOHOUN & AKE ASSI (1968) die Charakterarten eines "Forêt dense sèche" repräsentieren, der quasi als Klimaxstadium des Waldes zu werten ist, der sich nördlich an die feuchten, halbimmergrünen Wälder (Forêt semi-décidue) anschließt.

Tabelle 7.2: Faktorwerte der ersten 33 Faktoren der PCA der Pflanzenaufnahmen

Nr.	Artname	FW	A	S/F
Faktor 12				
37	Anogeissus leiocarpus	***	2	T
44	Antiaris africana	***	4	T
103	Celtis zenkeri	*	4	F/T
131	Cola cordifolia	*	2	S
134	Cola gigantea var. glabrescens	*	3	F
136	Cola millenii	**	4	F/T
176	Dichrostachys glomerata	*	2	S
189	Diospyros mespiliformis	***	3	F/T
(-)441	Strychnos spinosa	*	2	S

Andererseits könnte Standort *92* sogar auf ein Relikt eines ehemaligen semihumiden halbimmergrünen Feuchtwaldes hindeuten. Neben *Antiaris africana* und *Cola millenii* sind mit *Tieghemella heckelii* und *Daniellia thurifera* sogar zwei immergrüne Spezies der eben genannten Feuchtwälder vertreten.

Der Standort am Südrand des Comoé-Nationalparkes scheint einzelne Relikte eines "Forêt semi-décidue" während einer nachfolgenden Brandrodungs- und Nutzungsphase in sich bewahrt zu haben. Die rezente Phase der Wiederbewaldung steuert als Klimax einen "Forêt dense sèche" an, der wohl unter den gegebenen klimatischen Bedingungen die potentiell mögliche Vegetationsformation repräsentiert. Diese Vermutung wird auch durch neueste Untersuchungen im Comoé-Nationalpark gestützt (mündliche Mitteilung von HOWESTEDT (Würzburg)). Bei mehr als der Hälfte der aufgefundenen Arten handelt es sich um echte Waldbäume, deren Herkunftsgebiete die halbimmergrünen und z.T. sogar die ombrophilen immergrünen Feuchtwälder sind. Noch deutlicher werden die Ergebnisse, wenn man das Arealtypenspektrum der Testgebiete des Comoé-Parkes betrachtet (vgl. Abb. 7.4). Von den aufgefundenen 52 Baumarten entstammen 21 Arten dem guineeisch-kongolesischen Florenelement, 19 Arten stammen aus dem sudano-guineensischen Florenelement.

Faktor 13 faßt ausschließlich einige der eigenen Testflächen als ähnlich in ihrem Vegetationsbestand zusammen. Die Standorte *80, 84, 87, 89* und *100* (vgl. Abb. 7.2) befinden sich sowohl im Norden des Landes in der "domaine sudanais", als auch im Bereich des "Secteur préforestièr" in der "domaine guinéen". Besonders herausragend ist die Dominanz der im Alter feuerresistenten Spezies *Butyrospermum paradoxon* (*Vittelaria paradoxa*) und

Acacia dudgeonii auf diesem Standort. Bis auf einzelne Vorkommen sudano-guinéensischer Spezies wie z.B. *Berlinia grandiflora* stammen sämtliche anderen prägenden Arten aus der "domaine sudanais". Die Koexistanz der beiden wichtigsten Arten auf den Testflächen, die der Physiognomie nach sowohl den "Foret claire" als auch den Baumsavannen angehören, deutet auf eine gezielte Veränderung der natürlichen Vegetation durch den Menschen seit langer Zeit hin. *Butyrospermum paradoxon* (*Vittelaria paradoxa*) liefert die in vielen afrikanischen Gesellschaften für die lokale Versorgung bedeutenden Karité-Butter, ist aber durch Buschfeuer und Viehverbiß gefährdet, solange der Baum jung ist. Zum Schutze des Karité-Baumes eignet sich *Acacia dudgeonii*, deren Früchte und Blätter besonders gerne von den kleinen Haustieren gefressen werden.

Tabelle 7.2: Faktorwerte der ersten 33 Faktoren der PCA der Pflanzenaufnahmen

Nr.	Artname	FW	A	S/F
Faktor 13				
2	Acacia dudgeonii	**	2	S
62	Berlinia grandiflora	*	3	S/T
81	Vittelaria paradoxa	***	2	S
285	Khaya senegalensis	*	2	S
355	Parinari curatellifolia	*	2	S
376	Bauhinia thonningii	*	3	S
443	Swartzia madagascariensis	*	2	S

Zu dem 14. Faktor werden ausschließlich Testflächen von GUILLAUMET (1967) aus dem Südosten der Côte d'Ivoire (vgl. Abb. 7.2) zusammengefaßt. Sie alle tragen einen Waldtyp, der in seinem Klimaxstadium als ombrophiler immergrüner Feuchtwald bezeichnet wird. Leider ist es nicht ganz gelungen, die hyperombrophilen von den ombrophilen immergrünen Feuchtwaldtypen bei den hier durchgeführten multivariaten Verfahren voneinander zu trennen. Ursache dafür ist die zu geringe Anzahl der berücksichtigten immergrünen Feuchtwaldarten. Diese Problematik stand allerdings auch nicht im Zentrum der vorliegenden Untersuchungen. Die Affinität der hier untersuchten Flächen ließ keine deutliche Differenzierung über die Faktorenanalyse zu. Sie spiegelt sich auch in der Tabelle der Faktorwerte wieder (vgl. Tab. 7.2), in der sowohl Arten des hyperombrophilen immergrünen Waldes wie *Anthonotha fragans*, *Chidlowia sanguinea*, *Cynometra ananta*, *Lophira alata*, *Maesobotyra barteri*, *Parinari excelsa* und *Tarrieta utilis* als auch des ombrophilen immergrünen Feuchtwaldes wie *Entandophragma angolense*, *Tiegemella heckelii* zu finden sind. Etwas klarer wird die Trennung unter Berücksichtigung der Faktorwerte. Werte > 0.7 werden jeweils auf den Parzellen 124, 126 und 127 beobachtet. Es sind dies die Vertreter des hyperombrophilen immergrünen Feuchtwaldes, wohingegen die "trockenere" Variante (125, 128, 129) nur Ladungen zwischen 0.5 und 0.7 aufzuweisen hat.

Tabelle 7.2: Faktorwerte der ersten 33 Faktoren der PCA der Pflanzenaufnahmen

Nr.	Artname	FW	A	S/F
Faktor 14				
41	Anthonotha fragans	*	4	F
56	Baphia nitida	**	4	F
59	Beilschmiedia bitehi	**	6	F
80	Bussea occidentalis	**	4	F
106	Chidlowia sanguinea	**	4	F
114	Chrysophyllum pruniforme	*	4	F
116	Chrysophyllum taiense	*	5	F
140	Combretodendron macrocarpum	**	4	F/T
161	Cynometra ananta	**	5	F
209	Entandophragma angolense	*	4	F
218	Erythrophleum ivorense	*	4	F
286	Klainedoxa gabonensis	*	4	F
301	Lophira alata	***	4	F
307	Maesobotyar barteri	*	5	F
328	Monodora myristica	*	4	F
336	Napoleona leonensis	*	5	F
356	Parinari excelsa	***	4	F
357	Parinari glabra	*	4	F
378	Piptadeniastrum africanum	**	4	F
445	Tabernaemontana crassa	*	4	F
449	Tarrieta utilis	*	5	F
461	Tieghemella heckelii	**	4	F
478	Uapaca esculenta	**	4	F
479	Uapaca guineensis	***	4	F

GUILLAUMET (1967) betont, daß die Wälder auf den Flächen 124, 126 und 127 zu den artenreichsten in der ganzen Côte d'Ivoire zählen und daß nur der "Forêt de Yapo" im Norden Abidjans (vgl. Faktor 9, 18) diesen Wäldern in ihrer ökologischen Valenz vergleichbar sei.

Mit dem Faktor 15, der die Standorte *96, 98* und *103* als ähnlich zusammenfaßt, wird ein Waldtyp beschrieben, der im Übergangsbereich eines "Forêt dense séche" zu einem "Forêt sèche" anzusiedeln wäre. Generell setzen sich diese Wälder aus Savannenvertretern mit einigen Resten charakteristischer Arten eines "Forêt semi-decidue" zusammen. Als solche wären *Elaeis guineensis* und *Morinda lucida* und *Phyllanthus discoideus* (vgl. Tab. 7.2) anzusprechen, typische Vertreter eines "Forêt sèche/-claire" sind *Berlinia grandiflora* und *Erythrophleum africanum*.

Bei den genannten Testflächen handelt es sich allerdings um sogenannte Sonderstandorte, an kleinen Rinnsalen gelegen, so daß die verbliebenen Waldbaumvertreter als Reste eines Galeriewaldes zu werten sind. Besonders *Berlinia grandiflora* ist ein typischer Galeriewaldvertreter, die nach AUBREVILLE (1959) überall in Westafrika an den Rändern der Feuchtwälder zwischen Guinea und Kamerun anzutreffen sind. Physiognomisch entsprechen die Testparzellen einem "forêt claire".

Tabelle 7.2: Faktorwerte der ersten 33 Faktoren der PCA der
Pflanzenaufnahmen

Nr.	Artname	FW	A	S/F
Faktor 15				
62	Berlinia grandiflora	*	3	S/T
204	Elaeis guineensis	***	4	F
216	Erythropleum africanum	*	2	T/S
(-)241	Funtumia africana	*	4	F
331	Morinda lucida	*	3	F
373	Phyllanthus discoideus	**	3	S/T

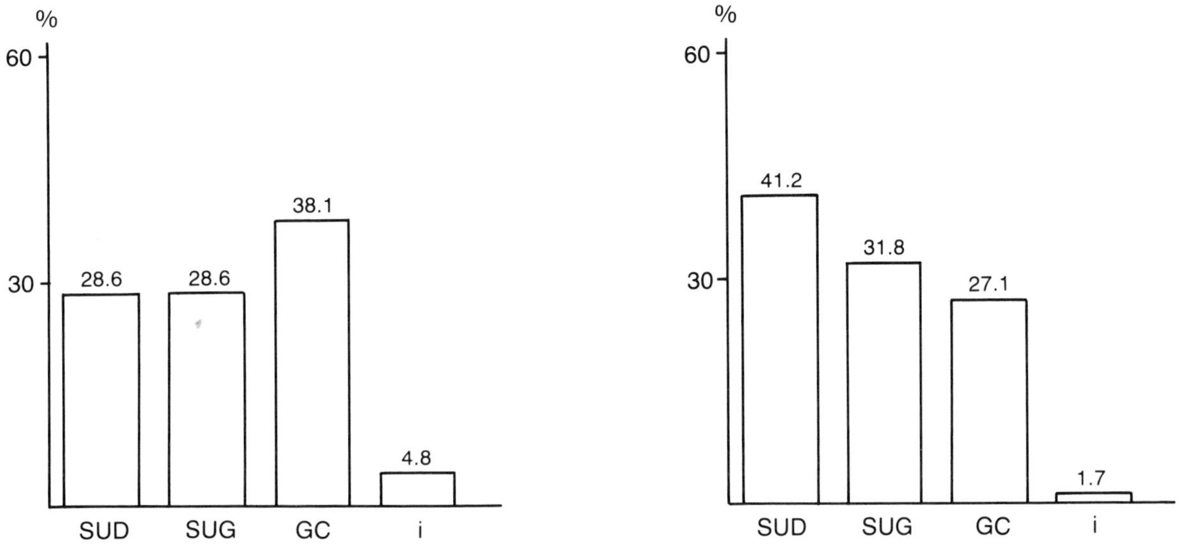

SUD = sudanisch   GC = guineo-congolisch
SUG = sudano-guineensisch   i = eingeführt

Abb. 7.4: Arealtypenspektrum der Baumarten des südlichen Comoé-Nationalparkes

Der 16. Faktor integriert die Standorte *83*, *94* und *110* als ähnlich in ihrem Baumbestand. Es handelt sich dabei um ausgesprochene Vertreter eines dichten Trockenwaldes mit *Afzelia africana*, *Ceiba pentandra* und *Cola gigantea*, wobei den beiden südlicher gelegenen Testflächen *93* und *94* zusätzlich auch noch Spezies eines "Forêt semi-decidue" eignen. Dagegen ist die Aufnahmefläche *83* eher Standort *92* (9. Faktor) verwandt. Andererseits sind auch *Alstonia boonei*, *Ceiba pentandra* sowie *Elaeis guineensis* durch mittlere bis hohe Faktorwerte (vgl. Tab. 7.2.) ausgewiesen, die nach HALL & SWAINE (1981) eindeutige Anzeiger für einen sekundären Regenwald der 2. Phase sind. Bei den Standorten *94* und *110* ist eine Entwicklung hin zu einem semihumiden halbimmergrünen Feuchtwald durchaus gegeben, was die Artenliste der Aufnahme *110* sehr gut zeigt (Tab. A.I).

Tabelle 7.2: Faktorwerte der ersten 33 Faktoren der PCA der
Pflanzenaufnahmen

Nr.	Artname	FW	A	S/F
Faktor 16				
17	Afzelia africana	**	3	T/S
44	Antiaris africana	**	4	T
61	Berlinia confusa	*	4	F
63	Blighia sapida	*	3	F/T
133	Cola gigantea var. glabrescens	***	3	F
189	Diospyros mespiliformis	*	3	F/T
217	Erythrophleum guineense	**	3	T/S
241	Funtumia africana	*	4	F
245	Garcinia afzelii	*	3	F/T
279	Isoberlinia doka	*	2	S
312	Manilkara multinervis	*	3	T/S

Faktor 17 beschreibt ausschließlich drei der eigenen Testflächen als ähnlich in ihrer Vegetationszusammensetzung. Ihre geographische Breitenlage bei ca. 7° Nord weist diese Standorte als Waldareale innerhalb der halbimmergrünen Feuchtwälder aus. Nach GUILLAUMET (1967) und HALL & SWAINE (1976) sind diese Areale den ombrophilen halbimmergrünen Feuchtwäldern zuzuordnen. Sie heben sich allerdings deutlich von denen des Faktors 23 (s.u.) ab. Ursache dafür ist die Tatsache, daß es sich bei Nr. *107* und *108* um ältere Sekundärwälder handelt. Besonderes Kennzeichen solcher Wälder ist das Auftauchen großer Bäume von *Alstonia boonei* und *Chlorophora excelsa* (vgl. Tab. A.I + A.II). Ein weiterer Hinweis auf eine mindestens seit Jahrzehnten andauernde Nutzung dieser Wälder ist die absolute Dominanz von *Ceiba pentandra*.

Tabelle 7.2: Faktorwerte der ersten 33 Faktoren der PCA der
Pflanzenaufnahmen

Nr.	Artname	FW	A	S/F
Faktor 17				
30	Alstonia boonei	**	4	F
98	Ceiba pentandra	***	3	F/T
99	Celtis adolfi-friderici	*	4	F
102	Celtis mildbraedii	**	4	F
107	Chlorophora excelsa	*	4	F
209	Entandophragma angolense	***	4	F
340	Nesogordonia papaverifera	*	4	F
401	Pycnanthus angolensis	***	4	F
469	Trichilia prieuriana	*	4	F/T
480	Uapaca heudelotii	*	3	F/T

Ceiba ist ein typischer Baum auf alten Kulturflächen, die zwar gerodet, aber nicht regelmäßig gebrannt wurden. Sein ökologisches Spektrum reicht vom immergrünen Feuchtwald bis in die sudanischen "forêts sèches", nur Feuer und sumpfige Standorte verträgt dieser Baum nicht. In zahlreichen Regionen Westafrikas gilt der Baum als heilig und findet sich häufig in unmittelbarer Dorfnähe oder den benachbarten "Bois sacré" (Abb. 7.5), wo er gegen die alljährlichen Savannenbrände geschützt ist. Wirtschaftlich wurde der Kapok-Lieferant in Westafrika nur von den Franzosen in der Elfenbeinküste und den Deutschen in Togo genutzt. In den Fruchtkapseln sind die leichten, wasserabweisenden, motten- und milbensicheren Fasern enthalten, die als Füllmaterial für Matratzen, Rettungsringe und Schwimmwesten dienten. Die Samen enthalten bis zu 25% Öl, das zu technischem oder Speise-Öl weiterverarbeitet wird. In den Regionen der halbimmergrünen Feuchtwälder ist *Ceiba pentandra* häufig in alten Kaffee- und Kakaoplantagen zu finden und bildet dort ein schützendes Sonnendach für diese Kulturen.

Abb. 7.5: *Ceiba pentandra* in unmittelbarer Dorfnähe, Senegal, *Anhuf*, 1988

In gewisser Hinsicht ist ebenfalls noch der Standort *109* zu diesem Faktor hinzuzuzählen, auch wenn keine "signifikanten" Faktorladungen (>0.5) vorliegen. Mit *Ceiba pentandra* und *Entandophragma angolense* sind die Arten, die die höchsten Faktorwerte auf sich vereinigen, auch auf diesem Standort vertreten. Unähnlich den anderen Testflächen dieses Faktors ist das Auftreten reiner "Savannenspezies" wie *Bombax costatum* und *Khaya senegalensis*. Die

Nähe zu den offenen Savannenregionen bzw. die intensive landwirtschaftliche Nutzung in der unmittelbaren Umgebung dieser Waldinsel erklärt jedoch den Import der genannten Arten. Die Mehrzahl der auf Parzelle *109* inventarisierten Arten entstammen dem Übergangsbereich eines semihumiden halbimmergrünen Feuchtwaldes zu einem dichten Trockenwald, feuchterer Ausprägung. Arten wie *Cola gigantea, Ceiba pentandra, Vitex doniana, Blighia sapida* bevölkern beide Waldformationen gleichermaßen, ein Zeichen hoher Affinität der Standortbedingungen auf der einen und langzeitlicher Adaption an häufige klimatische Oszillationen dieses Übergangsraumes auf der anderen Seite. Zu guter Letzt stellt sich am Ende der Sukzession wieder ein naturnaher ombrophiler halbimmergrüner Feuchtwald ein, wofür der Standort *112* an den Cascaden bei *Man* (vgl. Abb. 3.14) ein gutes Beispiel gibt. In unmittelbarer Nähe des kleinen Gebirgsbaches finden sich auch noch Vertreter eines noch feuchteren Galeriewaldes (z.B. *Uapaca heudelotii*), der prägende Charakter des Waldes bei *Man* ist jedoch der zuvor genannte.

Mit dem 18. Faktor werden im Anschluß daran zwei immergrüne Feuchtwaldstandorte im Waldreservat von *Yapo* charakterisiert (19 und 20), die im Vergleich zu den übrigen Testflächen im "Yapo-Feuchtwald" (13, 14, 16-18) einen eigenständigen Waldtyp markieren, mit einer starken Dominanz von *Pellegrinodendron diphyllum* und *Tarrietia utilis*.

Tabelle 7.2: Faktorwerte der ersten 33 Faktoren der PCA der Pflanzenaufnahmen

Nr.	Artname	FW	A	S/F
Faktor 18				
28	Allanblackia floribunda	**	4	F
43	Anthostema aubryanum	**	4	F
(-)163	Dacryodes klaineana	*	4	T
326	Mitragyna ciliata	*	4	F
367	Pellegrinodendron diphyllum	***	4	F
437	Strephonema pseudocola	*	5	F
442	Symphonia globulifera	*	4	F
449	Tarrietia utilis	***	5	F

Der 19. Faktor integriert die Standorte *85, 86* und *91*. Der diesen Faktor charakterisierende Vegetationstyp entspricht einem "Forêt sèche" mit ausgeprägter Dominanz von *Isoberlinea doka* - häufig findet sich *Isoberlinia* mit *Uapaca somon* vergesellschaftet (vgl. MIEGE, 1955). Seine natürliche Verbreitung findet dieser Waldtyp in Regionen mit einer 4 bis 6 Monate anhaltenden strengen Trockenzeit, die nur den Standort *91* charakterisiert, jedoch keineswegs die Testflächen in der Umgebung von *Séguéla*.

Dieser trockenere Typ des offenen Trockenwaldes findet sich besonders in dünn besiedelten Regionen der mittleren Elfenbeinküste, so z.B. zwischen *Bondoukou* und *Bouna* im Osten, zwischen *Katiola* und *Tafire* im Zentrum oder auch zwischen *Mankono* und *Boundiali* im zentralwestlichen Teil des Landes. *Isoberlinia* selbst ist extrem feuerresistent, ih-

Tabelle 7.2: Faktorwerte der ersten 33 Faktoren der PCA der
Pflanzenaufnahmen

Nr.	Artname	FW	A	S/F
Faktor 19				
39	Anthocleista djalonensis	**	3	T
62	Berlinia grandiflora	*	3	S/T
75	Bridelia ferruginea	**	3	S
87	Canthium cornelia	*	2	T/S
227	Ficus capensis	***	3	S
279	Isoberlinia doka	***	2	S
285	Khaya senegalensis	*	2	S
314	Maranthes polyandra	*	2	S
355	Parinari aubrevillei	*	4	F
481	Uapaca somon	***	2	S
489	Vitex doniana	*	3	S/F

re Vermehrung über Wurzelaustriebe ist gegenüber der über Samenkeimlinge stark im Vorteil, so daß sie das dominante Element dieser Wälder darstellt. *Isoberlinia*-Trockenwälder sind damit eindeutige Anzeiger von traditionellen Viehzuchtgebieten.

Aufgrund dieser Nutzung treten im Bereich dieser Trockenwälder sämtliche Übergangsformen von einem "Forêt sèche" über einen "Forêt claire", eine "Savane boisée/Savanna woodland" und eine "Savane arborée/-Tree savanna" bis hin zu einer "Savane arbustive/Shrub savanna" auf. Einzig und allein die Intensität der Weidenutzung und die Art der Behandlung entscheiden über die Artzusammensetzung und über das physiognomische Erscheinungsbild und damit über die Vegetationsformation.

Dabei treten die großen Bäume von *Isoberlinia* und *Daniellia* in einer "Savane arborée" (< 25% Flächenbedeckung) praktisch nicht mit den anuellen Gräsern in Konkurrenz. Der mittlere Baumabstand ist so groß, daß genügend Licht auf den Boden fällt, um eine gute Weide mit heliophilen Gramineen entstehen zu lassen. Bei nachlassender "Pflege" dieser Weiden, d.h. kein regelmäßiges Abbrennen und keine regelmäßige Beweidung, nimmt der Baumwuchs auf den Savannenflächen unverzüglich zu. Die Gramineen, die unmittelbar vor dem jährlichen Feuer auszukeimen beginnen, geraten in Konkurrenz mit anderen Gräsern, deren Futterwert von den Viehzüchtern als geringer angesehen wird (vgl. Cesar, 1992).

Steigt die Baumbedeckung pro Fläche auf ca. 25-50% an (Savane boisée - ANHUF & FRANKENBERG, 1991), so reduziert sich die Futtergrasproduktion pro Fläche um 30 bis 40% gegenüber einer "Savane arborée" mit einer Flächenbedeckung bis zu 20% (vgl. AUDRU, 1977 in: BOUTRAIS, 1980). Ähnliche Ergebnisse legt auch RIPPSTEIN, 1977 in: Boutrais, 1980) aus Cameroun vor. Ein anderer entscheidender Grund, der für die Offenhaltung der Landschaft eine wesentliche Rolle spielt, ist die Verbreitung der Tsetsefliege, die die Schlafkrankheit bei

Rindern überträgt. "On a remarqué à plusieurs repuses que les secteurs infestés de glossines (Tsetsefliege) en zone soudanienne correspondent à des boisements denses" (BOUTRAIS, 1980, S.239).

Bei den eigenen Testparzellen handelt es sich allerdings ausschließlich um kleine Inseln eines "Forêt claire" in einer dominanten Savannenlandschaft, die seit längerer Zeit (mind. 2 Jahre) nicht mehr gebrannt worden.

Faktor 20 lädt nur einen einzigen Standort, Nr. 64, hoch. Es handelt sich um einen weiteren Savannenvertreter (Baumsavanne) des Lamto-Reservates, dem allerdings die sonst prägenden Spezies (*Borassus* und *Annona*) fehlen. Dominantes Element dieses Standortes ist allein *Cochlospermum planchonii* (vgl. Tab. 7.2 und Tab. A.I). Minimumfaktor einer durch diesen Faktor charakterisierten Vegetationsformation sind Niederschlagsmengen von 600 mm Jahresniederschlag. Danach wäre ein solcher Standort im Übergangsbereich der "Domaine sahelienne" zur "Domaine soudanien" zu erwarten, nicht jedoch an der Grenze zu einem semihumiden halbimmergrünen Feuchtwald mit mehr als der doppelten Niederschlagsmenge. Damit erscheint der Vegetationsbesatz dieser Testfläche klimaökologisch um 4 Monate trockener als seiner natürlichen Umgebung mit 8 humiden Monaten (Station *Bouaké*) entsprechend (vgl. LAUER & FRANKENBERG, 1981). Der Mensch hat durch sein Einwirken eine Vegetationsverschiebung um eine Zone verursacht - die Sudanzone ist verschwunden, der Südsahel schließt praktisch direkt und übergangslos an die trocken halbimmergrünen Feuchtwälder an.

Tabelle 7.2: Faktorwerte der ersten 33 Faktoren der PCA der Pflanzenaufnahmen

Nr.	Artname	FW	A	S/F
Faktor 20				
88	Canthium hispidum	*	4	F
126	Cochlospermum planchonii	***	2	S
156	Crossopterix febrifuga	*	3	T
169	Detarium microcarpum	*	2	S
189	Diospyros mespiliformis	*	3	F/T
312	Manilkara multinervis	*	3	T/S
372	Phoenix reclinata	*	3	S
386	Pseudarthia hookeri	*	3	S

Faktor 21 ist noch einmal ein Repräsentant der "Eloka-Savanne" in der Nähe von Abidjan (vgl. Faktor 5). Die Parzellen 219 und 220 haben im Zuge der Wiederbewaldung o.g. Savanne den höchsten Grad der Affinität eines Sekundärwaldes erlangt. MIEGE (1966, S. 165) stellt fest: "Les essences les plus envahissantes appartiennent à des groupements de forêts secondaires. Ce sont principalement: *Alchornea cordifolia, Harungana madagascariensis, Macaranga barteri, Macaranga hurifolia, Rauvolfia vomitoria, Trema guineensis, Vernonia colorata, Xylophia aethiopica* et *Bridelia divers*." (vgl.Tab. 7.2). Dabei findet der Waldnachwuchs primär am Waldrand statt, sekundär jedoch durch einzelne Pflanzen, die sich in der Savanne ansiedeln, um dort einen Nucleus für neue Kolonien zu bilden.

Tabelle 7.2: Faktorwerte der ersten 33 Faktoren der PCA der Pflanzenaufnahmen

Nr.	Artname	FW	A	S/F
Faktor 21				
76	Bridelia grandis	*	4	F/T
(-)227	Ficus capensis	**	3	S
291	Lannea nigritana	*	3	S
301	Lophira alata	*	4	F
401	Pycnanthus angolensis	*	4	F
435	Sterculia tragacantha	***	3	F/T
467	Trichilia heudelotii	*	4	F

Diese Untersuchungen zeigen, daß die Savannen im Küstenbereich in wenigen Jahrzehnten verschwinden und von einer Feuchtwaldsukzession abgelöst würden, wenn nicht die Ausbreitung des Ackerbaus der Wiederbewaldung massiv entgegenstünde. Es dokumentiert sich abermals die Annahme, daß die Savannenareale innerhalb der heutigen Waldzone wohl kaum das Resultat einer Kombination aus den "Nachwehen" einer kaltzeitlichen Klimaungunst und edaphischer Ungunst (tertiäre Sande) sein können, was auch heute noch von zahlreichen Autoren (ADJANOHOUN & GUILLAUMET (1964), AUBREVILLE (1962), DEVINEAU (1976), DUGERDIL (1970), GUILLAUMET (1967), MANGENOT (1955), MIEGE (1966), PORTERES (1950), SCHNELL (1952), SPICHIGER (1975)) vertreten wird. Wie sonst ist eine Entwicklung von einer offenen Grassavanne hin zu einem dichten Sekundärwald als Vorstufe eines ombrophilen immergrünen Feuchtwaldes unter unveränderten Klimabedingungen der vergangenen fünf Jahrzehnte zu erklären?

Faktor 22 faßt die Standorte 73 und 74 als ähnlich in dem sie prägenden Baummosaik zusammen. *Antiaris africana* und *Vitex doniana* (vgl. Tab. 7.2) sind nach MENAUT (1983) typische Vertreter eines "Forêt dense sèche" (dry deciduous forest), dem aber auch Arten aus dem "Forêt semi-decidue" (z.B. *Chlorophora excelsa*) nicht fremd sind. Auf diesen geschützten Parzellen im Bereich der Forschungsstation von Lamto vollzieht sich zumindest die Wiederherstellung eines "Forêt dense séche", wobei eine weitere Sukzession zu einem "Forêt dense semi-decidue" wahrscheinlich ist. Als Klimax wäre mit der Wiederherstellung eines semihumiden halbimmergrünen Feuchtwaldes zu rechnen, denn bislang fehlen jegliche immergrüne Spezies in der Liste der Faktorwerte. Im Gegensatz dazu finden sich vermehrt Arten der "Forêts claires" aus den nördlichen Bereichen (wie z.B. *Diospyros mespiliformis*), Relikte der ehemals intensivst genutzten Savannenareale in diesem Raum.

Tabelle 7.2: Faktorwerte der ersten 33 Faktoren der PCA der
Pflanzenaufnahmen

Nr.	Artname	FW	A	S/F
Faktor 22				
17	Afzelia africana	*	3	T/S
40	Anthocleista nobilis	*	5	F/T
44	Antiaris africana	*	4	T
69	Borassus aethiopum	*	3	S
75	Bridelia ferruginea	*	3	S
88	Canthium hispidum	*	4	F
107	Chlorophora excelsa	**	4	F
189	Diospyros mespiliformis	**	3	F/T
372	Phoenix reclinata	*	3	S
390	Psorospermum febrifugum	*	3	S
395	Psychotria psychotrioides	***	3	F
423	Secamone afzelii	**	4	S
489	Vitex doniana	***	3	S/F
494	Xylophia aethiopica	*	3	T

Faktor 23 faßt eine eigene sowie eine weitere Testfläche von GUILLAUMET (1967) als ähnlich in ihrem Vegetationsbestand zusammen. Der Standort *102* befindet sich entlang der Straße von *Séguéla* nach *Man*, ca. 30 km hinter der Brücke über den *Sassandra* auf der linken Straßenseite, der Standort 130 auf dem rechten Ufer des *Sassandra* unweit des Ortes *Nigbi II* (ca. 10 km südlich von *Soubre*). GUILLAUMET (1967) bezeichnet den Waldtyp, der diesen beiden Testflächen eignet, als einen ombrophilen halbimmergrünen Feuchtwald (forêt dense humide semi-decidue - S. 107), in dem zahlreiche Vertreter der immergrünen Feuchtwälder bereits fehlen. Die prägenden Arten sind *Terminalia superba*, *Triplochiton scleroxylon*, *Piptadeniastrum africanum* und *Celtis adolfi-friderici* (vgl.Tab. 7.2). Die gleichen Arten können allerdings auch die semihumiden halbimmergrünen Feuchtwälder dominieren, so daß eine Charakterisierung nur als "*Celtis*- und *Triplochiton*-Wald irreführend wäre. Was die feuchte Variante eines solchen Waldes ausmacht, ist das Fehlen jeglicher Spezies aus der lichten sudano-guineensischen Übergangszone. Die begleitende Baumflora entstammt entweder den ombrophilen immergrünen Feuchtwäldern, den ombrophilen halbimmergrünen Feuchtwäldern oder den semihumiden halbimmergrünen Feuchtwäldern.

GUILLAUMET hält den Wald bei *Nigbi II* für natürlich und weitestgehend vom Menschen noch unbeeinflußt, so daß die Vermutung eines alten, mittlerweile wieder geschlossenen Sekundärwaldes ausgeschlossen werden kann. Bei einem Jahresniederschlag von knapp 1600 mm und einer zusammenhängenden Trockenzeit von mindestens 2 Monaten kann kein immergrüner Feuchtwald mehr gedeihen.

Tabelle 7.2: Faktorwerte der ersten 33 Faktoren der PCA der
Pflanzenaufnahmen

Nr.	Artname	FW	A	S/F
Faktor 23				
28	Allanblackia floribunda	*	4	F
42	Anthonotha macrophylla	*	4	F
56	Baphia nitida	*	4	F
99	Celtis adolfi-friderici	*	4	F
106	Chidlowia sanguinea	*	4	F
295	Leea guineensis	*	3	F
313	Mansonia altissima	*	4	F
328	Monodora myristica	*	4	F
337	Napoleona vogelii	*	4	F
378	Piptadeniastrum africanum	**	4	F
401	Pycnanthus angolensis	*	4	F
407	Ricinodendron heudelotii	*	4	F/T
438	Strombosia glaucescens	*	4	F
457	Terminalia superba	***	4	F
467	Trichilia heudelotii	*	4	F
475	Triplochiton scleroxylon	***	4	F

Der Wald östlich von *Man* stellt heute nur noch den Rest eines solchen Waldes dar, der seiner mittleren und unteren Baumstraten zugunsten einer Kaffee- und Kakaoplantage beraubt wurde. Das hochreichende Kronendach dient als Schattenspender und konnte so bis heute "überleben".

Der Faktor 24 integriert die Standorte *79, 82* und *95* als ähnlich in ihrer Vegetationszusammensetzung. Hierbei handelt es sich ebenfalls um einen klassischen Vertreter des "Forêt claire" mit einer Dominanz von *Daniellia oliveri*, *Detarium microcarpum* und *Vitex doniana*. Vergleichbar den Wäldern des Faktors 19 sind auch die *Daniellia*-Trockenwälder ein Produkt traditioneller Viehzucht. Dabei spielt *Daniellia* eine ähnlich bedeutende Rolle in der Futterversorgung während der Trockenzeit wie z.B. *Acacia albida* in der Sahelzone. Zu Beginn der Trockenzeit (Dezember/Januar) treibt *Daniellia* die frischen neuen Blätter aus, die als willkommene Futterergänzung von den Rindern gefressen werden. Unmittelbar nach dem Neuaustrieb beginnt die Blütezeit. Die Blüten sind wohlriechend und zuckersüß und werden sowohl von den Bienen als auch von den Rindern (wenn sie zu Boden gefallen sind) sehr geschätzt.

Bei allen drei Standorten kann man noch von relativ dichten "Forêt claire" sprechen, deren flächenhafte Ausdehnung allerdings sehr beschränkt ist.

Der 25. Faktor beschreibt ausschließlich drei eigene Standorte (*93, 101, 111*), sämtlich an der rezenten nördlichen Waldgrenze des Forêt mesophile (nach ADJANOHOUN 1964) gelegen. Diese Lageposition ließ einen semihumiden halbimmergrünen Feuchtwald erwarten, wie er z.B. in Faktor 11 näher gekennzeichnet und charakterisiert worden ist. Ein Blick auf die

Tabelle der Faktorwerte (Tab. 7.2) dieses Faktors macht die Ähnlichkeit dieser Standorte zu denen des Faktors 23 deutlich, also zu einem ombrophilen halbimmergrünen Feuchtwald. Die beherrschenden Spezies dieses Waldes sind *Albizia zygia*, *Bosqueia angolensis*, *Funtumia africana* und *Terminalia superba*.

Tabelle 7.2: Faktorwerte der ersten 33 Faktoren der PCA der Pflanzenaufnahmen

Nr.	Artname	FW	A	S/F
Faktor 24				
62	Berlinia grandiflora	**	3	S/T
96	Cassipourea congoensis	*	3	F/T
145	Combretum molle	**	4	S
164	Daniellia oliveri	***	3	S
169	Detarium microcarpum	***	2	S
223	Eupatorium odoratum	***	4	F
285	Khaya senegalensis	*	2	S
320	Mezoneuron bethamianum	**	4	F/T
355	Parinari curatellifolia	**	2	S
436	Stereospermum kunthianum	**	2	S
455	Terminalia laxiflora	**	2	S
456	Terminalia macroptera	**	2	S
466	Trichilia emetica	**	2	S
489	Vitex doniana	***	3	S/F

Tabelle 7.2: Faktorwerte der ersten 33 Faktoren der PCA der Pflanzenaufnahmen

Nr.	Artname	FW	A	S/F
Faktor 25				
26	Albizia zygia	***	4	F/T
30	Alstonia boonei	*	4	F
47	Antidesma venosum	**	3	F/T
72	Trilepisium madagascariensis	***	4	F
103	Celtis zenkeri	*	4	F/T
227	Ficus capensis	*	3	S
241	Funtumia africana	***	4	F
361	Parkia bicolor	*	4	F
457	Terminalia superba	***	4	F
467	Trichilia heudelotii	*	4	F
475	Triplochiton scleroxylon	*	4	F

Der Faktor 26 beschreibt zwei Standorte KEAYS in Nordnigeria, die durch die sie prägenden Baumspezies bereits an der Nordgrenze der "domaine sudanais" anzusiedeln wären. Neben *Anogeissus leiocarpus* treten *Acacia seyal*, *Albizia chevalieri* und *Balanites aegyptiaca* besonders stark in den Vordergrund. Es handelt sich bei diesen Standorten um flache Senkenbereiche am Oberlauf eines kleinen Baches, die die starke Dominanz von *Acacia seyal* erklären. Aber auch diese beiden Parzellen sind eingebettet in das von KEAY (1949) bereits beschriebene Landnutzungssystem (vgl. Faktor 12) einer regelmäßigen Beweidung ohne alljährlichen Grasbrand. *Acacia seyal* und *Balanites aegyptiaca* sind beide von den Nomaden geschätzte und geschützte Weidebäume. Blätter und junge Triebe gelten wie die Früchte als wertvolles Viehfutter. Die Früchte von Balanites werden auch vom Menschen sehr geschätzt. MAYDELL (1983) zitiert eine "Volksweisheit" aus Bornu (afrikanisches Königreich aus dem 14. - 19. Jahrhundert, südwestlich des Tschadsees gelegen), die besagt, daß ein *Balanites* gleich einer Milchkuh sei. Nicht nur Blätter und Früchte des immergrünen Baumes werden seit Jahrtausenden (Grabbeigaben in Gräbern der 12. Dynastie in Ägypten) im ganzen semiariden Afrika geschätzt, sondern auch das Holz gilt als ausgezeichnetes Brennmaterial und als Holzkohlebasis.

Tabelle 7.2: Faktorwerte der ersten 33 Faktoren der PCA der Pflanzenaufnahmen

Nr.	Artname	FW	A	S/F
Faktor 26				
7	Acacia seyal	***	3	S
23	Albizia chevalierii	***	1	S
37	Anogeissus leiocarpus	***	2	T/S
53	Balanites aegyptiaca	**	2	S/T
149	Commiphora pedunculata	*	3	S
419	Sclerocarya birrea	*	2	S
(-)441	Strychnos spinosa	*	2	S
489	Vitex doniana	*	3	S/F

Das breite ökologische Spektrum von *Balanites* gibt der Pflanze die Möglichkeit, sich vom Nordsahel bis in die Nordsudanzone auszubreiten, seine immergrüne Strategie macht den Baum unempfindlich gegenüber interannuären Niederschlagsschwankungen und die besonders gute Keimfähigkeit der vom Vieh ausgeschiedenen Samen garantiert eine starke und nachhaltige Verbreitung des Baumes auch in Regionen, in denen er ohne die Unterstützung der Weidetiere nahezu chancenlos wäre.

Faktor 27 wird nicht näher beschrieben, weil keine der einbezogenen Testparzellen hinreichend signifikante Faktorladungen aufzuweisen hatte (sämtlich < 0.4).

Der Standort 12 prägt den Faktor 28 allein. Ebenfalls noch im "Parc Nationaux de Banco" gelegen, wird er von Spezies wie *Allanblackia floribunda*, *Carapa procera* und *Holoptelea grandis* charakterisiert, die nach Aussage MENAUT's (1983) eindeutig auf einen "Forêt dense semi-decidue" hinweisen. Da es sich bei diesem Wald um einen Park handelt, der auf der einen Seite zwar vor Ausholzung geschützt, auf der anderen in Teilen wegen der Zugänglichkeit im Unterholz offen gehalten wird, kann dieses Ergebnis sicherlich nicht als repräsentativ für den gesamten Wald gelten, der in seinem Klimax-Stadium zu einem ombrophilen immergrünen Feuchtwald auswachsen würde.

Tabelle 7.2: Faktorwerte der ersten 33 Faktoren der PCA der Pflanzenaufnahmen

Nr.	Artname	FW	A	S/F
Faktor 28				
28	Allanblackia floribunda	**	4	F
32	Amphimas pterocarpoides	*	4	F
62	Berlinia grandiflora	*	3	S/T
91	Carapa procera	**	5	F
115	Chrysophyllum subnudum	*	4	F
131	Cola cordifolia	*	3	S
139	Combretodendron macrocarpum	*	4	F/T
270	Holoptelea grandis	***	4	F
285	Khaya senegalensis	*	2	S
301	Lophira alata	*	4	F
438	Strombosia glaucescens	*	4	F
445	Tabernaemontana crassa	*	4	F
478	Uapaca esculenta	*	4	F

Faktor 29 repräsentiert ausschließlich zwei der eigenen Testparzellen. An der Straße von *Odienné* nach *Boundiali* gelegen (*104*) (vgl. Abb. 7.2), handelt es sich hierbei ebenfalls um einen Vertreter eines feuchten "Forêt sèche", dem einerseits aber auch Arten eines "Forêt dense sèche" angehören und andererseits Spuren einer seit mindestens Jahrzenten andauernden landwirtschaftlichen Nutzung trägt (z.B. *Tectona grandis* und *Magnifera indica*). Die Aufnahmefläche *88*, nordwestlich von *Bouna* gelegen, wird von den Arten *Isoberlinia tomentosa*, *Manilkara multinervis* und *Monotes kerstingii* dominiert, ebenfalls Vertreter eines lichten Trockenwaldes, feuchterer Ausprägung (vgl. MIEGE, 1955).

Mit dem 30. Faktor wird schließlich der letzte Feuchtwaldtyp des Forstreservates von Yapo beschrieben (15), den die Arten *Scottelia coriacea* und *Strombosia glaucescens* prägen. Gerade die Analyse der Feuchtwaldstandorte (Faktor 4, 9, 18 und 28) zeigt, daß es innerhalb der Wälder immer wieder zu einer lokalen Dominanz einzelner Arten kommt, die auch auf anderen Waldstandorten des Azagny-Reservates beobachtet und von BARTHLOTT (1979) beschrieben wurden.

Tabelle 7.2: Faktorwerte der ersten 33 Faktoren der PCA der
Pflanzenaufnahmen

Nr.	Artname	FW	A	S/F
Faktor 29				
37	Anogeissus leiocarpus	**	2	T
42	Anthonotha macrophylla	***	4	F
44	Antiaris africana	**	4	TF
68	Bombax costatum	**	2	S
169	Detarium microcarpum	*	2	S
280	Isoberlinia dalzielii	**	2	S
285	Khaya senegalensis	**	2	S
312	Manilkara multinervis	*	3	T/S
397	Pterocarpus erinaceus	**	2	S
444	Syzygium guineense	***	4	S
450	Tectona grandis	**	9	F/T

Tabelle 7.2: Faktorwerte der ersten 33 Faktoren der PCA der
Pflanzenaufnahmen

Nr.	Artname	FW	A	S/F
Faktor 30				
(-) 28	Allanblackia floribunda	**	4	F
(-) 65	Blighia welwitschii	**	4	F
137	Cola nitida	*	4	T
(-)139	Combretodendron macrocarpum	**	4	F/T
(-)163	Dacryodes klaineana	**	4	T
190	Diospyros sanza-minika	*	4	F
198	Drypetes aylmeri	*	5	F
421	Scottelia coriacea	***	4	F
437	Strephonema pseudocola	*	5	F
438	Strombosia glaucescens	***	4	F

Faktor 31 repräsentiert einen der eigenen Standorte. Die Fläche *113*, in rund 1000 m Höhe nur knapp unterhalb des Gipfels des Mt. Tonkoui im Bergland von *Man* gelegen, entspricht einem ombrophilen immergrünen Bergfeuchtwald, der von *Parinari excelsa* beherrscht wird (vgl. GUILLAUMET & ADJANOHOUN 1971). Die geringeren Durchschnittstemperaturen, die hypsographisch erhöhten Niederschläge, eine dadurch generell erhöhte relative Luftfeuchtigkeit und eine auf bis maximal zwei Monate verkürzte Trockenzeit garantiert die klimatischen Vorraussetzungen für das Wachstum eines solchen Feuchtwaldes.

Die wenigen Berggipfel im Westen der Côte d'Ivoire, die diese Höhen erreichen, sind größtenteils über 1000 m nicht mehr ackerbaulich genutzt und werden auch selten gebrannt. Bis auf vereinzelte Jäger sind die Bergkuppen weitestgehend unberührt und repräsentieren damit noch Reste eines naturnahen ombrophilen immergrünen Bergfeuchtwaldes.

Tabelle 7.2: Faktorwerte der ersten 33 Faktoren der PCA der Pflanzenaufnahmen

Nr.	Artname	FW	A	S/F
Faktor 31				
16	Afrosersalisia cerasifera	**	4	F
40	Anthocleista nobilis	**	5	F/T
77	Bridelia micrantha	**	4	T
99	Celtis adolfi-friderici	*	4	F
210	Entandophragma candollei	**	4	F
224	Fagara angolensis	***	4	F
296	Leptaulus daphnoides	**	4	F
304	Macaranga barteri	*	4	F/S
356	Parinari excelsa	***	4	F
361	Parkia bicolor	**	4	F
461	Tiegemella heckelii	*	4	F
480	Uapaca heudelotii	**	3	F/T

Tabelle 7.2: Faktorwerte der ersten 33 Faktoren der PCA der Pflanzenaufnahmen

Nr.	Artname	FW	A	S/F
Faktor 32				
44	Antiaris africana	*	4	T
62	Berlinia grandiflora	**	3	S/T
(-) 75	Bridelia ferruginea	**	3	S
141	Combretum geitonophyllum	*	2	S
164	Daniellia oliveri	**	3	S
(-)169	Detarium microcarpum	*	2	S
175	Dichrostachys cinera	***	3	S
227	Ficus capensis	*	3	S
290	Lannea microcarpa	***	2	S
397	Pterocarpus erinaceus	***	2	S
425	Securinega virosa	**	3	S
455	Terminalia laxiflora	**	2	S

Übrig bleibt noch Faktor 32, der eine Bowal- Fläche am Rande des Comoé - Nationalparkes charakterisiert (*90*, vgl. Abb. 3.5). Dominiert wird diese Testfläche von den Spezies *Dichrostachys cinera*, *Lannea microcarpa* und *Pterocarpus erinaceus*. Bei den Bowals handelt es sich vom Bodentyp her um harte Laterit-Panzerflächen, sogenannte "curiasses dénudées" ohne jede lockere Bodenkrume. Sie sind weitgehend gehölzfrei. Vorhandene Gehölze sind gewöhnlich in kleinen Gruppen oder alleinstehend anzutreffen (vgl. Abb. 3.5).

Mit dem Faktor 33 wird abschließend noch einmal ein Standort der Eloka-Savanne östlich von *Abidjan* beschrieben. Er nimmt eine Zwischenstellung zwischen den Testflächen des Faktors 5 und denen des Faktors 21 ein. Die Entwicklung hin zu einem Sekundärwald hat bereits eingesetzt, ist aber noch nicht so weit fortgeschritten, wie sie bei den Parzellen des Faktors 21 beobachtet wurde.

Tabelle 7.2: Faktorwerte der ersten 33 Faktoren der PCA der Pflanzenaufnahmen

Nr.	Artname	FW	A	S/F
Faktor 33				
77	Bridelia micrantha	*	4	T
301	Lophira alata	*	4	F
393	Psychotria guineensis	***	4	F
494	Xylophia aethiopica	***	3	T

Tabellenlegende: (*gültig für alle Tab.-Abschnitte von 7.2*)

(-)	:	Arten mit negativen Faktorwerten
Nr.	:	numerische Artensortierung
*	:	Faktorwerte 1,5 - 3
**	:	Faktorwerte 3 - 5
***	:	Faktorwerte > 5
1	:	sahelo - sudanisches Verbreitungsareal
2	:	sudanisches "
3	:	sudano - guineensisches "
4	:	guineensisches "
5	:	guineensisch (endemische Taxa aus den Wäldern westlich von Togo)
6	:	guineensisch (endemische Taxa der Côte d'Ivoire)
8	:	Taxon afro - americain
S	:	Savannenbaum
T	:	Trockenwaldbaum
F	:	Feuchtwaldbaum

Damit ist es gelungen, die vorliegenden 229 Pflanzenaufnahmen zu Standortgruppen zusammenzufassen, die sich nach ihrem Artenbesatz ähnlich sind und diese Gruppen eindeutig zu charakterisieren. Die Zugehörigkeit der einzelnen Pflanzenaufnahmen zu den zuvor charakterisierten Faktoren veranschaulicht die Abb. 7.6.

Gestützt werden diese Ergebnisse und ihre Interpretation durch eine zweite Faktorenanalyse über die gleichen Standorte, allerdings wurden in diesem Fall nicht nur die ausgewachsenen Bäume sondern auch der gesamte Baumjungwuchs in diese Analyse einbezogen. Die Untersuchungen von DEVINEAU ET AL. und VUATTOUX an den Standorten 21-38 und 49-78 machen dies möglich, weil die Autoren auf immer den selben Testflächen zeitliche Vergleichsuntersuchungen vornahmen und die aufgefundenen Arten nicht nur auszählten, sondern dabei zwischen "ausgewachsen" und "Jungwuchs" unterschieden. Damit steht ein zweiter Datensatz zur Verfügung, mit dem anschließend erneut eine Hauptkomponentenanalyse durchgeführt wurde (Arten = Fälle, Standorte = Variable).

Das Interesse konzentriert sich auf möglicherweise sich entwickelnden Waldsukzessionen und damit auf die Faktoren, die durch die Berücksichtigung des Baumjungwuchses eine Neu- bzw. Umgruppierung der sie prägenden Standorte erfahren haben. Davon betroffen sind die neuen Faktoren 2 und 18.

Der Faktor 2 faßt die Standorte 23-26, 35-38, 70, 71 sowie 77 und 78 zusammen. Wesentlicher Unterschied zu Faktor 2 der zuerst berechneten Hauptkomponentenanalyse (PCA) ergeben sich dadurch, daß es sich hierbei um einen völlig neu zusammengesetzten Faktor handelt, dessen Standorte aus 3 verschiedenen Faktoren der ersten PCA stammen. Durch die Berücksichtigung des Jungwuchses auf diesen Testflächen hat sich diese Neugruppierung ergeben. Dieses dokumentiert sich auch in der Artenzusammensetzung, die diese Standorte prägt (vgl. Tab. 7.2.). Neben reinen Savannenvertretern wie *Bridelia ferruginea*, die auch hier wieder auf die massive anthropogene Überprägung der Standorte hindeuten, verzeichnen Arten wie *Allophyllus africanus* und *Eupatorium odoratum* ebenfalls hohe positive Faktorwerte. Zum einen handelt es sich beiden genannten Arten um typische Waldvertreter der "domaine guinéene", zum anderen dokumentieren die genannten Arten die 1. Phase in der Entwicklung eines sekundären Feuchtwaldes. Nach SWAINE & HALL (1983) wird diese erste Phase normalerweise von *Musanga cecropioides* und *Trema orientalis* beherrscht. Sind die Böden eines entstehenden Sekundärwaldes durch anthropogene Einwirkung mäßig bis stark degradiert, wird die Sekundärwaldsukzession nicht von *Musanga* und *Trema* sondern von *Eupatorium* und *Allophyllus* eingeleitet. Am Ende der Kette von 3 Sukzessionsphasen steht die vollständige Wiederherstellung eines geschlossenen Feuchtwaldes, zumindest aber eines geschlossenen "Forêt semi-decidue". Im Vergleich zu den Ergebnissen der ersten Hauptkomponentenanalyse wird die Interpretation der dort charakterisierten Faktoren 6 und 12 in vollem Umfang bestätigt, wobei unter Berücksichtigung des aufkommenden Jungwuchses sogar die Möglichkeit eines noch feuchteren Endstadiums der Waldsukzession wahrscheinlich wird.

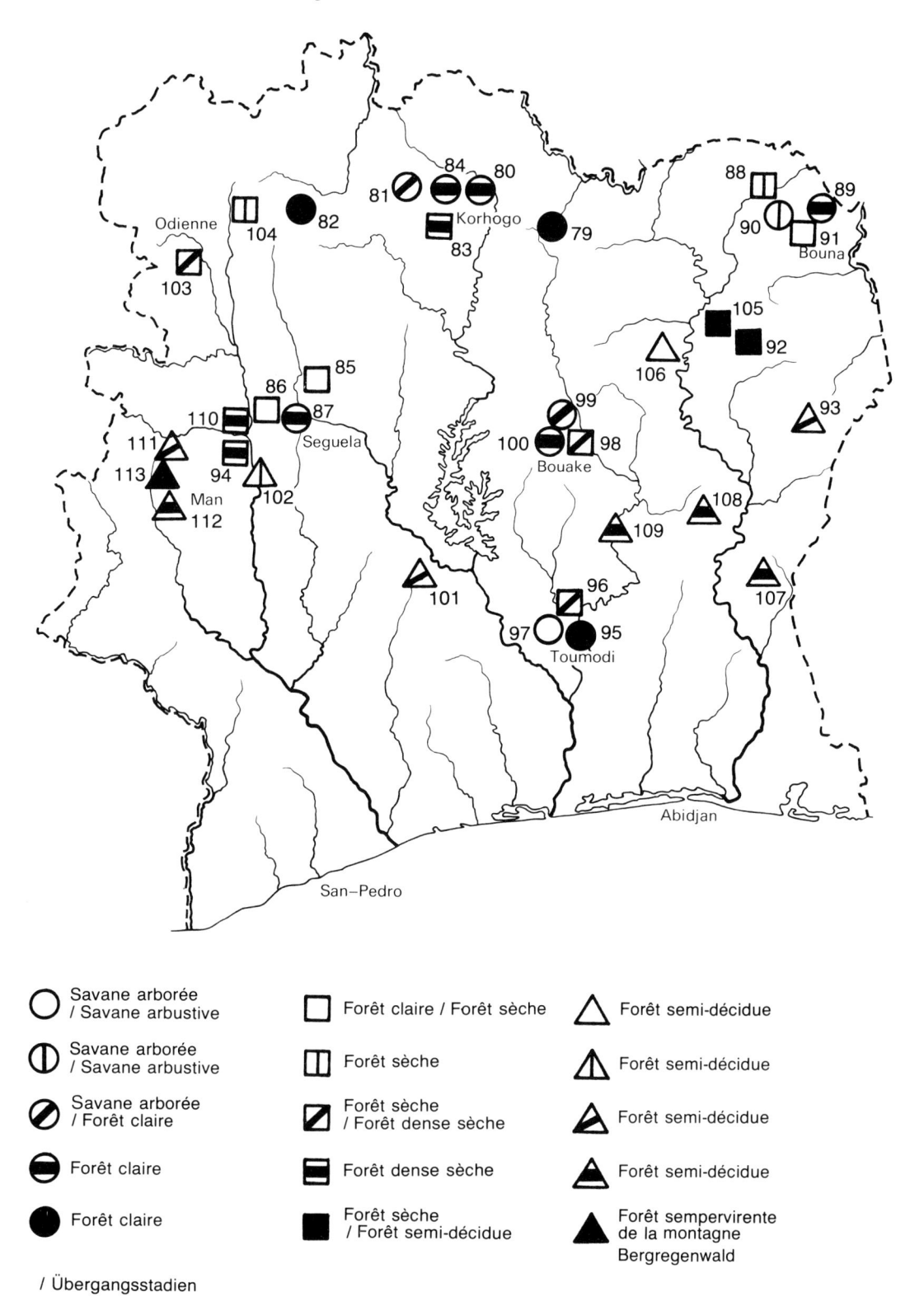

Zeitlicher Vegetations- und Klimawandel in Côte d'Ivoire   195

Abb. 7.6: Zuordnung der eigenen Testflächen zu den extrahierten Faktoren, sowie deren Zugehörigkeit zu den verschiedenen Waldformationen

Übrig bleibt Faktor 18, der die Standorte 31 und 32 als ähnlich zusammenfaßt. Nach der ersten PCA wurden diese Standorte vom Faktor 2 geladen, der einem typischen V-Baoulé Typ starker anthropogener Überprägung entspricht. Unter Berücksichtigung der zeitlichen Veränderung der selben Testfläche (Nr. 27-32 in Abständen von jeweils 3 Jahren aufgenommen) hat sich über den Zeitraum von 15 Jahren aus einer typischen V-Baoulé-Savanne durch Verhinderung des sonst alljährlich üblichen Abbrennens dieser Savannenlandschaft ein charakteristischer Vertreter eines geschlossenen "Forêt dense seche" entwickelt. Bei den über die Faktorwerte berechneten wichtigsten Baumarten dieser beiden Standorte handelt es sich ausschließlich um sogenannte Waldvertreter. Das gleichzeitige Auftreten und die zu beobachtenden hohen Faktorwerte bei *Antiaris africana, Canthium hispidum, Eupatorium odoratum* und *Paullinia pinata* machen eine Weiterentwicklung dieses Waldes zu einem "Forêt dense semi-decidue" mehr als wahrscheinlich. Gleichsam unterstreicht dieses Ergebnis das zuvor geschilderte 3 Phasen-Modell der Wiederbewaldung nach SWAINE & HALL. Danach repräsentieren die Standorte 31 + 32 quasi den Abschluß der 2. Phase.

7.2. Die Zusammenhänge zwischen der aktuellen Vegetation und den Böden

Die Verbreitung und Ausprägung der Vegetationsformationen wird durch das komplexe Zusammenwirken unterschiedlicher Geofaktoren bestimmt. An erster Stelle sind hier die klimatischen und die edaphischen Einflußfaktoren zu nennen. So gilt es festzustellen, inwieweit Vegetationsveränderungen durch Bodenunterschiede verursacht werden. Dazu wurden von Herrn BECK, aus den einzelnen Vegetationstestflächen Bodenproben entnommen und anschließend im Labor analysiert. Diese Arbeiten mündeten in einer Diplomarbeit, deren wesentliche Ergebnisse hier komprimiert wiedergegeben werden. Es war aus technischen Gründen nicht möglich, von sämtlichen Vegetationstestarealen Bodenproben zu entnehmen. Die Numerierung der eigenen Testflächen erfolgte einmal hierarchisch von I - XXXV und bei den Vegetationsanalysen (in Kap. 7.1) eingereiht in die Gesamtzahl der 229 zur Verfügung stehenden Vegetationsaufnahmen als Nr. 79 - 113 (vgl. dazu Abb. 3.4).

Mit Hilfe eines multivarianten Ansatzes, der Cluster-Analyse, wurde versucht, Bodenprofile mit ähnlichen produktionsbiologischen Eigenschaften zu Klassen zusammenzufassen, so daß Aussagen über die edaphischen Steuerfaktoren und die dazugehörige Vegetationsbedeckung gemacht werden können.

Das Ergebnis der Cluster-Analyse ist der nachfolgenden Abb.7.7 zu entnehmen. Das Dendrogramm ergibt eine Klasseneinteilung in 5 Hauptgruppen, die 20 Profile repräsentieren. Die restlichen 5 Profile heben sich als Einzelausprägungen heraus, innerhalb derer die Profile *87* und *103* noch als eine eigenständige Klasse betrachtet werden können.

Die Klasse I faßt die Profile *82, 81, 84, 94, 95, 104, 89* und *90* zusammen. Diese sind hinsichtlich der Korngrößenverteilung und der Nährstoffversorgung recht homogen ausgeprägt. Der Skelettbodenanteil (ø > 2 mm) zeigt im Mittel keine Veränderung mit der Tiefe. Entscheidend für die Zusammenlegung dieser Profile ist der geringe Anteil der eingelagerten

Eisenoxide, ein geringer Gesamttongehalt, der mit der Tiefe allmählich zunimmt sowie ein in allen Tiefen hoher Anteil der Sandfraktion. Die Nähe dieser Standorte zu benachbarten Entwässerungsadern weist sie quasi als einen Terassensediment-Typ aus.

In Klasse II sind die Profile *100* und *97* zusammengelegt. Beide Standorte weisen eine extreme Zunahme des Skelettbodenanteils mit der Tiefe auf (bis 61,2%). Ebenso wie in Klasse 1 verfügen die Profile über eine gleichbleibend hohe Sandfraktion. Der Tongehalt ist in beiden Böden extrem gering und erreicht nur 10,3% im Unterboden. Der pH-Wert liegt im Vergleich zu Klasse 1 immer über 5. Auch diese Klasse repräsentiert einen Typ von Terassen-Sedimenten.

Die Klasse III wird von den Profilen der Standorte *106, 99, 80, 79* und *91* gebildet (*ferric Acrisol*, mit Ausnahme des Profils *79*, ein *ferric Luvisol*).

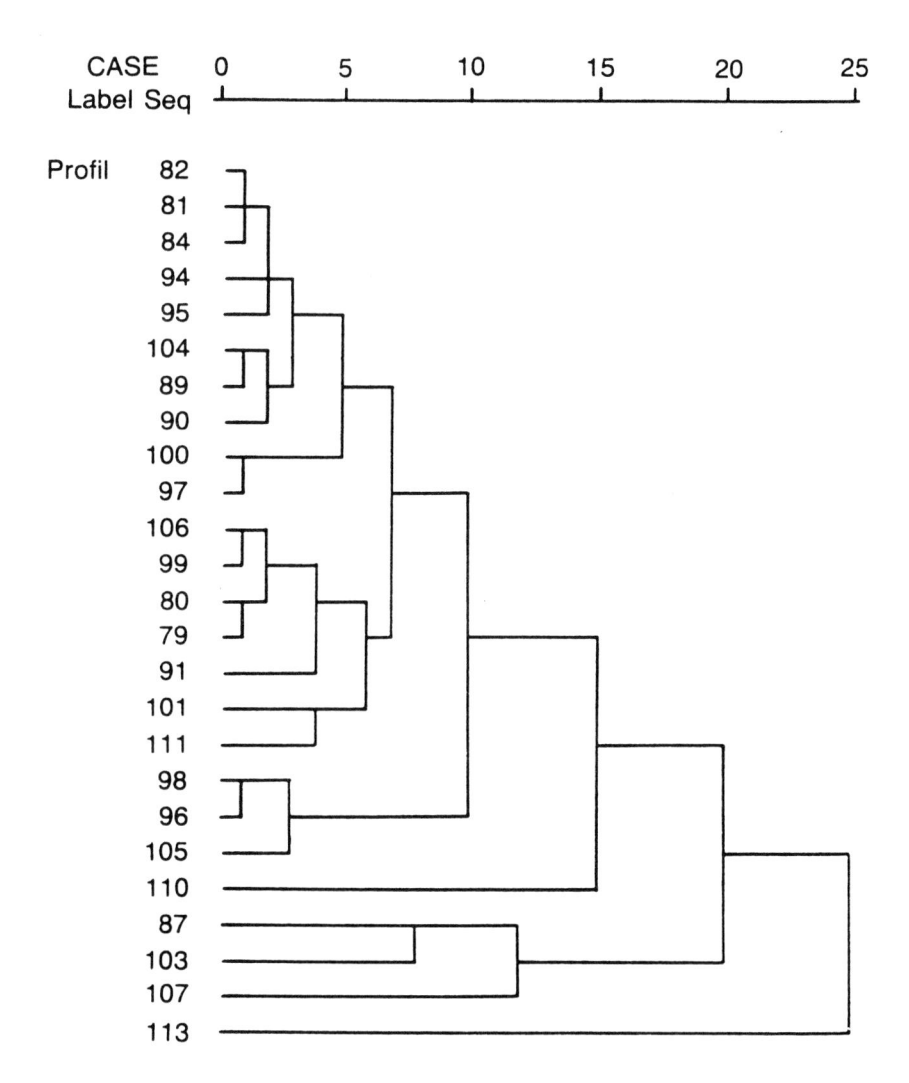

Abb. 7.7. Dendogramm der untersuchten Bodenprofile; BECK, 1991

Acrisole sind sehr alte tropische rote Tonböden mit einer niedrigen Basensättigung. Der B-Horizont hat deutlich höhere Tonanteile. Der Luvisol dagegen weist, vergleichbar der mitteleuropäischen Parabraunerde, einen Tonverlagerungshorizont auf und verfügt im Gegensatz zum Acrisol über eine hohe Basensättigung. Sämtliche Böden zeigen eine erhebliche Zunahme des Skelettbodenanteils mit zunehmender Tiefe (von 22,1% auf 50,8%) sowie eine Zunahme des Tonanteils von 19,5% auf 40,9%. Im Vergleich zu den beiden vorigen Klassen ist hierbei eine deutliche Abnahme der Sandfraktion im Unterboden zu beobachten. Die Profile stammen alle aus dem relativ trockenen (1000 - 1200 mm Jahresniederschlag) Nordosten des Landes. Es handelt sich um alte Böden, die sich auf dem anstehenden Granit entwickelt haben und gleichzeitig charakteristisch für wechselfeuchte Klimate sind.

Klasse IV faßt die Profile *101* und *111* als ähnlich zusammen. Es handelt sich dabei um Plantagenstandorte unterhalb eines mittlerweile aufgelichteten halbimmergrünen Feuchtwaldes. Da beide Profile nur bis etwa 60 cm abgeteuft werden konnten und darüberhinaus große Unterschiede im Humusgehalt und der Basensättigung bestanden, soll hier auf eine weitergehende Interpretation verzichtet werden. Der Standort 101 wird offensichtlich erheblich stärker gedüngt, vor allem gekalkt, woraus die großen Inhomogenitäten der beiden Profile begründet sind.

Die Profile *96*, *98* und *105* werden zur Klasse V zusammengefaßt. Bei den beiden ersten handelt es sich jeweils um "*eutric Gleysols*". *Gleysols* sind ausgesprochen schlecht drainierte Böden, die zusätzlich grundwasserbeeinflußt sind. Profil 105 steht für einen *humic Podsol*. Sämtliche Profile sind sich in Bezug auf Körnung, pH-Wert und Humus-Gehalt ähnlich. Der wesentliche Unterschied zwischen dem Podsol und den Gleysols liegt in der Basensättigung, so daß die drei Profile erst auf einer höheren Fusionsstufe zusammengelegt werden. Während es bei den Gleyosolen aufgrund des hohen Grundwasserspiegels zu einer Zunahme der Basensättigung mit der Tiefe kommt, geht die Basensättigung beim Podsol mit der Tiefe zurück.

Die Klasse VI wird von den Profilen der Standorte *87* und *103* gebildet. Beide Böden besitzen nur sehr geringe Anteile einer Skelettfraktion sowie einen tonreichen Oberboden. Im Vergleich zu den anderen Klassen ist ebenfalls eine ausgeprägte Zunahme des Schluffanteils mit der Tiefe zu beobachten. Die hohe Kationen-Austauschkapazität selbst im Oberboden und der hohe Humusgehalt deuten auf ein nährstoffreiches Ausgangsgestein hin. Beide Profile haben sich auf basischem Ausgangsgestein entwickelt. Die grundlegenden verschiedenen geologischen Strukturen an der Cote d'Ivoire werden von den französischen Autoren immer wieder für eine unterschiedliche Vegetationsausbildung auf dem jeweiligen Ausgangsgestein betont (vgl. Kap. 3,4,7).

Anschließend stellt sich das Problem der Verknüpfung der Ergebnisse der Bodenanalysen von BECK (1991) mit den eigenen Vegetationsuntersuchungen und den daraus extrahierten Faktoren. In Kap. 7.1. war es gelungen, die insgesamt 229 Pflanzenaufnahmen (35 eigene) zu Standortgruppen zusammenzufassen, die sich nach ihrem Artenbesatz ähnlich sind. Aufgrund der diese Gruppen charakterisierenden Baumarten war es weiterhin möglich, die einzelnen Standorte unterschiedlichen Vegetationsformationen zuzuordnen (z.B. Savane arborée, Forêt sèche, Forêt sémi-decidue). Die Abb. 7.6 verdeutlicht die Zuordnung der eigenen Testflächen zu den extrahierten Faktoren sowie deren Zugehörigkeit zu den verschiedenen Waldformationen. Damit ist nun eine unmittelbar vergleichende Interpretation der Bodenklassen und der Vegetationsformationen möglich.

Cluster 1 integriert Böden zu einer Klasse, die verschiedenen Vegetationsformationen entstammt. Die Standorte *82, 84, 89* und *95* repräsentieren die Formation eines "Forêt claire", Standort *81* und *90* die einer "Savane arborée", Standort *104* die eines "Forêt sèche" und Standort *94* sogar die eines "Forêt dense sèche" (vgl. Abb. 7.6). Die Böden dieser Gruppe zeichnen sich durch eine gute Permeabilität der Bodenstruktur aus. Der hohe Sandgehalt im Oberboden garantiert eine gute Drainage für das Niederschlagswasser. Der charakteristische B-Horizont der *Acrisole* und *Luvisole* unterstützt die ausreichende Speicherung von Bodenwasser, so daß die landschaftsökologisch humide Phase verlängert wird. BECK (1991) hat nur geringfügige Unterschiede einzelner Bodenparameter dieser Klasse herausarbeiten können, die allerdings die unterschiedlichen Vegetationsformationen edaphisch nicht begründen können.

Die Standorte *104, 94, 82* liegen im westlichen Teil des Landes und weisen mit 1.500 - 1600 mm Jahresniederschlägen höhere Regenmenge auf als die östlichen Standorte dieser Klasse. Gleichzeitig ist die Periode der Trockenzeit im Nordosten auf ca. 6 Monate im Norden beschränkt - ebenso wie im Westen im Raume *Touba* -, so daß auch der klimatische Aspekt für die unterschiedliche Vegetationsformation nur unbefriedigende Ergebnisse liefert. Vielmehr sind nicht die unterschiedlichen Ausprägungen einzelner Geofaktoren für das rezente Bild der zu beobachtenden Vegetationsformationen verantwortlich, sondern der massive, häufig auf kleinstem Raum differenzierte, anthropogene Einfluß, der innerhalb des natürlichen Verbreitungsgebietes der afrikanischen Trockenwälder die oben beschriebenen Degradationsstufen verursacht hat (vgl. Kap. 3.3). Daneben sind gegenwärtig die dichtesten und am wenigsten degradierten Formationen dort zu finden, wo ethnographische Grenzlinien die Stammesgebiete verschiedener Ethnien noch heute voneinander absondern. So verläuft die Grenzlinie zwischen den Malinke und Senufo zwischen den Standorten 104 und 82 (vgl. Kap. 4.4).

Cluster II integrierte die Böden der Standorte *97* und *100*. Damit sind sich eine "Savane arborée" und ein "Forêt claire" von den endaphischen Parametern sehr ähnlich. Die Böden dieser Klasse besitzen hohe Anteile an Eisenoxiden, sind extrem nährstoffarm und verfügen wegen ihrer geringen Humus- und Tongehalte über ein nur geringes Nährstoffspeichervermögen. Die Ausprägung der Bodenparameter charakterisiert die beiden Profile im Vergleich zu denen des Clusters I als nachhaltig degradiert. Beide Standorte befinden sich im Bereich des V-Baoulé, einer Region, die bereits seit 600-800 Jahren intensiv von Menschen genutzt und dementsprechend eine massive Umgestaltung der Natur in eine intensiv genutzte Kulturlandschaft erfahren hat. Durch den regelmäßigen Brand der Felder tritt ein Verlust von C und N ein. Die Folge ist ein pH-Anstieg des Bodens durch die zurückbleibende basische Asche.

Die tonigen Böden des Clusters III zeichnen sich durch ihre ferric-Eigenschaften aus. Durch die besonders intensive lösungschemische Verwitterung von Silikaten und sogar Quarz unter warmfeuchten Klimaverhältnissen sind der größte Teil der Nährstoffe ausgewaschen. Nur Eisen und Aluminium verbleiben im Solum und reichern sich dort an. Von der Nährstoffversorgung her gesehen handelt es sich bei den Acrisols um ausgesprochen schlechte landwirtschaftliche Produktionsstandorte. Dennoch werden diese Böden in weiten Teilen Afrikas als Ackerstandorte genutzt, auch wenn sich darauf nur mäßig bis schlechte Erträge erzielen lassen, wie im Bereich des V-Baoulé und den nördlichen Savannenstandorten. Trotz des ebenfalls hohen Eisenoxidanteils (ferric) der Luvisols stellen sie aufgrund der wesentlich höheren Basensättigung landwirtschaftlich wertvolle Standorte dar (z.B. Fläche 79).

Drei Standorte (*79, 80* und *99*) sind von dem Erscheinungsbild wie von dem prägenden Artenbesatz als "Forêt claire" charakterisiert worden. Daneben sind die Standorte *91* von einem "Forêt Sèche" und die Fläche *106* sogar von einem "Forêt dense sèche" bestanden, wobei letzterer im Artenbesatz sogar eine hohe Affinität zu einem "Forêt semi-décidue" besitzt. Diese Differenzierung der genannten Vegetationsformationen spiegelt sich jedoch nicht in der Bodenanalyse wieder, vielmehr weisen sämtliche Standorte nur geringfügige Unterschiede untereinander auf. Der Humusgehalt nimmt bei steigendem Vegetationsbesatz entsprechend zu, ebenso ist ein Anstieg der potentiellen KAK (Kationen-Austausch-Kapazität) zu beobachten. Die Standorte 91 und 106 liegen im nordöstlichen und damit trockensten Gebiet der Côte d'Ivoire mit ca. 1100 mm Jahresniederschlag. Trotzdem zeichnen sie sich im Vergleich zu denen der Klasse I und II durch Vegetationsformationen "höheren Ranges" aus. So ergeben, wie bereits zuvor, weder edaphische noch klimatische Faktoren einen hilfreichen Ansatz zur Erklärung der verschiedenen Vegetationstypen. Dagegen entscheidet auch hier die Art und Intensität der Nutzung über den rezenten Vegetationsbesatz (vgl. Kap. 7.1).

Die Gruppe der Böden der Klasse V (*96, 98, 105*) repräsentiert azonale Böden in unmittelbarer Nachbarschaft zu temporären Entwässerungslinien. Sie sind sämtlich von dichten Trockenwäldern (Forêt dense sèche) bestanden, wobei die ersteren noch zahlreiche Elemente eines "Forêt claire" aufweisen. Der Standort *105* befindet sich in seiner Entwicklung eher auf dem Weg zu einem semihumiden halbimmergrünen Feuchtwald (Forêt semi-décidue). Der Gleyosol der Standorte 96 und 98 weist steigende pH-Werte mit der Tiefe, geringe Humuswerte insgesamt und eine mit der Tiefe zunehmende Basensättigung auf. Beim Podsol (*105*) nimmt der pH-Wert und die Basensättigung mit der Tiefe ab, der Tongehalt dagegen zu. Die Ursache für den Besatz dieser Flächen mit den gleichen Vegetationsformationen liegt jedoch in erster Linie in der seltenen Feuereinwirkung auf die Vegetation begründet, die Parzelle 105 innerhalb des Comoé-Nationalparkes ist sicherlich seit 10-15 Jahren nicht mehr gebrannt worden.

Cluster VII integrierte die Standorte 87 und 103 als ähnlich durch den sie prägenden Bodentyp. Ersterer ist von einem "Forêt claire" bestanden, der zweite von einem "Forêt dense sèche". Beide Standorte, aus einem basischen Ausgangsgestein entstanden, sind durch hohe Nährstoffreserven und einen mit der Tiefe zunehmenden pH-Wert charakterisiert. Trotz gleicher Ausgangsbedingungen sind unterschiedliche Waldformationen auf den genannten Standorten anzutreffen, die ebenfalls nicht edaphisch begründet werden können.

Die zentrale Aussage der bodenkundlichen Analysen von BECK (1991) auf den eigenen Vegetationstestflächen kann resumierend so zusammengefaßt werden, daß der Faktor "Boden" die räumliche Verteilung der Vegetationsformation praktisch nicht erklären kann. Bei den vom ihm untersuchten Testflächen handelte es sich nahezu ausschließlich um unterschiedliche Degradationsstadien einer ehemaligen Waldvegetation (Forêt semi-décidue im Bereich der Guineensis oder Forêt dense sèche im Bereich der Sudanzone). Sämtliche "Sukzessionsstadien" von einem intakten geschlossenen Feuchtwald über einen dichten Trockenwald zu einem lichten Trockenwald, von einem "Forêt claire" über eine Waldsavanne bis hin zur nahezu baumlosen "Savane arborée" konnten beobachtet werden. Diese Degradationsstadien folgen allerdings keinem natürlichen Klimatrend von Süd nach Nord. Die räumliche Nachbarschaft der jeweiligen Vegetationsformation ist dabei völlig willkürlich und "zufällig". Der Grenzsaum zwischen einem weitgehend intakten semihumiden halbimmergrünen Feuchtwald und einer offenen Baumsavanne (5 - 25% Baumanteil) kann bei gleichen edaphischen wie klimatischen Voraussetzungen nur wenige Meter betragen. Auch diese Untersuchung zeigt, daß das zu beobachtende Vegetationsmuster in der Elfenbeinküste nördlich der geschlossenen immergrünen Feuchtwälder das Werk menschlicher Eingriffe, besonders durch den Einsatz des Feuers, darstellt. Diese Veränderungen fanden und finden z.T. in so massiver Form statt, daß der verbliebenen Vegetation nur noch an sogenannten Reliktstandorten die Funktion eines "Abbildes des edaphisch bedingten produktionsbiologischen Potentials" erhalten geblieben ist. Vielmehr tragen die durch die weitflächigen Vegetationsdegradation entstandenen neuen Umweltbedingungen dazu bei, daß Veränderungen in den Böden zu beobachten sind (vgl. Klasse III), die zukünftig erheblich größere Ausmaße annehmen und dabei beschleunigt vonstatten gehen werden. Der Untersuchungsraum ist großflächig so massiv anthropogen überformt, daß die edaphischen Einflüsse auf die Vegetationsausprägung völlig überdeckt werden.

7.3. Mögliche Rekonstruktion einer potentiellen Vegetation der Elfenbeinküste unter den rezenten Klimabedingungen

Im Anschluß an die vorangegangenen Analysen stellt sich die Frage, inwieweit die Pflanzenaufnahmen (vgl. Kap. 7.1) als Reliktbestände oder Indikatoren einer potentiellen Vegetationsbedeckung der Elfenbeinküste interpretiert werden können.

In der Abb. 7.6 sind neben der Zuordnung der einzelnen Standorte zu den extrahierten Faktoren auch die Waldformationen angegeben, die die jeweiligen Faktoren repräsentieren (vgl. Kap. 7.1). Die überwiegende Zahl der eigenen Testflächen stammt dem Typ nach aus einem "Forêt claire" bzw. aus einem "Forêt dense sèche". An vier weiteren Standorten konnte der Übergang von einem "Forêt dense sèche" zu einem "Forêt semi-décidue" beobachtet werden.

Betrachtet man nun zunächst die räumliche Verteilung der jeweiligen Waldstandorte in der Côte d'Ivoire, so ist festzustellen, daß z.T. räumliche Distanzen von 200 bis 250 km für ein und denselben Faktor beobachtet werden können. Diese Tatsache allein besagt für sich genommen recht wenig, höchstens wenn man bedenkt, daß auf wenige Kilometer Distanz (z.B. *94* und *87*) plötzlich ein Waldstandort aus dem Übergangsbereich "Forêt semi-décidue" und ein solcher des Bereiches "Forêt claire" in unmittelbarer Nachbarschaft anzutreffen sind. Die gleichen Beobachtungen treffen auch für andere Waldgesellschaften zu, die wenige Kilometer voneinander entfernt sind, wenn auch nicht gleich eine ganze Vegetationseinheit übersprungen wird. Unter Berücksichtigung möglicher Klimascheiden in Form der jährlichen Niederschlagsmenge (vgl. Kap. 6) oder auch edaphischen Differenzierungen auf kleinem Raum (vgl. Kap. 7.2), bleiben die Unterschiede der in unmittelbarer Nachbarschaft anzutreffenden Waldtypen unerklärlich. Vielmehr deuten die räumlichen Verteilungen der einzelnen Waldstandorte darauf hin, daß, vielleicht mit Ausnahme des zentralen Bereiches der Elfenbeinküste zwischen *Toumoudi* und *Bouké*, der gesamte Raum der Übergangszone zwischen den guinéensischen und sudanischen Florenelementen über eine sehr homogene Naturraumausstattung verfügt, die in diesem gesamten Bereich eine Entwicklung zu einem "Forêt dense séche" erlauben würde. Der Übergang zu den "Forêts sèches" findet erst im Norden in Bereichen unter 1100-1000 mm Jahresniederschlag statt, also deutlich innerhalb der Sudanzone. Sämtliche übrigen Standorte südlich dieser Grenze, ja sogar an der Grenze zum "Secteur mesophile" südlich von *Toumodi*, die in ihrer Vegetationszusammensetzung auf einen "Forêt claire" hindeuten, sind anthropogen verursachte Degradationsformationen eines dichten Trockenwaldes oder gar eines dichten halbimmergrünen Waldes. Die diese Standorte dominierenden Baumarten wie *Borassus aethiopum*, *Butyrospermum paradoxon*, *Acacia dudgeonii* sind auf der einen Seite extrem feuerresistente Spezies oder solche, die für die lokale Wirtschaft oder die Viehhaltung eine besondere Bedeutung haben. Diese Standorte, die in ihrer Physiognomie heute einer "Savane arborée" oder "arbustives" mit weniger als **25 %** Baumanteilen pro Flächeneinheit entsprechen, sind Ausdruck einer seit vielen Jahrhunderten existierenden Kulturlandschaft. Die Symbiose von Ackerbau (z.T. mit Kleintierhaltung) und Nutzbaum ist typisch für eine Savannenparklandschaft, die, ebenso wie in den übrigen Savannengebieten Westafrikas, anthropo-zoogen bedingt ist.

Zum Abschluß soll eine Karte der potentiellen Waldformationen unter heutigen Bedingungen vorgestellt werden (vgl. Abb. 7.8).

Danach wäre die nördlich Grenze des Feuchtwaldes bis ca. 1400 mm Jahresniederschlag bzw. bei einer Wasserbilanz (n-pLV) von > 800 mm erreicht (vgl. LAUER, 1991). Daran schließt sich eine Übergangszone dichter halbimmergrüner Feuchtwälder an, die durch eine positive Jahreswasserbilanz von 400-800 mm gekennzeichnet ist. Weiter nach Norden geht dieser halbimmergrüne in einen dichten sommergrünen Trockenwald (Forêt dense séche) über. Er markiert die Klimaxvegetation im Übergangsbereich zwischen den sudanischen und den guinéensischen Florenelementen. Klimatisch ist dieser Bereich durch positive Jahreswasserbilanzen von 0-400 mm gekennzeichnet. Erst bei Niederschlägen von < 1000 mm und einer negativen Jahreswasserbilanz sind "Forêts sèches" zu erwarten. In der Elfenbeinküste wäre nur der äußerste Nordosten an der Grenze zu Burkina Faso und Ghana von einem solchen lichten Waldtyp bestanden.

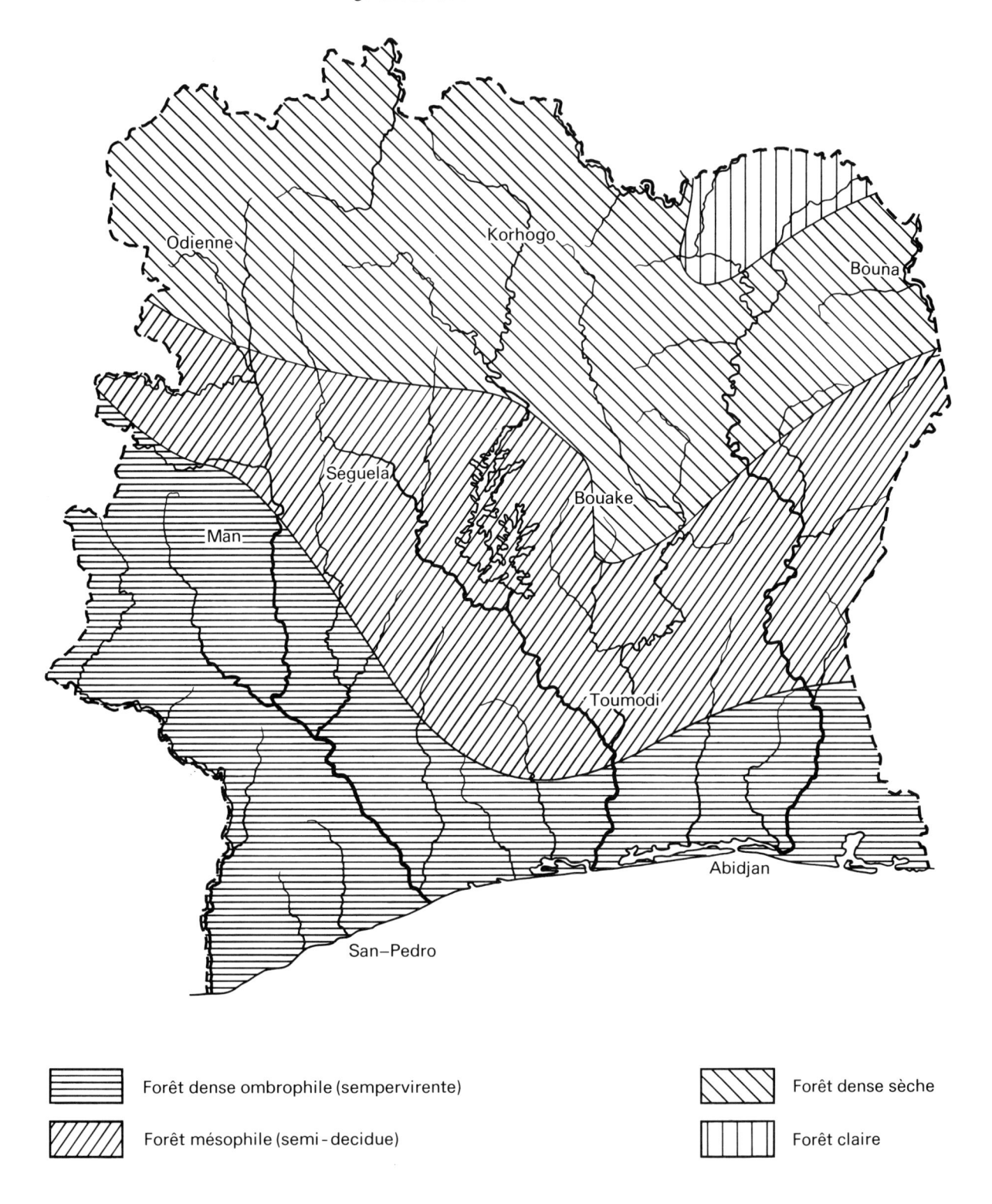

| | Forêt dense ombrophile (sempervirente) | | Forêt dense sèche |
| | Forêt mésophile (semi-decidue) | | Forêt claire |

Abb. 7.8: Karte der potentiellen Waldformationen der Côte d'Ivoire unter den rezenten Klimabedingungen

Nach den eigenen Untersuchungen muß von einer massiven, anthropogen bedingten Reduktion der Biomasse im nördlichen und zentralen sowie zentral südlichen Teil (V-Baoulé) der Elfenbeinküste ausgegangen werden. Die ursprünglich geschlossenen Feucht- und Trockenwälder degradierten in weiten Bereichen zu "parcs" mit einzeln oder in kleinen Gruppen stehenden Bäumen oder zu offenen Savannenlandschaften, die der Physiognomie nach einer "savane arborée" entsprechen. Vor allem durch den massiven Einsatz des Feuers hat der Mensch in weiten Teilen der Elfenbeinküste eine anthropogen verursachte Savannenlandschaft geschaffen, die quasi einer Verschiebung der natürlichen Vegetationszonen um eine Einheit gleichkommt (vgl. Abb. 7.8).

8. Das Paläoklima im Bereich der Guinea- und Sudanzone in der Côte d'Ivoire

8.1. Das Paläoklima im Bereich der Guineaküste Westafrikas

Detaillierte Informationen über das Paläoklima Westafrikas und der Guineaküste liegen seit der Zeit von 140.000 B.P. vor (LEZINE, 1991). Die Lage des von der Autorin untersuchten Bohrkernes vor der Küste Gambias und damit im Bereich der heutigen Sudanzone ist prädestiniert, Veränderungen der Vegetationszonen in diesem sensiblen Übergangsbereich von den humiden zu den ariden Tropen genau zu erfassen. Gleichzeitig erlauben die Untersuchungen der Meeresbohrkerne Rückschlüsse auf die klimatischen Bedingungen, die wesentlich an dem Polleneintrag in die den Küsten vorgelagerten Bereiche beteiligt waren (vgl. HOOGHIEMSTRA & AGWU, 1988; DUPONT & AGWU, 1992).

Der Beginn der o.g. Zeitreihe koinzidiert mit einer Ausbreitung des saharo-sahelischen Milieus nach Süden und einer Einengung der tropischen Feuchtwaldzone. Die räumlichen Verschiebungen waren jedoch ungleich stark ausgeprägt. Ging die nördliche Feuchtwaldgrenze von 11°Nord auf 8°Nord zurück, dehnte sich gleichzeitig die Sahara-Sahel-Grenze von 23°Nord bis auf nunmehr 14-15°Nord aus (DUPONT, 1992; HOOGHIEMSTRA & AGWU, 1988). Daran schließt sich ein Zeitraum mit einem Maximum an Pollen aus dem guineensischen Bereich um 135.000 und erneut um 125.000 B.P. an. Ein solch hoher Anteil guineensischer und sudanischer Florenelemente in den Bohrkernen ist danach erst wieder zu Beginn des Klimaoptimums nach 12.000 B.P. festzustellen (vgl. Abb. 8.1). Dieses unterstreicht auch ein Bohrkern vor der Küste von Sierra Leone aus 7°42'N / 14°23'W von AGWU & BEUG (1982). Innerhalb des Pollendiagramms sind für den Zeitpunkt um etwa 130.000 B.P. minimale Gramineenanteile aber maximale Anteile von *Rhizophora harrisonii* zu beobachten (persönliche Mitteilung von BEUG). Ebenfalls deutliche Peaks sind bei *Combretaceae*, *Sapotaceae*, den *Papilionaceae* sowie den *Euphorbiaceae* festzustellen. Darüberhinaus sind, wenn z.T. auch nur sehr schwach ausgeprägt, vermehrt *Rubiaceae* und *Sapindaceae* vertreten. Die hier genannten Familien stellen ausnahmslos bedeutende Vertreter der tropischen Feuchtwälder Westafrikas dar. Bei der Menge der jeweils anzutreffenden Baumpollen und bei ihrer Zusammensetzung kann davon ausgegangen werden, daß zu diesem Zeitpunkt eine maximale Ausdehnung der tropischen Feuchtwälder in Westafrika stattgefunden hat, die höchstwahrscheinlich auch während des postglazialen Klimaoptimums nicht erreicht wurde. *"Tropical forest had maximally expanded around 124.000 yr B.P."* (HOOGHIEMSTRA & AGWU, 1988, S.173). HOOGHIEMSTRA (1988) errechnete für das postglaziale Klimaoptimum zwischen 9.000 und 7.800 B.P. den Verlauf der Nordgrenze der Guineazone bei ca. 15°N für den Bereich der Westküste des afrikanischen Kontinents. Die heutige Position dieser Grenze verläuft dort bei 12-13°N, mit Ausnahme eines kleinen Ausläufers im Südlichen Senegal bei ca. 14°N (15°N entspricht der Halbinsel Cap Vert mit der Hauptstadt Dakar). Im Bereich der Guinealänder liegt die rezente Grenze zwischen den guineensischen und sudanischen Savannen (nach WHITE, 1983) bei ca. 7-8°N. Nach den Berechnungen von HOOGHIEMSTRA (1988) ist der Verlauf der Feuchtwaldgrenze im Bereich der Elfenbeinküste für die Zeit um 130.000 B.P. bei ca.

8-9°(10)N anzusetzen. Die heute zu beobachtende Feuchtwaldlücke in Ghana, Togo und Benin, das sogenannte "Dahomey Gap", war zu jener Zeit möglicherweise geschlossen, so daß ein durchgehender Feuchtwaldgürtel von Guinea bis in das Kongobecken hinein existiert haben kann.

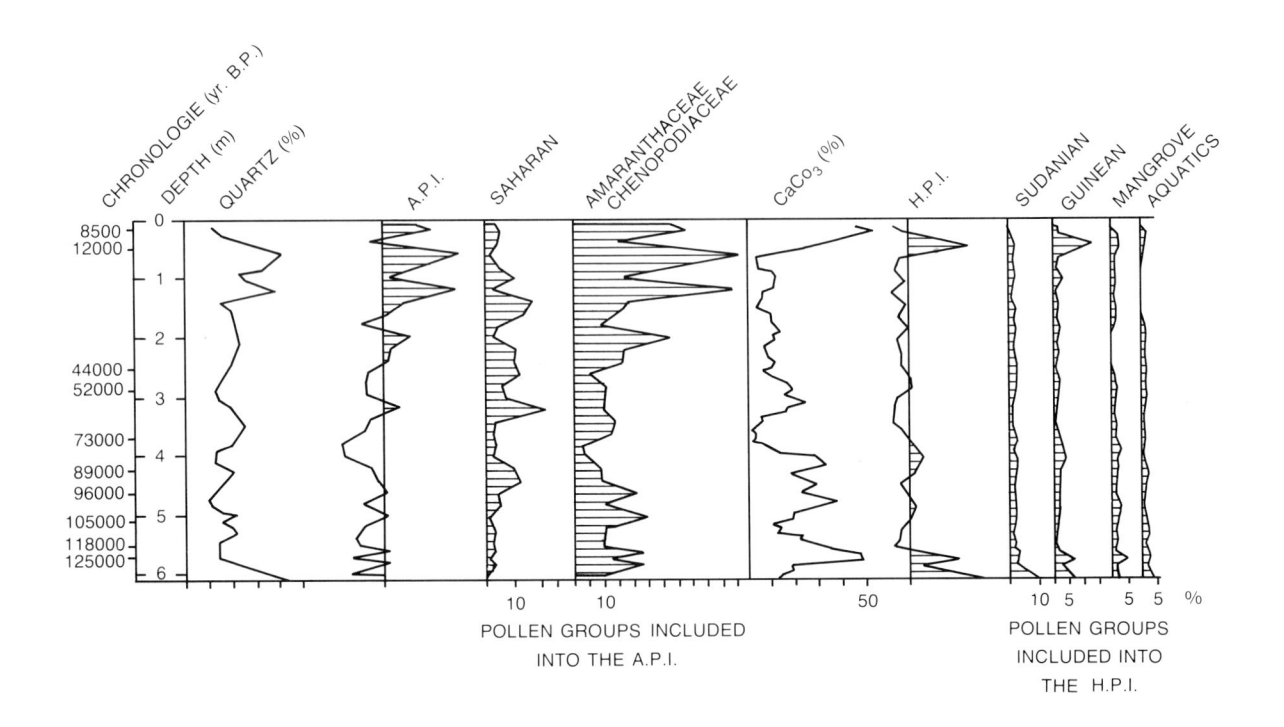

Abb. 8.1: Pollendiagramm des atlantischen Tiefbohrkerns V 22.196 (verändert nach LEZINE, 1991, S 460)

Daran schließt sich eine Phase stärkerer Trockenheit mit einem Höhepunkt zwischen 115.000 - 110.000 B.P an. Der Anteil saharischer Elemente für diesen Zeitabschnitt scheint jedoch vernachlässigbar zu sein (3%). Der Eintrag von Arten der Familie *Amaranthaceae* und *Chenopodiaceae* deutet auf ähnliche Verhältnisse hin, wie sie auch in der ersten Hälfte dieses Jahrhunderts vorgeherrscht haben könnten. Daran schließt sich erneut eine feuchtere Phase um 103.000 B.P. an, gefolgt von noch etwas feuchteren Bedingungen um 80.000 B.P. HOOGHIEMSTRA & AGWU (1988) belegen für die Zeit 98.000 und 70.000 B.P. ähnlich starke Nordverschiebungen der Feuchtwaldgrenze wie um 124.000 B.P. Zu dieser Zeit ist von einer Einengung der Sahara und einer gleichzeitigen Ausdehnung tropischer Feuchtwälder bis in den Bereich von 14° N auszugehen (LEZINE, 1991). Diese Aussage deckt sich mit den Ergebnissen von BEAUDET, MICHEL, NAHON, OLIVER, RISER & RUELLAN (1976), die für diesen

Zeitraum das Ende der großen Meerestransgression des Aioujien feststellen konnten. Auf diese relativ feuchte Periode folgte eine Trockenphase mit einem Maximum um 60.000 B.P. LEZINE (1991) stellt anhand der Pollenfunde eine Forcierung der Passatzirkulation fest, deren Resultat eine massive Deposition saharischer Pollen ist. In diesen Zeitraum fallen die höchsten Konzentrationen von *Ephedra*-Pollen, die eine Südverlagerung der Saharagrenze nahelegen. Gleichzeitig berichtet SCHNEIDER (1991) von einer ebenfalls erhöhten Primärproduktionsrate im küstennahen Oberflächenwasser vor der Küste Angolas um 65.000 B.P. Die Zunahme der Produktivitätsraten ist an ein weiteres Vordringen des Benguelastromes nach Norden als gegenwärtig gebunden, woraus eine Zunahme der ozeanischen Produktivität vor der Küste Angolas resultiert. Damit scheint auch für den Bereich des Südatlantik, vergleichbar den Ergebnissen von LEZINE (1991), eine saisonale Intensivierung der Passatzirkulation vorgelegen zu haben, die wiederum eine Einengung des feuchten Tropengürtels von Norden wie von Süden nahelegt. Vor der Mündung des Kongo bei ca. 5°S ist die zuvor beschriebene Produktionserhöhung zur gleichen Zeit nicht nachweisbar (SCHNEIDER, 1991). In dieses Szenarium einer Austrocknungsphase im nördlicheren Teil Westafrikas nach 80.000 B.P. fügt sich das Bild einer Optimumphase um 75.000 B.P. in Zentralafrika sehr gut ein. Zu dieser Zeit stand der westafrikanische Regenwald nach der Ansicht von BOOTH (1957) in Kontakt mit dem Kongoregenwald. HAMILTON (1976) schreibt dazu: "*From the above discussion, it follows that isolation of the Congo Forest Block from both the Guinea Forest Block and the East Coast Forest is ancient, probably dating back to at least hundreds of thousands of years in the case of the former and to millions of years in the case of the latter*"(S.85). Hier bestätigt sich für einen langen Zeitraum eine klimatische Regelhaftigkeit, die auch rezent für besonders trockene bzw. feuchte Jahre im Bereich der Guineaküste und der nördlich gelegenen Sahelzone gilt. Gelangen die sommerlichen Feuchtluftmassen Westafrikas nicht weit nach Norden (z.B. 1968) bleibt das nördliche West- und Zentralafrika trocken, die Guineaküste verzeichnet nahezu ausnahmslos ein Feuchtjahr.

In dem Zeitraum 70.000 bis 40.000 B.P. (*Maluékien*) berichtet MALEY (1990b) für Zentralafrika (Kongo, Gabun, das westliche und zentrale Zaire sowie den Süden Kameruns und Zentralafrikas) von einer langanhaltenden relativ ariden Phase, die bereits durch Verlustraten an Feuchtwaldflächen gekennzeichnet ist. Diese Angaben harmonisieren mit den Ergebnissen von SCHNEIDER (1991), der für den Deltabereich des Kongo seit 70.000 B.P. einen kontinuierlichen Anstieg der ozeanischen Primärproduktion beobachtet hat.

Um 47.000 B.P. zeigen die Pollenprofile vor der westafrikanischen Küste letztmalig eine deutlich humide Phase mit einem erneuten Vordringen guineensischer Florenelemente nach Norden an. Danach folgt eine lange Phase zunehmender Austrocknung, deren Ende erst um ca. 12.000 B.P. erreicht wird. Für den Zeitpunkt um 47.000 B.P. kann noch einmal eine nördliche Grenze der tropischen Feuchtwälder im Bereich von 10-12° Nord angenommen werden (LEZINE, 1991). Sie deckt sich mit der rezenten Übergangszone von der guineensischen in die sudanische Savannenzone nach WHITE (1983). Für den Atlantik vor der Küste Sierra Leones scheint sich diese humide Phase ebenfalls zu bestätigen. Im Pollenprofil von AGWU & BEUG (1982) wird noch einmal ein relativ niedriger Gramineenanteil am Gesamtpollenspektrum sichtbar. Gleichzeitig kündigt sich hier aber bereits eine Klimaverschlechterung in den zurückgehenden Pollenanteilen von *Rhizophora*, der *Euphorbiaceae* und der *Sapindaceae* an. Auch GUILLAUMET (1967) sieht für die Zeit um 47.500 B.P. noch einmal eine maximale Ausdehnung der tropischen Feuchtwälder in Westafrika. Nach seinen Vorstellungen erreicht die Nordgrenze der Feuchtwälder noch einmal 10°N. Im Bereich des Senegal reichen diese Wälder zu diesem Zeitpunkt bis etwa an den Gambiafluß heran.

Zeitlich etwas später, 40.000 - 30.000 B.P. erfolgte während des *Nijilien* noch einmal eine Ausdehnung der tropischen Feuchtwälder im zentralafrikanischen Bereich, die jedoch nicht mehr die Ausmaße der Zeit um 80.000 B.P. und noch weniger die Ausdehnung vor ca. 130.000 Jahren erreicht haben kann. Die Zeit danach ist gekennzeichnet von einer nur von leichten Schwankungen unterbrochenen Austrocknungsphase, die ihren Höhepunkt um 18.000 B.P. erreicht. Diese Aridisierung setzt zuerst von Norden ein und verschont zunächst den Bereich der Guineaküste. Die hohen Anteile von Pollen aus dem saharischen und nordsahelischen Raum in dem Pollenprofil von LEZINE (1991) vor der westafrikanischen Küste zeigen drei Maxima in der Zeit bis 18.000 B.P., ein erstes um 32.000 B.P., ein zweites um 25.000 B.P. und das dritte zum Höhepunkt der letzten Kaltzeit. Auch SOWUNMI (1986) findet in ihren Pollenanalysen aus dem Bereich des Nigerdeltas in Nigeria keinerlei Anzeichen einer sogenannten Savannenvegetation (Dominanz der Gräser über die Bäume) für die Zeit vor 35.000 B.P. MALEY (1987) versucht diese Vermutung durch Belege aus dem Pollenprofil des Lake Bosumtwi (Ghana) zu stützen - der Lake Bosumtwi liegt heute im Bereich der halbimmergrünen Feuchtwälder bei gleichzeitig existierender Dahomey Lücke. Er betont jedoch, daß diese Phase zwar feucht aber wohl schon erheblich kühler als heute war. Dieses wird den Austausch megathermer Arten nicht nur behindert, sondern, je nach Gattung und Familie, bereits sogar unterbunden haben. "*La base de la carotte* (Lake Bosumtwi), *vers 27-28.000 ans B.P., avec de nombreux pollens d'arbres, supérieurs à 50%, a vu l'extension d'un faciès montagnard nettement forestier*" (MALEY, 1987, S.312). Das afromontane Element *Olea hochstetteri* deutet eine Temperaturverschlechterung in Verbindung mit einer vertikalen Absenkung der Vegetationsgürtel der westafrikanischen Gebirge an. Auch für Sierra Leone lassen die Aussagen von BUTZER (1983) die bereits erwähnte Klimaverschlechterung vermuten. BUTZER (1983) beschreibt zwischen 36.000 B.P. und 12.500 B.P. erhöhte monsunal bedingte Abflußraten, die auf eine zunehmend lichter werdende Vegetationsbedeckung schließen lassen. Ebenso sind auch die um 22.000 B.P. beobachteten maximalen Abflußraten aus dem Nigerbecken (ALAYNE-STREET, 1981) zu interpretieren.

Ähnlich der Trockenphase um 32.000 B.P. bei LEZINE (1991) deuten auch die Pollenprofile aus Kenya (COETZEE, 1967) auf eine erhebliche Klimaverschlechterung in der Zeit zwischen 33.000 und 31.000 B.P. hin. Das Klima dort war sowohl kühler als auch trockener als heute. COETZEE (1967) beschreibt eine Verlagerung der afroalpinen Vegetationsgürtel um ca. 1000 Höhenmeter tiefer, was einer Temperaturabsenkung von ca. 6° K gleichkäme. In der Zeit danach bis etwa 28.000 B.P. wird es wieder etwas wärmer. Für Burundi beschreiben BONNEFILLE & RIOLLET (1988) zeitgleich eine kühle und humide Phase. Danach wird auch aus dem ostafrikanischen Hochland übereinstimmend eine kontinuierliche Klimaverschlechterung gemeldet, die ihr Maximum in Kenya zwischen 21.000 und 17.000 B.P. erreicht. In Rwanda scheint diese Phase nach Aussagen von HAMILTON (1982) sogar bis 14.500 B.P. anzudauern. Die o.g. genannten Autoren errechnen eine durchschnittliche Temperaturabsenkung von 6-9° K, HAMILTON (1976) schätzt darüberhinaus eine gleichzeitige generelle Niederschlagsreduktion um mindestens 25%. LIVINGSTONE (1967) bestimmt das Ende der Kaltphase am Ruwenzori mit dem Beginn des Gletscherrückzuges auf 14.750 B.P.

In Sierra Leone reduzierte sich nach 20.500 B.P. der Abfluß und stieg erst um 12.500 B.P. wieder an (THOMAS & THORP, 1980). Für diese Phase deuten die Sedimente, die von den fließenden Gewässern aus dem Land in den Atlantischen Ozean transportiert wurden, eine fehlende Waldvegetation in Sierra Leone an. Auch der Niger-Abfluß war nach 18.000 B.P. durch Dünensysteme bei Mopti blockiert (ALAYNE-STREET, 1981). Um 18.000 B.P. war der Höhepunkt der kaltzeitlichen Trockenphase in ganz Afrika erreicht (unter anderen HAMILTON, 1973, 1976, LEZINE, 1991, MALEY, 1990b, VAN ZINDEREN BAKKER & COETZEE, 1988). Die Vegetationsgürtel in Westafrika waren während dieser Zeit (*Ogolien*) gleichsam um eine Einheit nach Süden verschoben. Die Grenze Sahara-Sahel verlief zwischen dem 14. und 15 Breitengrad Nord und entspricht damit der 5% Isopolle von *Ephedra* aus den marinen Bohrkernen (HOOGHIEMSTRA & BECHLER & BEUG, 1987a). In diesen Zeitraum fällt die Ausbildung einer zweiten Phase des Altdünengürtels (MENSCHING, 1979). SARNTHEIN & KOOPMANN (1979) berichten von massiven Sandtransporten aus dem Kontinent heraus in den küstennahen Bereich des Atlantik. Die Sahelzone erstreckte sich damals zwischen 15 und 12° N (heute 15-18°N). Die sudanischen Savannen (oder Trockenwälder) nahmen den Gürtel ein, der heute von den guineeischen Savannen bedeckt ist (12 - 9°N). Die guineensischen Savannen erreichten regional sogar die Guineaküste (z.B. Dahomey Gap). So betonen (PORTERES, 1956, AUBREVILLE, 1962, BELLIER ET AL., 1969) das Vorhandensein sogenannter reliktischer Savannenareale im heutigen Regenwaldbereich als wesentliches Indiz einer kaltzeitlichen Verlagerung der Vegetationszonen nach Süden. Ursache war das Heranreichen sudano-guineensischer Savannenformationen bis hinunter an die Küste, z.B. im Bereich Grand Lahou. SOWUNMI (1986, S. 298-299) betont allerdings auch, *"that the impact of the arid period c.24.000 - 18.000 years BP was more severe in the more western parts of West Afrika, for example Ivory Coast and Senegal, than in the area east of the River Niger, i.e. eastern Nigeria and Cameroun. In the latter area there was a refugia of a more open forest within a predominantly woodland savanna vegetation. In contrast, in the more western parts, there was a complete destruction of forest and its replacement by a semi-arid predominantly grassy savanna"*.

Der Regenwald war bis auf kleine Reliktareale durch eine offene Savanne bzw. lichten Trockenwald ersetzt worden. Für die Zeit post 18.000 B.P. enthält das Profil des Lake Bosumtwi aus Ghana einen Gramineenanteil von über 50% (heute unter 10%)(MALEY, 1987). MARTIN (1969) konnte Reste eines Torfmoores mittels C_{14} auf 23.000 B.P. datieren, dessen Pollenzusammensetzung von Gräsern einer savannenähnlichen Vegetation im damaligen ivorischen Küstenraum dominiert wurde. Nach diesen Aussagen lag die Phase größter Trockenheit zwischen 19.000 und 15.000 B.P. Pollen von *Gramineen* und *Cyperaceen* nahmen in dieser Zeit sogar über 90% ein, bei ca. 4-5% Baumpollenanteil (heute 76-85%)(MALEY, 1987).

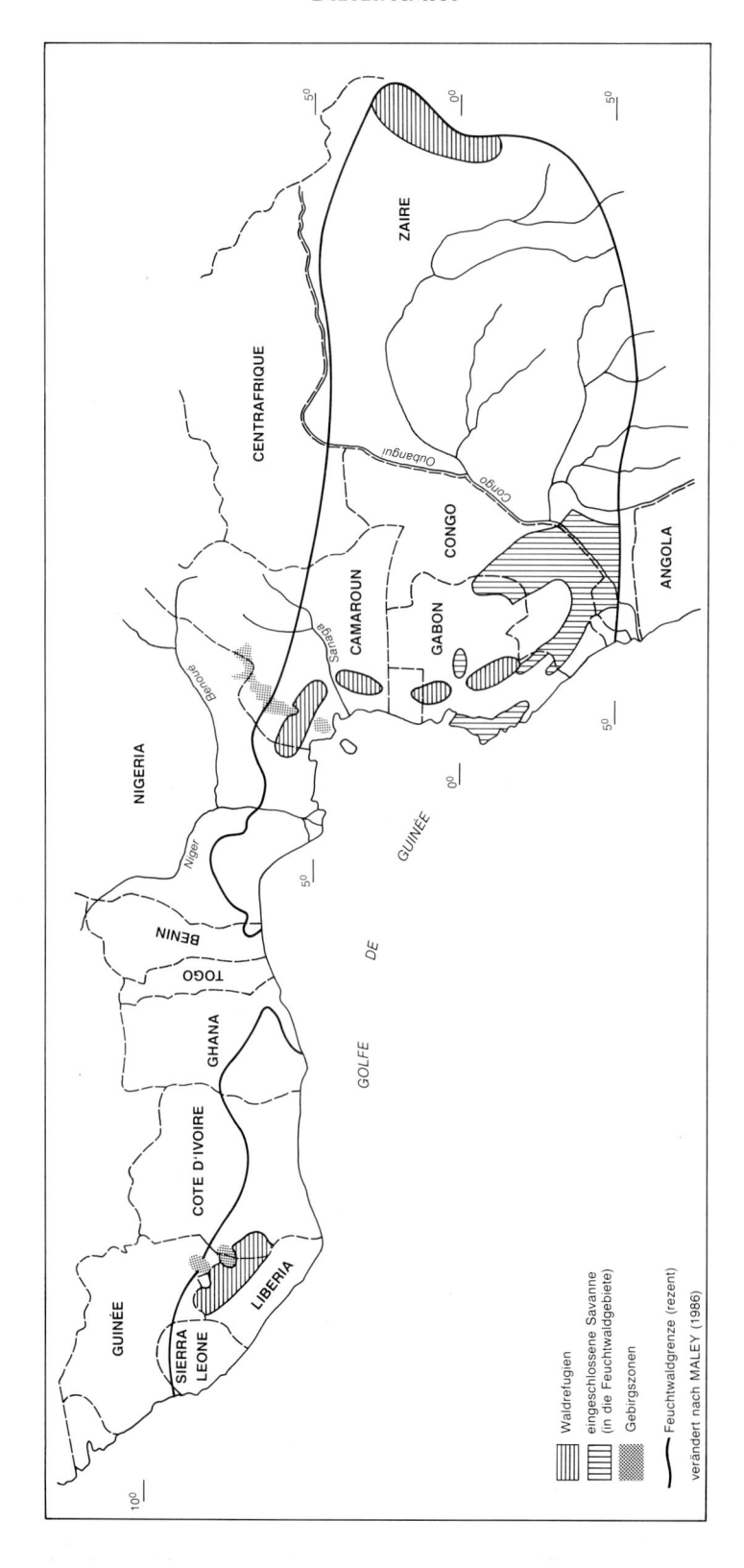

Abb. 8.2: Geographische Verbreitung des Feuchtwaldrelikte im westlichen Afrika um 18.000 B.P. (nach MALEY 1987)

Diese Baumpollen stammen jedoch nicht, wie vielleicht nach den Arbeiten von MARTIN, 1977 und anderer Autoren (ADJANOHOUN & GUILLAUMET, 1964; AUBREVILLE, 1962; DEVINEAU, 1984; DUGERDIL, 1970; GUILLAUMET, 1967; MANGENOT, 1955; MIEGE, 1966; PORTERES, 1950; SCHNELL, 1952a; SPICHIGER, 1975) zu erwarten wäre, aus den sudano-guineensischen Savannen, sondern zum größten Teil aus dem Bereich des halbimmergrünen tropischen Feuchtwaldes (forêt semi-caducifoliée = forêt semi-décidue)(DUPONT & AGWU, 1992; FREDOUX & TASTET, 1988. Aus dieser Zone der westafrikanischen Guineaküste waren die immergrünen Feuchtwälder verschwunden. Anders dagegen in Kamerun. Die Pollenprofile des Barombi-Mbo-Sees bezeugen eine durchgehende Waldvegetation auch zum Höhepunkt der kaltzeitlichen Trockenphase (MALEY, 1987). Die Gramineenpollen erreichen hier nur etwa 20-30% im Gegensatz zu über 90% in Ghana. Der Südwesten von Kamerun sowie der Westen Gabuns gehören damit nach Auffassung MALEYS (1987), ENDLERS (1985) sowie HAMILTONS (1976) zu einem der drei Bereiche des afrikanischen Kontinents, in denen der immergrüne tropische Feuchtwald auch während der letzten Kaltzeit überleben konnte (vgl. Abb. 8.2).

Ein weiterer vermuteter Refugialraum tropisch-immergrüner Feuchtwälder war auf den Bereich der südwestlichen Elfenbeinküste, des nördlichen Liberia sowie des äußersten südwestlichen Zipfels von Guinea beschränkt. Das wohl größte geschlossene Areal reliktischer tropischer immergrüner Feuchtwälder in Afrika war wohl auf das östliche Zaire konzentriert. Ein von den französischen Autoren AUBREVILLE (1962), GUILLAUMET (1967) sowie von HAMILTON (1976) genanntes weiteres Reliktareal tropischer Feuchtwälder im Grenzbereich zwischen der Côte d'Ivoire und Ghana scheint nach den neueren Untersuchungen u.a. auch von TALBOT ET AL. 1984 und MALEY 1987) keinerlei Überlebensmöglichkeit gehabt zu haben.

Die Temperaturen dürften zu diesem Zeitpunkt gegenüber heute um den Betrag der Meeresabkühlung von etwas mehr als 3° K im Sommer und Winter niedriger gewesen sein (PFLAUMANN, 1980). Die Rekonstruktion der Ozeanoberflächentemperaturen nach datierten Foraminiferen und Radiolarien (PRELL ET AL., 1976, MORLEY & HAYS, 1979) zeigen für die Zeit post 18.000 B.P., daß das Band der stärksten Auftriebserscheinungen und des äquatorialen Gegenstromes ähnlich positioniert gewesen sein muß wie heute (vgl. SCHNEIDER, 1991), nur waren die Erscheinungen wesentlich intensiver. Im Winter (Februar - der Monat mit den gegenwärtig höchsten Wasseroberflächentemperaturen) waren die Temperaturen um etwa 3° K niedriger als heute. Im Sommer waren die Temperaturen sogar um 4 - 9° K abgesenkt. Eine solch massive Abkühlung wirkte sich natürlich auch auf die küstennahen und -ferneren Bereiche Westafrikas aus, mit der Folge massiver Niederschlagsreduktionen. Die neuen Untersuchungen von SCHNEIDER (1991) kommen jedoch zu einem modifizierten Ergebnis (vgl. Abb. 8.3). Anhand eines Bohrkernes aus dem Bereich 5°S / 10°W haben MCINTYRE ET AL. (1989) die saisonalen Oberflächentemperaturen des Atlantik für vergangene Zeitepochen berechnet. Danach sind nur große Temperaturänderungen während des Südwinters (Nordsommers) in der Zeitreihe zu beobachten. Sie waren während der Kaltphasen im Durchschnitt auf 17-18°C abgesenkt, wohingegen die Sommertemperaturen (Südsommer = Nordwinter) über fast 200.000 Jahre nur minimal zwischen 25,5 und 27°C geschwankt haben.

Dieses bedeutet für die Kaltphasen saisonale Schwankungen von durchschnittlich 8°C / Jahr. SCHNEIDER (1991) konnte ein hohes Maß an zeitlicher Übereinstimmung dieser Temperaturzeitreihe mit den ozeanischen Produktivitätsraten im östlichen Atlantik während der Kaltphasen belegen. *"Die Saisonalität ... kann demnach als Maß für die Intensität des vom Südost-Passat induzierten Auftriebs und für die Advektion kalter Wassermassen im Bereich der äquatorialen Divergenz im Spätquartär angesehen werden. Die Variationen der Saisonalität im äquatorialen Südatlantik sind identisch mit den Schwankungen der Paläoproduktivität vor Kongo und Angola"* (SCHNEIDER, 1991, S. 133). Danach ist, auf das Jahr berechnet, von einer durchschnittlichen Temperaturabsenkung um 4°K während des Höhepunktes der letzten Kaltzeit um 18.000 B.P. auszugehen. Dieser Wert steht auch nicht im Gegensatz zu dem von LAUER & FRANKENBERG (1979) ermittelten Abkühlungsbetrag von ca. 6°K für den Bereich der westlichen Sahara. Die dort forcierte Passatzirkulation und das Fehlen von Wasserdampf verursacht eine stärkere Abkühlung im Vergleich zur westafrikanischen Guineaküste.

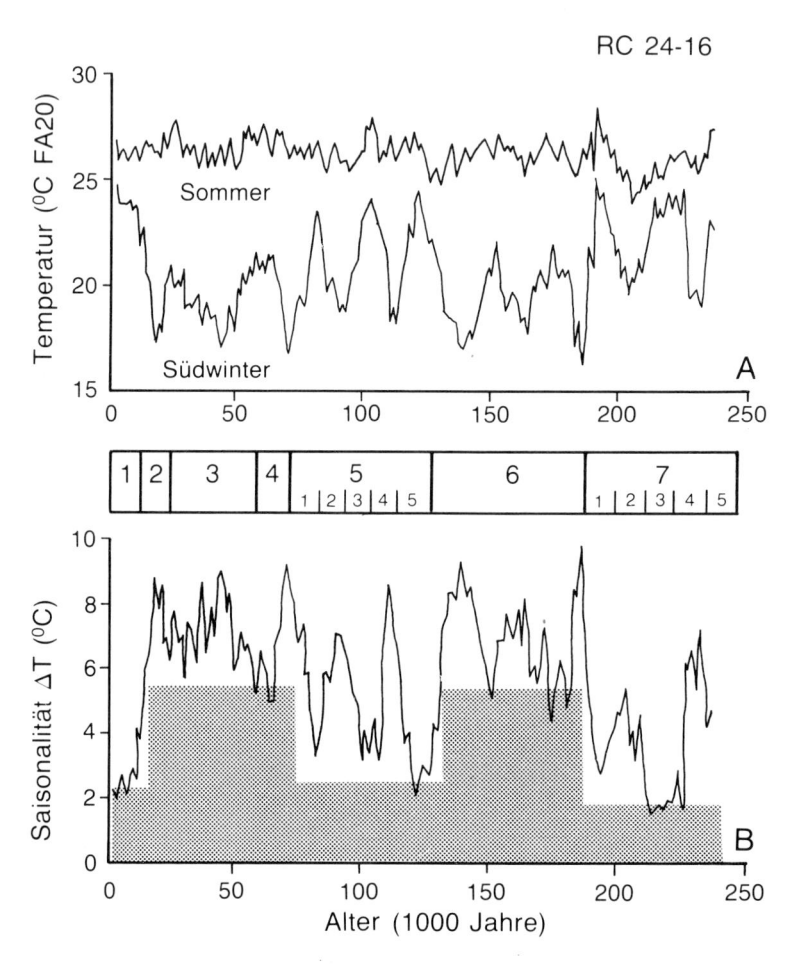

Abb. 8.3: Spätquartäre Sommer- und Wintertemperaturen im Kern RC 24-16 (nach SCHNEIDER, 1991, S. 132)

Das Klimapessimum endete in Westafrika ca. 12.500 B.P. Von dem Klimaumschwung, der recht drastisch ausgefallen sein muß, zeugen die marinen Pollenprofile vor Westafrika (AGWU & BEUG, 1982; ROSSIGNOL-STRICK & DUZER 1979 a+b; HOOGHIEMSTRA, 1988, 1989,

HOOGHIEMSTRA & STALLING & AGWU & DUPONT, 1992; DUPONT & BEUG & STALLING & TIEDEMANN, 1989; DUPONT & AGWU, 1992). Nach HOOGHIEMSTRA (1988a) wanderten bereits seit 14.000 B.P. wieder Arten aus dem sudano-guineensischen Bereich in Westafrika nach Norden. Auch LEZINE (1991) beziffert das Ende des maximalen Eintrages arider Pollen in den küstennahen Bereich vor Gambia (API arid pollen index) mit 15.000 B.P.(vgl. Abb. 8.1). Ebenso begann im Tschad-See-Bereich um 13.000 B.P. eine erste Feuchtphase (MALEY, 1987). Der Höhepunkt der ariden Phase war vor der Nigermündung um 16.100 B.P.(±1.300) überschritten (vgl. PASTOURET, CHAMLEY, DELIBRIAS, DUPLESSY UND THIEDE, 1978). Wie zuvor erwähnt, wird auch im ostafrikanischen Hochland um ca. 14.500 B.P. das Ende des Klimapessimums erreicht (vgl. HAMILTON, 1982 und LIVINGSTONE, 1967). NTAGANDA (1991) markiert bei 13.000 B.P. eine deutliche Wende zu günstigeren klimatischen Bedingungen in Rwanda. BONNEFILLE & RIOLLET (1988) belegen für Burundi nach 12.000 B.P. einen deutlichen Anstieg der Temperaturen bei gleichzeitiger Zunahme der Feuchtigkeit. Die Autoren betonen jedoch, daß die Temperaturen zunächst allerdings niedriger als die rezenten waren. Mit der Erwärmung setzte auch die Wiederbewaldung und der erneute Anstieg der Vegetationsgürtel im afromontanen Bereich ein. Zu dieser Zeit waren hauptsächlich halbimmergrüne Bäume am Prozeß der Wiederbewaldung beteiligt.

Danach verstärkte sich der Trend. In den terrestrischen Pollenanalysen von LEZINE (1987) zeigen sich schon erste *Rhizophora* - Pollen nach 12.000 B.P. Die Mangrove konnte sich jedoch erst bei Meerestemperaturen von über 24°C entwickeln. Das Meer mußte im Zeitraum nach 12.000 B.P. so warm gewesen sein wie heute. Zwischen 13.000 und 12.000 B.P. lebte der Monsun verstärkt auf (ROGNON, 1980) und führte zunächst der Guineaküste höhere Niederschläge zu. Der Seespiegel des Kratersees von *Bosumtwi* in Ghana stieg an. Die Wiederausdehnung des Feuchtwaldes fällt nach HAMILTON (1976) in die gleiche Zeitphase. Nach 13.000 B.P.(±600) zeigt der Niger mit kurzen Unterbrechungen um 11.800-11.500 B.P. im Deltabereich hohe Süßwasserabflußraten an (vgl. PASTOURET, CHAMLEY, DELIBRIAS, DUPLESSY UND THIEDE, 1978). In der ersten Phase erhöhten Abflusses waren die Sedimentationsraten des Niger ungewöhnlich hoch. Zunächst nahmen die Niederschläge stark zu, ohne daß dem die Bedeckung des Bodens durch Vegetation unmittelbar folgte. Hohe Niederschläge auf nur schütter bewachsenem Boden erbrachten hohe Erosionsraten. Dies belegt, daß es zunächst feucht wurde und dann die Vegetation darauf reagierte. Der Feuchteumschwung in Westafrika fand also zunächst im großen Wasserkreislauf statt. Dann erst potenzierte sich mit dichterer Vegetation auch der kleine Wasserkreislauf mit erhöhter Landschaftsverdunstung.

Um 12.000 B.P. muß die Wiederbegrünung des westlichen Afrika schon erhebliche Fortschritte gemacht haben, besonders im Bereich der Guineensis, denn HOOGHIEMSTRA (1988a) fand für diesen Zeitabschnitt Pollen von *Cassia, Celtis* und von *Combretaceen* in seinem Profil vor der Küste Mauretaniens (*Cap Blanc*), die eindeutig eine Zunahme der Baumanteile für die Zone südlich der Sahara belegen. Dadurch wird eine allmähliche Nordverlagerung sämtlicher tropischer Vegetationsgürtel bei gleichzeitiger Einengung der Sahara von Süden wahrscheinlich (DUPONT & HOOGHIEMSTRA, 1989). Verlief die Grenze zwischen Sahara und Sahel um 18.000 B.P. bei 14-15°N, so dürfte sich diese Grenze nun um bereits 1° nach Norden verschoben haben, zumindest im küstennahen Bereich Westafrikas. Ebenso bestätigen Funde aus der Côte d'Ivoire bereits eine Rückkehr zu humideren Verhältnissen um 11.900 (PELTRE, 1977). *"The paucity of tree pollen coupled with the presence of* Elaeis guineensis - *a tree of river valleys and open forests - and* Pentaclethra macrophylla - *a tree of open forests and derived savanna - suggests that the forest which had just been re-established following its destruction c.23.000 yeras BP, was more open than today. This is to be expected as the climate was then not as wet as it is today, the sea-level being 63 m lower than it is at present"* (SOWUNMI, 1986, S. 299). Auch die frühe Feuchtphase im Tschadseegebiet (s.o.) würde demnach ein breitenkreisparalleles Vorrücken der Vegetation unterstützen (DUPONT & AGWU, 1992; DUPONT 1992; HOOGHIEMSTRA & STALLING & AGWU & DUPONT, 1992). Für das nordöstliche Afrika (insbesondere Sudan) beurteilt NEUMANN (1989) die Ergebnisse von RITCHIE ET AL. (1985) dahingehend, daß ab 10.000 B.P. auch im Süden der östlichen Sahara ein Vorrücken sahelischer und sudanischer Savannen festzustellen ist, wohingegen PACHUR & HOELZMANN (1991) den Beginn der holozänen Feuchtphase um 9.000 B.P. ansiedeln.

Dieser Trend der Nordwanderung der tropischen Vegetationszonen setzt sich zwischen 11.000 und 10.500 B.P. weiter fort (HOOGHIEMSTRA, 1988): *"The savanna vegetation shifted from about 12/13° - 16/17° N to about 15 - 19°N at the end of the zone"* (S.133). Auch zeigen sich erstmalig wieder Pollen der feuchten Sudan- und Guinea-Savannen und Trockenwälder in dem Profil. *Alchornea, Butyrospermum, Mitracarpus* und *Phyllanthus* sind neben Vertretern der *Combretaceae* deutliche Hinweise auf das Vorrücken der Trockenwälder in diesem Bereich. Nach dem o.g. Pollenprofil kann davon ausgegangen werden, daß in dem Raum des ehemaligen Französisch-Westafrika bereits annähernd wieder die rezente Vegetationsverteilung erreicht worden ist. Auch für den Bereich der Guineaküste ist zu diesem Zeitpunkt eine Ausdehnung der Wälder anzunehmen (HAMILTON, 1976). MALEY (1987) spricht für die Zeit um 9.000 B.P. von einer *"reconstitution de la forêt entre les refuges s'est produit assez rapidement"* (S. 323). Dieses belegen sowohl die Pollenprofile aus Ghana als auch aus Kamerun. Es handelt sich dabei jedoch nicht um ein rein westafrikanischen Phänomen, denn in Zentralafrika belegen die Pollen- und geologischen Profile (ROCHE, 1979, CARATINI & GIRESSE, 1979, M'BENZA-MUAKA & ROCHE, 1980, DE PLOEY, 1969, GIRESSE & LANFRANCHI, 1984, PEYROT & LANFRANCHI, 1984) ebenfalls eine massive und rapide Ausbreitung der tropischen Feuchtwälder. Ob auch das bereits erwähnte "Dahomey Gap" spätestens ab 9.000 B.P. wieder geschlossen gewesen sein könnte(s.o.), ist nicht belegt.

Nach den Befunden der Tiefseebohrkerne hatten sich die Passate um 9.000 B.P. abgeschwächt und die Savannenzone des Sahel reichte zwischen 9.000 und 8.000 B.P. am weitesten nach Norden. Ihre Grenzen lagen wohl zwischen 16°N und 21°N gegenüber 14-17°N heute (HOOGHIEMSTRA, 1988 a+b). Damit waren nach den marinen Pollenfunden die Vegetationsgrenze Sahel - Sudan damals um über zwei Breitengrade gegenüber dem aktuellen Zustand nach Norden verschoben. Ähnliches ist auch direkt für die Zentralsahara belegt (SCHULZ, 1987, NEUMANN & SCHULZ 1987, NEUMANN 1988, SCHULZ ET AL., 1990). Die Sahara-Sahel Grenze lag danach zwischen 19 und 22° N; Die Autoren belegen sudanische Elemente bei 18° N (Fachi). Zu diesem Zeitpunkt war gleichzeitig das weiteste Vordringen des Regenwaldes nach Norden erreicht (HAMILTON, 1976). Die geschlossenen immergrünen und, nördlich anschließend, halbimmergrünen Feuchtwälder erstreckten sich danach von Süden bis in das Mündungsgebiet des Gambiaflusses an der Westküste des Kontinents. Im zentralen Bereich von Westafrika gelangten die halbimmergrünen Feuchtwälder demzufolge bis ungefähr 10°N. Die rezente Feuchtwaldgrenze liegt etwas nördlich von 8°N. Daran schlossen sich die dichten Trockenwälder zwischen ca. 10° und 12° N an. Ebenso in den Bereich der dichten Trockenwälder zählt danach auch das heutige "Sudanian Woodland with abundant *Isoberlinia*" (WHITE, 1983)(vgl. dazu auch ANHUF & FRANKENBERG, 1991, sowie Kap. 8.4). Damit kommen die eigenen Untersuchungen an der Côte d'Ivoire dem Ergebnis von HOOGHIEMSTRA (1988) sehr nahe, der für die Zeit zwischen 9.200 und 8.000 B.P. feststellte: *"The savanna zone was situated about 3° degrees more to the north than at present and had expanded latitudinally"* (S.133)(vgl. auch DUPONT & AGWU, 1992).

Wie zuvor bereits angedeutet, hat sich auch in Zentralafrika (Kongo, Gabun, Zentral- und Ost-Zaire, Kamerun und im Süden der Zentralafrkanischen Republik) mit Beginn des *Kibangien* (12.000 - 7.000) der Wald wieder nach Norden ausgedehnt: *"La forêt a largement transgressé au delà de ses limites contemporaines"* (MALEY, 1990b, S.385). Er besiedelte dabei auch die Küstenzone um Pointe-Noire (Kongo), die heute von einer Küstensavanne bedeckt ist (DECHAMPS ET AL. 1988, SCHWARTZ ET AL. 1990). Einzig die französischen Kollegen (ADJANOHOUN & GUILLAUMET, 1964; AUBREVILLE, 1962; DEVINEAU, 1984; DUGERDIL, 1970; GUILLAUMET, 1967; MANGENOT, 1955; MIEGE, 1966; PORTERES, 1950; SCHNELL, 1952; SPICHIGER, 1975), die an der Côte d'Ivoire gearbeitet haben, vertreten die These, daß es sich bei den Küstensavannen im Lagunenbereich der Côte d'Ivoire um paläoklimatische Relikte der würmeiszeitlichen Trockenphase handelt. Nach den neueren Arbeiten scheint jedoch festzustehen, daß sowohl die kongolesischen Küstensavannen als möglicherweise auch das "Dahomey Gap" während des Klimaoptimums (ca. 8.500 B.P.) von halbimmergrünen Feucht- oder Trockenwäldern bedeckt waren.

Auch die Ergebnisse aus dem ostafrikanischen Hochland zeigen eine vollständige Wiederbewaldung um 9.500 B.P. Diese Phase hat im östlichen Afrika zumindest bis ca. 6.500 B.P. angehalten. MALEY (1990b) beschreibt die dort reinstallierten Wälder als immergrün, die jährliche Trockenzeit überschritt kaum einmal die Zeitdauer von zwei Monaten. Die Niederschläge waren danach gleichmäßiger verteilt als heute, wenn es auch etwas kühler als heute gewesen sein soll.

Nach 7.000 B.P. muß sich das Klima kurzfristig verschlechtert haben. Es fand eine Umstellung des klimatischen Wasserhaushaltes statt. Dominierten in der Zeit davor gleichmäßig verteilte Niederschläge, so setzte sich anschließend der tropisch wechselfeuchte Typ mit Konvektionsniederschlägen durch (MALEY, 1990b). Im westlichen Teil des Kontinents war diese Umstellung mit einer kurzen Trockenphase verbunden, die zumindest bis etwa 6.000 B.P. andauerte. SOWUNMI (1986) berichtet von einer markanten Reduktion der Sumpf- und Feuchtwaldvegetation zwischen 6.950 und 5.400 B.P. im Bereich des Nigerdeltas. Für die östliche Sahara berichten NEUMANN (1989) und PACHUR & HOELZMANN (1991) um 7.000 von einer maximalen Nordausdehnung der Savannen in den heutigen Saharabereich hinein. Hier kam es erst um 6.000 B.P. zu einer kurzen aber dramatischen Klimaverschlechterung, bevor die Verhältnisse um 5.700 noch einmal ähnlich feucht waren wie in der Zeit um 8.500 B.P.

Allerdings dauerte diese zweite Feuchtphase nur noch bis knapp 4.000 B.P., bevor sich endgültig ein persistenter Aridisierungstrend durchsetzte, der bis heute anhält.

In Ostafrika setzte ebenfalls nach 6.500 ein leichter Aridisierungstrend ein, der bereits eine Umstellung in der Vegetationsbedeckung zur Folge hatte. Die immergrünen Spezies wurden zunehmend von laubwerfenden (halbimmergrünen) Spezies wie *Celtis* und *Holoptelea* ersetzt (MALEY, 1990b). Dafür war diese Epoche wärmer als die vorangegangene, was in Verbindung mit einer leichten Niederschlagsreduktion die Anzahl der ariden Monate auf drei bis vier erhöht haben wird. Auch die heutigen Küstensavannen des Kongo bei Pointe-Noire zeigen als Reaktion auf die Klimaverschlechterung eine zunehmende Zurückdrängung der Wälder aus der Küstenregion. Demzufolge ist ebenfalls von einer Verschlechterung der Bedingungen im Bereich des "Dahomey Gap" auszugehen, so daß auch dort die immergrünen Feuchtwälder zunächst verstärkt von halbimmergrünen Spezies ersetzt worden sind.

Um 5.500 wird dann ein letztes Mal eine sekundäre Optimumphase erreicht, die bis maximal 4.500 - 4.000 angedauert haben kann. In den Zeitraum 5.500 B.P. fällt auch der Höhepunkt der Nouakchott-Transgression, deren Auswirkung besonders stark an der westlichen Küste des afrikanischen Kontinents zu spüren waren (Senegal, Mauretanien). Für den zentralen Abschnitt der Guineaküste zwischen Niegeria und Côte d'Ivoire kommt SOWUNMI (1986) zu dem Ergebnis: *"It thus seems that in the southern sedimentary basin of West Africa, a major sea transgression submerged at least parts of the continental land mass, destroying much of the forest vegetation there"* (S. 301). Nach NAGEL (1986) lag um 6.000 - 5.000 B.P. die Grenze Feuchtwald - Savanne noch einmal am Gambiafluß. Nördlich des Gambia dominierten die savannenbewohnenden *Paussinae*, die Nagel als Indikator der Savannenausdehnung deutet. Für 5.700 B.P. belegt NEUMANN (1989) ebenfalls ein zweites Klimaoptimum für die östliche Sahara. Sie konnte allerdings zeigen, daß die Savannenzonen sich nur noch um rund 300 - 400 km weiter nach Norden ausbreiteten im Gegensatz zu 500 km während des Klimaoptimums um 7.000 B.P.. Daß diese zweite Optimumphase nicht mehr die Auswirkungen gehabt hat wie die voraufgegangene, zeigen auch die marinen Pollenbefunde von HOOGHIEMSTRA (1988).

Zwischen 4.000 und 3.500 B.P. setzte dann eine dramatische Klimaverschlechterung ein, die übereinstimmend aus allen Teilen Afrikas berichtet wird. An der Zurückdrängung der Regenwaldzone auf der Nordhalbkugel nach Süden bzw. der Veränderung der Vegetationsformationen in Hinsicht auf Physiognomie und Artenzusammensetzung sind in den darauffolgenden Jahrtausenden die Menschen stärker als das Klima beteiligt gewesen. So haben die eigenen Untersuchungen an der Côte d'Ivoire gezeigt, daß die "natürliche nördliche Feuchtwaldgrenze" (semihumider halbimmergrüner Feuchtwald) unter den rezenten Bedingungen etwas südlicher als der 9. Breitengrad Nord verläuft. SOWUNMI (1986) stellt dazu fest, daß nach 3.000 B.P. ein starker Einbruch bei den Regenwaldpollen zu beobachten ist, begleitet von einer massiven Zunahme der Pollen von *Uncaria africana* (*"a tree of open forest"*) sowie von *Elaeis guineensis*. *"The latter had been a very minor component of the pollen assemblage (< 1.0 per cent) from 35.000 years BP, but rose to 4.3 per cent c.2.800 years BP. It is known to regenerate only where abundant sunlight reaches the forest floor, as in a naturally open forest or one where the gaps are artificially created by man .... and is therefore a good indicator of the opening up of forest by man"* (S. 302). Auf grundwasserbeeinflußten Standorten wie z.B. in der Casamance im Südsenegal oder in dem südlich anschließenden Guinea-Bissau liegt die "natürliche" nördliche Feuchtwaldgrenze auch heute noch nur wenig südlich der Regenwaldgrenze um etwa 8.500 B.P. Sie hat sich in diesem schmalen Küstenstreifen Westafrikas nur um einen Breitengrad weiter nach Süden verschoben, im Gegensatz zu zwei Breitengraden im zentralen Bereich des westlichen Afrika.

8.2. Die Reaktion der Pflanzenwelt auf die natürlichen Klimaschwankungen und den Einfluß des Menschen

Das vorige Kapitel macht deutlich, daß die letzten 140.000 - 130.000 Jahre einen Zeitraum umspannen, der durch drastische klimatische Veränderungen geprägt war (starke Klimaschwankungen sind allerdings schon mindestens seit 2,6 Millionen Jahren bekannt). Der Wechsel von trockenen zu feuchten Perioden, aber auch die jeweilige Kombination mit dem Wärmehaushalt (kühler, wärmer) hat in mannigfaltiger Weise das Pflanzenkleid der afrikanischen Feuchttropen beeinflußt und verändert. Besonders auffällig ist dabei, daß Afrika im Vergleich zu den anderen Tropengebieten durch eine relative Pflanzenarmut und durch große Verbreitungsareale der einzelnen Gattungen und Arten auffällt (vgl. Abb. 8.4 - KNAPP, S.59). Des weiteren beschreibt RICHARDS (1973) das Phänomen, daß gewisse Pflanzengruppen in Afrika so gut wie gar nicht oder nur mit sehr wenigen Gattungen und Arten vertreten sind, so z.B. die Palmen.

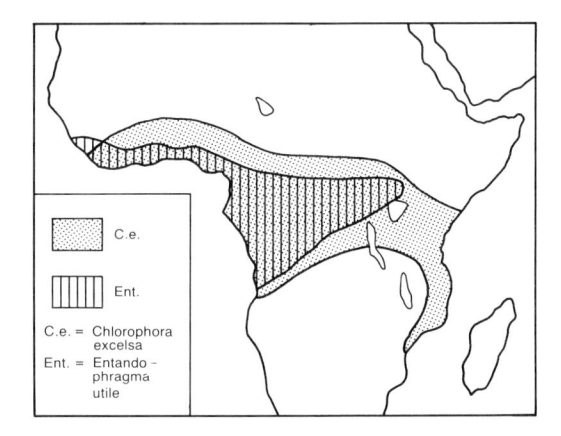

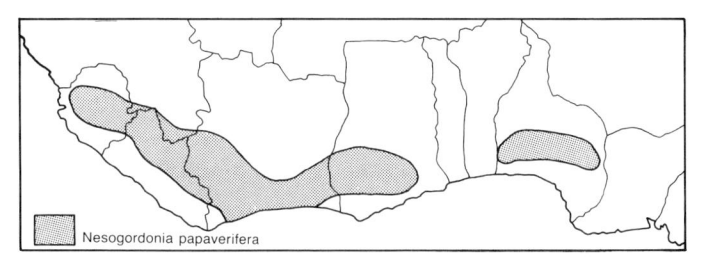

Abb. 8.4: Verbreitungsareale von Baumarten, die vorwiegend die immergrünen (*Entandophragma utile*) und halbimmergrünen Feuchtwälder (*Chlorophora excelsa* + *Nesogordonia papaverifera*) Afrikas besiedeln (aus KNAPP, 1973, S. 59 + 85)

In ganz Westafrika (vgl. *Flora of West Tropical Africa*) finden sich nur 13 Gattungen und 24 Spezies von Palmen, in ganz Afrika seien es 15 Gattungen und 50 Arten, verglichen mit 91 Gattungen und 1.140 Arten in Lateinamerika.

Diese Pflanzenarmut Afrikas steht damit im Gegensatz zu den übrigen Feuchttropen der Erde, Lateinamerika und Indo-Malaysia. Dabei ist auch aus diesen Regionen bekannt und belegt, daß drastische Klimaveränderungen dort ebenfalls stattgefunden haben. Die Refugialräume des tropischen Feuchtwaldes am Amazonas waren in Relation gesehen nicht viel größer als die in Afrika und ebenfalls disjunkt verteilt (vgl. LAUER, 1989). Gerade die zuvor dargestellte Konstellation voneinander isolierter Refugialräume betrachtet VANZOLINI (1973) als ideale Ausgangsvorraussetzung für die Entwicklung einer sehr artenreichen und hochspezialisierten Flora. Durch die Isolation der Rückzugsgebiete kam es innerhalb der einzelnen Areale sehr schnell zur Differenzierung. Ein rasches Zusammenwachsen der Refugialzentren am Ende einer Pessimumphase, wie es deutlich nach 12.000 B.P. in Afrika zu beobachten war, führte anschließend zur Verbindung der auf jeder Seite bereits differenzierten Arten mit dem Ergebnis einer weiteren genetischen Fortentwicklung. VANZOLINI (1973) postuliert einen Zwei-Phasen-Zyklus mit einer trockenen und einer feuchten Periode als Ausgangsbasis für einen hohen Differenzierungsgrad in der Flora. Das Ergebnis einer solchen Entwicklung wäre neben einer großen Artenzahl auch ein hohes Maß an Endemismus. Diese Beobachtungen treffen sowohl für Lateinamerika als auch Südostasien zu, nicht aber für Afrika (VANZOLINI, 1973). Im Gegenteil, die meisten Baumarten, die in Kamerun anzutreffen sind, begegnen einem ebenso in der Côte d'Ivoire, in Ghana, aber auch im Kongobecken, z.B. *Gambeya beguei=Chrysophyllum beguei* oder *Lindernia nummulariifolia*, eine Scrophulariaceae, die an Sekundärstandorten im Feucht- und Nebelwald, in Galeriewäldern und auf Inselbergen vorkommt (vgl. Abb. 8.5, aus FISCHER, 1992). Diese Aussage trifft sowohl für Vertreter der immergrünen und halbimmergrünen Feuchtwälder (s.o.) aber gleichermaßen auch für die Arten, die die Trockenwälder prägen, zu, wie z.B. *Burkea africana, Erythrophleum africanum* und *Parinari excelsa*, die sowohl an der Elfenbeinküste als auch in Sambia vorkommen, getrennt durch die ombrophilen immergrünen Feuchtwälder.

Dabei ist heute eine wichtige floristische Schranke im westlichen Afrika aufgebaut, die eigentlich einen Austausch der Feuchtwaldarten zwischen Liberia, Guinea, Côte d'Ivoire und Nigeria, Kamerun und weiter nach Osten unterbindet, das "Dahomey Gap". In der Tat ist das "Dahomey Gap" heute eine bedeutende pflanzengeographische Grenze, die von zahlreichen Arten nicht "übersprungen" wird. Sehr groß war die Zahl der Arten, die man zunächst westlich dieser Grenze beschränkt glaubte, die später jedoch auch in Kamerun und u.U. sogar im Kongo gefunden wurden (vgl. RICHARDS, 1952, 1973). GUILLAUMET (1967) konnte in den z.T. hyperombrophilen Feuchtwäldern in der südwestlichen Côte d'Ivoire 160 Arten beschreiben, von denen 118 nur in den Wäldern westlich des Sassandra-Flusses (vgl. Abb. 7.1) zu finden sind. Nur 40 Arten dieser "Faciès Sassandrien" finden sich auch im Südosten der Côte d'Ivoire an der Grenze zu Ghana. Ursache dieses Verteilungsmusters ist die kaltzeitliche Zerstörung der ivorischen Küstenwälder. Dieses ausgeprägte Maß einer eigenständigen Entwicklung ist die Folge des in Kap. 8.1. bereits beschriebenen Refugialraumes im Drei-

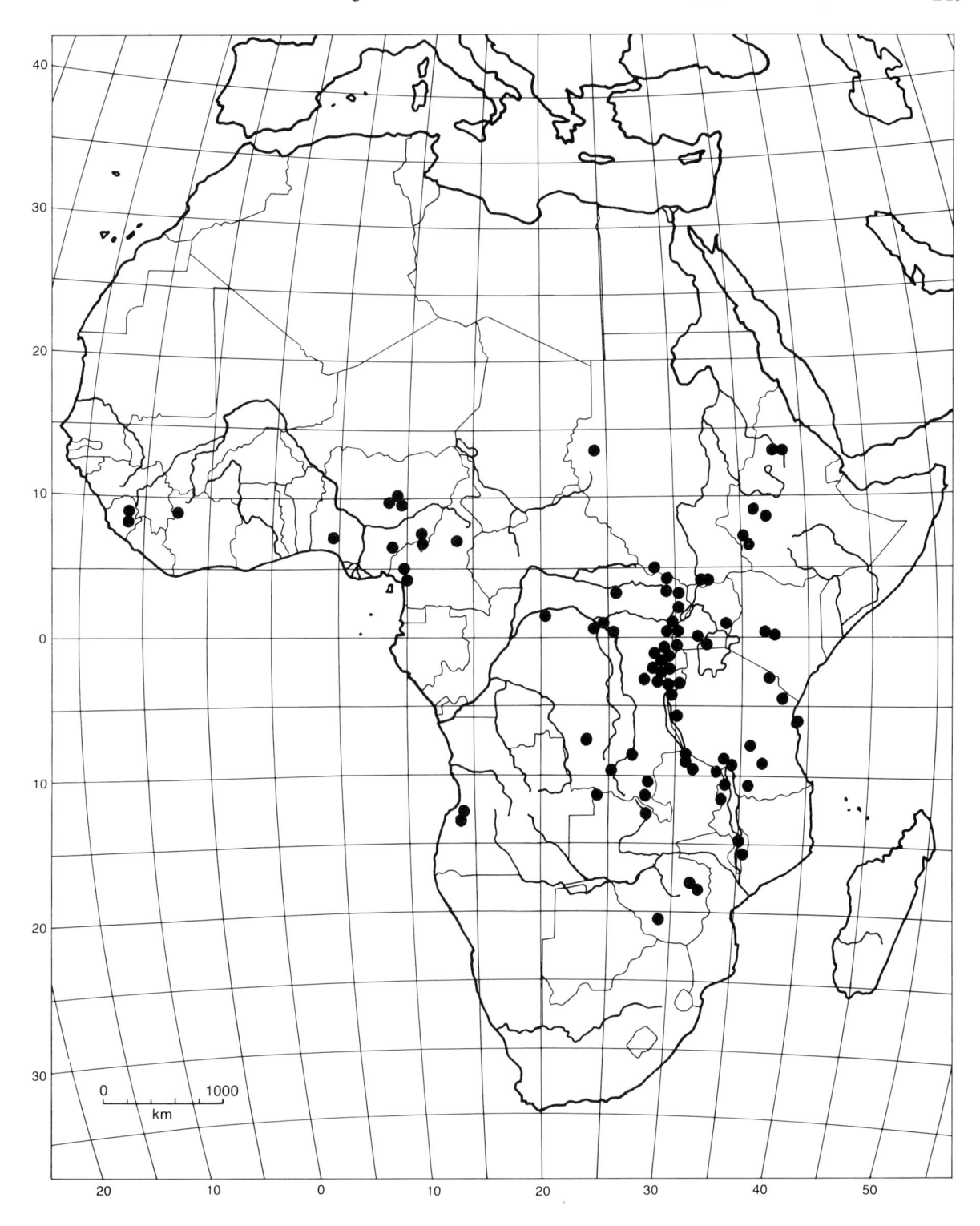

Zeitlicher Vegetations- und Klimawandel in Côte d'Ivoire   219

● Verbreitungsareal von Vandellia nummularifolia (Scrophulariaceae)

Abb. 8.5: Verbreitungsgebiet von *Lindernia numularifolia* (aus FISCHER, 1992)

ländereck Guinea, Liberia, Côte d'Ivoire, in dem die Feuchtwälder auch während des Klimapessimums um 18.000 B.P. überleben und sich im Sinne Vanzolinis weiterentwickeln konnten.

In Erinnerung an die in Kap. 8.1. gemachten Ausführungen war die wohl größte flächenhafte Ausdehnung der tropischen immergrünen und halbimmergrünen Arten um 130.000 B.P. erreicht. Damals war die heute zu beobachtende Feuchtwaldlücke in Ghana, Togo, Benin (Dahomey Gap) möglicherweise geschlossen (wie später möglicherweise auch noch), und es hat ein durchgehender Feuchtwaldgürtel von Guinea (Südsenegal) bis an den Westrand des ostafrikanischen Hochlandes existiert (s.o.). Erst sehr viel später, nämlich um 80.000 B.P., um 47.000 B.P. und um 8.500 B.P. waren die Bedingungen wohl ebenfalls günstig genug, daß von einem durchgehenden Feuchtwaldgürtel ausgegangen werden kann, wenn auch diese jüngeren Phasen eine solch massive Ausbreitung der Wälder wie vor 130.000 Jahre nicht mehr zugelassen haben. Möglicherweise wohl auch deswegen, weil diese Gunstphasen nicht lange genug angedauert haben. In den Zeiträumen dazwischen waren die Kontakte zwischen den Refugialräumen immer wieder für kürzere oder längere Zeit unterbrochen. Achsen, an denen diese Zerteilung zuerst aufbrach, sind an erster Stelle das "Dahomey Gap" und entlang einer Linie, die bei ca. 20°E das Kongobecken quert (vgl. PREUSS, 1990a). Eine sekundäre Achse verläuft sicherlich auch durch die zentrale Côte d'Ivoire, quasi als südliche Verlängerung des V-Baoulé nach Süden bis an die Küste, deren Ausprägung (wenn auch nicht so stark) die gleichen klimatischen Ursachen hat wie das "Dahomey Gap" (vgl. Kap. 6.3).

Ein wesentliches Merkmal der afrikanischen Feuchtwälder ist die klimatische Ungunst ihrer Standorte. So gibt es praktisch keine Region im Bereich der Feuchtwälder, an der nicht einmal pro Jahr eine deutliche Trockenzeit auftritt, ganz gleich wie hoch die Gesamtniederschlagsmenge ist. Selbst an der Station *Debundscha*, am Fuß des Kamerunberges, wo jährlich über 10.000 mm Niederschlag gemessen wird, sind jährlich zwei Trockenmonate zu beobachten. Ähnliches gilt auch für das Kongobecken, wo allerdings auch die Niederschlagssummen deutlich unter 2.000 mm bleiben. " *It is noticeable that the forest flora is richest, and orchids most numerous, in the areas with the highest rainfall and least seasonal drought, such as Liberia and adjoining areas, eastern Nigeria and the western Cameroons.... These are also the areas richest in endemics and species of regionally restricted distribution*" (RICHARDS, 1973, S.25). Diese floristisch reichsten Gebiete sind damit auch identisch mit den von MALEY (1987) identifizierten Refugialräumen zum Höhepunkt der letzten Kaltzeit, und sie erfüllen zusätzlich eine wesentliche Bedingung, die VANZOLINI (1973) als ausschlaggebend für die Entwicklung artenreicher Floren und Faunen herausstellt. Er konnte zeigen, daß die Refugien des Amazonasregenwaldes am Fuße der östlichen Andenketten bzw. in Gebirgszonen gelegen waren. Damit garantieren solche Areale nicht nur den Fortbestand eines immerfeuchten Klimas (Leelage bzw. das erhöhte Feuchteangebot am Gebirgsfuß durch den Oberflächenabfluß) sondern bieten gleichzeitig die Möglichkeit eines vertikalen Ausweichens für die einzelnen Gattungen oder Arten. Danach kommt sowohl den hygrischen als auch den thermischen Klimaeinflüssen eine besondere Bedeutung als Voraussetzung für die Entwicklung einer hohen Artenvielfalt zu. Daneben bietet der hypsographische Aspekt zusätzlich die Möglichkeit, besonders die auf kleinem Raum sehr heterogenen edaphischen Bedingungen in seiner ganzen Vielfalt - gewissermaßen als "ökologische Nischen" zu nutzen.

Diese Voraussetzungen sind zwar in den afrikanischen Refugialräumen ebenfalls gegeben, nur sind die Räume durch ihre weite Entfernung stärker isoliert, als das z.B. am Fuß der Andenkette der Fall ist. Es bedurfte in Afrika möglicherweise viel längerer Zeiträume, bis die Lücken zwischen den Refugien wieder geschlossen werden konnten als das im indomalayischen Archipel oder in Lateinamerika der Fall war.

Ein wesentlicher Faktor ist die klimatische Ungunst der Feuchtwaldstandorte in Afrika. Schon sehr viel kleinere Klimaoszillationen als die zuvor schon in Kap. 8.1 beschriebenen reichen aus, den tropischen Feuchtwald in Afrika in seinem Bestand zu gefährden. Damit ist im Sinne von RICHARDS (1973) die Armut der afrikanischen Feuchtwald- und auch Trockenwaldflora quasi als Selektionsprozeß zu verstehen, den in der überwiegenden Anzahl nur die Phanerophyten überstehen konnten, die in der Lage waren, auch unter häufig verschlechterten klimatischen Bedingungen ihr Überleben zu sichern. Ein Indiz dafür ist der hohe Anteil an *Papilionaceen* und *Caesalpiniaceen* an den sogenannten "Urwaldriesen" sowie gleichzeitig die Fähigkeit vieler Gattungen im ombrophilen oder semihumiden halbimmergrünen Feuchtwald durch Blattabwurf die Trockenzeiten des Jahres zu überstehen, im ombrophilen immergrünen Feuchtwald dagegen als "immergrüne" Arten den Wald zu bereichern. Gleichzeitig gibt es zahlreiche Arten, die nach ihrem Verbreitungsgebiet in die ombrophilen immergrünen Feuchtwälder gehören, die aber dennoch halbimmergrün, also kurzzeitig laubwerfend sind (vgl. dazu auch Tab. A.I des Anhangs, Spalte 7).

Die für die tropischen immergrünen und halbimmergrünen Feuchtwälder in Afrika günstigsten klimatischen Bedingungen dürften danach wohl vor ca. 130.000 Jahren geherrscht haben. Die Feuchtphasen späterer Zeitscheiben (s.o.) ließen z.T. nur noch einen unvollständigen floristischen Austausch zu, deren Auswirkungen in den Arealkarten sowohl der einzelnen Gattungen als auch Arten abzulesen ist. Ein ebenfalls sehr eindrückliches Beispiel ist die Arealverbreitung von *Podocarpus latifolius* (vgl. Abb. 8.6). *Podocarpus* ist ein Verteter der afromontanen Stufe, die im östlichen Afrika oberhalb von 1500 - 1800 auftritt. Es finden sich jedoch auch Einzelvorkommen dieser Art im Bergland von Guinea (*Futa Djalon*) sowie in Kamerun. In den westafrikanischen Bergländern setzt die afromontane Stufe bereits bei ca. 1000 Metern ein. JENIK & HALL (1966) führen dies auf die Wirkung der heftigen Harmattan-Winde (Passate) während der Trockenzeit zurück, die z.T. erhebliche Temperaturabsenkungen verursachen können. Gleichzeitig illustriert die Karte der Wanderwege von *Podocarpus latifolius* (MALEY & CABALLE & SITA, 1990) den Einfluß der allgemeinen Temperaturabsenkung zum Höhepunkt der letzten Kaltzeit (18.000 B.P.), der es dieser afromontanen Spezies erlaubte, von Ostafrika aus über Südangola nach Kamerun und damit weiter nach Westen zu gelangen.

Ein weiterer entscheidender Aspekt bei der Diskussion um die Artenarmut Afrikas ist der anthropogene Einfluß auf die Vegetationszusammensetzung, besonders nach dem Ende der neolithischen Feuchtphase, spätestens ab 4.000 B.P. *"The human impact on the natural vegetation of Africa has for several reasons been more severe over a longer period in Africa than in either Amazonia or in large areas of the Indo-Malaysian rain forest. Tropical West Africa has had*

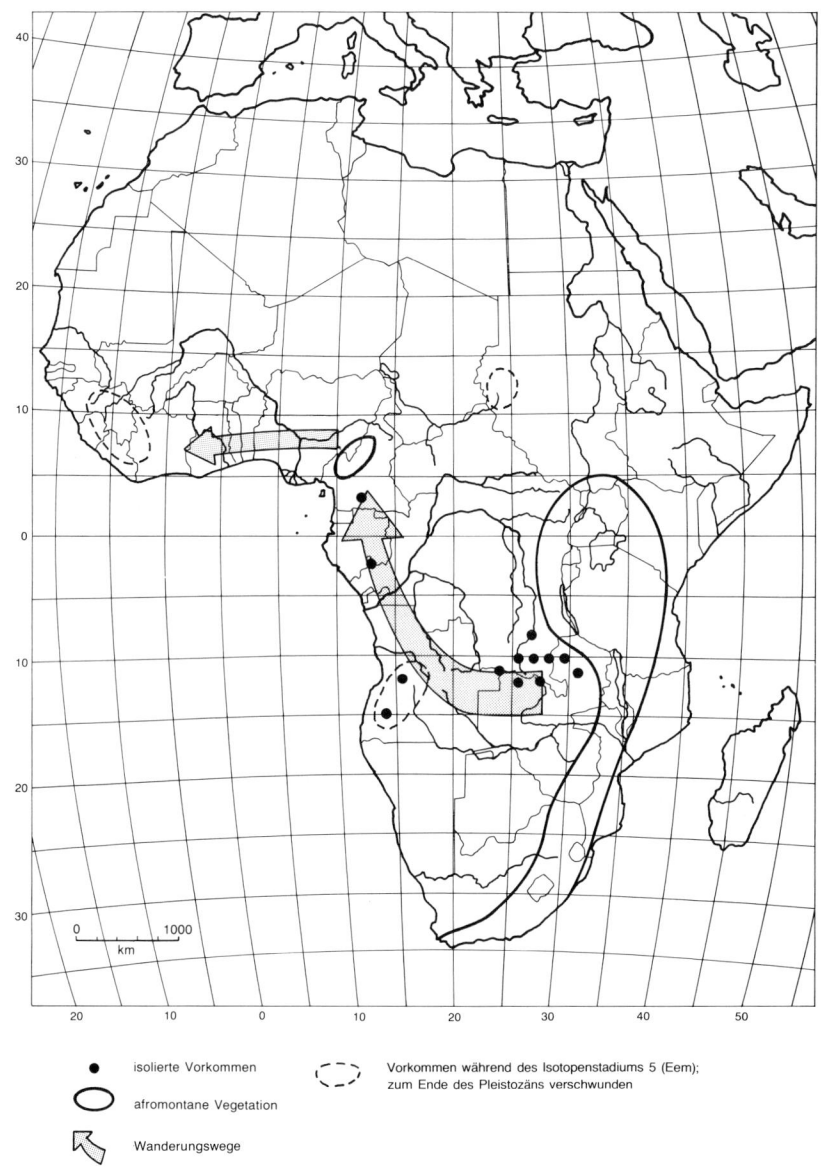

- isolierte Vorkommen
- afromontane Vegetation
- Wanderungswege
- Vorkommen während des Isotopenstadiums 5 (Eem); zum Ende des Pleistozäns verschwunden

Abb. 8.6: Verbreitungsgebiet von *Podocarpus latiflius* (aus MALEY ET AL., 1990, S. 345)

for a long time a relatively large population of agricultural people who have made their influence felt even in the most remote and inaccessible areas. This has profoundly affected the vegetation, even in the depths of the so-called primary forest" (RICHARDS, 1973, S.24). Gerade auch die neuesten Untersuchungen aus dem zentralafrikanischen Bereich (Südkamerun, Zentralafrika, Gabun, Kongo, Zaire) unterstützen die Einschätzung von RICHARDS (vgl. LANFRANCHI & SCHWARTZ, 1990). Auch der Kongoregenwald zeigt mehr und mehr Spuren einer seit Jahrtausenden währenden Durchdringung der Wälder durch den Menschen. Die eigenen Untersuchungen in der Sudan- und Guineazone der Côte d'Ivoire haben gezeigt, daß die heute dort anzutreffende Vegetation das Ergebnis einer seit mehreren tausend Jahren anhaltenden anthropogenen Selektion darstellt, ausgelöst durch Feuer und Rodung (vgl. Kap. 7). Die gleichzeitige Analyse "reliktischer" Vegetationsinseln konnte eindrücklich zeigen, daß auch unter den rezenten Klimabedingungen die immergrünen und halbimmergrünen Feuchtwälder eine Ausdehnung nach Norden erführen. Die besonders feuergefährdeten dichten Trockenwälder Westafrikas sind bis auf wenige Reste nahezu völlig "ausgerottet" worden. Dieses ist jedoch kein rein ivorisches Problem, sondern eine Tatsache, die sich in ganz Westafrika beobachten läßt. Vereinzelte Trockenwaldinseln finden sich auch heute noch im Norden Nigerias (JONES, 1963) und an anderen Stellen (vgl. WHITE, 1983, ANHUF & FRANKENBERG, 1991). Darüberhinaus ist dieses Phänomen auch südlich des Äquator ausgeprägt. HUCKABAY (1989) hat die winzigen Reste eines ehemalig weit verbreiteten "Forêt dense sèche" in Sambia untersucht. Diese Wälder besitzen eine hohe Affinität zu dem guineo-kongolesischen Florenelement und damit auch zu den Trockenwäldern dort. Gleichzeitig weisen sie eine hohe Affinität zu dem afromontanen Florenelement auf. Ein charakteristischer Vertreter der nördlichen wie südlichen Trockenwälder ist *Parinari excelsa*. Gleichzeitig beinhalten diese Wälder aber auch Arten, die den benachbarten offenen und vom Menschen erzeugten Wäldern, den "Miombo"-Wäldern in Sambia und den "Forêts claires" in Westafrika entstammen. Es handelt sich dabei um Arten der Gattungen *Brachystegia* und *Isoberlinia*, aber auch um ausgesprochen feuerresistente Spezies wie *Burkea africana, Erythrophleum africanum, Parinari curatellifolia, Pericopsis laxiflora* (Westafrika), *Pericopsis angolensis* in Sambia (vgl dazu auch Tab. A.II im Anhang). Bei der Bewertung der Reliktstandorte kommt HUCKABAY (1989) zu den gleichen Ergebnissen wie bei der Bewertung der eigenen Standorte, daß die Trockenwaldrelikte nur dann überlebensfähig sind, wenn der Mensch sie nicht mehr nutzt (Beispiel Comoé-Nationalpark), oder wenn sie als "Bois sacré" einem religiösen Schutz unterliegen (Beispiel Burkina Faso)(GUINKO, 1984).

Unmittelbar daran ist auch die Entstehung unzähliger Savannenareale im ganzen tropischen Afrika gekoppelt. Die eigenen Untersuchungen (vgl. Kap. 3, 4, 7, sowie FRANKENBERG & ANHUF 1989, ANHUF 1990, ANHUF & FRANKENBERG 1991) haben gezeigt, daß den Vegetationsveränderungen von der Sahelzone bis in die tropischen Feuchtwälder hinein als auslösendes Moment die Klimaverschlechterung seit 4.000 B.P. zugrunde liegen, daß das heutige Ergebnis ihrer Erscheinungsformen und ihrer floristischen Zusammensetzung ausschließlich das Produkt von "human impact" darstellt. Die bislang veröffentlichten Meinungen von ADJANOHOUN & GUILLAUMET, 1964; AUBREVILLE, 1962; DEVINEAU, 1984; DUGERDIL, 1970; GUILLAUMET, 1967; MANGENOT, 1955; MIEGE, 1966; PORTERES, 1950; SCHNELL, 1952; SPICHIGER, 1975 und WOHLFAHRT-BOTTERMANN, 1994 zu einer paläoklimatisch bedingten Entstehung der Savannen an der Côte d'Ivoire sind unter dem Eindruck neuerer Ergebnisse aus praktisch allen Teilen Afrikas nicht mehr zu vertreten. So belegen Holzkohlefunde aus dem südlichen Kamerun den zunehmenden Einfluß des Menschen seit mindestens 3.000 Jahren, verstärkt danach noch einmal seit den letzten 1.000 Jahren wie beispielsweise auch in der Côte d'Ivoire (KADOMURA, 1989). Ebenso scheint die riesige Ausdehnung der Grassavannen im Adamaoua-Hochland (Kamerun), verursacht durch den Menschen, geklärt (HURAULT, 1975). Nicht weniger eindrucksvoll sind die Darstellungen über Einwanderungen von Savannenvölkern in die Feuchtwaldgebiete der Côte d'Ivoire (MONNIER, 1990), von Benin - Dahomey-Gap (GAYIBOR, 1986) sowie nach Südkamerun (KADOMURA, 1989). " *In tropical Africa, according to published palynological studies ..... marked forest degradation and/or savannization by human activities can date back to 3.000 - 1.000 yr B.P. The onset of deforestation has been considered to correspond with the arrival of Iron Age peoples who practised slash-and-burn cultivation in the perspective forest areas. In general, a sudden increase in grass pollen in pollen diagrams in late Holocene times has been attributed to the onset of human disturbance of forest"* (KADOMURA, 1989, S.8). Auch die neuen Ergebnisse aus Zentralafrika geben Zeugnis einer anthropogenen Durchdringung der "Kongoregenwaldregion" seit mindestens 5.000 B.P. (LOCKO, 1990 - Gabun; LANFRANCHI, 1990 - Kongo; RAMOS, 1990 - Angola; PREUSS, 1990a - Zaire; DE MARET, 1990 - Zentralafrika; CLIST, 1990 - Kamerun, Äquatorial-Guinea). Die Ergebnisse von LANFRANCHI (s.o.) und WARNIER (1990 - Kamerun) legen sogar ein Eindringen in die Waldgebiete bereits vor 10.000 B.P. nahe, also zu einer Zeit, in der die Feuchtwälder zwar bereits deutlich im Vormarsch waren, die Landschaft aber noch weitgehend einen offenen Charakter hatte, so daß der Mensch möglicherweise bereits in diese Regionen eingedrungen war, bevor der Wald sich wieder geschlossen hat.

8.3. Die Rekonstruktion des klimatischen Wasserhaushaltes mit Hilfe rezenten Datenmaterials

Im Zusammenhang mit einer in der Literatur postulierten Südverlagerung der Niederschlagsjahressummen während des Höhepunktes der letzten Kaltzeit um bis zu 400 - 500 mm (in Anlehnung an eine Verlagerung der Vegetationsgürtel um 400 - 500 km)(NEUMANN, 1989; PACHUR & HOELZMANN, 1991; SCHULZ, 1987; WICKENS, 1975, 1982)(vgl. dazu auch Kap. 8.1), spielt neben der räumlichen Verlagerung der Summen auch die Veränderung innerhalb des Niederschlagsganges in einem Jahr eine entscheidende Rolle für die Bestandsbedingungen einer unter den damaligen Bedingungen zu ermittelnden Vegetationsbedeckung.

In zeitlich kurzer Dimension haben in der Elfenbeinküste seit Beginn diesen Jahrhunderts relativ humide und relativ normale bzw. relativ aride Phasen gewechselt, die im Sinne von Analogfällen (s.u.) durchaus Hinweise auch auf die Niederschlagsdimensionen langzeitlicher Klimaschwankungen geben können.

Die Basis der klimatologischen Untersuchungen bildeten die Datensätze von insgesamt 57 Stationen, verteilt über die gesamte Elfenbeinküste, für die seit Beginn der Beobachtungsperiode sämtliche Niederschlagsdaten bis einschließlich 1990 vorliegen (vgl. Abb. 8.7). Aus charakteristischen Niederschlagsstationen der aktuellen Niederschlagsgangtypen wurde eine Auswahl getroffen, an deren Beispiel die Veränderungen des Niederschlagsgeschehens im Verlauf eines Jahres näher untersucht wurden. Diese Untersuchungen wurden sowohl für ausgesprochen *feuchte* als auch extrem *trockene* Jahre durchgeführt. Der Zugriff auf rezent vorhandenes Niederschlagsdatenmaterial (i.d.R. seit 1920) ist deshalb statthaft, weil die absoluten Niederschlagshöhen der zu beobachtenden Feucht- oder Trockenjahre jeweils um die Absolutbeträge schwanken, wie sie auch aus zahlreichen Studien des gesamten westafrikanischen Raumes für die Höhepunkte der letzten Kaltzeit und der neolithischen Feuchtphase angenommen werden können. Darüberhinaus belegen neue Arbeiten über die paläoklimatischen Verhältnisse an der Guineaküste Afrikas, daß sich die Klimagürtel im Vergleich zu heute praktisch nicht verschoben haben - vielmehr ist es die Akzentuierung bestimmter Witterungserscheinungen, die die kaltzeitlichen und nachkaltzeitlichen Klimaveränderungen bewirkten. Diese Witterungserscheinungen entscheiden auch rezent über Höhe und Verteilung der jährlichen Niederschläge. Besondere Aufmerksamkeit wurde vor allem auf mögliche Veränderungen des Verhältnisses arider und humider Jahreszeiten gelegt.

Die Station *Tengrela* (Abb. 8.8) im äußersten Norden erhält heute 1.230 mm Jahresniederschlag. In Feuchtjahren (1954, 1960, 1967) ist ein erstes Niederschlagsmaximum im April/Mai zu beobachten. Von Juni bis Ende September ist mit Niederschlagssummen über 1000 mm zu rechnen, wobei in dieser Zeit keine Unterbrechung der Regenzeit festzustellen ist, mit einem Maximum der Regenfälle im Juli und August, bzw. August und September. Die Niederschlagsjahressumme beläuft sich in diesen Jahren auf ca. 1.700 mm; die Station verzeichnet dann eine nahezu 7-monatige ununterbrochene humide Phase. In Normaljahren werden nur 5 humide Monate registriert. In einem extremen Trockenjahr (1973, 1986, 1988) gestaltet sich der Anstieg zu Beginn der Regenzeit sehr viel langsamer, obwohl auch in diesen Jahren eine geschlossene Regenzeit von 3 bis 4 Monaten beobachtet wird, wobei diese um einen Monat verschoben ist mit maximalen Regenmengen im Juli oder August. Die Niederschlagsjahressumme erreicht kaum mehr als 850 mm.

Die Station *Odienne* (Abb. 8.8) erhält durchschnittlich 1440 mm Jahresniederschläge. Feuchtjahre (1929, 1945, 1953, 1954) sind dadurch gekennzeichnet, daß durchgehend von April bis Oktober eine ununterbrochene Feuchtphase vorherrscht, mit den absoluten Niederschlagsmaxima im Juli und August. Die humide Phase dauert zwischen 7 und 8 Monaten an, die Niederschlagsmengen erreichen fast 2.000 mm. Während einer Trockenphase (1956, 1977, 1983, 1984, 1985) schmilzt diese Regenzeit auf vier Monate zusammen (Juni-September) mit einem unimodalen Niederschlagsgang (Maximum im Juli). Manchmal sind während Trockenperioden auch Vorläufer der Regenzeit im April zu beobachten. Die durchgehend humide Jahreszeit währt über 5 Monate, die Jahresmengen erreichen knapp 1.200 mm.

Ähnliches gilt auch für die Station *Boundiali* (1.440 mm Jahresniederschläge, Abb. 8.8), wo in Feuchtjahren (1953, 1954, 1957, 1965) eine zusammenhängende 7 - 8 monatige Regenzeit mit deutlichem Maximum im August u. September festzustellen ist (Niederschlagsmengen ca. 1.950 mm). In Trockenjahren (1967, 1977, 1990) ist an dieser Station ein zweigipfliges Maximum festzustellen, mit einem ersten Gipfel im Juni und anschließend im August und September, wobei der August eindeutig eine Trockenperiode darstellt, oder es ist eine durchgehende, unimodale Regenzeit von Mai bis Ende August zu beobachten. Die humide Jahreszeit erstreckt sich dann über 4 bis 5 Monate, die Niederschlagsmengen sind mit ca. 1.050 mm zu beziffern.

Damit bildet der Nordwesten und der nördliche Zentralbereich des Landes einen in sich geschlossenen homogenen Raum, was die Entwicklung der Niederschlagsgangtypen betrifft. Anders gestaltet sich die Situation im Nordosten des Landes. An der Station *Bouna* (mit

Abb. 8.7: Karte der mittleren Jahresniederschläge an der Côte d'Ivoire

durchschnittlichen Niederschlagsmengen 1.050 mm im Jahr/ Abb. 8.8) ist in Feuchtjahren eine nahezu durchgehende Feuchtperiode von 7 Monaten zu beobachten, bzw. eine Unterteilung in einen dreigipfligen Jahresgangtyp. Im Jahresverlauf werden über 1.700 mm Regen registriert. In Trockenjahren reduziert sich das Niederschlagsgeschehen auf zwei Feuchtphasen Mai/Juni und September/Oktober. Als besonders kritisch ist die Unterbrechung der Regen- durch eine zweimonatige Trockenzeit zu werten, in der die Niederschläge weit unter 100 mm bleiben. Die Gesamtregenmenge ist dann auf ca. 720 mm reduziert. An der etwas südlicher gelegenen Station *Dabakala* ist unter günstigsten Bedingungen in Feuchtjahren sogar eine nahezu 8 Monate andauernde humide Jahreszeit zu beobachten.

Leicht differenziert ist die Situation im Westen an der Station *Touba* (Abb. 8.9). Bei durchschnittlich 1.300 mm Regen im Jahr verzeichnet die Station eine 6-monatige Feuchtperiode, die allerdings zwei Maxima am Anfang (Juni) und am Ende (September) aufweist. In Feuchtjahren (1954, 1957, 1984) ist die humide Jahreszeit auf 8 Monate ausgedehnt, die Niederschläge pro Jahr sind um ca. 400 mm erhöht.In trockenen Jahren (1961, 1971, 1974, 1981) ist von einer Zusammendrängung der Regenzeit auf einen fünfmonatigen Zeitraum auszugehen. Der Niederschlagsgang bleibt bimodal mit einer eingeschalteten sommerlichen Trockenzeit im Juli, die jedoch in den meisten Fällen durch die überschüssigen Regen der Vormonate ausgeglichen werden kann, so daß sich die feuchte Phase auf 6 Monate verlängert (ca. 1.000 mm Jahresniederschlag).

Damit ist die rezente Grenze zwischen Wald und Savanne erreicht. An der Station *Man* (Abb. 8.9) dauert die Feuchtphase ohne Unterbrechung über 8 Monate an, mit einem mehrgipfligen Gangtyp, wobei die Niederschlagsrückgänge zwischen diesen Gipfeln nur minimal bleiben, so daß man nicht von ariden Monaten sprechen kann. Feuchtjahre (1957, 1966, 1968) sind mit knapp 2.000 mm Jahresniederschlag (Durchschnitt: 1.700 mmm) und einer 9 bis 10 monatigen humiden Jahreszeit charakterisiert. In Trockenjahren (1967, 1983) wird zwar immer noch ein zweigipfliges Niederschlagsgeschehen mit eingeschalteter Trockenzeit im Juli beobachtet, die humide Jahreszeit verkürzt sich auf 7 Monate, die Niederschläge sinken unter 1.300 mm ab. Eine deutliche Verschiebung des Niederschlagsmaximums auf die zweite Hälfte von August bis Oktober findet statt. Auch wenn von April bis Juni regelmäßig Niederschläge erwartet werden dürfen, so sind diese so schwach ausgeprägt, daß man nur schwerlich von einem ersten Niederschlagsmaximum sprechen kann.

An der Station *Bouaké* (Abb. 8.9) ist durchschnittlich mit 1.123 mm Jahresniederschlägen und einer 7-monatigen Feuchtperiode zu rechnen. Der trockenere Juli wird dabei kompensiert, so daß er in die obige Rechnung als humider Monat eingegangen ist. In Feuchtjahren (1949, 1951, 1957) ist eine nahezu 8 Monate andauernde Regenzeit zu beobachten, mit zwei deutlichen Maxima im April und Oktober (Niederschlagsmenge über 1.500 mm). Die Zwischenzeit ist jedoch so feucht, daß man nicht von einer ariden Phase sprechen kann. In Trockenjahren (1967, 1973, 1976, 1983) dagegen ist diese Zwischenperiode trocken ausgeprägt. Die dann zu erwartende zweigipflige Regenkurve ist von einer 2-3 Monate andauernden ariden Phase unterbrochen, so daß die Vegetation einem sehr starken

Trockenstreß ausgesetzt ist. Insgesamt sind in solchen Jahren 4 - 5 humide Monate und Niederschläge unter 900 mm zu beobachten.

Ein ähnliches Bild zeigt sich im Osten an der Station *Bondoukou* (Abb. 8.9), wo in Feuchtjahren eine durchgehende 8-monatige Feuchtperiode mit einem zwei- bis dreigipfligen Jahresgang (April/Mai, Juni, Oktober) zu erwarten ist. In Trockenjahren (4 - 5 humide Monate) werden nur noch zwei Maxima im April oder Mai bzw. September oder Oktober erreicht, unterbrochen von einer 2-3 monatigen Trockenzeit. Eine solche Unterbrechung der sonst üblichen durchgängigen Regenzeit muß in der Vergangenheit, als diese Trockenjahre quasi den Normalzustand repräsentierten, gravierende Auswirkungen auf die Vegetation gehabt haben. Die "Kernfeuchtzeit" ("große Regenzeit" in Anlehnung an die ostafrikanischen Verhältnisse) betrug nur bis zu vier humiden Monaten. Für die Vegetation bedeutet dies, daß in Phasen verstärkter Trockenheit auf solchen Standorten nur offene Trockenwälder mit eingestreuten Grasfluren existieren konnten, eine Vegetation, die heute in der nördlichen Sudanzone anzutreffen ist.

Mit der Station *Daloa* (Abb. 8.10) wird die erste Waldstation (halbimmergrüner Feuchtwald) angesprochen. Die Region verfügt in Normaljahren über eine zusammenhängende Regenzeit von acht Monaten mit zwei deutlichen Höhepunkten der Niederschlagsaktivität im Juni und September. Die Regenmengen in den acht Monaten sind jedoch so hoch, daß über die Wasserspeicherung des Bodens ein weiterer humider Monat die Jahresbilanz auf 9 humide Monate verbessert. In Feuchtjahren (1963, 1968, 1971) verlängert sich die humide Jahreszeit auf 10 Monate bei Niederschlagsmengen von ca. 1.800 mm. Trockenjahre zeigen eine Unterbrechung der sommerlichen Regenzeit mit einem ersten Maximum im April/Mai und einem zweiten im September. Dazwischen liegen 1-2 ausgesprochene Trockenmonate. Bei Niederschlägen von 1.100 - 1.200 mm im Jahr dauert die humide Jahreszeit 6 + 1 = 7 Monate an.

Ähnlich ist auch die Situation in *Dimbokro* (Abb. 8.10), am Südzipfel des V-Baoulé gelegen. In Normaljahren erreicht die Region 8 humide Monate, mit den meisten Regen im Juni und September. Die Monate dazwischen sind allerdings ebenfalls humid, die jährlichen Niederschlagsmengen belaufen sich auf 1.158 mm. Feuchtjahre wie 1955, 1962, 1968 (ca. 1.700 mm Jahresniederschlag) zeichnen sich durch eine 10-monatige humide Jahreszeit aus, in der nur der Dezember und der Januar arid sind. In Trockenjahren ist eine starke Spreizung der Regenzeit zu erkennen. Das erste Maximum wird im Mai/Juni erreicht, wobei das zweite im Herbst zu erwartende Maximum manchmal sogar ausfällt. Insgesamt sind Trockenjahre durch nur 4 humide Monate gekennzeichnet, die noch nicht einmal zusammenliegen. Die Jahresniederschlagsmengen bleiben unter 900 mm. Damit ist dieser Bereich der Côte d'Ivoire durch die stärksten klimatischen Gegensätze zwischen Trocken- und Feuchtperioden gekennzeichnet. In dem einen Fall sind die klimatischen Bedingungen für das Wachstum eines ombrophilen halbimmergrünen Feuchtwaldes ausreichend, im anderen Fall lassen diese Bedingungen nur noch das Wachstum eines lichten Trockenwaldes mit eingestreuten Grasfluren zu.

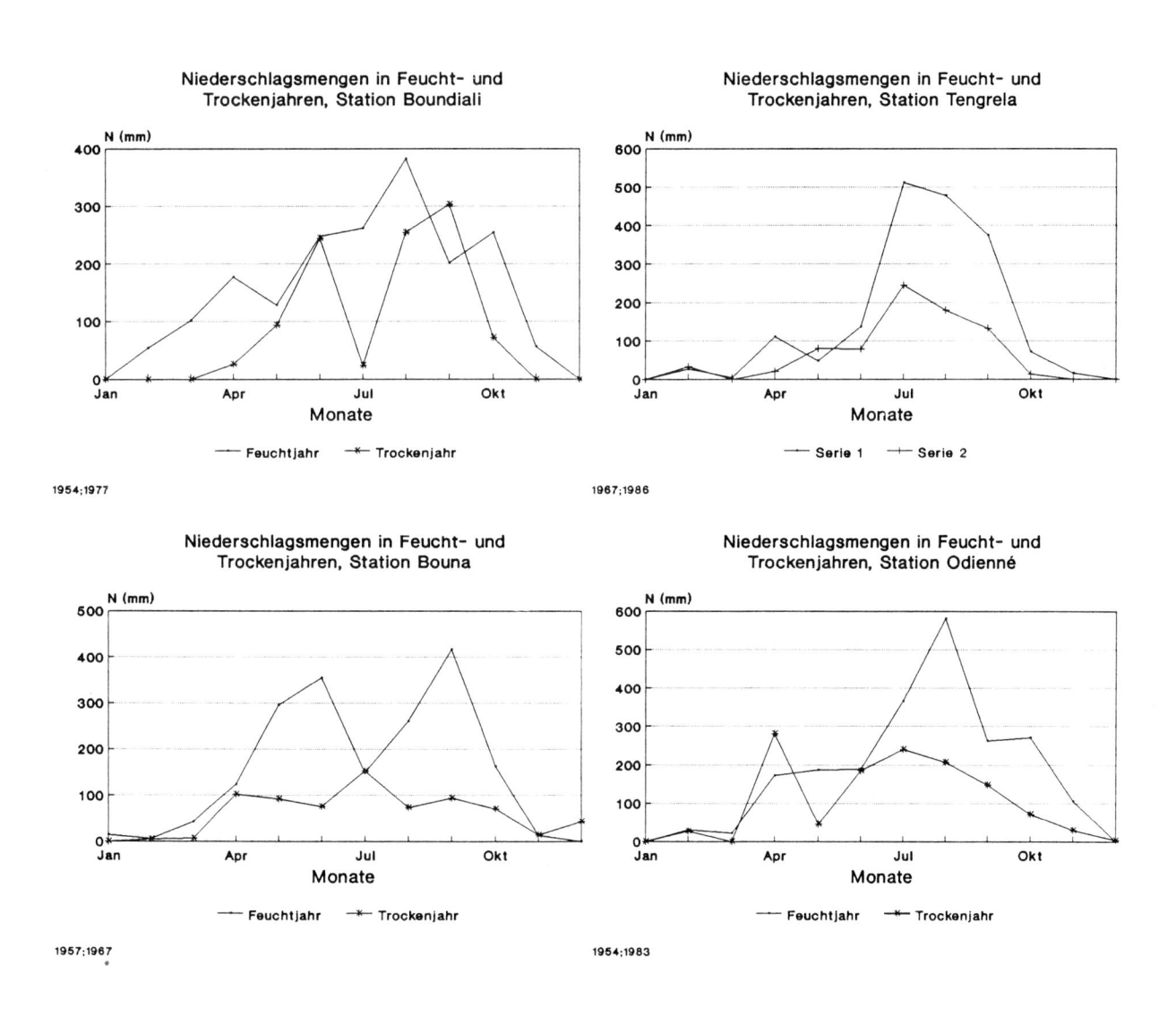

Abb. 8.8: Vergleich des Niederschlagsjahresganges in Trocken- und Feuchtperioden; Stationen: Tengrela, Odienné, Boundiali, Bouna

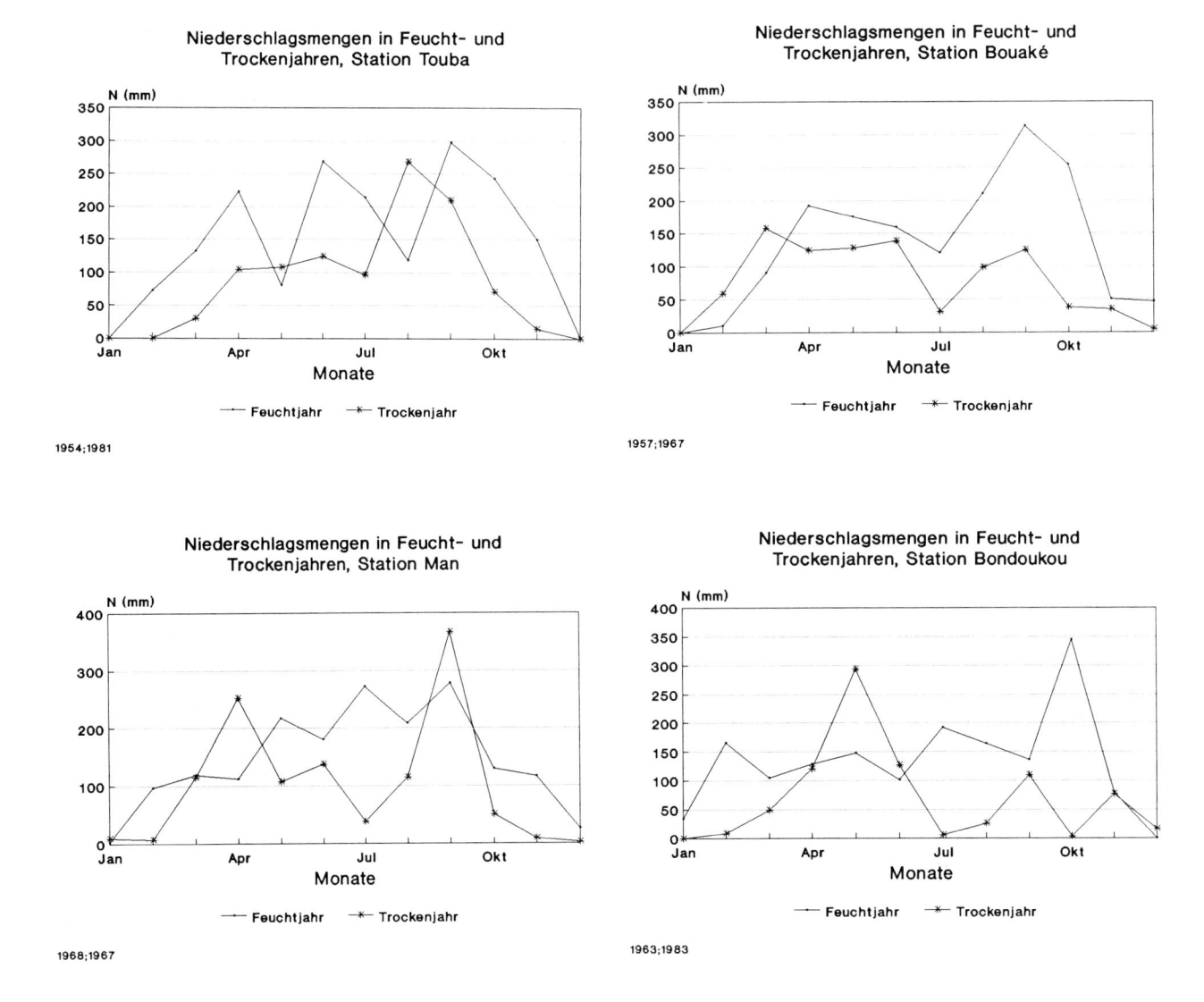

Abb. 8.9: Vergleich des Niederschlagsjahresganges in Trocken- und Feuchtperioden; Stationen: Touba, Man, Bouaké, Bondoukou

Mit *Abengourou* (Abb. 8.10) wird eine Station erreicht, die in Feuchtjahren (1963, 1968, 1979, 1988) eine 10 Monate andauernde humide Phase zu verzeichnen hat (in Normaljahren 9 Monate). Von Februar bis November dauert sie und verfügt ebenfalls über einen zwei- bis dreigipfligen Gangtyp (April, Juli, Oktober). In Trockenjahren ist nur noch ein doppelter Gangtyp zu beobachten, wobei die Maxima von einer zweimonatigen Trockenperiode unterbrochen sind. Dennoch kann davon ausgegangen werden, daß hier z.T. während des ersten Regenmaximums Feuchteüberschüsse angehäuft werden, so daß der erste aride Monate noch überbrückt werden kann. Insgesamt dauert die humide Phase des Jahres nur noch 5 Monate an, die Regenmengen betragen etwas mehr als 1.100 mm.

Divo (Abb. 8.11), im zentralen Teil des Waldlandes gelegen, erreicht in Normaljahren eine 9-monatige klimatologisch humide Phase, die deutlich durch einen trockenen August unterbrochen wird. Die hohe Luftfeuchtigkeit und der Bodenspeicher garantieren in dieser Zone eine 10-monatige pflanzenökologisch humide Phase bei durchschnittlichen Regenmengen von ca. 1.520 mm. In Feuchtphasen (1955, 1963, 1968) verzeichnet die Region 11-12 humide Monate, die das Wachstum ombrophiler bis hyperombrophiler Feuchtwälder ermöglicht. In Trockenjahren ist die Situation für die Vegetation sehr viel kritischer, denn zwischen den beiden Regengipfeln breitet sich eine 2-3 monatige aride Phase aus, so daß auf solchen Standorten nicht mehr mit dem Wachstum eines immergrünen Regenwaldes gerechnet werden kann. Die feuchte Jahreszeit ist auf 7 - 8 Monate beschränkt, so daß analog zu den rezenten Bedingungen nurmehr ein dichter Trockenwald (forêt dense sèche) erwartet werden könnte.

Sassandra (Abb. 8.11) ist geprägt durch eine zweigipflige Regenzeit mit den stärksten Niederschlägen im Juni und Juli, wobei Mengen über 500 in einem dieser beiden Monaten mehr der Regel als der Ausnahme entsprechen. Auch sind Monatsmengen über 1000 mm keine Seltenheit. Die deutlich ausgeprägte sommerliche Trockenzeit im August und September kann durch die sehr starken Monsunniederschläge der Regenzeit davor problemlos von der Pflanzenwelt überbrückt werden. Sassandra verfügt über eine mehr als 9-monatige Feuchtphase. Die hohe permanente Luftfeuchtigkeit an der Küste gestaltet das Bild sogar noch positiver (+ 1 Monat). In der letzten 30-jährigen Periode hat die durchschnittliche Niederschlagsreduktion von ca. 9% (vgl dazu Kap. 5.4.2) allerdings dazu geführt, daß sich die pflanzenökologisch humide Jahreszeit um fast einen Monat verkürzt hat. In Trockenphasen (1963, 1988) verschlechtert sich der pflanzenökologische Wasserhaushalt dramatisch. Die Regenzeiten liegen weit auseinander (in der Regel 3 Monate) so daß eine Überbrückung der Trockenzeit nahezu ausgeschlossen ist. Häufig sind die winterlichen Regenfälle (Dezember) auf ein Minimum beschränkt, so daß sich die zweite Regenzeit im Herbst nur noch über zwei Monate erstreckt. Insgesamt verkürzt sich die jährliche Feuchtphase auf 7 oder weniger humide Monate.

In *Grand Lahou* (Abb. 8.11), im Zentrum der küstennahen Trockenachse der Côte d'Ivoire gelegen, zeigt sich in Trockenjahren jedoch ein prägnanter Unterschied. Die durchschnittlichen Niederschlagsmengen betragen an dieser Station nur etwa 1.500 mm. 9 Monate pro Jahr sind als humid zu bezeichnen. In Feuchtjahren (1954) steigt die Anzahl auf 11 Monate an, in Trockenjahren werden dagegen nur 6 Monate erreicht, ein Grund für die auch

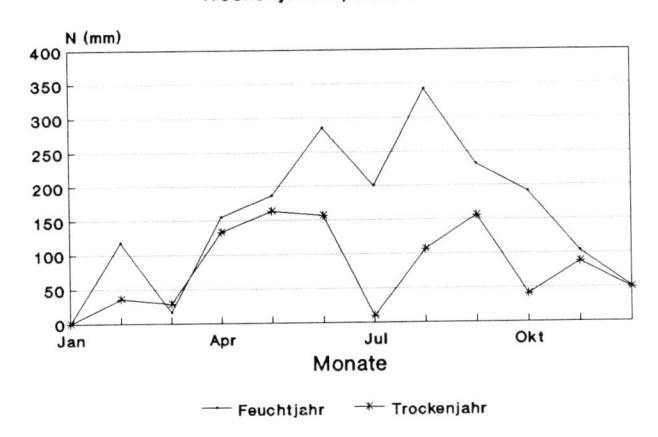

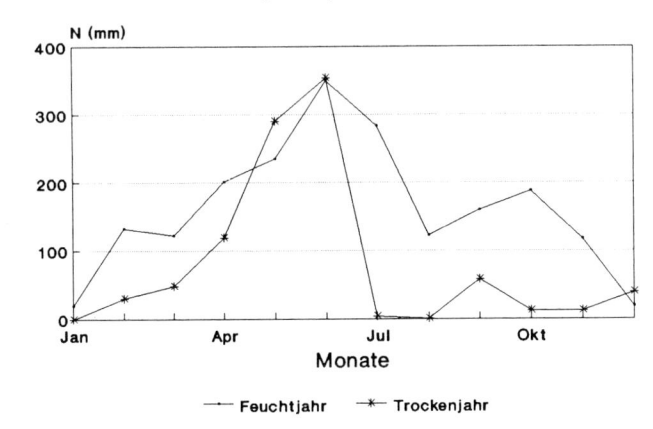

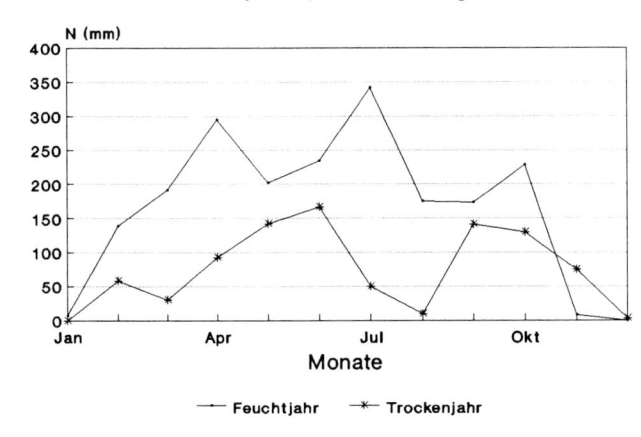

Abb. 8.10: Vergleich des Niederschlagsjahresganges in Trocken- und Feuchtperioden; Stationen: Daloa, Dimbokro, Abengourou

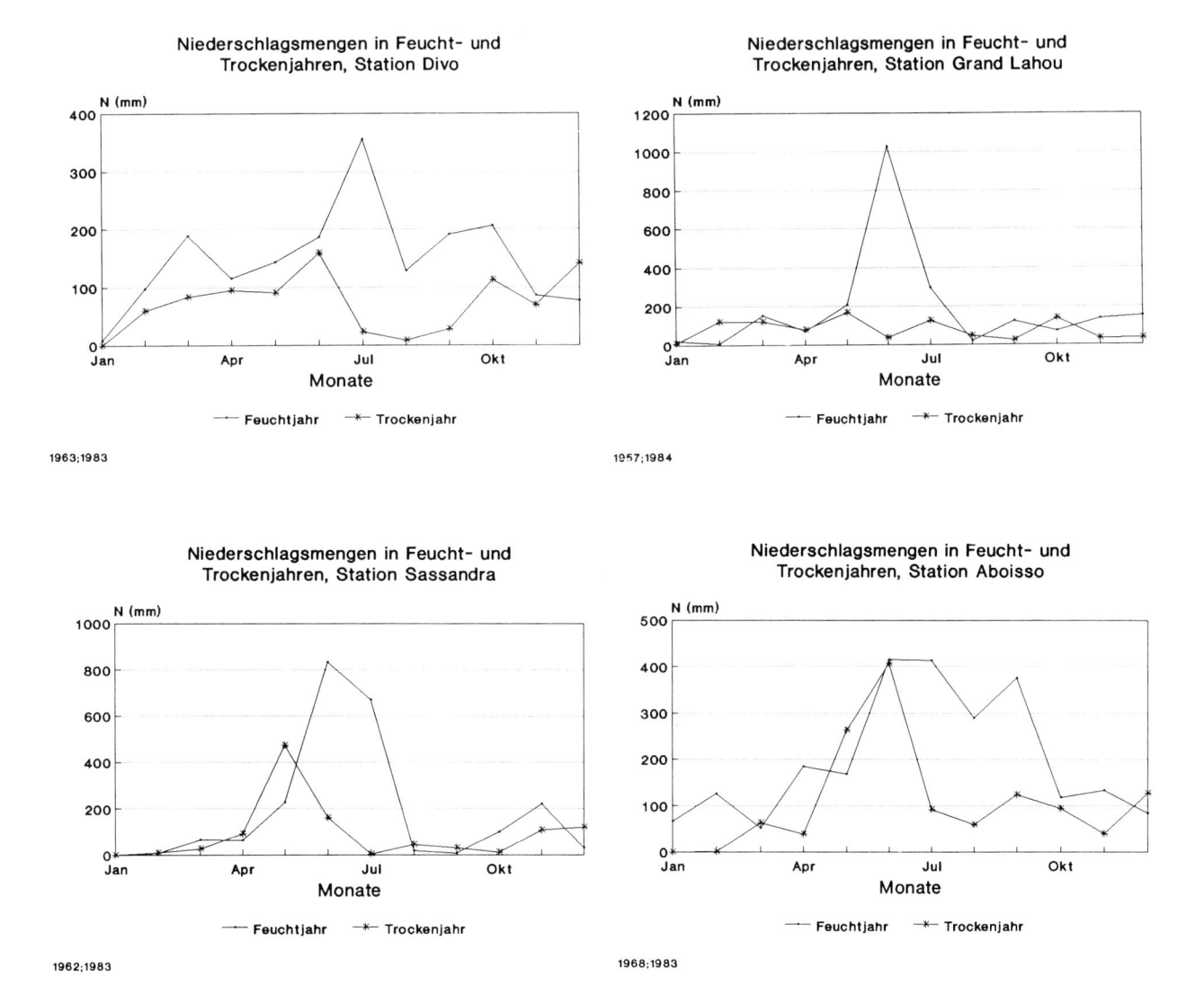

Abb. 8.11: Vergleich des Niederschlagsjahresganges in Trocken- und Feuchtperioden; Stationen: Divo, Sassandra, Grand Lahou, Aboisso

heute noch weit verbreiteten Küstensavannen entlang der Meeresküste (vgl. auch Kap. 6.3). In solchen Jahren wird häufig kein zweites Niederschlagsmaximum erreicht, so daß eigentlich nur noch eine eingipflige Regenzeit bleibt, die diesen Raum in ein "quasi-sudanisches" Niederschlagsregime verwandelt. Gleiches gilt in Trockenjahren auch für Abidjan.

Zuletzt bleibt noch die Station *Aboisso* (Abb. 8.11) im äußersten Südosten des Landes. Diese Station verfügt über eine 10 - 11 monatige humide Phase mit deutlichen Niederschlagsmaxima im Juni und Oktober/November. In Trockenjahren ist eine stärkere Betonung der zweigipfligen Regenzeit zu erwarten. Im Gegensatz zu den Stationen *Grand Lahou* und *Abidjan* ist hier auch in Trockenjahren mit einem zweiten Niederschlagsmaximum im September und Oktober zu rechnen. Die sommerliche Trockenphase kann in solchen Zeiten allerdings nicht überbrückt werden. Die Regenmengen würden danach nicht ausreichen, einen Regenwald an dieser Station auch in Zeiten einer generellen Niederschlagsreduktion von 500 mm während des Höhepunktes der letzten Kaltzeit zu erhalten. Ein in der Literatur zitierter Refugialraum immergrüner Feuchtwaldrelikte (vgl. Kap. 8.1) im äußersten Südosten der Côte d'Ivoire und im äußersten Südwesten Ghanas während des Höhepunktes der letzten Kaltzeit ist danach wohl auszuschließen. Selbst die Überlebensbedingungen für einen halbimmergrünen Feuchtwald in diesem Bereich müssen als schwierig angesehen werden, auch wenn ein Überdauern solcher Wälder während des Klimapessimums nicht auszuschließen ist. Die räumliche Ausdehnung eines solchen Reliktstandortes dürfte die Größe von 150 x 50 km kaum überschritten haben, da bereits bei *Axim* in Ghana eine weitere markante "Trockengrenze" erreicht wird (vgl. Kap. 6.3 und Abb. 6.10).

Als räumliches Resumé der vorangegangenen Analysen wurden Karten der Niederschlagsentwicklung für den Bereich der Côte d'Ivoire sowohl für eine Trockenperiode (vgl. Abb. 8.12) als auch für eine Feuchtperiode (vgl. Abb. 8.13) abgeleitet. Die dort abgebildeten Niederschlagsverhältnisse können danach als erste Annäherung an die Verhältnisse zum Höhepunkt der letzten Kaltzeit (18.000 B.P.)(Abb. 8.12) bzw. zum Höhepunkt des holozänen Klimaoptimums um 8.500 B.P. (Abb. 8.13) gelten.

8.4 Die Rekonstruktion der Vegetation für die Zeitscheibe 18.000 B.P.

Zieht man ein Resumé der paläoklimatischen Arbeiten über das westliche Afrika nach den verschiedensten Indizien, so fallen zwei markante Extremphasen von Klima und Vegetation auf: das spätkaltzeitliche Klimapessimum um 18.000 B.P. sowie das kurz darauf folgende Klimaoptimum zwischen 8.500 und 7.500 B.P.

Für die Zeit post 18.000 B.P. enthält das Pollenprofil des *Lake Bosumtwi* aus Ghana einen Gramineenanteil von über 50% (heute unter 10%) bei ca. 4-5% Baumpollenanteil (heute 76-85%). Diese Baumpollen stammen jedoch nicht aus den sudano-guineensischen Savannen, sondern zum größten Teil aus dem Bereich des halbimmergrünen tropischen Feuchtwaldes (forêt semi-caducifoliée = forêt semi-décidue). Laut MALEY (1987) belegt das vorliegende Pollenmaterial eine Unterteilung der immergrünen Feuchtwaldareale während der letzten

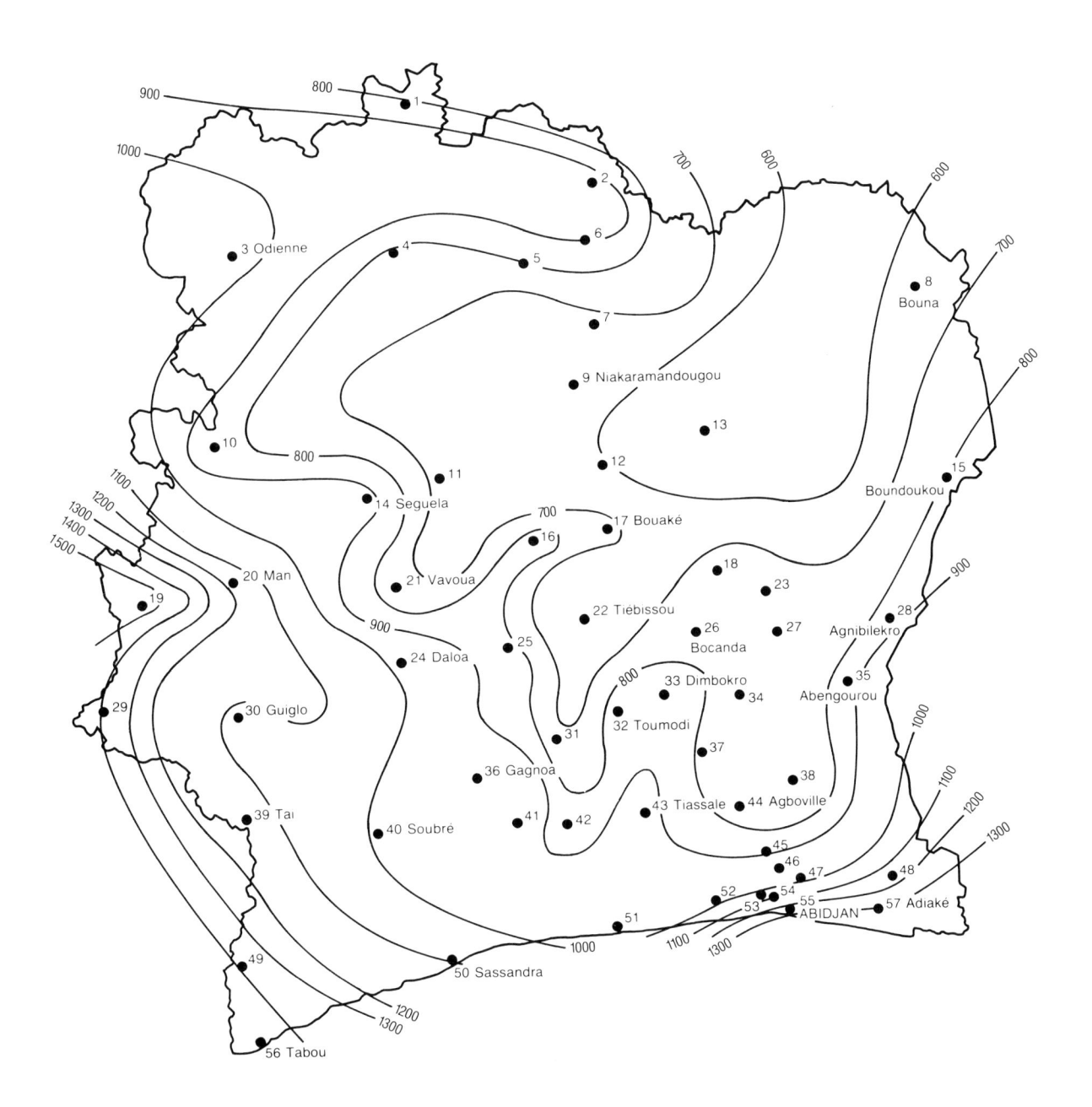

Abb. 8.12: Karte der mittleren Jahresniederschläge in Trockenperioden an der Côte d'Ivoire

Abb. 8.13: Karte der mittleren Jahresniederschläge in Feuchtperioden an der Côte d'Ivoire

Kaltzeit, so daß insgesamt in drei Bereichen des afrikanischen Kontinents Feuchtwaldareale die Trockenphase während der letzten Kaltzeit überlebt haben können:

1) Ein Bereich im nördlichen Liberia und der westlichen Elfenbeinküste.
2) Ein Bereich im Südwesten von Kamerun sowie der Westen von Gabun
3) Ein Bereich im äußersten Nordosten von Zaire

Ein von den französischen Kollegen, die an der Côte d'Ivoire gearbeitet haben, vermuteter 4. Refugialraum im Südosten der Côte d'Ivoire an der Grenze zu Ghana wird aus klimatischen Gründen kaum eine Überlebenschance gehabt haben (vgl. Kap. 8.3). Eine wesentliche Rolle spielen in diesem Zusammenhang die Meeresströmungen. Unmittelbare Zusammenhänge werden zwischen kaltem Auftriebswasser im Golf von Guinea (vgl. Kap. 6.3) und dem Witterungsgeschehen entlang des Kontinentrandes von der Elfenbeinküste bis nach Nigeria beobachtet. Das Zusammentreffen feuchtwarmer Luftmassen auf einen kühlen Untergrund ("kalte" Wasseroberflächentemperaturen im Bereich des Benguela-Stromes) führt zur Bildung von Nebeln bzw. einer niedrigen, sehr flachgeschichteten Bewölkung. Diese Wolken sind generell sehr wenig bis gar nicht niederschlagsträchtig; konvektive Aufstiegsbewegungen werden durch die mangelnde Wärmezufuhr unterbunden. Davon sind ebenfalls die küstennahen Kontinentalbereiche in der Côte d'Ivoire betroffen.

Rezent ist der Einfluß kalten Auftriebswassers über der Waldregion an der Elfenbeinküste reduziert, denn die kleine Trockenzeit im Sommer dauert (über Wald) nicht länger als 2 Monate an (August und September). Im Gegensatz dazu ist dieser Einfluß im Osten des Golfes von Guinea, im Golf von Biafra, erheblich stärker ausgeprägt. Im Nordsommer ist der gabunesische Wald permanent von einer flachen Wolkendecke bedeckt, die bis 800 km in Landesinnere hineinreicht. Diese Wolkendecke, aus der praktisch kein Regen fällt, prägt die großen winterliche (Südhalbkugel) Trockenzeit. Dennoch überlebt der Regenwald auf diesen Flächen, weil durch die Temperaturabsenkung auch erheblich geringere Verdunstungsverluste zu verzeichnen sind. So kann der immergrüne Regenwald auch noch bei einer 4 monatigen Trockenzeit existieren, vorausgesetzt, die übrigen Monate sind sehr feucht; ansonsten wäre der größte Teil Gabuns von Savannen anstatt von Wald bedeckt.

Es ist festzuhalten, daß zwischen den Meeresoberflächentemperaturen und dem Niederschlagsgeschehen des westafrikanischen Küstenbereiches markante Zusammenhänge bestehen. In Jahren mit wenig oder gar keinem Auftriebswasser bleibt das Meerwasser sehr warm. Außergewöhnlich hohe Niederschläge können in der westafrikanischen Küstenregion beobachtet werden. So wurde z.B. 1984, einem Jahre praktisch ohne "Upwelling", durchgehend Regen in Gabun von Juni bis September registriert. In der Côte d'Ivoire war 1984 die sommerliche kleine Trockenzeit ebenfalls um einen Monat reduziert. Während der feuchtesten Jahre 1949 und 1968 wurden auch an der Elfenbeinküste durchgehend hohe Niederschläge von Juli bis September gemessen.

Die Rekonstruktion der Ozeanoberflächentemperaturen nach datierten Foraminiferen und Radiolarien (PRELL ET AL., 1976, MORLEY & HAYS, 1979) zeigen für die Zeit post 18.000 B.P., daß das Band der stärksten Auftriebserscheinungen und des äquatorialen Gegenstromes ähnlich positioniert gewesen sein muß wie heute, nur waren die Erscheinungen wesentlich intensiver (vgl. Kap. 8.1). Im Duchschnitt waren die Temperaturen über das Jahr betrachtet um 4°C abgesenkt. Eine solch massive Abkühlung wirkte sich natürlich auch auf die küstennahen und -ferneren Bereiche Westafrikas aus, mit der Folge massiver Niederschlagsreduktionen.

Hier kann nun mit rezenten Klimabeobachtungen der Versuch unternommen werden, die kaltzeitlichen Vegetationsverhältnisse annähernd zu simulieren (vgl. Kap. 8.3). Statthaft sind solche Versuche, weil zuvor deutlich gemacht werden konnte, daß die Lageposition des Bereiches verstärkter Kaltwasserauftriebsgebiete sich kaltzeitlich kaum von der rezenten unterschied. Die Analyse von 57 Niederschlagsstationen der Elfenbeinküste in der Dimension von bis zu 70 Jahren erlaubte die Ermittlung typischer Jahresgänge für Trockenjahre = Jahre verstärkten Upwellings. Auf der Basis eines gemittelten Zustandes solcher Trockenjahre wurde in Anlehnung an die daraus resultierende räumliche Ausprägung, die Berücksichtigung bedeutender edaphischer Grenzen sowie unter Zugrundelegung phänologischer und pflanzenphysiologisch relevanter Klimadaten ein räumliches Szenario der Vegetationsbedeckung zum Höhepunkt der letzten Kaltzeit entwickelt (Abb. 8.14).

Nur der Bereich westlich von *Man* als Fortsetzung des Berglandes von Guinea war zu diesem Zeitpunkt noch von ombrophilen Feuchtwäldern bedeckt. Sowohl der Tai-Nationalpark als auch der äußerste Südosten an der Grenze zu Ghana trugen keinen solchen Wald mehr. Es dürfte sich hierbei vielmehr um ombrophile halbimmergrüne Feuchtwälder im heutigen Sinne gehandelt haben. Daran anschließend ist ein deutlicher V-förmiger Bereich zu erkennen, der nach dem rezenten Bild einen dichten Trockenwald getragen haben sollte. Diese Vorstellung ist nach den Pollenanalysen nicht uneingeschränkt haltbar, weil es sich bei den Trockenwäldern bereits um Formationen mit einem deutlichen Jahresrhythmus von Regen- und Trockenzeit handelt. Die Pollen weisen jedoch auf einen offenen Waldtyp hin, der von halbimmergrünen Arten dominiert wurde, also einem Wald, der dem semihumiden halbimmergrünen Feuchtwald (vgl. ANHUF & FRANKENBERG, 1991) entspräche. Auch heute noch finden sich zahlreiche halbimmergrüne Spezies in den dichten sommergrünen Trockenwaldresten der Côte d'Ivoire. Hier bestätigen sich auch die Annahmen MALEYS, der die von zahlreichen Autoren geforderten sudano-guineensischen Savannen in diesem Bereich für den Höhepunkt der letzten Kaltzeit ablehnt. Savannenvertreter sind an den jahreszeitlichen Rhythmus zweier extremer, gegensätzlicher Jahreszeiten adaptiert. Diese haben in den küstennahen und -ferneren Bereichen unter verstärktem "upwelling" so nicht existiert. Bei deutlich reduziertem Wasserangebot um 18.000 B.P., aber gleichzeitig ausgeglichenerem jahreszeitlichen Ablauf, waren Lebensbedingungen gegeben, die, vergleichbar der rezenten Situation in Gabun, einem laubwerfenden Regenwaldtyp das Überleben ermöglichte. Die zu erwartenden dichten Trockenwälder waren zu dieser Zeit auf den Nordwesten des Landes, im Bereich *Odiènne, Boundiali* beschränkt. In den küstenferneren Bereichen des Landesinnern, entlang des westlichen und östlichen Schenkels des o.g. V-Ausschnittes, dürften ebenfalls noch schmale Bänder mit dichten Trockenwäldern (forêt dense sèche) erwartet werden.

Rekonstruierte Vegetationsbedeckung der Côte d'Ivoire post 18.000 B.P.

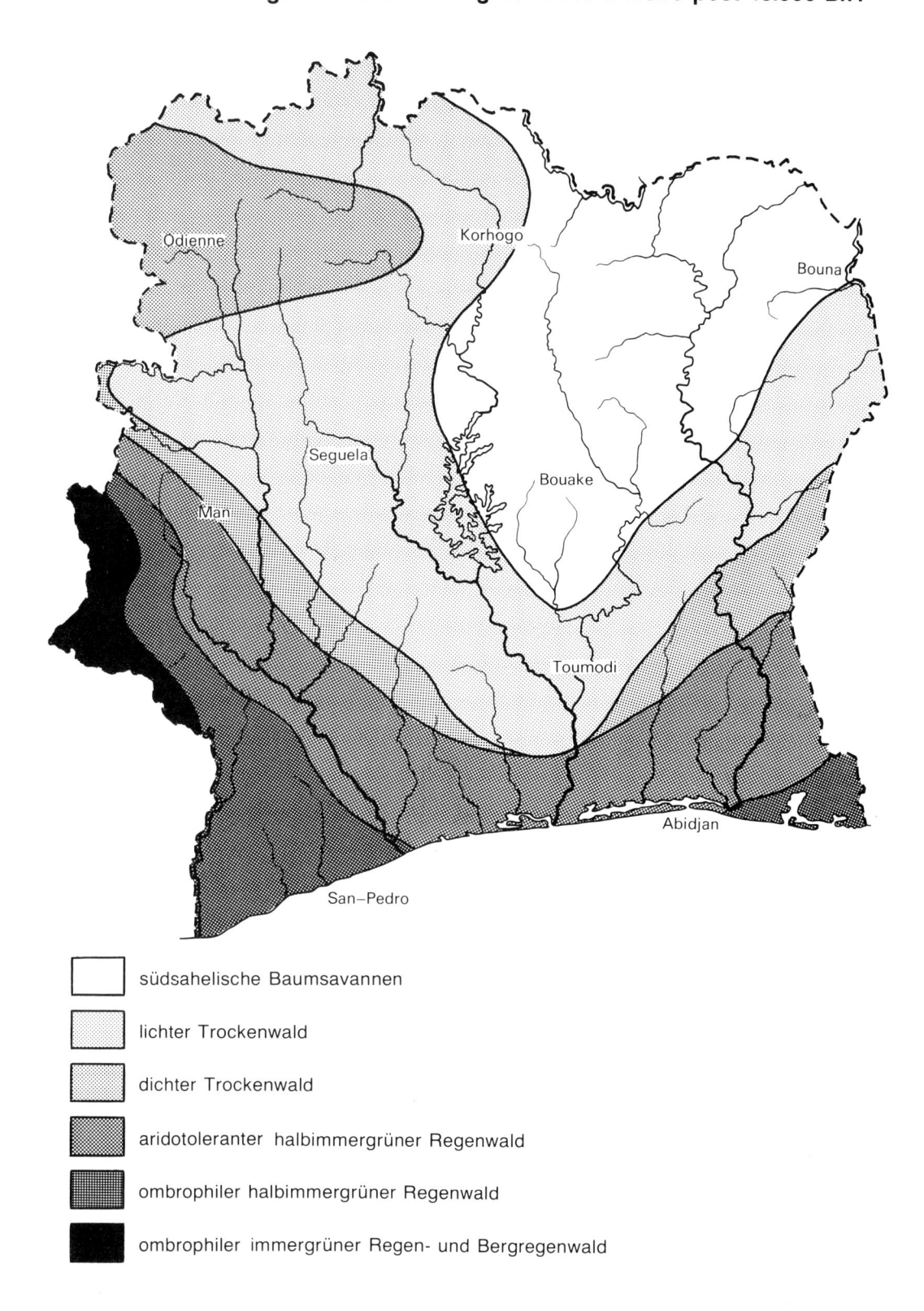

- südsahelische Baumsavannen
- lichter Trockenwald
- dichter Trockenwald
- aridotoleranter halbimmergrüner Regenwald
- ombrophiler halbimmergrüner Regenwald
- ombrophiler immergrüner Regen- und Bergregenwald

Abb. 8.14: Rekonstruierte Vegetationsbedeckung der Côte d'Ivoire post 18.000 B.P.

An den zuvor beschriebenen laubwerfenden semihumiden halbimmergrünen Feuchtwald schlossen sich nach Norden sehr rasch die lichten Trockenwälder an, sobald der mildernde Einfluß der küstennahen Bewölkung nachließ und sich das deutlich jahreszeitlich getrennte "Sudanklima" durchsetzte. Der Nordosten der Elfenbeinküste war in der Zeit post 18.000 B.P. von einer südsahelischen Baumsavanne bestanden.

8.5. Die Rekonstruktion der Vegetation für die Zeitscheibe 8.500 B.P. (Klimaoptimum)

Nach 10.000 B.P. haben die Oberflächentemperaturen des Atlantik im Golf von Guinea sehr schnell wieder das rezente Niveau angenommen. Charakteristisch für das postkaltzeitliche Klimaoptimum um 8.500 B.P. war das nahezu völlige Unterdrücken von Kaltwasserauftriebsvorgängen (noch wesentlich seltener als heute), so daß in den Sommermonaten die kleine Trockenzeit extrem eingeengt war, z.T. sogar nicht mehr auftrat (vgl. Kap. 8.3). Durch einen wesentlich stärker Süd-Nord ausgeprägten Anströmwinkel der monsunalen Luftmassen als heute wurden die rezent zu beobachtenden Scherprozesse vor der Küste der Côte d'Ivoire sowie der Küste Ghanas verhindert und dadurch ein "Upwelling" nahezu unmöglich gemacht. Nach dem Übertritt der tropisch humiden Monsunluftmassen auf den Kontinent konnte eine sehr mächtig ausgeprägte Monsunfront sehr viel weiter nach Norden auf den Kontinent vordringen. Auch heute sind solche Phänomene in Feuchtjahren keine Seltenheit, so daß ebenfalls aktualistisches Datenmaterial eine wesentliche Grundlage bei der Entwicklung der Karte der Vegetationsbedeckung der Elfenbeinküste während des Klimaoptimums um 8.500 B.P. bildete (vgl. Abb. 8.15).

Danach ist mit einer räumlichen Ausdehnung der hyperombrophilen Regenwälder westafrikanischer Prägung im Westen bis auf die Höhe von *Man* (7 - 7,5°N) zu rechnen. Im zentralen Bereich wäre seine nördlichste Grenze bei *Tiassalé* anzusiedeln, nur unwesentlich weiter im Norden als heute. Im Osten erstreckten sich diese Wälder bis auf die Höhe von *Abengourou* (ca. 7°N). Das nördlichste Auftreten ombrophiler immergrüner Feuchtwälder deckt sich mit der rezenten Grenze zwischen dem "Secteur mésophile" (halbimmergrüner Feuchtwald) und dem rezenten Übergang zu den subsudanischen Savannen. Daran schloß sich ein breiter Gürtel halbimmergrüner Feuchtwälder (Forêt semi-décidue) an, der erst bei 10°-10,5°N in die dichten sommergrünen Trockenwälder (Forêt dense sèche) überwechselte. Auch in anderen Regionen Westafrikas scheint sich die nördliche maximale Ausdehnung der tropischen Feuchtwälder (hier Grenze semihumider halbimmergrüner Feuchtwald/dichter Trockenwald (feuchterer Ausprägung) (vgl. ANHUF & FRANKENBERG, 1991) bis etwa 10°N zu bestätigen. Neueste Ergebnisse eines Holzkohlenprofils von NEUMANN & BALLOUCHE (*im Druck*) aus dem Südosten Burkina Fasos, aus der Chaîne de Gobnangou bei 12°N zeigen, daß dieser Raum seit 7.000 B.P. immer in der floristischen Sudanzone gelegen hat. Die nach den Holzkohlefunden beherrschende Vegetationsformation war die eines "Forêt dense sèche", so daß das hier rekonstruierte Bild der Verbreitung der Vegetationszonen zum Höhepunkt des Klimaoptimums dadurch seine unmittelbare nördliche Fortsetzung findet.

Rekonstruierte Vegetationsbedeckung der Côte d'Ivoire post 8.500 B.P.

- dichter Trockenwald
- aridotoleranter halbimmergrüner Regenwald
- ombrophiler halbimmergrüner Regenwald
- ombrophiler immergrüner Regenwald
- hyperombrophiler immergrüner Regen- und Bergregenwald

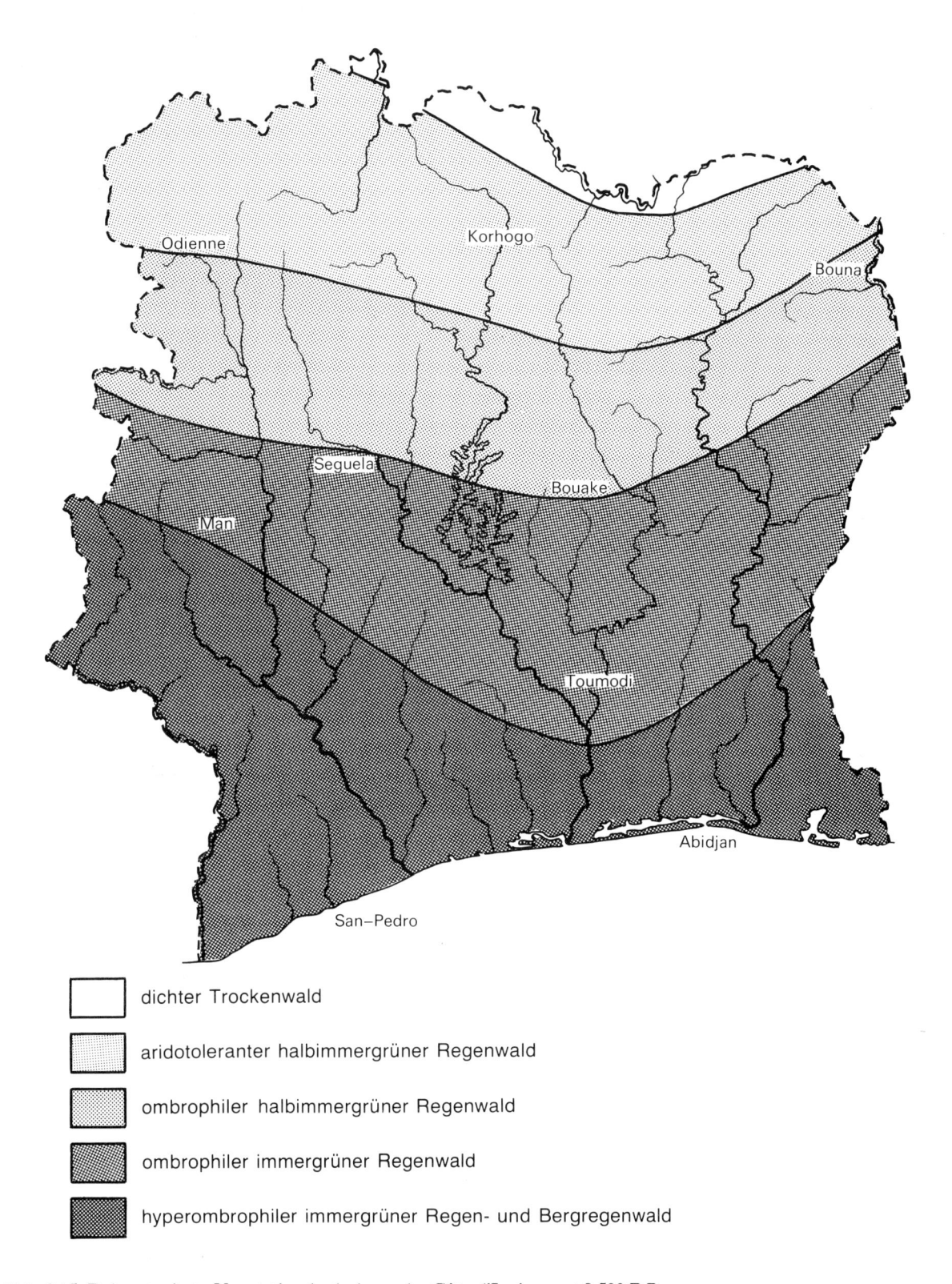

Abb. 8.15: Rekonstruierte Vegetationsbedeckung der Côte d'Ivoire post 8.500 B.P.

Seit etwa 9.000 B.P. vermittelt sich das Bild eines sehr schnellen Zusammenwachsens der Wälder zwischen den Refugialräumen. Die Phase der Wiederbewaldung dauerte möglicherweise weniger als 1.000 Jahre (MALEY, 1987), zumindest was den westafrikanischen Waldbereich betrifft. Nach Aussage MALEYS, der die relativ hohe Ähnlichkeit der Flora und Fauna des "Dahomey Gap / Coupure du Dahomey" mit seinen umgebenden Waldgebieten betont, war dieser heutige Savannenvorstoß bis an die Küste während des Klimaoptimums komplett bewaldet, natürlich ebenso das V-Baoulé. Die Entstehung der Dahomey-Lücke resultierte aus der Niederschlagsverringerung dieses Raumes seit etwa 4.000 B.P.

An der Zurückdrängung der Regenwaldgrenze nach Süden sind in den darauffolgenden Jahrtausenden die Menschen stärker als das Klima beteiligt gewesen, so daß die heutige "potentielle Feuchtwaldgrenze" (vgl. Abb. 7.8) nur wenig südlich (maximal 1°) der Feuchtwaldgrenze von 8.500 B.P. verläuft.

Danksagung

Dank gebührt insbesondere den Leitern des vom BMFT geförderten Teilprojektes zur Rekonstruktion der Paläovegetation Westafrikas, Herrn Prof. Dr. W. Lauer und Herrn Prof. Dr. P. Frankenberg. Sie ermöglichten mir die Forschungsaufenthalte in der Côte d'Ivoire sowie deren umfangreiche Auswertungen an den Geographischen Instituten der Universitäten von Bonn und Mannheim.

Ohne die Mitarbeit ausgewiesener Kollegen aus Côte d'Ivoire wäre die Durchführung der Studien vor Ort kaum so detailliert möglich gewesen. Bei den botanischen Analysen, insbesondere den Pflanzenbestimmungen, stand Herr Prof. Dr. Ake Assi dem Projekt stets hilfreich zur Seite. Für die Beschaffung umfangreicher Datensätze gilt der Dank besonders M. Cissoko, Chef de la Météorologie bei der ANAM in Abidjan und M. Mamadou Sakho, Directeur de l'Eau en Surface, Department de l'Hydrologie im Ministère de l'Agriculture in Abidjan und nicht zuletzt auch unserem Counterpart, M. Sangare Yaya, Directeur de l'I.E.T. Gedankt sei auch Herrn Kollegen J.-Ch. Filleron vom Institut Géographie Tropicale (I.G.T.) für seine stetige Unterstützung in Côte d'Ivoire.

Eine Vielzahl von Bonner und Mannheimer Studenten haben als Praktikanten an den Arbeiten vor Ort mitgewirkt: Ruth Badeberg, Ralph Beck, Claudia Bouvelet und Dirk Schauermann. Unter dieser Gruppe gesondert zu erwähnen sind Jan-Peter Mund und Jörg Szarzynski, die trotz auftretender Malariaanfälle einen großen Anteil am Erfolg der Geländearbeiten hatten und die auch im Nachhinein noch durch die Beschaffung von Daten und Materialien am erfolgreichen Abschluß des Projektes nicht unmaßgeblich beteiligt waren. Frau Mitlehner hat die Reinzeichnungen der zahlreichen Karten und Abbildungen übernommen. Dafür sei ihr gedankt.

Diese Arbeit widme ich meinem Vater zur Vollendung seines 75. Lebensjahres.

9. Zusammenfassung

Im Rahmen der Arbeitsgruppe "Terrestrische Paläoklimatologie" des Klimaprojektes der Deutschen Bundesregierung sollten die Umweltbedingungen der Zeitscheiben des Klimapessimums post 18.000 B.P. und der neolithischen Feuchtphase post 8.500 B.P. für den Raum Westafrikas detailliert erarbeitet werden. Die Rekonstruktion des Vegetationsbesatzes erlaubt notwendige Abschätzungen wesentlicher Parameter des Regelkreises Vegetation - Klima, wie z.B. Wasserhaushalt, Albedo und Rauhigkeit. Gleichzeitig versuchen die Analysen des Vegetations- und Klimawandels zu erhellen, welche Vegetation vor der weitgehenden Umgestaltung der Landschaft durch den Menschen in den Untersuchungsräumen vorherrschte. Dabei werden sowohl der Mensch als auch das Klima als landschaftsverändernde Faktoren betrachtet, berücksichtigend, daß beide Einflußgrößen auch untereinander vernetzt sind.

Die Vegetationsrekonstruktionen können auch Vegetations-"Szenarien" möglicher zukünftiger Klimaentwicklungen bei hoher Humidität (10.000-8.000 B.P., 6.000-4.000 B.P.) bzw. höherer Aridität (18.000 B.P. und 2.000 B.P.) sein.

Die gegenwärtigen Arbeiten konzentrieren sich darauf, eine Rekonstruktion früherer Vegetationsmuster für die sudanischen und guineensischen Savannenlandschaften sowie für die tropischen halbimmergrünen Feuchtwälder zu erstellen. Die Untersuchungen dazu wurden an der Côte d'Ivoire durchgeführt.

Methodisch basieren die Untersuchungen in ihrer Langzeitdimension vor allem auf der Interpretation von Reliktbeständen früherer Vegetation bzw. Indikatoren einer potentiellen Vegetation der Elfenbeinküste. Ein erster Schritt dorthin ist die Abschätzung der potentiellen Waldgesellschaften unter den rezenten Klimabedingungen.

Dazu wurden in der "domaine sudanais", der "domaine sub-sudanais" und der "domaine guinéen" Testflächen ausgewählt, auf denen sämtliche Baumarten bestimmt und augezählt wurden. Die Vegetationsaufnahmen wurden dabei auf die Baumarten (>2 m) beschränkt, weil der Baum das wesentliche Element der Landschaftsstabilität und auch ein bedeutender Indikator der westafrikanischen Savannenlandschaften ist, und weil das Raummuster der Veränderungen der Baumarten sowie deren Anzahl pro Flächeneinheit einen entscheidenden Aspekt des Vegetationswandels im Sinne einer Landschaftsdegradation repräsentiert.

Die eigenen Pflanzenaufnahmen wurden anschließend denen anderer Autoren vergleichend zur Seite gestellt. Ein Kollektiv von 229 Aufnahmeflächen konnte damit als Basis für die Analysen dienen.

Das Ziel dieser Analysen sollte sein, die vorliegenden 229 Pflanzenaufnahmen zu Standortgruppen zusammenzufassen, die sich nach ihrem Artenbesatz ähnlich sind. Die Standorte sind sich dabei um so ähnlicher, je stärker sie von denselben Arten (absolut oder relativ) bestanden und damit geprägt werden. Es handelt sich dabei um eine Analyse der räumlichen Ähnlichkeit einzelner Standorte nach ihrem Baumbesatz.

Mit Hilfe des faktorenanalytischen Ansatzes gelang es, die vorliegenden 229 Pflanzenaufnahmen zu Standortgruppen zusammenzufassen, die sich nach ihrem Artenbesatz ähnlich sind, und diese Gruppen eindeutig zu charakterisieren. Die Zugehörigkeit der einzelnen Pflanzenaufnahmen zu den extrahierten Faktoren veranschaulicht die Abb. 7.6.

Die räumliche Verteilung der einzelnen Waldstandorte deutet darauf hin, daß, vielleicht mit Ausnahme des zentralen Bereiches der Elfenbeinküste zwischen *Toumoudi* und *Bouké*, der gesamte Raum der Übergangszone zwischen den guinéensischen und sudanischen Florenelementen über eine sehr homogene Naturraumausstattung verfügt, die in diesem gesamten Bereich eine Entwicklung zu einem "Forêt dense séche" erlauben würde. Der Übergang zu den "Forêts sèches" findet erst im Norden in Bereichen unter 1100-1000 mm Jahresniederschlag statt, also deutlich innerhalb der Sudanzone. Sämtliche übrigen Standorte südlich dieser Grenze, ja sogar an der Grenze zum "Secteur mesophile" südlich von *Toumodi*, die in ihrer Vegetationszusammensetzung auf einen "Forêt claire" hindeuten, sind anthropogen verursachte Degradationsformationen eines dichten Trockenwaldes oder gar eines dichten halbimmergrünen Waldes. Diese Standorte, die in ihrer Physiognomie heute einer "Savane arborée" oder "arbustives" mit weniger als 25 % Baumanteilen pro Flächeneinheit entsprechen, sind Ausdruck einer seit vielen Jahrhunderten existierenden Kulturlandschaft.

Im Anschluß an diese Analysen konnte eine Karte der potentiellen Waldformationen unter den rezenten Klimabedingungen abgeleitet werden. Danach wäre die nördlich Grenze des Feuchtwaldes bis ca. 1400 mm Jahresniederschlag bzw. bei einer Wasserbilanz (n-pLV) von > 800 mm erreicht (vgl. LAUER, 1991). Daran schließt sich eine Übergangszone dichter halbimmergrüner Feuchtwälder an, die durch eine positive Jahreswasserbilanz von 400-800 mm gekennzeichnet ist. Weiter nach Norden geht dieser halbimmergrüne in einen dichten sommergrünen Trockenwald (Forêt dense sèche) über. Er markiert die Klimaxvegetation im Übergangsbereich zwischen den sudanischen und den guineensischen Florenelementen. Klimatisch ist dieser Bereich durch positive Jahreswasserbilanzen von 0-400 mm gekennzeichnet. Erst bei Niederschlägen von < 1000 mm und einer negativen Jahreswasserbilanz sind "Forêts sèches" zu erwarten. In der Elfenbeinküste wäre nur der äußerste Nordosten an der Grenze zu Burkina Faso und Ghana von einem solchen lichten Waldtyp bestanden.

Nach den eigenen Untersuchungen muß von einer massiven, anthropogen bedingten Reduktion der Biomasse im nördlichen und zentralen sowie zentral südlichen Teil (V-Baulé) der Elfenbeinküste ausgegangen werden. Die ursprünglich geschlossenen Feucht- und Trockenwälder degradierten weitestgehend zu "parcs" mit einzeln oder in kleinen Gruppen stehenden Bäumen oder zu offenen Savannenlandschaften, die der Physiognomie nach einer "savane arborée" entsprechen. Vor allem durch den massiven Einsatz des Feuers hat der Mensch in weiten Teilen der Elfenbeinküste eine anthropogen verursachte Savannenlandschaft geschaffen, die quasi einer Verschiebung der natürlichen Vegetationszonen um eine Einheit gleichkommt (vgl. Abb. 7.8).

Zahlreiche Informationen über das Paläoklima Westafrikas und der Guineazone liegen seit 140.000 B.P. vor (vgl. Kap. 8.1). Im Zusammenhang mit einer in der Literatur postulierten Südverlagerung der Niederschlagsjahressummen während des Höhepunktes der letzten Kaltzeit um bis zu 400 - 500 mm spielt neben der räumlichen Verlagerung der Summen auch die Veränderung innerhalb des Niederschlagsganges in einem Jahr eine entscheidende Rolle für die Bestandsbedingungen einer unter den damaligen Bedingungen zu ermittelnden Vegetationsbedeckung.

In zeitlich kurzer Dimension haben in der Elfenbeinküste seit Beginn diesen Jahrhunderts relativ humide und weitgehend normale bzw. relativ aride Phasen gewechselt, die im Sinne von Analogfällen durchaus Hinweise auch auf die Niederschlagsdimensionen langzeitlicher Klimaschwankungen geben können. Der Zugriff auf rezent vorhandenes Niederschlagsdatenmaterial (i.d.R. seit 1920) ist deshalb statthaft, weil die absoluten Niederschlagshöhen der zu beobachtenden Feucht- oder Trockenjahre jeweils um die Absolutbeträge schwanken, wie sie auch aus zahlreichen Studien des gesamten westafrikanischen Raumes für die Höhepunkte der letzten Kaltzeit und der neolithischen Feuchtphase angenommen werden können. Darüberhinaus belegen neue Arbeiten über die paläoklimatischen Verhältnisse an der Guineaküste Afrikas, daß sich die Klimagürtel im Vergleich zu heute praktisch nicht verschoben haben - vielmehr ist es die Akzentuierung bestimmter Witterungserscheinungen, die die kaltzeitlichen und nachkaltzeitlichen Klimaveränderungen bewirkten. Diese Witterungserscheinungen entscheiden auch rezent über Höhe und Verteilung der jährlichen Niederschläge. Auf der Basis eines gemittelten Zustandes von Trockenjahren wurde in Anlehnung an die daraus resultierende räumliche Ausprägung, unter Berücksichtigung bedeutender edaphischer Grenzen sowie unter Zugrundelegung phänologischer und pflanzenphysiologisch relevanter Klimadaten, ein räumliches Szenario der Vegetationsbedeckung zum Höhepunkt der letzten Kaltzeit entwickelt (Abb. 8.14).

Nur der Bereich westlich von *Man* als Fortsetzung des Berglandes von Guinea war zu diesem Zeitpunkt noch von ombrophilen Feuchtwäldern bedeckt. Sowohl der Tai-Nationalpark als auch der äußerste Südosten an der Grenze zu Ghana trugen keinen solchen Wald mehr. Es dürfte sich hierbei vielmehr um ombrophile halbimmergrüne Feuchtwälder im heutigen Sinne gehandelt haben. Daran anschließend ist ein deutlicher V-förmiger Bereich zu erkennen, der nach dem rezenten Bild einen dichten Trockenwald getragen haben sollte. Die Pollen weisen jedoch auf einen offenen Waldtyp hin, der von halbimmergrünen Arten dominiert wurde, also einem Wald, der dem semihumiden halbimmergrünen Feuchtwald entspräche. Bei deutlich reduziertem Wasserangebot um 18.000 B.P., aber gleichzeitig ausgeglicheneren jahreszeitlichen Ablauf, waren Lebensbedingungen gegeben, die, vergleichbar der rezenten Situation in Gabun, einem laubwerfenden Regenwaldtyp das Überleben ermöglichte. Die zu erwartenden dichten Trockenwälder waren zu dieser Zeit auf den Nordwesten des Landes, im Bereich *Odiènne, Boundiali* beschränkt. In den küstenferneren Bereichen des Landesinnern, entlang des westlichen und östlichen Schenkels des o.g. V-Ausschnittes, dürften ebenfalls noch schmale Bänder mit dichten Trockenwäldern (forêt dense sèche) erwartet werden. An den zuvor beschriebenen laubwerfenden semihumiden halbimmergrünen Feuchtwald schlossen sich nach Norden sehr rasch die lichten Trockenwälder an, sobald der mildernde Einfluß der küstennahen Bewölkung nachließ und sich das deutlich jahreszeitlich getrennte "Sudanklima" durchsetzte. Der Nordosten der Elfenbeinküste war in der Zeit post 18.000 B.P. von einer südsahelischen Baumsavanne bestanden.

Nach 10.000 B.P. haben die Oberflächentemperaturen des Atlantik im Golf von Guinea sehr schnell wieder das rezente Niveau angenommen. Charakteristisch für das postkaltzeitliche Klimaoptimum um 8.500 B.P. war das nahezu völlige Unterdrücken von Kaltwasserauftriebsvorgängen, so daß in den Sommermonaten die kleine Trockenzeit extrem eingeengt war oder gar nicht mehr auftrat. Durch einen wesentlich stärker Süd-Nord ausgeprägten Anströmwinkel der monsunalen Luftmassen als heute wurden die rezent zu beobachtenden Scherprozesse vor der Küste der Côte d'Ivoire sowie der Küste Ghanas verhindert und dadurch ein "Upwelling" nahezu unmöglich gemacht. Auch heute sind solche Phänomene in Feuchtjahren keine Seltenheit, so daß ebenfalls aktualistisches Datenmaterial eine wesentliche Grundlage bei der Entwicklung der Karte der Vegetationsbedeckung der Elfenbeinküste während des Klimaoptimums um 8.500 B.P. bildete (vgl. Abb. 8.15).

Danach ist mit einer räumlichen Ausdehnung der hyperombrophilen Feuchtwälder westafrikanischer Prägung im Westen bis auf die Höhe von *Man* (7 - 7,5°N) zu rechnen. Im zentralen Bereich wäre seine nördlichste Grenze bei *Tiassalé* anzusiedeln, nur unwesentlich weiter im Norden als heute. Im Osten erstreckten sich diese Wälder bis auf die Höhe von *Abengourou* (ca. 7°N). Das nördlichste Auftreten ombrophiler immergrüner Feuchtwälder deckt sich mit der rezenten Grenze zwischen dem "Secteur mésophile" (halbimmergrüner Feuchtwald) und dem rezenten Übergang zu den subsudanischen Savannen. Daran schloß sich ein breiter Gürtel halbimmergrüner Feuchtwälder (Forêt semi-décidue) an, der erst bei 10° - 10,5°N in die dichten sommergrünen Trockenwälder (Forêt dense sèche) überwechselte. Auch in anderen Regionen Westafrikas scheint sich die nördliche maximale Ausdehnung der tropischen Feuchtwälder (hier Grenze semihumider halbimmergrüner Feuchtwald / dichter Trockenwald), bis etwa 10°N zu bestätigen. Neueste Ergebnisse eines Holzkohleprofils aus dem Südosten Burkina Fasos, aus der *Chaîne de Gobnangou* bei 12°N zeigen, daß dieser Raum seit 7.000 B.P. immer in der floristischen Sudanzone gelegen hat. Die nach den Holzkohlefunden beherrschende Vegetationsformation war die eines "Forêt dense sèche", so daß das hier rekonstruierte Bild der Verbreitung der Vegetationszonen zum Höhepunkt des Klimaoptimums dadurch seine unmittelbare nördliche Fortsetzung findet.

Seit etwa 9.000 B.P. vermittelt sich das Bild eines sehr schnellen Zusammenwachsens der Wälder zwischen den Refugialräumen. Die Phase der Wiederbewaldung dauerte möglicherweise weniger als 1.000 Jahre (MALEY, 1987). Die relativ hohe Ähnlichkeit der Flora und Fauna des "Dahomey Gap / Coupure du Dahomey" mit seinen umgebenden Waldgebieten unterstreicht, daß dieser heutige Savannenvorstoß bis an die Küste während des Klimaoptimums komplett bewaldet war, natürlich ebenso das V-Baoulé. Die Entstehung der Dahomey-Lücke resultierte aus der Niederschlagsverringerung dieses Raumes seit etwa 4.000 B.P.

An der Zurückdrängung der Regenwaldgrenze nach Süden sind in den darauffolgenden Jahrtausenden die Menschen stärker als das Klima beteiligt gewesen, so daß die heutige "potentielle Feuchtwaldgrenze" (vgl. Abb. 7.8) nur wenig südlich (maximal 1°) der Feuchtwaldgrenze von 8.500 B.P. verläuft.

Résumé

Dans le cadre du groupe de travail "Paléoclimatologie terrestre" du projet climatique du gouvernement de la République Fédérale d'Allemagne il s'agissait d'étudier dans le détail les conditions écologiques du milieu Ouest-africain durant les tranches d'âge du pessimum climatique post 18.000 B.P. et de la phase néolithique humide post 8.500 B.P. La reconstitution de la couverture végétale permet d'établir des estimations indispensables concernant les paramètres du cycle végétation-climat, notamment le bilan hydrique, l'albédo, la rugosité du sol. L'analyse des modifications des conditions climatiques et de la végétation essaie simultanément de fournir des éclaircissements sur le type de végétation prédominant dans l'espace en question avant les transformations occasionnées par l'homme. Pour ce faire on considère l'homme et le climat comme facteurs modificateurs du paysage, tout en tenant compte de l'imbrication de ces deux grandeurs d'influence.

Les reconstitutions de la végétation peuvent également tenir lieu de "scénarios" végétationnels pour l'évolution future des conditions climatiques à humidité élevée (10.000 B.P., 6.000-4.000 B.P.) ou respectivement à aridité plus élevée (18.000 B.P. et 2.000 B.P.).

Les travaux actuels se concentrent particulièrement sur la reconstitution de modèles végétationnels passés pour les paysages de savane guinéens et soudanais ainsi que les forêts tropicales de Côte d'Ivoire. Le travail de recherche a été effectué en Côte d'Ivoire.

Du point de vue méthodologique les recherches dans leur dimension de long terme se basent essentiellement sur l'interprétation de composantes résiduelles de la végétation antérieure et d'indicateurs de la végétation potentielle en Côte d'Ivoire. Un premier pas dans ce sens a été réalisé par l'estimation des groupements forestiers potentiels dans les conditions climatiques présentes.

A cette fin on a sélectionné des surfaces de référence dans le domaine soudanais, sub-soudanais et le domaine guinéen, sur lesquelles les éspèces d'arbres ont d'abord été déterminées puis recensées. Le recensement de la végétation a été limité aux arbres de taille supérieure à 2m, d'une part parce que l'arbre constitue l'élément essentiel de la stabilité du paysage ainsi qu'un indicateur décisif du paysage Ouest-africain, et d'autre part parce que l'organisation spatiale de la modification en espèces arborescentes et le nombre par unité de surface constituent un aspect essentiel de la transformation de la végétation dans le sens d'une dégradation du paysage.

Les effectifs ainsi obtenus ont par la suite été comparés à ceux d'autres auteurs. Un ensemble de 229 surfaces d'enregistrement a ainsi servi de base à l'analyse.

Le but de cette analyse était de regrouper les 229 surfaces d'enregistrement en secteurs semblables au niveau des espèces composant la couverture végétale. Les secteurs se ressemblent donc d'autant plus qu'ils sont occupés, et par conséquent marqués par les mêmes espèces. Il s'agit d'analyser les similitudes spatiales des secteurs du point de vue de la couverture en espèces arborescentes.

En se servant de l'analyse factorielle il fut possible de regrouper les 229 surfaces d'enregistrement en secteurs à couverture végétale similaire et de procéder à la caractérisation de ces groupements de secteurs. L'appartenance de chacun des recensements à l'un des facteurs extraits est illustrée par le schéma 7.6.

Les distributions spatiales des secteurs forestiers montrent que l'ensemble de la zone de transition entre les éléments de flore guinéens et soudanais, à l'exception peut-être du territoire central de la Côte d'Ivoire entre *Toumoudi* et *Bouaké*, présente une très grande homogénéité des conditions du milieu naturel qui permettrait le développement de l'ensemble du territoire en forêt dense sèche. Le passage aux forêts sèches n'a effectivement lieu que plus au nord dans des zones à précipitations annuelles inférieures à 1100-1000mm, donc distinctement situées à l'intérieur de la zone soudanaise. L'ensemble des secteurs situés au sud de cette limite, même la frontière mésophile au sud de Toumoudi qui présente la composition végétale d'une forêt claire, constituent des formes de dégradation anthropogènes de forêts denses sèches voire de forêts denses semi-décidues. Les secteurs qui dans leur physionomie actuelle correspondent à une savane arborée ou arbustive avec moins de 25% de constituants arborescents, sont de fait l'expression d'un paysage de culture séculaire.

A la suite de ces analyses il fut possible d'établir une carte des potentielles formations forestières dans les conditions climatiques présentes. D'après cette carte la limite nord de la forêt humide serait atteinte à environ 1400mm de précipitations annuelles et un bilan hydrique (n-pLV) supérieur à 800mm (cf. LAUER, 1991). Suit une zone de transition caractérisée par un bilan hydrique positif de 400-800mm/an et composée de forêts humides semi-décidues. Plus au nord s'effectue le passage de la forêt sèche semi-décidue à la forêt dense sèche. Elle marque le climax de la zone de transition entre les éléments de flore guinéens et les éléments soudanais. Sur le plan climatique ce secteur est caractérisé par un bilan hydrique positif de 0-400mm/an. La forêt sèche n'apparaitrait qu'à partir de précipitations inférieures à 1000mm et un bilan hydrique négatif. En Côte d'Ivoire seul l'extrême nord-est à la frontière du Burkina Faso et du Ghana serait couvert de ce type de forêt clairsemée.

D'après nos recherches on est en présence, notamment dans les parties nord et centrales ainsi que sud-centrales (V-Baulé) de la Côte d'Ivoire, d'une réduction massive de la biomasse par l'homme. Les forêts sèches et humides à couvert végétal fermé à l'origine ont subi dans de vastes parties une dégradation en "parcs" composés d'arbres isolés ou de petits peuplements d'arbres ou encore en paysages de savane dont la physionomie correspond à celle d'une savane arborée. Essentiellement par l'usage massif du feu l'homme a créé un paysage de savane anthropogène sur de vastes ensembles de la Côte d'Ivoire, ce qui correpond quasiment à la décalation d'une unité des zones naturelles de végétation (voir schéma 7.8).

Des informations détaillées concernant le paléoclimat de l'Afrique de l'Ouest et de la zone guinéenne sont disponibles à partir de 14.000 B.P.(voir aussi chap. 8.1). Dans le contexte d'une décalation vers le sud du total des précipitations de 400-500mm à l'apogée de la dernière période de glaciation mentionnée dans la littérature, il faut non seulement tenir compte de la décalation spatiale de la somme des précipitations mais également de la répartition des pluies sur l'année, facteur dont l'importance est primordiale pour l'évaluation de l'état de la couverture végétale dans les conditions d'alors.

Au courant de ce siècle on a assisté en Côte d'Ivoire à une alternation de phases relativement humides, de phases normales et de phases arides, susceptibles en tant qu'analogies de fournir des indications sur la dimension des précipitations au cours de fluctuations climatiques de long terme. L'utilisation de données hydrométéorologiques récentes (depuis 1920) est légitime dans la mesure où les précipitations totales observées pendant les années sèches ou humides varient des mêmes quantités absolues que celles estimées par de nombreuses études du secteur ouest-africain pour l'apogée de la phase glaciaire et de la phase néolithique humide. De nouvelles études concernant les conditions paléoclimatiques de la côte guinéenne confirment d'ailleurs que les ceintures climatiques n'ont quasiment pas bougé par rapport à leur position actuelle. Il est plus probable qu'une accentuation de certains phénomènes météorologiques soit à l'origine des changements climatiques de la phase glaciaire et post-glaciaire (néolithique). L'influence de ces phénomènes météorologiques est actuellement tout aussi décisive pour le niveau et la répartition des précipitations annuelles. A base de l'état moyen des années sèches et en s'appuyant sur les distributions spatiales marquantes qui en résultent, en tenant compte des frontières édaphiques importantes et en se basant sur des données climatiques significatives du point de vue phénologique et physiologique végétal il fut possible de mettre au point un scénario spatial du couvert végétal à l'apogée de la dernière période glaciaire (voir schéma 8.14).

Seul le territoire à l'ouest de *Man* en tant que prolongement des montagnes guinéennes était à cette époque couvert de forêt humide ombrophile. Le parc national de Tai ainsi que l'extrême sud-ouest étaient alors dépourvus d'une telle couverture arborescente. Il s'agissait probablement ici d'une forêt semi-décidue dans le sens actuel. A la suite de ce territoire apparaît une formation en "V" qui d'après l'image actuelle aurait dû être couverte de forêt dense sèche. L'analyse des pollens indique cependant qu'il s'agissait d'une forêt de type fermé dominée par des espèces semi-décidues, d'un type de forêt qui correspondrait donc à une forêt humide semi-décidue. En présence d'une offre en eau sensiblement réduite aux alentours de 18.000 B.P., mais simultanément d'un déroulement équilibré des saisons, les conditions vitales comparables à la situation actuelle au Gabon, étaient favorables à l'existence d'une forêt humide dense caducifoliée. Les forêts denses sèches présumées se limitaient à cette époque aux territoires d'Odienne et Boudiali situés au nord-ouest du pays. Dans les espaces plus éloignés de la côte, à l'intérieur du pays le long des côtés est et ouest du domaine en "V" décrit plus haut, subsistaient probablement d'étroites bandes de forêt dense sèche. La forêt humide semi-décidue décrite ci-dessus était relayée par une forêt sèche claire dès que l'influence modératrice des nuages côtiers perdait en intensité et que le climat soudanais avec sa répartition en saisons arrivait à s'affirmer. Le nord-ouest de la Côte d'Ivoire était couvert de savane arborée pendant la période post 18.000 B.P.

Les températures de surface de l'Atlantique dans le Golfe de Guinée ont très vite retrouvé leur niveau actuel après 10.000 B.P. L'optimum climatique post glaciaire autour de 8.500 B.P. était en particulier caractérisé par l'absence presque totale des phénomènes de remontée d'eau froide et par conséquent un racourcissement sensible voire même la disparition de la petite saison sèche estivale. A cause de l'orientation nord-sud de l'angle d'incidence de la mousson beaucoup plus prononcée qu'aujourd'hui les phénomènes d'upwelling observés actuellement au large de la Côte d'Ivoire et du Ghana furent alors presque inexistants. Etant donné que ces phénomènes se reproduisent aussi actuellement au cours d'années humides

des données actualisées ont également pu servir de base à l'établissement de la carte du couvert végétal de la Côte d'Ivoire pendant l'optimum climatique de 8.500 B.P. (voir aussi schéma 8.15).

Autour de 8.500 B.P. on devrait être en présence d'une extension de la forêt humide hyperombrophile jusqu'à la hauteur de *Man* (7-7,5°N). Dans la partie centrale la limite nord de ce type de forêt se situerait au niveau de *Tiassalé* à peine plus au nord qu'aujourd'hui. A l'est ces forêts s'étendaient jusqu'à *Abengourou* (7°N). Au nord les dernières apparitions de forêt ombrophile semi-sempervirente se superposent à la frontière actuelle entre le secteur mésophile (forêt humide semi-décidue) et la savane soudanaise. Suivait une large ceinture de forêt humide semi-décidue qui ne se transforme en forêt dense sèche qu'à une latitude de 10-10,5°N. L'extension maximale au nord jusqu'à 10°N environ de la forêt tropicale humide (qui correspond ici à la limite entre le secteur mésophile et la forêt sèche) semble se confirmer dans d'autres regions ouest- africaines. Les résultats récents d'un profil de charbon de bois provenant de la *Chaîne de Gobnangou* au sud-ouest du Burkina Faso à 12°N montrent que cet espace appartient depuis 7.000 B.P. à la zone végétale soudanaise. D'après l'analyse du charbon la formation végétale prédominante était alors la forêt dense sèche; ce qui permet d'affirmer que cette zone correspond exactement à la continuation au nord du modèle reconstituant la distribution végétale à l'apogée de l'optimum climatique.

Depuis 9.000 B.P. environ s'établit l'image d'une extension extrêmement rapide des forêts entre les différents espaces résiduels. La phase de reforestation aurait peut-être duré moins de 1.000 ans (MALEY 1987). La ressemblance relativement grande de la faune et flore du "Dahomey Gap/Coupure du Dahomey" et des territoires environnants souligne que cette avancée actuelle de la savane jusqu'à la côte était entièrement couverte de forêt lors de l'optimum climatique. Ceci vaut également pour le "V-Baulé". L'apparition de la lacune du Dahomey résulte de la diminution des précipitations dans cet espace depuis environ 4.000 B.P.

La repoussée au sud de la limite de la forêt dense humide (semper-virente et semi-décidue) pendant les millénaires suivants est due à l'homme plutôt qu'au climat de manière que la "limite potentielle de la forêt humide" (voir schéma 7.8) ne se situe donc actuellement que très légèrement (1°au maximum) plus au sud que la limite de la forêt humide de 8.500 B.P.

Summary

Within the framework of the Climatic Project (Klimaprojekt) of the German Government the team "Terrestric Paleoclimatology" was supposed to gain detailed information upon the environmental conditions in Westafrica at the time of the "climatic pessimum" post 18.000 B.P. and the "Neolithic humid stage" post 8.500 B.P. The reconstruction of the vegetation allows for necessary estimates of the substantial parameters of the vegetation-climate-cycle, such as water-balance, albedo and roughness. At the same time the analyses of the changes in climate and vegetation try to shed light upon the prevailing vegetation at the time before man extensively changed the landscape in this area of research. Thereby both man and climate are looked upon as factors that change the landscape, also taking into account that both parameters are mutually connected.

The reconstruction of the climate can also be vegetation "scenerios" of possible future climatic developments at higher humidity (10.000 - 8.000 B.P., 6.000 - 4.000 B.P.) or else higher aridity (18.000 B.P. and 2.000 B.P.)

The present work concentrates upon reconstructing former vegetation patterns for the sudanian and guinean savannas as well as for the tropical semi-evergreen humid forests. The research work was done at the Ivory Coast.

In this long term dimension the research is methodically based mainly on the interpretation of relics of former vegetation or on indicators of a potential vegetation of the Ivory Coast. A first step that way is to estimate the potential forest extension under recent climatic condition.

On this behalf test areas were chosen in the "domaine soudanais", the "domaine subsudanais" and the "domaine guinéen" where all varieties of trees were counted and determined. The vegetation survey was limited to trees > 2 m, as the tree is the essential element of the stability of the landscape as well as an important indicator of west African savannas. Also the pattern of the changing of trees as well as their number per surface unit represents a decisive aspect of the change in vegetation in the sense of a degradation of the landscape.

The own vegetation survey was then compared to those of other authors so that a selection of 229 survey areas could form the basis of the analyses.

As aim of these analyses those 229 surveys were supposed to be integrated into groups of locations with similar species of trees. The more these locations are covered and therefore formed by the same species the more similar they are. That means it is a question of analyzing the similarity of different locations according to their stock of trees.

The factor-analysis made it possible to integrate those 229 surveys into groups of locations that are similar according to their stock of species and to clearly characterize these groups. Fig. 7.6 shows the affiliation of the different plant surveys to the extracted factors.

The distribution of the different forest locations points to the fact that, with the exception maybe of the central area of the Ivory Coast between *Toumoudi* and *Bouaké*, the whole area of the zone of transition between the guineic and the sudanese floristic elements dispose of a very homogeneous natural environment, which would allow a development to a "Forêt dense sèche". The transition to the "Forêts sèches" only takes place further north in areas with a yearly precipitation of under 1.100-1.000 mm, that means clearly within the sudanese zone. All other locations south of this border, even at the border to the "Secteur mesophile" in the south of Toumodi which in its composition of vegetation points to a "Forêt claire", are man-made forms of degradation of a dense dry forest or even a dense evergreen forest. These locations, whose physiognomy today correspond to a "tree savanna" or a "shrub savanna" with less than 25% of tree coverage per space unit, are the expression of a cultural landscape that has existed for many centuries now.

These analyses led to a map of the potential forest formations under recent climatic conditions. Thereafter the northern border of the humid forest would be reached til around 1.400 mm of annual precipitation or a water-balance (n-plv) of >800 mm (see LAUER, 1991). This is followed by a zone of transition of dense semi-evergreen humid forests that is characterized by a positive yearly water balance of 400 - 800 mm. Further to the north this semi-evergreen forest passes over to the dry deciduous forests. It marks the climax vegetation in the transition area between sudanese and guineic floristic elements. Climatically this area is characterized by positive yearly water balances of 0 - 400 mm. Only at precipitations of < 1.000 mm and a negative yearly water balance dry forests (forêts sèches) are to be expected. In the Ivory Coast only the most northern parts near to the border to Burkina Faso and Ghana are covered by these thin types of forest.

The own research shows a massive man-made reduction of the biomass in the northern and central as well as south-central parts of the Ivory Coast. The formerly closed humid and dry forests degraded mostly to parks with single trees or trees staying in groups or else to open savanna landscapes, whose physiognomy correspond to a tree savanna. Especially by using fire man has created man-made savannas in wide areas of the Ivory Coast which actually corresponds to a shifting of the vegetation zones by one unit.

Detailed information about the paleoclimate of West-Africa and the Guinea-Zone are available since 140.000 B.P. In connection with the shifting to the south of the yearly precipitation sums of up to 400 - 500 mm during the climax of the last glacial period as it is postulated in literature, it is not only the shifting of the precipitation sums but also the change within the course of the yearly precipitation that plays a decisive role for the stock conditions of a vegetation cover prevailing under the conditions of that period.

Since the beginning of this century relatively humid phases have alternated with rather normal or relatively dry phases in the Ivory Coast within a rather short period of time. Taken as analogue cases they can point to the dimensions of precipitation within longterm climatic changes. Taking recent precipitation data (available since 1920 mainly) is allowed as the absolute precepitation peeks of the dry and wet years oscillate around the absolute amounts of precipitation as they can be assumed from various studies on West-Africa for the climates of the last cold period and the neolithic humid phase. Furthermore, new studies on the paleoclimatic conditions at Africa's Guinea-coast show that the climatic belts have practically not shifted compared to today - it is rather the stressing of certain weather phenomenon that caused the climatic changes during the cold period and the post-cold period. These weather phenomenon also decide about recent amount and distribution of yearly precipitation. A space scenario of the vegetation cover at the climax of the last cold period was established based upon a mean state of dry years also taking into account the main edaphic limits and the phenological and climatic data (see fig. 8.14).

Only the area west of *Man* as the continuation of the Guinea Hills was covered by ombrophil humid rainforests at this time. The Thai-National Park as well as the most southeastern part of the country near to the Ghana border did not carry any more of that forest. They are possibly ombrophil semi-deciduous forests, in the modern sense. This is followed by a V-shaped area that should have been covered by a dense dry deciduous forest according to the recent picture. The pollen point to an open forest though, which was dominated by semi-deciduous species, that means a forest that would correspond to a semi-humid semi-deciduous forest. At a specially reduced water supply at around 18.000 B.P. though balanced throughout the seasons, there were life conditions that enabled a leave-throwing rainforest type to survive comparable to the recent situation in Gabun. The dense dry deciduous forests to be expected were limited to the northwest of the country, around *Odienné, Boundiali*, at this time. In the areas within the country further away from the coast, along the western and eastern side of the V-sector small stretches of dense dry deciduous forests (forêt dens sèche) can be expected. The semi-humid semi-deciduous forests were quickly followed to the north by thin dry forests, as soon as the mild influence of the coastal cloudiness weakened and the "sudanian climate" with its clearly defined seasons took over. The northeastern part of the Ivory Coast was covered by a south-sahelian tree savanna in the period of 18.000 B.P.

After 10.000 B.P. the surface temperatures of the Atlantic Ocean in the Gulf of Guinea reached the recent level very quickly. The climatic optimum of around 8.500 B.P. was characterized by an almost total suppression of cold water upwelling so that the small dry period of the summer months was extremely restricted or did not appear at all. The angle at which the Monsoon air masses were blown towards the continent was steeper south-north than today so that the clipping processes recently to be seen off the Ivory Coast shore as well as off Ghana were prevented which made "Upwelling" impossible. Today such phenomenon are not rare in humid years so that current data form an essential basis for developing a map of the vegetation cover of the Ivory Coast during the climatic optimum at around 8.500 B.P. (see fig. 8.15).

They indicate that hyperombrophile rain-forests of west African characteristics stretch up to Man (7 - 7,5° N) in the West. In the central area its northest border reaches up to *Tiassale*, not much further north than today. In the East these forests went up to *Abengourou* (ar. 7°N). The most northern appearence of evergreen forests correspond to the recent border between the "secteur mésophile (semi-deciduous rain-forest) and the recent transition to the sub-sudanese savannas. This was followed by a broad range of semi-deciduous rain-forests which only changed into dry deciduous forests (forêt dense sèche) at 10 - 10,5°N. This maximum stretch of the tropical humid forests seems to be corroborated in other parts of West-Africa also. Newest results of a charcoal profile in southeastern Burkina Faso, from the "*Chaine de Gobnangou*" at 12°N show that this area has always been part of the floristic sudanese zone since 7.000 B.P.

The dominant form of vegetation according to the charcoal finds was that of a dry deciduous forest so that the picture of the distribution of the vegetation zones at the climax of the optimum climate reconstructed here thereby finds its ultimate continuation.

Since about 9.000 B.P. the forests between the areas of refuge seem to perpetually grow together. The phase of recovering by forests probably only lasted for less than 1.000 years (MALEY, 1987). The relatively high similarity of flore and faune of the Dahomey Gap with its surrounding forests underlines that the progressing of the savanna as it to be seen today was possibly covered by forest up to the coast at the time of the optimum climate, as well as the V-Baoulé. The formation of the Dahomey Gap results from the diminishing precipitation in that area since around 4.000 B.P.

In the following thousands of years it was man more than climate who was responsible for pushing south the limit of the rain-forests, so that the actual "potential limit of humid forests" (see fig. 7.8) lies only little south (around 1°) of the limit of 8.500 B.P.

10. Literaturverzeichnis

ACHEAMPONG, P. K. 1987: Rainfall characteristics over the West African Sahel - The Nigerian Example; in: Singapore Journal of Tropical Geography, Vol. 8, Nr.2, S. 72-83.

ADAM, J. G. 1971-1975: Flore descriptive des Monts Nimba; Parties 1-4; in: Mém. du Mus. Nat. d'Hist. Nat.; Nouv. sér.; B: 20, 22, 24, 25; Paris.

ADEFOLALU, D. O. 1986: Rainfall trends in Nigeria; in: Theoretical and Applied Climatology, Vol. 37, S. 205-219.

ADJANOHOUN, E. 1962: Etude phytosociologiques des savanes de basse Côte d'Ivoire; in: Vegetatio, Vol. 11, Nr. 1-2, S. 1-38.

ADJANOHOUN, E. 1964: La végétation des savannes des rochers découvertes en Côte d'Ivoire Centrale; in: Mem. ORSTOM 7, Paris.

ADJANOHOUN, E. 1965: Comparaison entre les savannes cotières de Côte d'Ivoire et du Dahomey; in: Ann de l'Univ. d'Abidjan, Vol. 1, S. 41-60.

ADJANOHOUN, E. 1971: Les problemes souleves par la conservation de la flore en Côte d'Ivoire; Bull. Jard. Bot. Nat. Belg. Vol. 41, S.107-133, Bruxelles.

ADJANOHOUN, E. & AKE ASSI, L., 1960: Sur l'existence de deux composées-nouvelles pour la Côte d'Ivoire; in: Bull. Soc. Bot Fr., Vol. 107, Nr. 4-5.

ADJANOHOUN, E. & AKE ASSI, L. 1967: Inventaire floristique des forêts claires subsoudanaises et soudanaises en Côte d'Ivoire septentrionale; in: Ann. Univ. Abidjan, fasc. sc., Nr. 3, S. 89-147.

ADJANOHOUN, E. & AKE ASSI, L. & Guillaumet, J. L. 1968: La Côte d'Ivoire; in: Hedberg, I. & Hedberg, O. (Eds.): Conservation of vegetation in Africa south of the Sahara; in: Acta Phytogeographica Suecisa, Vol.54, S. 76-80.

ADJANOHOUN, E. & AKE ASSI, L. 1968: Essais de création de savannes incluses en Côte d'Ivoire forestière; in: Ann. Univ. Abidjan, fasc.sc. 4, S. 237-256.

ADJANOHOUN, E. & GUILLAUMET, J. L. 1964: Etude botanique entre Bas-Sassandra et Bas-Cavally; Mission militaires 1960-1961, ORSTOM, Abidjan-Adiopodoumé.

AGNEW, C. 1990: Spatial aspects of drought in the Sahel; in: Journal of arid Environments, Vol.18, Nr. 3, S. 279-294.

AGWU, C. O. & BEUG, H.-J. 1982: Palynological studies of marine sediments off The West African coast; in: Meteor-Forschungsergebnisse, Reihe C, Nr.36, S.1-30.

AKE ASSI, L. 1963: Etude floristique de la Côte d'Ivoire; Paris.

AKE ASSI, L. 1968: Essais de création de savanes incluses en Côte d'Ivoire forestière; in: Annles de l'Université d'Abidjan; fasc.sc, Nr.4, S. 237-256.

AKE ASSI, L. 1982: Hollocene molluscan fauna and flora of a core sample near the Abidjan lagoon Ivory Coast; in: GEOBIOS, Vol.15, Nr.1, S. 43-52, Lyon.

AKE ASSI, L. 1984: Flore de la Côte d'Ivoire: Etude descriptive et biogéographique, avec quelques notes ethnobotaniques. T.II: Catalogue des plantes vasculaires recensées; Paris.

AKE ASSI, L. & PFEFFER, P. 1975: Parc National de Tai - Inventaire de la flore et de la faune; Societe d'Etat - Bureau por le Developpement de la Production Agricole (BDPA); Abidjan.

ALAYNE-STREET, F. 1981: Tropical paleoenvironments; in: Progress in Geography, Vol.5, Nr.23, S.157-185.

ALEXANDRE, D. 1982: Aspects de la régénération naturelle en forêt dense de Côte d'Ivoire; in: Candollea, Vol.37, Nr.2, S. 579-588.

ANHUF, D. 1990: Zur Analyse von Vegetationsrelikten in der Elfenbeinküste; in: Tagungsberichte und wissenschaftliche Abhandlungen, 47. Deutscher Geographentag Saarbrücken, 2.-6.10.1989, S.158-162.

ANHUF, D. 1991: Die Zerstörung der afrikanischen tropischen Regenwälder (1800 - 1990) und ihre gegenwärtigen Verbreitungsgebiete; in: Michler, W.: Weißbuch Afrika[2], S. 532/533.

ANHUF, D. 1992: Analyse des vestiges de végétation en Côte d' Ivoire; in: Bulletin de la Société d'étude des Sciences naturelles de Nimes et du Gard, VOL. 59, S. 22-26.

ANHUF, D. & GRUNERT, J. & KOCH, E. 1990: Veränderungen der realen Bodenbedeckung im Sahel der Republik Niger (Regionen Tahoua und Niamey) zwischen 1955 und 1975/85. in: Erdkunde, Bd. 44, S. 195-209.

ANHUF, D. & FRANKENBERG, P. 1991: Die natürlichen Vegetationszonen des westlichen Afrika; in: Die Erde, Jg. 122, S. 243-265.

ANHUF, D. & BENDIX, J. 1992: Mögliche Auswirkungen von Vegetationszerstörungen auf den klimatischen Wasserhaushalt (Beispiel Elfenbeinküste); in: Würzburger Geographische Arbeiten, H. 84, S. 325-346.

ARNAUD, J.-C. & SOURNIA, G. 1979: Les forêts de Côte d'Ivoire: une richesse naturelle en voie de disparition; in: Cahier d'Outre-Mer, Nr. 127, S. 217-301.

ARNAUD, J.-C. & SOURNIA, G. 1980: Les forêts de Côte d'Ivoire; in: Ann. Univ. Abidjan, sér. G, Vol. 9, S. 5-93.

ARNAUD, J.-C. 1983: Economie du Bois; in: Vennetier, P. 1983 (Ed.): Atlas de la Côte d'Ivoire, S. 52-55.

ASSEMIEN, P. & ZILLERON, J. C. & MARTIN, S. & TASTET, J. P. 1970: La Quatenaire de la zone littoral de Côte d'Ivoire; in: Bull. Ass. Sénég. et Quat. Ouest Afric., Nr. 25, S. 65-78, Dakar.

AUBERT, G. & LENEUF, N. 1956: Sur l'origine des savanes de la basse Côte d'Ivoire; in: C.R. Acad. Sci. Paris, Vol. 243, S. 859-860.

AUBREVILLE, A. 1932: La forêt de Côte d'Ivoire. Essai de géobota-nique forestière; in: Bull. Comm. et Hist. Sci. A.O.F., Vol. 15, Nr. 2-3, S. 205-249.

AUBREVILLE, A. 1939: Forêts reliques en Afrique francaise; in: Rev. Bot. Appl. et Agric. Trop., Vol. 19, S. 479-484.

AUBREVILLE, A. 1947: Les brousses secondaires en Afrique équatoriale, Côte d'Ivoire, Cameroun, A.E.F.; in: Bois et For. Trop., Vol. 2, S. 24-49.

AUBREVILLE, A. 1949: Climats, Forêts et Desertification de l'Afrique tropicale; in: Societé d'Editions Géographiques, Maritimes et Coloniales; Paris.

AUBREVILLE, A. 1949b: Contribution à la paléohistoire des forêts de l'Afrique tropical; in: Societé d'Editions Géographiques, Maritimes et Coloniales, Paris.

AUBREVILLE, A. 1949c: Ancienneté de la destruction de la couverture forestière primitive de l'Afrique tropicale; Conf. Afric. sols, Goma en 1948; in: Bull. agric. Congo Belge.

AUBREVILLE, A. 1950: Flore forestière soudano-guinéenne. A.O.F., Cameroun, A.E.F.; in: Societé. d'Editions Géographiques, Maritimes et Coloniales, Paris.

AUBREVILLE, A. 1953: Les expériences de reconstitution de la savane boisée en Côte d'Ivoire; in: Bois et Forêt Tropiques, Nr. 32, S. 3-10.

AUBREVILLE, A. 1957: A la recherche de la forêt en Côte d'Ivoire; in: Bois et Forêt Tropiques, Nr. 56, S. 17-32.

AUBREVILLE, A. 1959: La flore forestière de la Côte d'Ivoire; Centre Techn. For. Trop., NogenT-s/Marne, 3 Vol., 310p., 296p., 286p.

AUBREVILLE, A. 1962: Savanisation tropicale et glaciations quaternaires; in: Adansonia, Vol. 2, Nr. 1, S. 16-84.

AUBREVILLE, A. 1964: Les changements de climats depuis l'ère paléozoique; in: Adansonia, Vol.4, Nr. 1, 24-28.

AUBREVILLE, A. 1966: Les lisiéres forêt-savane des regions tropicales; in: Adansonia; Vol.6; Nr. 2, S. 175-188.

AUDRU; J. 1977: Les ligneux et subligneux des parcours naturels soudano-guinéens en Côte d'Ivoire; leur importance et les principes d'aménagement et de restauration des pâturages; Institut d'Elevage et de Medecine Veterinaire des Pays Tropicaux (IEMVT) - Maisons-Alfort, Paris.

AUSTIN, M. P. & ASHTON, P. S. & GREIG-SMITH, P. 1972: The application of quantitative methods to vegetation survey; in: Journal of Ecology, Vol. 60, S. 305-324.

AVENARD, J. L. 1969: Reflexions sur l'etat de la recherche concernant les problemes poses par les contacts forêts-savanes; in: Documentation Techniques ORSTOM, Nr. 14, Paris.

AVENARD, J. M. 1971: La répartition des formations végétales en rélation avec l'eau du sol dans la région de Man-Touba; in: Travaux et Documents de l'ORSTOM, Nr. 12, Paris.

AVENARD, J. M. 1972: Le contact forêt-savane - role des regimes hydriques des sols dans l'Ouest de la Côte d'Ivoire; in: Ann. Géogr., Vol. 31, Nr. 446, S. 421-450.

AVENARD, J.M. 1973: Evolution géomorphologique au quaternaire dans le Centre-Ouest de la Côte d'Ivoire; in: Rev. Geomorph. Dyn, Vol. 22, S.145-160.

AVENARD, J. M. 1975: Géomorphologie et répartitions des formations végétales dans la région du Foro-Foro (Nord de Bouaké); in: Abidjan Centre ORSTOM d'Adiopodoumé, 53 S.

AVENARD, J. L. & ELDIN, M. & GIRAD, G. & SIRCOULON, J. & TOUCHE-BEUF, B. & GUILLAUMET, J. L. & ADJANOHOUN, E. & PERRAUD, A. 1971: Le milieu naturel de la Côte d'Ivoire; in: Mem. ORSTOM, Nr.50, Paris.

AVENARD, J. M. & BONVALLT, J. & RENARD-DUGERDIL, M. & RICHARD, J. 1974: Aspects du contact forêt-savane dans le Centre et l'Ouest de la Côte d'Ivoire; in: Traveaux et Documents ORSTOM, Nr. 35, Paris.

AVICE, E. 1951: Côte d'Ivoire; Paris.

BALLE, P. 1979: Etude de l'écologie du Niangon (*Tarrietia utilis*) et de ses possibilités de régénération applications sylvicoles; Montpellier: USTL, DEA, 35 S., unveröffentlicht.

BARBIER, L. 1916: La Côte d'Ivoire, Paris.

BEAUDET, G. & MICHEL, P. & OLIVA, P. & RISER, J. RUELLAN, A. 1976: Formes, formations superficielles et variations climatiques récentes du Sahara occidental; in: Revue de Géographie Physique et de Géologie Dynamique, Vol. 18, Nr. 2-3, S. 157-174.

BEAUFORT, W. H. J. 1972: Distribution des arbres en forêt sempervirente de Côte d'Ivoire; in: Centre ORSTOM d'Adiopodoume, Abidjan.

BECK, R. 1991: Boden, ein Faktor der potentiellen Vegetationsbedeckung in der Sudan- und Guinea-Zone Westafrikas; Diplomarbeit Univ. Bonn, unveröffentlicht.

BEGUE, L. 1937: Contribution à l'étude de la végétation forestière de la Haute-Côte d'Ivoire; Paris.

BEGUE, M. L. 1939: Les richesses forestière de la Côte d'Ivoire; in: Actes et Comptes Rendus de l'association Colonies-Sciences, Vol. 15, Nr. 170, S. 97-105.

BELLIER, L. & GILLON, D. & GUILLAUMET, J. L. & PERRAUD, A. 1969: Recherches sur l'origine d'une savane incluse dans le bloc forestièr du Bas-Cavally (Côte d'Ivoire) par l'étude des sols etde la biocoenose; in: Cat. ORSTOM, sér. Biol., Nr. 10, S. 65-94.

BELLOUARD, P. 1950: Le ronier en A.O.F.; in: Bois et Forêt des Trop., Nr. 14, S. 117.

BERGERET,A. & RIBOT, J.C. 1990: L'arbre nourricier en pays sahélien, Paris.

BERNHARD, F. & HUTTEL, C. 1969: Etude sur la productivitée primaire de la forêt dense humide sempervirente de basse Côte d'Ivoire; in: Oecologia Plantarum, Vol. 4, S. 321-324.

BERNHARD-REVERSAT, F. & HUTTEL, C. 1975: Research on the ecosystem of the sub-equatorial forest of the lower Ivory Coast, Part 2, Geographic Data, La Terre et la Vie, Vol. 29, Nr. 2, S. 171-177.

BERNHARD-REVERSAT, F. & HUTTEL, C. & LEMEE, G. 1978: Structure and functioning of evergreen rain forest ecosystems of The Ivory Coast; in: UNESCO/UNEP/FAO (Eds.): Tropical forest ecosystems - a state-of-knowledge report; S. 557-574, Rom.

BERTIN, A. 1918: Les bois de la Côte d'Ivoire; Paris.

BERTRAND, A. 1983: La deforestation en zone de forêt dense en Côte d'Ivoire; in: Bois et Forêt des Tropiques, Nr. 202, S. 3-17.

BLANC-PAMARD, C. 1979: Un jeu écologiques differenciél: les communautés rurales du contact forêt-savane au fond du 'V- Baoule' (Côte d'Ivoire); Thèse de 3me cycle, Ecole Hautes Etudes Sci. Soc.

BONARDI, D. 1966: Contribution à l'étude botanique des inselbergs de Côte d'Ivoire forestière; in: Abidjan Centre ORSTOM d'Adiopodoumé, 81 S.
BONNEFILLE, R. & RIOLLET, G. 1988: The Kashiru pollen sequence (Burundi), paleoclimatic implications for the last 40.000 yr BP in tropical Africa; in: Quaternary Research, Vol. 30, S.19-35.
BONVALLOT, J. & DUGERDIL, M. & DUVIARD, D. 1970: Recherches écologiques dans la savane de Lamto (Côte d'Ivoire): répartition de la végétation dans la savane préforestière; in: La Terre et la Vie, Nr. 1, S. 3-21.
BOTTON, Nr. 1958: Les plantes de couverture en Côte d'Ivoire; in: Journ. Agr. Trop. et Bot. appl., Vol. 4, S. 553-617 und S. 45-172.
BOUDET, G. 1963: Pâturages et plantes fourragères en Republique de Côte d'Ivoire; in: Abidjan Centre ORSTOM d'Adiopodoumé, 102 S.
BOUDET, G. 1977: Désertification ou remontée biologique au sahel; in: Cah. ORSTOM, sér. biologie, Vol. 12, S. 293-300.
BOUSQUET, B. 1978: Un parc de forêt dense en Afrique. Le parc national de TAI (Côte d'Ivoire); in: Bois et Forêt des Tropiques, Nr. 179 u. 180, S. 27-46, S. 23-37.
BOURKE, G. 1987: Côte d'Ivoire's dwindling forest; in: West Africa, 24.8.1987, S. 1628.
BOUTRAIS, J. 1980: L'arbre et le boeuf en zone soudano-guinéene; in Cahiers ORSTOM, sér. S. , Vol.17, S. 235-246.
BOYER, J. 1963: Recherches écophysiologiques sur le bilan hydrique des plantes de cultures tropicales; Abidjan I.D.E.R.T, 10 S.
BRICENO, O. 1979: Le statut naturel d'une essence commercialisée en foret (Sud-Ouest de la Côte d'Ivoire); Montpellier : USTL, DEA, 24 S., unveröffentlicht.
BRUENIG, E. F. 1987: Die Tropischen Wälder; in: Geographische Rundschau, Nr. 9, S. 6-12.
BRUGIERE, J. M. 1949: Coupe de la forêt de la Leraba près de la station d'Ouangolodougou. Forêt de Dokpodu, Forêt de Bamoro (Nord de Bouaké), coupe d'un sol dans la station forestière de Bamoro; Abidjan, I.D.E.R.T, 9 S.
BUDOWSKI, G. 1956: Tropical savannas, a sequence of forest felling and repeated burnings; in: Turrialba, Vol. 6, S. 23-33.
BURKE, K. & DURATOYE, A. B. 1970: The quaternary in Nigeria: a review; in: Bull. Ass. Sénég. et Quat. afr., Nr. 27/28, S. 70-96.
BUTZER, K. W. 1983: Paleo-environmental perspectives on the Sahel drought 1968-1973; in: GeoJournal, Vol. 7, Nr.4, S. 369-374.

CACHAN, P. & DUVAL, J. 1963: Variations microclimatiques verticales et saisonnières dans la forêt sempervirente de basse Côte d'Ivoire; in: Ann. Fac. Sci. Univ. Dakar, Vol. 8, S. 5-87.
CACHAN, P. 1967: Etude des limites et des différents aspects du domaine de la Côte d'Ivoire dense en Afrique de l'Ouest; in: Bull. Ec. Sup. Agro. Nancy, Nr. 9, S. 35-49.
CAMUS, Nr. 1969: Hydrologie du bassin du Sassandra - Note préliminaire; in: Abidjan Centre ORSTOM d'Adiopodoumé, 60 S.
CAMUS, Nr. 1972: Hydrologie du Bandama; in: Centre ORSTOM d'Adiopodoumé, Abidjan, 190 S.
CARARTINI, C. & GIRESSE, P. 1979: Contribution palynologique à la connaissance des environnements continentaux et marins du Congo à la fin du Quaternaire; in: C.R. Acad. Sc., sér. D, Vol. 288, S. 379-382, Paris.
CARATINI, C. & TASTET, J.P. & FREDOUX, A. 1987: Sédimentaion palynologique actuelle sur le plateau continental de Côte d'Ivoire; in: Mémoires es Traveaux de l'Ecole pratique des hautes études, Vol. 17, S.69-100, Montpellier.
CATINOT, R. 1978: L'utilisation intégrale des forêts tropicales est-elle possible?; in: Bois et Forêt des Trop., Nr. 189, S. 3-14.
CESAR, J. 1978: Végétation, flore etvaleur pastorale des savanes du parc national de la Comoé; Centre des Recherches Zootechniques de Minakro, Nr. 13, Bouaké.

CESAR, J. & FORGIARINI, G. 1988: Végetation pastorale et cartographie de l'occupation du sol dans le nord de la Côte d'Ivoire; Institut d'Elevage et de Medecine Veterinaire des Pays Tropicaux (IEMVT) - Maisons-Alfort, Paris.
CESAR, J. 1992: La production biologique des savanes de Côte d'ivoire et son utilisation par l'homme; Institut d'Elevage et de Medecine Veterinaire des Pays Tropicaux (IEMVT), 671 S.; Paris.
CENTRE TECHNIQUE ET FORESTIERE TROPICAL, C.T.F.T. 1967: Inventaire forestière de la Côte d'Ivoire; Nogent-sur-Marne.
CHAUVEAU, J. P. & DOZON, J. P. & RICHARD, J. 1981: Histoires de riz, histoires d'Igname: Le cas de la moyenne Côte d'Ivoire; in: Africa, Vol. 51, Nr.2, S. 621-658.
CHEVALIER, A. 1908: La forêt vièrge de la Côte d'Ivoire; in: La geographie, Nr. 17, S. 200-210.
CHEVALIER, A. 1909a: L'extension et la régression de la forêt vierge de l'Afrique occidentale; in: C. R. Ac. Sciences, S. 458-461.
CHEVALIER, A. 1909b: Les massivs montagneux du nord-Ouest de la Côte d'Ivoire; in: La géographie, Nr. 20, S. 209-224.
CHEVALIER, A. 1909c: Première étude sur les bois de la Côte d'Ivoire; Paris.
CHEVALIER, A. 1911: Essai d'une carte botanique forestière et pastorale de l'Afrique occidentale francaise; in: C. R. Acad. Sc., Nr. 152, S. 1614-1617.
CHEVALIER, A. 1912: Carte botanique, forestière et pastorale de l'A.O.F., carte 1:3.000.000; in: La Géographie, Nr. 26, S. 276-277.
CHEVALIER, A. 1920: Exploration botanique de l'Afrique occidentale francaise. I. - Énumeration des plantes récoltées avec carte botanique, agricole et forestière; Paris.
CHEVALIER, A. 1924: Sur la forêt primitive tropicale secondaire; in: C. R. Soc. Biogéogr., S. 39-40.
CHEVALIER, A. 1928: La végétation montagnarde de l'Ouest Africain et sa genèse; in: C. R. Soc. Biogéogr., Vol. 5, S. 3-5.
CHEVALIER, A. 1929: Sur la dégradation des sols tropicaux causée par les feux de brousse etsur les formation s végétales régressives, qui sont le consequence; in: C. R. Acad. Sc., Vol.188, S. 84-86.
CHEVALIER, A. 1931: Le role de l'homme dans la dispersion des plantes tropicales. Échanges d'espéces entre l'Afrique tropicale et l'Amerique du Sud; in: Rev. Bot. int. appl. Agr. Trop., Vol.11, Nr. 120, S. 633-650.
CHEVALIER, A. 1933: Les bois sacrés des noirs de l'Afrique tropicale comme sanctuaires de la nature; in: C. R. Soc. Biogéogr., S. 37.
CHEVALIER, A. 1933/34: Etude sur les prairies de l'Ouest africain; in: Rev. Int. Bot. Appl. Agr. Trop., Vol.13/14, S. 845-892.
CHEVALIER, A. 1948a: L'origine de la forêt de la Côte d'Ivoire; in: C. R. Soc. Biogéogr., S. 39-40.
CHEVALIER, A. 1948b: Biogéographie et écologie de la forêt dense ombrophile de la Côte d'Ivoire; in: Rev. Int. Bot. appl. Agr. Trop., Vol. 28, S.101-115.
CHEVALIER, A. & NORMAND, D. 1946: Forêts vièrges et bois coloniaux; Paris.
CHOUARD, P. 1937: Notes de voyage botanique en A.O.F.; in: Bull. Ass. Géogr. Franc., Nr. 109, S.130-143.
CLAYTON, W. D. 1958: Secondary végétation and the transition to savanna near Ibadan, Nigeria; in: Journal of Ecology, Nr. 46, S. 217-238.
CLAYTON, W. D. 1960: A key to nigerian grasses; in: Samaru Research, Bull. Nr. 1.
CLAYTON, W. D. 1961: Derived savanna in Kabba Province Nigeria; in: Journal. of Ecology, Nr. 49, S. 595-604.
CLIST, B. 1990: Des derniers chasseurs aux premiers métallurgistes: sédentarisation et débuts de la métallurgie du fer (Cameroun, Gabon, Guinée équatoriale); in: LANFRANCHI, R. & SCHWARTZ, D. (Eds.) 1990: Paysages de l'Afrique centrale atlantique; Editions ORSTOM, S.458-478, Paris.

COETZEE, J. A. 1967: Pollen analytical studies in East and Southern Africa; in: Paleoecology of Africa, Vol. 3, S 1-146.
COLE, M. M. 1986: The Savannas: biogeography and geobotany; London.
CORNET, A. 1978: Description des facteurs du milieu et de la végétation dans cinq parcelles situées le long d'un gradient climatique en zone sahelienne au Senegal; in: Bull. d'IFAN, sér. a, Vol. 39, Nr. 2, S. 241-302.
CORNET, A. 1981: Measurement of the aerial herbaceous biomass and net primary aerial production of three grassland communities in the sahelian zone of Senegal; in: Tropical Ecology, Vol. 22, Nr. 2, S 256-262.
COULIBALY, S. 1975: La problematique du réboisement dans la zone dense de Korhogo; in: I.G.T. Publ. Prov., Nr.23, 23 S., Abidjan.

DABIN, B. & MAIGNIEN, R 1979: Les principaux sols d'Afrique de l'Ouest et leurs potentialés agricoles; in: Cahiers ORSTOM, sér. Pédologie, Vol. 17, S. 235-257.
DECHAMPS, R. & GUILLET, B. & SCHWARTZ, D. 1988: Découverte d'une flore forestière Mi-Holocene (5.800-3.100 B.P.) conservée in situ sur le littoral ponténégrin (R.P. du Congo); in: C. R. Acad. Sci. Paris, Vol. 306, sér.II, S. 615-618.
DECOUX, J. P. & FOTSO, R. C. 1988: Composition et organisation spatiale d'une communauté d'oiseaux dans la région de Yaoundé. Conséquences biogéographiques de la dégradation forestière etl'aridité croissante; in: Alauda, Vol. 56, Nr. 2, S. 126-152.
DELVIGNE, J. 1965: Pédogenèse en zone tropicale. La formation des mineraux secondaires en milieu ferrallitique; ORSTOM, Paris, 177 S., unveröffentlicht.
DESCOINGS, B. 1972: Note sur la structure de quelques herbeuses de Lamto; in: Annales de l'Université d'Abidjan, Vol. 5, Nr.1, S. 7-30.
DEUTSCHER BUNDESTAG, 1990: Schutz der tropischen Wälder; Zweiter Bericht der Enquête-Kommission des 11. Deutschen Bundestages, Bonn.
DEVINEAU, L. 1975: Etude des forêts-galeries de Lamto; Thèse 3eme Cycle, Paris: Univ. P. et M. Curie, 190 S., unveröffentlicht.
DEVINEAU, L. & LECORDIER, C. & VUATTOUX, R. 1984: Evolution of species diversity of trees in a fire protected savanna (Lamto, Ivory Coast); in: Candollea, Nr. 39 (1).
DICKINSON, R. E. (Ed.) 1987: The geophysiology of Amazonia: Vegetation and climate interactions; in: Wiley series in climate and biosphere, Nr. 17; New York.
DIESTER-HAAS, L. 1976: Late quaternary climatic variations in Northwest Africa - deduced from east Atlantic sediment cores; in: Quaternary Research, Vol. 6, S. 299-314.
DOSSO, H. & GUILLAUMET, J. L. & HADLEY, M. 1981: The Tai-Project: land use problems in a tropical rain forest; in: Ambio, Vol. 10, Nr. 2/3, S. 120-125.
DRYAN, L. M. 1987: GCM - studies of the African summer monsoon; in: Climate Dynamics, Vol. 2, S. 117-126.
DUGERDIL, M. 1970: Recherches sur la contact forêt-savane en Côte d'Ivoire. 1. Quelques aspects de la végétation et son evolution en savane preforestière. 2. Note floristique sur des ilots de flore semi-décidue; in: Candollea, Vol. 25, Nr. 1, S.11-19; Nr. 2, S. 235-243.
DUPONT, L. M. & HOOGHIEMSTRA, H. 1989: The Sahara - Sahelian boundary during the Brunches chron; in: Acta Botanica Neerl. Jg. 38, Nr.4, S. 405-415.
DUPONT, L. M. & BEUG, H.-J. & STALLING, H. & TIEDEMANN, R. 1989: First palynological results from site 658 at 21°N off Northwest Africa: Pollen as climate indicators; in: Ruddiman, W. & Sarnthein, M. (Eds.): Proceedings of the Ocean Drilling Program; Scientific Results, Vol. 108, S. 93-111.
DUPONT, L.M. & AGWU, C.O.C. 1991: Environmental control of pollen grain distribution patterns in the Gulf of Guinea and offshore NW-Africa; in: Geologische Rundschau, Bd. 80, Nr. 3, S. 567-589.
DUVIARD, D. 1971: Données préliminaires sur le microclimat d'un champ de coton en Côte d'Ivoire centrale (Foro-Foro); in: Abidjan Centre ORSTOM d'Adiopodoumé, 13 S.

EICHLER, H. 1987: So stirbt der Regenwald; in: Geographische Rundschau, Nr. 9, S. 44-48.
ELDIN, M. 1971: Le climat in: le milieu naturel de la Côte d'Ivoire; in: Mem. ORSTOM, Nr. 50, S. 77-107, Paris.
EMBERGER, L. 1950: Observations phytosociologiques dans la forêt dense équatoriale; Archives de l'Institut Grand-Ducal de Luxembourg (n.s.), Nr. 19, S. 119-123.
EMBERGER, L. 1954: Observations sur la fréquence en forêt dense équatoriale (Côte d'Ivoire); in: Vegetatio, Vol. 5-6, S. 169-176.
EMBERGER, L. & MAGENOT, G. & MIEGE, J. 1950: Existence d'associations végétales typiques dans la forêt dense équatoriale; in: C.R. Acad. Sci., Vol. 231, S. 640-642.
EMBERGER, L. & MAGENOT, G. & MIEGE, J. 1950: Caractères analytiques et synthétiques des associations de la forêt équatoriale de Côte d'Ivoire; in: C. R. Acad. Sci, Vol. 231, S. 812-814.
ENDLER, J. A. 1985: Pleistocene forest refuges: fact or fancy; in: Prance, G.T. (Ed.): Biological diversification in the tropics, S. 641-657, New York.
ESCHENBRENNER, V. 1986: Contribution des termites à la microagrégation des sols tropicaux. Cahiers ORSTOM, sér. pédologie, Vol. 22, S. 397-408.

FAO 1981: Projet d'evaluation de ressources forestières tropicales (GEMS). Ressources forestières de l'Afrique tropicale; Rom.
FAO 1991: Forestry Project Profile; Rome.
FAURE, H. & ELOUARD, P. 1967: Schéma des variations du niveau de l'Atlantique sur la Côte de l'Ouest de l'Afrique depuis 40.000 ans; in: C. R. Acad. Sc. Paris, Vol. 265, sér. D, S. 784-787.
FEHR, S. 1979: Etude pluviométrique du nord de la Côte d'Ivoire; Thèse, I.G.T, 226 S., Abidjan.
FELLER, C. & MILLEVILLE, P. 1977: Evolution des sols défriche récente dans la region des Terres Neuves (Sénégal Oriental); in: Cahiers ORSTOM, sér. biologie, Vol. 12, S. 199-211.
FILLERON, J. Ch. & RICHARD, J. F. 1972: Quelques observations géomorphologiques dans le Nord-Ouest de la Côte d'Ivoire (Région Odienné); in: Ann. de l'Univ. d'Abidjan, sér. G, Vol. 4, S. 263-290.
FISCHER, E. 1992: Systematik der afrikanischen Lindernieae (Scrophulariaceae); in: Akademie der Wissenschaften und der Literatur Mainz; Reihen der Mathem.-Naturwiss. Klasse, Reihe: Tropische und subtropische Pflanzenwelt, Nr.81, Stuttgart.
FLENLEY, J. R. 1979a: The equatorial rain forest - a geological history, London.
FLENLEY, J. R. 1979b: The quaternary végétation of equatorial Afrique; in: Flenley, J.R.: The equatorial rain forest - a geological history, S. 29-54, London.
FLOHN, H. 1953: Die Revision der Lehre vom Passatkreislauf; in: Meteorologische Rundschau, Nr. 6, S. 1-6.
FLOHN, H. 1953: W. Meinardus und die Revision unserer Vorstellungen von der atmosphärischen Zirkulation; in: Zeitschrift für Meteorologie, Nr. 7, S. 97-108.
FLOHN, H. 1977: Some aspects of man-made climate modification and desertifications; in: Applied sciences and development, Nr. 10, S. 44-58.
FOURNIER, A. 1982: Cycle saisonnier de la biomasse et démographie des feuilles de quelques graminées dans les savanes Guinéennes de Ouango-Fitini; Thèse 3eme Cycle, Montpellier: USTL, 168 S., unveröffentlicht.
FOURNIER, A. 1983: Contribution à l'étude de la végétation herbacée des savanes de Ouango-Fitini (Côte d'Ivoire), les grands Traits de la phénologie et de la structure ; in: Candollea, Vol. 38, Nr.1, S. 237-266.
FRANKENBERG, P. 1978: Florengeographische Untersuchungen im Raume der Sahara; in: Bonner Geographische Abhandlungen, Nr.58.
FRANKENBERG, P. 1985: Vegetationskundliche Grundlagen zur Sahelproblematik; in: Die Erde, Vol. 116, S. 121-135.

FRANKENBERG, P. 1986: Zeitlicher Vegetationswandel und Vegetationsrekonstruktion des "neolithischen Klimaoptimums" in der Jeffara Südosttunesiens; in: Abh. d. Math.-Naturw. Kl. Vol. 4, Wiesbaden.
FRANKENBERG, P. 1988: Versuche quantitativer Vegetationsanalysen im Westsenegal; in: Gießener Beiträge zur Entwicklungsländerforschung, Reihe I, Vol. 16, S. 31-50.
FRANKENBERG, P. & ANHUF, D. 1989: Zeitlicher Vegetations- und Klimawandel im westlichen Senegal; in: Erdwissenschaftliche Forschung, Bd. 24, Stuttgart.
FRANKENBERG, P. & KLAUS, D. 1987: Studien zur Vegetationsdynamik in Südosttunesien; in: Bonner Geographische Abhandlungen, Nr. 74.
FRANKENBERG, P. & LAUER, W. & RHEKER, J. R. 1990: Das Klimatabellenbuch; Braunschweig.
FRANQUIN, P. 1969: Analyse agroclimatologique en régions tropicales saison pluvieuse et saison humide applications; in: Cahiers ORSTOM, sér. biologie, Vol. 9, S. 65-95.
FRANQUIN, P. 1970: L'éstimation par interpolation des valeurs d'une variable climatique; in: Cahiers ORSTOM, sér. Biologie, Vol. 14, S. 127-147.

GASTON, J. 1944: Côte d'Ivoire; Paris.
GAYIBOR, N. L. 1986: Ecologie et histoire: les origines de la savane du Bénin; in: Cahiers d'Etudes africaines; Vol. 26, Nr. 1-2; S. 13-41.
GIRESSE, P. & LANFRANCHI, R. 1984: Les climats et les océans de la région congolaise pendant l'Holocene - bilans selon les échelles et les méthodes de l'observation; in: Paleoecology of Africa, Vol. 16, S. 77-88.
GREIG-SMITH, P. & AUSTIN, M. P. & WHITMORE, T. C. 1967: The application of quantitative methods to végétation survey; in: Journal of Ecology, Vol. 55, S. 483-503.
GREGORY, S. 1965: Rainfall over Sierra Leone; in: University of Liverpool, Research Paper Nr. 2.
GRIFFITH, J. F. 1972: Climate of Africa; in: Landsberg, H.E.(ed.): World Survey of Climatology; Amsterdam, London, New York.
GORDON, M. 1973: Analyse d'un échantillonnage en ligne dans la savane de Lamto (Côte d'Ivoire); in: Ann. Univ. Abidjan, sér. E, Vol. 6, Nr. 2, S. 26-28.
GORNITZ, V. 1987: Climatic consequences of anthropogenic vegetation changes from 1880-1980; In: Rampino, M.R. & Sanders, J.E. & Newman, W.S. Königsson, L.K. (Eds.): Climate - history, periodicity and predictability, S. 47-69; New York.
N'GUESSAN, K. A. 1984: Influence de la saison des feux sur une savane préforestière soudano-guinéene de la région de Bouake; Montpellier : USTL, 32 S., unveröffentlicht.
GUILLAUMET, J. L. 1967: Recherches sur la végétation et la flore de la région du Bas-Cavally (Côte d'Ivoire); in: Mém. ORSTOM, Nr. 20, Paris.
GUILLAUMET, J. L. & ADJANOHOUN, E. 1971: La végétation de la Côte d'Ivoire. in: Le milieu naturel de la Côte d'Ivoire; in: Mém. ORSTOM, Nr. 50, S. 157-263, Paris.
GUILLAUMET, J. L. & KAHN, F. 1978: Les diagnoses de la végétation; in: Recherche d'un langage transdisciplinaire pour l'étude du milieu naturel (tropiques humides); in: ORSTOM, Travaux et Documents, Nr. 91, S. 43-53, Paris.
GUILLAUMET, J. L. & KAHN, F. 1979: Déscription des végétations forestières tropicales; in: Candollea, Nr. 34, S. 109-131.
GUINKO, S. 1984: Végétation de la Haute-Volta; Thèse de Docteur des Sciences Naturelles, Bordeaux.

HALL, J. B. 1977: Forest-Types in Nigeria: an analysis of preexploitation forest enumeration data; in. Journal of Ecology, Vol. 65, S.187-199.
HALL, J. B. & JENIK, J. 1968: Contribution towards the classification of savanna in Ghana; in: Bull. de I.F.A.N., Vol.30, sér. A., Nr.1, S. 84-99.
HALL, J. B. & SWAINE, M. D. 1976: Classifikation and ecology of closed-canopy forest in Ghana; in: Journal of Ecology., Vol. 64, S. 913-951.

HALL, J. B. & SWAINE, M. D. 1981: Distribution and ecology of vascular plants in a tropical rain forest vegetation in Ghana; The Hague.

HALLE, F. & OLDEMAN, R. A. A. & Tomlinson, P. B. 1978: Tropical trees and forest - an architectural analysis; Berlin, Heidelberg, New York.

HAMILTON, A. 1973: The history of Vegetation; in: Lind, E.M. & Morrison, M.E.S. (Eds.): The Vegetation of East Africa, S. 188-209, London.

HAMILTON, A. 1974: Distribution patterns of forest trees in Uganda and their historical significance; in: Vegetatio, Vol. 29, S. 21-35.

HAMILTON, A. 1976: The significance of patterns of distribution shown by forest plants and animals in tropical Africa for the reconstruction of Upper Pleistocene paleoenvironment; in: Palaeoecology of Africa, Vol. 9, S. 63-97.

HAMILTON, A. 1982: Environmental history of East Africa - A study of the Quaternary, London.

HAMILTON, A. 1989: African Forests; in: Lieth, H. & Werger, M.J.A. (Eds.): Tropical Rain Forests Ecosystems, S. 155-182, Amsterdam, Oxford, New York, Tokyo.

HEDBERG, I. & O. 1968: Conservation of végétation in Africa south of the Sahara; in: Acta Phytogeographica Suecica Nr. 54.

HEDIN, L. 1933: Observations sur la végétation des bords lagunaires dans la région de Grand Bassam et de Bingerville (Côte d'Ivoire); in: La Terre et la Vie, Vol. 3, Nr. 10, S. 596-607.

HEIM, R. 1941: Le Haute-Cavally et les Monts Nimba, point culminant de l'AOF; in: C. R. Soc. Biogéogr., Vol. 28, Nr. 151/52, S. 733-734.

HENDERSON-SELLERS, A. 1988: Tropical deforestation: Important processes for climate models; in: Climatic Change, Vol. 13, S. 43-67.

HERVIEU, J. 1975: Evolution du milieu naturel en Afrique et à Madagascar. L'interprétation paléoclimatique du quatenaire; in: ORSTOM: Initiations et Documents Techniques, No 26, Paris.

HIERNAUX, P. 1975: Etude phyto-écologique des savanes du pays Baoulé meridional; Montpellier : USTL, Thèse Doc. Ing., 276 S., unveröffentlicht.

HOFFMANN, O. 1985: Pratiques pastorales et dynamique du couvert végétal en pays Lobi (Nord-Est de la Côte d'Ivoire; Thèse de 3e Cycle, ORSTOM, 355 S.

HOOGHIEMSTRA, H. 1988a: Changes in major wind belts and vegetation zones in NW Africa 20.000 yr B.P., as deduced from a marine pollen record near Cap Blanc; in: Review of Palaeobotany and Palynology, Vol. 55, S. 101-140.

HOOGHIEMSTRA, H. 1988b: Palynological records from Northwest African marine sediments: a general outline of the interpretation of the pollen signal; in: Phil. Trans. R. Soc. London, Bd. 318, S. 431-449.

HOOGHIEMSTRA, H. & AGWU, C. O. 1988: Changes in the vegetation and trade winds in Equatorial Northwest Africa 140.000 - 70.000 yr B.P. as deduced from two marine pollen records; in: Paleogeography, Paleoclimatology, Paleoecology, Vol. 66, S. 173-213.

HOOGHIEMSTRA, H. & BECHLER, A. & BEUG, H.-J. 1987a: Pollen and spore distribution in recent marine sediments: a record of NW-African seasonal wind patterns and vegetation belts; in: Meteor Forsch.-Ergebnisse, Reihe C, Nr. 40, S. 87-135.

HOOGHIEMSTRA, H. & BECHLER, A. & BEUG, H.-J. 1987b: Isopollen maps for 18.000 Years B.P. of the Atlantic offshore of Northwest Africa: Evidence for paleowind circulation ; in: Paleoceanography, Vol.2, Nr. 6, S. 561-582.

HOOGHIEMSTRA, H. 1988: Palynological records from Northwest African marine sediments: a general outline of the interpretation of the pollen signal; in: Phil. Trans. R. Soc. London, Bd. 318, S. 431-449.

HUCKABAY, J. D. 1989: Man and the disappereance of Zambezian dry evergreen forest; in: Kadomura, Nr. (Ed.): Savannization processes in tropical Africa, Department of Geography, Faculty of Science - Tokyo Metropolitan University, Occasional Papers, Nr.17, S.89-105, Tokyo.

HUNTLEY, B. J. & WALKER, B. H. 1982: Ecology of tropical Savannas; Heidelberg, New York.

HURAULT, J. 1975: Surpâtrage et transformation du milieu physique: formation végétale, hydrologie de surface, geomorphologie - l'exemple des hauts plateaux de l'Adamaoua (Cameroun); in: Etudes Photo-Interprétation; Vol. 7; (I.G.N.), Paris.

HUTCHINSON, J. & DALZIEL, J. M. 1954/63/68: Flora of West Tropical Africa; London.

HUTTEL, C. 1967: Ecologie forestière en basse Côte d'Ivoire. Structure de la forêt et croissance des arbres - éstimation de la biomasse; in: Abidjan Centre ORSTOM d'Adiopodoumé, 31 S.

HUTTEL, C. 1970: Eléments du bilan d'eau en forêt sempervirente; in: Comité Technique du Centre ORSTOM d'Adiopodoume, S. 64-67.

HUTTEL, C. 1977: Etude de quelques caractéristiques structurales de la végétation du bassin versant de l'Audrenisrou (Côte d'Ivoire); Multigr. ORSTOM Abidjan.

IBRAHIM, F. N. 1984: Savannen-Ökosysteme; in: Geowissenschaften in unserer Zeit, 2. Jg., Nr.5, S. 145-159.

I.G.B.P. 1990: Global Change Report Nr.12 -The initial core projects- I.G.B.P.-Secretariat; Royal Swedish Academy of Science, Stockholm, S. 104-105, Stockholm.

IMBRIE, J. & MCINTYRE, A. & MIX, A. C. 1989: Oceanic response to orbital forcing in the late Quaternary: Observational and experimental strategies; in Berger, A.L. & Schneider, S. & Duplessy, J.-C. (Eds.): Climate and Geosciences, S. 121- 164, Dordrecht.

IRVINE, F.R. 1961: Woody plants of Ghana; London.

JAEGER, P. 1959: Vers une déstruction accélérée de la savane soudanaise; in: IFAN, Protection de la Nature, Nr. 22.

JAFFRE, T. & de NAMUR, C. 1983: Evolution de la biomasse végétale epigée au cours de la succession secondaire dans le Sud-Ouest de la Côte d'Ivoire; in: Acta Oecol. Plant, Vol. 4, Nr. 3, S. 259-272.

JENIK, J. & HALL, J. B. 1966: The ecological effects of harmattan wind; in: Journal of Ecology, Vol. 54, S. 767-797.

JENIK, J. 1984: Coastal upwelling and distributional pattern of West African végétation; in: Preslia, Vol. 56, Nr. 3, S. 193-204.

JONES, E. W. 1963: The forest outliers in the Guinea zone of northern Nigeria; in: Journal of Ecology, Vol. 51, S. 415-434.

JORDAN, C. F. 1989: An Amazon rain forest - The structure and function of a nutrient stressed ecosystem and the impact of slash - and - burn agriculture; Paris: UNESCO, MAB series Vol. 2, 176 S.

KADOMURA, H. 1989: Savannization in tropical Africa, in: Kadomura, H. (Ed.): Savannization processes in tropical Africa, Department of Geography, Faculty of Science - Tokyo Metropolitan University, Occasional Papers, Nr. 17, S. 3-15, Tokyo.

KAHN, F. 1978: Etude dynamique des végétations forestières tropicales. Application aux friches du Sud-Ouest Ivorien; in: Recherche d'un langage transdisciplinaire pour l'étude du milieu naturel (tropiques humides), ORSTOM, Travaux et Documents, Nr. 91, S. 117-126, Paris.

KAHN, F. 1982: La reconstitution de la forêt tropicale humide (sud-ouest de la Côte d'Ivoire); in: Editions de l'ORSTOM - Coll. Mem., Nr. 97, Paris.

KEAY, R. W. 1949: An example of sudan zone vegetation in Nigeria; Journal of Ecology, Vol. 37, S. 335-364.

KEAY, R. W. 1952: *Isoberlinia* woodlands in Nigeria and their flora; in: Lejeunia, Nr. 16, S. 17-26.

KEAY, R. W. 1959: Derived savanna. Derived from what; in: Bull. IFAN, Vol. 21, sér. A, Nr. 2, S. 427-438.

KEAY, R. W. & AUBREVILLE, A. 1959: Carte de la végétation de l'Afrique au sud du Tropic de Cancer; Oxford.

KENDALL, R. L. 1969: An ecological history of the Lake Victoria Basin; in: Ecological Monographs, Vol. 39, S. 121-176.
KILLIAN, Ch. 1942: Sols de forêt et sols de savanne en Côte d'Ivoire; in: Ann. Agro., Nr. 12, S. 600-632.
KLAUS, D. 1981: Klimatologische und klimaökologische Aspekte der Dürre im Sahel; in: Erdwissenschaftliche Forschung, Bd. 16, Wiesbaden.
KNAPP, R. 1973: Die Vegetation von Afrika; Stuttgart.
KOENIG de, J. 1983: The forest of Banco Ivory Coast; in: Meded Landouwogesch, Wageningen, Vol. 83, Nr. 1, S. 1-156.
KOFFI, A. V. 1979: Repousses herbacées après feu de saison sèche en zone de savane soudano-guinéenne; Montpellier : USTL, 27 S., unveröffentlicht.
KOFFI, A. V. 1982: Etude des effets du feu et de la pluviosité sur la production fourragère dans deux types de savanes du centre de la Côte d'Ivoire; Thèse Doc. Ing, Montpellier : USTL, 159 S., unveröffentlicht.

LAMB, A. F. M. & NITMA, O. O. 1971: *Terminalia ivoriensis*. Fast growing timber trees of the lowland tropics; in: Commonwealth forestry Institut, Univ. of Oxford, Nr. 5.
LAMB, P. J. 1977: On The surface climatology of the tropical Atlantic; in: Arch. Met. Geoph. Biokl., sér.B, Vol. 25, S. 21-31.
LAMB, P. J. 1978: Large-scale tropical Atlantic surface circulation patterns associated with Subsaharan weather anomalies; in: Tellus, Bd. 30, S. 240-251.
LAMB. P. J. 1978: Case studies of tropical Atlantic surface circulation patterns during recent Subsaharan weather anomalies: 1967 and 1968; in: Monthly Weather Review, Vol. 106, S. 482-491.
LAMOTTE, M. 1975: The structure and function of a tropical savanna ecosystem; in: Lieth, Nr. & Whittaker, R.H. (Eds.): Primary productivity of the biosphere, S. 179-222, Berlin, Heidelberg, New York.
LAMOTTE, M. 1977: Structure and functioning of the savanna ecosystem of Lamto (Ivory Coast); in: UNESCO/UNEP/FAO (Eds.): Tropical grazing land ecosystems, S. 511-531, Rome.
LANLY, J. P. 1969: Régression de la forêt dense en Côte d'Ivoire; in: Bois et Forêts Trop., Nr. 127, S. 45-59.
LANFRANCHI, R. 1990: Les industries préhistoriques en R.P. du Congo et leur contexte paléogéographique; in: Lanfranchi, R. & Schwartz, D. (Eds.) 1990: Paysages de l'Afrique centrale atlantique; Editions ORSTOM, S. 406-423, Paris.
LANFRANCHI, R. & Schwartz, D. (Eds.) 1990: Paysages de l'Afrique centrale atlantique; Editions ORSTOM, Paris.
LA SOUCHERE, P. de & LENEUF, N. 1962: Essais de photo-interprétation en zone forestière ombrophile du Sud-Ouest de la Côte d'Ivoire; in: Trans. Symp. Photo-interpretation, Delft; S. 159-165 = Photointerpretation, Vol. 66.6, Nr. 2, S. 59-66.
LATHAM, M. & DUGERDIL, M. 1970: Contibution à l'étude de l'influence du sol sur la végétation au contact forêt-savane dans l'Ouest et le Centre de la Côte d'Ivoire; in: Adansonia, sér. 2, Jg. 10, Nr. 4, S. 553-576.
LAUER, W. 1952: Humide und aride Jahreszeiten in Afrika und Südamerika und ihre Beziehungen zu den Vegetationsgürteln; in: Bonner Geographische Abhandlungen, Nr. 9, S. 15-98.
LAUER, W. 1975: Vom Wesen der Tropen; in: Akademie der Wissenschaften und der Literatur Mainz, Abhandlungen der Mathem.-Naturwiss. Klasse, Jg. 1975, Nr.3.
LAUER, W. & FRANKENBERG, P. 1979: Zur Klima- und Vegetationsgeschichte der westlichen Sahara; in: Akademie der Wissenschaften und der Literatur Mainz, Abhandlungen der Mathem.-Naturwiss. Klasse, Vol. 1, Wiesbaden.
LAUER, W. & FRANKENBERG, P. 1981: Untersuchungen zur Humidität und Aridität von Afrika; in: Bonner Geographische Abhandlungen, Nr.66.

LAUER, W. 1989: Climate and weather; in: Lieth, Nr. & Werger, M.J.A. (Eds.): Tropical Rain Forests Ecosystems, S. 7-53, Amsterdam, Oxford, New York, Tokyo.

LAVENU, F. 1972: Les exploitations forestières en Côte d'Ivoire; Memoir de maitrise Univ. d'Abidjan, Abidjan.

LAWSON, G. W. & Armstrong-Mensah, K. O. & Hall, J. B. 1970: A catena in tropical moist semi-deciduous forest near Kade, Ghana; in: Journal of Ecology, Vol. 58, S. 371-398.

LAWSON, G. W. (Ed.) 1986: Plant ecology in West Africa; Chichester, New York, Brisbane, Toronto, Singapore.

LEBRUN, J. 1962: Le 'couloir littoral' atlantique, voie de pénétration de la flore sèche en Afrique guinéenne; in: Ac. Roy. Sc. Outre-Mer, Bull. Sc., Vol. 8, Nr. 4, S. 719-735.

LEMEE, G. 1956: La tension de succion foliaire, critère écophysiologique des conditions hydriques dans la strate arbustive des groupements végétaux en Côte d'Ivoire; in: Naturalia Monspeliensia, Vol. 8, S. 125-140.

LEMEE, G. 1957: Sur les mouvements d'arbres et d'arbuste héliophiles et sciaphiles du domaine de la forêt dense de Côte d'Ivoire; in: C. R. Acad. Sci. Vol. 245, S. 2074-2077.

LENEUF, N. & AUBERT, G. 1956: Sur l'origine des savanes de la basse Côte d'Ivoire; in: C. R. Acad. Sci., Vol. 234, S. 859-860.

LENOIR, F. 1971: Données rélatives au transport en solution de quelques éléments en traces par une fleuve de Côtes d'Ivoire (le Bandama); in: Cahiers ORSTOM, sér. géol., Vol. 3, S. 145-166.

LEROUX, M. 1983: Le climat de l'Afrique Tropicale, Paris.

LEVEQUE, A. 1983: Etude pédologique et des ressources en sols de la région du nord du 10e parallele en Côte d'Ivoire; in: ORSTOM, Notice explicative, Nr. 96, Paris.

LEZINE, A.-M. 1991: West African paleoclimates during the last climatic cycle inferred from an Atlantic deep-sea pollen record; in Quaternary Research, Vol. 38, S. 456-463.

LITTMANN, T. Nr. 1988: Jungquartäre Ökosystemveränderungen und Klimaschwankungen in den Trockengebieten Amerikas und Afrikas; in: Bochumer Geographische Arbeiten Nr. 49.

LIVINGSTONE, D. 1967: Postglacial vegetation of the Ruwenzori mountains in equatorial Africa; in: Ecological Monographs, Vol. 37, S. 25-52.

LIVINGSTONE, D. 1975: Late Quaternary climatic change in Africa; in: Ann. Rev. Ecol. Syst., Vol.6, S. 249-280.

LIVINGSTONE, D. 1980: Late quaternary pollen from Lake Bosumtwi, Ghana; in: Abstracts, 5th Int. Palynol. Conf. Cambridge.

LOCKO, M. 1990: Les industries préhistoriques du Gabon (Middle Stone Age et LaTe Stone Age); in: Lanfranchi, R. & Schwartz, D. (Eds.) 1990: Paysages de l'Afrique centrale atlantique; Editions ORSTOM, S. 393-405, Paris.

LOROUGNON, J. G. 1972: Le Cypéracées forestières de Côte d'Ivoire; in: Mem. ORSTOM, Nr. 58, Paris.

LOROUGNON, J. G. 1976: Le projet de la forêt de Tai en Côte d'Ivoire. 1. Recherche et développement écologiques; in: Nature et Ressources, Vol. 12, Nr. 2, S. 2-3.

LOUCOU, J. N. 1984: Histoire de la Côte d'Ivoire; Bd 1-3; Abidjan.

MALEY, J. 1987: Fragmentation de la forêt dense humide africaine et extension des biotopes montagnards au Quaternaire récent: nouvelles données polliniques et chronologiques. Implications paléovlimatiques et biogéographiques; in: Paleoecology of Africa, Vol. 18, S. 307-334.

MALEY, J. 1990a: L'histoire récente de la forêt dense humide africaine: essai sur le dynamisme de quelques formation s forestières; in: Lanfranchi, R. & Schwartz, D. (Eds.): Paysages de l'Afrique centrale atlantique; Editions ORSTOM, S. 367-382, Paris.

MALEY, J. 1990b: Conclusions de la quatrième partie: synthèse sur le domaine forestier africain au quaternaire récent; in: Lanfranchi, R. & Schwartz, D. (Eds.) 1990: Paysages de l'Afrique centrale atlantique; Editions ORSTOM, S. 383-389, Paris.

MALEY, J. & GIRESSE, P. et al. 1990: Paléoenvironments de l'Ouest-Cameroun au Quaternaire récent: résultats préliminaires; in: Lanfranchi, R. & Schwartz, D. (Eds.) 1990: Paysages de l'Afrique centrale atlantique; Editions ORSTOM, S. 228-247, Paris.

MALEY, J. & CABALLE, G. & SITA, P. 1990: Etude d'un peuplement résiduel à basse altitude de *Podocarpus latifolius* sur le flanc congolais du massif du Chaillu. Implications paléoclimatiques et biogéographiques. Etude de la pluie pollinique actuelle; in: Lanfranchi, R. & Schwartz, D. (Eds.) 1990: Paysages de l'Afrique centrale atlantique; Editions ORSTOM, S. 336-352, Paris.

MANGENOT, G. 1950: Les forêts de la Côte d'Ivoire; in: Bull. Soc. Bot. Fr., Vol. 97, S. 156/157.

MANGENOT, G. 1950: Essai sur les forêts de la Côte d'Ivoire; in: Bull. soc. Bot. Fr., Vol. 97, S. 159-162.

MANGENOT, G. 1955: Etude sur les forêts de plaines et plateaux de la Côte d'Ivoire; in: Etudes Eburnéenes, IFAN, Vol. 4, S. 5-61.

MANGENOT, G. & Miège, J. & Aubert, G. 1948: Les éléments floristiques de la basse Côte d'Ivoire et leur répartition ; in: C. R. Soc. Biogéogr., Nr. 212-214, S. 30- 34.

MANGIN, M. 1924: Une mission forestière en Afrique occidentale francaise; in: La Géographie, Vol. 42, S. 449-483 und 629-654.

MANSHARD, W, 1962: Der Ablauf der Regenzeiten in Westafrika - dargestellt an Beispielen aus Ghana; in: Giessener Geogr. Schriften, Nr. 2, S. 47-81.

MARET de, P. 1990: Le "Néolithique" et l'âge du fer ancien dans le sud-ouest de l'Afrique Centrale; in: Lanfranchi, R. & Schwartz, D. (Eds.) 1990: Paysages de l'Afrique centrale atlantique; Editions ORSTOM, S. 447-457, Paris.

MARTIN, L. 1969: Datation de deux tourbes quaternaires du plateau continental ivorien; in: C.R. Acad. Sc.Fr., Vol. 269, S. 1925-1927, Paris.

MARTIN, L. 1974: Le Trou-Sans-Fond, Canyon sous-marin de la Côte d'Ivoire; in: Cahiers ORSTOM, sér. Géol., Vol. 6, S. 67-76.

MARTIN, L. 1977: Morphologie, sédimentologie et paléogéographie au Quaternaire récent du Plateau Continental Ivorien; in: Traveaux et Documents d'ORSTOM, Nr. 61, Paris .

MARTIN, C. 1989: Die Regenwälder Westafrikas; Basel, Boston, Berlin.

MARTINEAU, M. 1932: Protection de la forêt en Côte d'Ivoire; in: 2e congrés int. Prot de la Nature, Paris, 1931, S. 247-352.

MATHIEU, P. 1971: Erosion et Transport solide sur un bassin versant forestier tropical (bassin de l'Amitioro, Côte d'Ivoire); in: Cahiers ORSTOM, sér. Géol., Vol. 3, S. 115-144.

MATHIEU, P. 1976: Influence des apports atmosphériques et du pluvioléssivage forestier sur la qualité des eaux des deux bassins versants en Côte d'Ivoire; in: Cahiers ORSTOM, sér. Géol., Vol. 8, S. 11-32.

MATHIEU, P. & MONNET, C. 1971: Physico-chimie des eaux de pluie en savane et sous forêt en milieu tropical; in: Cahiers ORSTOM, sér. Géol., Vol. 3, S. 93-114.

MAYDELL von, H.-J. 1983: Arbres et arbustes du Sahel; in: Schriftenreihe der GTZ, Nr. 147, Eschborn.

MAYMARD, J. 1974: Structures africaines de production et concept d'éxploitation agricole; in: Cahiers ORSTOM, sér. Biol., Vol. 24, S. 27-64.

M'BENZA-MUAKA & ROCHE, E. 1980: Exemple d'évolution paléoclimatique au Pleistocène Terminal et a l'Holocècen au Shaba (Zaire); in: Symp."Palynologie et Climats" - Mém. Museum Hist. NaT, sér. Bot., Vol. 27, S. 137-148, Paris.

MCINTYRE, A. & RUDDIMAN, W. F. & KARLIN, K. & MIX, A. C. 1989: Surface water response of the equatorial Atlantic Ocean to orbital forcing; in: Paleoceanography, Vol. 4, Nr. 1, S. 19-55.

MENAUT, J. C. 1974: Chute de feuilles et apport au sol de litière par les ligneux dans une savane préforestière de Côte d'Ivoire; in: Bul. Ecol. Vol. 5, Nr. 1, S. 27-39.

MENAUT, J. C. & CESAR, J. 1979: Structure and primary productivity of Lamto savannas; in: Ecology, Vol. 60, Nr. 6, S. 1197-1210.

MENAUT, J. C. & CESAR, J. 1982: The structure and dynamics of a West african savanna; in: Huntley, B.J. & Walker, B.H. (Eds.): Ecology of tropical savannas, S. 80-100, Berlin, Heidelberg, New York.
MENAUT, J. C. 1983: The vegetation of African savannas; in: Bourlière, F. (Ed.): Tropical Savannas, S. 109-149, Amsterdam.
MENAUT, J. C. & GIGNOUX, J. & PRADO, C. & CLOBERT, J. 1990: Tree community dynamics in a humid savanna of the Côte d'Ivoire: modelling the effects of fire and competition with grass and neighbours; in: Journal of Biogeography, Vol. 17, S. 471-481.
MENIAUD, J. 1930: L'arbre etla forêt en Afrique noire; Paris.
MENSCHING, H. 1979: Beobachtungen und Bemerkungen zum alten Dünengürtel der Sahelzone südlich der Sahara als paleoklimatischer Anzeiger; In: Stuttgarter Geographische Studien, Bd. 93, S. 67-78.
MEURER, M. & JENISCH, Th. & REIFF, K. STURM, H. J. & SWOBODA, J. & WILL, H. 1991: Weidepotential-Analysen in der Atacora-Provinz Benins; in: Karlsruher Berichte zur Geographie und Geoökologie, Nr. 1.
MIEGE, J. 1954: La végétation entre Bia et Comoé (Côte d'Ivoire); in: Bull. IFAN, sér. a, Vol. 16, Nr. 4, S. 973-989.
MIEGE, J. 1955: Les savanes et forêts claires de Côte d'Ivoire; in: Etudes éburneenes, IFAN, Nr. 6, S. 62-81.
MIEGE, J. 1964: Relations savanes, forêts en basse Côte d'Ivoire; Comm. Symp. UNESCO, Humid. Trop. Comm., Venezuela.
MIEGE, J. 1966: Observations sur les fluctuations des limites savanes-forêts en basse Côte d'Ivoire; in: Univ. Dakar, Ann. Fac. Sc. Vol. 19, Nr. 3, Dakar.
MINISTERE DES EAUX ET FORET 1988: Parc National de la Marahoue - Etude prealable a un amenagement du parc et de sa zone peripherique; Abidjan (UNESCO - MAB).
MINISTERE DES TRAVEAUX PUBLICS, DES TRANSPORTS DE LA CONSTRUCTION ET DE URBANISME 1979: Le Climat de la Côte d'Ivoire - ASECNA, Service Météorologiques, Abidjan.
MOLINA-CRUZ, A. 1977: The relations of the southern trade winds to upwelling processes during the last 75.000 years; in: Quaternary Research, Vol. 8, S. 324-328.
MONNIER, Y. 1968: Les effets des feux de brousse sur une savane préforestière de Côte d'Ivoire; in: Etudes Eburnéennes, Nr. 9, 260 S, Abidjan.
MONNIER, Y. 1973: La problématique des savanes dans l'Ouest Africain; in: I.G.T., Publ. Prov., Nr.1, Univ. Abidjan.
MONNIER, Y. 1977: Influence du feu de brousse sur le coefficient d'albedo de la savane de Lamto; in: Ann. Univ. Abidjan, sér. E, Vol. 10, S. 43-57.
MONNIER, Y. 1990^2: La poussière et la cendre. Paysages, dynamique des formations végétales et stratégies des sociétés en Afrique de l'Ouest; in: Agence de Coopération Culturelle et Technique, 265 S., Paris.
MOREAU, J. C. 1977: Etude de Boundoukou et de Korhogo par l'interprétation des photos aériennes; I.G.T., Abidjan.
MOREAU, R. 1971: Etude sur parcelles comparatives de l'évolution des sols ferralitiques sous différents mode de mise en culture en zones forestières de Côte d'Ivoire; in: Cahiers ORSTOM, sér. Pédol., Vol. 21, S. 43-56.
MORLEY, J. J. & HAYS, J. D. 1979: Comparison of glacial and interglacial oceanographic conditions in the south Atlantic from variations in calcium carbonate and radiolarian distribution; in: Quaternary Research, Vol. 12, S. 396-408.
MOUTON, J. A. 1959: Riziculture et déforestation dans la région de Man (Côte d'Ivoire); in: L'Agron. Trop., Vol. 14, Nr. 2, S. 225-231.
MÜHLENBERG, M. & GALAT-LUONG, A. & POILECOT, P. & STEINHAUER-BURKART, B. & KÜHN, I. 1990: L'importance des îlots forestièrs de savane humide pour la conservation de la faune de forêt dense en Côte d'Ivoire; in: Rev. Ecol. (Terre Vie), Vol. 45, S. 197-214.
MÜLLER-HOHENSTEIN, K. 1981: Die Landschaftsgürtel der Erde; Stuttgart.

MURPHY, P. G. 1975: Net primary productivity in tropical terrestral ecosystems; in: Lieth, H. & Whittaker, R.H. (Eds.): Primary productivity of the biospere, S. 217-231, New York.

NAGEL, P. 1986: Natürliche Grundlagen afrikanischer Fühlerkäfer (Coleoptera, Carabidae, Paussinae) - Ein Beitrag zur Rekonstruktion der Landschaftsgenese; in: Erdwissenschaftliche Forschung; Vol. 21, Stuttgart.

NAMUR de, C. GUILLAUMET, J. L. 1978: Les grands traits de la réconstitution dans le sud-Ouest ivorién; in: Cahiers ORSTOM, sér. B, Vol. 13, Nr. 3, S. 197-201.

NAMUR de, C. 1978: Etude floristique; in: Cahiers ORSTOM, sér. B, Vol. 13, Nr. 3, S. 203-210.

NEUMANN, K. 1988: Die Bedeutung von Holzkohleuntersuchungen für die Vegetationsgeschichte der Sahara - das Beispiel Fachi/Niger; in: Würzburger Geographische Arbeiten, Bd. 69, S. 71-85.

NEUMANN, K. 1989: Zur Vegetationsgeschichte der Ostsahara im Holozän - Holzkohlen aus prähistorischen Fundstätten; in Africa Praehistorica, Bd. 2, S. 13-181.

NEUMANN, K. 1991: In search for the green Sahara: Palynology and botanical macro-remains; in Palaeoecology of Africa, Vol. 22, S. 203-212.

NEUMANN, K. & BALLOUCHE, A. 1992: Die Chaine de Gobnangou in SE-Burkina Faso - Ein Beitrag zur Vegetationsgeschichte der Sudanzone W-Afrikas, *im Druck*.

NICHOLSON, S. E. 1976: A climatic chronology for Africa: synthesis of geological, historical and meteorological information and Data; Diss. Univ. of Wisconsin.

NICHOLSON, S. E. 1978: Climatic variations in the Sahel and other African regions during the past five centuries; in: Journal of Arid Environment, Vol. 1, S. 3-24.

NICHOLSON, S. E. 1981: Rainfall and atmospheric circulation during drought periods and wetter years in West Africa; in: Monthly Weather Review, Vol. 109, S. 2191-2208.

NIEUWOLT, S. 1987^2 : Tropical Climatology; London.

NORMAND, D. 1950/55/66: Atlas de bois de Côte d'Ivoire; Nogent sur Marne.

NTAGANDA, CH. 1991: Paléoenvironments et paléoclimats du Quaternaire supérieur au Rwanda par l'analyse palynologique des dépôts superficiels; Diss. Université de Liège, Liége.

OFORI-SARPONG, E. 1986: The 1981-1983 Drought in Ghana; in: Singapore Journal of Tropical Geography, Vol. 7, Nr. 2, S. 109-127.

OJO, O. 1985: Palaeoclimatic evidences from lakes and rivers: some information from recent climatic changes in Africa; in: Zeitsch. f. Gletscherkunde u. Glaziologie, Bd. 21, S. 141-150.

OLADIPO, E. O. 1980: An analysis of heat and water balances in West Africa; in: Geographical Review, Vol. 70, S. 194-209.

OLANIRAN, O. J. 1990: Changing patterns of rain-days in Nigeria; in: GeoJournal, Vol. 22, Nr. 1, S. 99-107.

ORSTOM & IGT 1979: Atlas Côte d'Ivoire; Abidjan.

den OUTER, R. W. 1972: Tentative determination key to 600 trees, shrubs and climbers from Ivory Coast, Africa, mainly based on characters of the living bark, besides the rhytidome and the leaf. 1. large trees; Wageningen.

OWEN, J. A. & FOLLAND, C. K. 1988: Modelling the influence of sea-surface temperatures on tropical rainfall; in: Gregory, S. (Ed.): Recent climatic change - A regional approach; S. 141-153.

PACHUR, H.-J. & HOELZMANN, Ph. 1991: Paleoclimatic implications of Late-Quaternary lacustrine sediments in Western Nuba, Sudan; in: Quaternary Research, Vol. 36, S. 257-276.

PASTOURET, L. & CHAMLEY, H. & DELIBRIAS, G. & DUPLESSY, J. C. & THIEDE, J. 1978: Late quaternary climatic changes in western tropical Africa deduced from deep-sea sedimentation off the Niger delta; in: Oceanological Acta, Vol. 1, Nr. 2, S. 217-232.

PELISSIER, P. 1980: L'arbre dans les paysages agraires de l'Afrique noire; in: Cahiers ORSTOM, Vol. 17, Nr. 3-4, S. 131-136.

PELTRE, P. 1977: Le 'V-Baoule'(Côte d'Ivoire centrale) - Heritage géomorphologique et paléoclimatique dans le trace du contact forêt-savane; in: Travaux et Documents de l'ORSTOM, Nr. 80, Paris.

PERRAUD, A. 1963: Carte de la végétation de la région de Biribi, Côte d'Ivoire, 1:50.000, Publ. ORSTOM, 1 coupure.

PEYROT, B. & LANFRANCHI, R. 1984: Les oscillations morphoclimatiques récentes dans la vallée du Niari; in: Paleoecology of Africa, Vol. 16, S. 265-281.

PITOT, J. 1969: Végétaux ligneux et pâturages des savanes de l'Adamaoua au Cameroun; in: Rev. Elevage Médecine Vétérinaire des Pays Tropicaux, Vol. 22, Nr. 4, S. 541-559.

PFLAUMANN, U. 1980: Variations of the surface water temperatures along the north Atlantic continental margin; in: Paleoecology of Africa, Vol. 12, S. 191-212.

de PLOEY, J. 1969: Report on the Quaternary of western Congo; in: Paleoecology of Africa, Vol. 4, S. 65-68.

POBEGUIN, H. 1898: Notes sur la Côte d'Ivoire. Comprise depuis Grand-Lahou jusqu'au Cavally (Republique de Liberia); in: Bull. Soc. Géogr., 7e sér., Nr. 19, S. 328-374.

POISSONET, J. & J. CESAR, J. 1972: Structure spécifique de la strate herbacée dans la savane a palmier *Ronier* de Lamto (Côte d'Ivoire); in: Ann. Univ. Abidjan, sér. E, Vol. 5, S. 577-601.

POREMBSKI, St. 1991: Beiträge zur Pflanzenwelt des Comoé-Nationalparkes (Elfenbeinküste); in: Natur und Museum, Vol. 121, Nr. 3, S. 61-83.

PORTERES, R. 1950: Problémes sur la végétation de la basse Côte d'Ivoire; in: Bull. Soc. Bot. Fr., Vol. 97, S. 153-156.

PORTERES, R. 1950: Sur l'aire minimale dans le groupements végétaux en zone equatorial e; in: Bull. Soc. Bot. Fr., Vol. 97, S. 165-166.

PORTERES, R. 1950: Dissociation des groupements végétaux en zone équatoriale; in: Bull. Soc. Bot. Fr., Vol. 97, S. 157-158.

PORTERES, R. 1956: Les prairies du complex coenotique des savanes du néogène sublittoral de la Côte d'Ivoire; in: Jour. Agric. Trop. Bot. appl., Vol. 3, S. 587-590.

POULSEN, G. 1981: L'homme et l'arbre en Afrique tropicale: trois essais sur le role des arbres dans l'environment africain; Ottawa.

PRELL, W. L. & GARDNER, J. V. & BE, A. W. H. & HAYS, J. D. 1976: Equatorial Atlantic and Caribbean foraminiferal assemblages, temperatures and circulation: interglacial and glacial comparisons; in: Geological Soc. of America, Memoir Nr. 145, S. 247-266.

PREUSS, J. 1990a: Premières séries d'artefacts lithiques originaires du bassin intérieur du Zaire; in: Lanfranchi, R. & Schwartz, D. (Eds.) 1990: Paysages de l'Afrique centrale atlantique; Editions ORSTOM, S. 431-438, Paris.

PREUSS, J. 1990b: L'évolution des paysages du bassin intérieur du Zaire pendant les quarante derniers millénaires; in: Lanfranchi, R. & Schwartz, D. (Eds.) 1990: Paysages de l'Afrique centrale atlantique; Editions ORSTOM, S. 260-270, Paris.

RAHM, U. 1954: La Côte d'Ivoire, Centre des Recherches tropicales; in: Acta tropica, Vol.11, S. 222-295, Basel.

RAMOS, M. 1990: Occupation humaine préhistorique de la province du Cabinda (Angola); in: Lanfranchi, R. & Schwartz, D. (Eds.) 1990: Paysages de l'Afrique centrale atlantique; Editions ORSTOM, S. 424-430, Paris.

RATTRAY, J. M. 1960: Tapis graminéen d'Afrique; in: Et. Agr. F.A.O., Nr 49, Rom.

RICHARD, J. F. & FILLERON, J.-C. & VISSAULT, J. 1973: Recherches sur le contact forêt-savane en Côte d'Ivoire. Notice la carte formations végétales de Sakassou au 1/5000 (Dimbokro NB-30-XIV-3a); in: Centre d'ORSTOM d'Adiopodoumé, Abidjan.

RICHARD, J. F. 1973: Recherches sur le contact forêt-savane en Côte d'Ivoire. Typologie de quelques formation s végétales du contact forêt-savane (Sud-Boulé); in: Centre O.R.S.TO.M. d'Adiopodoumé, Abidjan.

RICHARDS, P. W. 1952: The tropical rain forest - An ecological study; Cambridge.
RICHARDS, P. W. 1973: Africa, the "Odd Man Out"; in: Meggers, B.J. & Ayensu, E.S. & Duckworth, W.D. (Eds.): Tropical forest ecosystems in Africa and South America: A comparative review, S. 21-26, Washington.
RITCHIE, J. C. 1987: A Holocene pollen record from Bir Atrun, Northwest Sudan; in: Pollen et spores, Vo. 29, Nr. 4, S. 391-410.
RITCHIE, J. C. & HAYNES, C. C. 1987: Holocene vegetation zonation in the eastern Sahara; in: Nature, Vol. 330, S. 645-647.
RITCHIE, J. C. & EYLES, C. H. & HAYNES, C. C. 1985: Sediment and pollen evidence for a middle Holocene humid period in the Eastern Sahara; in: Nature, Vol. 314, S. 352-355.
ROBINSON, J. M. 1989: On uncertainty in the computation of global emissions from biomass burning; in: Climatic Change, Vol. 14, S. 243-262.
ROBERTY, G. 1950: Ecotypes forestière de quelques arbres de savane; in: Notes africaines, Nr. 48, S. 116-118.
ROBERTY, G. 1950b: Carte de la végétation de l'A.O.F., à l'echelle du 1:200.000 feuille Nr. 3, Bouaké (ORSTOM).
ROBERTY, G. 1954: Petite flore de l'Ouest-Africain; Office de la Recherche Scientifique et Technique Outre-Mer, 441 S.
ROBERTY, G. 1960: Les régions naturelles de l'Afrique tropicale occidentale; in: Bull. de I.F.A.N., sér. A, Vol. 22, Nr.1, S. 95-136.
ROCHE, E. 1979: Végétation ancienne et actuelle de l'Afrique centrale; in: African Economic History, Vol. 7, S. 30-37.
ROGNON, P. 1980: Une extension des déserts (Sahara et Moyen-Orient) au cours du Tardiglaciaire (18.000 - 10.000 ans B.P.); in: Rev. d. Géolog. Dynamique et de Géogr. Physique, Vol. 22; Nr. 3-4, S. 318-328.
ROLAND, J. C. & HEYDACKER, F. 1963: Aspects de la végétation dans la savane de Lamto (Côte d'Ivoire); in: Rev. Gén. Bot, Vol. 70, Nr. 834, S. 605-620.
RÖBEN, P. 1980: Ende des Regenwaldes in Sicht?; in: Umschau, Nr. 15, S. 459-462.
ROOSE, E. 1970: Importance relative de l'erosion du drainage oblique et vertical, et pédogenèse d'un sol ferralitique (Côte d'Ivoire); in: Cahiers ORSTOM, sér. Pédol., Vol. 8, S. 469-482.
ROOSE, E. 1979): Dynamique actuelle d'un sol ferralitique gravillonnaire issu de granite sous culture et sous une savane arbustive soudanienne du nord de la Côte d'Ivoire (Korhogo: 1967-75); in: Cahiers ORSTOM; sér. Pédol., Vol. 17, S. 81-118.
ROOSE, E. 1980: Quelques conclusions des recherches francaises sur la dynamique actuelle des sols en Afrique occidentale; in: Cahiers ORSTOM, sér. Pédol., Vol. 18, S. 285-296.
ROOSE, E. 1981: Dynamique actuelle de sols ferralitiques et ferrugineux tropicaux d'Afrique Occidentale; in: Travaux et Documents de l'ORSTOM, Nr. 130, Paris.
ROOSE, E. & CHEROUX, M. 1966: Les sols du bassin sédimentaire du Côte d'Ivoire; in: Cahiers ORSTOM, sér. Pédol., Vol. 4, S. 51-92.
ROOSE, E. & FRANCK, R. F. 1980: Des contraintes d'origine climatique limitent l'exploitation des sols ferralitiques dans les régions tropicales humides de Côte d'Ivoire; in: Cahiers ORSTOM, sér. Pédol., Vol 18, S. 153-157.
ROSSIGNOL-STRICK, M. & DUZER, D. 1979a: Late Quaternary pollen and dinoflagellate cysts in marine cores off West Africa; in: Meteor Forschungsergeb., Reihe C, Nr. 30, S. 1-14.
ROSSIGNOL-STRICK, M. & DUZER, D. 1979b: West African vegetation and climate since 22.500 B.P. from deep-sea cores palynology; in: Pollen Spores, Vol. 21, Nr. 1-2, S. 105-134.
ROTH, H. H. & MÜHLENBERG, M. & RÖBEN, P. & BARTHLOTT, W. 1979: Etat actuel des parcs nationaux de la Comoe et de Tai ainsi que de la réserve d'Azagny et propositions visant à leur conservation et à leur developpement aux fins de promotion du tourisme; P. N. 73.2085.6, 4 Bände, FGU - Kronberg GmbH.
ROUGERIE, G. 1957: Les pays Agni du sud-est de la Côte d'Ivoire forestière; in: Etudes Eburnées; Nr 4, Abidjan.

ROUGERIE, G. 1960: Le faconnement actuel des modéles en Côte d'Ivoire forestière; in: Mém. I.F.A.N., Nr. 58, Dakar.
RUDLOFF, W. 1981: World Climates; Stuttgart.

SAN JOSE, J. J. & MEDINA, E. 1975: Effect of fire on organic matter production and water balance in a tropical savanna; in: Golley, B. & Medina, E. (Eds.): Tropical ecological systems - trends in terrestrial and aquatic research, S. 251-264, Berlin, Heidelberg, New York.
SARNTHEIN, M. 1978: Neogene sand layers of northwest Africa: composition and source environment; in: Lancelot, Y. et al. (Eds.): Initial Reports of the Deep Sea Drilling Project, Vol 91, S. 939-959, Wageningen.
SARNTHEIN, M. & KOOPMANN, B. 1979: Late Quaternary deep-sea record on northwest African dust supply and wind circulation; in: Paleoecology of Africa, Vol. 12, S. 239-253.
SAVONNET, G. 1980: L'arbre, le fruit et le petit berger du Lobi; in Cahiers ORSTOM, sér. S, Nr., Vol. 17, S. 227-234.
SCAETTA, H. 1941: Les prairies pyrophiles de l'Afrique occidentale francaise; in: Rev. Bot. appl. agr. trop., Nr 21, S. 221-240.
SCHMIDT, W. 1973: Végétationskundliche Untersuchungen im Savannenreservat Lamto; in: Vegetatio, Jg. 28, Nr. 3-4, S. 145-200.
SCHMITHÜSEN, F. 1977: Forstpolitische Überlegungen zur Tropenwald-Nutzung in der Elfenbeinküste; in: Schweizer Zeitschr. Forstw., Jg. 128, Nr. 2, S. 69-82.
SCHNEIDER, R. 1991: Spätquartäre Produktivitätsänderungen im östlichen Angola-Becken: Reaktion auf Variationen im Passat-Monsun-Windsystem und in der Advektion des Benguela-Küstenstromes; in: Berichte aus dem Fachbereich Geowissenschaften der Universität Bremen, Nr.21.
SCHNELL, R. 1944: L'action de l'homme sur la végétation dans la région des Monts Nimba et du Massiv des Dans (A.O.F.); in: Bull. Soc. Hist. Nat Afr. Nord, Nr. 35, S. 111-116.
SCHNELL, R. 1947: Note sur les plots forestièrs relictes de la basse Guinée francaise; in: C. R. Acad. Sci., Vol. 125, S. 254-255.
SCHNELL, R. 1948: A propos de l'hypothése d'un peuplement négrille ancien de l'Afrique occidentale; in: L'Anthropologie, Jg. 52, Nr. 3-4, S. 229-242.
SCHNELL, R. 1949: Sur quelques cas de dégradation de la végétation et du sol observés en Afrique Occidentale; in: Conf. Afr. des sols, Goma; in: Bull. Agr. Congo Belge, S. 1353-1362.
SCHNELL, R. 1950a: Remarques préliminaires sur les groupements végétaux et la forêt dense ouest-africaine; in: Bull. I.F.A.N., Jg. 12, Nr. 2, S. 297-314.
SCHNELL, R. 1950b: Quelques observations sur la reconstitution de la forêt dense en Afrique occidentale; in: IIe C.I.A.O., Bissau 1947, Vol. 2, 1re., S. 244-248, Lisbonne.
SCHNELL, R. 1950c: Etat actuel des recherches sur la végétation de l'Afrique intertropicale francaise; in: Vegetatio, Vol. 2, S. 331-340.
SCHNELL, R. 1950d: La forêt dense. Introduction à l'étude botanique de la région forestière d'Afrique occidentale; Paris.
SCHNELL, R. 1952a: Contibution à une étude phytosociologique et phytogéographique de l'Afrique occidentale: les groupements et les unités géobotaniques de la région guinéene; in: Mem. de l'I.F.A.N., Nr. 18, Dakar.
SCHNELL, R. 1952b: Végétation et flore de la région montagneuse du Nimba; in: Mem. de l'I.F.A.N., Nr. 22, Dakar.
SCHNELL, R. 1957: Plantes alimentaires et vie agricole de l'Afrique Noire; 225 S., Paris.
SCHNELL, R. 1970: Introduction à la phytogéographie des pays tropicaux. 1. Les flores - les structures, 2. Les milieux - les groupements vegetaux; Paris.
SCHNELL, R. 1976: La flore et la végétation de l'Afrique tropicale; Paris.
SCHULZ, E. 1987: Die holozäne Vegetation der zentralen Sahara (N-Mali, N-Niger, SW-Libyen; in: Palaeoecology of Africa, Vol 18, S. 143-161.

SCHWARTZ, D. & GUILLET, B. & DECHAMPS, R. 1990: Etude de deux flores forestières mi-holocène (6.000 - 3.000 B.P.) et subactuelle (500 B.P.) conservées in situ sur le littoral pontenegrin (Congo); in: Lanfranchi, R. & Schwartz, D. (Eds.) 1990: Paysages de l'Afrique centrale atlantique; Éditions ORSTOM, S. 283-297, Paris.

SEGHIERI, J. 1990: Dynamique d'une savane soudano-saheliénne au Nord-Cameroun; These Documents, Montpellier: USTL, 199 S., unveröffentlicht.

SERVANT, M. 1974: Les variations climatiques des régions inter-tropicales du continent africain depuis la fin du Pleistocéne; in: C. R. XII journées de l'hydraulique Soc. Hydrotechn. Fr., Paris.

SIRCOULON, J. 1966: Note hydrologiques sur le N'Zi; in: Centre ORSTOM d'Adiopodoume, Abidjan.

SOLLOD, A. E. 1990: Rainfall, biomass and the pastoral economy of Niger: assessing the impact of drought; in: Journal of arid Environments, Vol. 18, Nr.1, S. 97-106.

SOMMER, A. 1976: Attempt at an assessment of the world's tropical moist forests; in: Unasylva, Vol. 28, Nr. 112-113, S. 5-24.

SPICHIGER, R. & PAMARD, C. 1973: Recherches sur le contact forêt-savane en Côte d'Ivoire: étude du récru forestière sur des parcelles cultivées en lisière d'un ilot forestière dans le sud du pays Baoulé; in: Candollea, Nr. 28, S. 21-37.

SPICHIGER, R. 1975: Recherches sur le contact forêt-savane en Côte d'Ivoire: les groupements écologiques dans une savane à *Loudetia simplex* du sud du pays Baoulé; in: Candollea, Vol. 30, Nr. 1, S. 157-176.

SPICHIGER, R. 1977: Contibution à l'étude du contact entre la flore sèche et humide sur les lisières de formations humides semi-decidues du 'V-Baoulé' et son extension nord-Ouest (Côte d'Ivoire centrale); Thèse Nr. 1698, Faculté des Sciences, Genève.

SPICHIGER, R. & LASSAILLY, V. 1981: Recherches sur le contact forêt-savane en Côte d'Ivoire: note sur l'évolution de la végétation de Bèoumi (Côte d'Ivoire centrale); in: Candollea, Vol. 36, Nr. 1, S. 145-154.

STRANZ, D. 1975: Über den Regen in Afrika und die Trockenzeit der letzten Jahre im Sahel (1967-1974); in: Deutscher Wetterdienst, Seewetteramt, Einzelveröffentlichung Nr. 88.

STREET, F. A. & GROVE, A. T. 1979: Global maps of lake-level-fluctuations since 30.000 B.P.; in: Quaternary Research, Vol. 12, S. 83-118.

SWAINE, M. D. & HALL, J. B. 1983: Early succession on cleared forest land in Ghana; in. Journal of Ecology, Vol. 71, S. 601-627.

TALBOT, M. R. 1976: Late quaternary sedimentation in the Lake Bosumtwi, Ghana; in: 20th Annual Report of the Institute of African Geology, Leeds.

TALBOT, M. R. & LIVINGSTONE, D. A. & PALMER, P. G. & MALEY, J. MELACK, J. M. & DELIBRIAS, G. & GULLIKSEN, S. 1984: Preliminary results from sediment cores from Lake Bosumtwi, Ghana; in: Palaeoecology of Africa, Vol. 16, S. 173-192.

TALINEAU, J. C. 1968: Résultats préliminaires sur l'étude de l'évolution du sol sous quelques plantes fourragèrs et de couverture en basse Côte d'Ivoire; in: Cahiers ORSTOM, sér. Biol, Vol. 5, S. 49-63.

TALINEAU, J. C. 1970: Action des facteurs climatiques sur la production fourragère en Côte d'Ivoire; in: Cahiers ORSTOM, sér. Biol., Vol. 14, S. 51-73.

TALINEAU, J. C. & LESPINAT, P. A. 1971: Evolution des profils hydriques rélevés par la méthode neutronique sous quelques plantes fourragères en saison sèche; in: Cahiers ORSTOM, sér. Biol., Vol. 15, S. 4-19.

TALINEAU, J. C. & BONZON, B. & FILLONNEAU, C. & HAINNEAUX, G. 1980/81: Contribution à l'étude d'un agrosystème prairial dans le milieu tropical humide de la Côte d'Ivoire; in: Cahiers ORSTOM, sér. Pédol., Vol. 18, S. 29-47.

TAYLOR, C. J. 1960: Synecology and silviculture in Ghana; Edingburgh, London.

TERVER, P. 1947: Le commerce des bois tropicaux. Histoire du commerce des bois tropicaux francaise; in: Bois et For. Trop., Nr. 3, S. 55-65.

THOMAS, M. F. & THORP, M. B. 1980: Some aspects of the geomorphological interpretation of Quaternary alluvial sediments in Sierra Leone; in: Zeitschrift für Geomorpholgie, N.F., Suppl.Bd. 36, S. 140-161.
THOMASSET, J. Y. 1900: La Côte d'Ivoire: Etude de géographie physique; in: Annales Géogr, Nr. 9, S. 159-172.
THORNE, R. F. 1973: Floristic relationship between tropical Africa and tropical America; in: Meggers, B.J. & Ayensu E.S. & Duckworth W.D. (Eds.): Tropical Forest Ecosystems in Africa and South America: A comparative review, S. 22-47; Washington.
TREWARTHA, G. T. 1962: The Earth's Problem Climates; Madison.
TROCHAIN, J. L. 1957: Accord interafricain sur la définition des types de végétation de l'Afrique tropicale; in: Bull. Inst. Centraf., Nouv. Sér., Nr. 13-14, S. 55-93.

U.N.E.S.C.O. 1983: Ecosystèmes forestièrs tropicaux d'Afrique; in: Recherches sur les ressources naturelles, Vol. 19, ORSTOM - UNESCO, Paris.
U.N.E.S.C.O./M.A.B. 1984: Recherche et aménagement en milieu forestier tropical humide: le projet Tai de Côte d'Ivoire; in: UNESCO, PNUE, ORSTOM, IET, note tech. MAB 15, 245 S.
U.N.E.S.C.O./P.N.U.D./M.A.B. 1988: Productivité des savanes de Côte d'Ivoire: bases scientifiques sur une gestion rationnelle de leurs ressources; Projet UNESCO/PNUD, Nr.IVC/87/007, Note tech. Nr.1 - Rapport réunion programmation 16-19 mars 1988, Abidjan, Paris.
U.N.E.S.C.O./P.N.U.D./M.A.B. 1991: Un écosystème de savane soudanienne: Le parc national de la Comoé (Côte d'Ivoire); Projet UNESCO/PNUD, Nr.IVC/87/007, Note tech. Nr. 2, Paris.
U.N.E.S.C.O./P.N.U.D./M.A.B. 1991: Productivité des savanes de Côte d'Ivoire: Actes du séminaire international sur la productivité des savanes, la conservation et l'aménagement des aires protégées; Projet UNESCO/PNUD, Nr.IVC/87/007, Note tech. Nr.3 - Séminaire international, Korhogo,6-10 Mai, 1990, Paris.

VANZOLINI, P. E. 1973: Palaeoclimates, relief, and species multiplication in equatorial forests; in: Meggers, B.J. & Ayensa, E.J. & Duckworth, W.D.: Tropical forest ecosystems in Africa and Southamerica; S. 255-258, Washington.
VENNETIER, P. 1983[2]: Atlas de la Côte d'Ivoire; Paris.
VICARIOT, F. 1976: Application de l'analyse factorielle des correspondances à l'étude de l'élaboration des rendements en Mais grain en milieu paysannal malgache; in: Cahiers ORSTOM, sér. Biol., Vol. 11, S. 291-301.
VOOREN, A. P. 1979: Essai sur la voute forestière et sa régénération. Analyse structurale et numerique d'une toposéquence en forêt de Tai, Côte d'Ivoire; Multigr. ORSTOM, Abidjan.
VUATTOUX, R. 1968: Le peuplement du palmier Rhonier (*Borassus aethiopium*) d'une savane de Côte d'Ivoire; in: Ann. Univ. Abidjan, sér. E, Vol. 1, S. 1-138 .
VUATTOUX, R. 1970: Observations sur l'évolution des strates arborées et arbustives dans la savane de Lamto (Côte d'Ivoire); Ann. Univ. Abidjan, Sér. E, Nr. 3, S. 285-315.
VUATTOUX, R. 1976: Contibution a l'étude de l'évolution des strates arborée et arbustrive dans la savane de Lamto (Côte d'Ivoire); in: Ann. Univ. Abidjan, sér. C, Vol. 13, S. 35-63.

WALKER, G. O. & CHAN, C. S. 1976: The diurnal variation of the equatorial anomaly in the topside ionosphere at sunspot maximum; in: Journ. of Atmospheric an Terrestrial Physics, Vol. 38, S. 699-706.
WALTER, H. 1973[3]: Die Vegetation der Erde, Bd.I: Tropische und subtropische Zonen; Jena, Stuttgart.

WARNIER, J. P. 1990: Peuplement et paysages des Grassfields du Cameroun; in: Lanfranchi, R. & Schwartz, D. (Eds.) 1990: Paysages de l'Afrique centrale atlantique; Editions ORSTOM, S. 502-503, Paris.

WHITE, F. 1983: The Vegetation of Africa; UNESCO/AETFAT/UNSO; Rome.

WICKENS, G. E. 1975: Changes in climate and Vegetation of the Sudan since 20.000 B.P.; in Boissiera, Vol. 24, S. 43-65.

WICKENS, G. E. 1982: Palaeobotanical speculations and Quaternary environments in the Sudan; in: Williams, M.A.J. & Adamson, D.A. (Eds.): A land between two Niles. Quaternary geology and biology of the central Sudan; S. 23-50, Rotterdam.

WIESE, B. & SCHWEDE, D. 1987: Erschließung des tropischen Regenwaldes im Südwesten der Elfenbeinküste; in: Praxis Geographie, Nr. 9, S. 35-39.

WIESE, B. 1988: Die Elfenbeinküste - Erfolge und Probleme eines Entwicklungslandes in den westafrikanischen Tropen; in: Wissensch. Länderkunde, Bd. 29, Darmstadt.

WINCKELL, A. 1975: Recherches sur le contact forêt-savane en Côte d'Ivoire. Les savanes de basse Côte: Dabou, Costrou; Centre ORSTOM d'Adiopodoumé, 103 S., dactyl.

WISPELAERE, G. de 1980: Les photographies aériennes témoins de la dégradation du couvert ligneux dans un géosystème sahélien sénégalais; in: Cahiers ORSTOM; Vol. 17, Nr. 3-4, S. 155-166, Paris.

WOHLFARTH-BOTTERMANN, M. 1994: Anthropogene Veränderungen der Vegetationsbedeckung in Côte d'Ivoire seit der Kolonialzeit; in: Erdwissenschaftliche Forschung, Bd. XXX, S. 301-447, Stuttgart.

WRIGLEY, G. 1982: Tropical agriculture; London, New York.

ZECH, W. 1982: Influence of land clearing on soil properties and nutrient status in agroforestry systems in Liberia. International Conference on land clearing and development in relation to environmental protection in the humid and subhumid tropics; Ibadan 23.-26.11.1982, Nigeria.

van ZINDEREN BAKKER, E. M. 1976a: Tentative Vegetation maps for Africa south of the Sahara during a glacial and an interglacial maximum; in: Paleoecology of Africa, Vol. 9, S.IV.

van ZINDEREN BAKKER, E. M. 1976b: Palaeoecological background in connection with the origin of agriculture in Africa; in: Harlan, J.R. & de Wet, J.M.J. & Stemles, A.B.L.: Origin of African plant domestication, S. 43-63, The Hague.

van ZINDEREN BAKKER, E. M. & COETZEE, J. A. 1988: A review of Late Quaternary pollen studies in East, Central and Southern Africa; in: Review of Paleobotany and Palynology, Vol. 61, S. 69-88.

ZUMBROICH, Th. 1989: Verzicht auf tropische Harthölzer in der Kommune; in: LÖLF-Mitteilungen, Nr. 3, S. 28-33.

Anhang

Tab. A.I: Artenlisten inventarisierter Phanerophyten der eigenen Testflächen

Fläche 079 - 800 m nördlich Safagnangokaha

Annona senegalensis var. senegalensis Pers.	Annonaceae
Bridelia ferruginea Benth.	Euphorbiaceae
Cochlospermum planchonii Hook f.	Colchospermac.
Combretum molle R.Br. ex G.Don	Combretaceae
Daniellia oliveri Hutch. & Dalz.	Leguminosae[1]
Detarium microcarpum Guill. & Perr.	Leguminosae[1]
Eriosema glomeratum (Guill. & Perr.) Hook. f.	Leguminosae[3]
Gardenia ternifolia Schum. & Thonn.	Rubiaceae
Macroshyra longistyla (DC:) Hook. f. ex Hiern	Rubiaceae
Maranthes polyandra (Benth.) Prance	Chrysobalanac.
Maytenus senegalensis (Lam.) Exell.	Celastraceae
Parinari curatellifolia Planch. ex Benth.	Chrysobalanac.
Parkia biglobosa Benth.	Leguminosae[2]
Bauhinia reticulatum (DC.) Hochst.	Leguminosae[1]
Pterocarpus erinaceus Poir	Leguminosae[3]
Rhynchosia nyasica Bak.	Leguminosae[3]
Stereospermum kunthianum Cham.	Bignoniaceae
Tamarindus indica Linn.	Verbenaceae
Tapinanthus dodoneifolius (Blume) Reichb.	Loranthaceae
Terminalia avicennoides Guill. & Perr.	Combretaceae
Terminalia glaucescens Planch. ex Benth.	Combretaceae
Terminalia laxiflora Engl.	Combretaceae
Terminalia macroptera Guill. & Perr.	Combretaceae
Trichilia emetica Vahl ssp. suberosa de Wilde	Meliaceae
Vitellaria paradoxa Gaertn.	Sapotaceae
Vitex doniana Sweet	Verbenaceae
Ziziphus mauretiana Lam	Rhamnaceae

Fläche 080 - 2 km vor Sinementali

Annacardium occidentale Linn.	Anacardinaceae
Bridelia ferruginea Benth.	Euphorbiaceae
Cola gigantea Var. *glabrescens* Brenan & Keay	Sterculiaceae
Daniellia oliveri Hutch. & Dalz.	Leguminosae[1]
Magnifera indica Linn.	Anacardiaceae
Parkia biglobosa Benth.	Leguminosae[2]
Pericopsis laxiflora (Benth. ex Bak.) van Meeuwen	Leguminosae[3]
Bauhinia thonningii Schum.	Leguminosae[1]
Prosopis africana Taub.	Leguminosae[2]
Swartzia madagascariensis Desv.	Leguminosae[1]
Terminalia glaucescens Planch. ex Benth.	Combretaceae
Terminalia laxiflora Engl.	Combretaceae
Uapaca togoensis Pax	Euphorbiaceae
Vitellaria paradoxa Gaertn.	Sapotaceae

Fläche 081 - nördlich Korhogo, Abzweig rechts nach Mamougou

Acacia dudgeonii Craib ex Holland	Leguminosae[2]
Acacia macrostachya Reichenb. ex Benth.	Leguminosae[2]
Acacia macrothyrsa Harms	Leguminosae[2]
Acacia sieberiana Var. villosa A. Chev.	Leguminosae[2]
Anogeissus leiocarpus (DC.) Guill. & Perr.	Combretaceae
Berlinia grandiflora Hutch. & Dalz.	Leguminosae[1]
Boscia senegalensis (Pers.) Lam. ex Poir	Cappardiaceae
Cochlospermum planchonii Hook f.	Cochlospermac.
Combretum molle R.Br. ex G.Don	Combretaceae
Dichrostachys cinera (Linn.) Wight & Arn.	Leguminosae[2]
Ficus capensis Thunb.	Moraceae
Ficus vallis-chaudae Del.	Moraceae
Hymnocordia acida Tul.	Euphorbiaceae
Parkia biglobosa Benth.	Leguminosae[2]
Bauhinia thonningii Schum.	Leguminosae[1]
Pterocarpus erinaceus Poir	Leguimnosae[3]
Saba senegalensis (A.DC.) Pichon	Apocynaceae
Securinega virosa (Roxb. ex Willd.) Baille	Euphorbiaceae
Terminalia glaucescens Planch. ex Benth.	Combretaceae
Terminalia laxiflora Engl.	Combretaceae
Vitex doniana Sweet	Verbenaceae
Vitellaria paradoxa Gaertn.	Sapotaceae

Fläche 082 - 21 km hinter Boundiali

Annona senegalensis Var. senegalensis Pers.	Annonaceae
Antiaris africana Engl.	Moraceae
Berlinia grandiflora Hutch. & Dalz.	Leguminosae[1]
Combretum fragans F. Hoffm.	Combretaceae
Daniellia oliveri Hutch. & Dalz.	Leguminosae[1]
Gardenia erubescens Stapf. & Hutch.	Guttiferae
Khaya senegalensis C.DC.	Meliacea
Monotes kerstingii Gilg.	Dipterocarpac.
Parkia biglobosa Benth.	Leguminosae[2]
Pericopsis laxiflora (Benth. ex Bak) van Meeuwen	Leguminosae[3]
Strychnos innocua Del.	Loganiaceae
Terminalia laxiflora Engl.	Combretacea
Vitex doniana Sweet	Verbenaceae
Vitellaria paradoxa Gaertn.	Sapotaceae

Fläche 083 - Bois sacré de Korhogo a.d. Str. nach Boundiali

Adansonia digitata Linn.	Bombacaceae
Albizia malacophylla var. ugandensis Bak. f.	Leguminosae[2]
Antiaris africana Engl.	Moraceae
Berlinia grandiflora Hutch. & Dalz.	Leguminosae[1]
Blighia sapida Konig	Sapindaceae
Cassia siamea Lam.	Leguminosae[1]
Ceiba pentandra (Linn.) Gaertn.	Bombacaceae
Cola gigantea var. glabrescens Brenan & Keay	Sterculiaceae
Delonix regia Raf.	Leguminosae[1]

Detarium microcarpum Guill. & Perr.	Leguminosae[1]
Diospyros mespiliformis Hochst.	Ebenaceae
Ficus thonningii Blume	Moraceae
Ficus verruculosa Warb.	Moraceae
Isoberlinia doka Craib. & Stapf.	Leguminosae[1]
Malacantha alnifolia (Bak.) Pierre	Sapotaceae
Manilkara multinervis Dubard	Sapotaceae
Mimusops kummel Bruce ex A.DC.	Sapotaceae
Musanga cecropioides R.Br.	Moraceae
Terminalia macroptera Guill. & Perr.	Combretaceae
Trichilia prieureana A. Juss.	Meliaceae
Uapaca heudelotii Baill.	Euphorbiaceae
Zanha colungensis Hiern	Sapindaceae

Fläche 084 - südöstlich Tahouara

Acacia dudgeonii Craib ex Holland	Leguminosae[2]
Anacardium occidentalis Linn.	Anacardiaceae
Gardenia ternifolia Schum. & Thonn.	Rubiaceae
Khaya senegalensis (Desr.) A. Juss.	Meliaceae
Parkia biglobosa Benth.	Leguminosae[2]
Bauhinia thonningii Schum.	Leguminosae[1]
Vitellaria paradoxa Gaertn.	Sapotaceae

Fläche 085 - 45 km vor Séguéla

Anogeissus leiocarpus (DC:) Guill. & Perr.	Combretaceae
Anthocleista djalonensis A. Chev.	Loganiaceae
Bridelia ferruginea Benth.	Euphorbiaceae
Canthium cornelia Ch. & Schl.	Rubiaceae
Cola gigantea var. glabrescens Brenan & Keay	Sterculiaceae
Crossopterix febrifuga Benth.	Rubiaceae
Cussonia arborea Seem.	Araliaceae
Dichrostachys cinera (Linn.) Wight & Arn.	Leguminosae[2]
Ficus dicranostyla Mildbr.	Moraceae
Ficus capensis Thunb.	Moraceae
Hexalobus monopetalus (A.Rich.) Engl. & Diels	Annonaceae
Isoberlinia doka Craib. & Stapf.	Leguminosae[1]
Khaya senegalensis (Desr.) A. Juss.	Meliaceae
Parkia biglobosa Benth.	Leguminosae[2]
Pavetta lasioclada (Krause) Mildbr. ex Bremek.	Rubiaceae
Bauhinia thonningii Schum.	Leguminosae[1]
Psorospermum febrifugum Spach.	Guttiferae
Pterocarpus erinaceus Poir	Leguminosae[3]
Uapaca somon Aubrev. & Léandri	Euphorbiaceae
Uvaria chamae P.de Beauv.	Annonaceae
Vitellaria paradoxa Gaertn.	Sapotaceae
Zanthoxylum xanthoxyloides (Lam.) Watermann	Rutaceae

Fläche 086 - 19 km hinter Séguéla a.d. Str. n. Man

Apodostigma palens R. Wilczek.	Celastraceae
Afzelia africana Smith	Leguminosae[1]

Antiaris africana Engl.	Moraceae
Bridelia ferruginea Benth.	Euphorbiaceae
Canthium cornelia Ch. & Schl.	Rubiaceae
Cussonia arborea Hochst.ex A.Rich.	Araliaceae
Cnestis ferruginea DC.	Connaraceae
Cola gigantea var. *glabrescens* Brenan & Keay	Sterculiaceae
Daniellia oliveri Hutch. & Dalz.	Leguminosae[1]
Holarrhena floribunda (G.Don) Dur. & Schinz.	Apocynaceae
Isoberlinia doka Craib. & Stapf.	Leguminosae[1]
Khaya senegalensis (Desr.) A. Juss.	Meliaceae
Olax subscorpioidea Oliv.	Olacaceae
Parinari curatellifolia Planch. ex Benth.	Crysobalanac.
Parkia biglobosa Benth.	Leguminosae[2]
Pavetta lasioclada (Krause) Mildbr. ex Bremek.	Rubiaceae
Phyllanthus discoideus (Baill.) Muell. Agr.	Euphorbiaceae
Psorospermum febrifugum Spach.	Guttiferae
Syzygium guineense var. *macrocarpum* Engl.	Myrtaceae
Sterculia tragcantha Lindl.	Sterculiaceae
Terminalia macroptera Guill. & Perr.	Combretaceae
Vitellaria paradoxa Gaertn.	Sapotaceae
Vitex doniana Sweet	Verbenaceae
Zanthoxylum xanthoxyloides (Lam.)Watermann	Rutaceae

Fläche 087 - 15 km vor Séguéla

Bridelia ferruginea Benth.	Euphorbiaceae
Commiphora kerstingii Engl.	Burseraceae
Ficus capensis Thunb.	Moraceae
Khaya senegalensis (Desr.) A. Juss.	Meliaceae
Parkia biglobosa Benth.	Leguminosae[2]
Pavetta lasioclada (Krause) Mildbr. ex Bremek.	Rubiaceae
Bauhinia thonningii Schum.	Leguminosae[1]
Syzygium guineense var. *macrocarpum* Engl.	Myrtaceae
Tectona grandis Linn. f.	Verbenaceae
Terminalia macroptera Guill. & Perr.	Combretaceae
Vitellaria paradoxa Gaertn.	Sapotaceae

Fläche 088 - 18 km hinter Angai, 11 km vor Sai

Berlinia grandiflora Hutch. & Dalz.	Leguminosae[1]
Burkea africana Hook	Leguminosae[1]
Cola gigantea var. *glabrescens* Brenen & Keay	Sterculiaceae
Combretum molle R.Br. ex G.Don	Combretaceae
Combretum nigricans Var. elliotii (Engl. & Diels)	Combretaceae
Detarium microcarpum Guill. & Perr.	Leguminosae[1]
Diospyros mespiliformis Hochst.	Ebenaceae
Gardenia aqualla (Schweinf.) Stapf & Hutch.	Rubiaceae
Gardenia ternifolia Schum. & Thonn.	Rubiaceae
Hexalobus monopetalus (A.Rich.) Engl. & Diels	Annonaceae
Isoberlinia doka Craib. & Stapf.	Leguminosae[1]
Isoberlinia tomentosa (Harms) Craib. & Stapf	Leguminosae[1]
Khaya senegalensis (Desr.) A. Juss.	Meliaceae
Lophira lanceolata van Tiegh ex Keay	Ochnaceae

Manilkara multinervis Dubard	Sapotaceae
Monotes kerstingii Gilg.	Dipterocarpac.
Ochna rhizomatosa (Van Tiegh.) Keay	Ochnaceae
Parinari polyandra Benth.	Chrysobalanac.
Pavetta crassipes K. Schum.	Rubiaceae
Pericopsis laxiflora (Benth. ex Bak) van Meeuwen	Leguminosae[3]
Quassia undulata (Guill. & Perr.) D. Dietz	Simaroubaceae
Syzygium guineense Var. macrocarpum Engl.	Myrtaceae
Vitellaria paradoxa Gaertn.	Sapotaceae

Fläche 089 - 10,7 km hinter Bouna

Berlinia grandiflora Hutch. & Dalz.	Leguminosae[1]
Bombax costatum Pellegr. & Vuillet	Bombacaceae
Daniellia oliveri Hutch. & Dalz.	Leguminosae[1]
Lannea acida A. Rich.	Anacardiaceae
Parkia biglobosa Benth.	Leguminosae[2]
Prosopis juliflora (Sw.) DC	Leguminosae[2]
Terminalia albida Sc. Elliot	Combretaceae
Terminalia glaucescens Planch. ex Benth.	Combretaceae
Vitellaria paradoxa Gaertn.	Sapotaceae

Fläche 090 - 6,6 km hinter Bouna (Bowal)

Combretum nigricans var. *elliotii* (Engl. & Diels)	Combretaceae
Dichrostachys cinera (Linn.) Wight & Arn.	Leguminosae[2]
Lannea microcarpa Engl. & K. Krause	Anacardiaceae
Pterocarpus erinaceus Poir	Leguminosae[3]

Fläche 091 - 6,1 km hinter Bouna (rechte Seite)

Afzelia africana Smith	Leguminosae[1]
Berlinia grandiflora Hutch. & Dalz.	Leguminosae[1]
Burkea africana Hook	Leguminosae[1]
Cassia arereh Del.	Leguminosae[1]
Combretum nigricans var. *elliotii* (Engl. & Diels)	Combretaceae
Ekebergia senegalensis A. Juss.	Meliaceae
Ficus capensis Thunb.	Moraceae
Gardenia ternifolia Shum. & Thonn.	Rubiaceae
Hymenocordia acida Tul.	Euphorbiaceae
Isoberlinia doka Craib. & Stapf.	Leguminosae[1]
Khaya senegalensis (Desr.) A. Juss.	Meliaceae
Maranthes polyandra (Benth.) Prance	Chrysobalanac.
Monotes kerstingii Gilg.	Dipterocarpac.
Parinari polyandra Benth.	Chrysobalanac.
Pericopsis laxiflora (Benth. ex Bak) van Meeuwen	Leguminosae[3]
Psorospermum senegalense Spach.	Guttiferae
Pterocarpus erinaceus Poir	Leguminosae[3]
Uapaca somon Aubrev. & Léandri	Euphorbiaceae
Vitellaria paradoxa Gaertn.	Sapotaceae
Ximenia americana Linn.	Olacaceae

Fläche 092 - 1,6 km westlich von Kafalo (Parc National de Comoé)

Albizia zygia Macbride	Leguminosae[2]
Anogeissus leiocarpus (DC.) Guill. & Perr.	Combretaceae
Antiaris africana Engl.	Moraceae
Cassia sieberana Lam.	Leguminosae[1]
Ceiba pentandra (Linn.) Gaertn.	Bombacaceae
Chlorophora excelsa (Welw.) Benth.	Moraceae
Cola cordifolia (Cav.) R.Br.	Sterculiaceae
Cola gigantea var. *glabrescens* Brenan & Keay	Sterculiaceae
Cola milenii K. Schum.	Sterculiaceae
Daniellia oliveri Hutch. & Dalz.	Leguminosae[1]
Diospyros mespiliformis Hochst.	Ebenaceae
Ficus dicranostyla Mildbr.	Moraceae
Khaya senegalensis (Desr.) A. Juss.	Meliaceae
Malacantha alnifolia (Bak.) Pierre	Sapotaceae
Markhamia tomentosa K. Schum.	Bigoniaceae
Manilkara multinervis Dubard	Sapotaceae
Mimusops kummel Bruce ex A.DC.	Sapotaceae
Pterocarpus erinaceus Poir	Leguminosae[3]
Tamarindus indica Linn.	Leguminosae[1]
Tieghemella heckelii Pierre ex A. Chev.	Sapotaceae

Fläche 093 - 1,7 km NE von Gouméré und 900 m nach Abzweig nach Karakou

Albizia adianthifolia (Schum.) W.F. Wright	Leguminosae[2]
Albizia zygia Macbride	Leguminosae[2]
Alstonia boonei De Wild.	Apocynaceae
Anthocleista nobilis G.Don.	Loganiaceae
Berlinia grandiflora Hutch. & Dalz.	Leguminosae[1]
Ceiba pentandra (Linn.) Gaertn.	Bombacaceae
Cola gigantea var. *glabrescens* Brenan & Keay	Sterculiaceae
Cola nitida (Vent.) Schott. & Endl.	Sterculiaceae
Ficus capensis Thunb.	Moraceae
Ficus exasperata Vahl	Moraceae
Funtumia africana (Benth.) Stapf.	Apocynaceae
Khaya senegalensis (Desr.) A.Juss.	Meliaceae
Musanga cecropioides R.Br.	Moraceae
Nesogordonia papaverifera (A.Chev.) R.Capuron	Sterculiaceae
Parkia bicolor A.Chev.	Leguminosae[2]
Terminalia superba Engl. & Diels	Combretaceae
Triplochiton scleroxylon K. Schum.	Sterculiaceae

Fläche 094 - 3,4 km nördlich Sassandra-Brücke

Afzelia africana Smith	Leguminosae[1]
Antiaris africana Engl.	Moraceae
Berlinia grandiflora Hutch. & Dalz.	Leguminosae[2]
Ceiba pentandra (Linn.) Gaertn.	Bombacaceae
Cola gigantea var. *glabrescens* Brenan & Keay	Sterculiaceae
Diospyros mespiliformis Hochst.	Ebenaceae
Erythrophleum guineense G. Don.	Leguminosae[1]
Garcinia afzelii Engl.	Guttiferae

Isoberlinia doka Craib. & Stapf. — Leguminosae[1]
Khaya senegalensis (Desr.) A. Juss. — Meliaceae
Lecanodiscus cupanoides Planch. ex Benth. — Sapindaceae
Linociera nilotica Sw. ex Schreber — Oleaceae
Manilkara multinervis Dubard — Sapotaceae
Vitex doniana Sweet — Verbenaceae

Fläche 095 - 4,7 km hinter Bofrebo

Albizia ferruginea Benth. — Leguminosae[2]
Antiaris africana Engl. — Moraceae
Blighia sapida Konig — Sapindaceae
Bombax buonopozense P. Beauv. — Bombacaceae
Canthium vulgare (K. Schum.) Bullock — Rubiaceae
Ceiba pentandra (Linn.) Gaertn. — Bombacaceae
Cola gigantea var. glabrescens Brenan & Keay — Sterculiaceae
Daniellia thurifera Bennett — Leguminosae[1]
Delonix regia Raf. — Leguminosae[1]
Dracaena perrottetii Bak. — Agavaceae
Elaeis guineensis Jacq. — Palmae
Laneea kerstingii Engl. & K. Krause — Anacardiaceae
Magnifera indica Linn. — Anacardiaceae
Mezoneuron benthamianum Baill. — Leguminosae[1]

Fläche 096 - 3.9 km hinter Bofrebo

Borassus aethiopum Mart. — Palmae
Boscia angustifolia A. Rich. — Capparidaceae
Bridelia ferruginea Benth. — Euphorbiaceae
Cola gigantea var. glabrescens Brenan & Keay — Sterculiaceae
Combretum molle R.Br. ex G.Don — Combretaceae
Elaeis guineensis Jacq. — Palmae
Erythrophleum ivorense A. Chev. — Leguminosa[1]
Ficus capensis Thunb. — Moraceae
Ficus vallis-chaudae DEL: — Moraceae
Lannea kerstingii Engl. & K. Krause — Anacardiaceae
Morinda lucida Benth. — Rubiaceae
Parkia biglobosa Benth. — Leguminosae[2]
Pericopsis laxiflora (Benth. ex Bak.) van Meeuwen — Leguminosae[3]
Bauhinia thonnigii Schum. — Leguminosae[1]
Sterculia tragacantha Lindl. — Sterculiaceae
Vitex doniana Sweet — Verbenaceae
Zanthoxylum xanthoxyloides (Lam.) Watermann — Rutaceae

Fläche 097 - 1,5 km hinter Bofrebo, Richtung Toumodi

Annona senegalensis var. senegalensis Pers. — Annonaceae
Borassus aethiopum Mart. — Palmae
Bridelia ferruginea Benth. — Euphorbiaceae
Crossopterix febrifuga Benth. — Rubiaceae
Cussonia arborea Hochst.ex A.Rich. — Araliaceae
Ficus vallis-choudae Del. — Moraceae
Parkia bicolor A. Chev. — Leguminosae[2]

Pericopsis laxiflora (Benth. ex Bak.) van Meeuwen   Leguminosae[3]
Pterocarpus erinaceus Poir   Leguminosae[3]
Terminalia glaucescens Planch. ex Benth.   Combretaceae
Vitex doniana Sweet   Verbenaceae

Fläche 098 - 12,6 km östlich Bamoro, linke Seite Richtung Bamoro

Berlinia grandiflora Hutch. Dalz.   Leguminosae[1]
Brachystegia leonensis Burtt Davy & Hutch.   Leguminosae[1]
Ceiba pentandra (Linn.) Gaertn.   Bombacaceae
Elaeis guineensis Jacq.   Palmae
Erythrophleum guineense G. Don   Leguminosae[1]
Ficus platyphylla Del.   Moraceae
Manilkara multinervis Dubard   Sapotaceae
Nauclea latifolia Smith   Rubiaceae
Bauhinia thonningii Schum.   Leguminosae[1]
Pseudospondias microcarpa (A. Rich.) Engl.   Anacardiaceae
Sapium ellipticum (Hochst.) Pax   Euphorbiaceae
Vitellaria paradoxa Gaertn.   Saotaceae
Vitex doniana Sweet   Verbenaceae

Fläche 099 - 5,5 km hinter Bamoro, linke Seite Richtung Bamoro

Acacia hockii De Wild   Leguminosae[2]
Albizia malacophylla var. ugandensis Bak. f.   Leguminosae[2]
Annona senegalensis var. senegalensis Pers.   Annonaceae

Berlinia grandiflora Hutch. & Dalz.   Leguminosae[1]
Borassus aethiopum Mart.   Palmae
Bridelia ferruginea Benth.   Euphorbiaceae
Daniellia oliveri Hutch. & Dalz.   Leguminosae[1]
Detarium microcarpum Guill. & Perr.   Leguminosae[1]
Ficus vallis-choudae Del.   Moraceae
Lannea kerstingii Engl. & K. Krause   Anacardiaceae
Parkia biglobosa Benth.   Chrysobalanac.
Parinari curatellifolia Planchon ex Benth.   Chrysobalanac.
Pericopsis laxiflora (Benth. ex Bak.) van Meeuwen   Leguminosae[3]
Bauhinia thonningii Schum.   Leguminosae[1]
Pterocarpus erinaceus Poir   Leguminosae[3]
Syzygium guineense var. macrocarpum Engl.   Myrtaceae
Vitellaria paradoxa Gaertn.   Sapotaceae

Fläche 100 - 7,1 km hinter Bamoro, rechte Seite Richtung Bamoro

Berlinia grandiflora Hutch. & Dalz.   Leguminosae[1]
Daniellia oliveri Hutch. & Dalz.   Leguminosae[1]
Hymenocordia acida Tul.   Euphorbiaceae
Khaya senegalensis (Desr.) A. Juss.   Meliaceae
Lannea acida A. Rich.   Anacaridiaceae
Lophira lanceolata van Tiegh ex Keay   Ochnaceae
Parinari curatellifolia Planch. ex Benth.   Chrysobalanac.
Pericopsis laxiflora (Benth. ex Bak.) van Meeuwen   Leguminosae[3]

Phyllanthus muellerianus (Kuntze) Exell	Euphorbiaceae
Trichilia emetica Vahl ssp. *suberosa* de Wilde	Meliaceae
Uapaca togoensis Pax	Euphorbiaceae
Vitellaria paradoxa Gaertn.	Sapotaceae
Vitex doniana Sweet	Verbenaceae

Fläche 101 - Dabouzra, 600 m von Hauptstr.nach Daloa entfernt

Albizia ferruginea Benth.	Leguminosae[2]
Albizia zygia Macbride	Leguminosae[2]
Antiaris africana Engl.	Moraceae
Bombax buonopozense P. Beauv.	Bombacaceae
Ceiba pentandra (Linn.) Gaertn.	Bombacaceae
Elaeis guineensis Jacq.	Palmae
Ficus elasticoides De Wild	Moraceae
Holarrhena floribunda (G. Don) Dur. & Schinz.	Apocynaceae
Sterculia tragacantha Lindl.	Sterculiaceae
Terminalia ivorensis A. Chev.	Combretaceae
Terminalia superba Engl. & Diels	Combretaceae
Triplochyton scleroxylon K. Schum.	Serculiaceae
Uvaria chamae P.de Beauv.	Annonaceae

Fläche 102 - Straße Séguéla - Man

Albizia zygia Macbride	Leguminosae[2]
Antiaris africana Engl.	Moraceae
Ceiba pentandra (Linn.) Gaertn.	Bombacaceae
Celtis zenkeri Engl.	Ulmaceae
Chlorophora excelsa (Welw.) Benth.	Moraceae
Chlorophora regia A. Chev.	Moraceae
Cola gigantea var. *glabrescens* Brenan & Keay	Sterculiaceae
Cordia platythyrsa Bak.	Boraginaceae
Cuviera acutiflora DC.	Rubiaceae
Elaeis guineensis Jacq.	Palmae
Ficus exasperata Vahl	Moraceae
Holoptelea grandis (Hutch.) Mildbr.	Ulmaceae
Piptadeniastrum africanum (Hook. f.) Brenan	Leguminosae[2]
Pseudospondias microcarpa (A. Rich.) Engl.	Anacardiaceae
Terminalia superba Engl. & Perr.	Combretaceae
Triplochiton scleroxylon K. Schum.	Sterculiaceae

Fläche 103 - 9 km östlich Bako

Alstonia boonei De Wild.	Apocynaceae
Anogeissus leiocarpus (DC.) Guill. & Perr.	Combretaceae
Berlinia grandiflora Hutch. & Dalz.	Leguminosae[1]
Ceiba pentandra (Linn.) Gaertn.	Bombacaceae
Cola gigantea var. *glabrescens* Brenan & Keay	Sterculiaceae
Elaeis guineensis Jacq.	Palmae
Erythrophleum guineense G. Don.	Leguminosae[1]
Ficus dicranostyla Mildbr.	Moraceae
Isoberlinia doka Craib. & Stapf.	Leguminosae[1]
Khaya senegalensis (Desr.) A. Juss.	Meliaceae

Morinda lucida Benth.	Rubiaceae
Phoenix reclinata Jacq.	Palmae
Phyllanthus discoideus (Baill.) Muell. Agr.	Euphorbiaceae
Bauhinia thonningii Schum.	Leguminosae[1]
Pterocarpus erinaceus Poir	Leguminosae[3]
Terminalia superba Engl. & Diels	Combretaceae

Fläche 104 - 3,4 km vor Siensoba

Afzelia africana Smith	Leguminosae[1]
Anogeissus leiocarpus (DC.) Guill. & Perr.	Combretaceae
Anthonotha macrophylla P. Beauv.	Leguminosae[1]
Antiaris africana Engl.	Moraceae
Berlinia grandiflora Hutch. & Dalz.	Leguminosae[1]
Bombax costatum Pellegr. & Vuillet	Bombacaceae
Bridelia ferruginea Benth.	Euphorbiaceae
Bridelia micrantha Baill.	Euphorbiaceae
Canthium cornelia H. & Schl.	Rubiaceae
Carapa procera DC.	Meliaceae
Cola nitida (Vent.) Schott. & Endl.	Sterculiaceae
Elaeis guineensis Jacq.	Palmae
Isoberlinia tomentosa Craib. & Stapf.	Leguminosae[1]
Khaya senegalensis (Desr.) A. Juss.	Meliaceae
Magnifera indica Linn.	Anacardiaceae
Phoenix reclinata Jacq.	Palmae
Pterocarpus erinaceus Poir	Leguminosae[3]
Sapium ellipticum (Hochst.) Pax	Euphorbiaceae
Syzygium guineense var. *macrocarpum* Engl.	Myrtaceae
Tectona grandis Linn. f.	Verbenaceae
Terminalia laxiflora Engl.	Combretaceae
Uapaca togoensis Pax	Euphorbiaceae
Vitex doniana Sweet	Verbenaceae

Fläche 105 - Kakpin, hinter Campement

Anogeissus leiocarpus (DC.) Guill. & Perr.	Combretaceae
Antiaris africana Engl.	Moraceae
Blighia sapida Konig	Sapindaceae
Bussea occidentalis Hutch.	Leguminosae
Canthium vulgare (K. Schum.) Bullock	Rubiaceae
Celtis zenkeri Engl.	Ulmaceae
Christiana africana DC.	Tiliaceae
Cola cordifolia (Cav.) R. Br.	Sterculiaceae
Cola millenii K. Schum.	Sterculiaceae
Daniellia oliveri Hutch. & Dalz.	Leguminosae[1]
Dichrostachys cinera (Linn.) Wight & Arn.	Leguminosae[2]
Diospyros mespiliformis Hochst.	Ebenaceae
Fagara angolensis Engl.	Rutaceae
Ficus dicranostyla Mildbr.	Moraceae
Ficus thonningii Blume	Moraceae
Lannea acida A. Rich.	Anacardiaceae
Lecanodiscus cupanoides Planch. ex Benth.	Sapindaceae
Malacantha alnifolia (Bak.) Pierre	Sapotaceae

Pseudospondias microcarpa (A. Rich.) Engl.	Anacardiaceae
Sapium aubrevillei Léandri	Euphorbiaceae
Sterculia tragacantha Lindl.	Sterculiaceae
Terminalia laxiflora Engl.	Combretaceae
Trichilia prieuriana A. Juss.	Meliaceae

Fläche 106 - 50 km hinter Fähre Ganse

Anogeissus leiocarpus (DC.) Guill. & Perr.	Combretaceae
Berlinia grandiflora Hutch. & Dalz.	Leguminosae[1]
Ceiba pentandra (Linn.) Gaertn.	Bombacaceae
Celtis integrifolia Lam.	Ulmaceae
Celtis mildbraedii Engl.	Ulmaceae
Celtis zenkeri Engl.	Ulmaceae
Dichrostachys cinera (Linn.) Wight & Arn.	Leguminosae[2]
Fagara angolensis Engl.	Rutaceae
Ficus elsticoides De Wild	Moraceae
Ficus platiphylla Del.	Moraceae
Gardenia ternifolia Schum. & Thonn.	Rubiaceae
Holarrhena floribunda (G. Don.) Dur. & Schinz	Apocynaceae
Holoptelea grandis (Hutch.) Mildbr.	Ulmaceae
Khaya senegalensis (Desr.) A. Juss.	Meliaceae
Lannea kerstingii Engl. & K. Krause	Anacardiaceae
Parkia bicolor A. Chev.	Leguminosae[2]
Phyllanthus discoideus (Baill.) Muell. Agr.	Euphorbiaceae
Spathodea campanulata P. Beauv.	Bigoniaceae
Terminalia glaucescens Planch. ex Benth.	Combretaceae

Fläche 107 - 1,5 km hinter Sankadiakro

Albizia ferruginea Benth.	Leguminosae[2]
Albizia zygia Macbride	Leguminosae[2]
Alstonia boonei De Wild.	Apocynaceae
Anogeissus leiocarpus (DC.) Guill. & Perr.	Combretaceae
Aubrevillea kerstingii Pellegr.	Rutaceae
Blighia unijugata Bak.	Sapindaceae
Ceiba pentandra (Linn.) Gaertn.	Bombacaceae
Cola gigantea var. *glabrescens* Brenan & Keay	Sterculiaceae
Elaeis guineensis Jacq.	Palmae
Entandophragma angolense (Welw.) C. DC.	Meliaceae
Ficus elasticoides De Wild.	Moraceae
Ficus exasperata Vahl	Moraceae
Holarrhena floribunda (G. Don.) Dur. & Schinz.	Apocynaceae
Magnifera indica Linn.	Anacardiaceae
Pycnanthus angolensis (Welw.) Exell	Sterculiaceae

Fläche 108 - 5 km hinter Abzweig nach Etroukro

Alafia lucida Stapf	Apocynaceae
Albizia adianthiafolia (Schum.) W.F. Wright	Leguminosae[2]
Albizia zygia Macbride	Leguminosae[2]
Antiaris africana Engl.	Moraceae
Blighia unijugata Bak.	Sapindaceae

Bombax buonopozense P. Beauv.	Bombacaceae
Ceiba pentandra (Linn.) Gaertn.	Bombacaceae
Celtis adolfi-friderici Engl.	Ulmaceae
Celtis mildbraedii Engl.	Ulmaceae
Celtis zenkeri Engl.	Ulmaceae
Chlorophora excelsa (Welw.) enth.	Moraceae
Cola gigantea var. glabrescens Brenan & Keay	Sterculiaceae
Diospyros mespiliformis Hochst.	Ebenaceae
Entandophragma angolense (Welw.) C. DC.	Meliaceae
Erythrina senegalensis DC.	Leguminosae[3]
Nesogordonia papaverifera (A. Chev.) R. Capuron	Sterculiaceae
Parinari glabra Oliv.	Chrysobalanac.
Trichilia prieuriana A. Juss.	Meliaceae
Triplochiton scleroxylon . Schum.	Sterculiaceae
Xylophia staudtii Engl. ex Hutch. & Dalz.	Annonaceae

Fläche 109 - 1,5 km Str. nach Didieri

Anogeissus leiocarpus (DC.) Guill. & Perr.	Combretaceae
Blighia sapida Konig	Sapindaceae
Bombax costatum Pellegr. & Vuillet	Bombacaceae
Ceiba pentandra (Linn.) Gaertn.	Bombacaceae
Cola gigantea var. glabrescens Brenan & Keay	Sterculiaceae
Elaeis guineensis Jacq.	Palmae
Entandophragma angolense (Welw.) C. DC.	Meliaceae
Erythropleum guineense G. Don	Leguminosae[1]
Fagara angolensis Engl.	Rutaceae
Khaya senegalensis (Desr.) A. Juss.	Meliaceae
Lecanodiscus cupanoides Planch. ex Benth.	Sapindaceae
Malacantha alnifolia (Bak.) Pierre	Sapotaceae
Parkia bicolor A. Chev.	Leguminosae[2]
Terminalia superba Engl. & Diels	Combretaceae
Vitex doniana Sweet	Verbenaceae

Fläche 110 - 2 km hinter Sassandra - Brücke

Afzelia africana Smith	Leguminosae[1]
Anogeissus leiocarpus (DC.) Guill. & Perr.	Combretaceae
Antiaris africana Engl.	Moraceae
Berlinia grandiflora Hutch. & Dalz.	Leguminosae[1]
Blighia sapida Konig	Sapindaceae
Trilepisium madagascariensis DC.	Moraceae
Ceiba pentandra (Linn.) Gaertn.	Bombacaceae
Cola gigantea var. glabrescens Brenan & Keay	Sterculiaceae
Daniellia thurifera Bennett	Leguminosae[1]
Diospyros sanza-minika A. Chev.	Ebenaceae
Erythrophleum guineense G. Don	Leguminosae[1]
Ficus mucuso Welw. ex Ficalho	Moraceae
Ficus thonningii Blume	Moraceae
Khaya anthotheca (Welw.) C. DC.	Meliaceae
Kigelia africana (Lam.) Benth.	Bigoniaceae
Klainedoxa gabonensis Pierre ex Engl.	Irvingaceae
Lecanodiscus cupanioides Planch. ex Benth.	Sapindaceae

Pterocarpus erinaceus Poir	Leguminosae[3]
Sterculia tragacantha Lindl.	Sterculiaceae
Vitex doniana Sweet	Verbenaceae

Fläche 111 - 26 km nördlich Man an der Straße nach Touba

Albizia zygia Macbride	Leguminosae[2]
Antiaris africana Engl.	Moraceae
Antidesma venosum Tul.	Euphorbiaceae
Trilepisium madagascariensis DC.	Moraceae
Ceiba pentandra (Linn.) Gaertn.	Bombacaceae
Celtis zenkeri Engl.	Ulmaceae
Combretodendron macrocarpum (P. Beauv.) Keay	Sterculiaceae
Erythrophleum guineense G. Don	Leguminosae[1]
Funtumia africana (Benth.) Stapf.	Apocynaceae
Oxyanthus speciosus DC.	Rubiaceae
Parkia bicolor A. Chev.	Leguminosae[2]
Strombosia glaucescens Linn.	Olaceae
Terminalia superba Engl. & Diels.	Combretaceae
Trichilia monadelpha (Thonn.) J.J. De Wilde	Meliaceae
Triplochiton sxleroxylon K. Schum.	Sterculiaceae

Fläche 112 - "Cascade de Man"

Albizia ferruginea Benth.	Leguminosae[2]
Alstonia boonei De Wild.	Apocynaceae
Beilschmiedia mannii (Meissner) Benth. & Hook	Lauraceae
Berlinia confusa Hoyle	Leguminosae[1]
Carapa procera DC.	Meliaceae
Ceiba pentandra (Linn.) Gaertn.	Bombacaceae
Celtis adolfi-fridericii Engl.	Ulmaceae
Celtis mildbraedii Engl.	Ulmaceae
Chidlowia sanguinea Hoyle	Leguminosae[1]
Chlorophora excelsa (Welw.) Benth.	Moraceae
Cola gigantea var. *glabrescens* Brenan & Keay	Sterculiaceae
Cryptosepalum tetraphyllum (Hook. f.) Benth.	Leguminosae[1]
Distemonanthus benthamianus Baill.	Leguminosae[1]
Entandophragma angolense (Welw.) C. DC.	Meliaceae
Entandophragma cylindricum (Sprague) Sprague	Meliaceae
Erythrophleum guineense G. Don	Leguminosae[1]
Erythrophleum ivorense A. Chev.	Leguminosae[1]
Guarea cedrata (A. Chev.) Pellegr.	Meliaceae
Mansonia altissima (A. Chev.) A. Chev. Var. altiss.	Sterculiaceae
Memecylon cinnamomoides G. Don	Melastomaceae
Nesogordonia papaverifera (A. Chev.) R. Capuron	Sterculiaceae
Ongokea gore (Hua) Pierre	Olaceae
Pentaclethra macrophylla Benth.	Leguminosae[2]
Piptostigma fasciculata (De Wild.) Boutique	Annonaceae
Pseudospondias microcarpa (A. Rich.) Engl.	Anacardiaceae
Pycnanthus angolensis (Welw.) Exell	Lecythidaceae
Ricinodendron heudelotii (Baill.) Pierre ex Pax	Euphorbiaceae

Rinorea longicuspis Engl.	Violaceae
Sterculia tragacantha Lindl.	Sterculiaceae
Terminalia ivorensis A. Chev.	Combretaceae
Terminalia superba Engl. & Diels.	Combretaceae
Trichlia prieureana A. Juss.	Meliaceae
Triplochiton scleroxylon K. Schum.	Sterculiaceae
Uapaca heudelotii Baill.	Euphorbiaceae

Fläche 113 - Mt. Tonkui, unterhalb des Gipfels entlang der Straße

Acacia pennata (Linn.) Willd.	Leguminosae[2]
Afrosersalisia afzelii A. Chev.	Sapotaceae
Afrosersalisia cerasifera (Welw.) Aubrév.	Sapotaceae
Anthocleista nobilis G. Don	Loganiaceae
Bridelia micrantha Baill.	Euphorbiaceae
Celtis adolfi-friderici Engl.	Ulmaceae
Entandophragma candollei Harms	Meliaceae
Fagara angolensis Engl.	Rutaceae
Leptaulus daphnoides Benth.	Icacinaceae
Lophira alata Banks ex Gaertn.	Ochnceae
Macaranga barteri Muell. Arg.	Euphorbiaceae
Manilkara obovata ssp. ivorensis Aubrév.	Sapotaceae
Musanga cecropioides R. Br.	Moraceae
Parinari excelsa Sabine	Chrysobalanac.
Parkia bicolor A. Chev.	Leguminosae[2]
Samanea dinklagei (Harms)	Leguminosae[2]
Sterculia rhinopetala K. Schum.	Sterculiaceae
Thiegemella heckelii Pierre ex A. Chev.	Ulmaceae
Uapaca heudelotii Baill.	Euphorbiaceae

Leguminosae[1] = Caesalpinoideae; Leguminosae[2] = Mimisoideae; Leguminosae[3] = Papilionoideae

Aufnahmen: Anhuf 1988/89/90

Tab. A.II: Verzeichnis der Phanerophyten, die den Analysen zugrunde lagen

1	2	3 4 5	6	7
Acacia dudgeonii Craib ex Holland	Leguminosae[2]	2 3 2	4/7	2[b]
Acacia hockii De Wild	Leguminosae[2]	3 ? 2	4/7	?[b]
Acacia macrostachya Reichenb.ex Benth.	Leguminosae[2]	2 3 2	4/7	2[b]
Acacia macrothyrsa Harms	Leguminosae[2]	3 2 2	4	2[b]
Acacia senegal Linn.	Leguminosae[2]	1 3 2	4	3[b]
Acacia seyal Del.	Leguminosae[2]	3 2 2	4	2[b]
Acacia sieberiana var.villosa A.Chev.	Leguminosae[2]	2 2 2	7/8	2[b]
Acioa barteri Engl.	Rosaceae	4 2 ?	?	?[b]
Adansonia digitata Linn.	Bombacaceae	2 2 2	4/7	3[b]
Adenia cissampeloides (Planch.ex Hook)Harms	Passifloraceae	4 3 2	?	?[f]
Adenia lobata (Jacq.)Engl.	Passifloraceae	4 3 1	1/2	?[a]
Aeglobsis chevalieri Swingle	Rutaceae	4 3 1	9/2[a]	?[a]
Afrosersalisia afzelii A.Chev.	Sapotaceae	4 2 1	1[a]/2[c]	?
Afrosersalisia cerasifera (Welw.) Aubrév.	Sapotaceae	4 3 1	2/9/3	?[c]
Afzelia africana Smith	Leguminosae[1]	3 2 2	2/3/7[c]	3[b]
Afzelia bella var. glacilior Harms	Leguminosae[1]	5 1 2	1/2	?[d]
Agelaea obliqua (P.Beauv.) Baill.	Connaraceae	4 3 ?	?	?[f]
Aidia genipaeflora (DC.) Dandy	Rubiaceae	4 3 1	1/9	4[a]
Albizia adianthifolia (Schum.) W.F.Wright	Leguminosae[2]	4 2 2	1/2/5[c]	2[b]
Albizia chevalieri Harms	Leguminosae[2]	1 3 1	4[a]	2[b]
Albizia ferruginea Benth.	Leguminosae[2]	4 2 2[c]	2[c];/3/9[b];/4[a]	2[b]
Albizia malacophylla var.ugandensis Bak.f.	Leguminosae[2]	2 3 2	4[a]	2[b]
Albizia zygia Macbride	Leguminosae[2]	4 3 2	2/3/5/7[c];/1[b]	2[b]
Alchornea cordifolia (Schum.& Thonn) Muell.Arg.	Euphorbiaceae	3 3 1	5/9	?[a]
Allanblackia floribunda Oliv.	Guttiferae	4 2 1	1(2)	?[c]
Allophylus africanus P.Beauv.	Sapindaceae	4 2 ?	2/9[b];/5[a]	3[b]
Alstonia boonei De Wild.	Apocynaceae	4 1 2	1/2	?[c]
Alstonia congensis Engl.	Apocynaceae	4 1 2	1/2/9	?[c]
Amphimas pterocarpoides Harms	Leguminosae[3]	4 1 2	2/1/7[c]/5[a]	?
Anacardium occidentale Linn.	Anacardiaceae	9 2 1	7/8/5	3[a]
Aningeria robusta (A.Chev.)Aubrév.& Pellégr.	Sapotaceae	4 1 1	1[c]/2[a]	?
Anisophyllea meniaudi Aubrev.& Pellégr.	Rhizophoraceae	5 2 1	1/9	?[a]
Annona senegalensis var. senegalensis Pers.	Annonaceae	2 4 ?	4/7	2[b]
Anogeissus leiocarpus (DC.)Guill.& Perr.	Combretaceae	2 3 1	3/7	3[b]
Anopyxis klaineana (Pierre) Engl.	Rhizophoraceae	4 1 1	1/2	?[c]
Anthocleista djaloensis A.Chev.	Loganiaceae	3 3 1	5/9	?[a]
Anthocleista nobilis G.Don.	Loganiaceae	5 3 1	5[d]/9[b]	?
Anthonotha fragans Bak.f.	Leguminosae[1]	4 1 1	1[d]	?[d]
Anthonotha macrophylla P.Beauv.	Leguminosae[1]	4 2 1	1/2	?[a]
Anthostema aubryanum Baill.	Euphorbiaceae	4 2 1	1/6	?[c]
Antiaris africana Engl.	Moraceae	4 1 2	2/3[a];9/7[c]	3[b]
Antiaris welwitschii Engl.	Moraceae	4 4 2	2	?[d]
Antidesma membranaceum Muell.Arg.	Euphorbiaceae	3 2 2	2/3[b];4/9[a]	3[b]
Antidesma venosum Tul.	Euphorbiaceae	3 3 2	3/5/7[a]	3[b]
Aporrhiza urophylla Gilg.	Sapindaceae	4 2 1	1	?[a]
Araliopsis tabouensis Aubrév.& Pellégr.	Rutaceae	4 1 1	1	?[a]
Aubrevillea kerstingii Pellégr.	Leguminosae[2]	4 1 2	2/9/3[c]/1[d]	?

Azadirachta indica A.Juss.	Meliaceae	9 3 2	(7)	?
Balanites aegyptica (Linn.) Del.	Zygophyllaceae	1 3 1	4/7	?[b]
Balanites wilsoniana Dawe et Sprague	Zygophyllaceae	4 1 2	1/2	?[a]
Baphia bancoensis Aubrév.	Leguminosae[3]	6 3 ?	3	?[a]
Baphia nitida Lodd.	Leguminosae[3]	4 3 ?	1/2/[a]	?[a]
Baphia polygalacea (Hook.f.) Bak.	Leguminosae[3]	4 4 2	3/5	?[a]
Baphia pubescens Hook.f.	Leguminosae[3]	4 3 2	2/3	?[a]
Bauhinia reticulatum (DC.) Hochst.	Leguminosae[1]	1 3 1	4[a]	2[b]
Bauhinia thonningii (Schum.) Milne-Redh.	Leguminosae[1]	3 3 1	7/4	2[b]
Beilschmiedia bitehi Aubr.	Lauraceae	6 2 1	1	1[a]
Beilschmiedia mannii (Meissner) Benth.& Hook	Lauraceae	4 3 1	2/9[d]	?[d]
Berlinia confusa Hoyle	Leguminosae[1]	4 1 1	1[c]/5[d]	?
Berlinia grandiflora Hutch.& Dalz.	Leguminosae[1]	3 2 2	4/7/9[c]	3[b]
Blighia sapida Konig	Sapindaceae	3 3 1	1/2(3)/9[c]	3[b]
Blighia unijugata Bak.	Sapindaceae	4 1 2	1/2/3	?[c]
Blighia welwitschii (Hiern) Radlk.	Sapindaceae	4 1 1	1/2	4[c]
Bombax brevicuspe Sprague	Bombacaceae	4 1 2	1/2/5	?[c]
Bombax buonopozense P. Beauv.	Bombacaceae	4 1 2	1/2	?[c]
Bombax costatum Pellegr.& Vuillet	Bombacaceae	2 3 2	4[a]	1[b]
Borassus aethiopum Mart.	Palmae	3 1 1	7/4[a]	1[b]
Boscia salicifolia Oliv.	Capparidaceae	0 3 1	7	2[b]
Boscia senegalensis (Pers.) Lam. ex Poir	Capparidaceae	0 3 1	7	2[b]
Boswellia dalzielii Hutch.	Burseraceae	3 3 2	4	2[b]
Brachystegia leonensis Burtt Davy & Hutch.	Leguminosae[1]	5 1 1	1	?[c]
Bridelia ferruginea Benth.	Euphorbiaceae	3 3 2	3/8/4	1[b]
Bridelia grandis Pierre ex Hutch.	Euphorbiaceae	4 1 1	1/2/5	?[d]
Bridelia micrantha Baill.	Euphorbiaceae	4 2 2	5/3/9[a]	3[b]
Buchholzia coriacea Engl.	Capparidaceae	4 2 ?	2 (1/2)	?[a]
Burkea africana Hook	Leguminosae[1]	2 3 2	4	2[b]
Bussea occidentalis Hutch.	Leguminosae[1]	4 1 1	1/2	?[d]
Byrsocarpus coccineus Schum.& Thonn.	Connaraceae	4 3 ?	7/5	?[a]
Caloncoba echinata (Oliv.) Gilg.	Flacourtiaceae	5 3 1	1/2[a]	?[a]
Calpocalyx aubrevillei Pellégr.	Leguminosae[2]	5 2 1	1/9	?[d]
Calpocalyx brevibracteatus Harms	Leguminosae[2]	4 2 1	1/9	?[d]
Canarium schweinfurthii Engl.	Burseraceae	4 1 2	1/2/7[c]/5[a]	?
Canthium cornelia Ch.& Schl.	Rubiaceae	2 3 ?	9[b];3/4[a]	3[b]
Canthium hispidum Benth.	Rubiaceae	4 3 1	2/5	3[b]
Canthium subcordatum DC.	Rubiaceae	4 3 ?	2/5[a]/9	3[b]
Canthium vulgare (K.Schum.) Bullock	Rubiaceae	4 3 ?	3/4	3[b]
Carapa procera DC.	Meliaceae	9 3 2	1/2	?[a]
Cassia arereh Del.	Leguminosae[1]	2 3 2	4/7	?[b]
Cassia podocarpa Guill.& Perr.	Leguminosae[1]	4 3 2	4	?[a]
Cassia siamea Lam.	Leguminosae[1]	9 3 2	4	2[b]
Cassia sieberiana DC.	Leguminosae[1]	3 3 2	3/4/7[a]	2[b]
Cassipourea congoensis R.Br.	Rhizophoraceae	3 3 2	2/3	?[a]
Cassipourea nialatou Aubrév.et Pellegr.	Rhizophoraceae	6 2 1	1	?[d]
Ceiba pentandra (Linn.) Gaertn.	Bombacaceae	3 1 2	2/3/5/7[c]	3[b]
Celtis adolfi-friderici Engl.	Ulmaceae	4 1 1	2/1[d,a]	?
Celtis brownii Rendle	Ulmaceae	4 2 2	2/3	?[c]
Celtis integrifolia Lam.	Ulmaceae	3 2 2	3/4[a,b]	?
Celtis mildbraedii Engl.	Ulmaceae	4 1 2	2/3[a,c]	?

Celtis zenkeri Engl.	Ulmaceae	4 2 2	2/3	?^{a}
Cephaelis peduncularis Salisb.var.guineensis (Schnell) Hepper	Rubiaceae	4 4 ?	1/2	?^{b}
Chaetacma aristata Planch.	Ulmaceae	4 3 ?	2/3	?^{a}
Chidlowia sanguinea Hoyle	Leguminosae^1	4 2 1	1/2	?^{d}
Chlorophora excelsa (Welw.) Benth.	Moraceae	4 1 2	2(1)^{c,d}	?
Chlorophora regia A.Chev.	Moraceae	5 2 2	1/2	?^{d}
Christiana africana DC.	Tiliaceae	4 3 ?	2/9/3	?^{a}
Chrysobalanus ellipticus Soland ex Sabine	Chrysobalanac.	4 3 1	1^a/8^b	?
Chrysophyllum africanum A.Dec.	Sapotaceae	4 2 1	1^c/9/2^a	?
Chrysophyllum albidum G.Don.	Sapotaceae	4 1 1	1	?^{a}
Chrysophyllum giganteum A.Chev.	Sapotaceae	4 1 1	1/2^a	?^{a}
Chrysophyllum pruniforme Engl.	Sapotaceae	4 1 1	1^c/2^d	?
Chrysophyllum subnudum Baker.	Sapotaceae	4 2 1	1	?^{a}
Chrysophyllum taiense Aubrév.& Pellégr.	Sapotaceae	5 2 1	1	?^{a}
Chytranthus verecundus N.Hallé & Ake Assi	Sapindaceae	6 4 1	1	?^{a}
Clausena anisata (Willd.) Hook.f.ex Benth.	Rutaceae	3 4 ?	8/4	?^{a}
Cleistanthus polystachus Hook.f.ex Planch.	Euphorbiaceae	4 3 ?	9	?^{a}
Cleistopholis patens (Benth.) Engl.& Diels	Annonaceae	4 2 1	2/9	?^{c}
Clerodendron buchholzii Gürke	Verbenaceae	4 2 1	5	?^{a}
Cnestis ferruginea DC.	Connaraceae	4 2 2	2/5	?^{a}
Cochlospermum planchonii Hook f.	Cochlospermac.	2 4 ?	7	?^{a}
Coelocaryon oxycarpum Stapf.	Lecythidaceae	4 2 1	1	?^{a}
Cola buntingii Bak.f.Wass.	Sterculiaceae	5 3 1	1	?^{b}
Cola caricaefolia (G.Don) K.Schum.	Sterculiaceae	5 3 2	2/3	?^{b}
Cola chamydantha K.Schum.	Sterculiaceae	4 2 2	2/1	?^{b}
Cola cordifolia (Cav.) R.Br.	Sterculiaceae	2 2 2	4/7^a/9	3^b
Cola digitata Mast.	Sterculiaceae	4 3 1	1	?^{a}
Cola gigantea var.glabrescens Brenan & Keay	Sterculiaceae	3 3 2	5/2	?^{a}
Cola lateritia var.Maclaudii (A.Chev.)Brenan &	Sterculiaceae	4 3 2	1/2/5	?^{c}
Cola millenii K.Schum.	Sterculiaceae	4 3 2	5/3	?^{b}
Cola nitida (Vent.) Schott.& Endl.	Sterculiaceae	4 3 2	3	?^{b}
Combretodendron macrocarpum (P.Beauv.) Keay	Lecythydaceae	4 1 1	2/1	?^{d}
Combretum geitonophyllum Diels	Combretaceae	2 3 2	4/7	1^b
Combretum ghasalense Engl.& Diels.	Combretaceae	2 3 2	4	1^b
Combretum glutinosum Perr.ex DC.	Combretaceae	2 3 2	4	1^b
Combretum lamprocarpum Diels	Combretaceae	2 3 2	4	1^b
Combretum molle R.Br.ex G.Don	Combretaceae	4 3 2	4	1^b
Combretum nigricans var.Elliotii(Engl.& Diels) Aubrév.	Combretaceae	2 3 2	4/7	1^b
Commiphora africana (A.Rich.) Engl.	Burseraceae	2 3 2	7	?^{b}
Commiphora kerstingii Engl.	Burseraceae	7 2 2	4	3^b
Commiphora pedunculata (Kotschy et Peyr) Engl.	Burseraceae	2 3 2	7	3^b
Cordia platythyrsa Bak.	Boraginacea	4 2 1	1/2/5	?^{c}
Cordia senegalensis A.Juss.	Boraginaceae	4 2 1	1	?^{a}
Coula edulis Baill.	Olacaceae	4 2 1	1	?^{c}
Craterispermum caudatum Hutch.	Rubiaceae	4 3 1	1	?^{b}
Crossopterix febrifuga Benth.	Rubiaceae	3 3 ?	3/4	2^b
Crudia senegalensis Planch.ex Benth.	Leguminosae^1	4 2 1	5	?^{a}
Cryptosepalum tetraphyllum (Hook.f.) Benth.	Leguminosae^1	5 2 1	2/3	?^{d}
Cuviera acutiflora DC:	Rubiaceae	4 3 1	8/3	?^{a}
Cussonia barteri Seem.	Araliaceae	2 3 2	4/7	2^b
Cynometra ananta Hutch.& Dalz.	Leguminosae^1	5 1 2	1^{c,d}	3^b

Cynometra megalophylla Harms	Leguminosae[1]	4 2 2	9[c]	3[b]
Dacryodes klaineana (Pierre) Lam.	Burseraceae	4 2 1	1/3	?[c]
Daniellia oliveri Hutch.& Dalz.	Leguminosae[1]	3 2 ?	4/7/2[a]	1[b]
Daniellia thurifera Bennett	Leguminosae[1]	5 1 2	1[d]	3[b]
Deinbollia cuneifolia Bak.	Sapindaceae	5 3 1	1?	?[a]
Delonix regia Raf.	Leguminosae[1]	9 3 1	(4)	?[a]
Desplatsia chrysochlamys (Mildbr.& Burret)	Tiliaceae	4 3 1	1	?[a]
Detarium microcarpum Guill.& Perr.	Leguminosae[1]	2 3 2	4[c]	2[b]
Dialium aubrevillei Pellégr.	Leguminosae[1]	5 1 2	1/2[d]	3[b]
Dialium dinklagei Harms	Leguminosae[1]	4 2 2	1/2[c]/9[d]	3[b]
Dialium guineense Willd.	Leguminosae[1]	4 2 2	1/2/3[d]	3[b]
Dichapetalum guineense (DC.) Keay	Dichapetalaceae	4 2 ?	2/7	2[a]
Dichapetalum toxicarium (G.Don) Baill.	Dichapetalaceae	4 3 1	5	?[a]
Dichrostachys cinerea (Linn.) Wight & Arn.	Leguminosae[2]	3 3 2	7	1/2[b]
Dichrostachys glomerata (Forsk.) Chiov.	Leguminosae[2]	2 3 ?	4/8	2[b]
Didelotia brevipaniculata J.Léonard	Leguminosae[1]	4 2 1	1[c,d]	?
Didelotia idea Oldeman, de Wit & Léonard	Leguminosae[1]	5 2 1	1	?[a]
Discoglypremna caloneura (Pax) Prain	Euphorbiaceae	4 3 1	1/2[c]/5[a]	?
Diospyros canaliculata De Wild	Ebenaceae	4 3 1	1/2	?[a]
Diospyros ferrea (Willd.) Bakh.	Ebenaceae	4 3 1	1	?[a]
Diospyros gabunensis Gürke	Ebenaceae	4 3 1	1	?[a]
Diospyros kekemi Aubrév.& Pellégr.	Ebenaceae	? 3 1	1	?[a]
Diospyros liberiensis A.Chev.	Ebenaceae	5 2 1	1	?[a]
Diospyros mespiliformis Hochst.	Ebenaceae	3 4 1	2/3	3[b]
Diospyros sanza-minika A.Chev.	Ebenaceae	4 3 1	1	?[c]
Diospyros soubreana F.White	Ebenaceae	4 4 ?	1	?[a]
Discoglypremna caloneura (Pax) Prain	Euphorbiaceae	4 2 ?	?	?[a]
Distemonanthus benthamianus Baill.	Leguminosae[1]	4 1 2	1/2/5	?[c]
Dracaena arborea Link.	Agavaceae	4 2 1	1/5	?[a]
Dracaena perrottetii Bak.	Agavaceae	4 2 1	1	?[c]
Drypetes afzelii (Pax) Hutch.	Euphorbiaceae	5 2 2	2/3	?[a]
Drypetes aubrevillei Léandri	Euphorbiaceae	5 3 ?	1/2	?[a]
Drypetes aylmeri Hutch.& Dalz.	Euphorbiaceae	5 3 ?	2	?[a]
Drypetes chevalieri Beille	Euphorbiaceae	4 3 2	1/2	?[a]
Drypetes floribunda (Muell.Arg.) Hutch.	Euphorbiaceae	3 3 1	8	?[a]
Drypetes gilgiana (Pax) Pax & K.Hoffm.	Euphorbiaceae	4 2 1	1/2	?[a]
Drypetes ivorensis Hutch.& Dalz.	Euphorbiaceae	5 3 1	1	?[a]
Ekebergia senegalensis A.Juss.	Meliaceae	3 2 ?	3/2/4/7	2[b]
Elaeis guineensis Jacq.	Palmae	4 2 1	5/2	3[b]
Enantia polycarpa Engl.& Diels	Annonaceae	4 2 1	1	?[a]
Entada mannii (Oliv.) Tisserant	Leguminosae[2]	3 2 2	1/9	?[b]
Entada africana Guill.& Perr.	Leguminosae[2]	1 3 2	4	2[b]
Entandrophragma angolense (Welw.) C.DC.	Meliaceae	4 1 2	1/2	?[c]
Entandrophragma candollei Harms	Meliaceae	4 2 2	1(2)	?[c]
Entandrophragma cylindricum (Sprague) Sprague	Meliaceae	4 1 2	2(1)	?[c]
Entandrophragma utile (Dawne & Sprague)Sprague	Meliaceae	4 1 2	1/2	?[c]
Eriosema glomeratum (Guill.& Perr.) Hook.f.	Leguminosae[3]	3 4 ?	8/7	?[a]
Erythrina senegalensis DC.	Leguminosae[3]	3 3 2	3/4[d]	2[b]
Erythrina vogelii Hook.f.	Leguminosae[3]	4 2 2	5/6	?[d]
Erythrophleum africanum Harms	Leguminosae[1]	2 2 2	3/4	3[b]
Erythrophleum guineense G.Don	Leguminosae[1]	3 1 2	2/3/9	2[b]

Erythrophleum ivorense A.Chev.	Leguminosae[1]	4 1 2	1(2)	?[c]
Erythroxylum emarginatum Thonn.	Erythroxylaceae	3 4 ?	?	?[a]
Erythroxylum mannii Oliv.	Erythroxylaceae	4 2 2	1/2	?[c]
Eugenia salacioides Laws.ex Hutch.& Dalz.	Myrtaceae	5 4 ?	9	?[b]
Eugenia whytei Sprague	Myrtaceae	4 4 ?	9	?[b]
Eupatorium odoratum Linn.	Compositae	4 4 ?	?	3[f]
Fagara angolensis Engl.	Rutaceae	4 2 2	2/4/9	?[a]
Fagara leprieurii (Guill.& Perr.) Engl.	Rutaceae	4 2 2	2/4/9	?[a]
Fagara macrophylla Engl.	Rutaceae	4 2 1	$1/2^c/5^d$	?
Fagara xanthoxyloides Lam.	Rutaceae	3 3 1	3/8	?[a]
Ficus capensis Thunb.	Moraceae	3 3 1	4/9	3[e]
Ficus dicranostyla Mildbr.	Moraceae	2 3 2	$2/3/4/9^a$	4[e]
Ficus elasticoides De Wild	Moraceae	4 3 1	1	4[e]
Ficus exasperata Vahl	Moraceae	3 3 1	$2/3^a;4^b;5^e$	3[e]
Ficus gnaphalocarpa (Miq.) Steud.ex A.Rich	Moraceae	3 2 2	$1/2/4/9^a$	3[e]
Ficus goliath A.Chev.	Moraceae	4 1 1	$1;2^e$	4[e]
Ficus lyrata Warb.	Moraceae	4 2 1	$1;2^e$	?[a]
Ficus mucuso Welw.ex Ficalho	Moraceae	4 2 2	$2/5^c$	3[e]
Ficus platyphylla Del.	Moraceae	2 3 1	$3/4/8/9^a$	3[e]
Ficus thonningii Blume	Moraceae	3 3 1	$1/2/4/9^a$	3[e]
Ficus vallis-choudae Del.	Moraceae	2 3 1	$2/9^a;4/5^e$	3[e]
Flabellaria paniculata Cav.	Labiatae	4 3 2	8	?[a]
Funtumia africana (Benth.) Stapf.	Apocynaceae	4 2 2	$2/1^c,1^d$	4
Funtumia elastica (Preuss.) Stapf.	Apocynaceae	4 1 1	$2^c/1^d$	?
Gaertnera paniculata Benth.	Loganiaceae	4 3 2	2	?[a]
Garcinia afzelii Engl.	Guttiferae	3 3 2	1-3/9	3[a]
Garcinia gnetoides Hutch.& Dalz.	Guttiferae	4 3 1	1	?[a]
Garcinia polyantha Oliv.	Guttiferae	4 2 1	1	?[a]
Gardenia aqualla (Schweinf.) Stapf & Hutch.	Rubiaceae	3 4 2	3/4/7	3[b]
Gardenia erubescens Stapf & Hutch.	Rubiaceae	3 4 2	3/7/4	3[b]
Gardenia imperialis Schum.	Rubiaceae	3 2 2	9/5	?[b]
Gardenia ternifolia Schum.& Thonn.	Rubiaceae	3 4 2	3/7/4	3[b]
Gilbertiodendron limba Léonard	Leguminosae[1]	5 3 2	2/9	?[a]
Glyphaea brevis (Spreng.) Monachino	Tiliaceae	4 3 2	2	?[a]
Gongronema latifolium Benth.	Asclepiadaceae	4 3 ?	?	?[a]
Grewia mollis Juss.	Tiliaceae	3 3 2	4/7	1[b]
Guarea cedrata (A.Chev.) Pellégr.	Meliaceae	4 1 1	1/2	?[c]
Guarea leonensis Hutch.& Dalz.	Meliaceae	5 3 ?	1	?[a]
Guarea thompsonii Sprague & Hutch.	Meliaceae	4 2 1	1/2	?[c]
Guibourtia ehie Léonard	Leguminosae[1]	4 1 2	1/2	?[d]
Gymnostemon zaizou Aubrév.& Pellégr.	Simaroubaceae	6 1 ?	2/9	?[a]
Hannoa klaineana Pierre & Engl.	Simaroubaceae	4 3 2	$5/2^c/1^a$	?
Harrisonia abyssinica Oliv.	Simaroubaceae	3 3 ?	3/4/5	?[a]
Harungana madagascariensis Lam.ex Poir	Hypericaceae	4 3 ?	1/3/5	?[a]
Hexalobus monopetalus (A.Rich.) Engl. & Diels	Annonaceae	2 3 2	4	?[b]
Hildegardia barteri (Mast.) Kosterm.	Sterculiaceae	3 2 2	2/3	?[a]
Holarrhena floribunda (G.Don) Dur.& Schinz.	Apocynaceae	3 2 2	2/5/9	?[b]
Holoptelea grandis (Hutch.) Mildbr.	Ulmaceae	4 3 2	$2/3/5^{c,a}$	?
Homalium letestui Pellégr.	Flacourtiaceae	4 1 1	1/2	?[c]
Homalium molle Stapf.	Flacourtiaceae	4 2 ?	1	?[a]

Hunteria eburnea Pichon	Apocynaceae	4 2 ?		?[d]
Hymenocardia acida Tul.	Euphorbiaceae	3 3 ?	4/7	1-2[b]
Iatropha curcas Linn.	Euphorbiaceae	9 3 1	4	3[b]
Irvingia gabonensis Baill.	Irvingaceae	4 1 2	1/2[c,a]	?
Isoberlinia doka Craib.& Stapf.	Leguminosae[1]	2 3 2	4	1[b]
Isoberlinia dalzielii Craib.& Stapf.	Leguminosae[1]	2 3 2	4	1[b]
Isolona campanulata Engl.& Diels	Annonaceae	4 3 1	1	?[a]
Ixora laxiflora Smith	Rubiaceae	5 2 1	8/1	?[a]
Khaya anthotheca (Welw.) C.DC.	Meliaceae	4 1 2	2/3[c]/1[d]	3[b]
Khaya grandifoliola C.DC.	Meliaceae	4 1 2	2/1[c]/9[a]	3[b]
Khaya senegalensis (Desr.) A.Juss.	Meliaceae	2 2 2	3/4/7	3[b]
Klainedoxa gabonensis Pierre ex Engl.	Irvingaceae	4 1 2	1/2[c]	?[a]
Kigelia africana (Lam.) Benth.	Bignoniaceae	3 2 2	3/4/9	3[b]
Lannea acida A.Rich.	Anacardiaceae	2 3 2	4/7	3[b]
Lannea kerstingii Engl.& K.Krause	Anacardiaceae	2 3 2	4/7	3[b]
Lannea microcarpa Engl.& K.Krause	Anacardiaceae	2 3 2	4	3[b]
Lannea nigritana (Sc.Elliot.) Keay	Anacardiaceae	3 3 ?	8[a]	3[b]
Lannea schimperi (Hochst.ex A.Rich.) Engl.	Anacardiaceae	3 3 ?	(7)	3[b]
Lannea welwitschii (Hiern) Engl.	Anacardiaceae	4 2 2	2/5[c]	3[b]
Lecaniodiscus cupanioides Planch.ex Benth.	Sapindaceae	4 3 ?	1/2/9	?[a]
Leea guineensis G.Don.	Leeaceae	3 3 1	1/2	?[a]
Leptaulus daphnoides Benth.	Icacinaceae	4 3 2	2/9	?[a]
Licania elaeosperma (Mildbr.) Prance & White	Chrysobalanaceae	4 1 1	9	?[a]
Lonchocarpus cyanescens (Schum.& Thonn.) Benth.	Leguminosae[3]	3 3 2	3/4	2[b]
Lonchocarpus laxiflorus Guill.& Perr.	Leguminosae[3]	1 3 2	4	2[b]
Lonchocarpus sericeus (Poir) H.B.& K.	Leguminosae[3]	4 3 2	8/3/9	2[b]
Lophira alata Banks ex Gaertn.	Ochnaceae	4 1 2	1/5/2	?[c]
Lophira lanceolata van Tiegh. ex Keay	Ochnaceae	3 3 ?	4/7	?[a]
Lovoa trichilioides Harms	Meliaceae	4 1 2	1/2/7/9	?[c]
Macaranga barteri Muell.Arg.	Euphorbiaceae	4 2 ?	2-4	?[a]
Macaranga huraefolia Beille	Euphorbiaceae	4 3 1	?	?[f]
Macrosphyra longistyla (DC.) Hook.f.ex Hiern	Rubiaceae	3 3 2	3/5	3[b]
Maesobotrya barteri var sparsif.(Baill) Hutch.	Euphorbiaceae	5 3 1	1	1[a]
Malancantha alnifolia (Bak.) Pierre	Sapotaceae	3 3 ?	2/3/4/8	3[b]
Mallotus oppositifolius (Geisel.) Muell.Agr.	Euphorbiaceae	3 3 ?	6/2	?[a]
Mammea africana Sabine	Guttiferae	4 1 1	1/2/9	?[c]
Manilkara multinervis Dubard	Sapotaceae	3 3 ?	3/4	3[b]
Manilkara obovata spp. *ivorensis* Aubrév.	Sapotaceae	5 2 ?	1	4[a]
Mansonia altissima (A.Chev.) A.Chev.var altiss.	Sterculiaceae	4 1 2	2	?[a]
Maranthes polyandra (Benth.) Prance	Chrysobalanac.	2 3 ?	(7)	
Markhamia tomentosa K.Schum.	Bignoniaceae	4 3 2	2/3[c];4	2[b]
Massularia acuminata (G.Don) Bullok ex Hoyle	Rubiaceae	4 3 1	1	?[a]
Maytenus senegalensis (Lam.) Exell.	Celastraceae	2 4 ?	4/7	?[a]
Memecylon cinnamomoides G.Don	Melastomataceae	4 3 1	1	?[a]
Memecylon lateriflorum (G.Don) Brem.	Melastomataceae	4 3 1	1/2	?[a]
Mezoneuron benthamianum Baill.	Leguminosae[1]	4 4 ?	2/3	?[a]
Microdesmis puberula Hook.f.ex Planch.	Pandaceae	4 3 1	1/2	?[a]
Milletia dinklagei Harms	Leguminosae[3]	4 4 2	8	?[a]
Milletia lane-poolei Dunn.	Leguminosae[3]	5 3 ?	?	?[f]

Milletia zechiana Harms.	Leguminosae[3]	4 3 2	5/8	?[a]
Mimusops kummel Bruce ex A.DC.	Sapotaceae	2 3 ?	3/4	?[a]
Mitragyna ciliata Aubr.& Pell.	Rubiaceae	4 1 1	1/2/6/9[c]	4[b]
Mondia whitei (Hook.f.) Skeels	Asclepiadaceae	3 3 ?	(7)	?[a]
Monodora myristica Dunal	Annonaceae	4 2 ?	1/2	?[a]
Monodora tenuifolia Benth.	Annonaceae	4 3 2	3/2/1	?[b]
Monotes kerstingii Gilg.	Dipterocarpac.	3 2 ?	4	2[b]
Morinda lucida Benth.	Rubiaceae	3 3 2	3/2/7	3[b]
Morus mesozygia Stapf.	Moraceae	4 1 2	1[a]/2/3[c]	?
Musanga cecropioides R.Br.	Moraceae	4 2 1	5	?[c]
Myrianthus arboreus P.Beauv.	Cecropiaceae	4 2 1	9	?[a]
Myrianthus libericus Rendle	Cecropiaceae	5 3 1	5	?[a]
Napoleonaea leonensis Hutch.& Dalz.	Lecythydaceae	5 3 1	1	?[a]
Napoleonaea vogelii Hook & Planch.	Lecythydaceae	4 2 1	1/2	?[a]
Nauclea latifolia Smith	Rubiaceae	2 3 ?	3/7/4	3[b]
Neostenanthera gabonensis (Engl.& Diels) Exell	Annonaceae	4 4 1	9/1	?[a]
Nesogordonia papaverifera (A.Chev.) R.Capuron	Sterculiaceae	4 1 2	1[d]/2[c]	?
Newbouldia laevis Seem.	Bignoniaceae	4 2 2	2/5	?[a]
Ochthocosmus africanus Hook.f.	Ixonanthaceae	4 3 1	1/3	?[b]
Octoknema borealis Hutch.& Dalz.	Oleaceae	5 3 1	1	?[a]
Olax subscorpioidea Oliv.	Olacaceae	4 3 ?	3/4/7	?[a]
Omphalocarpum ahia A.Chev.	Sapotaceae	5 2 1	2/9/1	?[a]
Omphalocarpum elatum Miers	Sapotaceae	4 3 2	2	?[a]
Ongokea gore (Hua) Pierre	Olacaceae	4 1 1	1/2/9	?[c]
Oricia suaveolens (Engl.) Verdoorn	Rutaceae	4 3 ?	2/4	?[a]
Oxyanthus speciosus DC.	Rubiaceae	4 2 1	1/5	?[a]
Oxystelma bornouense R.Br.	Asclepiadaceae	3 4 ?	?	?[f]
Pachypodanthium staudii Engl.& Diels	Annonaceae	4 1 1	1/2	?[c]
Pachystela brevipes Engl.	Sapotaceae	4 3 2	8/2	3[b]
Panda oleosa Pierre	Pandaceae	4 3 2	1/2	?[a]
Parinari aubrevillei Pellégr.	Chrysobalanac.	4 1 1	1	?[a]
Parinari curatellifolia Planch.ex Benth.	Chrysobalanac.	2 2 ?	4/7	2[b]
Parinari excelsa Sabine	Chrysobalanac.	4 1 1	1[d]/2[c]	?
Parinari glabra Oliv.	Chrysobalanac.	4 1 1	1/2/7	?[c]
Parinari holstii Engl.	Chrysobalanac.	4 1 1	2	?[c]
Parinari kerstingii Engl.	Chrysobalanac.	3 2 2	9/3/4	3[b]
Parinari polyandra Benth.	Chrysobalanac.	2 3 2	4/7/3	2[b]
Parkia bicolor A.Chev.	Leguminosae[2]	4 3 2	1/2(9)	?[c]
Parkia biglobosa Benth.	Leguminosae[2]	2 3 2	3/4/7	2[b]
Parquetina nigrescens (Afzel.) Bullock	Asclepiadaceae	4 3 ?	7/6	?[a]
Pauridiantha hirtella (Benth.) Bremek.	Rubiaceae	4 3 ?	6/5	4[b]
Pavetta crassipes K.Schum.	Rubiaceae	2 3 ?	4/7	3[b]
Pavetta lasioclada (Krause) Mildbr.ex Bremek.	Rubiaceae	3 3 ?	3	3[b]
Pellegrinodendron diphyllum Léonard	Leguminosae[1]	4 2 ?	1/9	?[a]
Pentaclethra macrophylla Benth.	Leguminosae[2]	4 3 1	1/2[c]/9/5[d]	?
Pentadesma butyracea Sabine	Guttiferae	3 2 1	1/2	?[c]
Pergularia daemia (Forsk.) CHiov.	Asclepiadaceae	4 3 ?	1/2	?[a]
Pericopsis laxiflora (Benth.ex Bak)van Meeuwen	Leguminosae[3]	3 3 ?	7/4	?[a]
Phoenix reclinata Jacq.	Palmae	3 3 1	4/8	?[a]
Phyllanthus discoideus (Baill.) Muell.Agr.	Euphorbiaceae	3 3 2	3/5/7[c]	2-3[b]

Picralima nitida (Stapf.) Th.& H.Dur.	Apocynaceae	4 3 2	1/2	?[c]
Piptadeniastrum africanum (Hook.f.) Brenan	Leguminosae[2]	4 1 2	1/2/6	?[d]
Piptostigma fasciculata (De Wild.) Boutique	Annonaceae	4 2 ?	?	?[f]
Placodiscus bancoensis Aubrév.& Pellégr.	Sapindaceae	5 3 1	1/9	?[a]
Placodiscus pseudostipularis Radlk.	Sapindaceae	5 3 ?	1/2	?[a]
Pleiocarpa mutica Benth.	Apocynaceae	4 3 ?	1	?[a]
Polyalthia oliveri Engl.	Annonaceae	4 3 1	1	?[c]
Prosopis africana Taub.	Leguminosae[2]	2 3 ?	3/4	2[b]
Protomegabaria stapfiana (Beille) Hutch.	Euphorbiaceae	4 3 1	1/2	?[d]
Pseudarthia hookeri Wight & Arn.	Leguminosae[3]	3 4 2	4/7	1[a]
Pseudospondias microcarpa (A.Rich.) Engl.	Anacardiaceae	3 2 ?	9/2/3	?[b]
Psorospermum febrifugum Spach.	Guttiferae	3 4 2	4/7	3[b]
Psorospermum senegalense Spach.	Guttiferae	3 4 2	4/7	3[b]
Psychotria calva Hiern	Rubiaceae	4 4 ?	3/4	3[b]
Psychotria guineensis Petit	Rubiaceae	4 3 ?	?	3[f]
Psychotria obscura Benth.	Rubiaceae	3 4 ?	(1)	3[b]
Psychotria psychotrioides (DC.) Roberty	Rubiaceae	3 4 ?	?	3[b]
Psychotria vogeliana Benth.	Rubiaceae	3 4 ?	2/3	3[b]
Pterocarpus erinaceus Poir	Leguminosae[3]	3 2 2	3/4/7	2[b]
Pterocarpus lucens Guill.& Perr.	Leguminosae[3]	2 3 2	4/3	3[b]
Pterocarpus santalinoides (H.& D.) L'Hér.	Leguminosae[3]	3 3 2	9/3	3[b]
Pterygota macrocarpa K.Schum.	Sterculiaceae	4 1 2	2	?[c]
Pycnanthus angolensis (Welw.) Exell	Lecythidaceae	4 2 1	1/5/9	?[c]
Quassia undulata (Guill.& Perr.) D.Dietz	Simaroubaceae	2 3 ?	4	?[a]
Rauvolfia vomitoria Afz.	Apocynaceae	3 3 ?	2/3	?[a]
Rhynchosia pycnostachya (DC.) Meickle	Leguminosae[3]	4 3 ?	?	?[f]
Rhynchosia nyascia Bak.	Leguminosae[3]	3 ? ?	?	?[f]
Rinorea longicuspis Engl.	Violaceae	4 3 1	1	?[a]
Ricinodendron heudelotii (Baill.)Pierre ex Pax	Euphorbiaceae	4 3 2	1/2/5/7[a,c]	?
Ritchiea duchesnei (De Wild.) Keay	Capparidaceae	4 3 ?	2/7	?[a]
Rothmannia hispida (K.Schum.) Fagerl.	Rubiaceae	4 4 1	1/5	4[b]
Rothmannia whitfieldii (Lindl.) Dandy	Rubiaceae	4 3 1	2	4[b]
Rytigynia canthioides (Benth.) Robyns	Rubiaceae	4 3 ?	8/5	3[b]
Saba senegalensis (A.DC.) Pichon	Apocynaceae	2 3 ?	4/7	?[a]
Sacoglottis gabonensis (Baill.) Urb.	Humiriacaceae	4 1 1	1/9	?[c]
Salacia erecta G.Don	Celastraceae	4 3 ?	1/2	?[a]
Salacia pyriformis (G.Don) Steud.	Celastraceae	4 3 2	2	?[a]
Samanea dinklagei (Harms)	Leguminosae[2]	5 2 2	1/2/9	?[c]
Sapium aubrevillei Léandri	Euphorbiaceae	6 2 1	1/2	?[a]
Sapium ellipticum (Hochst.) Pax	Euphorbiaceae	4 1 2	1/2/7[c]/9[a]	3[b]
Sclerocarya birrea (A.Rich.) Hochst.	Anacardiaceae	1 3 2	4	?[b]
Scottelia chevalieri Chipp.	Flacourtiaceae	5 1 ?	3	?[a]
Scottelia coriacea A.Chev. ex Hutch.& Dalz.	Flacourtiaceae	4 4 1	1(2)	?[c]
Scytopetalum thieghemii (A.Chev.) Hutch.& Dalz.	Scytopetalacea	5 3 1	1	?[a]
Secamone afzelii (Roem.& Schult) K.Schum.	Avicenniaceae	4 3 ?	7/8	?[a]
Securidaca longepedunculata Fres. Ash.	Polygalaceae	2 3 ?	4/7	?[b]
Securinega virosa (Roxb. ex Willd.) Baille	Euphorbiaceae	2 4 1	4	2[b]
Smeathmannia pubescens Soland.ex R.Br. Ash.	Passifloraceae	4 3 ?	2/3	?[a]
Sorindeia warneckei Engl.	Anacardiaceae	4 4 ?	2/5/9	?[a]
Soyauxia floribunda Hutch.	Flacourtiaceae	5 3 ?	(1)	?[a]

Spondianthus preussii Engl.var.Preussii	Euphorbiaceae	4 3 1	1	?[a]
Spondias mombin Linn.	Anacardiaceae	9 3 ?	3/4/7[a]	2[b]
Spathodea campanulata P.Beauv.	Bignoniaceae	4 2 2	2/5	?[a]
Sterculia rhinopetala K.Schum.	Sterculiaceae	4 1 2	2/3	?[c]
Sterculia setigera Del.	Sterculiaceae	2 3 2	4	2[b]
Sterculia tragacantha Lindl.	Sterculiaceae	3 3 2	2/9/5	?[c]
Stereospermum kunthianum Cham.	Bignoniaceae	2 3 2	4	?[b]
Strephonema pseudocola A.Chev.	Combretaceae	5 1 ?	1/2	?[c]
Strombosia glaucescens Linn.	Olacaceae	4 3 1	1/2	?[c]
Strophanthus sarmentosus DC.	Apocynaceae	3 3 ?	3/2	?[a]
Strychnos innocua Del.	Loganiaceae	2 3 2	4	1[b]
Strychnos spinosa Lam.	Loganiaceae	2 3 2	4/7	1[b]
Symphonia globulifera Linn.	Guttiferae	4 2 1	1/2/9[c]	?[a]
Swartzia madagascariensis Desv.	Leguminosae[1]	3 3 2	4/7/6	2[b]
Syzygium guineense var.macrocarpum Engl.	Myrtaceae	2 3 ?	4/7/9	2[b]
Tabernaemontana crassa Benth.	Apocynaceae	4 3 ?	5/1	1[a]
Tabernaemontana longiflora Benth.	Apocynaceae	4 3 ?	?	?[f]
Tamarindus indica Linn.	Leguminosae[1]	3 3 1	4/7	2[b]
Tarrietia utilis Sprague	Sterculiaceae	5 3 1	1/2/3	?[a]
Tectona grandis Linn.f.	Verbenaceae	9 3 2	2	?[a]
Terminalia albida Sc.Elliot	Combretaceae	3 3 2	4/7	1-2[b]
Terminalia avicennoides Guill.& Perr.	Combretaceae	2 3 2	4/7	1-2[b]
Terminalia glaucescens Planch.ex Benth.	Combretaceae	2 3 2	3/7	1-2[b]
Terminalia ivorensis A.Chev.	Combretaceae	4 1 2	1(5)[c]/2[d]	?
Terminalia laxiflora Engl.	Combretaceae	2 3 2	4/7	1-2[b]
Terminalia macroptera Guill.& Perr.	Combretaceae	2 3 2	4/7	1-2[b]
Terminalia superba Engl.& Diels	Combretaceae	4 1 2	2/1/7	?[c]
Tetrapleura chevalieri (Harms) Bak.f.	Leguminosae[2]	5 2 ?	?	?[f]
Tetrapleura tetraptera (Schum.& Thonn.) Taub.	Leguminosae[2]	4 2 2	5/2	?[c]
Tetrorchidium didymostem.(Baill.)Pax & K.Hoffm.	Euphorbiaceae	4 3 2	2/5	?[a]
Tieghemella heckelii Pierre ex A.Chev.	Sapotaceae	4 1 1	1/2	?[d]
Trema guineensis (Schum.& Thonn.) Ficalho	Ulmaceae	3 3 ?	2/3	2[b]
Tricalysia bracteate Hiern	Rubiacea	5 3 1	2/3	3[b]
Tricalysia okelensis Hiern	Rubiaceae	2 3 1	3/4/7	3[b]
Trichilia emetica Vahl ssp.suberosa de Wilde	Meliaceae	2 3 ?	3/4/7	2[b]
Trichilia heudelotii Planch.	Meliaceae	4 3 ?	2/5/7	?[c]
Trichilia monadelpha (Thonn.) J.J. De Wilde	Meliaceae	4 3 ?	2	?[b]
Trichilia lanata A.Chev.	Meliaceae	4 3 ?	1[c]/2/5[a]	?[b]
Trichilia prieuriana A.Juss.	Meliaceae	4 3 2	1-3	?[a]
Trichoscypha arborea A.Chev.	Anacardiaceae	4 2 1	1/9	?[a]
Trichoscypha baldwini Keay	Anacardiaceae	5 3 1	1	?[a]
Trichoscypha beguei Aubr.& Pellégr.	Anacardiaceae	5 3 ?	1	?[a]
Trichoscypha chevalieri Aubr.& Pellégr.	Anacardiaceae	5 3 1	1	?[a]
Trichoscypha yapoensis Aubr.& Pellégr.	Anacardiaceae	5 3 ?	1	?[a]
Trilepisium madagascariensis DC.	Moraceae	4 2 2	5/2/9	?[c]
Triplochiton scleroxylon K.Schum.	Sterculiaceae	4 1 2	2/5/1[c]/6/3[a]	?
Turraea heterophylla Smith	Meliaceae	4 4 1	1/5	?[a]
Turraeanthus africanus (Welw.ex C.DC.) Pellégr.	Meliaceae	5 2 1	1/2	?[c]
Uapaca esculenta A.Chev.ex Aubrev.& Léandri	Euphorbiaceae	4 2 1	1/2	?[a]
Uapaca guineensis Muell.Agr.	Euphorbiaceae	4 2 1	1/2/7	?[c]
Uapaca heudelotii Baill.	Euphorbiaceae	3 3 1	1/9	?[d]

Uapaca somon Aubrev.& Léandri	Euphorbiaceae	2 3 2	4/7/9[a]	1-2[b]
Uapaca togoensis Pax	Euphorbiaceae	3 3 1	4/7[c]	2[b]
Usteria guineensis Willd.	Loganiaceae	3 2 ?	3/5/2	?[a]
Vernonia colorata (Willd.) Drake	Compositae	3 3 1	2/5	?[a]
Vernonia conferta Benth.	Compositae	4 3 1	2/5	?[a]
Vismia guineensis (Linn.) Choisy	Guttiferae	4 2 1	1/5	?[a]
Vittelaria paradoxa Gaertn.	Sapotaceae	2 3 2	4/7	2[b]
Vitex doniana Sweet	Verbenaceae	3 3 2	8/4/5	2[b]
Vitex grandifolia Gürke	Verbenaceae	4 2 2	5/2	2[b]
Vitex micrantha Gürke	Verbenaceae	5 3 1	1	3[b]
Ximenia americana Linn.	Olacaceae	9 3 1	3/4/7/9	2-3[b]
Xylophia aethiopica (Dunal) A.Rich.	Annonaceae	3 2 ?	2	?[a]
Xylophia parvifolia (A.Rich.)	Annonaceae	3 3 ?	1-3	?[a]
Xylophia staudtii Engl.ex Hutch.& Dalz.	Annonaceae	4 2 1	1[c]/2[d]	?
Xylophia villosa Chipp.	Annonaceae	4 2 2	2/9	?[a]
Zanha golungensis Hiern	Sapindaceae	3 2 ?	3[a]	3[b]
Ziziphus mauritiana Lam	Rhamnaceae	0 3 1	4	3[b]

Tabellenlegende von links nach rechts:

1. Spalte: Artname
2. Spalte: Familienname
3. Spalte: Arealtyp
4. Spalte: Lebensform
5. Spalte: Jahreszeitliches Verhalten
6. Spalte: natürliche Verbreitung
7. Spalte: Feuerverträglichkeit

zu 3:	0	=	sahelisch
	1	=	sudano-sahelisch
	2	=	sudano-zambesisch (sz)
	3	=	sudano-guineensisch (Gc-Sz)
	4	=	guineeisch-kongolesisch (Gc)
	5	=	" " , endemisch im Waldbereich westlich von Togo
	6	=	" " , endemisch in Côte d'Ivoire
	9	=	eingeführt und/oder kultiviert
zu 4:	1	=	Megaphanerophyt (> 30m)
	2	=	Mesophanerophyt (8-30m)
	3	=	Microphanerophyt (2-8m)
	4	=	Nanophanerophyt (0,25-2m)
zu 5:	1	=	immergrün
	2	=	laubwerfend
zu 6:	1	=	immergrüner Feuchtwald
	2	=	halbimmergrüner Feuchtwald
	3	=	dichter Trockenwald
	4	=	Foret claire / foret sèche / savane sudanaise
	5	=	Feuchtwald: **sekundär**
	6	=	Sumpfwald
	7	=	savane preforestiere / savane guineene
	8	=	savane prelagunaire / littoral
	9	=	Foret galerie
zu 7:	1	=	extrem feuerresistent
	2	=	feuerresistent
	3	=	Bestand durch Feuer gefährdet
	4	=	feuerunverträglich

Leguminosae[1] = Caesalpiniaceae
Leguminosae[2] = Mimosaceae
Leguminosae[3] = Papilionaceae
[a]: Aubreville, 1959, T. I-III
[b]: Aubreville; 1950
[c]: Vivien & Faure, 1985
[d]: Kunkel, 1961
[e]: Berg & Wiebs, 1992
[f]: Ake Assi, 1984

Anthropogene Veränderungen der Vegetationsbedeckung in Côte d'Ivoire seit der Kolonialisierung

von

Martin Wohlfarth-Bottermann

Mit 53 Abbildungen

Inhaltsverzeichnis

Abbildungsverzeichnis 304
Abkürzungen 306
1. Ziele, Material und Methodische Ansätze der Untersuchung 307
2. Waldtransformation: Aspekte eines Problems 310
3. Die Vegetation 322
    3.1. Die Natürliche Vegetation 322
    3.2. Sukzessionen und Ruderalgesellschaften 331
4. Ursachen und Bedingungen anthropogener Veränderung der Vegetation 335
    4.1. Holzwirtschaft 335
    4.2. Anthropogeographie 343
    4.3. Landwirtschaft 348
5. 1900-2000: Landnutzungsveränderung in der Regenwaldzone 358
6. Das Mosaik historischer Informationen 370
    6.1. Die präkoloniale Epoche 371
    6.2. 1893-1960 : Die Kolonialzeit 375
        6.2.1. 1884-1907 : "Friedliche Durchdringung" 375
        6.2.2. 1908-1920 : Die Phase der Pazifizierung 404
        6.2.3. 1920-1929 : Die Phase der kolonialen "Inwertsetzung" 407
        6.2.4. 1929-1939 : Wachstum der Städte, Intensivierung der Landwirtschaft 411
        6.2.5. 1939-1949 : Erzwungene Autarkie 416
        6.2.6. 1949-1955: Der Kaffee-Kakao-Boom 419
    6.3. Der Zeitraum seit der Unabhängigkeit im Jahre 1960 421
        6.3.1. 1955-1965: Diversifizierung der Landwirtschaft 421
        6.3.2. 1965-1975: "Finale" Erschließung des Südwestlichen Regenwaldes 427
        6.3.3. 1975 - Gegenwart: Krise 437
7. Zusammenfassung 445
    7.1. Summary 449
    7.2. Resumé 452
8. Literaturverzeichnis 457
Indices 472
    Sachindex 472
    Ortsindex 476
    Personenindex 479

Abbildungsverzeichnis

Abb. 1: Bestand und Anteil der Gehölzvegetation (FAO) an den Tropenräumen im Jahr 1980 311

Abb. 2: Flachwurzel in einen dichten Combretaceae-Trockenwald 314

Abb. 3: Hypothetisches Schema der Vegetation während klimatisch unterschiedlicher Phasen des Quartär 317

Abb. 4: Einfluß der Küstenorientierung auf das Niederschlagsaufkommen 323

Abb. 5: Gehölzsavanne nach Passage des Feuers in der späten Trockenzeit 326

Abb. 6: Strukturbild des regengrünen Trockenwaldes 327

Abb. 7: Strukturbild einer Waldsavanne 327

Abb. 8: Struktur des immergrünen Regenwaldes der Tieflagen 327

Abb. 9: Struktur des halbimmergrünen Regenwaldes der Tieflagen 327

Abb. 10: Vegetationsformationen in Côte d'Ivoire 328

Abb. 11: Vegetationsgruppen in Côte d'Ivoire 329

Abb. 12: Schematisierte Entwicklung der Vegetation des halbimmergrünen Regenwaldes unter An- und Abwesenheit anthropogener Einflüsse 332

Abb. 13: Schematisierte Entwicklung der sudanischen Vegetation unter An- und Abwesenheit anthropogener Einflüsse 334

Abb. 14: Rundholzverladung in Abidjan 335

Abb. 15: Frisch angeschnittener halbimmergrüner Primärregenwald 336

Abb. 16: Areale der in der frühen Kolonialzeit kommerzialisierten Holzarten 337

Abb. 17: Holzexport aus Côte d'Ivoire 338

Abb. 18: Anthropogene Veränderungen der Vegetation und ethnische Grenzlinien im Raum Adzopé um 1970 346

Abb. 19: Idealtypische Sequenz der Raumentwicklung durch Spontane Agrarkolonisation 351

Abb. 20: Brandrodung allochthoner Einwanderer im immergrünen Primärregenwald südöstlich des Taï-Nationalpark 354

Abb. 21: Typische Nahrungmittelanbauzyklen autochthoner Körnerfruchtpflanzer und allochthoner Knollenfruchtpflanzer 356

Abb. 22: Marktfrucht-Anbauzyklen autochthoner Körnerfruchtpflanzer und allochthoner Knollenfruchtpflanzer 357

Abb. 23: Daten und Regressionen zur Entwicklung der Fläche des ivorischen Regenwaldes im 20. Jahrhundert 359

Abb. 24: Flächenentwicklung verschiedener Landnutzungskategorien in der Regenwaldzone 362

Abb. 25: Landnutzungsveränderung in der Regenwaldzone 1900 bis 2000 369

Abb. 26: Anthropogene Veränderungen der Vegetation um 1890 374
Abb. 27: Geographischer Erkenntnisstand im Raum Côte d'Ivoire um 1885............. 376
Abb. 28: Übersichtskarte der Expedition Binger 1887/89................................... 377
Abb. 29: Übersicht der Expedition Hostains - d'Ollone 1898/1899 379
Abb. 30: Die Ausdehnung des Regenwaldes in Côte d'Ivoire um 1906/07............... 383
Abb. 31: Anthropogene Veränderungen der Vegetation um 1900 395
Abb. 32: Blick auf den Mont Nimba von Norden.. 401
Abb. 33: Anthropogene Veränderungen der Vegetation um 1910 405
Abb. 34: Anthropogene Veränderungen der Vegetation um 1920 409
Abb. 35: >Parc National de Taï< Dekretierter Statuswandel 1926 - 1990 412
Abb. 36: Anthropogene Veränderungen der Vegetation um 1930 415
Abb. 37: Anthropogene Veränderungen der Vegetation um 1940 417
Abb. 38: Erosion in einer Ananas-Plantage während der frühen Regenzeit 419
Abb. 39: Anthropogene Veränderungen der Vegetation um 1950 420
Abb. 40: Küstensavannen- und Regenwaldtransformation im Raum Dabou............. 422
Abb. 41: Hevea-Plantage bei Ousrou im Landkreis Dabou 423
Abb. 42: Anthropogene Veränderungen der Vegetation um 1960 426
Abb. 43: Raumplanung in der Südwestregion.. 429
Abb. 44: Anthropogene Veränderungen der Vegetation um 1970 430
Abb. 45: Entwicklung der Regenwaldfläche im Nordwesten 432
Abb. 46: Vegetationsveränderung im Raum des Zuckerrohr-
        Bewässerungskomplexes Borotou... 434
Abb. 47: Flächenreduktion des Trockenwaldes im Nordwesten........................... 436
Abb. 48: Anthropogene Veränderungen der Vegetation um 1980 438
Abb. 49: Anthropogene Veränderungen der Vegetation um 1990 439
Abb. 50: Aus spontaner Agrarkolonisation resultierende Kulturlandschaft............... 440
Abb. 51: Regenwaldtransformation westlich des Taï-Nationalpark 1956 442
Abb. 52: Regenwaldtransformation westlich des Taï-Nationalpark 1986/1988 443
Abb. 53: Anthropogene Vegetationsveränderung durch Holzexploitation und
        Agrarkolonisation vom immergrünen Primärregenwald über
        Sekundärregenwald zu Savanne.. 444

Abkürzungen

AFOM	Archives de la France d'Outre Mer (Aix-en-Provence)
ANCI	Archives Nationales de la Côte d'Ivoire (Abidjan)
AOF	Afrique Occidentale Francaise
ARSO	Autorité pour la Region du Sud-Ouest
AVB	Autorité pour l'Aménagement de la Vallée du Bandama
BP	Before Present
CEE	Communauté Economique Européenne
CFA	Communauté Financiere Africaine (50 F-CFA = 1 FF)
CNF	Centre National Floristique (Abidjan)
CNRS	Centre National de la Recherche Scientifique [Centre d'Etudes de Géographie Tropicale] (Bordeaux)
CTFT	Centre Technique Forestière Tropicale (Nogent-sur-Marne, Bouaké)
ERTS	Earth Resources Technology Satellite
FAO	Food and Agriculture Organisation (United Nations)
FF	Franc Francaise
HRV	High Resolution Visible (Panchromatischer Breitbandmodus)
IBAS	Interaktives Bildanalyse System
IET	Institut d'Ecologie Tropicale (Abidjan)
IFAN	Institut Fondamental [alias Francaise] d'Afrique Noire (Dakar)
IGCI	Institut de Géographie de la Côte d'Ivoire (Abidjan)
IGN	Institut Géographique National (Paris)
IGT	Institut de Géographie Tropicale (Abidjan)
IMF	International Monetary Fund
MSS	Multi Spectral Scanner
ORSTOM	Office de la Recherche Scientifique et Technique Outre-Mer (Paris, Adiopodoumé, Petit Bassam)
RAN	Regie du Chemin de Fer Abidjan - Niger
SAPH	Société Africaine de Production d'Hévéa
SATMACI	Société d'Assistance Technique por la Modernisation de l'Agriculture en Côte d'Ivoire
SMAG	Salaire Minimum Agricole Garanti
SODEFOR	Société des Plantations Forestières
SODEPALM	Société pour le Développement du Palmier à huile
SODERIZ	Société pour le Développement de la Riziculture
SODESUCRE	Société pour le Développement des Plantations de la Canne à Sucre
SPOT	Système Probatoire d'Observation de la Terre

1. Ziele, Material und Methodische Ansätze der Untersuchung

Das Ziel der Untersuchung - die qualitative und quantitative Erfassung anthropogener Veränderungen der Vegetation im Raum Côte d'Ivoire seit der Kolonialisierung - ist zeitlich und räumlich weit gefaßt. Eine Näherung ist nur möglich unter weitgehender Beschränkung der zeitlichen, räumlichen und qualitativen Auflösung dieses Vorganges. Auf Basis der vorliegenden Arbeiten zur Vegetation von Côte d'Ivoire werden, unter besonderer Berücksichtigung ihrer *Resilianz*, zunächst die *natürlichen Vegetationsformationen* und *-gruppen* sowie deren *Ruderalgesellschaften* vorgestellt. Anschließend werden - mit dem Ziel der Isolierung von zeitlich-räumlichen Leitlinien der Vegetationstransformation *Ursachen* und *Bedingungen* sowie *Formen* und *Folgen* anthropogener Einflüße auf die Vegetation dargelegt.

Chronogeographische Studien sind aufgrund mannigfacher Probleme selten. Noch seltener sind, gleich welchen Maßstabes, quantitative Untersuchungen zur temporalen Veränderung der Vegetation und liegen insbesondere aus dem Raum Côte d'Ivoire bislang nicht vor. Die Gründe hierfür sind sicher zuerst Auswertungsprobleme der vor- wie nachfernerkundungszeitlich sehr unterschiedlichen Informationsquellen, die überdies beträchtliche zeitliche und räumliche Lücken aufweisen. In der vorliegenden Arbeit soll versucht werden, sich diesem Problem mittels der Synthese von drei Ansätzen zu nähern. Es sind dies:

Ansatz 1: Analyse statistischer Daten zur Landnutzungsveränderung

Vegetationsveränderungen sind eng verbunden mit der für einzelne Landnutzungsarten sowie einzelne Zeitpunkte statistisch dokumentierten Landnutzungsänderung. Die Auswertung dieser Daten erlaubt die Konstruktion eines Datenskelettes, das auf der Basis einiger Prämissen zur frühkolonialen Landnutzung sowie unter Berücksichtigung der historischen Dynamik, in einer Kalkulationsmatritze zu einem kontinuierlichen quantitativen Modell der Landnutzungsveränderung in der Regenwaldzone ausgebaut wird. Dieses Modell erlaubt zum einen die näherungsweise Bestimmung fehlender Landnutzungsdaten für die Vergangenheit, zum anderen aber auch eine begründete Prognose der weiteren Landnutzungsentwicklung bis zum Jahre 2000. Mit der (als Quotient von Brachfläche und Nahrungsmittelanbaufläche definierten) mittleren Brachzeit verfügt dieses Modell auch über einen *qualitativen Indikator*.

Ansatz 2: Auswertung deskriptiver historischer Quellen

Die *räumliche Dimension* anthropogener Veränderungen der Vegetation kann für die Zeit vor Einführung der Fernerkundung, und insbesondere für das 19. Jahrhundert nur durch Literaturarbeit (im weitesten Sinne inklusive kartographischer, piktoraler und oraler Quellen) erschlossen werden. Durch Archivrecherchen in Abidjan (Archives Nationales) und Aix-en-Provence (Archives de la France d'Outre Mer) sollen

(A) das Raummuster der anthropogenen Vegetationsdegradation historisch-genetisch rekonstruiert werden,
(B) für die Frühzeit der Kolonialisierung eine Bewertung von Art und Umfang anthropogener Wirkungen herbeigeführt, und
(C) die räumliche Ausdehnung des Regenwaldklimaxareals, und insbesondere dessen zonale Abweichungen verifiziert werden.

Um diese Arbeitsziele zu erreichen, wurden die in botanischen, historischen, administrativen, ökonomischen und geographischen Quellen verstreuten Daten und Informationen zum Thema auf der Basis eines 1° x 1° Gitternetzes in einer Zeit-Raum-bezogenen Datenbank ordiniert und in an die historischen Entwicklungsphasen angepaßten Tranchen interpretiert. Die Ergebnisse wurden in einer Serie kleinmaßstäbiger Karten für jede Dekade seit 1890 kartographisch umgesetzt. Lücken im raum-zeitlichen Informationsnetz wurden unter Berücksichtigung der aktuellen und historischen Zusammenhänge von konservierenden und degradativen Faktoren näherungsweise geschlossen.

Ansatz 3: Multitemporale Analyse räumlich differenzierter Datensätze

Dieser *quantitative* Ansatz ist durch die Verfügbarkeit von Fernerkundungs- und Kartenmaterial sowie durch den Umfang der eigenen Forschungsreisen in der räumlichen und mehr noch in der zeitlichen Dimension beschränkt. Bezüglich der Verwendung des vorhandenen Materials ergaben sich für die multitemporale Analyse weitere Einschränkungen aus der unterschiedlichen Qualität einzelner Materialien. Infolge dieser Einschränkungen konnten multitemporale Analysen räumlich differenzierter Datensätze lediglich beispielhaft für Teilräume Untersuchungsgebietes, und dort auch nur für den Zeitraum ab etwa 1960 durchgeführt werden.

Material

Die trotz weitgehender Entwaldung immer noch starke morgendliche Konvektionsbewölkung bedingt im Raum Côte d'Ivoire einen besonders stark ausgeprägten Satellitenbildmangel (passive Systeme). Hier sind bis zu 602 Aufnahmeversuche erforderlich um eine Aufnahme mit weniger als 10 % Wolkenbedeckung zu erhalten (SPOT IMAGE 1989). Die im Rahmen der Untersuchung verfügbaren Szenen liegen daher überwiegend in der nördlichen Landeshälfte und wurden in der Trockenzeit aufgenommen. Aus dem Raum der Regenwaldzone standen zwei LANDSAT/TM bzw. SPOT Szenen (als Falschfarbenanalogbilder) sowie Luftbilder des Raumes westlich des Taï-Nationalparks aus der Befliegung von 1956 zur Verfügung. Sechs der insgesamt zehn verfügbaren Satellitenbildszenen der Côte d'Ivoire lagen multitemporal vor. Die ERTS/LANDSAT Szenen stammen überwiegend aus den frühen und späten 70er Jahren, die LANDSAT/TM bzw. SPOT Szenen aus den Jahren 1986 und 1988. Die älteren ERTS Szenen lagen als Diapositivaufnahmen der Spektralkanäle 5 (sichtbares Licht, rot) und 7 (nahes Infrarot) vor. Die jüngeren LANDSAT/MSS Szenen standen ebenfalls als

Diapositiv, allerdings lediglich des Kanal 5 zur Verfügung. Ein wesentliches Merkmal des ERTS und LANDSAT sowie in geringerem Maße auch des LANDSAT5/TM und SPOT Bildmaterials sind die unterschiedliche digitale Ausgangsqualität und damit unterschiedliche Bildvorverarbeitung der einzelnen Szenen und Kanäle. Diese qualitativen Unterschiede (innerhalb einer, wie zwischen den verschiedenen Datenquellen) sind für die Detektion temporaler Veränderungen der limitierende Faktor. Die beträchtlichen räumlichen wie zeitlichen Einschränkungen, die sich für die temporale Analyse aus den Schwachstellen innerhalb einer Bildsequenz ergeben, konnten durch Einbeziehung der Vegetationskarte 1 : 500 000 (GUILLAUMET / ADJANOHOUN 1971) sowie eigene Geländebeobachtungen teilweise überwunden werden.

Methoden

1. *Visuelle Interpretation* des multispektralen Bildmaterials am Farbmischprojektor beziehungsweise am Falschfarbenbild, im Einzelfall unter Einbeziehung digitaler Methoden der Bildverbesserung (KONTRON/IBAS).
2. *Projektion* der multispektral gewonnen Interpretation auf das in der zeitlichen Dimension lediglich monospektral vorliegende Bildmaterial und die kartographischen Referenzquellen
3. *Digitalisierung* der Resultate zum Zwecke der
4. numerischen *Quantifizierung* und
5. graphischen *Dokumentation* temporaler Veränderungen.

"La situation peut même être plus dramatique encore que nous le pensions de prime abord; peut-être en présence de la constatation d'une plaie très grave qui ronge très anciennement l'Afrique tropicale, sommes-nous dans la position d'un médecin appelé tardivement auprès d'un mourant, et non pas au début d'une maladie." (AUBREVILLE 1949a)

2. Waldtransformation: Aspekte eines Problems

Quantitative Aspekte

Seit der neolithischen Revolution vor 11 000 Jahren hat der Mensch die Fläche der offenen und geschlossenen Gehölzvegetation der Erde von etwa 62 Mio. km³ auf 43 Mio. km³, also um etwa ein Drittel reduziert (Deutscher Bundestag 1990). Bislang betraf diese *Transformation* vor allem die sommergrünen Laub- und Laubnadelmischwälder der gemäßigten mittleren Breiten sowie die Hartlaubwälder der winterfeuchten Klimate, die fast vollständig in Kulturland überführt wurden. Während aber der Restbestand dieser Wälder sich in den letzen 150 Jahren überwiegend stabilisiert hat, und in manchen Regionen sogar wieder leicht angestiegen ist, verringerte sich im gleichen Zeitraum die Fläche der Tropenwälder dramatisch: Sie schrumpfte - in einem zunehmend exponentiell verlaufenden Prozeß - auf etwa 18 Mio. km³ offener und geschlossener Tropenwälder im Jahr 1990, und wird bis zum Jahr 2000 voraussichtlich auf 15 Mio. km³ absinken (Deutscher Bundestag 1990). Damit ist der Tropenwald vermutlich schon heute auf etwa die Hälfte des Raumes seiner potentiellen natürlichen Verbreitung zurückgedrängt worden.

In Abhängigkeit von den jeweiligen Definitionen weisen Zahlenangaben zu tropischen Waldflächen eine starke Streuung auf: Sie schwanken beispielsweise zwischen 8 Mio. km³ (MYERS 1989) und 12 Mio. km³ (LANLY 1982). Definitionsprobleme - insbesondere die Unterscheidung von offener und geschlossener, von feuchter und trockener Waldvegetation - beeinträchtigen die Validität quantitativer Angaben. Auch fehlt Klarheit über die natürliche Verbreitung, das *Klimaxareal* des tropischen Regenwaldes. In Afrika, wo Art und Alter anthropogener Einflüsse auf die Vegetation besonders umstritten sind, weisen auch die Zahlenangaben zu den geschloßenen Wäldern und der gesamten Gehölzvegetation den größten Unterschied auf: 2,15 Mio. km³ geschlossenen Tropenwaldes stehen hier einer Gesamtgehölzfläche von 13,1 Mio. km³ gegenüber, die möglicherweise eine Waldvegetation ausbilden können.

Selbst die Angaben zur aktuellen Fläche des offenen und geschlossenen Regenwaldes zeigen auf diesem Kontinent die größte Streuung. Sie reichen von 1,75 Mio. km³ (SOMMER 1976) bis 2,21 Mio. km³ (POSTEL / HEISE 1988). Unter der Voraussetzung, daß die großen offenen Waldflächen Afrikas natürlich bedingt sind sowie unter Zugrundelegung eines in der Literatur vorherrschenden Wertes von 2,6 Mio. km³ für das

Klimaxareal des geschloßenen tropischen Regenwaldes, weist das tropische Afrika damit einen Waldflächenverlust von 15 bis 40 % auf, der sich insgesamt etwas langsamer entwickelt als im tropischen Amerika und Asien. Innerhalb Afrikas ist es Westafrika, wo mit einer Reduktion um 73 % von 0,5 Mio. km³ auf 0,136 Mio. km³ (FAO 1981) die stärksten regionalen Verluste aufgetreten sind. Es scheint realistisch anzunehmen, daß die Regenwaldfläche Westafrikas heute bei etwa 20 % des Klimaxareals liegt.

Nach den eigenen Kalkulationen waren 1990 in Côte d'Ivoire noch etwa 17 300 km² oder 11 % des Klimaxareals von Regenwald bestanden. Nach der Waldinventur von

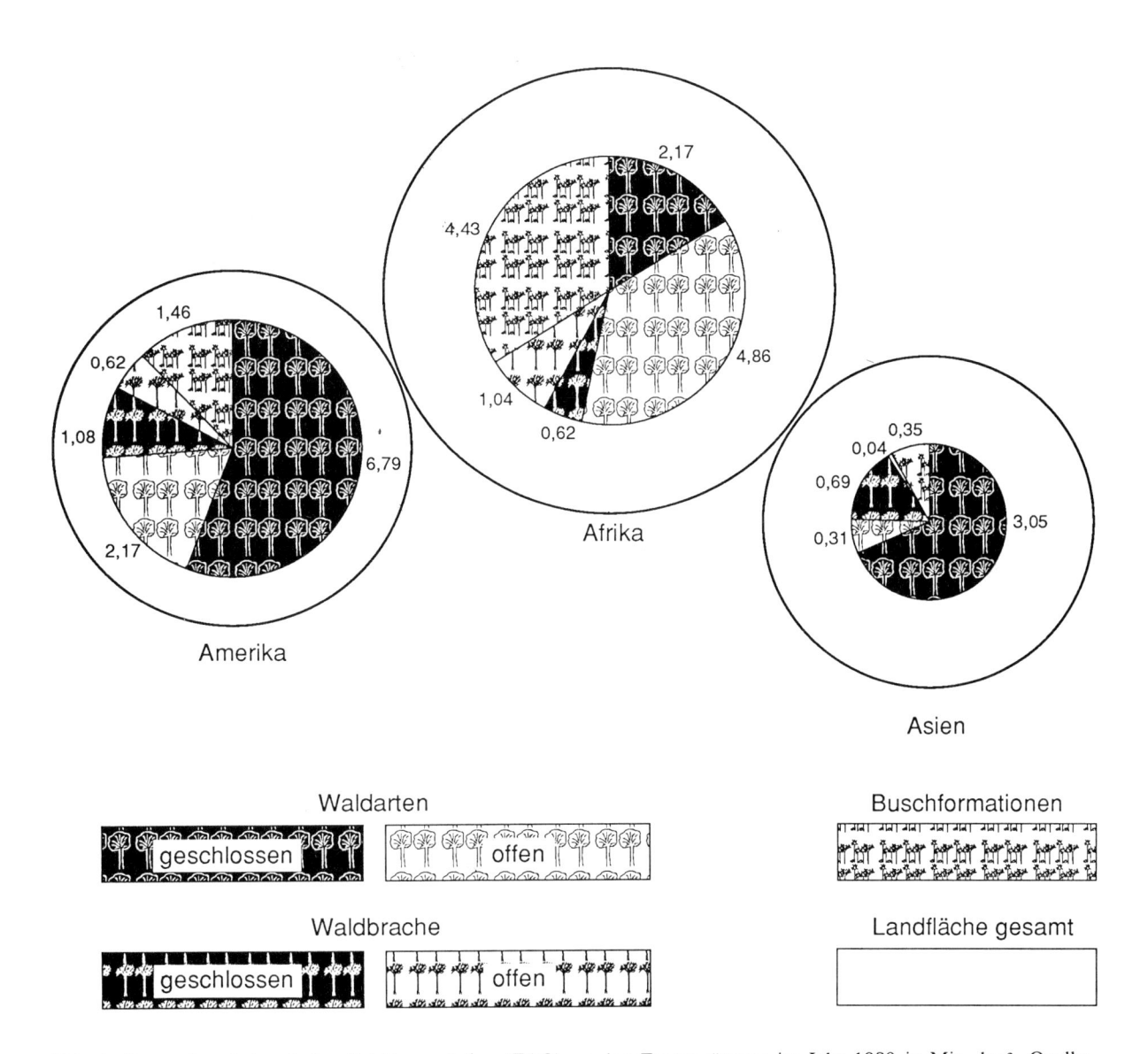

Abb. 1: Bestand und Anteil der Gehölzvegetation (FAO) an den Tropenräumen im Jahr 1980 in Mio. km². Quelle: Deutscher Bundestag (1990)

MYERS (1989) liegt dieser Wert bei 16 000 km³. In den 70er und 80er Jahren verzeichnete Côte d'Ivoire mit jährlichen Verlusten von mehr als 8 % der verbliebenen Regenwaldflächen die *welthöchsten Entwaldungsraten*. Im Vergleich mit den absoluten Zahlen der aktuellen Waldverluste in Amazonien, welche im Jahr 1987 nach auf Fernerkundung beruhenden Schätzungen bei 200 000 km² und 1988 bei 400 000 km² (HILDYARD 1989) lagen, erscheint der bislang höchste jährliche Waldflächenverlust der Côte d'Ivoire von 3500 bis 4000 km² zunächst quasi vernachlässigbar. Vergegenwärtigt man sich jedoch, daß die heutige Regenwaldfläche in Brasilien nach offiziellen Angaben immer noch bei 96 %, nach unabhängigen Untersuchungen bei 85 - 80 % von deren Klimaxareal liegt (HILDYARD 1989), während dieser Wert in Côte d'Ivoire gegenwärtig auf etwa 11 % abgesunken ist, daß also die relative Regenwalddegradation in Brasilien gegenwärtig in etwa auf dem Stand der Côte d'Ivoire von 1945/50 ist, dann wird deutlich, daß die Degradation des ivorischen Regenwaldes als Experiment begriffen werden kann, dessen Dokumentation von Wert für die Abschätzung der ökonomischen und ökologischen Konsequenzen der im kontinentalen und globalen Maßstab weniger fortgeschrittenen Entwicklung sein kann.

Ökologische Aspekte

Über die Entwicklung des globalen Tropenwaldbestandes ist die Weltöffentlichkeit zu Recht beunruhigt. Das mag daran liegen, daß über die Folgen dieses Vorganges noch weniger sichere Erkenntnisse vorliegen, als über seine Ausmaße. Die ökologischen Folgewirkungen anthropogener Veränderungen der Vegetationsbedeckung treten in verschiedenen räumlichen Maßstäben auf. Zu den bekanntesten Problemen im globalen Maßstab zählt seit den Arbeiten von LIETH / WHITTAKER (1975) und BACH (1976) der menschliche Eingriff in den globalen *Kohlenstoff-Kreislauf*. Bei der Vernichtung oder Degradierung tropischer Wälder werden große Mengen von Schadstoffen emittiert, die den Strahlungshaushalt der Erde beeinflussen. Seit vorindustrieller Zeit hat sich der CO_2 Gehalt der Atmosphäre um etwa 15 % erhöht. Infolge des durch CO_2 und andere Gase erhöhten Absorptionsvermögens der Atmosphäre für langwellige Strahlung wird bis 2020/2030 mit einer Erhöhung der bodennahen Weltmitteltemperatur um ein bis drei Grad C° gegenüber der vorindustriellen Zeit gerechnet. An diesem anthropogenen "Treibhauseffekt" ist die Degradation der Tropenwälder mit einem Anteil von etwa 15 % beteiligt (HOUGHTON 1990). Temperaturänderungen ziehen schwerwiegende Änderungen des *Wasserhaushaltes* nach sich. Regional differenzierte Prognosen rechnen mittelfristig mit trockeneren Verhältnissen in den gemäßigten Breiten, dem Mittelmeerraum, dem äquatorialen Südamerika sowie in West- und Zentralafrika. Veränderungen im Sinne eines Klimawandels hin zu humideren Verhältnissen werden in der der Polar- und Subpolarzone, in der östlichen Hälfte Afrikas zwischen Sudan und Mozambique, auf der Arabischen Halbinsel, dem Indischen Subkontinent und im westlichen Australien erwartet (BRUENIG 1985).

Umstrittener sind die ökologischen Auswirkungen des über die Biosphäre veränderten Strahlungshaushaltes. Da Vegetation Strahlung stark absorbiert, führt Vegetationsdegradation grundsätzlich zu einer erhöhten Rückstrahlung der Sonnenenergie in den Weltraum (Erhöhung des Albedowertes), die aufgrund der Verringerung aufsteigender Luftbewegungen einen *selbstverstärkenden* Prozeß der Niederschlagsverringerung in Gang setzen kann. Veränderungen der Oberflächenalbedo wurden von CHARNEY (1975) mit der Desertifikation des Sahel in Verbindung gebracht.

Neben oder eingebettet in die Problemfelder des Treibhauseffektes und der Albedoveränderungen liegt das wesentliche Problem: die Veränderung des *Wasserhaushaltes* auf der mikro- und mesoklimatischen Ebene. Wald bildet gerade im Wasserhaushalt der Tropen einen wichtigen Speicher, der auch dafür verantwortlich ist, daß erhebliche Teile des Niederschlages in die Atmosphäre retranspiriert werden und somit für den wiederholten Niederschlag und/oder den Transport in meerfernere Räume wieder zur Verfügung stehen (BRÜNIG 1989). Der bereits von AUBREVILLE (1949a, S. 338/39) vermutete ursächliche Zusammenhang zwischen der Degradation des Regenwaldes und einer Verminderung des Niederschlagsaufkommens ist also, wenn wir an die jüngeren Dürreperioden des Sahel denken, sehr wahrscheinlich.

Nach MONTENY (1982, unveröffentlicht) stehen im Regenwald von Côte d'Ivoire 75 % und in der Savanne 65 % der Globalstrahlung für die Evapotranspiration und andere Wärmetauschprozesse zur Verfügung. Seine Gegenüberstellung der Evapotranspirationswerte von Regenwald und Savanne verdeutlicht die Bedeutung der innertropischen Vegetation für die Niederschlagsbildung in den Randtropen: Während aus dem Regenwald 60 % des Jahresniederschlages in die Atmosphäre zurückgeführt werden, sind dies in der Savanne nur 35 %. Bei landwirtschaftlicher Nutzung durch Baum- und Strauchkulturen sinkt die Strahlungsbilanz über der Regenwaldzone auf 65 % ab, was etwa dem Wert einer Savanne entspricht. Bezüglich des Wasserhaushaltes bewirkt landwirtschaftliche Nutzung in der Regenwaldzone vor allem eine beträchtliche Erhöhung des Oberflächenabflusses, wodurch der Anteil des in die Atmosphäre zurückgeführten Wassers auf 45 % absinkt. Über der Savanne hingegen verändern sich Strahlungsbilanz und Wasserhaushalt durch den Ersatz der "natürlichen" Vegetation durch Mischkulturen nur geringfügig: Die Strahlungsbilanz fällt von 65 % auf 60 % ab, der Anteil des in die Atmosphäre rückgeführten Wassers sinkt von 30 % auf 20 %. Eine vollständige Beseitigung der Baumvegetation hingegen verändert sowohl den Wasser- als auch Strahlungshaushalt in beiden Vegetationsformationen einschneidend. Während in der Regenzeit Strahlungsbilanz und Wasserhaushalt der Rodungsfläche etwas unter den Werten des Jahresmittels der Regenwaldzone liegen, gleichen der Wasser- und Energiehaushalt der vollständig gerodeten Fläche in der Trockenzeit denen eines volläriden Raumes: Die Strahlungsbilanz fällt auf 50 %, der Anteil des in die Atmosphäre rückgeführten Wassers sinkt auf 5 %. Diese Befunde werden auch durch die eigenen Beobachtungen unterstützt. So fehlt beispielsweise in den Neusiedlungsgebieten östlich des Taï-Nationalparks, wo die Waldvegetation gänzlich beseitigt wurde, das transpirationsbedingte morgendliche Nebelaufkommen. Westlich des Nationalparks hingegen findet in vergleichbarer Meereshöhe, bei einer Waldbedeckung von etwa 50 %, auch in der Trockenzeit noch morgendliche Nebelbildung statt.

Die Degradation der tropischen Vegetation bedingt auch Veränderungen des Bodens, die ihrerseits auf die Vegetation rückwirken. WEISCHET (1980) hat die Ergebnisse der mineralogischen und kristallographischen Forschung zur Frage der Desilifizierung der tropischen Böden zusammengetragen und eine Hypothese der "ökologischen Benachteiligung der Tropen" aufgestellt, in deren Mittelpunkt die chemisch bedingte minimale Austauschkapazität der Ferrallite steht. Seine These besagt im Kern, daß die hohe Primärproduktivität tropischer Regenwälder nur durch die spezielle Konfiguration ihrer biotischen Elemente gewährleistet ist. Praktisch steckt der gesamte Nährstoffpool des Systems in der Biomasse, wo er in einen kurzgeschlossen Kreislauf eingebunden ist. Tote Biomasse wird in allerkürzester Zeit zersetzt und ohne Einbindung in einen Bodenspeicher dem System wieder zugeführt. Die Effizienz dieses Systems beruht auf der Symbiose von höheren Pflanzen und Bodenpilzen, die den Raum zwischen den Wurzeln gegen Nährstoffverluste durch Versickerung absichern. Das extrem flach ausgerichtete Wurzelsystem ist ein sichtbarer Ausdruck (*vgl. Abb. 2*) dieser Organisation: 70 bis 80 % aller Feinwurzeln finden sich in den obersten 30 Zentimeter des Bodens.

Abb. 2: Flachwurzel in einen dichten Combretaceae-Trockenwald (natürliche Verjüngung). Comoé-Nationalpark bei Kapkin

Dieses in langen geologischen Zeiträumen hochgradig angepaßte und spezialisierte System kann kaum verändert werden, ohne die biologische Produktivität zu verringern. Rodungen berauben nicht nur die Bodenpilze ihrer Symbiosepartner, sie verschlechtern durch eine Erhöhung der täglichen Bodentemperaturamplitude auch die Existenzbedingungen der *Bodenfauna*. Das veränderte Mikroklima bewirkt eine starke Verringerung der Durchlässigkeit des Boden, wodurch auf Kosten des Bodenwasserspeichers der oberflächliche Abfluß erhöht wird. In Côte d'Ivoire führt dies, in Verbindung mit den überwiegend als Starkregen erfolgenden Niederschlagsereignissen, zu Erosionswerten von zwei bis fünf Tonnen Boden pro Jahr und Hektar (MONTENY 1982). Der Grad der chemischen und physikalischen Degradation des Bodens durch die Rodung ist stark abhängig von der eingesetzten Technik. Die mit großflächiger, maschineller Rodung verknüpften Gefahren wurden im Rahmen des >First International Symposium on Land Clearing and Development in the Tropics< 1984 in Ibadan (FÖLSTER 1984) eingehend dargestellt. Seine Ergebnisse können als Plädoyer für die Handrodung zusammengefaßt werden.

Die Reduktion der Flächen natürlicher Vegetation ist zwangsläufig auch mit einer Verringerung der *Speziesdiversität* verknüpft. Dies scheint besonders tragisch, wenn es sich dabei, wie von GUILLAUMET (1967) für die Taï-Region nachgewiesen, um ein *pleistozänes Refugium* mit einem hohen Anteil endemischer Arten handelt, zumal wenn davon auszugehen ist, daß viele Arten noch nicht wissenschaftlich registriert wurden.

Ökonomische Aspekte

Risikobelastete Veränderungen der natürlichen Vegetation können gerechtfertigt sein, wenn die verursachende *Landnutzung* in höhere volkswirtschaftliche Produktivität mündet. Der in Côte d'Ivoire eingeschlagene Entwicklungsweg aber führt über die Zerstörung empfindlicher Ökosysteme zur irreversiblen Degradation des bislang entscheidenden Produktionsfaktors, des Bodens.

Anhand von Zahlenmaterial aus den Jahren 1974/75 hat SCHMITHÜSEN (1977) die volkswirtschaftliche Wirkung der Landnutzungsalternativen Forstwirtschaft, Intensive Landwirtschaft und Extensive Landwirtschaft mit Brandrodungsbau am Beispiel der südwestlichen Côte d'Ivoire für eine Periode von 20 Jahren berechnet. Im Ergebnis liegt der Produktionswert der intensiven landwirtschaftlichen Nutzung - unterstellt wurde eine zweimalige Reisernte nach der Rodung und eine erste Kaffeeernte nach sechs Jahren - um 25 % über dem einer geordneten Forstwirtschaft. Die fiskalischen Einnahmen übertreffen bei intensiver Landwirtschaft die der Forstwirtschaft sogar um 40 %.

Der Autor legt aber anschließend dar, daß (unter Berücksichtigung der Wertschöpfung aus einer holzverarbeitenden Industrie) der potentielle Produktionswert unter landwirtschaftlicher und unter forstwirtschaftlicher Nutzung in der gleichen Größenordnung liegt. Seither aber hat sich die Ertragssituation - im wesentlichen aufgrund der irrationalen Liquidierung der Edelholzressource - die Konkurrenzfähigkeit der Landnutzungsform

Holzwirtschaft gegenüber der weltmarktorientierten Plantagenproduktion verschlechtert. Eindeutig zugunsten der Forstwirtschaft jedoch verläuft der Vergleich mit dem tatsächlich vorherrschenden extensiven Brandrodungsbau. SCHMITHÜSEN schätzt, daß (bezogen auf den Waldflächenrückgang der 70er Jahre) Côte d'Ivoire jedes Jahr ein Produktionswert von 2,5 Mia. DM sowie 300 Mio. DM Steuereinnahmen verloren gegangen sind. Unabhängig hiervon berechnete BERTRAND (1983) auf der Basis eines jährlichen Regenwaldflächenrückganges von 300 000 Hektar den alleinigen Verlustwert des kommerzialisierbaren Holzes auf 20 bis 50 Mia. CFA-Franc (132-330 Mio. DM). Die ökologischen Folgeschäden intensiver wie extensiver Landwirtschaft mit Brandrodungsbau entziehen sich bislang jeglicher volkswirtschaftlicher Quantifizierung.

Palaeoklimatische Aspekte

Im hier betrachteten Zeitraum waren die anthropogenen Vegetationsveränderungen in der *Sudanzone* - trotz Dürre in den 70er und 80er Jahren - gering im Vergleich zu den *strukturellen Veränderungen der Vegetation* in der Regenwaldzone. Die Vegetationsveränderungen die dort im wesentlichen auf den Regenwald beschränkten des 20. Jahrhunderts werden unter Annahme einer anthropogenen Savannengenese beträchtlich relativiert. Das Thema der Untersuchung steht im Spannungsfeld zweier grundsätzlicher Fragenkomplexe. Dies ist zum einen die eng mit der *Savannengenese* verbundene Frage nach dem Alter anthropogener Veränderungen der Vegetationsbedeckung: Zum anderen stellt sich die Frage nach den natürlichen Tendenzen der Vegetationsveränderung, mithin die Frage nach dem *natürlichen Trend* und den zeitlichen Maßstäben der Klima- und Vegetationsentwicklung. Im Laufe der Erdgeschichte ist es mehrfach zu Klimaschwankungen gekommen, und es finden sich auch in Côte d'Ivoire Hinweise für die Annahme, daß die Vegetation hier in weiten Räumen *nicht* im Gleichgewicht mit den natürlichen ökologischen Faktoren steht. Die entscheidende Frage ist also die nach dem Trend des natürlichen Klimawandels: Wirkt der natürliche Klimawandel als Bremser oder als Verstärker der anthropogener Klima- und Vegetationsveränderungen?

Eine Antwort auf diese Frage bedarf der Kenntnis des Palaeoklimas. Im folgenden soll daher der aktuelle Erkenntnisstand kurz dargelegt werden. Die Ausgangslage für die Erstellung einer absoluten Chronologie, auch nur des Quartärs, ist schlecht. In Côte d'Ivoire sind Standorte, die geeignet sind, Pollen in einem auswertbaren Zustand zu konservieren, kaum vorhanden. Auch fehlt den seltenen prähistorischen Funden aufgrund der hohen Umsatzgeschwindigkeit organischer Substanz jede mittels der radiokarbon-Methode auswertbare Komponente. Alle Versuche, geomorphologische Befunde im Raume von Côte d'Ivoire mit der absoluten Chronologie des Quartärs im Senegal (MICHEL 1969) zu korrelieren, bleiben daher Mutmaßungen (PELTRE 1977). Immerhin kann vermutet werden, daß es in Côte d'Ivoire zu Klimaschwankungen kam, die analog zu denen des senegalesischen Quartärs verliefen, zumal die Chronologie von MICHEL weitgehend mit den europäischen Glazial- und Interglazialzeiten harmoniert.

Wesentlich besser belegt ist die Klimageschichte des jüngeren Quartärs. MARTIN (1969) hat 63 Meter unter NN Reste eines Torfmoores gefunden, welches mittels C_{14} auf 23 000 b.p. datiert werden konnte, und dessen Pollengehalt auf eine von Gräsern beherrschte Savannenvegetation im damaligen ivorischen Küstenraum schließen läßt. Ein zweiter, auf 11 900 b.p. datierter Fund deutet die Rückkehr zu humideren Verhältnissen an (PELTRE 1977).

Im Küstenraum der Côte d'Ivoire findet sich nördlich der Lagunen auf tertiären und quartären Sanden eine von Gräsern dominierte *azonale* Vegetation. Die Genese dieser sogenannten *Küstensavannen* wurde lange kontrovers diskutiert, denn eine anthropogene Entstehung ist hier durchaus denkbar:

"Une légende qui se transmet chez les populations côtièrs, prétend que la création de ces savanes remonte à l'époque de la traite des esclaves. Un déboisement intensiv aurait été nécessaire pour la surveillance des camps de concentration et pour les cultures vivriérs indispensables á l'alimentation, vraisemblablement à base de manioc, des malheureux

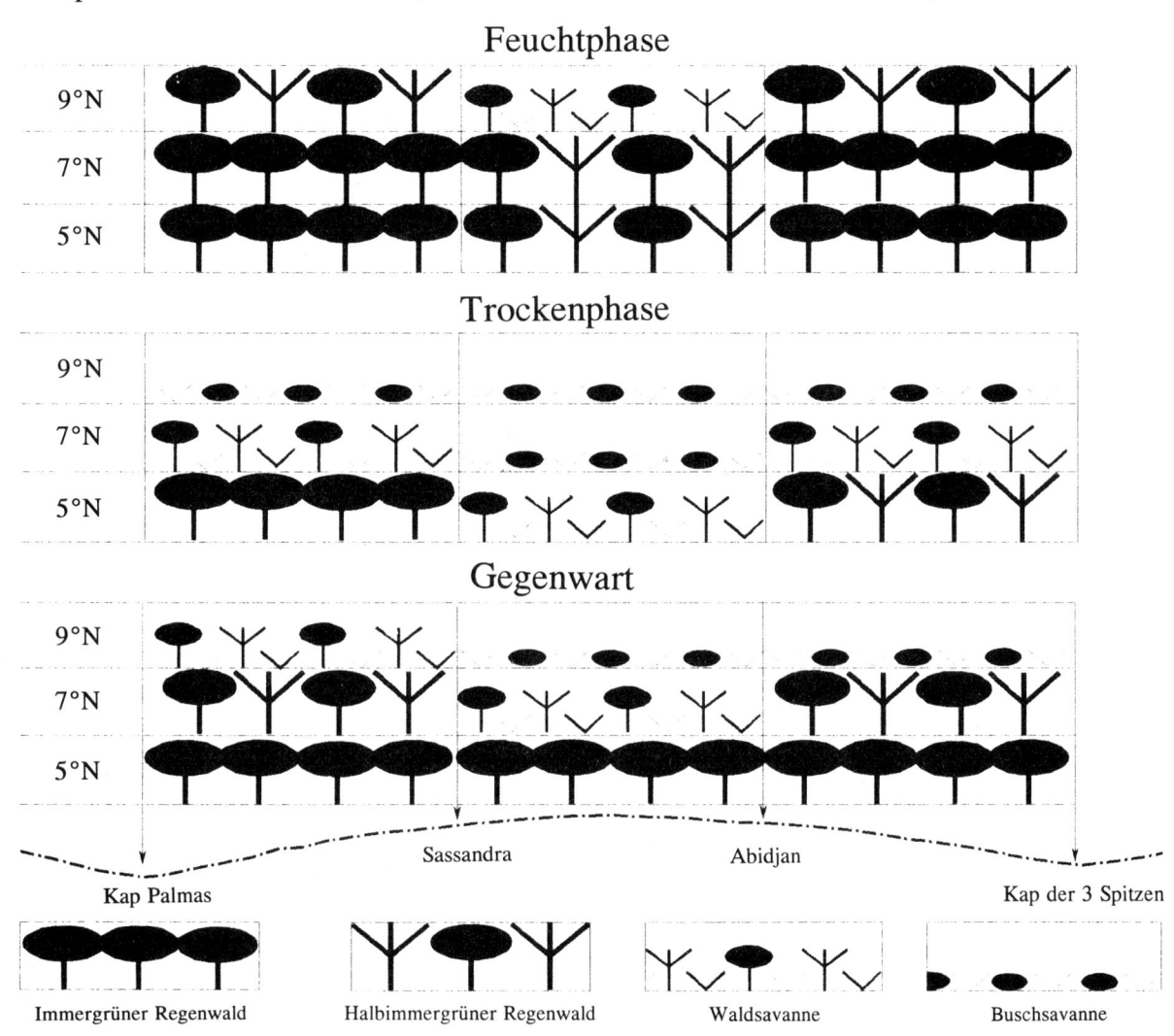

Abb. 3: Hypothetisches Schema der Vegetation während klimatisch unterschiedlicher Phasen des Quartär. Nach: JENIK (1984) verändert

rassemblès en vue de leur embarquement." (Service d'Agriculture de la Côte d'Ivoire 1949, o.S.)

Inzwischen deutet die Mehrheit der Autoren diese Küstensavannen, die eine starke floristische Verwandtschaft zu den nördlich an den Regenwald anschließenden Savannen aufweisen, als *palaeoklimatische Relikte* einer Würm-parallelen Trockenzeit. Damals erreichten Savannenformationen den zentralen Teil der Küste und hinterließen hier Laterithorizonte, welche zur Beharrlichkeit der Savannen beitrugen und den Regenwald auf Reliktstandorte im niederschlagbegünstigten Südwesten und Südosten des Landes zurückdrängten. Diese Annahme wird durch biogeographische Befunde unterstützt. GUILLAUMET (1967) hat in den perhumiden Regenwäldern der westlichen Côte d'Ivoire eine Gruppe von mehr als 160 Arten - überwiegend Gehölze - identifiziert, von denen sich 118 Arten nur in den Wäldern westlich des Flusses Sassandra finden. Vierzig Arten dieser >Faciès Sassandrien< genannten Artengruppe finden sich auch in den Regenwäldern des östlichen Landesteils (>Faciès Ghanéen<). Die Chorologie dieser Artengruppen erklärt GUILLAUMET durch *pleistozäne Regenwaldrefugien* im extremen Westen und Osten der Côte d'Ivoire, die in der zentralen Côte d'Ivoire von einer pleistozänen Nicht-Regenwaldvegetation getrennt wurden, die bis zum Meeresstrand reichte.

Empirische Beobachtungen zur Dynamik der heutigen Vegetation runden das Bild eines seit dem Würm-Glazial *humiden Klimawandels* ab. Unter Berufung auf pedologische, anthropologische und pflanzensoziologische Forschungen, vor allem aber auf die nunmehr über fünf Jahrzehnte reichende Beobachtung geschützter Parzellen an der Savanne-Waldgrenze, vertritt die französische Forschung, nahezu einheitlich, die Auffassung, daß die ivorische Regenwaldvegetation sowohl an ihrer Nord- wie an ihrer Südgrenze auf Kosten der umgebenden Savannen expandiert. Die Expansion soll durch anthropogene Einflüsse verzögert, und unter Umständen auch aufgehalten werden. Sie liegt in der Größenordung von ein bis zwei Metern pro Jahr (PELTRE 1977, S.160). Diese These einer *Progression* der Regenwaldvegetation wurde erstmals 1932 durch MARTINEAU formuliert:

"Nous tenons pour certains les faits suivants:
1° Les savanes côtières sont petit à petit envahies par la forêt. Toutes les observations sont d'accord à ce sujet.
2° Dans le Nord, partout où l'homme n'intervient pas par ses feux de brousse et ses cultures, la forêt gagne également sur la savane.
3° Mais d'une facon générale, par le fait de ces interventions humaines, la forêt recule et les feux annuels l'empêchent le plus souvent de se réinstaller sur ses anciennes positions." (MARTINEAU 1932, S. 248)

Nach SPICHIGER (1975) ist diese Progression der Waldformationen an der (klimatisch geprägten) westlichen Waldgrenze des Savannenkeiles in der zentralen Côte d'Ivoire (V-Baoulé) ausgeprägter als an dessen (edaphisch geprägten) Ostgrenze. Auf den von Regenwald eingeschlossenen "Savanneninseln" (über Lateritkrusten) hingegen, scheint die Waldgrenze stabil zu sein. Bevor die Beobachtungen zur Dynamik der aktuellen

Savanne-Waldgrenze zur Bewertung des natürlichen Trends der Klima- und Vegetationsentwicklung herangezogen werden, soll hier die Hypothese von einer anthropogenen Genese der Savannen rekapituliert werden.

Eine anthropogene Genese der Savannen wurde in ihren Grundzügen von SCAETTA (1941) beschrieben und auf der Grundlage umfassender Forschung in Côte d'Ivoire von AUBREVILLE (1949a,c) ausgeführt. AUBREVILLE postuliert, daß vor 100 000 Jahren praktisch der gesamte afrikanische Kontinent von weitgehend geschlossenen Gehölzen, Trocken- und Regenwäldern bedeckt war. Savannen sollen quantitativ vernachlässigbare, edaphisch bedingte Ausnahmen gewesen sein und die Trocken- und Feuchtphasen des Klimas lediglich zonale Verschiebungen der Waldtypen bewirkt haben. Großräumige Savannen sollen nach erst mit der Beherrschung des Feuers durch den Menschen entstanden sein, mit welcher AUBREVILLE die großräumige Transformation der afrikanischen Trockenwälder bei geringer Besiedlungsdichte erklärt. Weniger überzeugend scheint, daß die an Großtieren reiche afrikanische Savannenfauna ursprünglich auf die wenigen edaphischen Savannen beschränkt gewesen sein soll, und ihre Dominanz erst mit deren Ausbreitung entwickelt hat (AUBREVILLE 1949a). Plausibel hingegen ist AUBREVILLE's Annahme, daß die Degradation der Trockenwälder über lichte Wälder zur Baumsavanne mit unterschiedlicher Gehölzbedeckung kontinuierlich erfolgen konnte, weil die Flora der Trockenwälder (im Gegensatz zur Flora der Regenwäldern) über zahlreiche heliophile und xerotherme Arten verfügt. Feuer allein vermag Trockenwälder in bewaldete Savannen zu verwandeln. Regenwälder können nur durch die Kombination von Rodung und Feuer (Brandrodung) transformiert werden. Auf die Periode der Degradation der Trockenwälder durch Jäger und Sammler folgte daher erst spät die Degradation des Regenwaldes. Diese erfolgt aufgrund des Fehlens von heliophilen und xerothermen Arten ohne Zwischenformen, abrupt und mit *scharf ausgeprägten räumlichen Grenzen*. Feuerresistente Gehölze mußten und müssen in diesen neuen Lebensraum erst einwandern.

AUBREVILLES Hypothese hat den Vorteil, daß sie mühelos mit den (allerdings überwiegend in Sahara und Sahel gewonnenen) Erkenntnissen zur Klimageschichte des afrikanischen Holozäns zu vereinbaren ist. Diese lassen eine mit dem europäischen Atlantikum zu parallelisierende, aus tropischen Niederschlägen gespeiste Feuchtphase um 5 500 b.p., seither arider Klimaentwicklung vermuten [VAN ZINDEREN-BAKKER / COETZEE (1972), SERVANT (1974), LAUER / FRANKENBERG, (1979)]. Eine anthropogene Komponente der Savannengenese wird in jüngerer Zeit von ROUGERIE (1960), ADJANOHOUN (1964), BIROT (1965) und unter Bezug auf das V-Baoulé auch von SCHMIDT (1973) angenommen. Unabhängig von der Frage nach dem absoluten Verlauf der Klimageschichte hat JENIK (1984) die Vegetation des Raumes zwischen Guinea und Kamerun schematisch, aber unter Berücksichtigung regionaler Einflüße, für klimatische Feucht- und Trockenphasen rekonstruiert. *Abb. 3* zeigt die Vegetationswirksamkeit der Klimaschwankungen im Raume von Côte d'Ivoire.

Die Mehrheit der Autoren (PORTERES 1950, SCHNELL 1952, MANGENOT 1955, ADJANOHOUN / GUILLAUMET 1964, GUILLAUMET 1967 und 1971, MIEGE 1966, DUGERDIL

1970, SPICHIGER 1975, DEVINEAU 1976 und auch AUBREVILLE 1962) favorisiert aufgrund der beobachteten Progression von Regenwaldvegetation die Annahme einer palaeoklimatisch bedingten Entstehung der Savannen. Nach dieser Modellvorstellung beruht die progressive Dynamik der Waldvegetation auf den zeitlich verzögerten Auswirkungen eines Klimawandels von einem trockeneren (Würm-parallelen) Klima, zu einem rezent feuchteren Klima.

Allerdings kann aus der progressiven Dynamik der Gehölzvegetation in den stark anthropogen geprägten Grenzräumen des Regenwaldes keinesfalls zwingend auf einen Klimawandel geschlossen werden. Vor allem im V-Baoulé ist bei Interpretation der heutigen Dynamik auch die Vegetationswirksamkeit des ökonomischen Wandels der letzten 50 Jahre zu berücksichtigen: Der Grenzraum zwischen Wald und Savanne hat sich als besonders geeignet für den Anbau von Kaffee und Kakao erwiesen. Die Ausbreitung perennierender Kulturen verbietet aber die vormals intensive Verwendung des Feuers für landwirtschaftliche Zwecke. Auch entfällt durch den Erfolg der Exportkulturen die Notwendigkeit (brandintensiver) Subsistenzlandwirtschaft. SPICHIGER / PAMARD (1973) konnten nachweisen, daß an der Waldgrenze im südlichen V-Baoulé sogar die Kultivierung von Subsistenzfrüchten wie Yams die Progression der Waldvegetation durch Unterdrückung des Feuers während des zwei bis dreijährigen Anbauzyklus begünstigt. Ihrer Meinung nach trifft die Feststellung der Baoulé-Pflanzer: "La où l'homme a cultivé, la forêt avance" zu, und kann auch auf weite Räume guineischen Savanne übertragen werden. Eine Progression der Regenwaldflora kann also auch durch den reduzierten Feuerstreß verursacht werden und steht insofern *nicht* im Widerspruch zu der Vorstellung einer anthropogenen Genese der Savannen.

Die eingangs gestellte Frage nach dem natürlichen Trend der Klimaentwicklung im Raume von Côte d'Ivoire ist gegenwärtig nicht eindeutig zu beantworten. Ob anthropogen oder palaeoklimatisch bedingt: Aus der in verschiedenen ivorischen Baum- Waldsavannen beobachteten Tendenz zur Ausbildung geschlossener Waldformationen läßt sich ableiten, daß die Baum- Waldsavanne wohl in keinem Falle eine Klimaxvegetation ist. Durch die getrennte Betrachtung der *gesicherten* anthropogenen Komponente der Vegetationsveränderung will die vorliegende Arbeit auch einen Beitrag zur Differenzierung von klimatischen und anthropogenen Einflüssen liefern.

Politische Aspekte

Nachdem in den 80er Jahren die Umweltbewegung in Zentral- und Westeuropa zu einer politischen Kraft wurde, die auch in Schwellenländern wie Indien und Brasilien Fuß fassen konnte und sich gegegenwärtig in Osteuropa artikuliert, muß festgestellt werden, daß dieser globale Prozeß an den Entwicklungsländern Afrikas nahezu spurlos vorbeigegangen ist. Sicher wird auch im öffentlichen Leben der Côte d'Ivoire schon länger Umweltrhetorik gepflegt. Zum Beispiel in Form des bereits Anfang der 70er Jahren ins Leben gerufenen, von Massenversammlungen und symbolischen Aufforstungsversuchen begleiteten >Journée de la Nature<. Diese rhetorischen Bemühungen gipfelten 1988 in der Ausrufung des >Année de la Forêt< durch Präsident Felix Houphouët-Boigny, der unter anderem auch den Titel >Premier Forestier de Côte d'Ivoire< trägt (Fraternité Matin 19.6.87). Solche Anstrengungen jedoch werden relativiert, wenn man sich vergegenwärtigt, daß aus dem Budget des "Jahr des Waldes" 253 Mio. CFA-Franc in umweltbewußtseinsbildende Maßnahmen investiert wurden, aus dem gleichen Budget aber 400 Mio. CFA-Franc für den Abokouamekro Wildpark bei Yamoussoukro unter anderem für den Import von Wildtieren aus Südafrika ausgegeben wurden (Africa Research Bulletin 31.01.1989, S. 9395C).

Der wesentliche Unterschied jedoch zwischen der Umweltbewegung in Europa und in den genannten Schwellenländern einerseits und Afrika andererseits, ist eine "Invertierung" der politischen Fronten. Während in Brasilien wie in Europa umweltpolitische Forderungen von der Bevölkerung gegen den von partikularen Interessen dominierten Staat durchgesetzt werden müssen, steht die ivorische Regierung vor der unangenehmen Situation, die aus einer Mischung von Einsicht und internationalem Druck erwachsenen Forderungen des Ressourcenschutzes *gegen* den Widerstand der eigenen Bevölkerung durchsetzen zu müssen. Die Vernichtung des tropischen Regenwaldes ist in Côte d'Ivoire - nach dem Ausfall der Holzwirtschaft - eine Angelegenheit der kleinen Leute, deren traditionelle Praxis der Landnahme über Dekaden durch Felix Houphouët-Boignys Motto: "La terre a celui qui la cultive!" legitimiert wurde. Im Gegensatz zu Brasilien ist der Anteil der Agroindustrie an den Flächenumwandlungen in Côte d'Ivoire vernachlässigbar und auch Großgrundbesitz spielt in den Räumen rezenter Agrarkolonisation keine Rolle. Im Gegenteil: mit der nominalen Beschränkung auf 15 Hektar pro Immigrant (MÜLLER 1984) zeigen die legalen Richtlinien der Agrarkolonisation sogar ausgesprochen soziale Züge.

Tatsächlich fungiert(e) die spontane Kolonisation des ivorischen Regenwaldes über einen Zeitraum von nunmehr 20 Jahren als wichtiges soziales Ventil, und zwar weniger für die Côte d'Ivoire selbst, als für die benachbarten Sahelstaaten. Mit deren zunehmender Destabilisierung muß gerechnet werden, wenn den zahlreichen *Umweltflüchtlingen* - im Sinne der Wahrung nationaler ökonomischer und ökologischer Interessen der Côte d'Ivoire - dieser Ausweg in naher Zukunft völlig versperrt sein wird. Weil die Strahlungs-, Wärme-, Stoff- und Wasserhaushalte der tropischen Biosphäre im globalen Klimasystem als wichtige Reglerelemente fungieren, müssen als Konsequenz der Regenwalddegradation potentiell katastrophale Klimaveränderungen befürchtet werden. In Côte d'Ivoire verdichten sich die Indizien dafür (*vgl. S. 312f, 324f, 357, 436*), daß hier im regionalen- und kontinentalen Maßstab bereits ein *Austrocknungsprozeß* eingesetzt hat, der die ausgesprochen agrarische Basis des Landes existentiell bedroht.

3. Die Vegetation

3.1. Die Natürliche Vegetation

Ökologische Determinanten

Die natürliche Vegetation von Côte d'Ivoire wird von den Ökofaktoren *Klima* und *Boden* geprägt. Für eine Minimaldefinition des "Klimaxareals" der ivorischen Regenwälder kann der Schnittraum der Verbreitungsgebiete toniger Böden und des äquatorialen oder tropisch humidem Klimas herangezogen werden. Wesentlich ist das Prinzip der *ökologischen Kompensation*. Das heißt: Eine Gruppe von Ökofaktoren kann durch eine andere ersetzt werden. So ersetzt z.B. in den Galerieäldern die räumliche Nähe des Grundwasserspiegels das fehlende Niederschlagsaufkommen. Die Bodenqualität wird für das Raummuster der Vegetation ausschlaggebend, sobald das Klima zum begrenzenden Faktor wird. Abweichungen von dieser Regelhaftigkeit können sowohl anthropogen, als auch palaeoklimatisch bedingt sein. In der durch verschiedene Faktoren geprägten Umwelt liegt das eigentliche Problem in der Hierarchisierung der Ökofaktoren.

Klima

Zwischen 4°20' und 10°50' nördlicher Breite gelegen, weist Côte d'Ivoire alle Übergänge zwischen dem äquatorialen und dem tropischen Klima auf. Ein ausgeprägt äquatoriales Klima findet sich im südöstlichen und südwestlichen Landesteil. Dieses äquatoriale Klima zeichnet sich aus durch die Existenz von zwei Regenzeiten: Einer "großen" Regenzeit von Mai bis Juli und einer "kleinen" Regenzeit um den Oktober, die durch eine "große-", drei bis fünfmonatige Trockenzeit mit Höhepunkt im Januar und eine "kleine-" Trockenzeit (August/September) voneinander getrennt sind. GIRAD / SIRCOULON / TOUCHEBEUF (1971) weisen zurecht darauf hin, daß der Terminus "kleine Trockenzeit" irreführend ist, weil die atmosphärische Humidität in dieser Zeit auch im Küstenraum sehr hoch bleibt. Korrekt wäre der allerdings nicht eingeführte Terminus "Zeit verminderter Niederschläge". Nördlich von 8° N verschwindet die kleine Trockenzeit, dafür gewinnt die große Trockenzeit an Ausprägung und Intensität.

Im allgemeinen gelten folgende Klimabedingungen als Voraussetzung für die Existenz des tropischen Regenwaldes: ein schwaches Sättigungsdefizit der Luft, maximal drei aride Monate und 1500 bis 1800 mm Jahresniederschlag (AUBREVILLE 1966). Halbimmergrüne Regenwälder finden sich in Côte d'Ivoire unter Jahresniederschlägen von 1000 bis 1700 mm. Der Verlauf Nordgrenze des geschlossenen halbimmergrünen Regenwaldes kann aber *nicht* überall mit klimatischen Faktoren erklärt werden. Gegen eine alleinige klimatische Prägung der Savanne-Wald-Grenze durch das Klima spricht auch der abrupte Übergang der beiden Vegetationsformationen, der nicht mit dem Kontinuumcharakter einer klimatischen Grenze zu vereinbaren ist. Stärker noch als die Summe der

Jahresniederschläge prägt deren *jahreszeitliche Verteilung* die Vegetation. In Côte d'Ivoire wird die von LAUER (1952) festgestellte Bedeutung der Beziehung zwischen Jahresniederschlag und Dauer der humiden und ariden Jahreszeiten durch den Verlauf der Regenwaldgrenze bestätigt.

Kausalität der klimatischen Raumstruktur

Wenn der "Südwestmonsun" wasserdampfgesättigt auf die westafrikanische Küste trifft, verliert er einen großen Teil seiner Wasserfracht auf den ersten Kilometern hinter der Küstenlinie. Diese besteht aus einer recht regelmäßigen Abfolge von *konvexen* und *konkaven Küstenabschnitten*, auf welche die Luftmassen mehr oder weniger rechtwinkelig, oder aber in einem spitzen Winkel auftrifft. *Abb. 4* verdeutlicht den Einfluß der Orientierung der Küstenlinie auf das Niederschlagsaufkommen. Die Küstenabschnitte AB und BC erhalten vom Südwestmonsun das gleiche Wasserdampfquantum. Aufgrund seiner räumlichen Orientierung jedoch ist der Abschnitt AB etwa doppelt so lang wie der Abschnitt BC. Er erhält also auf jedem Kilometer Küstenlinie nur etwa die Hälfte der Wassermenge des Abschnittes BC. Es scheint bemerkenswert, daß diese Erklärung der Abweichungen von der zonalen Raumgliederung, die heute von Klimatologen als vorrangige Ursache betrachtet wird, bereits von ZIMMERMANN (1899, S. 256) genannt wurde. Die Ausrichtung der Küstenlinie erklärt sowohl die gegenwärtig schwächeren Niederschläge im zentralen Küstenraum zwischen Sassandra und Grand Lahou (ELDIN 1971, S. 86/87), als auch das Vordringen von Savannen in diesen Raum während des Pleistozäns. Offensichtlich wirkt der Einfluß der Küstenlinie weit in das Hinterland hinein, denn die Savannenvegetation des im Hinterland einer Konvexküste gelegenen V-Baoulé muß auch als Folge verminderten Niederschlagsaufkommens gedeutet werden. Weitere Faktoren können ebenfalls eine Rolle spielen. So deuten CHIPP (1927), LAUER (1952), (1979), HARRISON CHURCH (1963), HOWELL / BOURLIERE (1964) sowie JENIK (1984) die Existenz der "Kleinen Regenzeit", bzw. das Raummuster der Vegetation an der

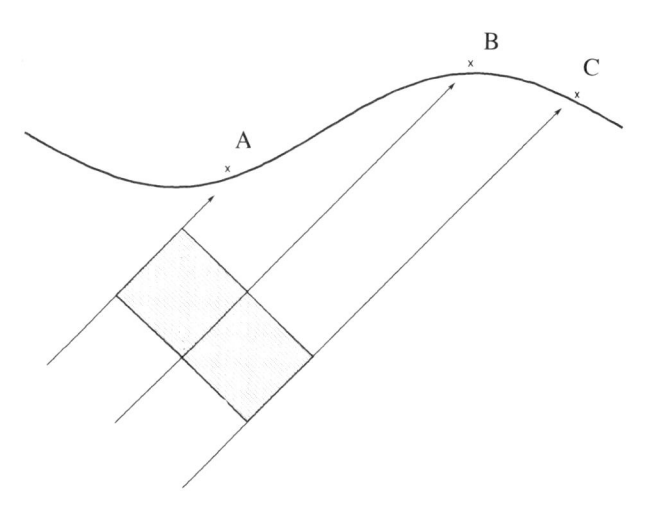

Abb. 4: Einfluß der Küstenorientierung auf das Niederschlagsaufkommen. Nach ELDIN (1971)

Südküste Westafrikas, als Folge des durch die küstenparallele Strömung der äquatorialen Westwinde bedingten *Aufquellens von kaltem Tiefenwassers* im Sinne von EKMAN. Dieses tritt vor allem in den Monaten Juli bis September sowie Dezember bis Januar östlich von Cape Palmas und Cape Three Points auf (JENIK 1984) und ist somit ebenfalls geeignet, die relative Trokkenheit von V-Baoulé und Dahomey Gap zu erklären. Die geringeren Niederschläge in der zentralen und nordöstlichen Côte d'Ivoire können aber auch als Folge der *Leelage* dieser Räume in Bezug auf das bis auf 1000 Meter ansteigende Liberianische Schiefergebirge gedeutet werden. HAUDECOER (1969) [Nach: (ELDIN 1971, S. 87)] deutet das relative Niederschlagsdefizit des V-Baoulé großräumig klimatologisch: Die saharischen Gebirge brechen eine *Tiefdrucklücke* in den Hochdruckgürtel über der Sahara. Im Vorfeld dieser relativen Tiefdruckrinne zwischen dem Gebirgsmassiv von Liberianischem Schiefergebirge und Futa Djalon, sowie Hoggar und Air entsteht eine Zone verminderter Konvektion, die auch das V-Baoulé umfaßt. Schließlich ist noch die These zu erwähnen, daß die Savannenvegetation des V-Baoulé nicht Folge, sondern Ursache der verminderten Niederschläge in diesem Raum ist. Sie setzt die *anthropogene Genese* des V-Baoulé voraus. Die genannten Erklärungsversuche schließen einander keineswegs aus. Vielmehr ist zu vermuten, daß die zonale Anomalie der Raumgliederung in der zentralen Côte d'Ivoire mehrere Ursachen hat, die durchaus unterschiedlicher Natur sein können.

Historische Entwicklung des Niederschlages

Ein historisches Modell der Vegetationsveränderung soll die Schwankungen im Wasserangebot berücksichtigen, da diese der entscheidende Faktor für die Widerstandskraft der natürlichen Vegetation sind. Die Entwicklung der Niederschläge in Westafrika wurde von NICHOLSON (1976, 1983) untersucht, und differenziert nach ökoklimatischen Zonen dargestellt. Im Ergebnis zeigen sich, trotz großer Variabilität, überdurchschnittlich hohe Niederschläge für die 50er Jahre und ein Niederschlagsrückgang im Sahel seit 1960. Ende der 60er Jahre griff dieser Niederschlagsrückgang auf die Sudan- und die Guineazone über. Es ist wahrscheinlich, daß hier einer oder mehrere der auf *S. 311* angesprochenen ökologischen Folgen der anthropogenen Vegetationsveränderung wirksam werden. Dieser generelle Befund wird durch Côte d'Ivoire-spezifische Daten unterstützt. So zeigt ein Vergleich von Karten der Jahresisohyeten der Jahre 1960-1975 (BERRON 1979) eine weite Ausdehnung der Räume in den unteren Niederschlagsklassen gegenüber einer Karte der Jahre 1923-1931 (AUBREVILLE 1932).

SOURNIA (1974) hat in einer Untersuchung die regionale Niederschlagsverteilung der Jahre 1969-1973 mit dem langjährigen Mittel aller Stationen verglichen. Es zeigt sich, daß die höchsten Defizite der Trockenjahre im westlichen Landesteil, und zwar um die Waldgrenze im Raum Touba - Danané sowie im zentralen Kaffee/Kakaoanbaugebiet um Divo, aufgetreten sind. Überdurchschnittliche Niederschläge fielen in dieser Zeit im Südwesten sowie kleinräumig um Boundiali im Nordwesten. Gemessen am langfristigen Mittel der Jahresniederschläge ist von 1969-1977 auch in Côte d'Ivoire eine relative Dürreperiode aufgetreten, die wirtschaftliche Folgen hatte. Beispielsweise in Form eines Scheiterns des mit extrem hohen Investitionen realisierten Stausee von Kossou. Von 1981-1984 trat eine zweite Dürreperiode auf, diesmal mit gravierenden Konsequenzen für die Landwirtschaft. Insbesondere in den Jahren 1982/83 wurden in der bis zu diesem Zeitpunkt für Waldbrände unerreichbaren Regenwaldzone Zehntausende von Hektar wertvoller Plantagen eingeäschert, davon allein 13 000 Hektar Forstplantagen (CATINOT 1984). Diese Dürreperiode erzwang auch eine Revision des bereits mit hohen Investitionen realisierten, auf Wasserkraft beruhenden Energieversorgungskonzeptes der Côte d'Ivoire (WOHLFARTH-BOTTERMANN 1985). Seit 1985 sind dramatische Hinweise auf einen ariden Klimawandel ausgeblieben.

Böden

Vereinfacht lassen sich in Côte d'Ivoire zwei ökologisch relevante *Bodenarten* unterscheiden: Es sind dies *sandige* und *tonige* Böden, deren Wasserspeicherungsvermögen sich stark unterscheiden. Ihre Verbreitung ist durch die geologische Struktur des Raumes bedingt. Sandige Böden entstehen über kristallinem Gestein: quarzreichen Graniten, Migmatiten und Gneisen präkambrischen Ursprunges. Diese unterlagern etwa $2/3$ des ivorischen Territoriums und finden sich überwiegend im westlichen und zentralen Landesteil. Sandige Böden finden sich auch als etwa 30 km breiter Streifen tertiären Ursprunges entlang der Küste zwischen Fresco und Ghana. Tonige Böden überlagern die ebenfalls präkambrischen Schiefer und Arkosen im östlichen Drittel von Côte d'Ivoire; sie finden sich im ganzen Raum über Gesteinen vulkanischer Herkunft. Unter dem Einfluß von Klima und Topographie entstehen auf dieser Basis zahlreiche *Bodentypen*, die in der französischen Bodenklassifikation nach dem Grad ihrer - im wesentlichen in Abhängigkeit zum Niederschlagsaufkommen stehenden - Auswaschung in drei ferrallitische Bodentypen untergliedert werden. Zwei Bodentypen sind von besonderer ökologischer Bedeutung, weil sie das pflanzliche Wachstum, vor allem das der Gehölze, be- oder verhindern. Es sind dies zum einen die prinzipiell fruchtbaren, nur schwach ausgewaschenen Ferrallite, des weiteren die sumpfigen Böden. Während Lateritkrusten im Regenwaldraum palaeoklimatischen Ursprunges sind, und von der Gehölzvegetation langsam aufgelöst werden, tragen die Sumpfgebiete eine spezielle Vegetation. Im Küstengebiet sind dies unter dem Einfluß von Meerwasser Mangrovengehölze, ansonsten Auen- oder Sumpfwälder, eine besonders instabile Gehölzvegetation.

Die *räumlichen Leitlinien* der Verteilung von Wald- und Savannenvegetation ergeben sich in der zentralen Côte d'Ivoire, insbesondere im V-Baoulé, aus dem südwärtigen Vorgreifen der Savannen auf Böden geringer Speicherfähigkeit (über Graniten). Östlich und westlich des V-Baoulé finden die Regenwälder bessere edaphische- (über Tonschiefern) beziehungsweise klimatische Bedingungen (AVENARD u.a. 1974). Die Ostgrenze des

V-Baoulé folgt der geologischen Grenze von Schiefern gegen Granite und Gneise. Innerhalb des geschlossenen Waldgebietes treten auf Rumpfflächen, mit verfestigten Lateritkrustenhorizonten Savannen auf. Für den Kakaoanbau sind tiefgründig verwitterte, aber wenig ausgewaschene ferrallitische Böden tonig-sandiger Struktur mit mit relativ hohem pHWert (xanthic Ferrasols, FAO) besonders geeignet. Baoulé Pflanzern dient *Scaphopetalum amoenum* als Zeigerpflanze (PRETZSCH 1986, S. 61). Für den Kaffeeanbau können auch ausgewaschenere Böden mit steiniger Struktur (ferralo-ferric Acrisols, FAO) verwendet werden.

Feuer muß in den tropischen Trockenwäldern grundsätzlich als natürlicher Ökofaktor (Blitzschlag) bewertet werden. Die Brände sind aber durch den Menschen, welcher sie seit sehr langer Zeit zur Jagd, Rodung und Verbesserung der Gangbarkeit einsetzt, *stark intensiviert* worden. Feuer ist daher für das gegenwärtige Raummuster der Savannenvegetation ein entscheidender Faktor. Feuer fördert den *buschartigen Wuchs* der Gehölze. Es wirkt, indem es die Phanerophyten direkt zerstört und somit indirekt die Gramineen fördert. Feuer vermindert den Gehalt des Bodens an organischer Substanz. Es läßt die Flora verarmen und bewirkt, da die Pyrophyten überwiegend pantropische Florenelemente sind, deren großräumige *Vereinheitlichung*. Der tropische Regenwald hingegen ist gegen die alleinigen Auswirkungen des Feuers relativ immun. Hier kann Feuer erst in *Kombination mit der Rodung* zur Wirkung kommen.

Abb. 5: Gehölzsavanne nach Passage des Feuers in der späten Trockenzeit. Im Vordergrund: *Isoberlinia doka*

Abb. 6: Strukturbild des regengrünen Trockenwaldes.
Aus: LAMPRECHT (1986)

Abb. 7: Strukturbild einer Waldsavanne.
Aus: LAMPRECHT (1986)

Vegetationsformationen

Die Untersuchung anthropogener Veränderungen der Vegetation im nationalen Maßstab und über einen Zeitraum von mehr als 100 Jahren zwingt zur Beschränkung der Differenzierung auf physiognomisch-ökologische Vegetationstypen, auf *Vegetationsformationen (vgl. Abb. 10, S. 328)*. Eine weitergehende Differenzierung der Vegetation wird weder von den historischen Quellen, noch durch das multitemporal verfügbare Fernerkundungsmaterial und auch nicht durch die eigenen Feldarbeiten unterstützt.

Bislang fehlt ein allgemein akzeptiertes System zur Gliederung der tropischen Vegetation. Im frankophonen wie im anglophonen Raum findet die 1956 auf der Konferenz von Yangambi (AUBREVILLE 1957) vereinbarte *physiognomische Nomenklatur* Anwendung. Aus folgenden Gründen lehnt sich die deutsche Terminologie der Vegetationsformationen daran an:

1. Die Yangambi-Terminologie wurde für die afrikanische Vegetation entwickelt.

Abb. 8: Struktur des immergrünen Regenwaldes der Tieflagen. Nach AUBREVILLE Aus: LAMPRECHT (1986)

Abb. 9: Struktur des halbimmergrünen Regenwaldes der Tieflagen während der Trockenzeit. Nach AUBREVILLE Aus: LAMPRECHT (1986)

| Strauch-Savanne | Trockenwald | Lichter Trockenwald | Halbimmergrüner Regenwald | Immergrüner Regenwald |

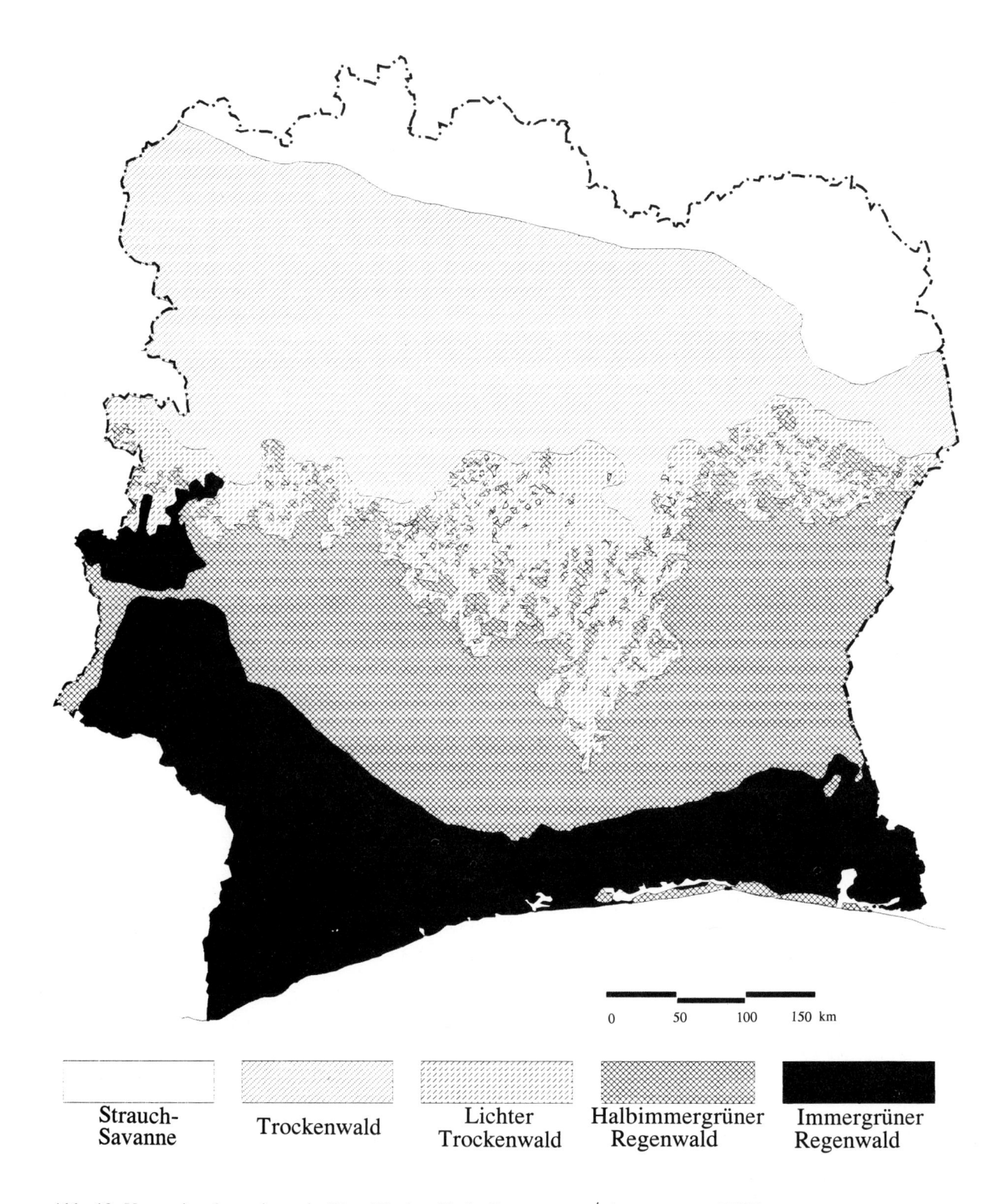

Abb. 10: Vegetationsformationen in Côte d'Ivoire. Nach: GUILLAUMET / ADJANOHOUN (1979)

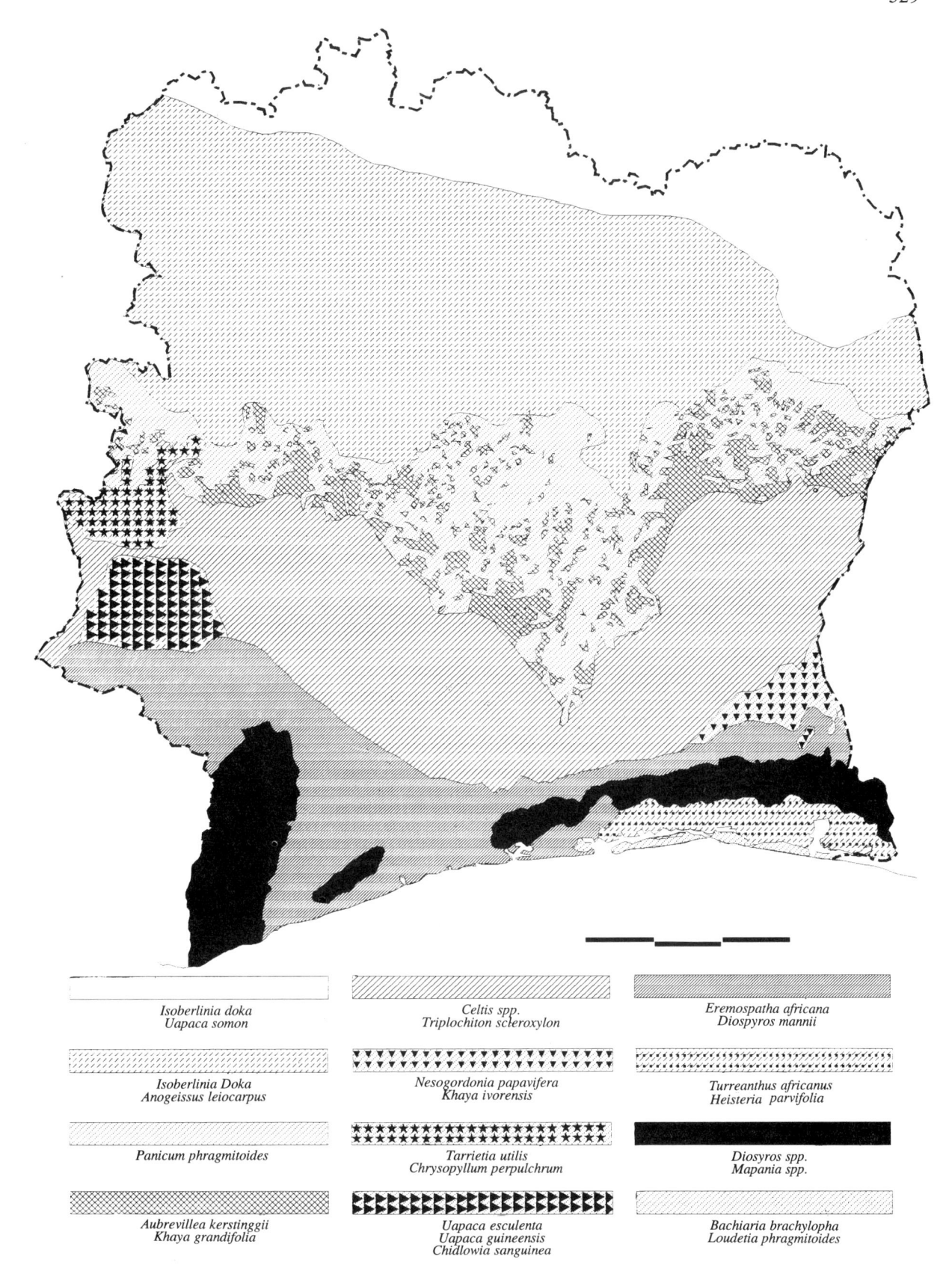

Abb. 11: Vegetationsgruppen in Côte d'Ivoire. Nach: GUILLAUMET / ADJANOHOUN (1979)

2. Die Terminologie von Yangambi hat historische Wurzeln und ist deshalb weitgehend *kompatibel* zu den historischen Quellen.
3. Die Yangambi-Terminologie liegt der vegetationsgeographischen Bearbeitung von Côte d'Ivoire durch GUILLAUMET / ADJANOHOUN (1968, 1:500 000) zugrunde.

Definitionen

Ein *Regenwald* ist im folgenden als ein tropischer Wald definiert, der während der Trockenzeit zumindest bis zum mittleren Stockwerkbau keinen erkennbaren Laubwechsel zeigt und in welchem die Krautschicht, wenn sie nicht völlig fehlt, großblätterig ausgeprägt ist.

Immergrüner Regenwald zeichnet sich durch eine Erneuerung der Laubmasse ohne jahreszeitliche Periodizität aus. Die mittlere Höhe dieses Waldes liegt bei 30 Meter. Einzelbäume, zum Beispiel *Lophira alata* >Azobé< (Bongossi), erreichen bis zu 60 Meter Höhe.

Halbimmergrüner Regenwald wirft während der bis zu vier Monate andauernden Trokkenperiode erkennbar Laub, vor allem im obersten Stockwerk, daß der Trockenheit besonders stark ausgesetzt ist. *Trockenwälder* zeichnen sich, neben dem periodischen Laubwechsel, durch ihren einfacheren Stockwerkbau und eine mehr oder weniger ausgeprägten Krautschicht aus. Diese Krautschicht ist im bis zu 25 Meter hohen *dichten Trockenwald* schwach ausgeprägt, während sie im bis zu 15 Meter hohen *lichten Trockenwald*, mit einem Gehölzstockwerk, aus hohen Horstgräsern besteht.

Mehr oder weniger offene Grasfluren mit eingestreuten Gehölzen sind als *Savannen* definiert. Hier werden, nach dem Bedeckungsgrad der Gehölze unterschieden:
1. *Waldsavanne*: Strauchschicht 10 bis 30 %, Baumschicht 70 bis 90 %.
2. *Gehölzsavanne*: Strauchschicht 30 bis 50 %, Baumschicht 50 bis 70 %.
3. *Strauch-* oder *Buschsavanne*: Strauchschicht 5 bis 50 %, Baumschicht maximal fünf Prozent.
4. *Grassavanne*: Krautschicht 100 %, Strauchschicht maximal ein Prozent.

Vegetationsgruppen

Die physiognomisch definierten Vegetationsformationen werden von der Pflanzensoziologie nach ihrer floristischen Zusammensetzung in Pflanzengesellschaften unterteilt. GUILLAUMET und ADJANOHOUN haben (1971) eine Vegetationsgliederung (1 : 500 000) der Côte d'Ivoire vorgelegt, die sich methodisch an die BRAUN-BLANQUET'sche Planzsoziologie anlehnt, diese aber den tropischen Verhältnissen gemäß modifiziert. Als grundlegende Einheit wurden von GUILLAUMET / ADJANOHOUN (1971) nicht Vegetationsassoziationen, sondern *Vegetationsgruppen* ausgewiesen (*vgl. Abb. 11, S. 329*), in denen die darin vertretenen Arten zueinander *nicht* in einem bestimmten Mengenverhältnis stehen müssen. Diese *polymorphe Struktur* unterscheidet die Vegetationsgruppen von den

Vegetationsassoziationen. Unter Berücksichtigung der dynamischen Eigenschaften und Beziehungen der Vegetationsgruppen haben GUILLAUMET / ADJANOHOUN (1971, 1979) ihre Vegetationsgruppen zu *Vegetationssektoren* und *Vegetationsdomänen* zusammengefaßt. Dabei entfallen auf das Territorium von Côte d'Ivoire zwei Vegetationsdomänen, nämlich die *guineische-* und die *sudanische* Vegetationsdomäne, deren Grenze etwa durch den 8° nördlicher Breite bezeichnet wird. GUILLAUMET / ADJANOHOUN (1971) betrachten lichte Trockenwälder als Vegetationsklimax der sudanischen Vegetationsdomäne und Regenwälder als Klimaxvegetation der guineischen Domäne. In Anlehnung an die Vegetationsformationen weisen sie innerhalb der guineischen Domäne einen >Secteur ombrophile< und einen >Secteur mesophile<, mit immergrünem und halbimmergrünem Regenwald als Klimaxvegetation aus. Da GUILLAUMET / ADJANOHOUN die Vegetationsgruppen, -sektoren und -domänen nicht nach pflanzensoziologischen, sondern vielmehr nach ökologischen Kriterien ausgewiesen haben, zeichnet ihre Gliederung der ivorischen Vegetation auch ein Raummuster der *Vegetationsresilianz*.

3.2. Sukzessionen und Ruderalgesellschaften

Immergrüne Regenwälder

Die im Vergleich zu anderen Kontinenten relativ artenärmere feuchttropische Vegetation Afrikas verfügt über eine ausgesprochen *vitale Sekundärvegetation*. Grundsätzlich nimmt die Regenerationsfähigkeit mit der Wasserverfügbarkeit zu. Sie ist in niederschlagsbegünstigten Räumen (im Südosten und Südwesten) und/oder auf Böden mit hoher Feldkapazität (tonigen Böden) - also im Verbreitungsgebiet des immergrünen Regenwaldes - am stärksten ausgeprägt. Der immergrüne Regenwald tendiert zur spontanen Regeneration eines floristisch verarmten Sekundärwaldes, der einem halbimmergrünen Regenwald stark ähnelt. Art, Anzahl und Intensität der Nutzungseingriffe bestimmen ob, und innerhalb welchen Zeitraumes nach erfolgter Nutzung, ein geoökologisch intakter *Sekundärregenwald*, oder gar die ursprüngliche Vegetationsbedeckung wieder entstehen kann. Die schematische Erfassung des Regenerationsablaufes wird durch die kleinräumige Differenzierung des tropischen Regenwaldökosystems stark erschwert. Für Côte d'Ivoire liegen Studien zum Regenerationsverlauf des Regenwaldes von ALEXANDRE (1979) und KAHN (1982) vor.

Der immergrüne Regenwald zeichnet sich durch eine besonders dynamische *Regeneration* aus. Hier sind Gräser auch in der Pionierphase nur von geringer Bedeutung. Bereits in der Regenerationsphase der ersten drei Jahre (Buschwald bis zu acht Meter Höhe) herrschen Gehölze vor. *Macaranga hurifolia* und *Macaranga barteri* bilden hier fast reine Pionierpopulationen von extrem hoher Dichte (4-5 Stämme/m^2) und einige stachelige *Euphorbien* tun ein übriges um den Buschwald fast undurchdringlich zu machen.

Das Regenerationvermögen der edaphisch, bzw. klimatisch trockeneren Waldgruppen ist vergleichsweise schwächer. Hier gewinnen Kräuter in der ersten Regenerationsphase an Bedeutung. In einem Zeitraum von 3 - 30 Jahren nach Beginn der Sukzession entwickelt sich eine 5 - 25 Meter hohe Sukzessionsgesellschaft. Diese wird vielfach von dem auffälligen Schirmbaum (*Musanga spp.*, >Parasolier<) dominiert. Sie kann aber oft auch am Vorhandensein der Ölpalme *Elaeis guineensis* leicht erkannt werden, die ein langfristig wirksamer Indikator verlassener Kulturen ist. Im Schutz dieses *Vorwaldes* entwickelt sich langsam eine halbimmergrüne lichttolerante Baumvegetation, in der laubwerfende Leguminosen, vor allem *Albizia* Arten und Gehölze aus der Familie der *Euphorbiaceae* vorherrschen. Auch sind verschiedene Drachenbaumarten recht häufig. Bemerkenswert ist der Lianenreichtum dieser von KNAPP (1973) als mittelhoher sekundärer halbimmergrüner Wald bezeichneten Sukzessionsphase, die auch an der Existenz einer Kraut- und einer Strauchschicht zu erkennen ist.

Dem mittelhohen halbimmergrünen Sekundärwald folgt im Verlauf von Jahrzehnten die Entwicklung eines hohen halbimmergrünen Sekundärwaldes, der im Gelände oft durch den Kapokbaum (*Ceiba pentandra* >Fromager<) angezeigt wird, und auch durch einen charakteristischen Mangel an Lianen und Unterholz zu erkennen ist. Der hohe halbimmer-

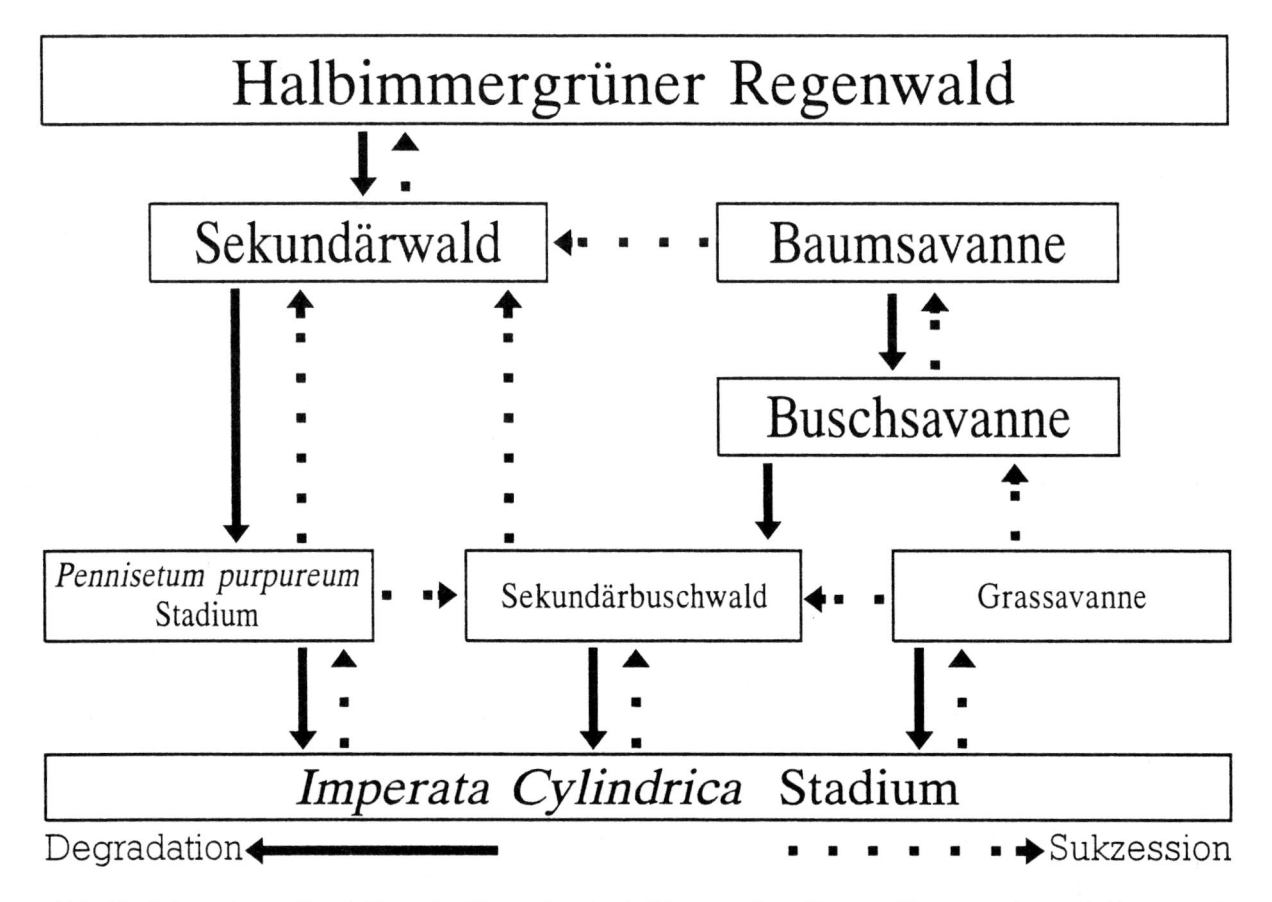

Abb. 12: Schematisierte Entwicklung der Vegetation des halbimmergrünen Regenwaldes unter An- und Abwesenheit anthropogener Einflüsse

grüne Sekundärwald ähnelt stark der "Klimaxgesellschaft" halbimmergrüner Regenwälder. In den Arealen der immergrünen Regenwälder jedoch bildet dieser weit verbreitete Hochwald eine Sukzessionsphase. Erst wenn die Beschattung des Bodens ausreicht beginnt die Wiederherstellung des immergrünen Regenwaldes, die vermutlich Jahrhunderte beansprucht. Obwohl sich eine dichte Sekundärvegetation auf den Rodungsflächen in der Regel schnell einstellt, können bereits in der ersten Sukzessionsphase Probleme auftreten. In dem sensiblen Ökosystem können einzelne Veränderungen den gesamten Regenerationsprozeß blockieren: So haben die Samen der Bäume häufig eine extrem kurze Lebensdauer und ihre Verbreitung erfolgt daher überwiegend durch Tiere. Zur Verbreitung der Samen durch Waldelefanten liegt die Studie von ALEXANDRE (1978) vor. Er hat festgestellt, daß den Waldelefanten die Früchte von 37 Baumarten als Nahrung dienen, wodurch die Samen weiträumig verbreitet werden. Für 30 Arten erweist sich der Waldelefant als einziger Verbreiter der Samen, sieben Arten werden zusätzlich durch Affen oder Vögel verbreitet.

Halbimmergrüne Regenwälder

In den halbimmergrünen Regenwäldern zeichnet sich die sekundäre Sukzession vor allem durch eine wesentlich größere Bedeutung der Gräser aus, die diese Waldformation für Feuereinwirkung verwundbarer macht und die Sukzession leichter zurückwerfen kann. Bei ausreichender Wasserversorgung und intensiven Bränden, welche die eindringenden Gehölze fernhalten können, stellt sich mit abnehmender Regenerationszeit auf den ehemaligen Kulturflächen dann oft eine bleibende Elefantengrasflur (*Pennisetum purpureum*) von bis zu vier Metern Höhe ein. Obwohl diese Grasflur auch im immergrünen Regenwald auftreten kann, ist sie kennzeichnend für die halbimmergrünen Regenwälder und hier vor allem für deren nördliche Randgebiete. In den Fluß- und Talauen der Savannengebiete hingegen ist die *Pennisetum purpureum*-Flur natürlichen Ursprunges, weil die Konkurrenz der Gehölze hier durch periodische Überschwemmungen unterdrückt wird. Wenn der Boden aber durch die landwirtschaftlichen Kulturen stark ausgelaugt und sein Humusanteil durch wiederholtes Brennen über längere Zeiträume verringert wird, dann stellt sich sowohl in halbimmergrünen als auch in immergrünen Regenwaldgebieten eine sehr hartnäckige Grasgesellschaft mit dem Horstgras *Imperata cylindrica* ein.

Trema guineensis ist das typische Pioniergehölz des halbimmergrünen Regenwaldes. Wenn die Sukzession ungestört bleibt verläuft sie wie im immergrünen Regenwald und erreicht über die Stadien des niedrigen sekundären Regenwaldes und des mittelhohen sekundären halbimmergrünen Waldes das "Klimaxstadium" halbimmergrünen Regenwaldes. Die Wiederherstellung der natürlichen Vegetation beansprucht hier weniger Zeit als im immergrünen Regenwald, vermutlich Jahrzehnte.

Sudanische Vegetation

Die Trockenwälder der Sudanischen Vegetationszone wurden auf Reliktstandorte zurückgedrängt, und sind überwiegend durch *Panicum phragmitoides*-Savannen mit sehr unterschiedlichen Gehölzanteilen ersetzt worden. Soweit diese Savannen nicht edaphisch bedingt sind, verhält sich der Grad ihrer Degradation umgekehrt proportional zu ihrem Gehölzanteil. Die räumliche Verteilung der Savannentypen ist daher sowohl edaphisch als auch anthropogen bedingt. Landwirtschaftliche Rodungen werden in der Sudanzone selektiver als im Regenwald vorgenommen. Vor allem werden >Karité<- (*Butyrospermum parkii*) und >Néré<- (*Parkia biglobosa*) Bäume bei der Rodung ausgespart. Oft ist der Gehölzbestand auf diese beiden Arten beschränkt. Die *Panicum phragmitoides* Savannen stehen mit den aktuellen Faktoren ihrer Umwelt in einem Gleichgewicht und werden deshalb auch als Sub-, Pseudo- oder Feuer-Klimaxvegetation (HOPKINS 1965) bezeichnet. Unter vollständigem Schutz - oder auch nur bei Unterbindung des Feuers in der späten Trockenzeit - entwickeln sie sich zu Trockenwäldern zurück.

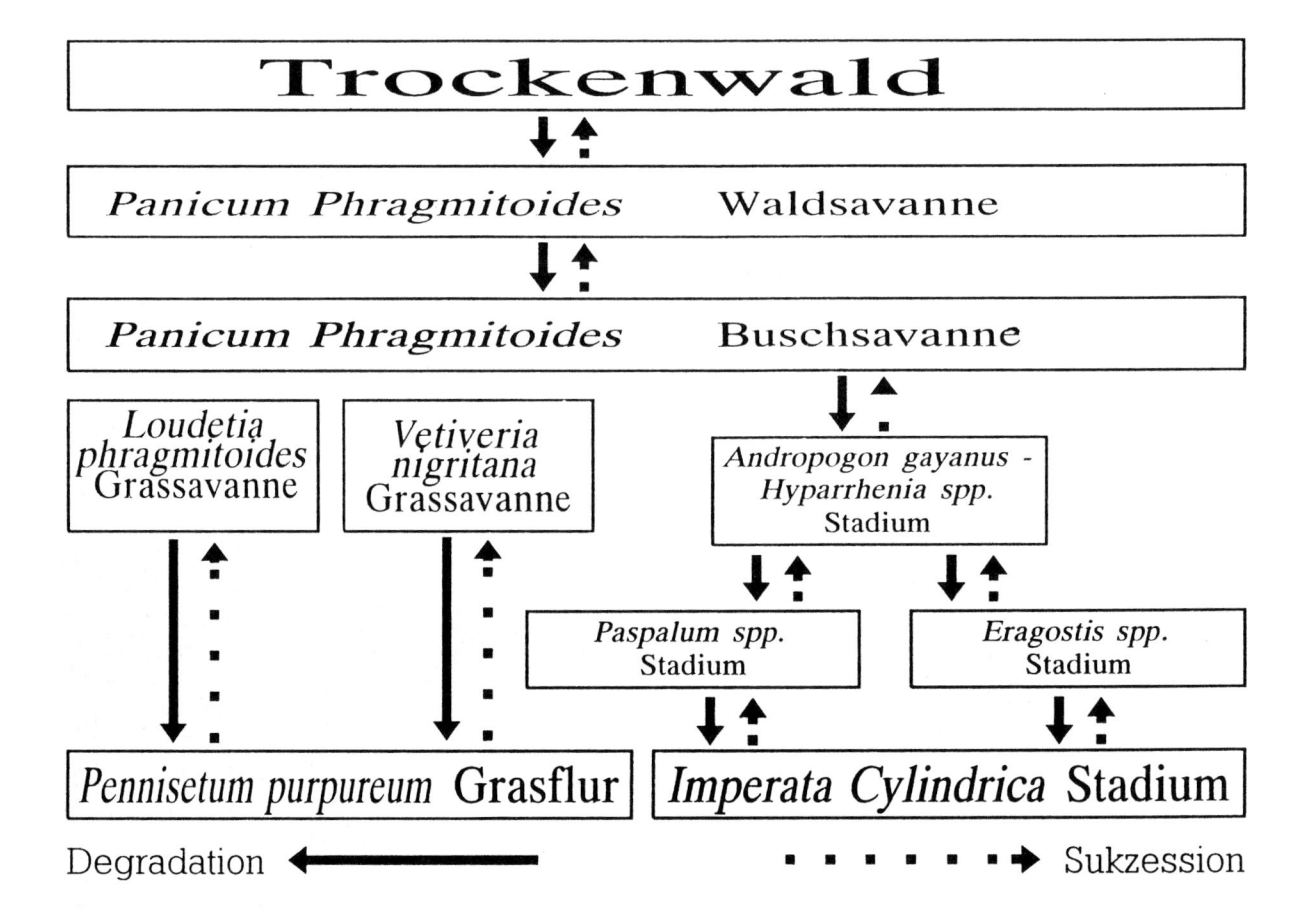

Abb. 13: Schematisierte Entwicklung der sudanischen Vegetation unter An- und Abwesenheit anthropogener Einflüsse.

In Abhängigkeit von der Wasserversorgung des Standortes, führt eine intensive Degradation der Savannen entweder zu einer *Pennisetum purpureum* Grasflur oder zu dem hartnäckigen *Imperata cylindrica* Stadium. Unter konsequentem Schutz allerdings, kann auch eine *Imperata Grasflur* sich im Verlaufe von acht bis zehn Jahren soweit diversifizieren, daß sie als Weide wieder einen gewissen Wert hat. Der weitere Verlauf der Sukzession über die Busch- und Baumsavanne zum Trockenwald wird als sicher angenommen. Es ist jedoch nicht bekannt, welche Zeiträume diese Entwicklung beansprucht.

4. Ursachen und Bedingungen anthropogener Veränderung der Vegetation

4.1. Holzwirtschaft

Holzwirtschaft wird in Côte d'Ivoire bis in die Gegenwart hinein als reine Exploitation betrieben, das heißt *ohne* Maßnahmen zum Schutz der einmal erschlossenen und genutzten Bestände. Aufgrund des Waldflächenrückganges ist die ökonomische Bedeutung der Holzwirtschaft für die Côte d'Ivoire seit Ende der 70er Jahre stark rückläufig. Die Zerstückelung der geschlossenen Regenwaldfläche hat zum Rückzug der großen

Abb. 14: Rundholzverladung in Abidjan

Exploitationsgesellschaften geführt. Nach mehreren Nutzungsdurchgängen in der gesamten Regenwaldzone sind Holzqualität und Durchmesser der verbliebenen Stämme stark zurückgegangen. Konnte ich 1982 noch beobachten, daß die zum Abtransport des Holzes eingesetzten Lastkraftwagen in der Regel einen einzigen Stamm transportierten, so waren die gleichen Lkw 1988 mit drei bis fünf Stämmen beladen. Die Übernutzung wertvoller Holzarten führte zu nachhaltiger Wertverminderung der verbliebenen Waldflächen. Sie verschlechterte die Konkurrenzfähigkeit forstlicher Landnutzungsformen gegenüber der Landwirtschaft. Einige kleine Firmen haben sich auf die Nutzung der zahlreichen Waldflächen von weniger als 100 Hektar Ausdehnung spezialisiert. Sie stehen in Konkurrenz zur Landwirtschaft, die den Zugang zu den Waldflächen blockiert. Die am Einschlagsort und auf dem Polterplatz zurückbleibenden Holzabfallmengen übersteigen heute vielfach die abtransportierte Holzmenge. Aus diesem Grunde lassen die offiziellen Nutzungsstatistiken nur begrenzt Rückschlüsse auf das tatsächliche Einschlagsvolumen zu. Tropenwaldexploitation war in ihrer ersten Phase äußerst *selektiv*. Es wurden im Mittel sieben bis zehn m³ Holz pro Hektar geschlagen. Die extensive Nutzung bedingt die Erschließung großer Flächen. Dem Einschlagsvolumen von 5 Mio. m³ pro Jahr der 70er Jahre zum Beispiel entsprach die Erschließung von mehreren 100 000 Hektar pro Jahr und die Anlage von 2000 bis 3000 km *Holzabfuhrstraßen* (SCHMITHÜSEN 1977).

Abb. 15: Frisch angeschnittener halbimmergrüner Primärregenwald

Holzwirtschaft und Agrarkolonisation

Am Beispiel von Côte d'Ivoire läßt sich nachvollziehen, wie sich mit dem räumlichen Fortschreiten der Holzexploitation und der damit verknüpften Schaffung von *Infrastrukturen* auch die landwirtschaftliche Nutzung ausbreitet. Die Holzexploitation wirkt dabei auf zwei Ebenen als *Wegbereiter der Agrarkolonisation*: Zum einen wird die notwendige Infrastruktur geschaffen, zum anderen sind es gerade die mit dem Holzeinschlag beschäftigten Arbeiter, die nach Beendigung des Einschlages mit der Anlage von Plantagen beginnen. Durch ihre Arbeit in der Holzwirtschaft kommen sie zu dem für den Kauf von Werkzeugen notwendigen Kapital. Auch hilft ihnen dieses Einkommen die fünf bis sieben Jahre bis zur ersten Ernte der >cash crops< zu überstehen. Da der Kontakt zur Heimatregion erhalten bleibt, folgt ihnen ein Strom von Neusiedlern. Diese *Katalysatorfunktion* der Holzwirtschaft für die Agrarkolonisation wurde bereits 1957 von ROUGERIE beschrieben.

Historische Entwicklung

Seit dem 18. Jahrhundert wurden einzelne Baumstämme von der Elfenbeinküste nach Europa exportiert. Der Holzexport nahm aber erst in den 90er Jahren des 19. Jahrhunderts einen steilen Aufschwung, um bereits 1898 einen ersten Höhepunkt zu erreichen und dann für einige Jahre zu stagnieren. Die leicht zugänglichen Standorte an den Ufern des Comoé

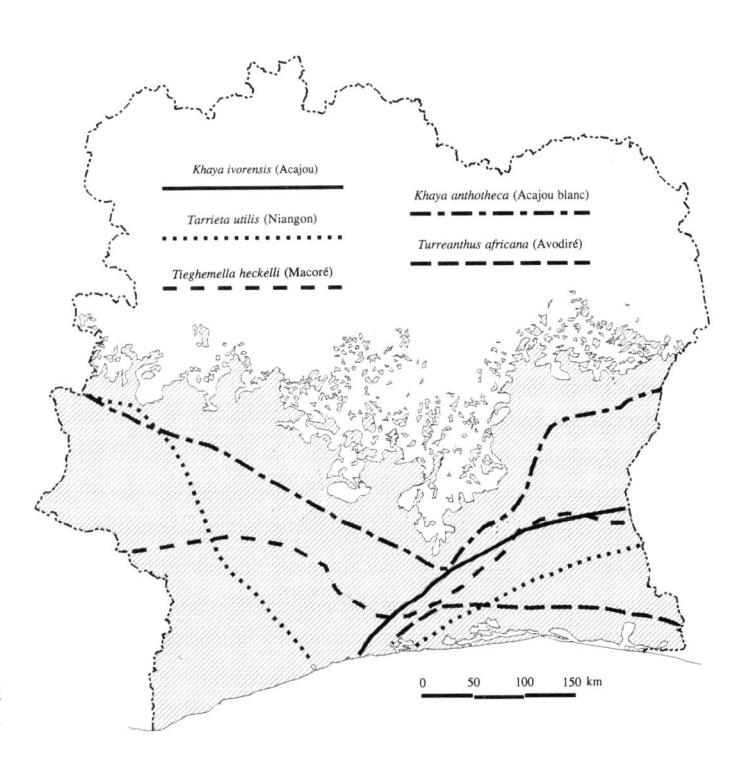

Abb. 16: Areale der in der frühen Kolonialzeit kommerzialisierten Holzarten. Nach: AUBREVILLE (1932)

und der Lagunen waren erschöpft. Erneutes Wachstum zeigte der Holzexport erst wieder mit der Erschließung neuer Einschlagsgebiete, die durch den Eisenbahnbau ab 1905 eröffnet wurden. Die zweite Wachstumsphase erreichte mit einem Volumen von 42 000 m³ im Jahre 1913 ihren Höhepunkt, um dann während des 1. Weltkrieges stark abzufallen. Nach dem Krieg stiegen die Exportmengen bis auf ein Maximum von 118 000 m³ im Jahr 1927 an, um infolge der Weltwirtschaftskrise bis auf 27 000 m³ im Jahr 1932 zurückzufallen. TERVER (1947) erklärt diesen Rückgang auch mit einer Erschöpfung der gut erreichbaren >Chantiers<. In der zweiten Hälfte der 30er Jahre erholte sich der Holzexport wieder, das Niveau der 20er Jahre wurde jedoch nicht mehr erreicht. Während des Zweiten Weltkrieges ging der Export in den Jahren 1941-43 fast bis auf Null zurück.

Nach dem zweiten Weltkrieg stiegen die Exportmengen zunächst langsam an und erreichten mit 100 000 Tonnen pro Jahr im Jahre 1950 wieder das Vorkriegsniveau. Die Eröffnung des Hafens von Abidjan im Jahre 1951 wirkte sich mit zeitlicher Verzögerung aus: In der zweiten Hälfte der 50er Jahre setzt ein exponentielles Wachstum der Exporte ein. Zwischen 1955 und 1958 wurden etliche neue "Pionierfronten" der Holzexploitation eröffnet. Diese griffen sowohl nach Nordosten in Richtung Abengourou als auch nach Südwesten, wo die Exploitation von Tabou aus aktiv wurde (RIGOU 1971). Mit der staatlichen Unabhängigkeit erlebte der Rundholzexport in den 60er Jahren eine enorme

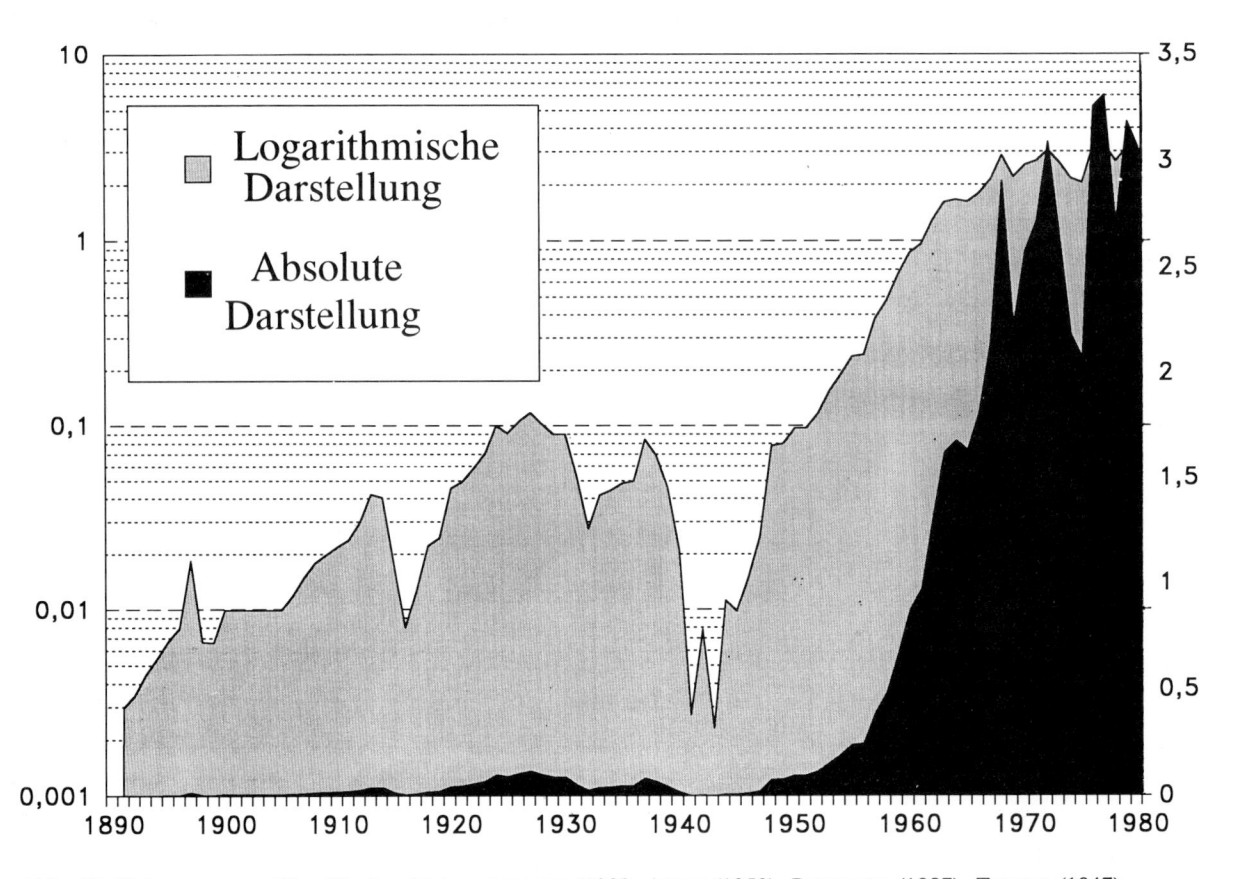

Abb. 17: Holzexport aus Côte d'Ivoire. Daten: ARNAUD (1983, AVICE (1953), PRETZSCH (1987), TERVER (1947)

Steigerung. Bedingt durch die Lage des Ausfuhrhafens Abidjan waren aber weiterhin die südöstliche und die zentrale Regenwaldzone am stärksten von der Exploitation betroffen (ARNAUD 1975). Obwohl einzelne Stämme der wertvollsten Holzarten auch im Südwesten schon in den 50er Jahren geschlagen wurden, kann hier von der Entstehung einer *Pionierfront* erst seit 1960 die Rede sein (GORNITZ 1985). Die Eröffnung der Straßenverbindung Soubré-Sassandra (Stadt) im Jahre 1965 markiert den Beginn großflächiger Holzexploitation im westlichen Landesteil. In der Zeit von 1966 bis 1969 wurde die ganze holzwirtschaftlich nutzbare Waldfläche von etwa 7 000 000 Hektar (LANLY 1969) per Konzession vergeben. 1973 wurde der Taï-Nationalpark zugunsten der Holzexploitation an seiner Nordgrenze um 20 000 Hektar reduziert, das exploitierte Gebiet erhielt den Status einer >Réserve du Faune< (du N'zo). Trotz einer enormen Steigerung der Produktion kam es seit 1970 zu Versorgungsschwierigkeiten der nationalen Holzindustrie, der es in der entscheidenden Phase nicht gelungen war, ausreichend große Konzessionen zu erwerben. Ihre Versorgung wurde 1972/73 gesetzlich durch die Verpflichtung zur Lieferung von 66 % beziehungsweise 100 p% (bei Großunternehmen) der Menge der Rundholzexporte an die einheimische verarbeitende Industrie gelöst. Die Holzwirtschaft überschritt ihren wirtschaftlichen Höhepunkt in Côte d'Ivoire etwa 1978. Die letzten Edelholzressourcen waren etwa 1982 erschöpft. Gegenwärtig erlebt die Branche den Rückfall in die wirtschaftliche Bedeutungslosigkeit.

Während die Brandroder, dem Weg des geringsten Widerstandes folgend, präferentiell den halbimmergrünen Regenwald und die "trockeneren" Waldgruppen des immergrünen Regenwaldes besiedelten, orientierte sich die Ausbreitung der kommerziellen Holzexploitation zunächst an den Arealen der wertvollsten Holzarten. *Abb. 16, S. 337* zeigt, daß diese im wesentlichen auf den immergrünen Regenwald beschränkt sind und im südöstlichen *Ausgangsraum der kolonialen Expansion* den höchsten Artenreichtum aufweisen. Verbreitung und Bestandsdichte der wertvollsten Holzarten und das flößbare Gewässersystem bestimmen die frühe räumliche Ausbreitung der Holzexploitation. Großräumig entfaltete die Holzwirtschaft sich erst in den 50er Jahren dieses Jahrhunderts, *nachdem* die Zahl der kommerzialisierten Arten auf etwa 20 angewachsen war, und die Exploitation in den *halbimmergrünen Regenwald* eindrang. Hier war die Holzexploitation in Verbindung mit der Brandrodung besonders transformationswirksam.

Rechtliche Rahmenbedingungen der Holzwirtschaft

Der bis heute gültige >Code Forestier< wurde 1965 verabschiedet. Er beruht in wesentlichen Teilen auf einem Dekret von 1935 und dessen Ergänzung im Jahr 1955. Der >Code Forestier< verbietet die Verwendung von Feuer zum Zwecke der Jagd und Rodung grundsätzlich (sic!). Er enthält rechtliche Definitionen von Wald, der in Staatswald sowie Privat- und Gemeinschaftswald unterteilt wird. Ferner Definitionen in Bezug auf Nutzung und Funktion des Waldes. Zum Beispiel Erosionsschutzwald, Quellschutzwald und Forstplantagen. Folgende Waldkategorien werden unterschieden:

1. Nationalparke - hier ist außer Tourismus und Forschung jegliche Nutzung verboten.
2. >Réserves naturelles partielles< - zum Beispiel Wildschutzgebiete. Hier wird Holzexploitation durchgeführt, Besiedlung aber ist verboten.
3. Geschützte Wälder - >Forêt classées<. Hier ist die Nutzung mit Auflagen verknüpft. Holzexploitation ist grundsätzlich möglich, Besiedlung hingegen verboten. Das Sammeln von Totholz, Medizinpflanzen und Wildfrüchten ist erlaubt, Stammholzeinschlag für handwerkliche Zwecke ist genehmigungspflichtig. Sinngemäß soll eine rationale Nutzung möglich bleiben.
4. Reservierte Wälder - >Forêt protégé<. Hier ist die kommerzielle Nutzung, zum Beispiel die Sammelwirtschaft, ohne Genehmigung möglich. Die Nutzer sind verpflichtet, die Nutzpflanzen nicht zu zerstören. Begrenzte Einschlagsgenehmigungen werden erteilt.

1978 wurden die rechtlichen und räumlichen Leitlinien der Holzwirtschaft durch ein Dekret ergänzt, daß innerhalb des Staatswaldes, der >Domaine Forestier de l'état< eine >Domaine Forestier permanent< sowie eine >Domaine Forestier rural< ausgegliedert. Während die >Domaine Forestier permanent< [qui] "... produit du bois et garantit l'equilibre ècologique ..." (DECRET N° 78-231) zur Erhaltung vorgesehen war, gilt die >Domaine Forestier rural< als landwirtschaftliche Reservefläche. Zu ihr gehören aber auch Flächen mit einem speziellen legalen Status, zum Beispiel die Nationalparke Die >Domaine Forestier permanent< bestand 1978 aus 146 >Forêt classée< mit einer Gesamtfläche von 36 265 km², von denen sich 86 Wälder mit einer Fläche von 24 043 km² in der Regenwaldzone befinden.

Qualitative Apekte

Die Waldzerstörung hatte in der Kolonialzeit noch relativ geringe Ausmaße. Mit autoritären Maßnahmen schränkte die Kolonialregierung Brandrodung und traditionelle Nutzungsrechte der Bevölkerung stark ein. Gleichzeitig wurden in den zwangsweise menschenentleerten Räumen große Schutzgebiete ausgewiesen. *Selektive Exploitation* hat in den verbliebenen Waldflächen - zum Teil auch in den Nationalparks - durch Konzentration auf wenige Baumarten die *Struktur* des ivorischen Regenwaldes verändert. >Assaméla<, >Sipo<, >Amazakoué< und >Iroko< kommen in größeren Durchmesserklassen praktisch nicht mehr vor. Der Grad der Ökosystemschädigung durch Holzexploitation ist abhängig von
- der *Anzahl* und dem *zeitlichen Abstand* der *Nutzungsdurchgänge*,
- der *Nutzungsintensität*, bezogen auf einzelne Holzarten und auf das Gesamtvolumen, und
- der technischen *Durchführung* der Exploitation.

Für die technische Durchführung der Exploitation bestehen keine Auflagen seitens der Forstverwaltung. In vielen Konzessionen werden zweispurige Rückegassen angelegt, um den Abtransport zu beschleunigen. Der Anteil der für den technischen Ablauf der

Exploitation genutzten Flächen liegt in der Regel über 10 % der Gesamtfläche (PRETZSCH 1987). Im Bereich der Polterplätze und der Rückegassen erster Ordnung kommt es zu erheblichen Bodenverdichtungen, welche die Regenerationsfähigkeit der Vegetation verringern (ALEXANDRE / TEHE 1979). Auf größeren Rodungsflächen, zum Beispiel Polterplätzen, kommt es zu Bodenerosion, weil auch in der Regenzeit exploitiert wird.

Aufforstung

Vor Gründung der staatlichen Aufforstungsgesellschaft (SODEFOR) im Jahre 1966 wurden etwa 30 000 Hektar Forstplantagen erstellt, die heute nicht mehr existieren. Seit 1966 hat die SODEFOR etwa 70 000 Hektar aufgeforstet. Insgesamt wurde bisher eine Fläche aufgeforstet, die etwa einem Viertel des durchnittlichen *jährlichen* Waldflächenverlustes in Côte d'Ivoire während der 70er und 80er Jahre entspricht. Dieser Vergleich macht deutlich, daß Aufforstung bislang *keine quantitative Bedeutung* hat. Im folgenden soll auf die Vergangenheit und die gegenwärtige Lage der Bemühungen eingegangen werden, weil der Aufforstung zukünftig zwangsläufig eine *relativ* große Bedeutung zukommen wird. Wiederaufforstungsbemühungen lassen sich bis in die 20er Jahre zurückverfolgen. Die Vorhaben zielten in der Regenwaldzone auf die Produktion von hochwertigem Exportholz, während in den Savannen die Versorgung der Eisenbahn mit Bau- und Brennholz sichergestellt werden sollte. Die im kolonialen Südostasien entwickelte kostengünstige >Taungya< Aufforstungsmethode wurde während der Kolonialzeit vor allem in den dicht besiedelten guineischen Savannen angewendet. Dabei wurden der Bevölkerung für zwei Jahre Waldflächen zur landwirtschaftlichen Nutzung überlassen, die zuvor unter Schutz gestellt worden waren. Gleichzeitig wurden Setzlinge gepflanzt. Die Forstbehörde sparte so Kosten für die Rodung und Unterhaltung der Plantage. In den letzten Jahre der Kolonialzeit konzentrierten sich die Aufforstungsbemühungen - unter ökologischen Gesichtspunkten - auf den nördlichen Landesteil.

Technik

Die Anlage von Forstplantagen ist in den Tropen problematischer als in den gemäßigten Breiten. Alle Maßnahmen haben bis heute experimentellen Charakter. Die Versuche begannen 1926 mit der Anlage von Forstplantagen in *Naturwaldschneisen*. Zwischen 1947 und 1966 wurde der natürliche Nachwuchs wirtschaftlich begehrter Arten in 200 km Umkreis von Abidjan auf 20 000 Hektar durch selektives Nachpflanzen gefördert. Diese wirtschaftliche *Aufwertung von Naturwaldbeständen* wird heute als Mißerfolg gewertet. Seit 1966 hat die SODEFOR mit Plantagen in *chemisch gerodeten*, geometrischen Schneisen experimentiert, dann aber mit Hilfe der Weltbank bevorzugt Plantagen auf mechanisch gerodeten Blöcken angelegt. In diesen Plantagen erfolgt die Totalrodung mittels schwerer Raupenschlepper (300 PS). Der nicht kommerziell nutzbare

Holzanteil wird zersägt und verbrannt. Im nächsten Jahr häufen die Schlepper die verkohlten Baumreste noch einmal in Reihen auf und der restliche "Abraum" wird endgültig verbrannt. Vor der Auspflanzung der Setzlinge wird der Boden mechanisch gesäubert und gelockert. Die Pflanzdichte liegt bei Abständen von 3,5 - 4 Meter zwischen 600 und 800 Bäumen pro Hektar. Sie kann bei Teak bis zu 2000 Bäume pro Hektar (Séguié und Tené) erreichen. Nach 15 - 25 jährigen Umtriebszeiten sollen 100 bis 150 Bäume pro Hektar mit einem Volumen von 250 bis 300 m³ für >Framiré< und >Teak<, sowie 450 m³ für >Samba< und >Niangon< eingeschlagen werden können. Die vorgesehene Produktivität liegt damit um den Faktor 25 bis 45 über der Produktivität des natürlichen Waldes (ARNAUD 1975). Allerdings haben die Feuerkatastrophen der 80er Jahre diese Kalkulationen verunsichert. Die Aufforstungsaktivitäten konzentrieren sich in der Regenwaldzone um Tiassalé, Oumé, Agboville, Man und im Raum zwischen Daloa und Bouaflé. In der Savannenzone um Korhogo und Bouaké. Das älteste und größte Aufforstungsprojekt der SODEFOR ist der von Weltbank und Commonwealth Development Fund finanzierte Forst von Mopri bei Tiassalé. Hier sind seit 1976 etwa 7000 Hektar gerodet und mit schnell wachsenden Arten aufgeforstet worden. In der Endphase wird dieses Projekt eine Ausdehnung von 33 000 Hektar haben. In den 70er Jahren wurde zum Anschluß an den Hafen von San Pedro ein großes Projekt zur Zelluloseproduktion für den Südwesten geplant. Vorgesehen war eine Jahresproduktion von 250 000 bis 300 000 Tonnen Zellstoff. Für die Rohstoffbereitstellung wurde eine Fläche von 250 000 Hektar reserviert. Nachdem 1976 bereits zahlreiche landwirtschaftlich genutzte Flächen ausgeklammert werden mußten und die erheblichen Investitionskosten nicht aufgebracht wurden, verzögerte sich die Realisierung des Projektes. Obwohl der Plan offiziell nicht aufgegeben wurde, ist mit einer Realisierung inzwischen nicht mehr zu rechnen; schon weil große Teile der eingeplanten Naturwaldressourcen heute nicht mehr existieren. Als Folge dieser Planungen gibt es in der Südwestregion heute einige Forstplantagen mit *Pinus*, *Eucalyptus* und *Gmelina*.

Aufgrund des natürlichen Reichtums der ivorischen Vegetation werden nur wenige fremde Baumarten zur Aufforstung verwendet: In der Regenwaldzone sind diese allein der aus Zentralafrika stammende *Aucoumea klaineana* sowie mittelamerikanische Koniferen der Gattung *Pinus*. Diese Baumarten sind in Forstplantagen weltweit erprobt. Dies gilt auch für den aus Südostasien stammende Teak (*Tectona grandis*), der im V-Baoulé oft ringförmig die Städte umschließt. In der Savannenzone wurde während der Kolonialzeit als potentielle Exportkultur die aus Südamerika stammende Cashew Nuß (*Anacardium occidentale*) zwangsweise angepflanzt. Zur Brennholzversorgung werden im Norden der Côte d'Ivoire Arten der australischen Gattung *Eucalyptus* angepflanzt. Ein spezielles Problem der schnellwüchsigen *Eucalyptus*- und *Pinus*-Arten ist deren hoher Wasserbedarf. Diese Forste beanspruchen selbst unter einem perhumiden Klima soviel Bodenwasser, daß die Plantagen völlig unterwuchsfrei bleiben. Ungeklärt ist auch die Frage nach den Auswirkungen einer langfristigen Nutzung mit Koniferen auf den problematischen pH-Wert tropischer Böden.

4.2. Anthropogeographie

Das Territorium der Republik Côte d'Ivoire gehört zu den kulturell verschiedenartigsten Räumen der Welt. Es umfaßt die Schnittstellen von vier großen Sprach-, Volks- oder Kulturgruppen Afrikas und war, vielleicht aus diesem Grunde, von Anfang an relativ schwächer besiedelt als die Mehrheit der Nachbarstaaten. Die Gliederung nach PERSON / TROUCHAUD (1979) beruht auf einer fünfstufigen Hierarchie, an deren Spitze die Sprach-, Volks- oder Kulturgruppe steht (z.B. >Akan<, >Mandé<), der die eigentlichen Ethnien folgen. Unterhalb der Ethnien werden *ethno-politische Einheiten* erster und zweiter Ordnung (z.B. >Attié<, >Indénié<, >Moronou<, >Djimini<) sowie der Stamm oder *Clan* ausgewiesen. Obwohl nicht von der Ethnologie definiert, sind die ethno-politischen Einheiten erster und zweiter Ordnung für Fragestellung der Untersuchung von Bedeutung, weil sie in der älteren Literatur zur geographischen Ortsbestimmung herangezogen werden. Die vier großen Kulturgruppen des Landes weisen drei sehr unterschiedliche gesellschaftliche Organisationsformen auf, die zum Teil durch die natürliche Ausstattung der Räume erklärbar sind, mehr aber noch selbst diese Räume gestalten. Es sind dies:

(1) Die dezentral, nach väterlicher Abstammungslinie, in Clanen und Lokalgruppen organisierten Gesellschaften aus der Sprachgruppe der *Krou* im Südwesten des Landes, die als Grundnahrungsmittel *Trockenreis* anbauen. Ihre unabhängige soziale Organisation kann als Antwort auf die geringe Besiedlungsdichte in einer kommunikationsfeindlichen Umwelt gewertet werden.

(2) Die nach mütterlicher Abstammungslinie, in größeren Gemeinschaften zentral organisierte Kulturgruppe der *Akanvölker* im Südosten. Sie bauen *Knollenfrüchte*, vor allem *Yams* als Grundnahrungsmittel an. Ihr Siedlungsgebiet reicht vom Bandama in der zentralen Côte d'Ivoire bis zum Cross River in Südost-Nigeria. Neben den Aschanti in Ghana gelten die Baoulé, das "Staatsvolk" der Côte d'Ivoire, als herausragende Vertreter dieser Kulturgruppe.

(3) Die nach väterlicher Abstammungslinie zentral organisierten *Mandé-* und *Voltavölker* der Savannen, deren feudale Sozialorganisation eng mit den verschiedenen Reichsbildungen in der Sudanzone verknüpft ist. Ihre Wirtschafts- und Lebensweise beruht auf *Körnerfruchtbau* und *Viehzucht*. Im Zuge der historischen Auseinandersetzungen in der Sudanzone wurde eine Reihe von Mandévölkern in den nordwestlichem Randbereich des Regenwald abgedrängt, wo sie ebenfalls zum Reisanbau übergegangen sind.

Einzelne kulturelle Merkmale dieser Völker sind entscheidend geworden für die wirtschaftliche, und damit auch für die ökologische Entwicklung ihrer Siedlungsräume. So stellt BOUTILLIER (1960, S. 32) am Beispiel des Akan-Volkes der Agni fest, daß die matrilineare Erbfolge, in Kombination mit Exogamie und patrilokalem Wohnrecht, ein wesentlicher Faktor für die "Instabilität ihrer räumlichen Verteilung" ist; und damit, das ist hinzuzufügen, eine Erklärung für das expansive räumliche Verhalten der Akan-Völker bietet. Auch wenn die Bedeutung dieser Kulturelemente im Rahmen der modernen Migrationen zurückgegangen ist, so helfen sie doch, zum Beispiel im >Bouclé de cacao< um Dimbokro, den raschen Aufbau des weltmarktorientierten Produktionspotentials in den 30er bis 50er Jahren erklären. Kulturelle Faktoren haben die Qualität und den zeiträumlichen Verlauf anthropogener Veränderungen der Vegetation deutlich geprägt.

Traditionelles Naturverständnis

In der Gegenwartsliteratur wird die These vertreten, daß traditionelle (vorkapitalistische) Agrargesellschaften ein konservatives, a priori bewahrendes Verhältnis zu ihrer Umwelt haben. Als Beispiele hierfür können die folgenden Zitate gelten, die sich auf Côte d'Ivoire beziehen:

"Die traditionellen Formen der Waldnutzung waren gekennzeichnet durch die enge Bindung des Menschen an das Ökosystem und daraus resultierend - einen sehr dosierten und vorsichtigen Umgang mit der Natur, die dem Menschen von Seiten der Götter nur leihweise zur Nutzung überlassen wurde und die es als Lebensgrundlage zu erhalten und zu schützen galt." (PRETZSCH 1987)

Oder LUIG (1986), nach einer Aufzählung landbautechnischer und sozialer Merkmale der Agrarproduktion:

"... Eine solche Haltung schließt nicht nur die rücksichtslose Ausbeutung von Naturressourcen aus ..., sondern zielt im Gegenteil auf ihre Erhaltung und periodische Erneuerung ab." (LUIG 1986, S. 34)

Heilige Haine

Diese These stützt sich auf die Beobachtung einzelner religiöser und sozialer Mechanismen, die objektiv eine Schutzfunktion für die Umwelt, insbesondere auch für die Vegetation wahrnehmen. Ein bekanntes Beispiel hierfür sind die in Westafrika weit verbreiteten Heiligen Haine, die unter anderem als Grablegungsstätten dienen und deren ökologische und soziale Bedeutung schon von CHEVALIER (1933, S. 37) beschrieben wurde. Diese Waldstücke sind aufgrund ihres wirklich naturnahen Zustandes für die vegetationsgeographische Forschung von großem Interesse, weil sie von der Tradition konsequent geschützt werden. So liegt zum Beispiel die Konventionalstrafe für die Beschädigung eines Heiligen Haines durch landwirtschaftliche Brände bei den Satikran-Baoulé von Botro (Departement Bouaké) in der Höhe der Beschaffungskosten für einen Ochsen (ca. 800 000 FCFA). Die auf einige Hektar beschränkte Größe der >bois sacré< jedoch verdeutlicht die engen Grenzen der Schutzfunktion, beispielsweise dieser Tradition.

Tabus

Es ist naheliegend, das Phänomen der Heiligen Haine, analog etwa zu dem der Heiligen Fische der Sahara, mit Hilfe der Kategorien einer kulturellen Ökologie (DARYL-FORDE 1934) zu erklären. Allerdings gibt es auch eine Vielzahl von Beispielen für Tabus, denen zumindest ein offensichtlicher ökologischer Bezug fehlt. So dürfen bei den Krou des Südwestens bestimmte Bäume, die in der Vergangenheit keineswegs selten waren, zum Beispiel *Tieghemella heckelii* und *Clorophora excelsa* nicht gefällt werden. Richtig ist, daß traditionelle Agrartechniken oft einer völligen Entwaldung und Entblößung des Oberbodens vorbeugen, daß soziale Mechanismen existieren, die ein Minimum der natürlichen Umwelt konservieren, daß traditionelle Arten der Landnutzung zwangsläufig *ökologisch angepaßt* und aus diesem Grunde von großem aktuellen Interesse sind. Falsch hingegen ist es, hieraus zu schließen, daß das Naturverhältnis traditioneller oder generell vorkapitalistischer Agrargesellschaften vom Prinzip der Nachhaltigkeit bestimmt sei. Tatsächlich ist der alle menschlichen Gesellschaften prägende Gegensatz von Natur und Kultur in traditionellen Agrargesellschaften lebendiger als in modernen Gesellschaften jeglicher Ausprägung. So beschreibt WEISKEL das Verhältnis von Natur und Kultur bei den Baoulé wie folgt:

"On trouve, sous-jacente à ces processus continue de transformation, une opposition radicale entre la brousse (bro) et le village (kro). Alors que le village est associé à tout ce qui est favorable, bon et bénéfique, la brousse est généralement associé à tout ce qui menace les Baoulé aussi bien sur le plan individuel que collectiv. Le village est concu comme la domaine des humains. La brousse, au contraire, est la demeure des esprits (bro asyé usu), dont les relations avec les hommes sont au mieux imprévisibles et, au pire, vindicatives." (WEISKEL 1973, S. 145)

Ähnlich sahen es auch die alten Europäer:

"War die mittelalterliche Hexe noch die hagazussa, diejenige, die auf dem Hag, der Hecke, dem Zaun saß, der hinter den Gärten verlief und das Dorf von der Wildnis abgrenzte, und war sie somit ein Wesen, das an beiden Bereichen teilhatte, wir würden heute vieleicht sagen, ein halbdämonisches Wesen, so wird sie mit der Zeit immer eindeutiger, bis sich in ihr nur noch das verkörpert, was aus der Kultur hinausgeworfen wird, um in der Nacht in verzerrter Form wiederzukehren." (DUERR 1978, S. 62)

Die von verschiedenen Autoren als Beispiele für ein konservierendes Naturverständnis angeführten Agrartechniken und Sozialmechanismen wurden von den traditionellen Gesellschaften eingesetzt, weil sie unter den gegebenen Bedingungen tatsächlich eine maximale Landnutzung ermöglichten. Der Gedanke einer vom Prinzip der Nachhaltigkeit bestimmten Landnutzung ist eine junge Entwicklung, die erst in modernen Gesellschaften durch deren weitgehende Naturbeherrschung möglich und notwendig wurde.

Traditionelles und modernes Bodenrecht

Die räumliche Ausbreitung landwirtschaftlicher Nutzung schreitet im Spannungsfeld zweier konkurrierender Rechtssysteme voran: dem modernen ivorischen Zivilrecht und dem mündlich überlieferten >Régime Coutumier<, die in Bezug auf das Privateigentum an Grund und Boden *unvereinbar* sind. Das traditionelle Bodenrecht kennt ausschließlich das >jus usufructi< (Recht des Niesbrauchs). Der Boden kann nicht >à titre définitiv< verkauft, verpachtet oder verschenkt werden. Demgegenüber basiert das ivorische Zivilrecht auf dem französischen >Code Civil<; es kennt und fördert das private Bodeneigentum westlicher Prägung. Trotz der zivilrechtlich eindeutigen Lage ist die gegenwärtige Situation durch die mit rechtlichem Dualismus verbundene Unsicherheit geprägt. Bei weitgehender Abwesenheit zivilrechtspflegender Institutionen orientiert sich das verunsicherte Bodenrechtsempfinden im ländlichen Raum an einer häufig zitierten Maxime von Präsident Felix Houphouët-Boigny: "La terre appartient à celui qui la met en valeur."

Grundsätzlich beansprucht der ivorische Staat das Eigentumsrecht an allen nicht registrierten und nicht bewirtschafteten Flächen. In Abwesenheit eines Bodenkatasters erfolgt die Registrierung privater Bodenrechtstitel zunächst >à titre précaire et

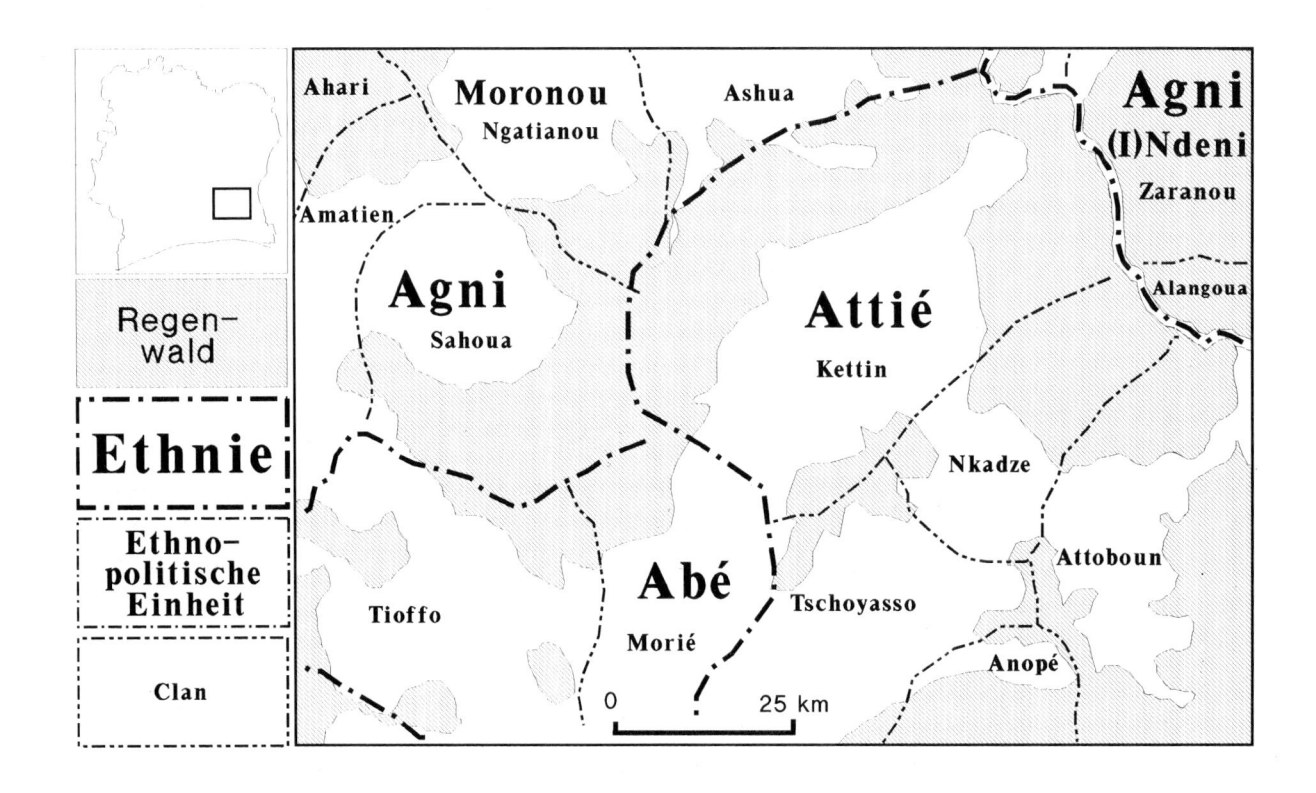

Abb. 18: Anthropogene Veränderungen der Vegetation und ethnische Grenzlinien im Raum Adzopé um 1970 Quellen: GUILLAUMET / ADJANOHOUN (1971) und PERSON / TROUCHAUD (1979)

revocable< - also auf Widerruf - bei einer Kommission auf der Ebene der >Sous-Préfecture<, die sich aus Vertretern der Staatsmacht (in der Regel der Parteisekretär) und lokalen Notablen zusammensetzt (MÜLLER 1984). Obwohl der autochthonen Bevölkerung keine Wahl bleibt, als sich dieser staatlich verordneten Praxis zu fügen und Land an die Immigranten abzutreten, praktiziert sie untereinander weiterhin das traditionelle Bodenrecht. Die mit diesem rechtlichen Dualismus verbundene *Rechtsunsicherheit* ist ein wesentlicher Grund für die weite Verbreitung besonders *umweltschädlicher*, auf kurzfristige Gewinnmaximierung zielender Landnutzungsarten.

Ethnische Grenzräume: Reliktstandorte

Verschiedene Autoren haben beobachtet, daß die Stammes- oder Clangrenzen im geländewahrnehmbaren Mikromosaik der Vegetation als Reliktstandorte naturnaher Vegetation, als Potential für die Ausdehnung der Betriebsflächen hervorgetreten sind (*vgl.* FRICKE / KOCHENDÖRFER-LUCIUS 1988, S. 86). Tatsächlich bildet die Hemmschwelle, die ethnische Einheiten zu überwinden haben, bevor sie das Grenzgebiet gegen ihre Nachbarn besiedeln, ein wesentliches Element der Raumentwicklung. Zur Untersuchung möglicher Zusammenhänge zwischen dem ethnischem Raummuster und Vegetationsveränderungen wurde die Vegetationskarte von GUILLAUMET / ADJANOHOUN (1979) mit der ethnischen Gliederung der Côte d'Ivoire durch PERSON / TROUCHAUD (1979) verglichen, die beide im Maßstab 1 : 2 000 000 vorliegen. Diese zeitliche Stichprobe, sie bezieht sich etwa auf das Jahr 1970, weist beträchtliche Übereinstimmungen auf. *Abb. 18* zeigt als Beispiel einer "Altsiedellandschaft" den Raum Adzopé, der zwar bereits modernen Verkehrsinfrastrukturen überprägt wurde, in dem aber die vegetationsgestaltende Wirkung ethnischer Grenzen noch deutlich erkennbar ist. Ethnische *Grenzlinien* beeinflussen anthropogene Vegetationsveränderungen in Abhängigkeit von ihrer hierarchischen Bedeutung und dem demographisch-ökonomischen Druck der auf die Vegetation ausgeübt wird. Das heißt im Falle der Côte d'Ivoire: Unter zunehmendem anthropogenem Druck erfolgte die Vegetationstransformation zunächst in Richtung der Dorf- und Clangrenzen, dann erst werden Grenzräume zwischen den Ethnien besiedelt. Die hochrangigen Sprach- und Kulturgrenzen markieren jene Räume, die zuletzt kultiviert werden. Diese Leitlinie anthropogener Vegetationsveränderung gilt für Raumentwicklung durch die *autochthone* Bevölkerung, also für die Kolonialzeit. Seitdem Fernmigration zu einem wesentlichen Faktor der Raumentwicklung geworden ist, also etwa seit der Unabhängigkeit des Landes, hat sich das Entwicklungsprinzip umgekehrt: Die *allochthone* Bevölkerung siedelt sich in größtmöglicher Entfernung zu allen Einheimischen, in der Regel also in den naturnahen Räumen *zwischen* den Ethnien an. Hierdurch wurde die zunächst *konzentrische* Raumentwicklung von einer *exzentrischen* Raumentwicklung abgelöst, die für die Auflösung der geschlossenen Wälder entscheidend wurde.

4.3. Landwirtschaft

Die ivorische Landwirtschaft zeichnet sich durch eine große Vielfalt von Kulturpflanzen aus, die in Mischkultur angebaut werden. Da der Anbau von Kaffee und Kakao nur in den ersten Jahren mit dem Nahrungmittelfeldbau kombiniert werden kann, folgt der Einrichtung von Plantagen mit Exportprodukten in der Regel die Rodung weiterer Waldflächen für die Nahrungmittelproduktion. In Abwandlung des traditionellen Wanderfeldbaues legen die Pflanzer die wachsenden Entfernungen zu ihren Feldern seit den 60er Jahren mit dem Fahrrad zurück, wodurch die traditionelle Siedlungsverlagerung reduziert wurde.

Resilianz der Vegetation

Auch der auf dem technologischen Niveau des Brandrodungsfeldbaues wirtschaftende Mensch ist geneigt bei seiner Arbeit den einfachsten Weg zu gehen. Wesentliche *räumliche Leitlinien* der anthropogenen Vegetationsüberformung ergeben sich daher aus der Verbreitung des immergrünen Regenwaldes, dessen ausgeprägte Resilianz die Transformation verzögerte. Im nordwestlichen Regenwald der Côte d'Ivoire war dieser Zusammenhang noch in den 60er Jahren dieses Jahrhunderts offensichtlich. Die Vegetationsaufnahme von GUILLAUMET / ADJANOHOUN (1971); zeigt deutlich die Übereinstimmung der Waldflächen mit den Arealen des immergrünen Regenwaldes in diesem, zwar unter starkem Druck durch Brandrodungsfeldbau, aber lange ohne Zutun der Holzexploitation gestaltetem Raum.

Differenzierung

Innerhalb des immergrünen Regenwaldes ist es die von GUILLAUMET / ADJANOHOUN als *Diospyros - Mapania* bezeichnete Regenwaldgruppe, die aufgrund ihrer hohen Feuchte der Brandrodung den größten Widerstand entgegensetzt, und deshalb bis zur Mitte des 20. Jahrhunderts praktisch unbesiedelt geblieben ist. Daß der im Südosten des Landes gelegene Ausgangsraum anthropogener Überformung der Waldvegetation während der Kolonialzeit innerhalb des immergrünen Regenwaldes gelegen ist, stellt keinen Widerspruch zu dieser Regelhaftigkeit dar: Der *Turreanthus africana - Heisteria parvifolia* Wald des Raumes Dabou - Abidjan - Grand Bassam ist aufgrund des Klimas zwar noch immergrün, zeigt aber - bedingt durch die tertiären Sande des Küstenraumes - ausgeprägte edaphische Trockenheit und ein deutlich schwächeres Regenerationsvermögen.

Expansionsformen

Die Ausdehnung der landwirtschaftlichen Nutzfläche ist in Côte d'Ivoire bei der *autochthonen* Bevölkerung ein *Diffusionsprozeß* der auf zunehmender Marktorientierung und dem natürlichen Bevölkerungswachstum beruht. SCHAAF / MANSHARD (1988) haben ein Modell dieser Siedlungsverlagerung vorgelegt, das für den Verlauf des Kolonisationsprozesses im östlichen Regenwald der Côte d'Ivoire und im angrenzenden Ghana als idealtypisch gelten kann. Seit den 70er Jahren jedoch überwiegt, insbesondere im westlichen Regenwald, die auf Fernmigration beruhende *spontane Agrarkolonisation* durch *allochthone* Siedler. Geplante Agrarkolonisation ist in Côte d'Ivoire quantitativ zu vernachlässigen.

Migranten

Côte d'Ivoire ist ein Einwanderungsland. In Fortsetzung der kolonialen Peuplierungspolitik wird die Immigration vom ivorischen Staat gefördert. CONDE / ZACHARIAS (1981) kamen in einer im Auftrag der Weltbank durchgeführten Studie zu dem Schluß, daß Côte d'Ivoire bis 1975 etwa 700 000 Immigranten aufgenommen hat. Auf der Grundlage dieser Untersuchung kann die gegenwärtige Zahl der Immigranten auf 2 000 000 oder 20 % der Gesamtbevölkerung geschätzt werden. Damit hat Côte d'Ivoire in ihrer Bevölkerung einen der höchsten Ausländeranteile der Welt (vergleichbar Australien). Dabei ist die Aufteilung der letzten, keineswegs menschenleeren, Regenwälder Westafrikas denkbar problematisch und es spricht für alle Beteiligte, daß die in diesem Prozeß zwangsläufig auftretenden Konflikte (zwischen autochthoner- und allochthoner Bevölkerung) bislang gewaltfrei gelöst werden konnten.

Die wenigsten Einwanderer kommen direkt vom Land. Viele stammen aus den Städten oder waren im Verlauf ihrer Wanderung, in Bamako, Bobo-Dioulasso oder Bouaké einer intensiven *urbanen Sozialisation* ausgesetzt. Sie sind dem Leben im ländlichen Raum mehr oder weniger entfremdet. Während die Zielgebiete der Immigranten in den 50er und 60er Jahren überwiegend in der zentralen West- und Südregion, den Räumen Daloa und Divo lagen, konzentriert sich die Einwanderung seit den 70er Jahren auf die Südwestregion. Unter dem Einfluß der Immigranten gehen auch die in der Subsistenzlandwirtschaft verhafteten Jäger- und Sammlervölker des ivorischen Südwestens zu marktorientiertem Kaffee- und Kakaoanbau über. Die mit der Anlage mehrjähriger Marktkulturen verbundene Privatisierung des Grundeigentums setzt sich auch hier durch. In der Regel können die Kolonisten auch illegale Landnahme durchsetzen. Dies hat seit den 60er Jahren zur Aufgabe zahlreicher faktisch besiedelter Waldflächen geführt, die von der Raumplanung ursprünglich zur Erhaltung vorgesehen waren. In den frühen 70er Jahren verlief der Landnahmeprozeß im "Wilden Südwesten" exponentiell. Östlich des Taï-Nationalparks ist ein einseitig durch spontane Agrarkolonisation geprägter Raum entstanden. Für die legale Agrarkolonisation stehen Waldflächen inzwischen nur noch in dem beschränkten, aber immer noch relativ schwach besiedelten Raum zwischen der Westseite des Nationalparks und der Liberianischen Grenze zur Verfügung (*vgl. Abb. 52, S. 443*). 60 bis 70 % der etwa 500 000 Menschen in der Südwestregion (hier definiert als Territorium der Präfekturen Soubré und Sassandra) sind junge Männer im Alter von 15 bis 30 Jahren. Die meisten Einwanderer sind *Umweltflüchtlinge* aus dem Sahel, vor allem Mossi aus Burkina Faso, die in Einzelgehöften und kleinsten Dörfern siedeln. Baoulé aus der dicht bevölkerten Zentralregion der Côte d'Ivoire bilden die die zweitstärkste Gruppe. Sie tendieren, im Gegensatz zu den zusammenfassend als >Burkinabe< bezeichneten Einwanderern aus dem Sahel, zur Formierung größerer Siedlungen.

Konflikte

Während die Vorgaben der Raumordnung in der Kolonialzeit rigoros durchgesetzt werden konnten, ist Waldschutz seit der Unabhängigkeit eine delikate politische Angelegenheit, zumindest soweit er das expansive "Staatsvolk" der Baoulé betrifft. Gegenwärtig haben die Mitarbeiter der staatlichen Forstgesellschaft SODEFOR Anweisung, die weitere Aufsiedlung der >Forêt classée< im Rahmen ihrer Möglichkeiten zu verhindern. Wenn sie über Kaffee- oder Kakaoplantagen verfügen, werden bestehende Siedlungen jedoch toleriert. Diese Toleranz wird mit einer ebenfalls häufig zitierte Maxime von Felix Houphouët-Boigny begründet: "La main de'homme ne peut dètruire ce que le main de l'homme a planté." Dennoch stehen sich die Kolonisten und der ivorische Staat in der Endphase der Agrarkolonisation als Kontrahenten gegenüber. Der Taï-Nationalpark - das letzte Stück des westafrikanischen Primärregenwaldes von potentiell überlebensfähiger Größe - wurde von der UNESCO in die Liste des Kultur- und Naturerbes der Welt aufgenommen. Aufgrund von Gesprächen zwischen den Golfpartnern Prinz Bernard von den Niederlanden (Präsident des World Wildlife Fund) und Felix Houphouët-Boigny (Präsident der Côte d'Ivoire) wird der Taï seit 1988 konsequent geschützt. Im März 1988 wurde ich Zeuge einer Säuberung, in deren Verlauf zahlreiche illegale Siedlungen und Pflanzungen vom ivorischen Militär geräumt und zerstört wurden. Außerhalb des Taï-Nationalpark jedoch schreitet die Landnahme auch in geschützten Wäldern fort.

Spontane Agrarkolonisation

Durch die Auswertung von Satellitenbildern sowie auf Grundlage der eigenen Feldarbeiten in der Südwestregion, kann die idealtypische Raumentwicklung durch spontane Agrarkolonisation wie folgt beschrieben werden: *Abb. 19a* zeigt einen kleinen Ausschnitt des Raumes westlich des Taï-Nationalparks in den frühen 70er Jahren. Die autochthone Bevölkerung, die in den 20er Jahren gezwungen wurde, an der von der Kolonialmacht gebauten Straße zu siedeln, unterhält hier kleine Pflanzungen, die nach einigen Jahren der Nutzung wieder dem Wald überlassen werden. Der reife Sekundärwald geht mit zunehmender Entfernung von der Straße in Primärwald über. Seit der Eröffnung des Tiefseehafens von San Pedro wird die Erdstraße regelmäßig planiert. Auch ist im Bildauschnitt die Holzexploitation tätig geworden und hat eine Stichstraße und zwei Rückegassen zur Holzabfuhr in den Wald geschlagen. Die autochthone Bevölkerung hat die Gelegenheit genutzt, und in geringer Entfernung von der Hauptstraße einige neue Pflanzungen im Primärwald angelegt. Am Ende der Holzabfuhrstraße, in möglichst großer Entfernung zur autochthonen Bevölkerung, haben sich spontan einige allochthone Baoulé Kolonisten angesiedelt. Ihren sozialen Bedürfnissen entsprechend siedeln sie gemeinsam. Pflanzungen umgeben das kleine Dorf.

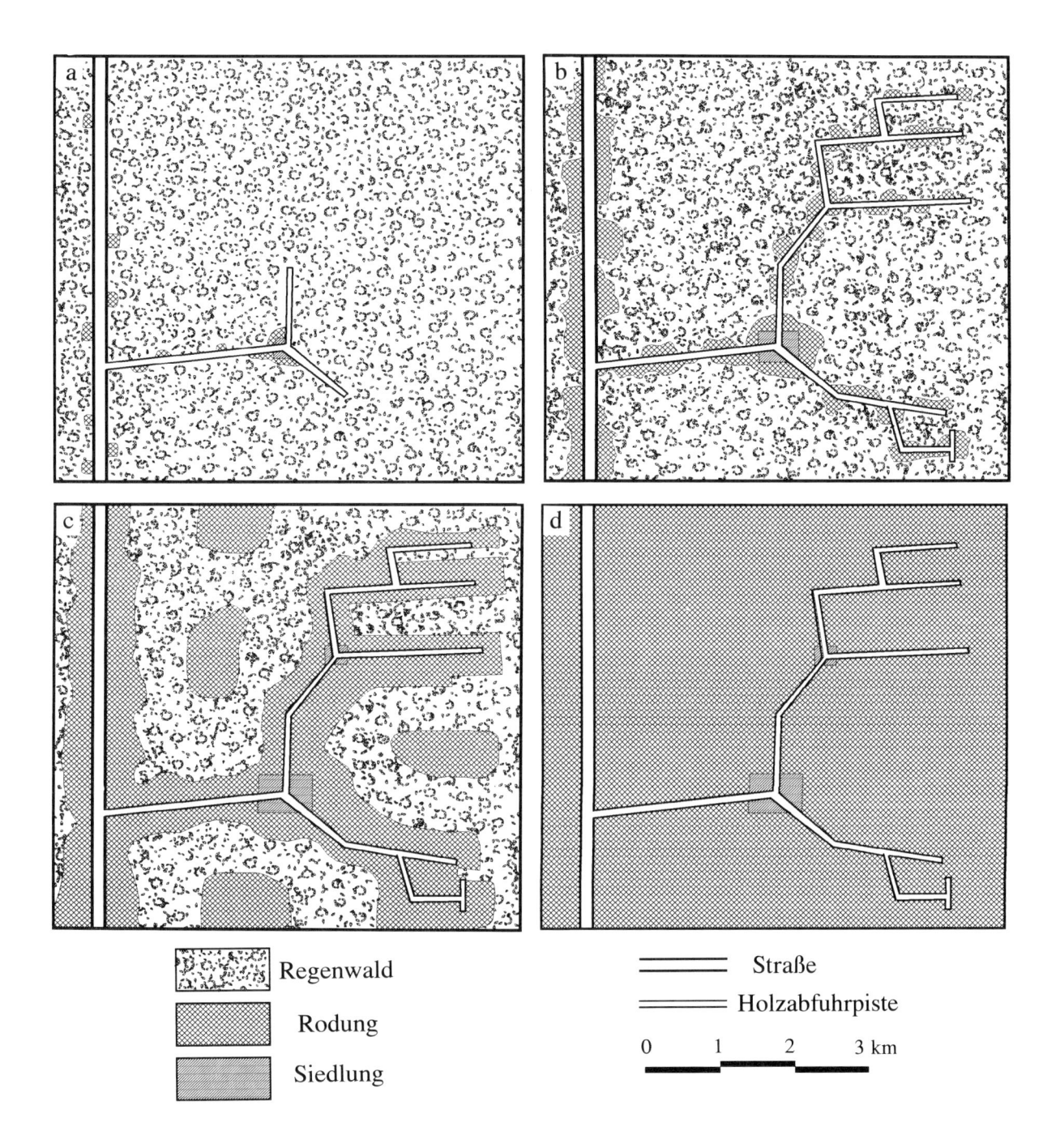

Abb. 19: Idealtypische Sequenz der Raumentwicklung durch Spontane Agrarkolonisation

Phase 1

Im Laufe der nächsten drei Jahre besetzen Kolonisten Flächen entlang des wachsenden Systems der Holzabfuhrstraßen und Rückegassen. Sie zeichnen damit deutlich erkennbare *lineare Strukturen* in den reifen Regenwald (*Abb. 19b*). Noch zögern die aus Savannen stammenden Siedler sich in nicht erschlossenen Waldgebieten niederzulassen. Sie wählen ihre Parzellen nach den Kriterien Verkehrsanschluß, Verfügbarkeit von Oberflächenwasser, Vegetationsdichte und Bodengüte.

Phase 2

Mit zunehmender Groberschließung der Waldes breiten sich die Kolonisten *radial* aus. Darüber hinaus werden weitere Rodungen, mit Blick auf zukünftige Erweiterungsmöglichkeiten, in der Mitte größerer, unerschlossener Waldareale angelegt. Grundsätzlich werden möglichst große Flächen gerodet und extensiv bewirtschaftet, da dies nach traditionellem Recht der Besitznahme entspricht. Dabei entsteht ein an *Äquidistanzen* orientiertes Raummuster (*vgl. Abb. 19c, S.351*), daß auch >Défrichements en peau de léopard< genannt wird.

Phase 3

In der dritten und letzten Phase der Kolonisation erfolgt dann die Rodung der verbliebenen Waldflächen zwischen den Pflanzungen sowie der Ausbau und die Anlage weiterer Siedlungen.

Qualitative Aspekte

Art und Weise anthropogener Umweltveränderungen bestimmen die ökologische Qualität der transformierten Umwelt. Gerade in einem kulturell heterogenen Land wie Côte d'Ivoire kommt den verschiedenen landwirtschaftlichen Verfahren hohe Raumwirksamkeit zu. Dies gilt insbesondere für landwirtschaftliche Rodungen, für deren langfristige Entwicklung von Bedeutung ist, wie die Rodung durchgeführt wird und ob Bestandteile der natürlichen Vegetation, beispielsweise zur Beschattung der jungen Kaffee- und Kakaokulturen, ausgespart werden. Die traditionellen Rodungs- und Kultivierungstechniken beruhen auf umfassenden Kenntnissen der lokalen Flora. Sie wurden über lange Zeiträume an die Umwelt angepaßt und haben ernsthaft schädliche Auswirkungen erst dann, wenn sie auf andere Biotope übertragen werden.

Die wichtigste Begründung für das Aussparen eines Baumes bei der Brandrodung liegt in dessen Nutzen. *Selektive Rodung* hat, lange vor Anlage der ersten Plantagen, zur hochgradigen Anreicherung der Ölpalme im Küstenraum geführt. An der Nordgrenze des Regenwaldes bewirkte die überregionale Nachfrage eine beträchtliche Anreicherung an Kola-Bäumen (*Cola spp.*). Von der mit der Flora vertrauten autochthonen Bevölkerung werden wesentlich mehr Bäume ausgespart, deren Samen, Früchte oder Blätter als Nahrungsmittel Verwendung finden. OKAFOR (1980) nennt 150 Baumarten die in einer

Dichte von 2,5 - 3 Bäumen pro Hektar transformierter Waldfläche auf den Pflanzungen verbleiben. Die Dichte der verbleibenden Bäume ist bei der Rodung von Primärwald höher als beim Sekundärwald. In zweiter Linie verbleiben auf Rodungsflächen solche Bäume, deren Beseitigung mit der Hand besonders schwierig und aufwendig ist. Dies können Bäume sein die besonders groß sind und ein extrem hartes Holz (*Lophira alata*, *Dialium Aubrévillei*, *Erytrophleum ivorense* ...), oder ausgeprägte Brettwurzeln haben (*Ceiba pentandra*, *Bombax spp.*). Harthölzer, die ja zumeist auch Werthölzer sind, werden manchmal auch stehen gelassen, um sie zu einem späteren Zeitpunkt zu verkaufen. Aufgrund ihres hohen Wassergehaltes werden *Anthocleista nobilis* und *Pycnanthus angolensis* oft ausgespart, denn ihre Beseitigung mittels Brandrodung ist aufwendig. Kleinere Bäume können auch ausgespart werden, wenn die schwache Entwicklung ihrer Krone Schaden für die Kulturen ausschließt, oder aber wenn der Baum zu denjenigen Arten gehört, die ohnehin die volle Einstrahlung der Sonne nicht überleben.

Körner- und Knollenfruchtbau

Eine der wichtigsten kultur- und *agrargeographischen Grenzen* Westafrikas verläuft in nord-südlicher Richtung durch die zentrale Côte d'Ivoire. Der Bandama teilt Westafrika hier in Räume mit vorherrschendem Körnerfruchtbau im Westen und Knollenfruchtbau im Osten (MIEGE 1954). Die jeweiligen ökologischen Folgen dieser beiden Kulturen werden in der Literatur unterschiedlich bewertet: So meint beispielsweise AUBREVILLE (1932), daß die Kultivierung des Regenwaldes in dessen östlicher Hälfte "schonender" erfolgt, weil der Wald hier, im Gegensatz zu den Praktiken der Reispflanzer im westlichen Regenwald - die ihrer Frucht ein Maximum an Licht zukommen lassen müssen - nicht vollständig gerodet wird. Im Widerspruch zu dieser Ausage hat RUTHENBERG (1976) dargestellt, daß im immergrünen Regenwald Trockenreisanbau in Verbindung mit einer Rodungstechnik vorherrscht, welche einigen der größten Bäume das Überleben gestattet, während in den Savannen und im halbimmergrünen Regenwald Knollenfruchtanbau in Verbindung mit der Abtötung "aller" Bäume überwiegt. Im Kolonisationsraum der südwestlichen Côte d'Ivoire treten beide landwirtschaftliche Kulturen auf. Hier betreiben Einwanderer aus den Savannen den Knollenfruchtbau neben dem Körnerfruchtbau der einheimischen Bevölkerung. Sie gehen dabei sehr unterschiedlich vor. Wenn die im folgenden beschriebenen Umweltwirkungen der beiden Kulturen allein auf die Fruchtwahl zurückgeführt werden, dann kann an der besseren Umweltverträglichkeit des Körnerfruchtbaus kein Zweifel bestehen. Im allgemeinen betreiben die Einwanderer Landwirtschaft intensiver. Im Gegensatz zu den Einheimischen beseitigen die allochthonen Baoulé- und Mossi den Wald vollständig. Die autochthonen Bakwé, Bété und Krou hingegen entblößen den Waldboden nicht gänzlich. Dieses Merkmal traditionellen Wanderfeldbaues teilen sie mit Waldvölkern in Nigeria (OKAFOR 1980), Sierra Leone (AYODELE-COLE 1968), Gabun (SAINT-AUBAIN 1963) und der VR-Congo (PANMAN und VAN DE POL 1985).

Fallstudie

In der >Sous-préfecture< Taï stellen Baoulé-Kolonisten gegenwärtig etwa die Hälfte der Bevölkerung. Ursprünglich siedelten hier allein die zur Sprachgruppe der Krou gehörigen Oubi. Das unterschiedliche Vorgehen von Knollenfruchtpflanzern und Körnerfruchtpflanzern bei der Regenwaldkultivierung wird im folgenden am Beispiel dieser beiden Gruppen beschrieben.

Kulturtechniken

Oubi und Baoulé fällen das Unterholz und den größten Teil der kleineren Bäume. Dieses Holz wird von den Oubi nach einer kurzen Trockenzeit *in situ* verbrannt. Im Anschluß an das Brennen sähen die Oubi-Pflanzer Reis in den von Asche und halbverbrannten Ästen bedeckten Boden. Die Baoulé hingegen säubern den Boden vollständig und schichten das trockene Holz dann um die verbliebenen Bäume herum auf, um diese durch ein gezieltes Feuer abzutöten (*vgl. Abb. 20*), was eine Vorbedingung für die Yamskultur im Hügelbeet ist, das der besseren Nutzung des relativ humusreichen A-Bodenhorizontes dient. Dieser Praxis können nur die allergrößten Bäume widerstehen.

Abb. 20: Brandrodung allochthoner Einwanderer (Baoulé) im immergrünen Primärregenwald südöstlich des Taï-Nationalpark. Die Bäume werden durch individuelle Feuer konsequent abgetötet

Neben dem für alle unsicheren Bodenrecht, das die Immigranten veranlaßt, bewußt schonungslos von ihrem vorläufigen Nutzungsrecht Gebrauch zu machen, ist es vor allem die Unkenntnis des natürlichen Milieus, welche das radikale Vorgehen der >Baoulé< im Südwesten erklärt. Im traditionellen Brandrodungsbau ihrer Heimat gehen auch die Akan-Völker selektiv vor (*vgl.* ROUGERIE 1957, S. 103; PECH u.a. 1960, S. 2). Auch ist das unterschiedliche Vorgehen keineswegs absolut. Wenn das Fällen der Bäume in älteren Plantagen mit Verlusten für die >cash crops< verbunden ist, wenden Oubi auch die Baoulé-Methode der Baumbeseitigung an. Umgekehrt fällen die Baoulé in Situationen, in denen Brand nicht ratsam scheint, einzelne Bäume. Die wechselseitige Beeinflussung nimmt zu. In der Folge bleibt auf den Oubi-Parzellen ein Bestand von durchschnittlich zwei bis drei großen (40 Meter), zwei bis drei mittleren (30 - 40 Meter) und 10 - 15 kleinen (15 - 30 Meter) Waldbäumen erhalten. Auf den Baoulé Parzellen verbleiben die Stämme von 20 - 50 mittleren und großen Bäumen stehend, aber *tot*. Nach drei bis vier Jahren entstehen in diesen Kulturen durch den Fall dieser Baumstämme einige Schäden. Die Dichte der Kakaobäume liegt bei den Baoulé von Anfang an über derjenigen der Oubi. In der produktiven Phase der Plantage überschreitet sie sogar oft die von der staatlichen Gesellschaft zur Förderung der landwirtschaftlichen Produktion empfohlene Dichte von 1350 Pflanzen pro Hektar (DE ROUW 1987).

Beschattung der Kulturen

Baoulé- und Oubi-Pflanzer wissen, daß die nach den Nahrungsmitteln gepflanzten Kaffee- oder Kakaosetzlinge einer gewissen Beschattung bedürfen. Wenn der auf ihren Pflanzungen verbliebene Baumbestand diesen Zweck nicht mehr erfüllen kann, verzichten die Oubi auf die Entfernung einiger der Pioniergehölze, welche ihren Reis noch vor seiner Ernte zu ersticken drohen. *Macaranga spp.* wird wegen seines außerordentlich starken Wachstums und den störenden Dornen grundsätzlich gejätet. Als bevorzugter Schattenspender dient *Trema guineensis*, dessen natürliche Degeneration nach einigen Jahren mit dem zunehmenden Lichtbedürfnis der Kultur harmoniert. Ersatzweise wird hierfür auch *Musanga cecropioides* herangezogen, dessen Wachstum allerdings schon bald durch ringeln der Stämme kontrolliert werden muß. Nach mehrfachem Brennen und der Abtötung aller Bäume haben die Baoulé auf ihren Parzellen Probleme mit dem Aufkommen heliophiler Gräser, die den Yams zu ersticken drohen und in harter Arbeit gejätet werden müssen. Das erste Aufkommen von Pioniergehölzen reicht auf ihren Pflanzungen zur notwendigen Beschattung der jungen Kaffee- und Kakaopflanzen *nicht* aus. Diese gewährleisten die Baoulé dann durch den Bau von Schutzdächern aus Palmblättern für die Setzlinge und durch Pflanzung von Plantanen und Taro sowie von Avokado und Zitrusfruchtbäumen.

Ökonomische Wertung

Für ihre Rodungsarbeit setzen die Baoulé etwa einen Mann/Monat pro Hektar Kulturfläche ein. Die wesentlich intensivere Bewirtschaftung erzielt frühere und höhere Erträge (DE ROUW 1987). Oubi-Plantagen tendieren nach einigen Jahren zur Überwucherung durch den Regenwald. Ihre Erhaltung wird dann sehr arbeitsaufwendig. Dennoch halten sich die Einkommensunterschiede schon deshalb in Grenzen, weil das von den Baoulé produzierte Überangebot an Nahrungsmitteln aufgrund der schlechten Verkehrsanbindung des Kolonisationsraumes nicht vermarktet werden kann. Darüber hinaus können die Oubi - solange sie noch über ausreichend Land verfügen - die geringere Produktivität ihrer Plantagen durch eine größere Zahl von Pflanzungen kompensieren (RUF 1984).

Ökologische Wertung

Die extensive Kultivierung durch die Oubi ist eindeutig umweltverträglicher. Auf die ökologische Bedeutung des Überlebens von einzelnen Waldbäumen haben NYE / GREEN-

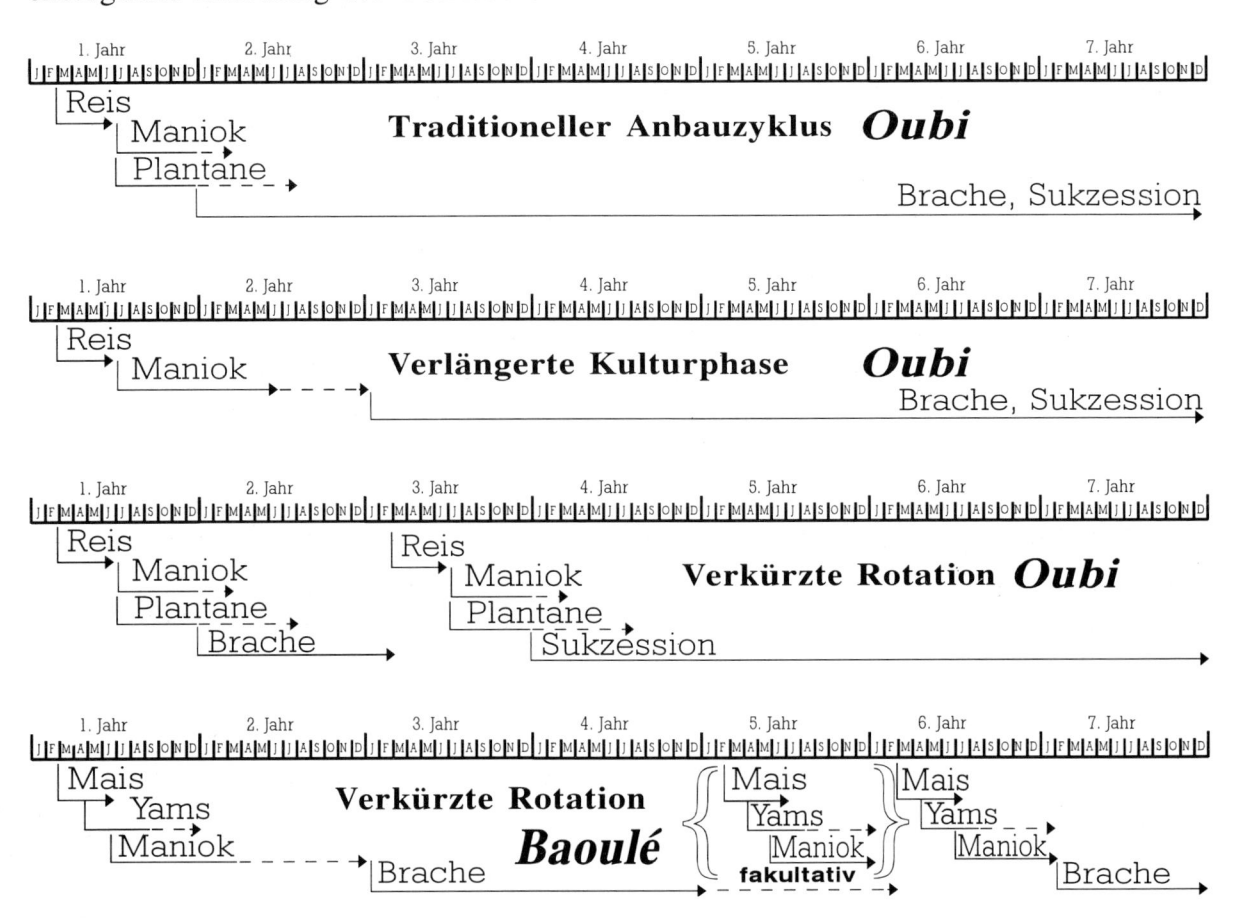

Abb. 21: Typische Nahrungmittelanbauzyklen autochthoner Körnerfruchtpflanzer (Oubi) und allochthoner Knollenfruchtpflanzer (Baoulé). Nach: DE ROUW (1979) verändert

LAND (1960) hingewiesen. ALEXANDRE hat (1977) am Beispiel der Taï-Region die unentbehrliche Rolle der Einzelbäume als Rastplätze für Vögel aufgezeigt. Da Vögel wichtige Träger bei der *Verbreitung von Samen* der Regenwaldbäume sind, ist das Überleben einzelner Bäume unverzichtbare Voraussetzung für die Regeneration des Waldes. Die *Bodenerosion* auf den Parzellen unter der Baoulé/Yamskultur wurde von COLLINET (1984) auf 12,5 Tonnen pro Hektar und Jahr gegenüber 0,5 Tonnen pro Hektar und Jahr unter der Oubi/Reiskultur beziffert. Die extrem unterschiedlichen Werte resultieren im wesentlichen aus der beschleunigten Abspülung von Bodenpartikeln an den *Mikrohängen* der Yamshügel. Es dauert etwa einen Monat, bis der von den Baoulé gepflanzte Yams dem völlig entblößten Waldboden einen gewissen Schutz bietet. Darüber hinaus konnte FRITSCH (1982) nachweisen, daß die Aufrechterhaltung eines regenwaldähnlichen *Bodenklimas* unter den Bäumen die Reinstallation der regenwaldtypischen *Bodenfauna* stark beschleunigt. *Klimaveränderungen* sind die schwerwiegendste Folge des Kahlschlages durch die Einwanderer. Im Jahr 1988, daß sich durch hohe Niederschläge in der ganzen Sahel- und Sudanzone auszeichnete, zeigten Satellitenbilder der Südwestregion - dem mit Jahresniederschlägen von 2000 bis 2400 mm bislang niederschlagsreichsten Raum des Landes - Symptome von Wassermangel in den Kakaopflanzungen (M. MULDERS, Fachgruppe Tropische Bodenkunde und Fernerkundung der Universität Wageningen, pers. Komm.). Bemerkenswert ist, daß die Oubi für ihre umweltfreundlichere Kulturtechnik ökologische Motive geltend machen:

"… Oubi farmers give explicite ecological reasons for not felling as many trees as the Baoulé do: clearfelling is thought to provoke the encroachment of the savanna; thus bringing along a drier climate. … Oubi who employ these methods better and more frequent than the Baoulé, value those methods as defenders of the climate." (DE ROUW 1987, S. 49)

Im Raum Bisa/Ghana (MOOR, 1932) und im Yorubaland/Nigeria (UPTON, 1968) haben Einwanderer aus Savannenbiotopen mittels Totalrodung des Regenwaldes zeitweilig erfolgreich Kakao-Anbau betrieben. In beiden Räumen wurde die Vegetation stark degradiert. Beide Räume weisen heute keine nennenswerte Kakaoproduktion mehr auf.

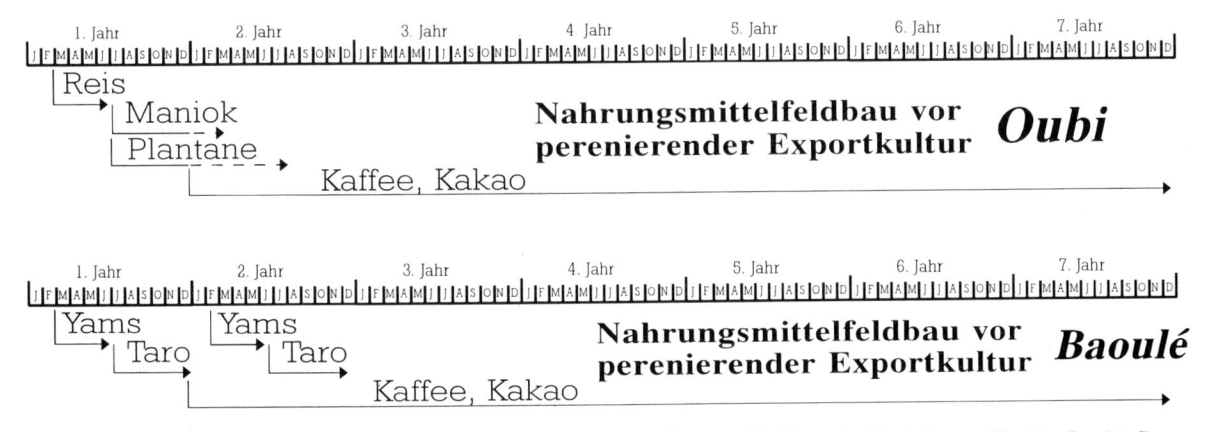

Abb. 22: Marktfrucht-Anbauzyklen autochthoner Körnerfruchtpflanzer (Oubi) und allochthoner Knollenfruchtpflanzer (Baoulé). Nach: DE ROUW (1979) verändert

5. 1900-2000: Landnutzungsveränderung in der Regenwaldzone

Bedingt durch die Entwicklung der exportorientierten Agrar- und Holzwirtschaft fanden Vegetationsveränderungen in Côte d'Ivoire während des 20. Jahrhunderts im wesentlichen in der Regenwaldzone statt. In der Sudanzone wurde der anthropogene Druck durch Abwanderung gemildert. Im folgenden soll versucht werden, anthropogene Vegetationsveränderungen der Regenwaldzone über eine Rekonstruktion der Landnutzungsveränderungen *quantitativ* zu erfassen.

Methodik

Datenmangel erlaubt im Raume von Côte d'Ivoire über den betrachteten Zeitraum lediglich die Konstruktion eines auf Prämissen beruhenden Modells zur Entwicklung der Landnutzung. Die Struktur dieses Modells ergibt sich aus den kausalen Beziehungen der einzelnen Landnutzungsarten. Die *Landnutzungsbilanzgleichung* der Regenwaldzone wurde über die Zeit gelöst indem

- das *Landnutzungsgefüge* zu Beginn des Untersuchungszeitraumes mit hinreichender Wahrscheinlichkeit aufgeschlüsselt wird,
- den einzelnen Landnutzungsarten ein begründetes *Wachstumsverhalten* unterstellt wird, und
- *empirische Daten*, soweit vorhanden, zur Prüfung und Optimierung des Modells genutzt werden.

Die Sichtung der im Rahmen der Untersuchung zusammengetragenen Daten und Informationen ergab, daß, mit Ausnahme der *Brachfläche*, für alle Landnutzungsarten fragmentarische Daten, zumindest aber deduktiv ableitbare Schätzwerte als Eingangsgrößen vorlagen. Daher wurde die Gleichung nach dieser problematischen Größe aufgelöst:

$$F_b = F_z - (F_s + F_{si} + F_l + F_p + F_{fw} + F_{nw})$$

	Stauseen (F_s)
+	Straßen und Siedlungen (F_{si})
+	Nahrungsmittelfeldbau (F_l)
+	Exportfruchtplantagen (F_p)
+	Regenwald (F_{fw})
+	Natürlich (?) waldfreie Fläche (F_{nw})
+	Buschbrache (F_b)
=	Fläche der Regenwaldzone (F_z)

Landnutzungsbilanzgleichung der Regenwaldzone

Berechnung und Koppelung der einzelnen Modellkompartimente erfolgten in einer Multiplan-Kalkulationsmatritze. Trotz der mit den verschiedenen Prämissen verbundenen Unsicherheiten ist dieser Lösungsweg vorteilhaft, im Vergleich zur bislang praktizierten Schätzung der Brachflächen durch Multiplikation der Anbauflächen mit einem mehr oder weniger intuitiven Schätzwert für die mittlere Brachzeit (FAO 1981). Buschbrache ist eine sehr heterogene Landnutzungkategorie, die im Untersuchungsraum noch nicht empirisch ermittelt wurde.

Die Entwicklung der Landnutzungskategorien wurde auf der Grundlage von Daten und Schätzwerten für einzelne Zeitpunkte mit verschiedenen *Regressionsansätzen* modelliert. Im Falle von zwei Landnutzungskategorien, nämlich der Brachfläche (F_b) und der natürlich (?) waldfreien Fläche (F_{nw}), allerdings gestattete die Datenlage ein solches Vorgehen nicht. Während die Brachfläche (F_{nw}) - unter der Voraussetzung einer vollständigen Definition aller anderen Modellkompartimente - über die Landnutzungsbilanz ermittelt werden kann, steht das Fehlen von Daten zur Entwicklung der natürlich waldfreien Fläche (F_{nw}) diesem Vorgehen entgegen. Da es sich hierbei um relativ kleine Veränderungen handelt, könnte dieses Problem vernachlässigt werden und die natürlich waldfreie Fläche (F_{nw}) als Konstante behandelt werden. Es wurde hier aber versucht, die anthropogene Entwicklung dieser Fläche zu berücksichtigen, indem diese als Funktion der Entwicklung der Steuergrößen Nahrungsmittelanbaufläche (F_l), Fläche der

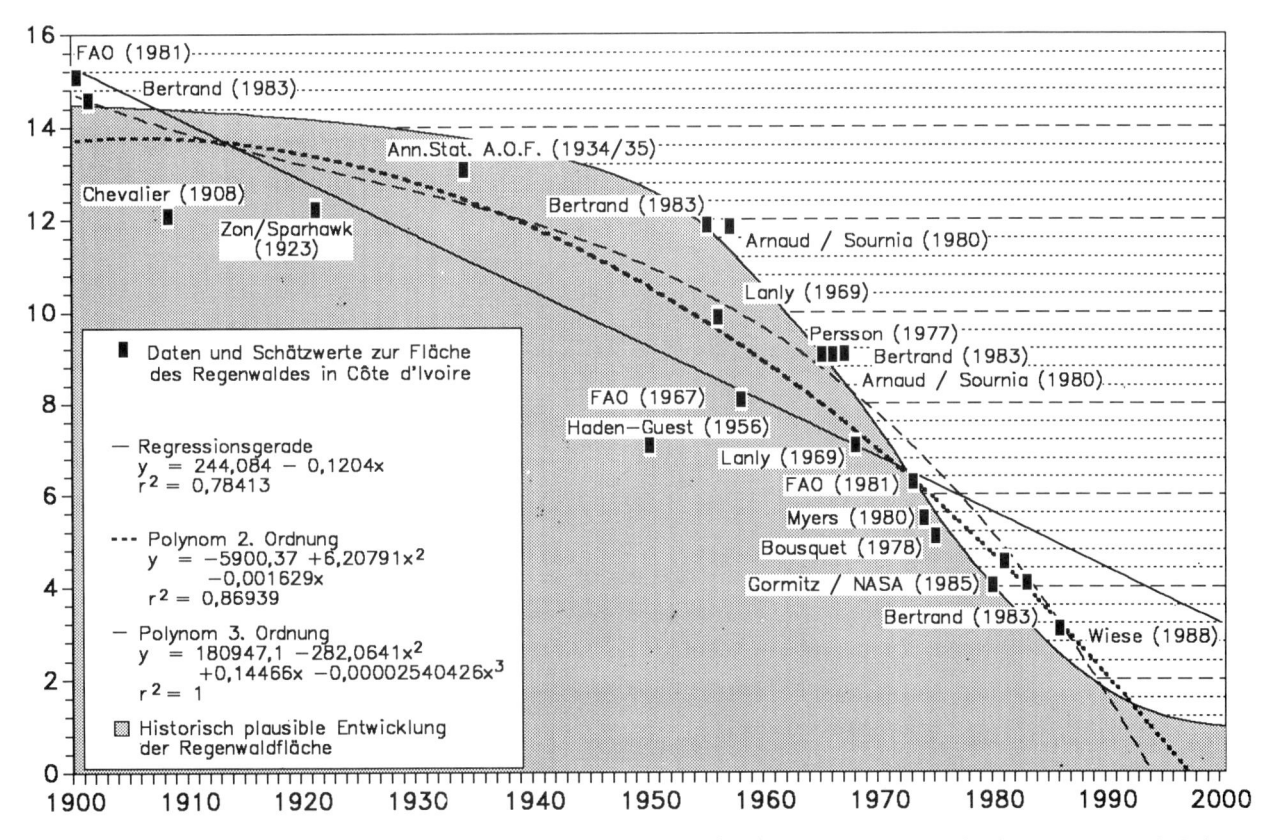

Abb. 23: Daten und Regressionen zur Entwicklung der Fläche des ivorischen Regenwaldes im 20. Jahrhundert in Mio. Hektar

Exportfruchtplantagen (F_p) und Fläche der Straßen und Siedlungen (F_{si}) definiert wurde. Allein die Fläche der Stauseen (F_s) fand kontinuierlich als empirischer Wert Eingang in die Rekonstruktion. Die Realitätsnähe des hier vorgestellten hypothetisch deduktiven Modells der Landnutzungsveränderung ist wesentlich abhängig von der Qualität der im folgenden dargestellten gegebenen Eingangsgrößen und Prämissen zur Landnutzung im Jahre 1900 sowie von der stringenten Begründung der Entwicklung einzelner Landnutzungskategorien im Untersuchungszeitraum.

Regressionen

Abb. 23, S. 359 zeigt die fragmentarischen Daten zur Entwicklung der Regenwaldfläche, aus denen ein kontinuierlicher und möglichst realistischer Datensatz abgeleitet werden soll. *Trend* und *Größenordnung* der Entwicklung können mittels einer einfachen Regression bestimmt werden. Das relativ schwache Bestimmtheitsmaß ($r^2 = 0,78$) der einfachen Regression läßt jedoch darauf schließen, daß die hier beschriebene Entwicklung nichtlinear verläuft. Eine bessere Korrelation von Daten und abgeleiteter Funktion läßt sich in diesem Fall mit *polynomialen Regressionen* erreichen. *Abb. 23* zeigte, daß ein Polynom 2. Ordnung für die gegebenen Daten ein Bestimmtheitsmaß (r^2) von 0,86 aufweist, und bereits mit einen Polynom 3. Ordnung $r^2 = 1$ erreicht werden kann. Da bei Polynomen höherer Ordnung auch der Realität nicht entsprechende Modellergebnisse auftreten können (STRASKRABA / GNAUCK 1983, S. 32), dürfte das Polynom 2. Ordnung für die gegebenen Daten die realistischste Regressionskurve darstellen.

Optimierung

Diese konsequent formale Ableitung der Flächenentwicklung des Regenwaldes ist jedoch in mancher Hinsicht unbefriedigend. Die gegebenen Daten zeigen eine starke Streuung, die auf methodische und Definitionsprobleme verweist. Unter den Daten muß daher eine Auswahl nach ihrer *Plausibilität* getroffen werden. Bezüglich der Fläche des Regenwaldes liegt von FAO (1981) neben Werten für 1955, 1965, 1973 und 1980 auch ein Schätzwert von 14,5 Mio. Hektar für das Jahr 1900 vor. Obwohl die Regenwalddefinition der FAO weit gefaßt ist, wurden ihre Angaben im Interesse einer Vereinheitlichung der Daten der Rekonstruktion zugrundegelegt. Auf Grundlage der polynomialen Regressionen könnte die vollständige Liquidierung des ivorischen Regenwaldes für 1995/96 bzw. 1997/98 prognostiziert werden. Der begrenzte Aussagewert formaler Ableitungen wurde jedoch bereits durch RÖBEN (1980) und BERTRAND (1983) demonstriert, die auf der Basis von Fortschreibungen jährlicher Regenwaldverlustraten der 70er Jahre das Ende des ivorischen Regenwaldes bereits für 1985, beziehungsweise 1990 prognostizierten. Die Legitimation derart pessimistischer Szenarien liegt wohl in erster Linie im Nachweis des akuten Handlungsbedarfes und der Aktivierung politischer Entscheidungsträger. Diesen Zweck haben die o.g. Arbeiten erfüllt, und es ist nicht zuletzt ihr Verdienst, daß die Perspektive für die ivorischen Regenwaldreste zu Beginn der 90er Jahre etwas günstiger sind. Heute scheint es möglich, daß angesichts des legal eindeutigen *Schutzstatus* (648 000 Hektar Nationalpark), der extrem *marginalen Lage* eines Teiles der verbliebenen Regenwaldflächen [515 000 Hektar (FAO 1981)] und eines wachsenden Umweltbewußtseins im In- und Ausland Waldflächen in der Größenordnung von 1 000 000 Hektar in Côte d'Ivoire langfristig erhalten werden können. Allerdings wird dieses Minimum, auch unter der optimistischen Annahme eines starken Rückganges der Regenwaldverluste, spätestens gegen Ende der 90er Jahre erreicht werden. In Verbindung mit den in *Kap. VI* ausgeführten deskriptiven Informationen haben diese Überlegungen zur Ausweisung der *historisch plausiblen Entwicklung der Regenwaldfläche* geführt, die in die Zusammenschau der Landnutzungsveränderungen (*vgl. Abb. 25, S. 369*) eingeht.

Für eine Differenzierung der Flächenanteile von *Primärwald* und *Sekundärwald* liegen nur wenige Anhaltspunkte vor. Hier ist sowohl an die grundsätzliche, von WALTER / BRECKLE (1983) diskutierte Problematik des Klimaxbegriffes, wie auch an die spezielle Problematik der fortgeschrittenen Sukzessionsstadien des immergrünen Regenwaldes zu erinnern, die dem Klimaxstadium des halbimmergrünen Regenwaldes stark ähneln (*vgl. S. 331*). Mit Blick auf die zweifellos relevante frühkoloniale Bevölkerungsdichte der Regenwaldzone (*vgl. S. 384*), scheint die Angabe von CHEVALIER (1924, S. 39), der den Anteil des Sekundärwaldes auf $2/3$ der Fläche des gesamten ivorischen Regenwaldes geschätzt hat, durchaus realistisch. Obwohl empirisch begründete Schätzwerte für die heutige Proportion zwischen Primär- und Sekundärwald nicht vorliegen, ist es unwahrscheinlich, daß sich an dieser viel geändert hat: Zwar hat der anthropogene Druck auf den Regenwald im Laufe des 20. Jahrhunderts stark zugenommen, dafür aber sind die verblieben Flächen aus rechtlichen wie aus geographischen Gründen wesentlich schwieriger zugänglich.

Straßen und Siedlungen

Während für die Sudanzone ein auf der Basis von LANDSAT-Szenen der 70er Jahre ermittelter Wert von 86 255 Hektar (0,5 %) vollkommen *vegetationsfreier Fläche* vorliegt (Institut für Angewandte Geowissenschaften 1982), sind für die Regenwaldzone keine auf Fernerkundung beruhenden Angaben verfügbar. Auf der Basis offizieller Angaben hat PRETZSCH (1986) die Flächen der Straßen und Siedlungen für das Jahr 1975 mit 250 000 Hektar (1,5 %) beziffert. 84 % aller Städte mit mehr als 10 000 Einwohnern waren 1975 in der Regenwaldzone gelegen (LECHLER 1985). Bei einer Verstädterung der Bevölkerung von 42 % (Statistisches Bundesamt 1988) im Jahre 1985 kann die Fläche der Straßen und Siedlungen der Regenwaldzone im Jahr 1990 auf etwa 470 000 Hektar (3 %) geschätzt werden. Allein der Stadtbezirk Abidjan umfaßt 207 000 Hektar.

Für das Jahr 1900 kann die Fläche der Straßen und Siedlungen auf der Grundlage einer Einwohnerzahl von 400 000 Menschen (*vgl. S. 384*) lediglich indirekt geschätzt werden:

Ein Flächenbedarf von 6000 Hektar für Siedlungen ergibt sich unter Annahme einer Verteilung dieser 400 000 Einwohner auf 2000 Dörfer mit durchschnittlich 200 Bewohnern und einer mittleren Fläche von drei Hektar pro Dorf. Wenn für Pfade und Straßen in der Regenwaldzone ein pauschaler Schätzwert von ebenfalls 6000 Hektar angenommen wird,

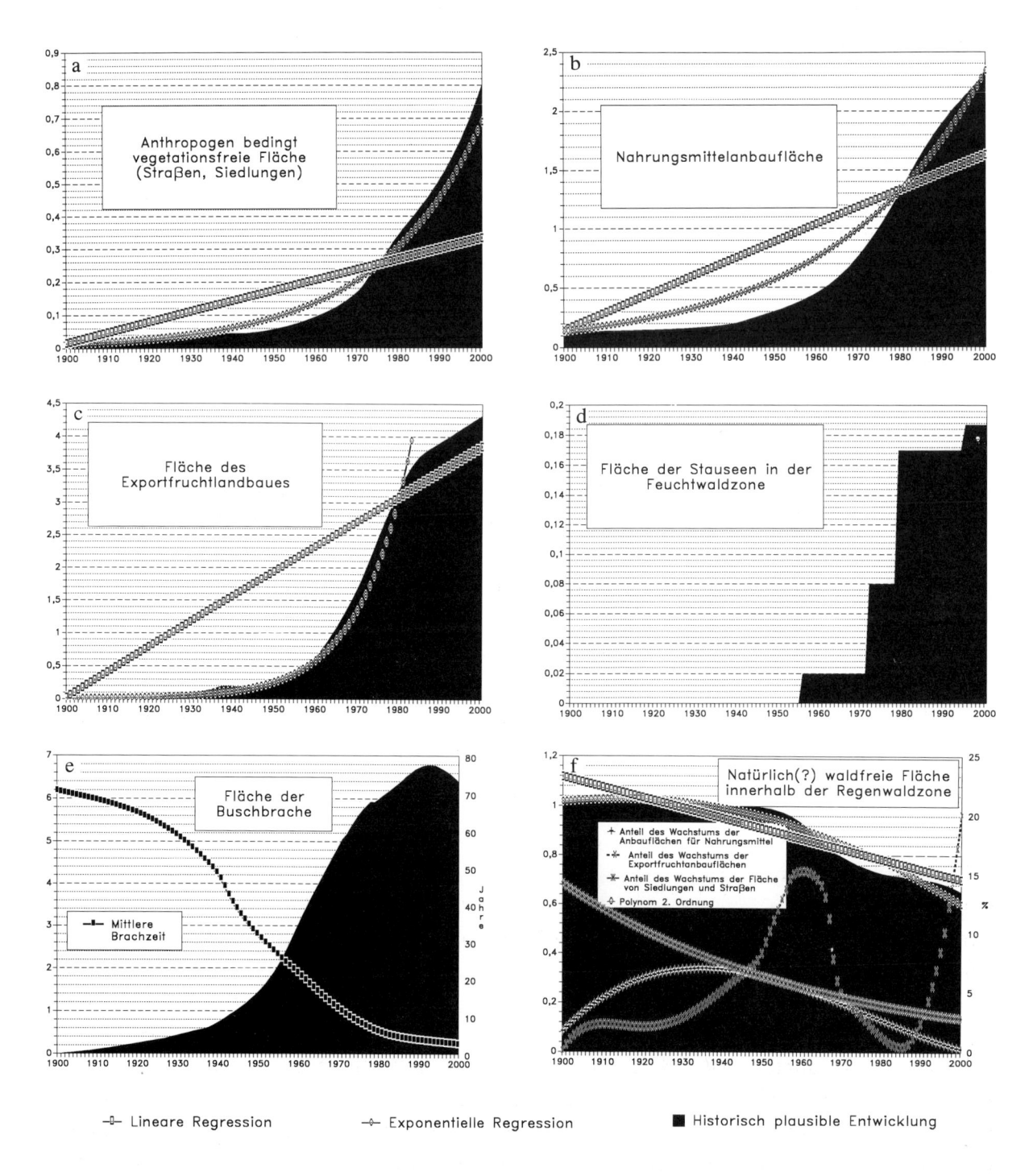

Abb. 24: Flächenentwicklung verschiedener Landnutzungskategorien in der Regenwaldzone

dann kann für das Jahr 1900 von einer anthropogen bedingt vollkommen vegetationsfreien Fläche von 12 000 Hektar ausgegangen werden.

Seit den 50er Jahren ist das Flächenwachstum der urbanen Zentren der Regenwaldzone beträchtlich. BERRON (1980) hat es am Beispiel der Einschließung des Dorfes Biétri auf der Insel Petit Bassam durch die Stadt Abidjan durch die Auswertung von Luftbildern dokumentiert. Die Zahl der Städte mit mehr als 10 000 Einwohnern wuchs in Côte d'Ivoire zwischen 1948 und 1975 von zwei (Abidjan, Bouaké) auf 43 im Jahre 1975 (LECHLER 1985). Es ist daher anzunehmen, daß der Verstädterungsprozeß in Côte d'Ivoire - wie in vielen Entwicklungsländern - exponentiell verläuft. Auf der Basis der oben genannten Daten und Schätzwerte wird die Entwicklung der Fläche von Straßen und Siedlungen daher durch eine exponentielle Regression beschrieben (*vgl. Abb. 24a*). Obwohl anzunehmen ist, daß diese exponentielle Regression den realen Verlauf der Entwicklung der Fläche von Straßen und Siedlungen gut beschreibt, lassen sich aufgrund von historischen Ereignissen folgende Abweichungen vermuten:
- Die Wirtschaftskrise von 1929/1930 dürfte sich als kurze Unterbrechung im Anstieg des Wachstums bemerkbar gemacht haben.
- Eine praktisch vollständige Unterbrechung des Wachstums kann für die Zeit des zweiten Weltkrieges angenommen werden.
- Durch die in großem Maßstab durchgeführten Infrastrukturmaßnahmen (insbesondere durch den Ausbau von Yamoussoukro) kam es in den 70er Jahre zu einem sprunghaften Anstieg des Wachstums der anthropogen bedingt vegetationsfreien Fläche, welches sich allerdings
- in den 80er Jahren aufgrund allgemein schlechten wirtschaftlichen Situation wieder verlangsamte.
- Weitgehend unabhängig von der wirtschaftlichen Entwicklung ist mit der Eliminierung des (verfügbaren) Regenwaldes in der zweiten Hälfte der 90er Jahre mit einer Zunahme der Landflucht, das heißt mit einem verstärkten Wachstum der Städte, zu rechnen.

Nahrungsmittel-Anbaufläche

Der Umgang mit den Daten des Nahrungsmittel- und des exportorientierten Landbaues ist problematisch, da Nahrungsmittel und Exportprodukte als *Mischkulturen* angebaut werden und der Statistik eine theoretische Fläche zugrunde liegt. Der Aufschlüsselung von Nahrungsmittelanbauflächen von ARNAUD (1983) kann entnommen werden, daß 1980 in der Regenwaldzone etwa 1 325 000 Hektar (8,4 %) mit Nahrungsmittelfrüchten kultiviert wurden.

Den oben genannten 400 000 Einwohnern der Regenwaldzone im Jahre 1900 kann aktualistisch ein Bedarf an Nahrungsmittelanbauflächen von 0,34 Hektar/Person (ARNAUD 1983) unterstellt werden. Die geringere Nahrungsmittelproduktion der Vergangenheit und der gegenwärtig höhere Anteil importierter Nahrungsmittel gleichen sich tendenziell aus.

Hieraus ergibt sich für die Regenwaldzone um die Jahrhundertwende eine für Nahrungsmittellandbau genutzten Fläche von 136 000 Hektar. Es ist anzunehmen, daß die Ausweitung der Anbauflächen für Nahrungsmittel in enger Anlehnung an das Bevölkerungswachstum erfolgte und daher ebenfalls als exponentiell verlaufender Prozess beschrieben werden kann. Die demographische Entwicklung der Côte d'Ivoire ist allerdings durch die starke Immigration der 60er und 70er Jahre (mit einem jährlichen Bevölkerungswachstum von bis zu vier Prozent) geprägt. Daher ist - trotz der beschleunigten Ausweitung der Anbauflächen während des zweiten Weltkrieges - für die Zeit bis etwa 1960 für den Verlauf der Entwicklung Nahrungsmittelanbaufläche mit einer negativen Abweichung von der exponentiellen Regression zu rechnen. In den 80er Jahren war das Bevölkerungswachstum der Côte d'Ivoire tendenziell rückläufig. 1988 sank es auf 3,7 % und seither auf 3,5 % ab (Statistisches Bundesamt 1988). Durch die Vollendung der Erschließung landwirtschaftlicher Raumreserven in der Südwestregion erfuhr das Wachstum der Nahrungsmittelanbaufläche in der zweiten Hälfte der 80er Jahre eine nachhaltige Verlangsamung. Als Prämisse für die Prognose bis zum Jahr 2000 wurde ein Wachstum der Anbauflächen für Nahrungsmittel um 3,4 % mit schwach fallender Tendenz gewählt (*vgl. Abb. 24b, S. 362*). Dieser Prozentsatz kommt dem typischen Bevölkerungswachstum der schwarzafrikanischen Länder sehr nahe. Da die wirtschaftlichen Voraussetzung für die Kultivierung der Brachflächen wesentlich ungünstiger sind als im Regenwald, wird das Wachstum der landwirtschaftlichen Produktion zukünftig vermehrt über die Intensivierung des Anbaues erzielt werden müssen.

Exportfrucht-Anbaufläche

Daten zur Anbaufläche des Exportfruchtlandbaues liegen lediglich für den Teilbereich der industriellen und angeschlossenen dörflichen Plantagen vor, der mit 183 500 Hektar (BERRON / VENNETIER 1983) einen relativ geringen Flächenanteil (1,2 %) an der Regenwaldzone hat. Die beträchtliche ivorische Kaffee- und Kakaoproduktion erfolgt ausschließlich in Familienbetrieben von durchschnittlich zwei bis fünf Hektar Betriebsgröße, in denen Selbstversorgung und Produktion für den Weltmarkt miteinander verbunden werden. Aus diesem Bereich sind noch nicht einmal sichere Produktionsziffern verfügbar, da in Abhängigkeit von der nationalen Preispolitik größere Erntekontingente zwischen Côte d'Ivoire, Ghana und Liberia geschmuggelt werden. Eingedenk dieser Unsicherheiten schätzt ARNAUD (1983) die Gesamtfläche des Exportfruchtlandbaues der Regenwaldzone im Jahre 1980 auf 3 070 000 Hektar (19,6 %).

Plantagenwirtschaft hat, wenn die Nutzung von selektiv angereicherten Ölpalmbeständen einbezogen wird, in Côte d'Ivoire eine Tradition, die weit in das 19. Jahrhundert zurückreicht. Zu Beginn des 20. Jahrhunderts lag die Fläche der europäischen Plantagen bei 1500 bis 1700 Hektar (ZIMMERMANN 1900). Unter Berücksichtigung des seit Mitte der 90er Jahre sich im Lagunenraum ausbreitenden indigenen Kakaoanbaues kann die Gesamtfläche der Exportkulturen um 1900 mit 4000

Hektar angesetzt werden. Diese relativ willkürliche Schätzung dürfte zumindest in der richtigen Größenordnung liegen. Dem sich aus kleinsten Anfängen heraus schnell entwickelnde Exportfruchtlandbau kann ein typisch exponentielles Wachstum unterstellt werden, das im beschränkten Raum der Regenwaldzone allerdings spätestens Mitte der 90er Jahre seine natürliche Grenze gefunden hätte, wenn es nicht durch den dramatischen Verfall der Weltmarktpreise für Kaffee und Kakao bereits Ende der 70er Jahre stark gebremst worden wäre. Daß es trotz dieser Rezession im Verlaufe der 80er Jahre nicht zu einer Reduktion, sondern zu einem nahezu kontinuierlichen Wachstum der Anbauflächen für Exportfrüchte von etwa einem Prozent kam (Statistisches Bundesamt 1988), ist eine Folge der ivorischen Wirtschaftspolitik, die sich in dieser Zeit um eine Diversifizierung der Exportpalette bemühte und den Kaffee- und Kakaoanbau aus politischen Gründen bis an die Grenzen ihrer Leistungsfähigkeit subventionierte. Über diese grundsätzliche Umwandlung der exponentiell steigenden in eine sigmoide Kurve hinaus, sind für den historischen Verlauf der Entwicklung des Flächenwachstums des Exportfruchtlandbaues folgende Abweichungen von der Exponentialkurve anzunehmen: Vermutlich wurde das um die Jahrhundertwende lebhafte Wachstum der Anbauflächen durch die mit der "Pazifizierung" verbundenen militärischen Auseinandersetzungen seit 1908 gebremst. Mit Ausbruch des ersten Weltkrieges dürfte es zu einer schwach rückläufigen Entwicklung der Plantagenfläche gekommen sein, die dann aber in den 20er Jahren an der Küste und in deren südöstlichen Hinterland zu einer ökologisch relevanten Größenordnung anwuchs. Die Weltwirtschaftskrise von 1929 hat nur ein kurzes Aussetzen des Wachstums bewirkt und in den 30er Jahren dehnte der Agrarexport seine Produktionsfläche schnell aus. Wahrscheinlich hat die historische Entwicklung der Exportfruchtflächen 1939 einen Terrassenpunkt erreicht, denn im Verlaufe des Zweiten Weltkrieges dürfte es durch die totale Blockade aller Exporte über einen Zeitraum von fünf Jahren zu einer nicht unbeträchtlichen Reduktion der Anbauflächen gekommen sein. Es folgte, ausgelöst durch die Aufhebung der Zwangsarbeit, den internationalen Wirtschaftsboom der 50er Jahre und die Erschließungsmaßnahmen im westlichen Landesteil, eine fast 30 Jahre dauernde Phase stetig beschleunigten Wachstums. Erst mit Vollendung der Erschließung der Südwestregion und der Preisbaisse für agrarische Rohstoffe ging die Zunahme der Anbauflächen gegen Ende der 70er Jahre auf hohem Niveau zu einem linearen Wachstum über (*vgl. Abb. 24c, S. 362*).

Stauseen

Überwiegende Flächenspülung bedingt in den Randtropen die Ausbildung einer geomorphologischen Zone exzessiver Flächenbildung (BÜDEL 1969). Die resultierenden Flach- oder Spülmuldentäler haben zur Folge, daß unter allen technischen Großprojekten hier Stauseen den *höchsten Flächenbedarf* haben. Die Vernichtung der terrestrischen Vegetation zwischen dem ehemaligen Flußbett und der Linie maximaler Stauhöhe ist total. Die Flächendaten der ivorischen Stauseen gehen kontinuierlich als empirische Werte in die Rekonstruktion ein (*vgl. Abb. 24d, S. 362*). Als Quelle wurde WOHLFARTH-BOTTERMANN (1985) herangezogen. Es wurde davon ausgegangen, daß der Staudamm von Soubré, dessen Realisierung 1983 ausgesetzt, 1989 aber wieder aufgenommen wurde, 1995 geflutet werden wird. Für den vegetationszonenübergreifenden Stausee von Kossou wurde ein Anteil von 75 % der mittleren Seeoberfläche als der Regenwaldzone zugehörig angenommen.

Natürlich waldfreie Fläche

Die Differenz der Summe der bisher genannten Schätzwerte zur Landnutzung für das Jahr 1900 und der Fläche der Regenwaldzone [15 671 000 Hektar (FAO 1981)] beträgt 1 019 000 Hektar (6,5 %). Dieser Wert kann - unter der Annahme, daß Regenerationsflächen im Jahre 1900 ausschließlich als Sekundärwald vorlagen - als *Natürlich waldfreie Fläche* innerhalb der Regenwaldzone betrachtet werden. Hierunter fallen im wesentlichen der nördliche Grenzraum des Regenwaldes und die Litoralsavannen. Die Veränderungen der Landnutzung im 20. Jahrhundert vollzogen sich auch unter Beteiligung dieser Kategorie. Es wurde versucht diese Veränderungen tendenziell zu berücksichtigen, indem die Entwicklung der natürlich waldfreien Fläche als Funktion des Wachstum der Nahrungsmittelanbauflächen, der Siedlungen und Straßen sowie der Exportfruchtplantagen definiert wurde. Zu diesem Zweck wurden Prozentsätze festgelegt, die für jeden Zeitpunkt den Anteil der natürlich waldfreien Fläche am jährlichen Wachstum der drei genannten Kategorien beschreiben (*vgl. Abb. 24e, S. 362*).

Für den Anteil des Wachstums der *Siedlungen und Straßen* an der natürlich waldfreien Fläche wurde eine exponentiell fallende Kurve gewählt wurde, welche um die Jahrhundertwende bei etwa 14 % mit mehr als dem doppelten Wert des prozentualen Anteiles der natürlich regenwaldfreien Fläche (6,5 %) einsetzt und bis zum Ende des 20. Jahrhunderts auf einen deutlich unterproportionalen Anteil (4 %) abfällt. Dahinter

Fläche der Regenwaldzone (F_z)	15 671 000 ha
- Straßen und Siedlungen (F_{si})	12 000 ha
- Nahrungsmittelfeldbau (F_l)	136 000 ha
- Exportfruchtplantagen (F_p)	4 000 ha
- Fläche des Regenwaldes (F_{fw})	14 500 000 ha
- Brachfläche (F_b)	0 ha
= Natürlich (?) waldfreie Fläche (F_{nw})	1 019 000 ha

Landnutzungsbilanzgleichung der Regenwaldzone im Jahre 1900

steht die Überlegung, daß die Kolonisatoren bei der Anlage ihrer Siedlungen und des Wegenetzes zunächst waldfreie Räume bevorzugten. Nach Aufsiedlung der küstennahen Freiflächen und des Regenwald-Savanne Grenzraumes erfolgte das Wachstum der Siedlungen und Straßen in der zweiten Hälfte des 20. Jahrhundert stärker auf Kosten des Regenwaldes.

Der Anteil des Wachstums der *Nahrungsmittelanbauflächen* an der natürlich waldfreien Fläche ist mit weniger als 2 % zu Beginn des 20. Jahrhunderts deutlich unterproportional angesetzt. Damit wird vor allem der Tendenz zur Anlage von Kulturen auf humusreicheren Waldböden Rechnung getragen. Im Verlaufe der Aufsiedlung des Regenwald-Savanne Grenzraumes in den 20er und 30er Jahren allerdings dürfte das Wachstum der Nahrungsmittelanbauflächen sich deutlich überproportional auf Kosten der regenwaldfreien Fläche entwickelt haben.

Analog zum Verlauf der Beanspruchung der waldfreien Fläche durch den Nahrungsmittelbau dürfte auch deren Beanspruchung durch das Flächenwachstum des *Exportfruchtlandbaues* zunächst unterproportional, und zwar auf einem tieferen Niveau verlaufen sein, weil die Bodenqualität bei der Anlage perennierender Kulturen als Standortkriterium noch entscheidender gewertet wird als im Nahrungsmittelfeldbau. Die Entwicklung der Exportkulturen verlief im natürlich waldfreien Raum in der ersten Hälfte des 20. Jahrhunderts, wenn auch mit steigender Tendenz, deutlich unterproportional zu dessen Anteil an der Regenwaldzone. In die Zeit von 1950 bis 1965 jedoch fällt die nahezu vollständige Umwandlung von etwa 100 000 Hektar Litoralsavanne in Ölpalmkulturen. In dieser Zeit zeigt der gesamte exportorientierte Agrarsektor Wachstumsraten von 40 000 bis 100 000 Hektar pro Jahr. Hiervon müssen also 15-20 % allein auf die Küstensavannen entfallen sein. Mit der Erschließung des südwestlichen Regenwaldes schließlich verlagerte sich das Flächenwachstum des Exportfruchtlandbaues praktisch ausschließlich in den Regenwald.

Buschbrache

Die Entwicklung der *Buschbrachfläche* wurde, wie auf S. 358/59 dargelegt, aus der Landnutzungsbilanzgleichung abgeleitet. *Abb. 24f, S. 362* zeigt, daß die aus den historisch angepaßten Entwicklungen der übrigen Landnutzungskategorien abgeleitete Entwicklung der Buschbrachfläche bis etwa 1940 mäßig verlief, und erst durch die sprunghafte Ausdehnung des Nahrungsmittelfeldbaues während des Zweiten Weltkrieges und die folgende Ausdehnung des Exportfruchtlandbaues in ein stark exponentielles Wachstum überging. 1979 weist die Kurve einen Terrassenpunkt auf, der durch die plötzliche Überflutung eines Areals von 90 000 Hektar bedingt ist (Buyo-Stausee). Aufgrund der begrenzten Verfügbarkeit von Regenwald und dem daraus resultierenden zunehmendem Druck auf die Buschbrachefläche als letztes Raumreservoir für die Landwirtschaft, flacht deren Wachstum in den 70er und deutlicher noch in den 80er Jahren ab. Gegenwärtig hat ihre Ausdehnung den Höhepunkt erreicht und wird sich bei wachsendem Raumbedarf anderer Landnutzungskategorien rückläufig entwickeln.

Ergebnisse

Abb. 25 zeigt die Entwicklung der verschiedenen Landnutzungskategorien der Regenwaldzone, einschließlich des Szenario für die 90er Jahre, als prozentual kumuliertes Flächendiagramm. Die beherrschende Veränderung ist der starke Rückgang der Regenwaldfläche, von 93 % zu Anfang des Jahrhunderts über gegenwärtig 11 % auf etwa 6 % im Jahre 2000. Sie wird verursacht durch das Wachstum der landwirtschaftlichen und sonstigen Nutzflächen und die starke Ausdehnung der *Buschbrachefläche*. Wenn wir allerdings auch den *Sekundärwald* als eine Form der *Brachfläche* betrachten, dann ist deren Anteil heute tatsächlich *geringer* als zu Beginn des Jahrhunderts. Diese Überlegung verdeutlicht die *qualitative* Veränderung der Brachfläche vom *Sekundärwald* zum *Sekundärbusch*, als deren qualitativer Indikator über das 20. Jahrhundert die *mittlere Brachzeit* (definiert als Quotient von Sekundärwald plus Sekundärbusch und der Nahrungsmittelanbaufläche) verwendet werden kann. *Abb. 24f, S. 361* zeigt, daß diese mittlere Brachzeit von 71 Jahren zu Beginn des Jahrhunderts heute auf 4,1 Jahre abgesunken ist. Die damit verbundene qualitative Veränderung der Brachfläche ist für die ökologische Situation der Côte d'Ivoire von größerer Bedeutung als der Rückgang der Regenwaldfläche. Zu Beginn des 20. Jahrhunderts war die mittlere Brachzeit von 71 Jahren ausreichend zur Regeneration eines *Sekundärhochwaldes*, dessen Struktur und Zusammensetzung dem halbimmergrünen Primärwald stark ähnelt, so daß er erst 1920 von dem Botaniker CHEVALIER als Sekundärvegetation identifiziert wurde. Heute erlaubt eine mittlere Brachzeit von vier Jahren lediglich die Entwicklung eines *Sekundärbusches*, der nach der Terminologie von KNAPP (1973) zwar noch als "Niedriger Sekundärer Tieflands-Regenwald" bezeichnet wird, dessen Klassifikation als Waldformation aber fragwürdig scheint. Vergegenwärtigt man sich, daß dieser Sekundärbusch das maximale Entwicklungsstadium der Sekundärvegetation darstellt, aber etwa die Hälfte der Brachflächen auf die erste Sukzessionsphase mit annuellen Pionierpflanzen und höchstens fünf Meter hohem *Marantaceen*-Gebüsch entfallen, dann wird deutlich, daß die Brachflächen in der Regel nicht mehr als Waldformation angesprochen werden sollten.

Gegen Ende des 20. Jahrhunderts wird die mittlere Brachzeit voraussichtlich auf drei Jahre abgesunken sein (*vgl. Abb. 24f, S. 362*). Die Regenwaldfläche wird sich dann bei etwa 1 000 000 Hektar stabilisieren und nicht mehr als landwirtschaftliche Reservefläche zur Verfügung stehen. Spätestens von diesem Zeitpunkt an wird sich das Wachstum der landwirtschaftlichen Nutzflächen ausschließlich auf Kosten der Buschbracheflächen vollziehen können, was eine beschleunigte *Verkürzung* der Brachzeiten zu Beginn des 21. Jahrhunderts zur Folge haben dürfte.

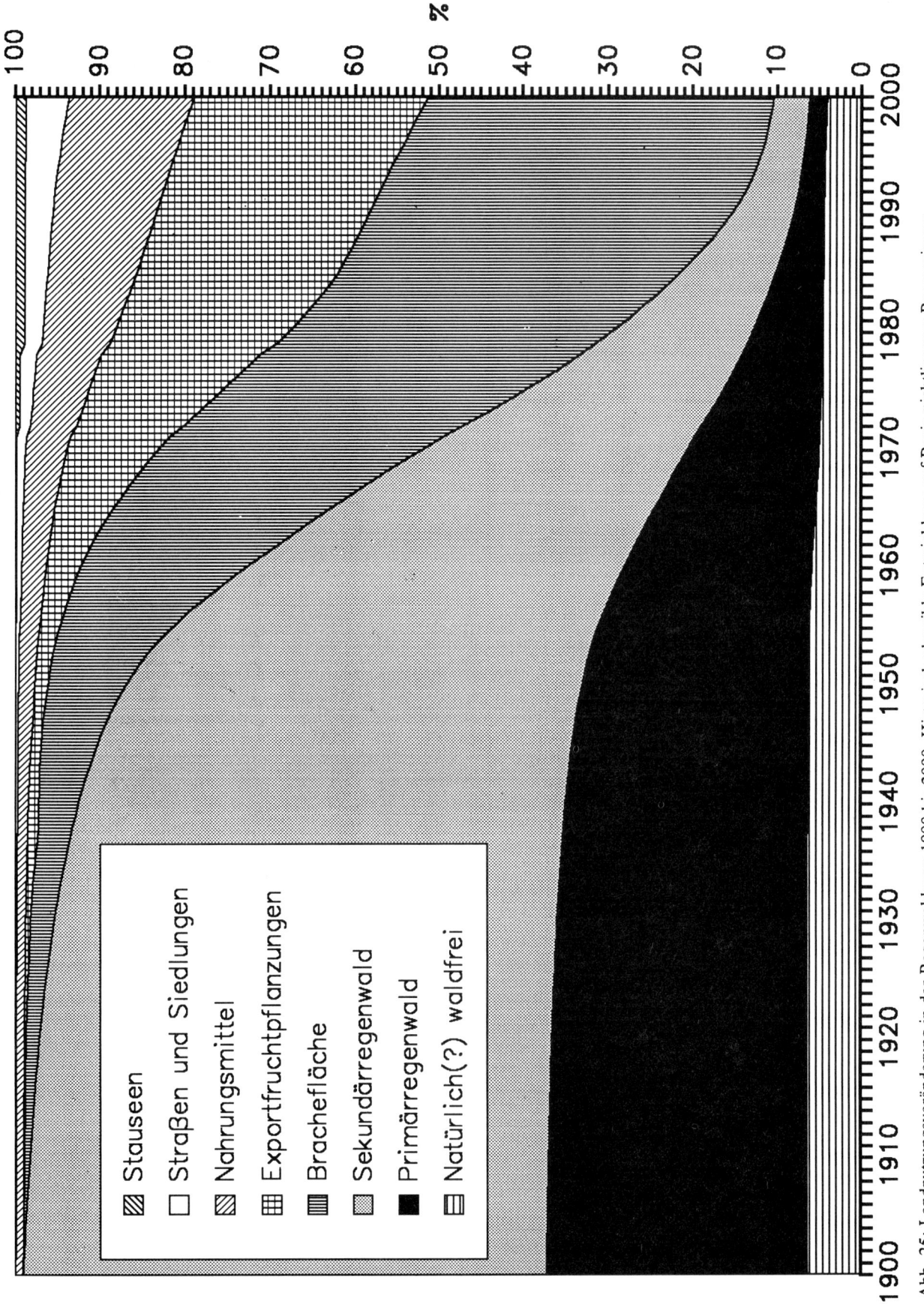

Abb. 25: Landnutzungsveränderung in der Regenwaldzone 1900 bis 2000. Historisch plausible Entwicklung auf Basis nichtlinearer Regressionen

6. Das Mosaik historischer Informationen

Die vorliegende Untersuchung ist zur Rekonstruktion der Vegetationsveränderung auf die Auswertung von historischem Quellenmaterial angewiesen. Dabei zeigte sich, daß das Hauptproblem, neben der *Verfügbarkeit* von Informationen, in der *Übertragung* inhaltlicher Begriffe liegt, die auf zwei Ebenen auftritt.

Terminologie

(1) Auf der rein sprachlichen Ebene ist dieses Problem für die zweite Hälfte des 20. Jahrhunderts überwiegend sicher zu bewältigen. Die Terminologie der *Vegetationsformationen* ist seit 1956 (Yangambi) weitgehend vereinheitlicht. Die Auswertung älterer Quellen hingegen ist problematisch, weil hier neben seinerzeit *undefinierten Termini* wie >savane< oder >forêt vierge< auch Begriffe verwendet werden, die, wie zum Beispiel >forêt noire<, >la grande forêt<, >la grande brousse<, >pays découverts< oder >assez boisé<, der *Interpretation* größeren Spielraum geben. Die verwirrenden Folgen die dieser Mangel an Definitionen für die Raumgliederung hat, illustrierte HÜCK (1957) am Beispiel der brasilianischen >campos cerrados< in verschiedenen Kartenwerken.

(2) Praktisch unlösbar ist das Problem, daß sich aus der *inhaltlichen Bedeutungsverschiebung* ergibt, der wichtige Begriffe im Laufe der Generationen unterliegen. Es ist einleuchtend, daß zum Beispiel hinter den Begriffen >ravage< oder >devastation< heute andere Vorstellungen stehen als im 19. Jahrhundert. Dies belastet die Bewertung *quantitativer Angaben*.

Von den ersten europäischen Reisenden wird der ivorische Regenwald als geschlossene, undurchdringliche "grüne Hölle" beschrieben. Demgegenüber schätzten Fachleute den Anteil waldfreier Fläche in der Regenwaldzone im Jahre 1910 auf 30 - 35 % (ohne Autor 1910, S. 286). Auch wenn dieser Wert nach heutiger Definition deutlich kleiner war, müssen wohl - im Widerspruch zu den Angaben der ältesten Quellen - bereits in der Frühphase der Kolonialisierung beträchtliche Freiflächen im Regenwald existiert haben.

Psychologie

Diese Widersprüche erklären sich dadurch, daß die frühen Kolonisatoren den tropischen Regenwald überwiegend als "Horror" erlebt haben. Ohne moderne medizinische Hilfsmittel waren sie in einem Terrain, welches ihre waffentechnologische Überlegenheit zunichte machte, einer feindseligen Bevölkerung ausgeliefert, mit der aufgrund des weitgehenden Fehlens zentraler Strukturen kaum verhandelt werden konnte. Offiziere und Verwaltungsbeamte machten aus ihrer persönlichen Präferenz für die Savannenzone, wo die Tropenkrankheiten seltener, das Jagdwild größer und Frankreichs Autorität gefestigter war, kein Geheimnis. Die frühen Europäer hatten ein Interesse daran, ihre persönliche Leistung bei der Bewältigung des "unkultivierten" Regenwaldes herauszustellen. Umgekehrt spricht einiges für die Vermutung, daß sie dazu tendierten, die politische, demographische und ökonomische Bedeutung der von ihnen entdeckten Bevölkerungskonzentrationen in der Sudanzone übertrieben darzustellen. Dies ist bei der Interpretation ihrer Berichte zu berücksichtigen.

Begrifflicher Bedeutungswandel

Eine französische Forstmission hat im Jahre 1910 den Anteil der Waldfläche an der ivorischen Regenwaldzone mit 65 - 70 % beziffert. Nach Angaben der FAO lag der Anteil der Waldfläche an der Regenwaldzone im Jahre 1983 bei 34 %. Nun macht aber schon ein kurzer Blick auf die dramatischen Vegetationsveränderungen der 60er und 70er Jahre deutlich, daß es wesentlich wahrscheinlicher ist, daß hier unterschiedliche Begriffsabgrenzungen vorliegen, als daß die Waldfläche zwischen 1910 und 1983 lediglich um 50 % verringert wurde. Die Walddefinition der FAO ist, wie auch der Vergleich mit nationalen Zahlen und wissenschaftlichen Quellen nahelegt, recht großzügig. Es erklärt sich dies aus dem Zwang eine Kategorie zu schaffen, die im globalen Maßstab, also auch in Trockengebieten anwendbar ist.

6.1. Die präkoloniale Epoche

Die Vor- und Frühgeschichte des Raumes Côte d'Ivoire ist aufgrund des feucht-heißen Klimas schlecht dokumentiert. Nach allgemeiner Einschätzung setzt die ackerbauliche Betätigung des Menschen in Afrika etwa 5000 b.p. ein. Belegt ist die Siedlungsgeschichte seit dem 16. Jahrhundert, als infolge der historischen Reichsbildungsprozesse in der Sudanzone die Ethnien der Koulango, Senoufo und Nafana im nördlichen Teil des Untersuchungsgebietes ansässig wurden. Der Regenwaldgürtel hingegen wurde erst zwischen Ende des 17. Jahrhunderts und dem Beginn des 19. Jahrhunderts von Stämmen der Brong, Ahafo und Agni besiedelt, die sich hier nach kriegerischen Auseinandersetzungen mit den Aschanti niedergelassen haben.

Handel

Mit dem Vordringen der Mandé-Völker aus dem Gebiet des heutigen Mali in den Raum westlich des Bandama entstand seit dem 17. Jahrhundert eine Fernhandelsverbindung, die aus dem Gebiet östlich der liberianisch-guineisch-westivorischen Regenwaldgrenze am Bandama südwärts führte, und bei Lahou den Atlantik erreichte. Im 16. und 17. Jahrhundert entwickelte sich an verschiedenen ivorischen Küstenorten ein episodischer Handel mit Gold, Elfenbein, Pfeffer und Rotholz (*Baphia nitida*). Dieses erste Exportholz stammt von Sträuchern und kleinen Bäumen aus dem Unterholz des Regenwaldes und fand vor allem in England als Färbemittel Verwendung. Seit dem 18. Jahrhundert wandten sich Diula-Händler, in Verbindung mit den Baoulé, die sich einer mächtigen Mittlerposition am Regenwaldrand bemächtigt hatten, auch dem amerikaorientierten Sklavenhandel zu. Obwohl der ivorische Abschnitt der Guineaküste, die >Côte des Mal Gens< für den frühkolonialen Handel des 18. Jahrhundert niemals die gleiche Bedeutung gewann wie die >Gold-< oder >Slave Coast<, bekämpften sich die europäischen Konkurrenten auch hier mit allen Mitteln.

Der französische Einfluß

Der Aufbau einer französischen Interessensphäre begann Mitte des 17. Jahrhunderts. 1701 wurde bei Assinié eine erste französischen Handelsniederlassung erbaut, die aber schon bald von Holländern zerstört wurde. Obwohl auch hier zunächst der Handel mit Sklaven, Gold und Elfenbein im Vordergrund stand, entwickelte sich bereits Mitte des 18. Jahrhunderts der Export einzelner Stämme des *afrikanischen Mahagoni* (*Khaya ivorensis*). Dieser fand als >Acajou d'Bassam< einen festen Platz in der Möbelkultur des absolutistischen Frankreichs. Mit der endgültigen Abschaffung des Sklavenhandels im Jahre 1848 allerdings verloren viele Handelsplätze, vor allem auch Sassandra, weitgehend ihre Bedeutung. Bleibende Präsenz erlangte Frankreich erst 1842/43 mit der Gründung von Faktoreien in Grand Bassam und Assinié, welche durch Befestigungen, (Fort Nemours an der Mündung des Comoé und Fort Joinville) und 1853 durch das Fort Dabou gesichert wurden. Auf diese Zeit wird die Einführung der Kokospalme (*Cocos nucifera*) im Küstenraum durch BERRON (1980) datiert. Die Faktoreien scheinen, wie der ganze Küstenstrich, wenig einträglich gewesen zu sein. Frankreich unternahm 1860 den erfolglosen Versuch, diese Stützpunkte gegen Gambia zu tauschen. In der Folge des Krieges gegen Deutschland zog Frankreich 1871 alle seine Truppen von der Côte d'Ivoire ab und übertrug die gesamte koloniale Initiative dem Kaufmann Arthur VERDIER, welcher als >Résident de France< eine kleine Subvention zum Unterhalt einer Polizeitruppe erhielt. Bis zur offiziellen Gründung der Kolonie im Jahre 1893 blieb Côte d'Ivoire sein Privatbesitz.

Es ist festzuhalten, daß die präkoloniale Côte d'Ivoire geprägt ist von dauernder *Bevölkerungsmobilität* durch Wanderfeldbau, Segmentation der Familien sowie territoriale Eroberungen und Rückzüge, die auch die Landschaft veränderten. Landnahme als spontane Bewegung von Familien oder größeren Gruppen hat bei den Ackerbauern und Hirtenvölkern Afrikas eine lange Tradition. Diese Mobilität nahm mit der steigenden Nachfrage nach Sklaven und der zunehmenden Verfügbarkeit von Feuerwaffen zu. Sie erreichte ihren Höhepunkt gegen Ende des 19. Jahrhundert.

Vegetation

Der ivorische Norden ist Bestandteil einer in ganz Westafrika bereits in präkolonialer Zeit dichter besiedelten Zone. Zu Beginn der Kolonialisierung finden sich hier weitgehend offene Graslandschaften mit eingestreuten Gehölzen (*Savannen*), die von den winterlichen Süd-Wanderungen der Peul und ihrer Herden erreicht werden. Hier ist der Grad anthropogener Beeinflussung der Vegetation in der Regel direkt *proportional zum Anteil der Gräser*. Bäume sind feuerfest oder haben einen ökonomischen Wert. Die Täler der Savannen blieben sowohl aufgrund der Grenzfunktion der Flüsse als auch aufgrund der Onchozerkose-gefährdung unbesiedelt. Auf den Hügelketten zwischen den Territorien blieben *Trockenwälder* als Pufferzonen gegen benachbarte Völker erhalten. Siedlungen wurden möglichst auf Bergrücken angelegt. In ihrer Nähe blieben Wäldchen erhalten, die spirituelle-, Verteidigungs- und Brandschutzfunktionen hatten.

Das zeit-räumliche Voranschreiten anthropogener Einflüsse auf die Regenwaldvegetation wurde auf Grundlage der im Text dargelegten vegetations-spezifischen bzw. -relevanten Informationen in Tranchen von jeweils einer Dekade kartographisch rekonstruiert. Da hinreichend differenzierte Informationen zur Veränderung der Trockenwälder und Savannen fehlen, liegt der Serie diesbezüglich der Zustand von 1970 zugrunde. Für die Differenzierung von bewaldeter und waldfreier Fläche wurde in Anlehnung an GUILLAUMET / ADJANOHOUN (1970/79) der Grenzwert *Waldbedeckung geringer als 50 %* gewählt.

Für die Frage dem *Ursprung* der guineischen Savannen, des V-Baoulé und der Regenwaldgrenze, sind die seit dem 18. Jahrhundert erfolgenden Wanderungen der Akanvölker von Bedeutung. Bei Befragungen alter Baoulé über den Ursprung der Savannen ihres Lebensraumes hat ADJANOHOUN zur Antwort bekommen, daß ihre Vorfahren, als sie sich vor 200 Jahren hier niederließen, die gleiche >Kakié< genannte Baumsavanne vorfanden, die heute das V-Baoulé prägt. Die Informanten waren sich bewußt, daß sie zur Degradation der Waldinseln beigetragen haben. Sie berichteten aber, daß ihre Brachfelder sich nicht zu >Kakié< sondern zu Sekundär-Busch und -Wald fortentwickelten (ADJANOHOUN 1964, S. 131). Darüber hinaus berichteten die befragten Baoulé von der Existenz heute verschwundener >Kakié<-Inseln im Regenwald. Die aktuelle Vegetation des V-Baoulé, eine Langgras-Feuchtsavanne (*Hyparrhenia spp.*), mit Feuchtwaldinseln, Galeriewäldern und anthropogen verdichteten Beständen von *Borassus aethiopum*, ist also bis weit in die präkoloniale Zeit hinein anzunehmen. Die frühe Forschung war diesbezüglich anderer Ansicht. Auguste CHEVALIER war von einer anthropogenen Genese der Savannen und einer rückläufigen Entwicklung der Regenwaldfläche überzeugt (CHEVALIER 1909a, S. 460).

Der Regenwald diente als *Rückzugsgebiet* für die Verlierer der zahlreichen Mobilitätsprozesse der Präkolonialzeit. BERTAUX hat (1966) die These aufgestellt, daß seine Besiedlung erst durch die Einführung allochthoner Nahrungsmittelpflanzen sowie verbesserter Metallwerkzeuge ermöglicht wurde. In diesem Zusammenhang ist zu beachten, daß der

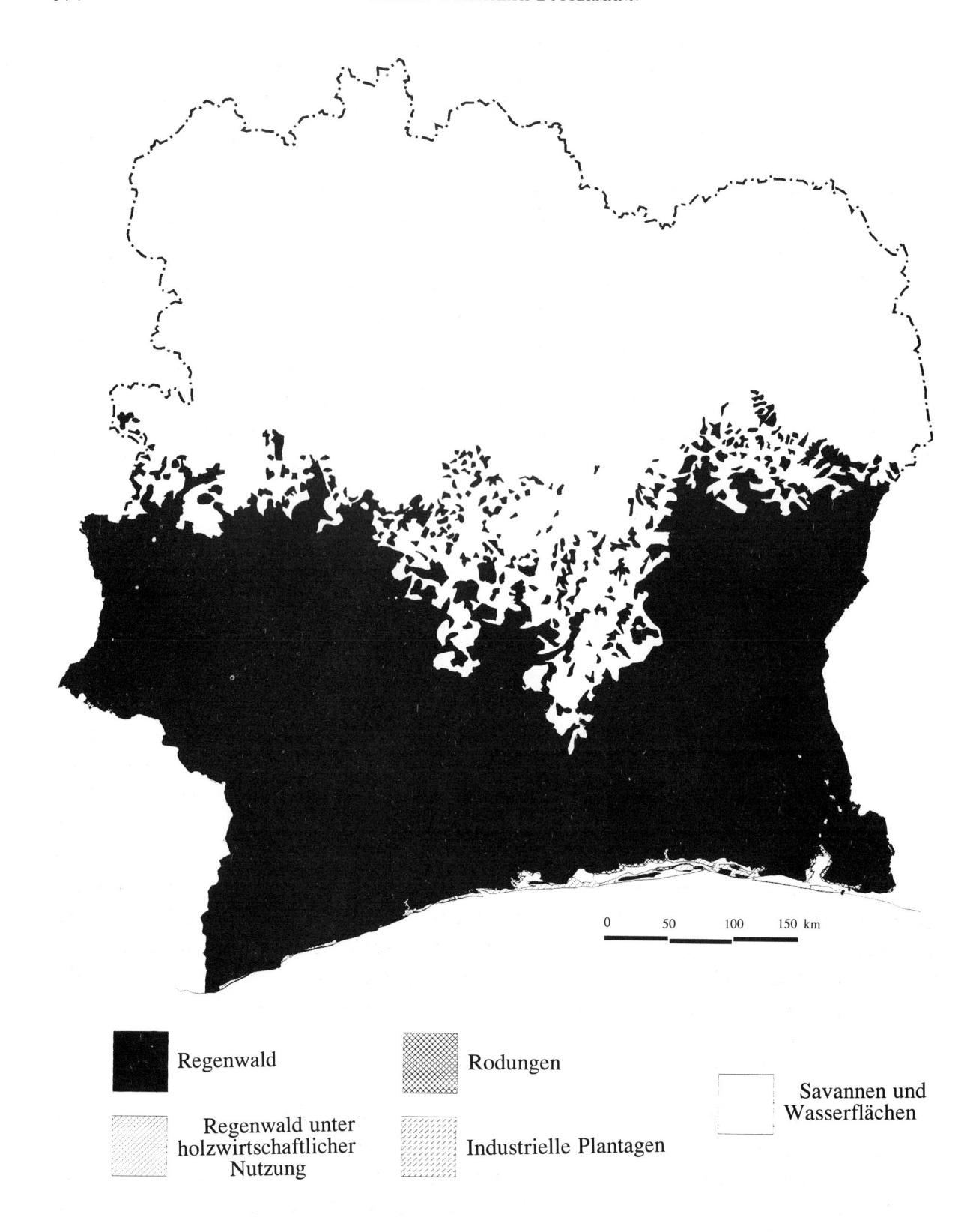

Abb. 26: Anthropogene Veränderungen der Vegetation um 1890. Quellen: Text

Legende:
- Regenwald
- Regenwald unter holzwirtschaftlicher Nutzung
- Rodungen
- Industrielle Plantagen
- Savannen und Wasserflächen

Westen und Südwesten von Côte d'Ivoire seit dem 15. Jahrhundert in Kontakt mit der westlichen Welt, vor allem mit Portugal und England, stand. CHAUVEAU / DOZON / RICHARD (1981, S. 628) vermuten hier ein Diffusionszentrum für Maniok (*Manihot esculenta*). Andere allochthone Nutzpflanzen wie Kokospalmen (*Cocos nucifera*), Mais (*Zea mays*), Tabak (*Nicotiana tabacum*) und Erdnuss (*Arachis hypogagaea*) haben sich wahrscheinlich ebenfalls von hier aus ausgebreitet. Ob aber diese Nutzpflanzen in Verbindung mit den qualitativ überlegenen europäischen Eisenwerkzeugen die Besiedlung der Waldgebiete erst möglich machten, scheint angesichts des breiten Spektrums autochthoner Nährpflanzen, auf die auch heute noch in Notzeiten zurückgegriffen wird, fraglich. Der Regenwald war bis in das 20. Jahrhundert hinein nur im unmittelbaren Hinterland der östlichen Küste dicht genug besiedelt, um eine spontane Regeneration dauerhaft zu verhindern. Es ist festzuhalten, daß der Mensch im Rahmen seiner Möglichkeiten - die waren in der Zone der Trockenwälder wesentlich weiter gefaßt als im Regenwald - während seiner seit mehreren tausend Jahren bestehenden Präsenz auf dem Territorium von Côte d'Ivoire die Vegetation bereits in präkolonialer Zeit weiträumig transformiert hat.

6.2. 1893-1960 : Die Kolonialzeit

6.2.1. 1884-1907 : "Friedliche Durchdringung"

Entdeckungsgeschichte

Obwohl seit dem 15. Jahrhundert bekannt, war das europäische Interesse an der Côte d'Ivoire, insbesondere nach Abschaffung des Sklavenhandels, sehr beschränkt. Die malariaverseuchte humide Küste und ihre Wälder wurden gemieden. Ihr Hinterland war, abgesehen vom Norden des heutigen Staatsgebietes, der im Jahre 1828 von Réné CAILLIE bereist wurde, völlig unbekannt. Der französische Staat hatte sich 1871 aus der kolonialen Verantwortung zurückgezogen. Stützpunkte wurden privatisiert oder aufgegeben, und die Aktivität der verbliebenen Handelsfirmen aus Le Havre und Liverpool beschränkte sich in den nächsten 13 Jahren auf den Tausch von Goldstaub und Elfenbein sowie den gelegentlichen Einschlag von Mahagoni. So kam es, daß Côte d'Ivoire der letzte große weiße Fleck auf der Karte war, als Afrika 1884/85 zur Aufteilung kam.

Scramble for Africa

Da es nun galt, die bekundeten Ansprüche nachträglich zu legitimieren und insbesonders gegen die englische Konkurrenz zu sichern, löste die Berliner Konferenz eine hektische Explorationstätigkeit aus. Seit 1884 erkundete Marcel TREICH-LAPLAINE, ein Agent der Compagnie VERDIER, den Unterlauf des Comoé bis Zaranou und brachte die Akan-Reiche Indénié, Sanwi und Moronou unter französischen Einfluß. Er folgte dabei, auf der Suche nach den Goldvorkommen der Akan, der östlichen der beiden Haupthandelsrouten durch den Regenwald und erkundete gleichzeitig das Grenzgebiet zur britischen Gold Coast.

Erste Durchquerung des westlichen Regenwaldes durch einen Europäer

Zwischen 1887 und 1889 durchquerte Louis Gaston BINGER vom Oberlauf des Senegal aus die Sudanzone. Als 1888 das Gerücht seines Todes Frankreich erreichte, wurde TREICH-LAPLAINE mit der Suche beauftragt. Das Treffen der beiden Männer am 15.1.1889 in Kong hatte für das kolonialselige Frankreich eine ähnliche emotionale Bedeutung wie für England das Treffen von LIVINGSTONE und STANLEY 1871 in Ujiji. TREICH-LAPLAINE und BINGER kehrten gemeinsam am Comoé abwärts nach Grand Bassam zurück, nicht ohne einen Protektoratsvertrag mit der Stadt Kong abgeschlossen zu haben, die in der französischen Presse zu einem Timbuktu des Südens stilisiert wurde. Während TREICH-LAPLAINE kurz darauf in Grand Bassam starb, kehrte BINGER mit dem Ruhm der Erstdurchquerung nach Frankreich zurück und wurde 1893 erster Gouverneur der Kolonie. BINGERS wissenschaftliches Verdienst liegt in der Beseitigung der letzten kartographischen Phantasien der Afrikakarte. Bis dato war das Innere der Côte d'Ivoire, wie bei schwer zugänglichen Gebieten üblich, mit einer hohen küstenparallelen Bergkette, hier den >Monts de Kong<, gefüllt worden. Die umfangreichen Expeditionsaufzeichnungen (BINGER 1892)

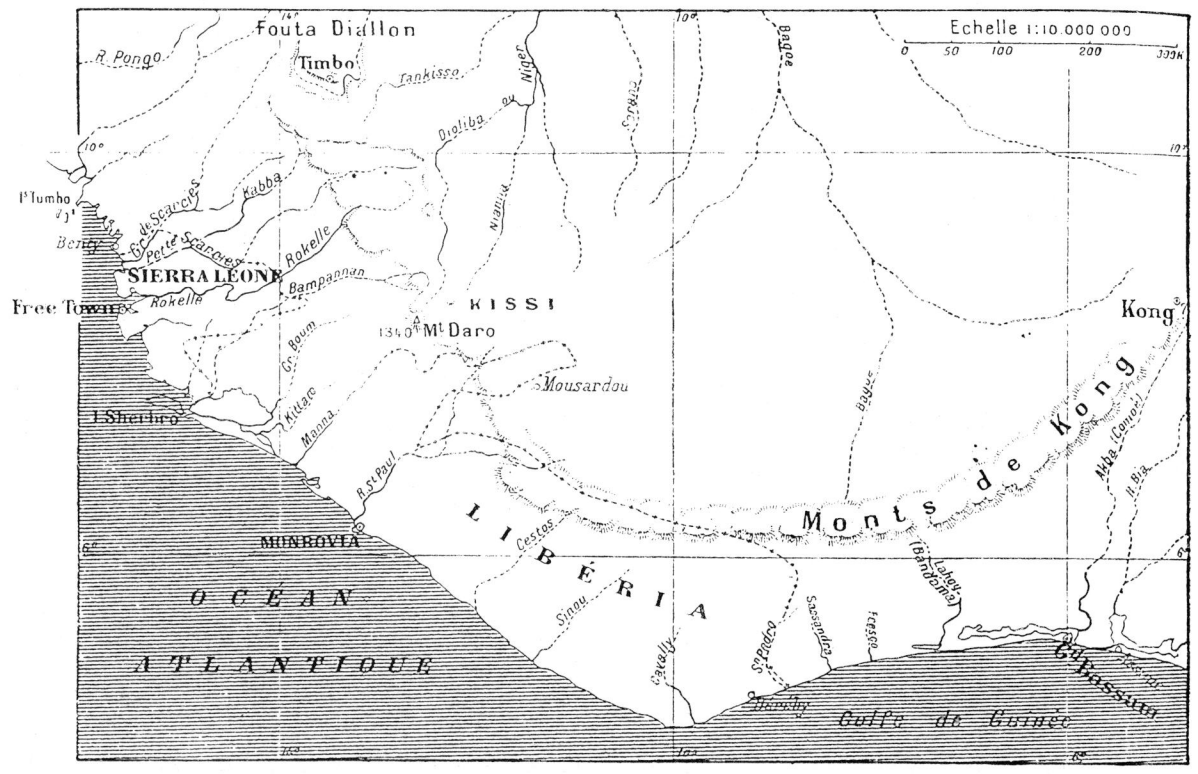

Abb. 27: Geographischer Erkenntnisstand im Raum Côte d'Ivoire um 1885. Darstellung nach der Karte von HABENICHT (1885). Aus: D'OLLONE (1903)
Abb. 28 (S.377): Übersichtskarte der Expedition BINGER 1887/89. Aus: Bull. Soc. Géogr. Lille (1890)

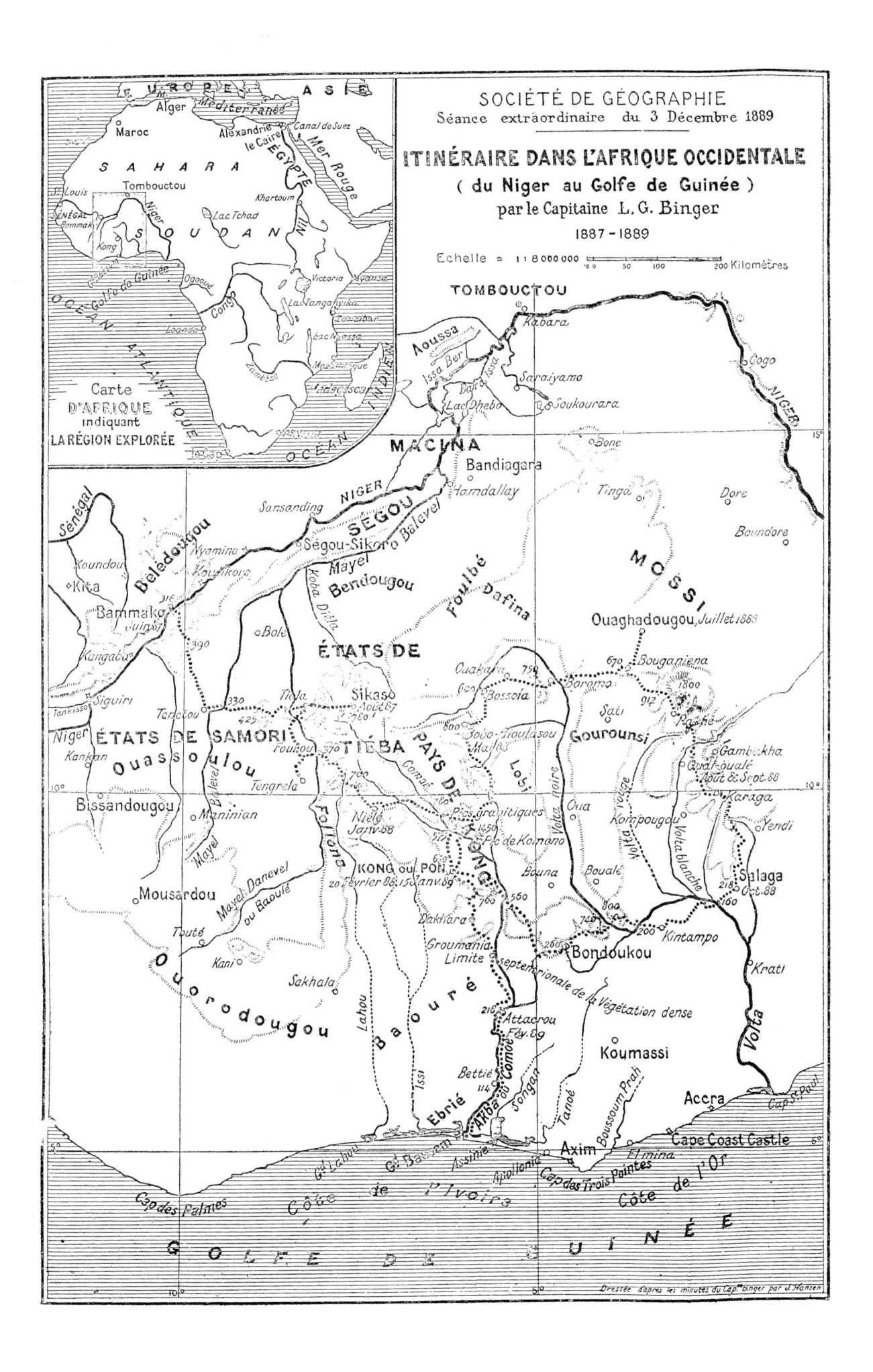

SOCIÉTÉ DE GÉOGRAPHIE
Séance extraordinaire du 3 Décembre 1889

ITINÉRAIRE DANS L'AFRIQUE OCCIDENTALE
(du Niger au Golfe de Guinée)
par le Capitaine L. G. Binger
1887–1889

Echelle = 1:8 000 000

Carte d'Afrique indiquant la Région explorée

Dressée d'après les minutes du Cap.ⁿᵉ Binger par J. Hansen

enthalten wertvolle Beobachtungen zur Ethnologie des Raumes. In bezug auf die Fragestellung der Untersuchung sind sie, wie die Aufzeichnungen der meisten Offiziere, von geringem Wert. Rückschlüsse auf die Vegetation lassen sich lediglich über die Angaben zur relativen Bevölkerungsdichte ziehen. In den Jahren 1890/91 unternahmen Offiziere von Grand Bassam aus verschiedene Expeditionen in das Innere, mit geringen Erfolgen und oft tödlichem Verlauf (ARAGO, QUIQUEREZ, SEGONZAC, ARMAND, TAVERNOST). 1892 kehrte BINGER nach Grand Bassam zurück und übernahm die Koordinierung der Exploration. Aus politischen Gründen verlagerte er den kolonialen Impetus zunächst nach Westen. BINGER beauftragte den Administrateur POBEGUIN mit der Exploration des westlichen Küstenraumes und veranlaßte die Gründung der Posten San Pedro, Grand Béréby, Tabou und Bliéron. Er sicherte so durch effektive Präsenz in einigen Dörfern auf dem linken Ufer des Cavally, der 1892 durch einen Vertrag mit der Republik Liberia als Westgrenze festgelegt wird, die westliche Côte d'Ivoire für Frankreich. BINGER selbst leitete eine Expedition, die gemeinsam mit einer englischen Kommission das Grenzgebiet zur Gold Coast, also Assinié, Indénié, Assikasso, Kong und Bondoukou bereist. Die Grenze wurde bis zum neunten Breitengrad festlegt und 1893 vertraglich fixiert. An dieser Expedition nahmen erstmals wissenschaftlich ausgebildete Expeditionsmitglieder [CROZAT, BRAULOT, MONNIER] teil, die verwertbare Beobachtungen der Vegetation machten. Nach Schaffung dieser Voraussetzungen erfolgte am 10.3.1893 die formale Annexion der Kolonie Côte d'Ivoire.

Entdeckung des V-Baoulé

Bereits 1892 hatte BINGER die methodische Erkundung und Okkupation des Bandama, des zweiten traditionellen Handelsweges durch den Regenwald veranlaßt. MARCHAND und MANET besetzten Jaqueville und gründeten an der Mündung des Bandama den Posten [Grand-] Lahou. Sie zogen am Bandama aufwärts bis Tiassalé. Bei der Einnahme von Tiassalé leisten die Baoulé Widerstand. Sie befürchten (zu Recht) den Verlust ihrer Stellung im Zwischenhandel zwischen Küste und Inland. Während MANET von Tiassalé aus die Rückreise antrat, auf welcher er im Bandama ertrank, setzte MARCHAND die Expedition bis Kong fort. Er wurde zum Entdecker des V-Baoulé, des großen azonalen Savannenkeiles, dessen östliche Hälfte er systematisch kartographierte (MARCHAND 1893). Indem er dem bis Tiassalé schiffbaren Bandama folgte, hatte er auch die günstigste Route durch den Regenwald gefunden:
"La forêt équatoriale qui borde toute la Côte africaine du Golfe de Guinée, et qui constitue l'obstacle presque infranchissable entre le litoral et le Soudan central, n'a que 73 kilomètres d'épaisseur dans le bassin du Bandama, ..." (MARCHAND 1894, S. 62/63)
Der Landreiseweg durch den Regenwald verkürzte sich hierdurch auf 30 Kilometer, die bald von einer gut unterhaltenen Straße überbrückt wurden und auf der sich infolge der militärischen Operationen ein reger Verkehr entwickelte. Unter den zahlreichen Aufklärungsexpeditionen, die jetzt an der Küste aufbrachen, ist aufgrund ihres

wissenschaftlichen Ansatzes die von EYSSERIC hervorzuheben. Ausgerüstet mit Gerät zur astronomischen Ortsbestimmung sowie einem Photoapparat kartographierten EYSSERIC, NEBOUT und POBEGUIN im Laufe des Jahres 1897 das westliche V-Baoulé und die nordwestliche Regenwaldgrenze. Sie fanden auch hier offene Räume mit hohen Bevölkerungsdichten vor und konnten das Tal des Marahoué (Bandama Blanc) als zukünftige Ost-West Verbindung im Landesinneren empfehlen (EYSSERIC 1899).

Durchquerung des westlichen Regenwaldes

1897 ist auch das Jahr, in dem die Exploration des Südwestens erste Fortschritte machte: Die Verwaltungsbeamten HOSTAINS und THOMANN bereisten die Unterläufe von Cavally und Sassandra. Dennoch blieb dieser Raum der schwierigste und unzugänglichste

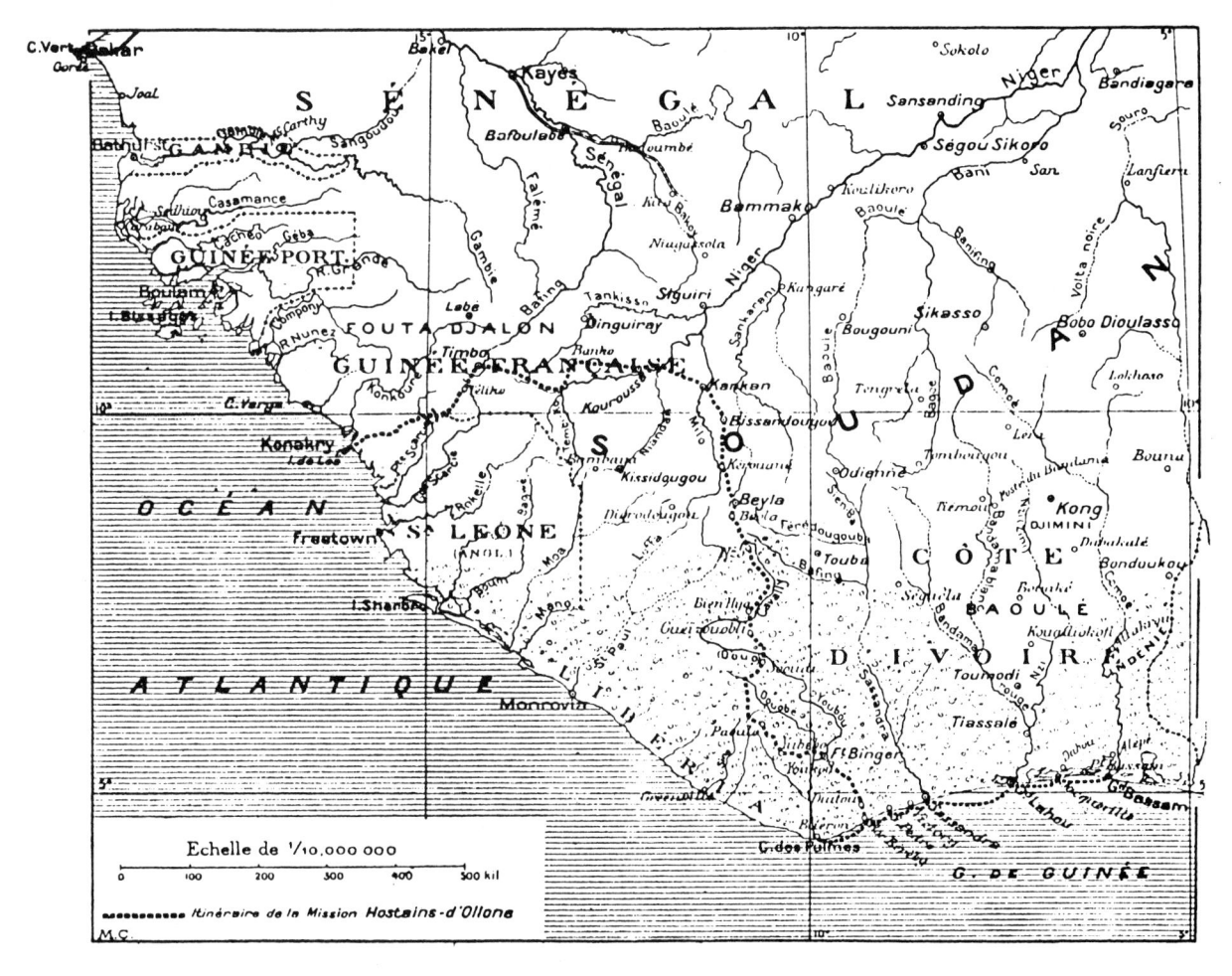

Abb. 29: Übersicht der Expedition HOSTAINS - D'OLLONE 1898/1899. Aus: D'OLLONE (1901)

der ganzen Côte d'Ivoire. Alle Versuche der Expeditionen EYSSERIC und BLONDIAUX, von Norden her in den Regenwald einzudringen, waren am entschiedenen Widerstand der Bevölkerung gescheitert. Erst 1899/1900 gelang es einer starken Abteilung unter HOSTAINS und D'OLLONE, den Regenwald von Süden her zu durchqueren und Beyla zu erreichen. HOSTAINS und D'OLLONE fanden im westlichen Regenwald ein Mosaik von besiedelten und unbesiedelten Räumen vor. Damit war die geographische Erkundung der Côte d'Ivoire in ihren Grundzügen um 1900 abgeschlossen.

Samory Touré

Seit den 60er Jahren des 19. Jahrhundert war die Sudanzone Schauplatz einer Welle islamisch geprägter Reformations- und Reichsgründungsbewegungen mit antikolonialem Impetus. Ein Vorläufer dieser ersten islamischen Renaissance war in Nigeria Usman dan Fodio, ihr bekanntester Exponent Muhamad Al Mhadi im britischen Sudan. Ihr Pendant war im französischen Sudan der zirka 1830 im Futa Djalon (Guinea) geborene Mandé Herrscher Samory Touré. Samory hatte um 1860 begonnen, in seiner Heimat einen schlagkräftig organisierten Staat aufzubauen, der seit seiner Bekehrung zum Islam über eine legitimierende Staatsidee verfügte, aber auch Elemente westlicher Organisation verwendete. Es standen sich so 1882 Frankreich und das Reich des Samory Touré, zwei expansive imperialistische Mächte, gegenüber. Der unausweichliche Konflikt begann mit einem Wettlauf auf Bamako, den Samorys Armee knapp verlor. 1885 versuchte Frankreich sich der Goldfelder von Bouré zu bemächtigen, wurde aber zurückgeschlagen und schloß in der Folge einen Friedensvertrag mit Samory, um zunächst einmal die Toucouleur zu unterwerfen. Samory nutzte diese Pause für diplomatische Verhandlungen über einen Protektoratsvertrag mit England, der aber aufgrund einer momentanen Entspannung im Verhältnis Paris-London nicht zustande kam. Als Frankreich, nachdem Segou, die Hauptstadt der Toucouleur, 1891 gefallen war, einen entschlossenen Versuch zur Unterwerfung der Mandé unternahm, konnte Samory deren mit Artillerie und Maschinengewehren ausgerüstete Armee nicht mehr stoppen. Seine Hauptstadt Bissandougou fiel an Frankreich. Statt sich aber nun, wie andere afrikanische Herrscher, zu unterwerfen, hatte Samory sich mit Armee, Kind und Kegel abgesetzt und hinterließ den Franzosen eine Wüste. Seine Strategie der verbrannten Erde erwies sich als wirkungsvoll, sie zwang die Franzosen permanent zur Entsendung von kleineren Einheiten zur Nahrungsmittelbeschaffung, die mittels Guerillamethoden erfolgreich bekämpft wurden. Engpässe der Nahrungsmittelversorgung waren ein permanentes >handicap< in der Frühphase der Kolonialisierung und sind auch später zu Zeiten des antikolonialen Widerstandes wieder aufgetreten (CHAUVEAU / DOZON / RICHARD 1981, S. 644). Nachdem sein Reich von den Goldfeldern von Bouré abgeschnitten war, verlegte sich Samory zur Finanzierung des Krieges auf den Sklavenhandel. So driftete sein Reich in den Jahren nach 1892 als *bevölkerungsvernichtende* Plage ostwärts und erreichte 1894 die nördliche Côte d'Ivoire. Samory, der im Juli 1898 noch einmal bei Owé einen militärischen Sieg über die Franzosen errang, wurde von überlegenen französischen Truppen in den Regenwald abgedrängt, wo seine Armee sich in der Regenzeit durch Hunger und unter den beständigen Angriffen der Waldvölker auflöste. Er wurde im September 1898 von einer Abteilung unter dem Capitain GOURAUD bei Guelemu festgenommen und nach Gabun deportiert. Damit hatte Frankreich endgültig die Herrschaft über die Sudanzone gewonnen, war aber immer noch weit davon entfernt, den Regenwald zu kontrollieren.

Widerstand ...

Historische Ereignisse prägen die Raum- und Vegetationsentwicklung von Côte d'Ivoire bis heute. In den 90er Jahren hatten auch die Völker des Regenwaldes erkannt, daß von Handelsverträgen wohl nicht mehr die Rede sein konnte, daß es um nicht weniger ging als um ihre Souveränität. 1894 brach in Indénié ein Aufstand gegen die französische Herrschaft aus und eine Einheit von 1200 Senegalesischen Schützen unter der Führung des Colonell MONTEIL, die eigentlich den französischen Verbündeten in Kong gegen Samory zu Hilfe kommen sollte, beschäftigte sich lange mit Strafexpeditionen gegen Indénié und die Völker im Lagunenraum. Als die Kolonne MONTEIL 1895 endlich nach Norden aufbrach, war der Funke des Widerstandes auf die Baoulé übergesprungen. Die Kolonne MONTEIL konnte lediglich bis Satama vordringen und mußte sich dann nach Koudiokofi zurückziehen, das bis auf weiteres die nördliche Grenze französischen Einflusses markierte. Von hier aus explorierten BRETONNET und LAMBLIN das Gebiet der nordöstlichen Regenwaldgrenze zwischen Koudiokofi und Bondoukou. Widerstand der Abron und die Nähe der Truppen von Samory zwangen sie aber bald schon zum Rückzug. Zur gleichen Zeit erreichten BAUD und VERMEERSCH, aus Dahomey kommend, Bouna und folgten dem Comoé bis Grand Bassam. Vor Samorys Truppen floh schließlich auch MARCHAND aus Kong. Damit überließ Frankreich die verbündete Stadt einer nachhaltigen Zerstörung durch die von ihm in diesen Raum gedrängte Armee Samorys, von der sich Kong nicht mehr erholte. Kong ist heute ein unbedeutendes Dorf von wenigen hundert Einwohnern.

... prägt den Raum

Es entstand im Nordosten der Côte d'Ivoire und in der angrenzenden Gold Coast ein *entvölkerter* Raum >Middle Belt<, der später keine Voraussetzungen mehr für die Einrichtung eines militärischen beziehungsweise administrativen Postensystemes bot und der wirtschaftlich in Vergessenheit geriet. Nachdem die Kolonialmacht ihre speziellen Interessen zunächst in diesem verhältnismäßig entwickelten Raum gesucht und gefunden hatte, kehrte sie nach dessen Zerstörung die Prioritäten um. Sie stellte damit endgültig die Weichen zugunsten der aktuellen Raumstruktur, die sich sowohl durch einen extremen Süd-Nord Gradienten wirtschaftlicher Entwicklung zwischen Regenwald- und Savannenzone als auch durch einen West-Ost Gradienten innerhalb der Savannenzone auszeichnet. Die (rezente) anthropogene Veränderung der Vegetation verläuft proportional zu diesen Gradienten. Diese in den 90er Jahren des 19. Jahrhundert eingeleitete Entwicklung wurde 1926 durch die Zwangsumsiedlung der verbliebenen Bevölkerung und Ausweisung der >Réserve du Faune de Bouna<, des späteren Comoé-Nationalparks, festgeschrieben.

1896 war BINGER in das Kolonialministerium nach Paris abberufen worden, sein Nachfolger BERTIN starb bereits vier Wochen nach Amtsübernahme in Grand Bassam am Gelbfieber. MOUTTET, der dritte Gouverneur, forcierte die Erschließung des Ostens der Kolonie. Zu diesem Zeitpunkt markierte Attakrou am Comoé die nördliche Grenze französischen Einflusses. Durch eine Serie politisch eleganter Manöver gelang dem Administrator CLOZEL im Laufe des Jahres 1897 die Gründung des Postens Assikasso [Agnibilekrou] und die Besetzung von Bondoukou. Hierdurch konnte Frankreich eine parallel zur Gold Coast verlaufende, den ganzen östlichen Regenwald überspannende Einflußzone nachweisen.

Botanische Forschung

Die botanische Erforschung von Côte d'Ivoire begann 1905 mit der Ankunft von Auguste CHEVALIER in Grand Bassam. Zwischen Februar und Oktober des Jahres durchstreifte er den Lagunenraum zwischen Bingerville und Dabou und kehrte mit einer reichen Sammlung nach Frankreich zurück. Von Dezember 1906 bis August 1907 bereiste CHEVALIER (*vgl. Abb. 30*) die innere Regenwaldzone zwischen Comoé und Cavally. Von November 1908 bis Oktober 1910 erforschte er die Vegetation Guineas, die ivorischen Bergmassive im Westen des Landes und die sich nördlich anschließende Savannenzone. CHEVALIER tat dies unter erheblichem persönlichen Risiko in einem Raum, dessen Bewohner sich in einem Guerillakrieg gegen die personell schwache französische Kolonialmacht befanden. Die erste systematische Vegetationsaufnahme im Raume von Côte d'Ivoire (1909b) und die Veröffentlichung der ersten *Vegetationskarte von französisch Westafrika* (CHEVALIER 1912, 1 : 3000 000) sind sein Werk. Seit 1925 hat ANDRE AUBREVILLE als Leiter des >Service Eaux et Forêts< die wissenschaftliche Kenntnis der ivorischen Flora vertieft und sich darüber hinaus für die Erhaltung der Wälder eingesetzt. AUBREVILLE glaubte nicht zu Unrecht, die langfristige Erhaltung der Vegetation nur über deren *rationale Nutzung* sichern zu können. Was als Systematisierung der Nutzhölzer begann, führte in Zusammenarbeit mit Francois PELLEGRIN zur Veröffentlichung der >Flore forestière de la Côte d'Ivoire< (AUBREVILLE 1936). Dieses Werk bedurfte in der langen Zeit seit seinem Erscheinen nur weniger Ergänzungen. Bemerkenswert ist auch der zu seiner Zeit ungewöhnlich vorurteilsfreie Umgang von AUBREVILLE mit der eingeborenen Bevölkerung. Als Leiter der Forstbehörde machte er sich deren profunde botanische Kenntnisse zunutze und schuf einen Stab effizienter ivorischer Mitarbeiter. Als >Inspecteur Général des Eaux et Forêts des Colonies< hat AUBREVILLE sein späteres Schaffen ganz in den Dienst der Rettung der tropischen

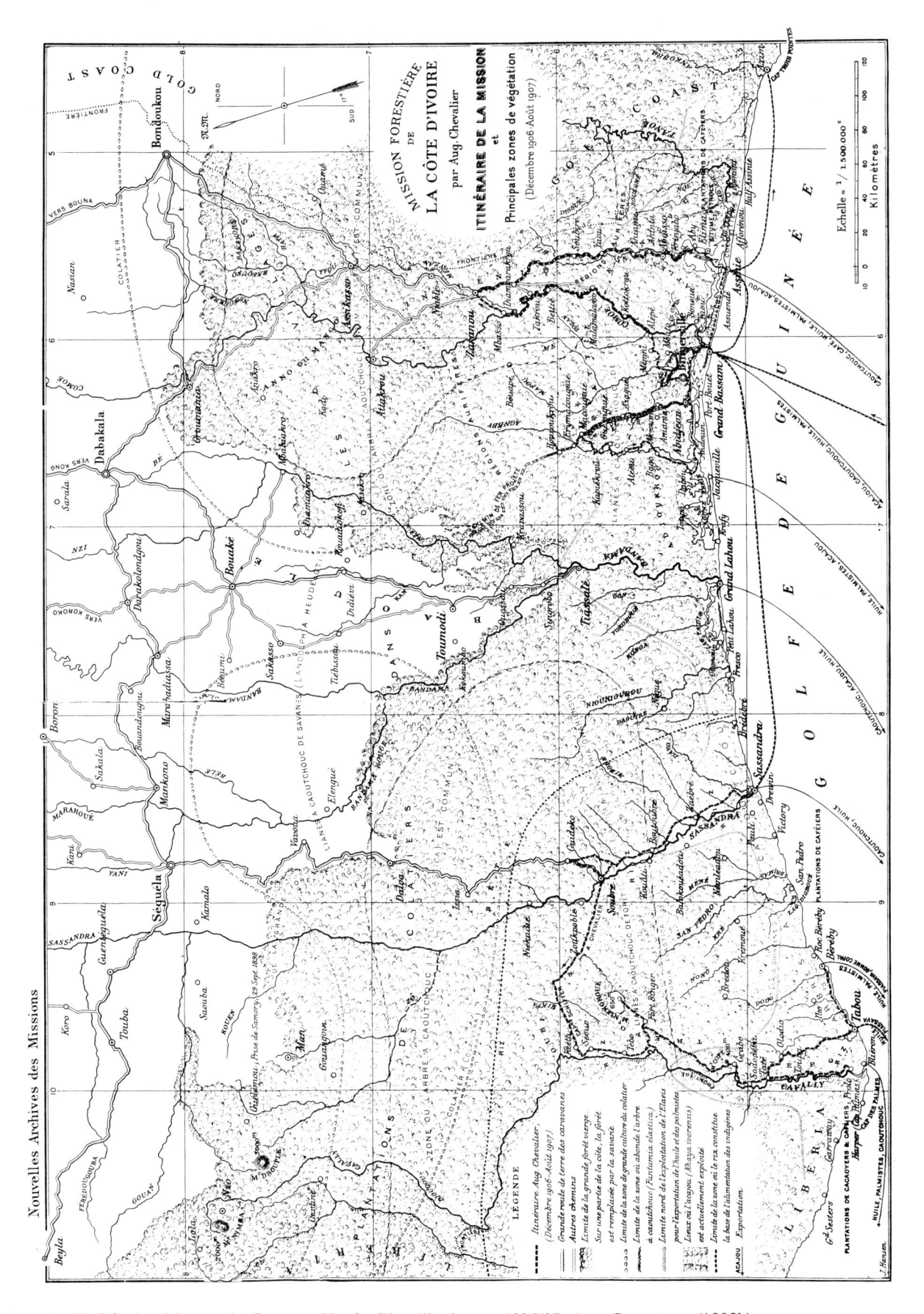

Abb. 30: Die Ausdehnung des Regenwaldes in Côte d'Ivoire um 1906/07. Aus: CHEVALIER (1909b)

Vegetation gestellt. In >Climats, Forêts et Désertification de l'Afrique Tropicale< (AUBREVILLE 1949) hat er die erst mit modernen ökologischen Methoden nachgewiesenen Zusammenhänge von anthropogener Vegetationsdegradation, Klimawandel und Desertifikation durch zahlreiche Indizien belegt und in heute immer noch gültiger Form theoretisch dargestellt. Nachdem dieses Werk von der etablierten Wissenschaft zunächst angegriffen und dann vierzig Jahre lang vergessen wurde, sind seine Kernaussagen heute von bedrückender Aktualität. Côte d'Ivoire verdankt AUBREVILLE und seinem Mitarbeiter und Nachfolger als Leiter des >Service Eaux et Forêts< Louis BEGUE auch die zeitweilige Sicherung zahlreicher und zum Teil großer Waldflächen durch das System der >Forêt classée<. BEGUE (1937) ist auch der Autor des Standardwerkes zur Flora und Vegetation der Strauch- und Baumschicht der ivorischen Trockenwälder und Savannen.

Dichte der Bevölkerung

Aus der Zeit vor der Jahrhundertwende gibt nur wenige Quellenangaben zur Verteilung, und überhaupt keine realistischen Angaben zur Dichte und der Bevölkerung. Die Bevölkerungsdichte wurde im allgemeinen *überschätzt*, was durch die Notwendigkeit des Reisens in besiedeltem Gebiet erklärt werden kann. Vor der Einführung des Transportes durch Eisenbahn und Automobil mußte die lokale Bevölkerung für jede Reise eines Europäers Tragleistungen erbringen und Verpflegung stellen. Natürlich suchte sie sich dieser Verpflichtung zu entziehen und so mögen die reisenden Europäer den Eindruck gehabt haben, daß sie in der Regel den größeren Teil der Bevölkerung nicht zu Gesicht bekamen (*vgl.* D'OLLONE 1901, S. 206). Ein Beispiel für die resultierende Überschätzung bietet Binger's Karte der Bevölkerungsdichte (1892, S. 398).

Eine erste zusammenfassende Schätzung der Bevölkerung von Côte d'Ivoire stammt von FRIEDRICH aus dem Jahre 1900. Sie nennt eine Gesamteinwohnerzahl von drei Millionen, was einer Einwohnerdichte von 10 Ew/km^2 entsprechen würde. Nach FRIEDRICH sollen etwa 400 000 Menschen, oder 40 Ew/km^2 im Küstenraum, und zwar im wesentlichen in dessen östlicher Hälfte leben; die Bevölkerung der Regenwaldzone schätzt er auf die gleiche Zahl, was einer Dichte von 3 Ew/km^2 entspricht. Somit verbleibt eine Bevölkerungszahl von 2,2 Mio. für die Savannenzone (12-13 Ew/km^2). Allein 1,23 Mio. Menschen sollten nach Angabe von FRIEDRICH (1900, S. 235) im V-Baoulé siedeln, während die jüngere Forschung (CHAUVEAU / DOZON / RICHARD 1981, S. 636), die Bevölkerung des V-Baoulé zu Beginn der Kolonisierung auf 300 bis 500 000 Einwohner schätzt. Ein Blick auf die heutige Bevölkerung (10,901 Mio. nach dem Zensus von 1988) läßt die frühen Schätzungen als zu hoch angesetzt scheinen. Realistischer war die, allerdings auf den Regenwald beschränkte Schätzung von VAN CASSEL (1903), der hier eine Bevölkerungsdichte von 1,5 Ew/km^2 angenommen hat und auch die Ausdehnung des Regenwaldes mit 120 000 km^2 bereits realistisch darstellte. In den Siedlungskernräumen der Akanvölker kann die maximale Bevölkerungsdichte der Regenwaldzone auf fünf Ew/km^2 geschätzt werden (ARNOLD 1983).

Verdichtungsraum 1

Aufgrund der Attraktivität des Handels mit den Europäern war der *östliche Küstenraum* bereits im 19. Jahrhundert dicht besiedelt (*vgl.* FRIEDRICH 1900, S. 238). Aber auch der westliche Küstenraum war, wie eine Karte von QUIQUEREZ (1891) belegt, dicht mit Siedlungen überzogen, die vermutlich Palmöl produzierten. Die Karte von QUIQUEREZ weist an der Küste westlich von Grand Lahou vier englische Faktoreien aus. QUIQUEREZ und andere berichten, daß die Verkehrssprache Englisch und die Währung das £-Sterling war. Bis heute spricht ein Teil der Krou-Bevölkerung an der Westküste Pidgin.

Entleerungsraum 1

DUCHEMIN (1979) vermutet, daß das bis in die allerjüngste Vergangenheit menschenleere Dreieck in der *Südwestregion* zwischen Guiglo, Tabou und Fresco vor der europäischen Einflußnahme ebenso dicht besiedelt war wie andere Regenwaldgebiete und sich erst mit dem Beginn des Handels an der Küste entleerte. Ein solcher Prozeß wurde, wenn er noch nicht im Gange war, durch den küstenparallelen Straßenbau zu Beginn des 20. Jahrhunderts, spätestens in den 20er und 30er Jahren durch *Zwangsumsiedlungen* ausgelöst.

Verdichtungsraum 2

Die zweite bedeutende Bevölkerungskonzentration fand und findet sich jenseits des Regenwaldes in der offenen Savannenlandschaft des *V-Baoulé*, wo Akan-Völker (unter ihnen vor allem die Baoulé) zu bereits weitgehend zentral organisierten Staatengemeinschaften zusammengefunden hatten (*vgl.* EYSSERIC 1898, S. 64). Die Organisation und der innere Zusammenhalt der Baoulé waren stark genug, um Samory Touré von einem Angriff abzuschrecken.

Verdichtungsraum 3

Hohe Bevölkerungsdichte, die bei den Baoulé ein altes soziales Merkmal ist, entstand im Raum um Korhogo erst als Reaktion auf die Bedrohung durch Samory. DUCHEMIN (1979) sowie LECOMTE / MONNIER (1983) beschreiben die Entstehung dieses Verdichtungsraumes im ausgehenden 19. Jahrhundert durch den historischen Vertrag zwischen Samory und den Senoufo, welcher den Senoufo in den 90er Jahren die *Region im Bandamabogen um Korhogo* als Siedlungsgebiet zusicherte.

Verdichtungsraum 4

Auch die vierte auffällige Bevölkerungskonzentration im *Bergland von Man-Danané* ist die Folge einer historischen Rückzugsbewegung (HOLAS 1962). Bergländer stellen, zumal wenn sie bewaldet sind, ein ideales Rückzugsgebiet dar. Die afrikanischen Gebirgsräume sind daher überwiegend dicht besiedelt. Das Bergland von Man-Danané war das Rückzugsgebiet der Dan, die hier im frühen 19. Jahrhundert vor den Sklavenjagden der Mandé Schutz fanden. CHEVALIER (1909) vermerkt, daß die Dörfer der Dan in den

Bergen größer sind und dichter aneinander liegen als in der Ebene. Die Dörfer liegen auf den Bergkuppen, die Bergflanken sind von dichten Polstern der stacheligen Liane *Acacia ataxacantha*, manchmal auch mit kaktiformen Euphorbiaceae besetzt. CHEVALIER schätzt die Gesamtbevölkerung des Berglandes auf 40 000 Einwohner, die Bevölkerungsdichte auf 5 Ew/km² (CHEVALIER 1909, S. 220). Es war wohl zu der Zeit dieser Beobachtungen, daß die >Pax Francaise< allmählich zur Wirkung kam und die Dan gemeinsam mit den nunmehr friedlich infiltrierenden Mandé mit der Kolonisation des zwischen den Bergmassiven gelegenen Regenwaldes begannen.

Entleerungsraum 2

Auf *S. 381* wurde bereits dargelegt, daß in Umkehrung der Vorgänge im Bandamabogen um Korhogo und im V-Baoulé auch die *Bevölkerungsentleerung* im Raum zwischen Odienné, Touba, Kong, Bouna und Dabakala eine Folge der kriegerischen Ereignisse in der Frühphase der Kolonialisierung ist. Das ivorische Operationsfeld von Samory Touré ist auf der Karte der heutigen Dichte der ländlichen Bevölkerung als 60 bis 80 Kilometer breiter Korridor zwischen den Verdichtungsräumen der Baoulé und der Senoufo zu erkennen und reicht östlich und westlich von diesen weit nach Norden. Auf dem Höhepunkt des Krieges beschreibt BLONDIAUX die Zerstörungen im Raum Touba - Odienné:

"Tout le Watarodougou, il y a six ans, a été dévasté de fond en comble par les troupes de Samory, pour le punir ... Sur tout notre parcours ne trouvons que des ruins, quelques-unes très vastes, comme celle de Kankanan, qui fut autrefois un important village ..." (BLONDIAUX 1897, S. 369)

Historischer Zufall ...

Fünf Jahre später berichtet VAN CASSEL aus dem gleichen Raum, daß die Bevölkerungsdichte um ²/₃ vermindert wurde (VAN CASSEL 1903, S. 146). Die auch in anderen Staaten Westafrikas geringe Besiedlungsdichte des >Middle Belt< ist also, zumindest im Raum Côte d'Ivoire, durch historische Ereignisse bedingt.

... oder natürliche Ungunst?

Wenn allerdings die Berichte, die in den 90er Jahren eine hohe Bevölkerungsdichte vermelden, übertrieben waren (was wie oben ausgeführt denkbar ist), dann käme auch ein natürlicher Ungunstfaktor als Erklärung für die aktuell geringere Bevölkerungsdichte in Frage: CHEVALIER hat darauf hingewiesen, daß in Côte d'Ivoire zwischen 8° und 10° Nord eine Zone existiert, in der die Ölpalme *Elaeis guineensis nicht mehr*, der Karitébaum *Butyrospermum parkii* aber *noch nicht* produktiv ist (CHEVALIER 1909, S. 213). Auch CLOZEL (1906 S. 176) vermerkt in "seinem" >Cercle d'Bondoukou< einen auffälligen Mangel an Ölpalmen. Es wäre also auch denkbar, daß der >Middle Belt<

aufgrund des Fehlens eines fetthaltigen Grundnahrungsmittels für die menschliche Besiedlung ein *natürlicher Ungunstraum* war und es bis zu einem gewissen Grad immer noch ist.

Siedlungen

Zum Zeitpunkt der Gründung der Kolonie existierten auf dem Territorium von Côte d'Ivoire vier autochthone Zentren städtischer Prägung mit 5 - 10 000 Einwohnern. Es sind dies Kong, Bouna, Bondoukou und Odienné. Alle vier sind in der Sudanzone gelegen. Unter ihnen war Kong *das* Zentrum mit überregionaler Bedeutung (*vgl.* MONNIER 1894b, S. 421-24). Aktualistisch kann vermutet werden, daß Zentren dieser Größe in einer konzentrisch degradierten Landschaft mit einem Radius von 10 - 30 Kilometer gelegen waren. Die unmittelbaren Einflüsse waren Ackerbau, Viehwirtschaft, Brennholzbedarf und Feuer.

Sudanzone

Die städtischen Zentren der Savannen waren umgeben von einem System zentraler Orte, die sich, neben der Einwohnerzahl und ihrer Bedeutung im Handel, von den sudanisch geprägten Stadtzentren vor allem durch die Abwesenheit einer Stadtmauer unterscheiden. Diese wurde hier durch einen 300 bis 500 Meter tiefen Ring dichter *Gehölzvegetation* ersetzt, der vor der Pazifizierung für die Dörfer der Savannen charakteristisch ist und seine Verteidigungsfunktion, wie die Kolonisatoren erfahren mußten, hervorragend erfüllt (*vgl.* BLONDIAUX 1897, S. 369-71). Die Siedlungen waren, was sich aus dem Karten von BLONDIAUX (o.J., 1 : 20 000) erschließt, am Hang und möglichst in der Nähe eines Bachlaufes gelegen. Aus sanitären Gründen blieben die großen Flußtäler in den Savannen unbesiedelt (BLONDIAUX 1897, S. 369).

Regenwaldzone

Mit der Vernichtung von Kong im Jahre 1896 nahm die Entwicklung des Siedlungswesens im Raume von Côte d'Ivoire endgültig eine Richtung zugunsten der europäischen Gründungen und Posten und damit *zugunsten der Regenwaldzone*. Wenngleich die Akanstaaten viele Merkmale zentralstaatlicher Organisation hatten, fehlte hier eine Stadtkultur im engeren Sinne. Die wichtigsten Marktplätze der Regenwaldzone waren Aboisso, Attiéreby, Bettié und Tiassalé (FRIEDRICH 1900, S. 254). Zum Zeitpunkt der Gründung der Kolonie (1893) existierten an der Küste die Posten Assinié, Jaqueville, Dabou, Grand Lahou, Sassandra, San Pedro, Grand Béréby, Tabou und Bliéron sowie die Hauptstadt Grand Bassam. Bis zum Jahr 1900 erfolgte etwa in dieser Reihenfolge die Einrichtung der Posten Zaranou ,Bettié, Attakrou, Tiassalé Toumodi, Koudiokofi, Touba, Odienné, Bondoukou, Bouna und Bouaké. 1899 raffte eine Gelbfieberepidemie drei Viertel der europäischen Bevölkerung von Grand Bassam hinweg. In der Folge wurde die koloniale

Verwaltung im Jahre 1900 auf das etwa 50 Meter höher gelegene tertiäre Plateau am gegenüberliegenden Ufer der Lagune verlegt, hier entstand Bingerville, die zweite Hauptstadt der Côte d'Ivoire. Die Geschichte Abidjans beginnt mit dem Eisenbahnbau im Jahre 1903 zunächst recht zögerlich. Die zunächst monofunktional auf die Eisenbahn und die Kaianlage von Port Bouët ausgerichtete Siedlung hatte im Jahre 1912 erst 1200 Einwohner.

Verkehr

Es wurde bereits dargelegt, daß die Vorstellung von einem zu Beginn der Kolonialisierung unberührten, siedlungs- und verkehrsfreien Regenwald nicht oder nur für beschränkte Räume im Südwesten aufrecht zu erhalten ist. In der Regel war der Regenwald besiedelt und deshalb auch zwangsläufig mit zahlreichen Verkehrswegen versehen:

"La forêt, il est vrai, est sillonée de sentiers qui relient entre eux les nombreux villages qu'elle recèle. Mais ces chemins sinueux, constamment obscurs, coupés de rares clairières, sont aisés à intercepter ou à dèfendre." (ZIMMERMANN 1899, S. 259)

Pfade durch den Regenwald waren so selbstverständlich, daß ihre Abwesenheit den Kolonisatoren bemerkenswerter schien als ihre Anwesenheit. Nicht Wegelosigkeit, sondern *Orientierung* in einer Vielzahl von möglichen, aber in sehr unterschiedlichem Zustand befindlicher Wege war das Problem der europäischen Reisenden. Die Bevölkerung hatte gute Gründe, die Kolonisatoren über das Wegenetz und die genaue Lage ihrer Siedlungen im Unklaren zu lassen. In der Regel war es für den Erfolg einer Reise entscheidend, ob es gelang, der lokalen Bevölkerung korrekte geographische Informationen abzugewinnen. Zu Beginn der Kolonialisierung gab es zumindest zwei autochthone Handelswege von überregionaler Bedeutung durch den Regenwald. Diese führten entlang des Comoé und des Bandama. Da der Comoé von den im ganzen Lagunenraum verkehrenden Dampfschiffen bis Alépé befahren werden konnte (CHEVALIER 1908, S. 208), favorisierte Frankreich zunächst die Erschließung der im Verlaufe der Expeditionen von TREICH-LAPLAINE und BINGER erkundeten östlichen Route. Von Alépé aus konnte man in der Pirogge noch bis zu den Stromschnellen von Koroboué (Malamalasso) reisen, dem Ausgangspunkt des Landweges nach Bondoukou (*vgl.* FRIEDRICH 1900, S. 254). Von Bondoukou aus führte in den Jahren vor 1896 die bedeutendste Route direkt nach Kong. Aber auch nach der Zerstörung von Kong blieb der Verkehr auf der Ostroute zunächst lebhaft. CHEVALIER hebt die ökonomische Bedeutung der Ostroute im Jahre 1908 hervor (*vgl.* CHEVALIER 1908, S. 209). Hier zielte der Verkehr jetzt über Bouna nach Bobo-Dioulasso und im Osten auf Kumasi. Heute ist diese zu Beginn des Jahrhunderts von den Franzosen ausgebaute Nord-Süd-Verbindung verkehrsmäßig bedeutungslos. Einige schwach ausgeprägte streifenförmige Flecken erhöhter Besiedlungsdichte lassen die ehemalige Funktion der >villages relais< erahnen. Nach der Entdeckung des V-Baoulé durch MARCHAND im Jahre 1894 konnte sich die "neue" westliche Route trotz des offensichtlichen Vorteils eines nur etwa 30 Kilometer langen Landweges durch den Regenwald im wirtschaftlichen Verkehr zunächst nicht durchsetzten, weil das dem Bandama angeschlossene System der Tadio Lagune keine Verbindung zum System der Ebrié Lagune besaß. Diese wurde erst 1923 durch den Asagny Kanal hergestellt.

Wirtschaftliche Argumente allerdings waren in der militärischen Auseinandersetzung der 90er Jahre auch von untergeordneter Bedeutung, und deshalb entstand 1898 zwischen Dabou und Tiassalé eine Landverbindung durch den Regenwald (LASNET 1898, S. 306), die in den folgenden Jahren zum Ausgangspunkt der meisten militärischen und zivilen Expeditionen wurde. Diese zentrale Nord-Süd Verbindung zwischen Dabou und Tiassalé wurde nach der Jahrhundertwende durch eine küstenparallele Ost-West Achse zwischen Dabou-Bingerville und Alépé ergänzt und gewann damit auch wirtschaftliche Bedeutung für die Handelskarawanen zwischen dem V-Baoulé und der Ebrié Lagune. Hinter Tiassalé traf diese koloniale Straße auf die traditionelle Verbindung zwischen dem V-Baoulé und dem unterhalb von Tiassalé schiffbaren Bandama. Diese verzweigte sich - vermutlich nördlich von Toumodi - einerseits dem Tal des Marahoué (Bandama Rouge) in Richtung Seguela, Touba folgend, anderseits über die Baoulé-Zentren Tiébissou und Sakassou nach Satama und von dort sowohl nach Kong wie über Groumania nach Bondoukou führend. Der Fernhandel der Savannenzone war im Westen auf Kankan, im Nordwesten auf Bamako, im Nordosten auf Bobo-Dioulasso und im Osten auf Salaga ausgerichtet. Tatsächlich finden sich für die Savannenzone Hinweise auf eine Vielzahl weiterer Routen. Die genannten Zentren waren untereinander sowie mit einem System zentraler Orte niederer Ordnung durch ein Wegesystem verbunden, das, von der Kolonialmacht übernommen, zur Grundlage des heutigen Sraßensystemes wurde. Gleichwohl kam es vielerorts zu einem Bedeutungswandel. Es ist anzunehmen, daß im extremen Westen der Côte d'Ivoire eine dritte, der Kolonialmacht zu diesem Zeitpunkt unbekannte Verkehrs- und Handelsroute den Regenwald zwischen Seguela und Tabou durchzog. Frankreich selbst erbaute im Südwesten, als Reaktion auf den Aufstand der Tépos 1899, in den Jahren 1900 bis 1903 eine acht Meter breite, mit Gräben und Brücken versehene Militärstraße zwischen Tabou und Grabo. An dieser Straße haben seither keine qualitativen Veränderungen stattgefunden, sie wurde im Zuge der Holzexploitation lediglich über Taï bis Guiglo erweitert. Der Bahnbau der >Régie des Chemins de fer Abidjan - Niger< (RAN) wurde in den Jahren 1898/99 durch eine intensive topographische Aufnahme des Raumes zwischen Abidjan, Bingerville, Bettié und dem heutigen Dimbokro von der Expedition HOUDAILLE - THOMASSET vorbereitet. Die Entscheidung gegen die lange favorisierte Westroute entlang des Bandama über Tiassalé und für die heutige Trasse mit Abidjan als Ausgangspunkt und Hafen fiel 1902. Sie wurde aufgrund topographischer Kriterien getroffen. 1904 wurde mit dem Bau begonnen. An der Stelle, an der die Strecke 1905 den Agniéby überbrückte, entstand Agboville. Im Jahre 1909 erreichte die Bahn die Regenwaldgrenze, wo das heutige Dimbokro entstand. Ihr Ziel - den Niger - hat die RAN allerdings nie erreicht.

Wirtschaft

Das wirtschaftliche Interesse der Europäer war in der Frühphase der Kolonialisierung auf Gold, Palmöl, Holz und Kautschuk beschränkt (MONNIER 1894b, S. 414). Der "legitime" Handel ließ sich an der Côte d'Ivoire, im Vergleich zu anderen westafrikanischen Küstenräumen, zögerlich an. Die Produktion der Exportgüter verblieb bis in das 20. Jahrhundert hinein in afrikanischer Hand. Auch die Holzexploitation war zunächst eine Domäne der Afrikaner (MACAIRE 1900, S. 36). FRIEDRICH (1900, S. 247) berichtet, daß das bis 1896 kontinuierlich steigende Goldaufkommen 1897 um 50 % sank und daß dieser Rückgang von den Händlern mit dem aufkommenden Holzhandel erklärt wurde. Dieser erschloß den Afrikanern eine neue substantielle Einkommensquelle und ermöglichte es, das Gold wieder dem traditionell unantastbaren Familienschatz zuzuführen (und dennoch ihre Wünsche nach europäischen Produkten zu befriedigen). Die Holzexploitation bewirkte eine deutliche räumliche Ausdehnung der Marktwirtschaft, da immer größere Teile der Bevölkerung erstmals direkten Kontakt zu Europäern bekamen. Durch die Einschlags- und Transportarbeiten fanden europäische Konsum- und Produktionsgüter sowie der Kaffeeanbau Verbreitung. Der Verdienst aus der Einschlagsarbeit ermöglichte die Beschaffung von Werkzeugen, die Anlage der Plantage und die Überbrückung des Zeitraumes bis zum Fruchten der Sträucher und Bäume. Gleichzeitig entwickelte sich die EbriéLagune zu einem Zentrum der Produktion von Palmöl, welches über Jaqueville vermarktet wurde (CLOZEL 1906, S. 48). Erfolgte die Einbeziehung des Küstenraumes in die koloniale Wirtschaft bereits vergleichsweise verspätet, aber doch kontinuierlich und durchgreifend, so waren bis zur Einbeziehung des Hinterlandes größere Hindernisse zu überwinden. Hier entwickelte sich eine *dualistische Wirtschaft*, die entlang der französisch kontrollierten Verkehrsachsen auf die Bedürfnisse der Metropole, ihrer Verwaltung und Siedler ausgerichtet war. Im nicht kontrollierten Raum hingegen produzierte der freie Markt überwiegend innerafrikanisch, bis 1898 vor allem für das wandernde Reich von Samory Touré. Auszunehmen ist hiervon die *Kautschuksammelwirtschaft*, die aufgrund des Naturkautschukbooms um die Jahrhundertwende in der ganzen Regenwaldzone betrieben wurde. Allerdings hatte das Kautschuksammeln fast *keine* Auswirkungen auf die Vegetation. Daß die Lianen/Bäume zur Latexgewinnung gefällt wurden, (*vgl.* CHEVALIER 1909c, S. 29), war eine kurzfristige, von der Kolonialmacht schnell unterbundene Erscheinung. Die Folgen der selektiven *Holzexploitation* waren schwerwiegender. Holzexploitation war aber aufgrund ihrer Transportintensivität eng an die vorhandenen Verkehrsträger, und damit zunächst an das Gewässersystem gebunden. Dies gilt auch für die marktorientierte Palmölgewinnung.

Holzwirtschaft

Der Holzexport aus Côte d'Ivoire kam um 1880 zu quantitativer Bedeutung. In diesem Jahr ließ sich der Engländer CINTON in Assinié nieder und begann mit seinem ivorischen

Partner AMANGOUA DE BONOUA das Exploitationsgeschäft in der Konzession Ganda-Ganda (AMON D'ABY 1951, S. 86ff). Nachdem er eine Konzession vom König von Assinié erhalten hatte, gründete 1891 auch VERDIER, neben seinen Geschäften mit Kaffee und Kakao, eine Holzexploitations- und Handelsgesellschaft (VERDIER 1897). Geschlagen wurde bis 1906 ausschließlich der afrikanische Mahagoni (*Khaya ivorensis*). Dessen Export stieg 1897 auf 18 589 Tonnen pro Jahr an, anschließend erfolgte ein Einpendeln auf 10 000 Tonnen pro Jahr (CHEVALIER 1909, S. 70ff). Vermutlich ist der Rückgang der Exporte durch die *Erschöpfung ufernaher Bestände* in Assinié bedingt. Der Einschlag war zu dieser Zeit immer noch allein auf menschliche Muskelkraft und flößbare Gewässer angewiesen (MACAIRE 1900, S. 36). Um 1900 jedoch gab es bereits Dampfsägewerke an der Mündung des Comoé sowie Tischlereien und Zimmerwerkstätten in Grand Bassam (FRIEDRICH 1900, S. 241). Eine erste gesetzliche Regelung des Einschlages erfolgte durch das Forstdekret für französisch Westafrika im Jahre 1900. Die Rodung von *Hängen* wurde untersagt. Für Rodungsflächen von mehr als 400 Hektar sollte jetzt eine Sondergenehmigung des Gouverneurs eingeholt werden, und Latex sowie Guttapercha produzierende Pflanzen wurden unter Schutz gestellt. Die Konzessionen wurden zunächst in unbegrenzter Größe erteilt. VERDIER erhielt eine Konzession über 27 000 Hektar in der Region von San Pedro, deren Ausbeutung aber nie in Angriff genommen wurde. Lediglich die durch Lagunen erschlossene östliche Küstenhälfte wurde genutzt. 1907 wurde das Dekret abgeändert. Die Konzessionen wurden jetzt auf ein Jahr zeitlich begrenzt und mit der Einführung des quadratischen >Chantier< von fünf Kilometer Kantenlänge auch räumlich genauer definiert. Außerdem wurde eine Nutzungsgebühr von 125 Franc pro Chantier und Jahr erhoben. Die Einführung der >Chantiers< hatte Folgen für Holzwirtschaft und Vegetation: Die Zeit des ersten schnellen Nutzung ging zu Ende. Waren die Holzfäller bis 1907 von Idealbaum zu Idealbaum gegangen, so erzwangen die Grenzen des Chantier nunmehr eine systematischere Arbeitsweise. Dafür wurde der Holzwirtschaft mit dem Bau der *Eisenbahn* neuer Exploitationsraum erschlossen. In Verbindung mit der Zwangsarbeit ermöglichte der Eisenbahnbau (bei dem ohnehin ein 100 Meter breiter Korridor durch den Regenwald geschlagen werden mußte, um die Blockade der Trasse durch die bis zu 50 Meter hohen Bäumen zu verhindern), die Einführung weiterer Tropenholzarten auf dem französischen Markt zu *Dumpingpreisen* (*vgl.* HOUDAILLE 1900, S. 135).

Plantagen

Im Jahre 1881 legte der bis zu diesem Zeitpunkt lediglich Handel treibende Kaufmann Auguste VERDIER am Ufer der Lagune Aby die erste Kaffee-Plantage an (VERDIER 1897, S. 45). 1894 bereits existierten weitere Plantagen anderer Kaufleute in Grand Bassam, Abengourou und Dabou, aber die ökonomische Herrschaft von VERDIER blieb ungebrochen (*vgl.* MONNIER 1894b, S. 414-415). Bis zum Jahre 1900 waren weitere Plantagen in Imperié (150 Hektar Kaffee und Kakao), Dabou (600 Hektar für Kaffee, Kakao, Vanille,

Tabak, Kautschuk), Béréby und ein Großprojekt von 1500 Hektar bei Proulo am Cavally entstanden. Erste *Kaffeepflanzungen von Ivorern* breiteten sich an der Lagune Tendo aus (FRIEDRICH 1900, S. 239/40). Im Verein mit einer französischen Gesellschaft betrieb die katholische Mission in Dabou einen landwirtschaftlichen Versuchsgarten, der auch erste Erfahrungen mit der Kultur von *Hevea brasiliensis* sammelte. Durch die Einführung der Sorte *Robusta* erlebte der Kaffeeanbau im Jahre 1900 enormen Aufschwung (AVICE 1951, S. 66). Das Großprojekt am Cavally ging aufgrund von Transportproblemen und der feindseligen Haltung der Krou-Bevölkerung wenige Jahre nach der Jahrhundertwende ein. Damit konzentrierte sich die Entwicklung der landwirtschaftlichen Exportkulturen endgültig auf den *östlichen Küstenabschnitt*.

Migration

Bereits in der Frühphase der Kolonialisierung existiert, wie MONNIER 1894 mit Blick auf das chronische Arbeitskräfteproblem der Kolonie hoffnungsvoll vermerkt, eine nach Süden gerichtete Wanderungsbewegung der islamischen Bevölkerung:

"Selon toute apparence, le probléme n'a quelque chances d'être résolu que grace au concours des noirs musulmans du Soudan méridional. Ceuxci ont déjà installé des colonies prospères sur la lisière de la grande forêt et tendent à gagner du terrain dans la direction du litoral. D'année en année leur influence, par une progression lente mais sure, pénètre dans les pays fétichistes. ... C'est de la sorte qu'ils procèdent déjà dans une parti de l'Abron; de même, plus au nord, ils ont transformé le territoire des Pahkalas ..." (MONNIER 1894b, S. 415)

Diese frühe Migration wird, wie bereits in den vorangehenden Jahrhunderten, vom Krieg als *Push-Faktor* getrieben. Es existierten aber auch mächtige *Pull-Faktoren*, zum Beispiel in Form der Goldvorkommen (*vgl.* MONNIER 1894b, S. 422) und des lukrativen Handels mit der Kolanuß, die beide am Regenwaldrand ihren Ursprung haben. Der Regenwald selbst fungiert wohl seit langer Zeit als *Rückzugsgebiet*. Im Raum nördlich der Ebrié Lagune wurden im Zuge des Eisenbahnbaues nach der Jahrhundertwende von Sekundärwald bestandene Verteidigungsanlagen sowie Scherben und andere Artefakte entdeckt (CHEVALIER 1908, S. 208). Ein aktives Eindringen in den Regenwald erfolgt im hier betrachteten Zeitpunkt allein im Nordwesten durch die Mandé. In den Grundzügen hat sich das Raummuster der Bevölkerungsdichte des ländlichen Raumes von der Frühphase der Kolonialisierung bis in die Gegenwart erhalten.

Vegetationsveränderung

Mit der Kolonialisierung nahm der Anthropostreß der Vegetation in Savanne und Regenwald eine unterschiedliche Entwicklung. Die präkoloniale Situation war geprägt durch die Degradation der Trockenwälder und das Vorherrschen relativ hoher Bevölkerungsdichten in den resultierenden Savannen. Die Regenwaldzone war zwar ebenfalls besiedelt, der Siedlungsdruck reichte kaum aus, um die spontane Regeneration zu verhindern.

In den 90er Jahren des 19. Jahrhunderts liegen diejenigen historischen Ereignisse, welche diese Raumentwicklung im Verlauf des 20. Jahrhunderts umkehren. Während die embryonale Holz- und Plantagenwirtschaft im Küstenraum die Grundlage zur vollständigen *Degradation der Regenwaldzone* legte, leitete die plötzliche Dezimierung der Bevölkerung in der *Savannenzone* einen *Renaturierungsprozeß* ein. Auf seiner Reise nach Kong berichtete MONNIER im Nordosten noch 1892 von intensiv bearbeiteten Kulturen und beschreibt eine *weitgehend baumfreie Landschaft* (MONNIER 1894b, S. 419-22). Kriegsbedingt verloren in den folgenden Jahren weite Teile der Savannen etwa ²/₃ ihrer Bevölkerung. Der Anthropostreß der Vegetation durch Siedlung, Ackerbau und Weidewirtschaft wurde hierdurch grundsätzlich *reduziert*. Eine vollständige Regeneration der Vegetation war jedoch nicht möglich, weil durch die vielfach mittels flächenhafter Brände unterstützte *Jagd* der Feuerstreß aufrecht erhalten blieb. In einzelnen Räumen kam es aber auch zu Vegetationsdegradation. So im Bandamabogen um Korhogo, wo die historischen Ereignisse eine Verdichtung der Bevölkerung, und damit eine Verstärkung des Anthropstreß durch Siedlung, Ackerbau und Weidewirtschaft bewirkten (*vgl. S. 381f*). Bereits 1906 hatten landwirtschaftliche Rodungen Trockenwald und Baumsavanne hier auf weniger als 50 % der Gesamtfläche reduziert (Gouvernement generale de l'A.O.F. 1906, S. 341). Desweiteren gibt es Indizien, die während des späten 19. Jahrhunderts eine weitere Verbreitung von Trockenwäldern in der westivorischen Sudanzone möglich scheinen lassen. BLONDIAUX vermerkte unter Bezug auf die Landschaft um Bafeletou (einem Ort, der nach seinem Itinerar in der Nähe des Zusammenflusses von Oyo und Kohoua, möglicherweise also an Stelle des heutigen Lokola gelegen war) die Existenz von ausgedehnten Wäldern (>forêts vierges<), die den Einwohnern im Konfliktfalle Schutz boten (BLONDIAUX 1897, S. 371). Es dürfte sich hierbei um die nördlichen Ausläufer der östlich von Kani gelegenen Trockenwälder handeln, die gegen Ende der Kolonialzeit noch intakt waren, seither aber weitgehend degradiert worden sind. Das *Vegetationsgefüge* der sudanischen Savannen scheint sich in der frühen Kolonialzeit nicht vom heutigen zu unterscheiden. Jedenfalls bestätigt CLOZEL (1906, S. 110) das auch heute zu beobachtende Vorherrschen von Gehölzvegetation auf den Hügeln.

Beobachtungen von CLOZEL (1906, S. 108) deuten eine im Vergleich zu dem heutigen Savanne/Wald-Mosaik kontinuierlichere Verteilung der Gehölzvegetation in den westlichen Guinea Savannen an. Bemerkenswert scheint, daß von Waldinseln - die gegenwärtig vorherrschen - nicht die Rede ist. Aus den präkolonial dichter besiedelten östlichen Guinea Savannen hingegen gibt es keine Hinweise auf eine vom gegenwärtigen Zustand abweichende Struktur der Vegetationsbedeckung. CLOZEL beschreibt den von ihm 1897 okkupierten >Cercle d'Bondoukou< als flachwellige Landschaft, die südlich von Bondoukou durch Regenwald (-Inseln) dominiert wird. Im nördlichen Teil sind die Flußtäler (in Abhängigkeit von Relief) zum Teil von Galeriewäldern, zum Teil von Ebenen mit hohen Gräsern (*Vetiveria nigritana*) bedeckt. In den Ebenen finden sich verkrüppelte Bäume (Feuereinwirkung). Die Hügel sind von mehr oder weniger dichten Baumgruppen bestanden. Seine Ausführungen lassen das Bild der typischen Vegetation der Guineasavannen entstehen (CLOZEL 1906, S. 176). Auch für das V-Baoulé fehlen Hinweise auf eine grundsätzlich andere Vegetationsbedeckumg. VAN CASSEL (1903, S. 149) berichtet, daß die Dörfer hier von dichter Waldvegetation umgeben sind. CLOZEL beschreibt 1906 im südlichen V-Baoulé ausgedehnte Hochgrasfluren mit *Borassus aethiopum*, Galeriewälder und eine Nordgrenze des geschlossenen Regenwaldes, deren südlichster Punkt *wie heute* bei Sangrobo liegt:

"Le Baoulé est peu boisé. La forêt s'arrête à Singrobo et, longeant le Nzi et le Bandama, dessine un triangle de savanes couvert de rôniers. Les abords des rivièrs sont généralement boisés; mais cependant la végétation qui les couvre est loin d'avoir la poussée superbe de la forêt qui s'étend de la côte à Singrobo ... En quittant Singrobo [Sangrobo], nous quittons également la forêt dense continue qui, à la Côte d'Ivoire, partout ailleurs que dans le Baoulé, s'étend jusque' à plus de 300 kilomètres du littoral. Le paysage a brusquement changé; la vue s'étend sur de vastes savanes herbeuses, semées de nombreux rôniers et coupées de distance par les lignes d'arbres qui garnissent les berges des moindres cours d'eau." (CLOZEL 1906, S. 76/77).

Demnach erfolgte der Vegetationswechsel vom Regenwald zur Savanne bereits damals fast *übergangslos*, und war somit anthropogen bedingt. Möglich scheint, daß die Abundanz von *Borassus aethiopum* im südlichen V-Baoulé größer als heute war. Sie unterlag aber damals wie heute einem nordwärts abnehmenden Gradienten, wie CLOZEL entlang der Route Kangrasou-Koudiokofi vermerkte (CLOZEL 1906, S. 84). Das nordwestliche V-Baoulé, speziell die Region westlich des Bandama-Überganges bei Marabadiassa, war nach CLOZEL (1906, S. 104) stärker bewaldet als das nördliche V-Baoulé (östlich des Bandama) und der Raum Dabakala. In Bezug auf die Regenwaldflächen innerhalb des V-Baoulé ist ein generell natürlicherer Zustand wahrscheinlich.

Die Gesamtfläche des Regenwaldes wird zu Beginn der Kolonialisierung wird in den frühen Quellen mit 100 000 beziehungsweise 110 000 km^2 (*vgl. Abb. 23, S. 359*) um 25 bis 57 % *niedriger* beziffert als in der modenen Literatur [145 000 km^2 (FAO 1981), 150 000 km^2 (Délégation de la CEE 1982), 156 710 km^2 (BERTRAND 1983) oder 157 000 km^2 (RÖBEN 1980)], die offensichtlich die Fläche des Regenwaldes zu Beginn des 20. Jahrhunderts mit der Fläche der Regenwaldzone gleichsetzt. Aus dieser Differenz kann aber schon wegen der Definitionsproblematik *nicht* auf eine Ausweitung der Regenwaldfläche geschlossen werden.

Die Regenwaldzone war gegen Ende des 19. Jahrhunderts grundsätzlich besiedelt. Die regionale Differenzierung der Informationen ist der damaligen geographischen Raumkenntnis entsprechend gering. Allgemeine Darstellungen bestätigen die Existenz von Rodungsflächen (ZIMMERMANN 1899, S. 262), aber es fällt schwer, ein Bild von ihrem Umfang zu gewinnen. Der Nordwesten des Regenwaldes, dessen Bergländer bereits in präkolonialer Zeit als *Rückzugsgebiet* dienten, war gegen Ende des 19. Jahrhunderts das

Anthropogene Veränderungen der Vegetationsbedeckung in Côte d'Ivoire seit der Kolonialisierung 395

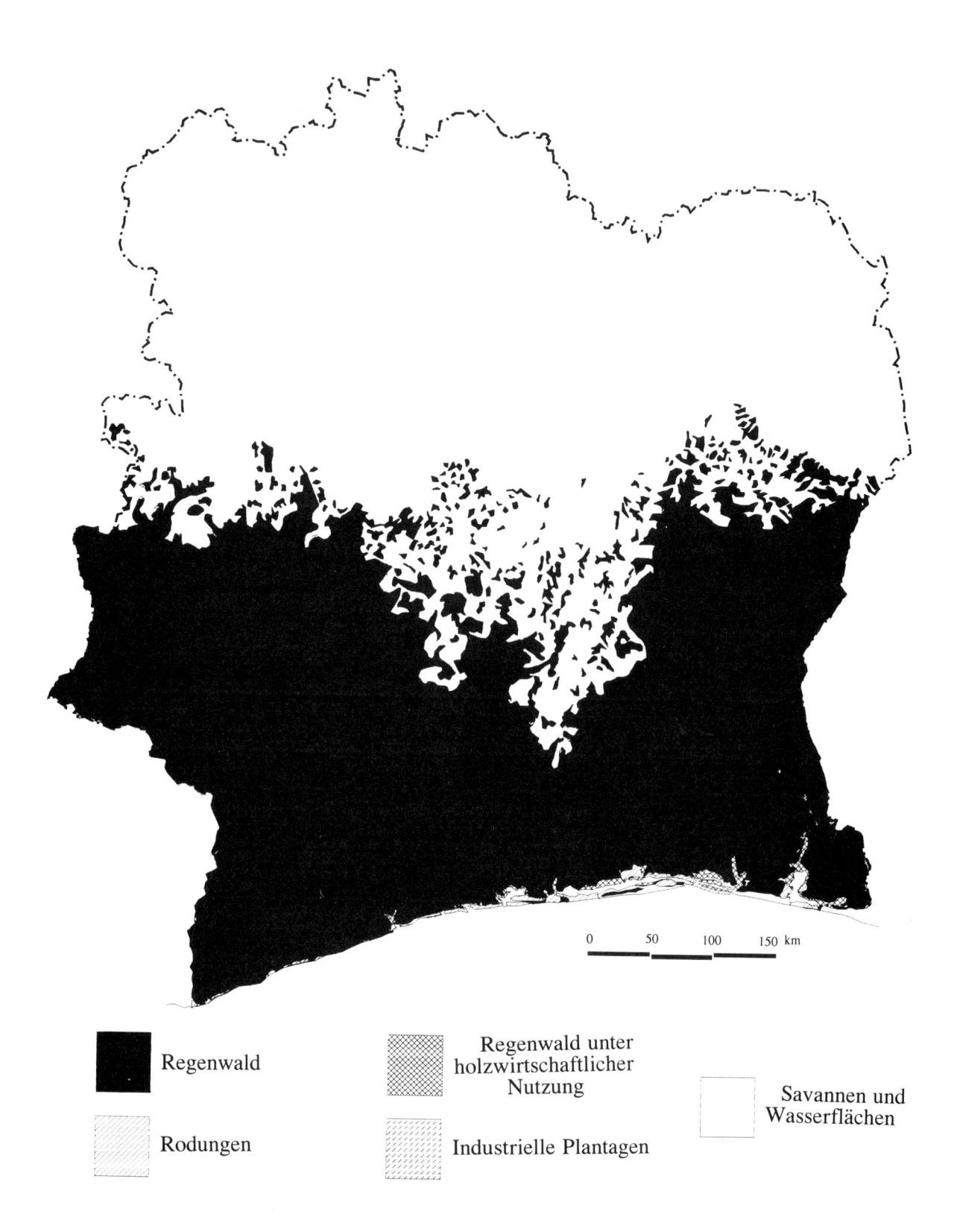

- Regenwald
- Rodungen
- Regenwald unter holzwirtschaftlicher Nutzung
- Industrielle Plantagen
- Savannen und Wasserflächen

Abb. 31: Anthropogene Veränderungen der Vegetation um 1900. Quellen: Text

Ziel lebhafter Einwanderungsbewegungen, die von den militärischen Auseinandersetzungen in der Savannenzone angetrieben wurden. HOSTAINS und D'OLLONE trafen hier im Jahre 1900 auf eine Vielzahl von Mandé-Gruppen, die in allerjüngster Zeit eingewandert waren. Damals existierten in der bewaldeten, heute vollständig entwaldeten Ebene südöstlich des Mont Nimba, natürliche Savanneninseln, was auch von CHEVALIER (1909c, S. 29) bestätigt wird.

Mit Sicherheit kann festgestellt werden, daß die östliche Regenwaldhälfte, das Siedlungsgebiet der Akan-Völker, dichter und durchgängiger besiedelt war als die westliche Hälfte. Eine von TOLQUET (1903) im Zuge der steuervorbereitenden Siedlungsaufnahme angelegte Karte (1 : 100 000) des Raumes südwestlich von Bondoukou zeigt dies am Beispiel des Siedlungsgebietes der Agni im nordöstlichen Regenwald. Der Südosten der Regenwaldzone weist bereits in der Frühphase der Kolonialisierung die höchste Bevölkerungsdichte auf. Degradation und Transformation der Waldvegetation waren an den Ufern der Lagunen Aby und Tendo sowie am Unterlauf des Comoé (auf den Territorien der hier seit dem 17. Jahrhundert angesiedelten Akan-Königreiche Sanwi und Indénié mit den Zentren Aboisso und Zaranou) am weitesten vorangeschritten (CLOZEL 1906, S. 22). Zwar bezieht sich CLOZEL hier explizit nur auf Indénié, es ist aber wahrscheinlich, daß die Ortsbeschreibung "Indénié" damals zusammenfassend für die Akanreiche Sanwi und Indénié, möglicherweise auch für Moronu gebraucht wurde. Während in Sanwi der Handel mit Palmöl und Kautschuk zur Triebfeder der Entwicklung wurde, waren es in Indénié vor allem Goldvorkommen, deren Ausbeutung im Regenwald *punktuell* zu strukturellen Vegetationsveränderung an den Goldfundorten führte. Indénié war von kleinen Gruben sowie von Mais- und Maniokfeldern zur Ernährung der mit dem Abbau beschäftigten Sklaven überzogen. Sanwi und Indénié waren durch die Stromschnellen des Comoé oberhalb von Malamalasso über eine Distanz von 70 Kilometern voneinander getrennt. Die ansonsten stark beeinflußte Ufervegetation des Comoé war zwischen diesen beiden bedeutenden Siedlungs- und Anbaugebieten relativ natürlich (CHEVALIER 1908, S. 209). Die Stromschnellen zwischen Malamalasso und Amenvi bildeten für die Holzexploitation kein Hindernis. Wohl aber fand der transportintensive Palmölhandel hier eine vorläufige Grenze. Im Bereich der Stromschnellen haben sich zwei Waldgebiete (Forêt de la Mabi, Forêt de la Songan) bis in die Gegenwart erhalten. In dem zwischen der Eisenbahnlinie und dem Comoé gelegenen >Pays Attié< war die perhumide Waldvegetation, trotz des Vorhandenseins eines Akan-Staates (Moronou) kaum gestört. CHEVALIER vermerkt hier ausdrücklich das Fehlen von Palmen und Unterholz: Hinweise auf Primärwald (CHEVALIER 1908, S. 208).

Die Expedition von HOSTAINS und D'OLLONE traf in den Jahren 1899/1900 in der südwestlichen Regenwaldzone auf ein Mosaik von besiedelten und unbesiedelten Räumen. Schätzungen der Bevölkerungsdichte liegen nicht vor; diese ist aber gering, auf weit unter einem Einwohner pro km² einzustufen. Überschwengliche Schilderungen der Vegetation suggerieren das Bild eines kaum tangierten Primärwaldes, der im Falle der Nutzung vollständig zur Erneuerung kommt. Von den übrigen Ortschaften an der Westküste unterscheidet sich Tabou durch ein relativ dichter besiedeltes Hinterland mit dem indigenen Zentrum Grabo, das schon um die Jahrhundertwende durch eine Militärstraße mit Tabou verbunden wurde. Eine überschlägige Schätzung auf der Basis des Zensus von 1902 [1909 Männer, 3323 Frauen und 2338 Kinder (REPIQUET 1903, S. 277)] ergibt für den seinerzeit noch nicht kartographisch definierten >Cercle du Cavally<, der aber nach der Beschreibung von REPIQUET weitgehend mit der heutigen >Sous-préfecture< Tabou identisch ist, eine Bevölkerungsdichte von drei bis vier Ew/km². Hierin ist einerseits die Bevölkerung des Küstenraumes eingeschlossen, andererseits aber sollte nicht davon ausgegangen werden, daß die Bevölkerung des Hinterlandes vollständig erfaßt werden konnte. REPIQUET beschreibt die Siedlungen im Grenzgebiet zu Liberia zwischen Tabou und Grabo als "erbarmungswürdig im Regenwald verlorene, schlecht gerodete" Inseln (1903, S. 277). Obwohl es keine Hinweise für eine dichtere Besiedlung im Hinterland der Küste Sassandra gibt, zeigt hier das Itinerar des Verwaltungsbeamten BACEL (1909, etwa 1 : 425 000) im Raume des Oberlaufes des Méné großflächig Grasvegetation an. Die Signatur erstreckt sich entlang des Itinerars in besiedeltem wie unbesiedeltem Gebiet über mehre Teilstrecken von zwei bis zehn Kilometer Länge. Sie kann als Beleg sowohl für eine großflächige Degradation des Waldes (*Pennisetum* - Fluren), als auch für die Existenz von aktuell verschwundenen Savanneninseln in Anspruch genommen werden. Angesichts des geringen Siedlungsdruckes und der Lage am Rande der Zone schwächerer Niederschläge zwischen Grand Lahou und Sassandra scheint die Hypothese der ehemaligen Savanneninseln wahrscheinlicher. Absolut siedlungs- und lichtungsfrei war der Raum zwischen den Flüssen Sassandra und Cavally auf der Höhe von Soubré, als CHEVALIER und SCHIFFER im Jahre 1907 hier erstmals das Gebiet des späteren Taï-Nationalpark durchquerten:

"Partis de Soubré le 26 juin, ... nous avons mis ainsi douze jours pour effectuer un parcours de moins de 100 kilomètres, à travers une forêt absolument vierge, n'ayent d'autres habitants que, les singes, les èlèphants et les sangliers." (CHEVALIER 1908, S. 209)

Die einzige natürliche Lichtung dieses Raumes war das Plateau des Mont Niénkoué (CHEVALIER 1908, S. 210), der auch heute noch ein beliebter Aussichts- und Wildbeobachtungspunkt ist.

Im Verlaufe der zweiten Hälfte des 19. Jahrhunderts entstand in der durch die Lagunensysteme verkehrsmäßig erschlossenen östlichen Hälfte des Küstenraumes eine mindestens 25 Kilometer tiefe Zone (FRIEDRICH 1900, S. 238), in welcher der Regenwald durch *marktorientierte Palmölproduktion* zurückgedrängt wurde. Die natürliche Buschvegetation der Küstennehrungen war um die Jahrhundertwende bereits weitgehend verdrängt. CHEVALIER (1909b) weist östlich von Grand Bassam und Assinié Kokos-Pflanzungen aus. Das Zentrum der Palmölproduktion lag in der Ebrié Lagune. Im westlichen Küstenabschnitt blieb die Produktion auf eine Zone von wenigen Kilometern Tiefe beschränkt. Die Palmölproduktion war noch nicht in den Raum eingedrungen:

"La forêt, qui, au dire de tous les habitants, s'étend depuis Kootrou très loin au nord, est absolument impénétrable; on n'en défriche la lisière que quand l'huile de tous de les palmiers de la côte est èpuisée, et qu'il est nécessaire de mettre au jour d'autres palmiers." (QUIQUEREZ 1892, S. 270)

Der Verwaltungsbeamte REPIQUET (1903, S. 277) beschreibt an seinem Dienstort Tabou hinter der Dünenvegetation eine Zone von *einem* Kilometer Tiefe, in der die Ölpalmen genutzt werden. Auf diese folgt eine weitere Zone von ebenfalls einem Kilometer Tiefe, in welcher Grasvegetation mit eingestreuten Palmen dominiert. Die *Regenwaldgrenze* verlief hier in *zwei* Kilometer Entfernung vom Meer. Diese Verhältnisse waren für den westlichen Küstenabschnitt typisch. Vermutlich war SCHIMPPER (1898) der erste Vegetationsgeograph, der die Existenz einer *azonalen* Savannenvegetation im Küstenraum zur Kenntnis nahm. CHEVALIER (1908, S. 204) betrachtete die *Litoralsavannen* als natürliche Vegetationsformation, weil er sie nicht kultiviert sah. FRIEDRICH (1900, S. 238) hingegen berichtet, daß auf der Savanne von Dabou 2000 Stück Rindvieh gehalten wurden. Mit der Vegetationskarte von 1912 verlieh CHEVALIER seiner Überzeugung Ausdruck, indem er die Küstensavannen als fast durchgängige Zone an der ganzen westafrikanischen Küste einzeichnete.

Holzwirtschaft

Der Exploitationsraum der Holzwirtschaft entwickelte sich zunächst entlang der floßbaren Wasserstraßen, das heißt entlang dem System der Tadio-, Ebrié-, Ehi-Lagunen und dem Einzugsgebiet ihrer Zuflüsse. Um 1898 war die Exploitation etwa 20 Kilometer tief in das Hinterland der Küste und der Flüsse eingedrungen (MACAIRE 1900, S. 35). Zu Beginn des Eisenbahnbaues (1903) stand die Einschlagsfront entlang der Gewässer bereits 100 Kilometer tief im Hinterland (CHEVALIER 1908, S. 208). Neben dem Comoé entwickelte sich der Agniéby, an dessen Ufern die Exploitation 1896 aufgenommen wurde (CHEVALIER 1908, S. 208), zur bedeutendsten Achse, entlang derer anthropogene Einflüsse in den südöstlichen Regenwald eindrangen. CHEVALIER vermerkte hier eine höhere Bevölkerungsdichte als in dem von der Eisenbahn durchquerten Regenwaldraum nördlich der Lagune Ebrié (CHEVALIER 1908, S. 208). Ungeklärt bleibt die Frage, ob diese höhere Bevölkerungsdichte Ursache oder Folge der Holzexploitation war, die schon beim ersten Nutzungsdurchgang mit Ausbreitung des Kaffeeanbaues verbunden war.

Regenwaldgrenze

Im Raume der Côte d'Ivoire wurde die nördliche Regenwaldgrenze von einem Europäer erstmals im Jahre 1889 erreicht und ihre relative Lage im Osten des Landes kartographisch beschrieben (BINGER 1892). Obwohl der Grenzraum Kontinuumcharakter hat (Gouvernement generale de l'A.O.F. 1906, S. 159), konnte BINGER die Grenze des *geschlossenen Regenwaldes* hier klar ausmachen. CLOZEL beschreibt den >Cercle d'Bondoukou< als flachwellige Landschaft, die südlich von Bondoukou durch Regenwald (-Inseln) dominiert wird. Die Grenze des geschlossenen Regenwaldes verlief nach CLOZEL (1906) etwa 20 Kilometer südlich von Bondoukou, bei Dadiassi (CLOZEL 1906, S. 55). Westlich von Bondoukou erstreckte sich das Vegetationsmosaik der guineischen Savannen bis Groumania (CLOZEL 1906, S. 96). Dieser alte Handelsplatz lag an den nördlichsten Ausläufern des geschlossenen Regenwaldes:

"... nous cheminions [Groumania - Bondoukou nach dem Übergang über den Comoé] dans une vaste plaine herbeuse, semée de rôniers. ... jusqu'à Dadiassi, à une trentaine de kilomètres au sud [real Südwest!] de Bondoukou, nous resterons en pays découvert." (CLOZEL 1906, S. 96)

BINGER selbst hatte die südöstliche Grenze des geschlossenen Regenwaldes fünf bis zehn Kilometer südlich von Groumania eingezeichnet. Tatsächlich folgt der alte Handelsweg, welcher parallel zum zwischen Groumania und Attakrou nicht schiffbaren Comoé verläuft, vorzugsweise den eingestreuten Savannen.

Die Vegetationsgeographie machte 1894 durch die Entdeckung des V-Baoulé einen wesentlichen Fortschritt. Noch während seiner Reise zeichnete MARCHAND eine Karte im Maßstab 1 : 500 000 (MARCHAND 1894), auf welcher er den Stand der geographischen Erkenntnis seiner Zeit zusammenfaßte. Diese Karte zeigt die Regenwaldgrenze im Bereich seines eigenen Itinerars präzise. Die Übereinstimmung von MARCHANDS südlichstem Punkt des V-Baoulé mit der aktuellen potentiellen Grenze nach GUILLAUMET / ADJANOHOUN (1971) wurde in den folgenden Jahren vielfach belegt: Die Südspitze des Savannenkeiles erreicht das heutige Sangrobo (LASNET 1898, S. 306/7, 310; CLOZEL 1906, S. 77). MARCHAND erfaßte aber auch die Ostgrenze des V-Baoulé korrekt. Ihre Übereinstimmung mit der aktuellen potentiellen Grenze wird auch von CHEVALIER bestätigt (CHEVALIER 1908, S. 208). Außerhalb seiner eigenen Route im südlichen, östlichen und zentralen V-Baoulé jedoch überschätzte MARCHAND die Regenwalddichte. Insbesondere blieb ihm der Inselcharakter des Regenwaldes bei Sakassou und damit die westliche Hälfte des Savannenkeiles verborgen. Diese wurde erst 1896-97 durch EYSSERIC, NEBOUT und POBEGUIN kartographiert.

1896 führte EYSSERIC die erste Expedition mit primär wissenschaftlichem Anspruch und entsprechender Ausrüstung in das Hinterland der Côte d'Ivoire. Dieser Expedition verdanken wir die ältesten Photographien aus dem Inneren, darunter viel ethnographisch interessantes Material, aber leider keine technisch gelungenen Landschaftsaufnahmen. EYSSERICS Hauptaufgabe war die kartographische Aufnahme der westlichen Regenwaldgrenze. Zur Erfüllung dieser Aufgabe war die Expedition mit Gerät zur astronomischen Ortsbestimmung ausgerüstet. Leider geriet die militärisch ungedeckte Expedition auf halbem Weg in Konflikt mit den Gouro und mußte umkehren. Zu ihrer Unterstützung wurde von Beyla (Guinea), dem südlichsten französischen Posten in der Sudanzone, eine Abteilung unter dem Leutnant BLONDIAUX entsandt, die sich von Nordwesten her an der Regenwaldgrenze entlangtastete. Die beiden Expeditionen verfehlten einander um ein geringes, so daß das Itinerar von BLONDIAUX nicht mit den absoluten Ortsbestimmungen von EYSSERIC verbunden werden konnte. Immerhin hatte EYSSERIC im westlichen V-Baoulé die weitgehende Anlehnung der Regenwaldgrenze an den Lauf des Marahoué nachgewiesen, dessen topographisch ruhiges Tal er, in Fortsetzung der von MARCHAND vorgeschlagenen Penetrationsschiene, als Trasse für die >Transnigérien< empfahl. BLONDIAUX hat nicht den Versuch gemacht, den unruhigen Verlauf der Regenwaldgrenze im Nordwesten kartographisch aufzunehmen. Im nordöstlich an die Nimba Berge angrenzenden Guinea ist er in Regenwälder eingedrungen, die nördlich der Grenze des geschlossenen Waldes lagen. Seine summarische Beschreibung (BLONDIAUX 1897, S. 375) legt die Übereinstimmung des damaligen Grenzverlaufes mit der potentiellen Grenze von GUILLAUMET / ADJANOHOUN (1971) nahe. Das Tal des Bafing war bis in die jüngste Vergangenheit bewaldet. Auch zeigen BLONDIAUXS photographische Aufnahmen von Toungouradougou ein von Wald umgebenes Dorf. Dieser Raum ist heute vollständig entwaldet und wird als Ökoton eingestuft. Lediglich in den südlichen Tälern des Bafing haben sich einige Waldreste bis in die Gegenwart erhalten. Eine geographische Sekundärquelle (ZIMMERMANN 1899) deutet ein gegenüber heute stärkeres nordwärtiges Ausgreifen der Regenwälder im nordwestlichen Bergland an. Es wird berichtet, daß die südlichen Hänge der zwischen Mont Dahatini und den Monts Sangbe gelegenen Bergkette von Wäldern bedeckt war (Ebd., S. 258). Heute existiert allein auf der Südwestflanke des Mont Dahatini ein größeres Stück lichten Regenwaldes. Die westlich von Touba gelegenen Berge zeigen keinerlei Waldbedeckung mehr. GUILLAUMET / ADJANOHOUN (1971) haben in ihrer Vegetationskarte hier einzelne Räume mit potentieller Waldvegetation eingetragen. Wenn ZIMMERMANNS Information korrekt war (er hat den Raum nicht selbst bereist), dann liegt hier eine kleinräumige Abweichung zwischen der historischen Informationen und der potentiellen Waldvegetation nach GUILLAUMET / ADJANOHOUN (1971) vor.

BLONDIAUXS Bemühungen, am Marahoué zwischen Massala und Kongasso in den Regenwald einzudringen, scheiterten ebenso wie die von EYSSERIC am Widerstand der Gouro. Ihr Siedlungsgebiet war damals noch vollständig waldbedeckt (BLONDIAUX 1897, S. 374), was die Verteidigung erleichterte. Den von politischer und militärischer Taktik dominierten Aufzeichnungen ist in bezug auf die Vegetation lediglich zu entnehmen, daß die Regenwaldgrenze hier westlich der Überschwemmungsebene des Marahoué verlief (Ebd., S. 374). Wohl aber findet sich bei BLONDIAUX der früheste Hinweis auf die Existenz von Savannen in der nördlichen Hälfte des nordwestlichen Berglandes der Côte d'Ivoire (Ebd., S. 369).

In der nordwestlichen Côte d'Ivoire setzten die militärischen Auseinandersetzungen der letzten Jahre des 19. Jahrhundert von Norden eine Vielzahl französischer Operationen in Gang. Hier sind die Aktivitäten des Capitain WOELFFEL hervorzuheben, der neben militärischen Zielen auch wissenschaftliche Fragestellungen verfolgte. WOELFFEL beschäftigte sich 1899 mit dem unübersichtlichen Verlauf der Regenwaldgrenze im nordwestlichen Bergland. Er drang hier auch in den Regenwald ein. Im Widerspruch zu den Erkenntnissen der folgenden Jahre verlief die Regenwaldgrenze nach WOELFFEL *nördlich* von Man. Seine geographischen Ergebnisse wurden von CHESNEAU (1901) und VAN CASSEL (1903) aufgearbeitet. WOELFFEL's botanische Sammlung vom Oberlauf des Cavally wurde in Paris vom jungen Auguste CHEVALIER ausgewertet (CHEVALIER 1901) und hat dessen Interesse auf Côte d'Ivoire gelenkt. Eine Photographie der Ebene um Man von BLONDIAUX (1897) zeigt im scharf abgebildeten Vordergrund Sekundärvegetation, die eine offene Landschaft wahrscheinlich macht. Bis zu diesem Zeitpunkt war die Geographie der nordwestlichen Regenwaldgrenze auf dem Erkenntnisstand von 1890 verblieben. BINGER hatte durch Auskunft und etymologische Deduktion recht präzise gefolgert, daß die Regenwaldgrenze im Westen bei etwa 9° nördlicher Breite, im Lande Toukourou [Monts de Toura, real bei 8°40' N] gelegen ist (BINGER 1892, S. 137). 1899/1900 klärte die wissenschaftlich ausgerüstete Expedition von HOSTAINS und D'OLLONE die Lage der westlichen Regenwaldgrenze endgültig auf. Diese verlief etwa 50 Kilometer weiter nördlich, als bislang angenommen worden war. Die Karte von D'OLLONE (1901) belegt den Verlauf der Grenze des geschlossenen Regenwaldes *nördlich* des Mont Nimba, und zwar wenige Kilometer südlich des heute in Guinea gelegenen Ortes Nzo (D'OLLONE 1901, S. 218; *vgl. Abb. 32*). Nzo selbst liegt, wie auch SCHNELL (1944, S. 111) feststellt, in einer großen anthropogenen Savanne mit vielen Merkmalen junger anthropogener Einflüsse. D'OLLONE vermerkte hier schon um die Jahrhundertwende ausgedehnte Flächen mit Ölpalmen sowie mehr oder weniger alte Rodungsflächen mit Sekundärvegetation. Der Grenzraum war dicht besiedelt. Dem geschlossenen Regenwald war hier eine etwa 30 Kilometer tiefe Zone mit Regenwaldinseln vorgelagert:

"A Dené [Laine (Guinea)] aussi nous disons un adieu définitif à la forêt. Sauf dans les bas-fond où la terre végétale accumulé et l'humidité entretiennent une végétation magnifi-

Abb. 32: Blick auf den Mont Nimba von Norden. Aus: D'OLLONE (1901, S. 219)

que, nous irons dorénavant sous un ciel brûlant à travers de hautes herbes ou des arbres sans feuilles." (D'OLLONE 1901, S. 218)

Erste Savanneninseln vermerkte D'OLLONE jedoch bereits etwa 20 Kilometer südlich der Grenze des geschlossenen Regenwaldes (D'OLLONE 1901, S. 206), so daß das Bild einer insgesamt etwa *50 Kilometer tiefen Übergangszone* entsteht. Nach Westen zu lag die Waldgrenze noch weiter nördlich, was sich auch aus den Arbeiten von Leo FROBENIUS erschließt, der 1907 im heute in Guinea gelegenen Grenzort Boola seine Studie der Guerzé durchführte. Die Regenwaldgrenze wurde dort bei 8° 25' Nord durch das Massiv de Bero markiert. Damit also war der Verlauf der nördlichen Regenwaldgrenze im Jahre 1900 im wesentlichen bekannt. CHEVALIER bereiste das nordwestliche Bergland im Jahre 1909 und veröffentlichte noch im gleichen Jahr seine Zusammenfassung der Erkenntnisse zur Vegetation der Côte d'Ivoire (CHEVALIER 1909b, 1 : 1 500 000, *vgl. Abb. 30, S. 383*). 1912 folgte eine Vegetationskarte für ganz Westafrika (1 : 3 000 000). CHEVALIER stellte fest, daß die Monts des Toura Savannenvegetation tragen (CHEVALIER 1909d, S. 212,214). Er fand weiterhin, daß der Regenwald westlich der Toura-Berge nach Norden vorstößt (Ebd. S. 214). Die in diesen Regenwald eingeschlossenen Monts des Dan jedoch waren (bereits) weitgehend waldfrei (Ebd. S. 213). Regenwald war hier auf die Täler beschränkt (Ebd.). In bezug auf die *Dynamik* dieses komplexen Vegetationsmosaiks kam er nicht zu eindeutigen Schlußfolgerungen:

"En certain endroits [Monts des Dan] c'est la forêt qui progresse sur ce terrain, mais beaucoup plus souvent c'est la d'arbustes et d'arbres épars parmi lesquels les plus caracteéristiques sont le Méné (Lophira alata) et le Nété [Néré] (Parkia africana)." (Ebd. S. 215)

Generell jedoch vertrat er die Ansicht, daß der Regenwald gerade im Nordwesten im Rückzug nach Süden befindlich war (Ebd. S. 214).

Vergleich der Regenwaldgrenzlinien auf historischen Karten

Aufgrund der unterschiedlichen Vorstellungen zur Klimaentwicklung (*vgl. S. 316ff*) ist der Verlauf der Regenwaldgrenze zu Beginn der Kolonialisierung von besonderem Interesse. Allerdings ist die Auswertung der *kartographischen* Quellen mit beträchtlichen Unsicherheiten behaftet:

1. Bis in die 20er Jahre des 20. Jahrhundert war das Triangulationsnetz im Raum Côte d'Ivoire nur schwach ausgebildet. Als Gründe hierfür sind, neben der Abwesenheit von schiffbaren Flüssen und dem Widerstand der Bevölkerung, der Mangel an robusten Chronometern und die häufige Bewölkung im Regenwaldraum zu nennen. Die wenigen astronomischen Ortsbestimmungen aus dem 19. Jahrhundert zeichnen sich gegenüber modernen Messungen durch Differenzen bis zu 2° bei der geographischen Länge und bis zu 10'' bei der geographischen Breite aus. Sie liegen also bei der geographischen Breite um Größenordnungen über den möglichen Grenzverschiebungen.

2. Bis in das 20. Jahrhundert hinein überwogen unter den kartographischen Quellen die mittels Kompass, Abschätzung der täglichen Marschleistung und Aufnahme der lokalen Ortsbezeichnungen erstellten *Itinerare*. Ihre Verwendung zur Rekonstruktion der Regenwaldgrenze ist problematisch. Zwar können neben topographischen Orten eine Vielzahl von Siedlungen identifiziert werden, ihre Lagetreue jedoch kann angesichts des seinerzeit vorherrschenden Wanderfeldbaues nicht vorausgesetzt werden.
3. Mit Ausnahme von BINGER (1891) und D'OLLONE (1901) ist die Regenwaldgrenze in keiner Quelle definiert. Obwohl davon auszugehen ist, daß die Autoren in der Regel die Nordgrenze des *geschlossenen* Regenwaldes (Lisiére Nord de la forêt dense continue) beschrieben haben, herrscht mehrheitlich die Bezeichnung als Nordgrenze des Regenwaldes >Lisiére Nord de la forêt dense< vor. CHEVALIER (1909b) beschreibt eine taxonomisch definierte Regenwaldgrenze.

Zum Vergleich der historischen Quellen mit der aktuellen potentiellen Nordgrenze des Regenwaldes (GUILLAUMET / AJANOHOUN 1971, 1979) wurden die nach modernen Maßstäben geographisch unzulänglichen Itinerare in einen einheitlichen Maßstab projiziert. Als Paßpunkte wurden Orte gewählt, deren räumliche Stetigkeit durch die frühzeitige Einrichtung französischer Posten gesichert ist. Räumliche Differenzen wurden durch Zerrung des historischen Kartenmaterials bis zur Übereinstimmung der den modernen Orten minimiert, wobei die Übersichtskarte 1 : 1 000 000 (IGCI 1979) als Basis diente.

Es zeigte sich, daß die hier vorgestellten historischen Quellen aus der Zeit von 1890 - 1910 in ihrer kartographischen Form zum Teil beträchtlich von der aktuellen potentiellen Nordgrenze des Regenwaldes abweichen. Die größte Differenz, der stark nordwärtige Verlauf der Regenwaldgrenze im westlichen V-Baoulé nach MARCHAND (1894), beruht auf einer Fehleinschätzung des Autors, der diesen Raum nur peripher bereist hat. Die größte Übereinstimmung zeigt im gleichen Raum die auf astronomischer Ortsbestimmung beruhende Regenwaldgrenze nach EYSSERIC (1899). Insgesamt liegt die Streuung der Grenzlinien in der gleichen Größenordnung wie die Tiefe der *Übergangszone* mit eingestreuten Savannen- beziehungsweise Regenwaldinseln. Entsprechend dem aufgelockerteren Grenzverlauf der aktuellen potentiellen Regenwaldgrenze im westlichen V-Baoulé ist hier auch die Streuung der historischen Grenzlinien größer als in dessen östlicher Hälfte. Obwohl ein einheitlicher Trend nicht auszumachen ist, liegen die historischen Grenzlinien mehrheitlich südlich der aktuellen potentiellen Regenwaldgrenze, was als Indiz für eine Regenwaldprogression gewertet werden kann. Von den Literaturquellen allerdings wird diese Folgerung kaum unterstützt. Hier überwiegen deutlich Hinweise auf die Identität der aktuellen potentiellen Regenwaldgrenze mit dem Grenzverlauf in der Frühzeit der Kolonialisierung. Die *Höhengrenze* des Waldes wurde am Mont Nimba von CHEVALIER (1909c) am Hang bei 700 Meter beschrieben, in den Schluchten erreichte der Wald ein Maximum von 1300 Meter. Bergflanken und Gipfelplateaus trugen bereits 1909 eine Gramineen und Cyperaceenbedeckung. Als erster Europäer hat CHEVALIER's Begleiter FLEURY den Gipfel des Mont Nimba bestiegen und barometrisch eine Höhe von 1616

Meter festgestellt. Die tatsächliche Höhe des Berges liegt bei 1752 Meter. Hieraus erklärt sich die Differenz zwischen CHEVALIER's Beobachtung und der aktuell um die 800 Meter Höhe liegenden Waldgrenze. Diese Beobachtungen decken sich mit der 1899 von D'OLLONE aus größerer Entfernung gemachten Beobachtungen, daß Waldvegetation die untere Hälfte des Berges bedeckt (D'OLLONE 1901, S. 213).

6.2.2. 1908-1920 : Die Phase der Pazifizierung

Seit der Jahrhundertwende verzeichnete die Kolonie Côte d'Ivoire einen verstärkten Zustrom französischer Händler und Kolonisten, die sich nun auch im Landesinneren niederzulassen begannen. AVICE (1951, S. 42) beziffert die Zahl der europäischen Zivilisten mit 735 im Jahre 1905 gegenüber 360 im Jahre 1900. Die Pazifizierung im engeren Sinne der *militärischen* Unterwerfung und Entwaffnung der unabhängigkeitsliebenden Völker der Côte d'Ivoire erfolgte in den Jahren 1908-1915. Sie wurde eingeleitet durch eine Serie militärischer Operationen des Gouverneurs ANGOULVANT, die wegen der hohen Zahl der Opfer unter der eingeborenen Bevölkerung, sowie der Grausamkeit der verwendeten Methoden in Frankreich öffentlichen Widerspruch auslösten. ANGOULVANT sah sich zur Veröffentlichung einer Rechtfertigung genötigt (ANGOULVANT 1916). Der Skandal ging in den Ereignissen des Weltkrieges unter. Mit den militärischen Aktivitäten war ein beschleunigter Ausbau der Verkehrsinfrastruktur verbunden. Im östlichen Regenwald erreichte die Eisenbahn 1909 den Regenwaldrand. Die Bahnstation an der Brücke über den Nzi (Dimbokro) wurde in den kommenden Jahren zum Entwicklungszentrum für das V-Baoulé und den östlichen Regenwald. Im Jahre 1910 allerdings verzögerte eine Revolte in Attié deren Bau. Die Niederschlagung dieses Aufstandes wurde von ANGOULVANT als beispielhaft für die Pazifizierung dargestellt: Nach der Entwaffnung der Abbeys erzwang der verantwortliche Leutnant BOUDET das Sammeln von Kautschuk, er ließ den Lauf des Mé soweit bereinigen, daß dieser für die Holzexploitation flößbar wurde, und legte Verbindungswege zwischen Agboville, Adzopé, Zaranou und Alépé an (CHIVAS-BARON 1939, S. 90).

Beseitigung des Streusiedlungsmusters

Viele Wirkungen der Pazifizierung (Zwangsumsiedlungen, Bevölkerungsflucht nach Liberia und in die liberaler verwaltete Gold Coast) reichen weit in die 30er Jahre. Im südöstlichen Kernraum des französischen Einflusses wurde ihr kennzeichnendes Merkmal - die Beseitigung des Streusiedlungmusters - schon während des Ersten Weltkrieges wirksam. Die Pazifizierung hatte für die Vegetation vor allem eine *Polarisierung* des Anthropostreß zur Folge, die in den 20er Jahren in der Ausbildung *linear* angeordneter Degradationszentren mündete. Im Jahre 1910 beschrieb eine Forstmission die Entwaldung des Küstenraumes in einer Tiefe von 20 Kilometer (*vgl. Abb. 33*) und die Verwüstung der Flußuferlandschaften:

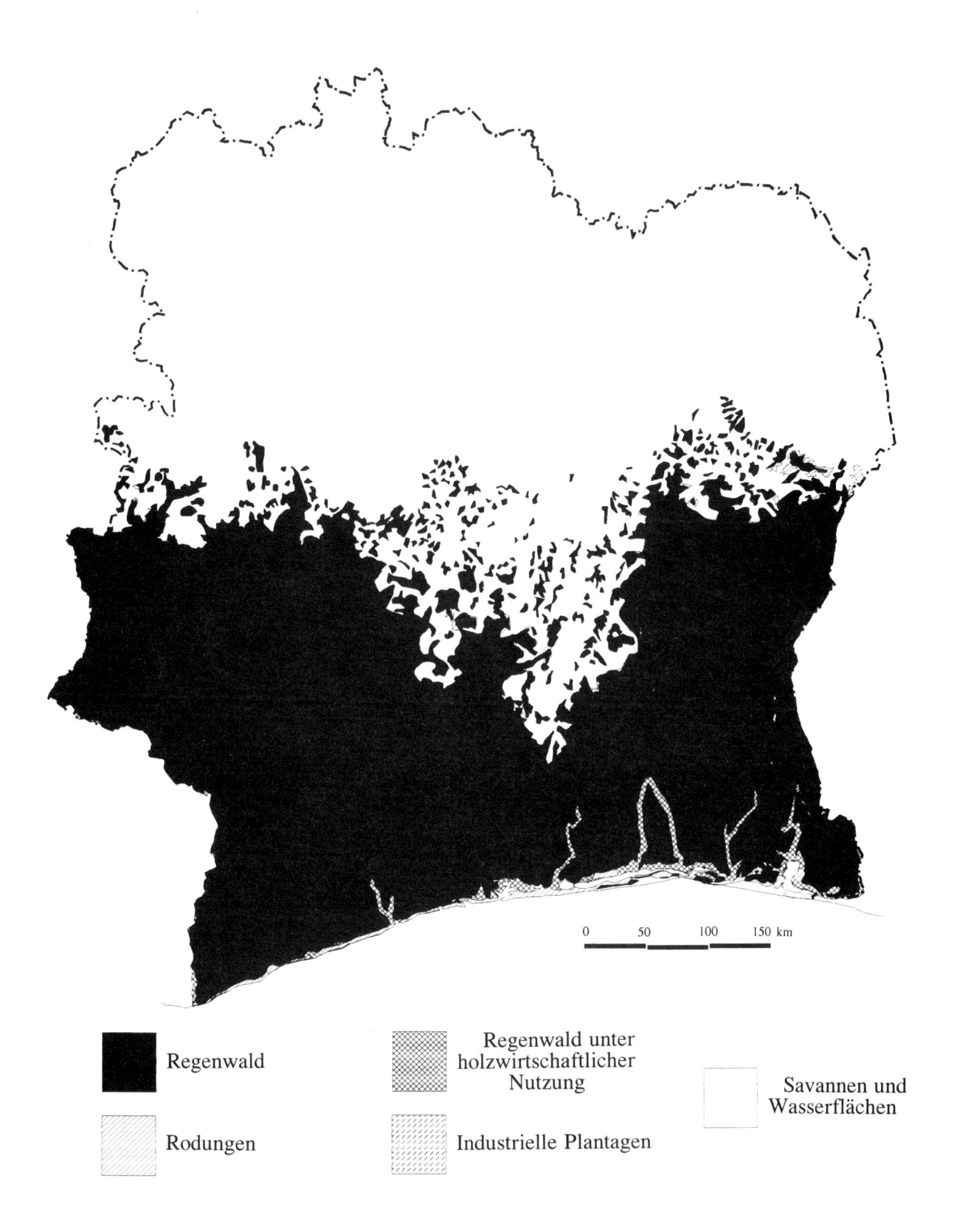

Abb. 33: Anthropogene Veränderungen der Vegetation um 1910. Quellen: Text; CHEVALIER (1909b)

"... les ravages déjà consommés dans le capital forestier, ravages tels que la forêt n'apparait plus qu'à une vingtaine de kilométres de la mer et que les bords des grands cours d'eau ont été entièrement dévastés, ... Dans les parties déboisées, le sol est recouvert de maigres taillis broussailleux: la forêt une fois détruite ne se reconstitue pas ..." (ohne Autor 1910, S. 286)

Zweifelsohne bedurfte die immer noch fast ungebunden agierende Holzwirtschaft dringend einer Regelung. 1910 erhöhte ANGOULVANT die Einschlagsgebühren auf 1250 FF. Per Dekret verpflichtete er die Holzexploiteure zur Führung eines >Carnet de Chantier<, in welchem seither die Holzart, Länge und Durchmesser sowie die Zahl der geschlagenen Stämme zu vermerken sind.

Zu diesem Zeitpunkt war die südwestliche Regenwaldzone, insbesondere der Unterlauf des Sassandra bis Soubré, über den Kautschukhandel (*Funtumia spp.*) in die koloniale Wirtschaft miteinbezogen (CHEVALIER 1908, S. 209). Für die Vegetation aber blieb dies folgenlos. Die nordwestliche Regenwaldzone, die Oberläufe von Sassandra und Bafing, waren immer noch völlig unbekannt (CHEVALIER 1909d, S. 224). Eine militärische Operationskarte (Ltd. ADAM 1913) weist den Raum Guessabo - Duékoué als >forêt déserte< aus, wobei unklar bleibt ob dies heißen soll, daß die Bevölkerung geflohen ist - was angesichts der Ereignisse wahrscheinlich ist - oder ob der Raum grundsätzlich als nicht besiedelt bezeichnet wird. Im Gegensatz zum Inneren waren die randlichen Räume des nordwestlichen Regenwaldes - so im Gebiet der Dan - dicht besiedelt. CHEVALIER beschreibt die heute vollständig entwaldeten Ebenen südlich und westlich der Monts des Dan wie folgt:

"La forêt vierge, plus ou moins entamé par les cultures indigènes et par les defrichements anciens sur lesquels toutefois elle s'est reformée appauvrie en essences à bois dur, recouvre toute la plaine située au sud, à l'ouest et au sud-est. Elle remplit aussi toutes les grandes vallées du massiv. Vers l'est la brousse s'avance un peu au sud du 7°30' de Lat. N. - A Dioandougou et à Man, par example, la forêt est remplacée par la savane." (CHEVALIER 1909d, S. 214)

Nach der Vegetationskarte von GUILLAUMET / AJANOHOUN (1971) liegt Man in potentiellem Regenwald. CHEVALIER (1909b) hat die Waldgrenze südlich von Man gezogen, CHEVALIER (1912) hingegen nördlich. Aus den Angaben von CHEVALIER (1909d, S. 217) zur Siedlungsdichte im Raum um Danané kann eine recht variable Bevölkerungsdichte von 1,2 bis 7 Ew/km² abgeleitet werden.

1911 erreichte die Pazifizierung das V-Baoulé. Bereits seit 1908 hatte die französische Industrie den indigenen Baumwollanbau durch Einkäufe im Raum Bouaké stimuliert (AVICE 1951, S. 63), aber erst mit der Pazifizierung des V-Baoulé und der erstmaligen Beherrschung der gesamten Savannenzone ging der Baumwollanbau hier zu einem kontinuierlichem Wachstum über. 1912 war das Jahr der offiziellen Einführung von *Zwangsarbeit*, mit der die umfangreichen Wanderungsbewegungen ihren Anfang nahmen. Administration und Plantagenwirtschaft konnten bei der zahlenmäßig geringen Küstenbevölkerung - die selbst zum Kaffee- und Kakaoanbau überging - nicht genug

Arbeitskräfte finden. Folglich führte die Kolonialmacht Zwangsrekrutierungen durch, indem Männer im arbeitsfähigen Alter, die eine jährliche Hüttensteuer nicht aufbringen konnten, diese durch Arbeitsleistungen in der Küstenregion erbringen mußten. Ebenfalls 1912 wurde in Indénié der zwangsweise Kaffeeanbau eingeführt.

1913 wurde mit der Region Daloa - Bouaflé erstmals ein Raum im westlichen Regenwald pazifiziert. Die Gouro leisteten Widerstand und praktizierten den Franzosen gegenüber eine Strategie der "Verbrannten Erde". Das Resultat des Jahres 1913 für die Region >Centre Ouest<: Mehrere tausend Tote, die Bevölkerung überwiegend geflohen, die Kulturen verödet (CHAUVEAU u.a. 1981, S. 643). Eine militärische Karte von BETSELLERE (1909) verzeichnet entlang der Operationsroute den Wechsel von Wald- und Savannenvegetation. Wenn auch ein flächendeckendes Bild hierdurch nicht gewonnen werden kann, so ist doch sicher, daß dieser Raum, der auf kleinmaßstäbigen Karten grundsätzlich als geschlossener Regenwald ausgewiesen wird, tatsächlich aus einem Savanne-Wald *Mosaik* bestand. Der Anteil der Savannen an der Vegetationsbedeckung des Raumes kann - unter der Voraussetzung, daß das o.g. Itinerar für den Raum repräsentativ ist - auf 30 bis 40 % geschätzt werden.

1914 wurde der Eisenbahnbau eingestellt, und erst 1918 wieder aufgenommen. Auch kam der Holzexport praktisch zum Erliegen (*vgl. Abb. 17, S. 338*). Dennoch wurden die Zwangsrekrutierungen intensiviert: Zum einen für den europäischen Kriegsschauplatz, zum anderen für den Ausbau *Kraftfahrzeug*-tauglicher Straßenverbindungen zwischen Grand Bassam - Abidjan, Dabou - Abidjan, Dimbokro - Bouaké und Ferkéssedougou - Bobo-Dioulasso (AVICE 1951, S. 73). Der Übergang zur Phase der "Inwertsetzung" der Kolonie erfolgte regional unterschiedlich, aber kontinuierlich.

6.2.3. 1920-1929 : Die Phase der kolonialen "Inwertsetzung"

Auf die Pazifizierung folgt die Phase der administrativen Etablierung und ökonomischen Inwertsetzung. Die massive Repression mit Zerstörung der Siedlungen und Ernten wurde durch den planmäßigen Wiederaufbau und die Regruppierung der Siedlungen ersetzt. Die intensivierten Bemühungen Frankreichs um wirtschaftliche Entwicklung der Côte d'Ivoire kamen 1922 durch den Besuch einer parlamentarischen Delegation zum Ausdruck, der eine Welle von *Infrastrukturmaßnahmen* zur Folge hatte: 1923 erreichte die Eisenbahn Katiola. Die Straßen im Küstenraum, vor allem die Verbindung Gagnoa - Sassandra, wurden ausgebaut. In das gleiche Jahr fiel die Eröffnung des Asagny-Kanals, welcher das System der Lagune Tadio mit der Ebrié-Lagune und Abidjan verbindet. Ferner die Erhöhung der Evakuationskapazität durch den Bau einer größeren Landungsbrücke in Grand Bassam (AVICE 1951, S. 43). 1925 erreichte die Eisenbahn Niangbo, 1926 Tafiré. 1926 wurde auch die Straße Abidjan - Gagnoa eröffnet (AVICE 1951, S. 43,73). 1930 schließlich erreichte die Eisenbahn Ferkéssedougou. Der durch die historischen Ereignisse vor der Jahrhundertwende eingeleitete Trend zur ökonomischen *Ausgrenzung der nordöstlichen Savannenzone* wurde 1926 mit Gründung der >Réserve de Bouna< festgeschrieben. Die wenigen bestehenden Dörfer wurden entlang der Straßenverbindungen Ferkéssedougou - Bouna und Dabakala - Kotouba umgesiedelt. Diese Straßen wurden später über weite Teile zur Nord- und Südgrenze des Comoé Nationalpark. Entlang ihrer Nord-Südachse erhielt die zentrale Savannenzone Entwicklungspole durch die Einrichtung einer Baumwollmusterfarm in Ferkéssedougou (1927), und durch die Eröffnung einer Rinder-Aufzuchtfarm in Korhogo (1930) (AVICE 1951, S. 43/44).

Die 20er Jahre sind durch einen bis 1929 stetig wachsenden Strom französischer Einwanderer gekennzeichnet, die sich in Côte d'Ivoire überwiegend als Kaffee- und Kakaopflanzer versuchten. Dank der Zwangsarbeit verfügten sie gegenüber den einheimischen Pflanzern zunächst über einen wesentlichen ökonomischen Vorteil. Der Kaffeeanbau im Regenwaldgebiet erhielt 1928 einen deutlichen Entwicklungsschub durch die Verbreitung der Kaffeesorte >Gros Indénié<, die sich durch größere Widerstandsfähigkeit gegen Parasiten auszeichnet (AVICE 1951, S. 43). Einzelne Europäer, Gesellschaften und zum Teil auch wohlhabende Eingeborene widmeten sich an den *verkehrsgünstigen* Standorten aber auch dem Anbau von Ananas und Tafelbananen. In diese Phase der wirtschaftlichen Entwicklung kam es zu einer Ausweitung der Nord-Süd-Wanderungen. Der Arbeitskräftebedarf der europäischen Plantagen und Holzexploitationsgesellschaften wurde durch immer umfangreichere Zwangsrekrutierungen in der Savannenzone gedeckt. Eine allgemeine Aufsiedlung der Waldzone war hiermit aber noch nicht verbunden, weil die Arbeiter nach Beendigung ihrer Verpflichtung grundsätzlich in ihre Heimatgebiete zurückkehrten (DUCHEMIN 1979). Die Entdeckung der Goldvorkommen von Oumé im Jahre 1925 war ein wirtschaftliches Ereignis, daß die Franzosen zu beträchtlichen Investitionen veranlaßten. Die industrielle Ausbeutung erwies sich aber nach wenigen Jahren als unrentabel. Die Goldfelder wurden deshalb schon bald den afrikanischen Kleinunternehmen überlassen, während die französischen Gesellschaften die getätigten Infrastrukturinvestitionen durch die Anlage großflächiger Kaffeeplantagen nutzten. Infolge der Goldfunde und der sich anschließenden Ausbreitung der Plantagenwirtschaft kam es zu einer Bevölkerungsverdichtung im Raum Oumé. Auch die Holzwirtschaft erfuhr in den 20er Jahren durch den Eintritt zahlreicher großer Gesellschaften wirtschaftlich (*vgl. Abb. 17, S. 338*) und räumlich eine beträchtliche Ausdehnung. Das vegetationsrelevante Merkmal dieser historischen Phase ist die raumgreifende *Beseitigung des Streusiedlungsmusters*, welche vorher im wesentlichen auf den südöstlichen Kernraum französischen Einflusses beschränkt war und später nur noch in den marginalen Räumen des Südwestens vollzogen wurde.

Entwaldung

Aus den Jahren nach dem Ersten Weltkrieg stammt der älteste Hinweis auf flächenhafte Zurückdrängung des Regenwaldes außerhalb des Küstenraumes, nämlich aus der nordöstlichen Regenwaldzone: "Ainsi par exemple, dans la region d'Assikasso

Anthropogene Veränderungen der Vegetationsbedeckung in Côte d'Ivoire seit der Kolonialisierung

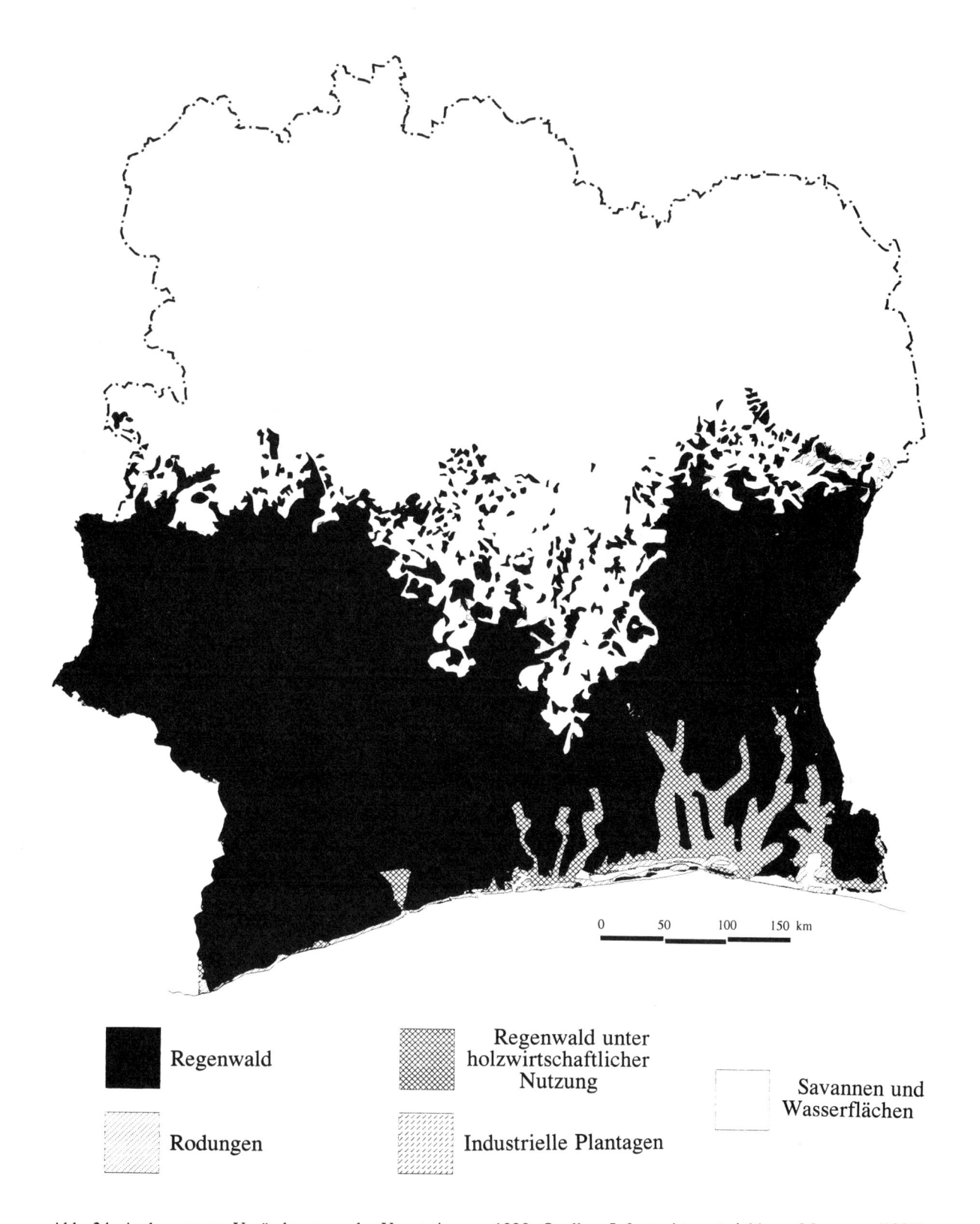

Legende:
- Regenwald
- Rodungen
- Regenwald unter holzwirtschaftlicher Nutzung
- Industrielle Plantagen
- Savannen und Wasserflächen

Abb. 34: Anthropogene Veränderungen der Vegetation um 1920. Quellen: Infrastrukturentwicklung; MENIAUD (1921)

[Agnibilekrou] (Côte d'Ivoire), la forêt ayant disparu localement, a ètè remplacée par la brousse à graminèes du Soudan." (HUBERT 1920, S. 22)

Nach GORNITZ (1985, S. 318) trat flächenhafte Entwaldung größeren Umfanges erstmals in den 20er Jahren auf, und zwar im Küstenraum, zwischen Dabou, Port Bouët und Grand Bassam sowie im Nordosten um Bondoukou, im Nordwesten um Man, Daloa und Bouaflé. Es ist zu vermuten, daß Degradationseinflüsse unterschiedlicher Intensität jetzt um alle Verwaltungs- und Handelszentren sowie entlang der Verbindungswege auftraten.

Innerhalb der Regenwaldzone wurde ein *Ost-West Entwicklungsgefälle*, wenn nicht verstärkt, dann spätestens jetzt angelegt. Zwischen dem nunmehr zu stetiger wirtschaftlicher Entwicklung übergegangenem östlichen Regenwald und dem durch Bevölkerungsarmut konservierten extremen Südwesten lag der durch Bandama und Sassandra abgegrenzte Raum >Centre Ouest<. Hier verweigerte sich die Bevölkerung - trotz hoher Dichte - der vordringenden exportorientierten Landwirtschaft:

"Les Bété (Didas, Guibos, Koudas, Godies..., etc.) habitent plus particulièrement les régions de Sassandra, Gagnoa et Daloa. Petit cultivateurs, ils sont individualistes, assez craintives et méfiants et leur évolution est sensiblement lente que celle des autres peuples habitant la forêt." (AVICE 1951, S. 29)

Allerdings ist die mangelnde Innovationsbereitschaft der Bété und anderer Völker des westlichen Regenwaldes weniger auf ethnopsychologische Besonderheiten, als auf die traumatischen Ereignisse zurückzuführen, die speziell hier mit der "Pazifizierung" verbunden waren (*vgl. S. 406*) und die zumindest eine Generation zur grundsätzlichen Ablehnung aller durch die Kolonialmacht eingeführten Neuerungen veranlaßt haben dürfte. In dem der Kolonialmacht nicht nutzbar scheinenden Südwesten wurde 1926 per Dekret ein >Parc refuge de la région forestière< als >forêt classée< und >réserve du faune< ausgewiesen, welcher die legale Grundlage für die Erhaltung des späteren Taï-Nationalpark bildet. Bereits 1924 wurde vor den Toren Abidjans ein Naherholungsgebiet von 3000 Hektar eingerichtet, der spätere Nationalpark Banco. Hier wurden 1926 die ersten Aufforstungsversuche durch Anreicherung von Naturwaldbeständen durchgeführt (ARNAUD 1975). In den 20er Jahren wurden erste Forstplantagen sowohl in der Regenwald- wie in der Savannenzone angelegt; auch entstand das System der >forêt classée<, in denen geregelter Holzeinschlag erlaubt, Rodungen für landwirtschaftliche Nutzung aber verboten sind. Speziell im V-Baoulé gingen die Aufforstungsexperimente mit der Rodung von Waldinseln für landwirtschaftliche Zwecke einher. Im Raum Bouaké wurden mittels >Taungya< (*vgl. S. 341*) die ersten Forstplantagen mit *allochthonen Hölzern* (*Tectona grandis*) angelegt (ARNAUD 1975). Erste konstruktive Veränderungen der Vegetation fanden auch statt in Form der künstlichen Anlage einer Mangrove zur Uferbefestigung entlang des Asagny-Kanals (HEDIN 1933, S. 598). Diese Phase des wirtschaftlichen Aufbaus wurde durch die Weltwirtschaftskrise unterbrochen.

6.2.4. 1929-1939 : Wachstum der Städte, Intensivierung der Landwirtschaft

Die Weltwirtschaftskrise führte im Raum Côte d'Ivoire nur zu einer kurzen Unterbrechung des außenhandelsorientierten Wirtschaftswachstums. Da die französische Volkswirtschaft in geringerem Maße weltwirtschaftlich verflochten war als die der anderen Industriestaaten, waren die Auswirkungen hier geringer und wurden auch früher überwunden. Deshalb setzte sich die wirtschaftliche Entwicklung in den französischen Kolonien, wenn auch weniger rasant als in den 20er Jahren, schon bald wieder fort. Die Kolonie Côte d'Ivoire wurde 1932 auf Kosten der Kolonie Haute-Volta beträchtlich erweitert. Um den Zugriff auf Zwangsarbeiter, die in immer größerem Umfang benötigt wurden, zu vereinfachen, wurde ihr das dichtbevölkerte Siedlungsgebiet der Mossi zugeschlagen. Zwischen 1929 und 1934 wurden auch die letzten Streusiedlungen im südwestlichen Regenwald entlang der schon zu Anfang des 20. Jahrhunderts erbauten militärischen Stichstraße im Grenzgebiet zu Liberia zu Straßendörfern zusammengefaßt. Hier entstanden die städtischen Zentren Guiglo, Taï und Toulepleu (DUCHEMIN 1979). Die frühe Ausweisung (1926) eines >Parc refuge de la région forestière< westlich der Straße (*vgl. Abb. 35*) harmonierte mit dem kolonialen Bedürfnis nach Kontrolle der Bevölkerung.

Naturschutz in Côte d'Ivoire

Die Grundlegung des Naturschutzes in Afrika erfolgte 1933 durch die Londoner Konvention zum Schutze der Natur. In den Annex dieser Konvention ließ Frankreich auch die >Réserve de Bouna< (270 000 Hektar) und die >Réserve de Sassandra< (425 000 Hektar) eintragen (ADJANOHOUN / AKE ASSI / GUILLAUMET 1968, S. 78), welche im wesentlichen die Flächen der jetzigen Comoé- und Taï-Nationalparke beinhalten. Die 5000 Hektar in Côte d'Ivoire, sowie 9500 Hektar in Guinea umfassende >Réserve integrale du Mont Nimba< wurde 1944 ausgewiesen (ADJANOHOUN / AKE ASSI / GUILLAUMET 1968, S. 7).

In den 30er Jahren fanden sich die größten Ölpalmkulturen des Küstenraumes bei Drewin, Yokoboué, Cosrou und Dabou. AUBREVILLE (1932, S. 244) beschreibt ihre Entstehung immer noch als Verdichtungsprozeß durch selektive Rodung von Sekundärwald, bei der die Ölpalme grundsätzlich geschont wird. Im Gegensatz zu den 20er Jahren ließen sich in den 30er Jahren neben den europäischen Siedlern auch Immigranten aus der nördlichen Côte d'Ivoire und der übrigen französischen Sudanzone als Pflanzer in der Waldzone nieder (CHAUVEAU / DOZON / RICHARD 1981, S. 643). In den Räumen Toumodi, Daloa, Dimbokro, Sassandra, Abengourou und Bondoukou entwickelte sich eine intensive Kaffee- und Kakao-Plantagenwirtschaft (CHIVAS-BARON 1939, S. 176; AVICE 1951, S. 65). Dimbokro sowie das Hinterland von Grand Bassam wurden zu den in dieser Zeit führenden *Produktionszentren für Kakao*. Im Laufe der 30er Jahre überholte der indigen dominierte Kakaoanbau den europäisch dominierten Kaffeeanbau. 1936 existierten in der Waldzone 130 000 Hektar Kakaoplantagen, davon waren 122 500

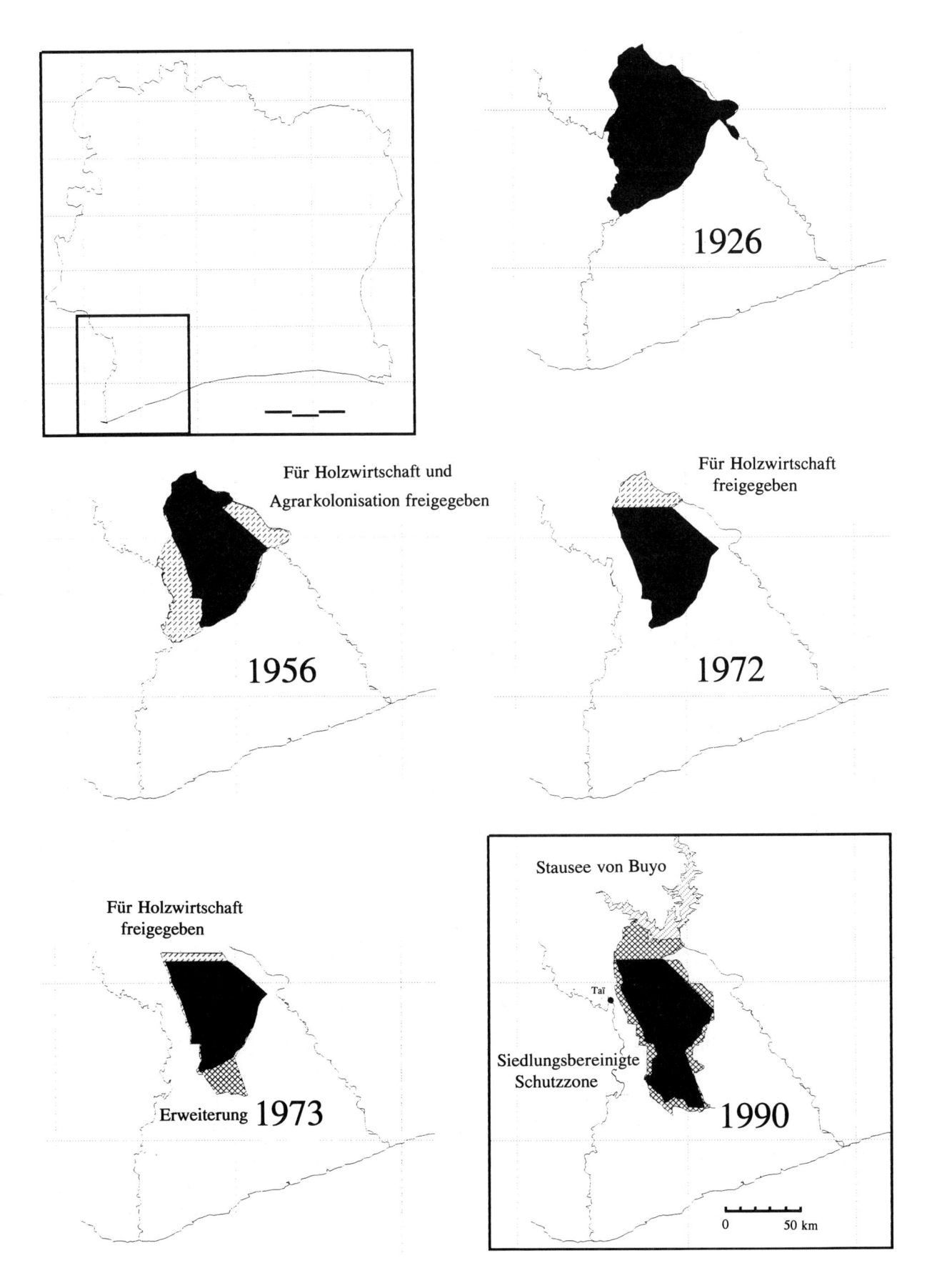

Abb. 35: >Parc National de Taï< Dekretierter Statuswandel 1926 - 1990. Quelle: Steigenberger (1973); ARSO (1977)

Hektar in ivorischer Hand. Die von Kaffeepflanzen bestandene Fläche lag 1939 bei 72 000 Hektar (AVICE 1951, S. 65,66). Seit etwa 1938 konkurrierten der Kaffee- und Kakaoanbau um verkehrsgünstige Anbauflächen. In enger Anlehnung an die Ausfuhrschienen entstanden seit 1931 im Raum Abidjan - Agboville europäische Plantagen für Tafelbananen. Die Anbaufläche belief sich 1936 auf 1190 Hektar (AVICE 1951, S. 66). Hier war die Vegetationsdegradation besonders intensiv:

"... surtout dans les vallées, des formations secondaires renfermant une assez grande proportion, de graminées ne sont pas rares: ..." (BEGUE 1937, S. 105)

Infrastruktur

In die 30er Jahre fallen Meilensteine der Verkehrsinfrastrukturentwicklung: 1931 wurde die Evakuationskapazität der Kolonie durch den Bau einer größeren Landungsbrücke in Port Bouët erhöht (AVICE 1951, S. 66). Im Jahre 1932 erreichte die Eisenbahn Banfora, 1933 wurde die Straße Abidjan - Agboville eröffnet und 1934 erreichte die Eisenbahn Bobo-Dioulasso (AVICE 1951, S. 44,73). Im Gegensatz zur südwestlichen Regenwaldzone, deren junge Zugangsstraßen trotz der aktuellen Umsiedlungen nach AUBREVILLE (1932, S. 239) reinen Primärwald durchquerten, zeichnete sich das Straßennetz in der nordwestlichen Regenwaldzone als Basislinie flächenhafter Entwaldung ab. Besondere Erwähnung finden die Routen Daloa - Seguela und Daloa - Douékoué (Ebd. S. 241). Offensichtlich hat das höhenklimatisch günstige Bergland um Man, daß sich auch durch eine größere Verfügbarkeit von Arbeitskräften auszeichnete, das besondere Interesse der Franzosen gefunden. 1929 wurde auf dem Mont Tonkoui eine Chinin- und Kaffeeforschungsstation eingerichtet. CHIVAS-BARON (1939, S. 125) lobt hier die Kraftfahrzeugtauglichkeit der Straße von Guessabo nach Duékoué. Das Bergland nördlich von Man wurde durch eine Stichstraße nach Biankouma erschlossen (KÖCHENDÖRFER-LUCIUS 1988).

Holzwirtschaft

Der Exploitationsschwerpunkt der Holzwirtschaft lag in den 30er Jahren im Raum Gagnoa - Lakota. Gegen Ende der 30er Jahre wurden neue Konzessionen für den Oberlauf des Sassandra vergeben (CHIVAS-BARON 1939, S. 195). 1935 trat ein Forstdekret in Kraft, das die Holzwirtschaft in ganz französisch Westafrika einheitlich regelte. Jetzt wurde versucht durch *Klassifizierung* des Waldes nach Nutzungs- und Schutzkategorien eine Grundlage für die Walderhaltung zu schaffen. Mit diesem Dekret wurden aber durch eine Verschärfung der Strafen für Forstdelikte und eine rechtliche Stärkung der Forstverwaltung vor allem die Beziehungen der *einheimischen* Bevölkerung zum Wald geregelt. Leider versagte das bis 1965 nahezu unverändert geltende Dekret bei der Regelung der Waldbewirtschaftung und Lenkung der von *Großunternehmen* organisierten Holzexploitation - also in den Bereichen der Forstgesetzgebung, "... denen nicht in erster

Linie eine repressive, sondern eine planerisch gestaltende Aufgabe zukommt."
(SCHMITHÜSEN 1976, S. 132). Dies gilt umsomehr, als die Holzexploitationsgesellschaften
auch Plantagen einrichteten (CHIVAS-BARON 1939, S. 193).

Vegetation

In den 30er Jahren begann die *Aufsiedlung* von Freiflächen in den Siedlungsgebieten der Waldvölker der südöstlichen und zentralen Regenwaldzone und der Ausbau von Dauersiedlungen in den schwach besiedelten Grenzgebieten *zwischen* den Ethnien (LENA 1979, SCHWARTZ 1979). AUBREVILLE und BEGUE berichten regional differenziert von "umfangreicher" Vegetationsdegradation, quantitative Angaben jedoch fehlen. AUBREVILLE schätzt den Anteil des Sekundärwaldes am gesamten Regenwald auf 40 %. Er berichtet, daß entlang der Straßen nur noch Sekundärwald zu sehen war, *einige hundert Meter* abseits der Straße aber Primärwald zu finden war (AUBREVILLE 1932, S. 239).

Im östlichen Küstenraum wird die Vegetationsdegradation an den Ufern der Lagunen in den frühen 30er Jahren von HEDIN (1933 S. 609) als buschige Sekundärvegetation mit pantropischen Gräsern beschrieben. Der auf die Lagunenvegetation folgende Regenwald ist an vielen Stellen durch >campements< und Maniokpflanzungen stark angegriffen. Auf der Route Tiassalé - Agboville beschreibt CHIVAS-BARON (1939, S. 125) ein Mosaik von Sekundärwald, Plantagen und Pennisetumfluren.

Während in der südöstlichen Regenwaldzone am mittleren Comoé eine größere zusammenhängende *Primärwaldfläche* fortbesteht (Ebd. S. 239), meldete AUBREVILLE (1932, S. 238,241) aus der nordöstlichen Regenwaldzone starke Degradationserscheinungen. In den Räumen Agnibilekrou und Koun-Bondoukou, den Zentren indigener Plantagenwirtschaft, traten anthropogene "Savannen" auf. Starke Degradation der Vegetation beobachtete AUBREVILLE (1932, S. 241) aber auch bei Daloa, einem Raum, aus dem auch BEGUE (1937, S. 14) und CHIVAS-BARON (1939 S. 124) flächenhafte Entwaldung melden. Erstmals scheint in den 30er Jahren die Ernährung der städtischen Bevölkerung nicht mehr aus dem unmittelbarem Umland der Städte gewährleistet werden zu können. AUBREVILLE (1932, S. 240) bezeichnete die *Reiskultur* als wesentliche Ursache der Waldzerstörung, denn die Bewohner des westlichen Regenwaldes kultivierten den Reis grundsätzlich im frisch gerodeten Primärwald. Es kann aber nicht übersehen werden, daß die Degradationszentren gerade in der westlichen Regenwaldzone identisch mit den Zentren europäischer Plantagenwirtschaft sind. CHIVAS-BARON (1939, S. 176) berichtet von intensiver Kaffee/Kakao-Plantagenwirtschaft in den Räumen Man und Bouaflé. Dieser Befund wird von BEGUE bestätigt:

" ... dans les cercles de Bondoukou, de Bouaflé, de Daloa et de Man ou le remplacement de la forêt par les formations à hautes graminées a'opere sur une grande échelle."
(BEGUE 1937, S. 14)

Neben der offensichtlich bei Daloa fortgeschrittensten Entwaldung meldet BEGUE (1937, S. 14) flächenhafte Entwaldung aus den Räumen Bouaflé und Man. Bereits 1932

Anthropogene Veränderungen der Vegetationsbedeckung in Côte d'Ivoire seit der Kolonialisierung 415

Regenwald

Rodungen

Regenwald unter holzwirtschaftlicher Nutzung

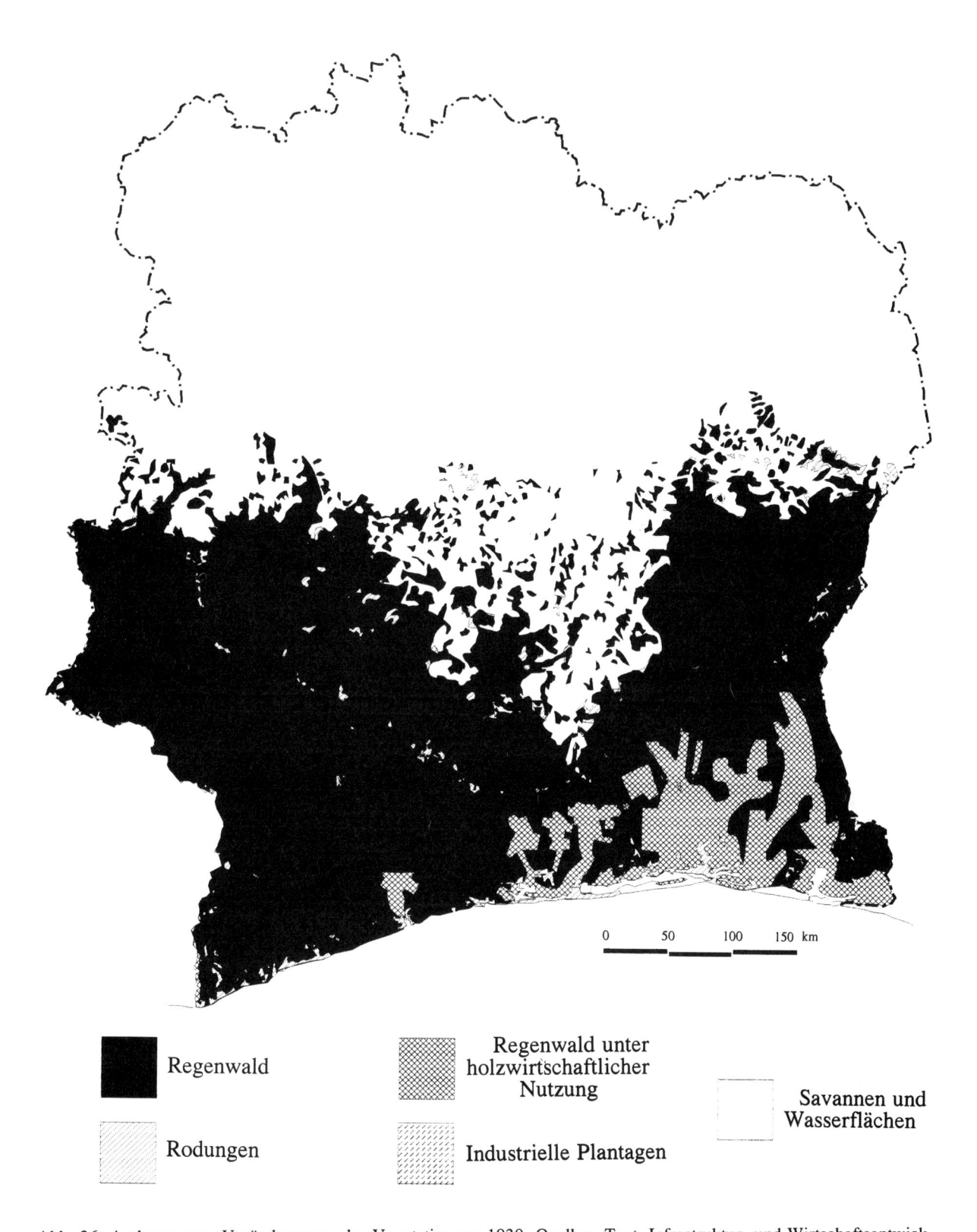

Industrielle Plantagen

Savannen und Wasserflächen

Abb. 36: Anthropogene Veränderungen der Vegetation um 1930. Quellen: Text; Infrastruktur- und Wirtschaftsentwicklung; ethnische Grenzlinien

beklagte AUBREVILLE die Kultivierung der Steilhänge im Raum Man (AUBREVILLE 1932 S. 242). Wenige Jahre später war die Vegetationsdegradation im Bergland bereits mit Bodenerosion verbunden:

"Dans le cas de terrains en pente, l'etablissement de cultures provoque une dégradation profonde et definitive du sol; la roche est mise à nu là où elle ètait recouverte d'un superbe manteau de forêt. Ce phénoméne est aisé à suivre dans le massiv montagneux de la region de Man." (BEGUE 1937, S. 15)

Der Regenwald wurde jetzt aber auch an seiner Nordgrenze zurückgedrängt:

"Le deboisement s'opère actuellement aux limites de la forêt dense, à l'Est comme à l'Ouest de la Colonie, à un rythme accéléré." (BEGUE 1937, S. 102)

Die dichter besiedelten Bergregionen des Nordwestens waren stark degradiert. ROBEQUAIN / CHOUARD (1937) schätzten die Einwohnerdichte der Monts Toura (nördlich der Regenwaldgrenze) auf 10-20 Ew/km². Ebd. (S. 132) beschreiben sie die Nordostseite der Mont Nimbas als wesentlich schwächer bewaldet als die Monts des Dan. Sie hielten anthropogene Einflüsse für wahrscheinlich. HEIM (1941, S. 17) hingegen beschrieb die Bergwälder des Mont Nimba als weitgehend intakt und verwies auf den heiligen Charakter des Berges. Diese Einschätzung widerspricht den Ergebnissen der intensiven Untersuchung des Bergmassives durch SCHNELL (1944), der in den 40er Jahren bereits stark degradierte Bergwälder beschreibt und periodische Feuer an den Hängen beobachtete, die auch das Gipfelplateau erreichen. Gleichzeitig wurden in den Tälern nördlich des geschlossenen Regenwaldes Waldinseln und Galeriewälder bevorzugt kultiviert:

"Les thalwegs sont suivis par d'etroites galeries forestières. Ces bandes forestièrs des collines, que on peut considérer comme vestiges de l'ancienne forêt [?], sont actuellement tres attaques par les indigènes." (AUBREVILLE 1932, S. 223)

6.2.5. 1939-1949 : Erzwungene Autarkie

Die Zeit des Zweiten Weltkrieges ist in der gesamten Côte d'Ivoire als besonders degradationsintensiv einzustufen. Kriegsbedingt ging die Bedeutung der Plantagenwirtschaft 1939 stark zurück, während die Selbstversorgung wieder einen hohen Stellenwert erhielt. Der Bedarf an Anbauflächen für Nahrungsmittel, die nicht mehr durch >cash crops< substituiert werden konnten, stieg plötzlich an und ein *Degradationsschub* erfaßte Waldgebiete der Savannenzone und das Hinterland der Städte in der Regenwaldzone. Von 1936 bis 1940 war eine Kampagne zur Förderung und Verbreitung des Trockenreisanbaus angelaufen (CHAUVEAU / DOZON / RICHARD 1981, S. 644), die vor allem dessen natürliches Verbreitungsgebiet, die westliche Côte d'Ivoire, betraf. Infolgedessen verlagerte sich auch das *Wachstum* des anthropogenen Druck auf die Vegetation dorthin. Als Ersatz für die Reisimporte aus Fernost (4000 Tonnen pro Jahr 1935 - 1939), wurden in den Regionen Man und Daloa seit 1943 jeweils 40 000 Hektar Reis kultiviert (Service d'Agriculture de la Côte d'Ivoire 1949, o.O.) Dies hatte eine

Anthropogene Veränderungen der Vegetationsbedeckung in Côte d'Ivoire seit der Kolonialisierung

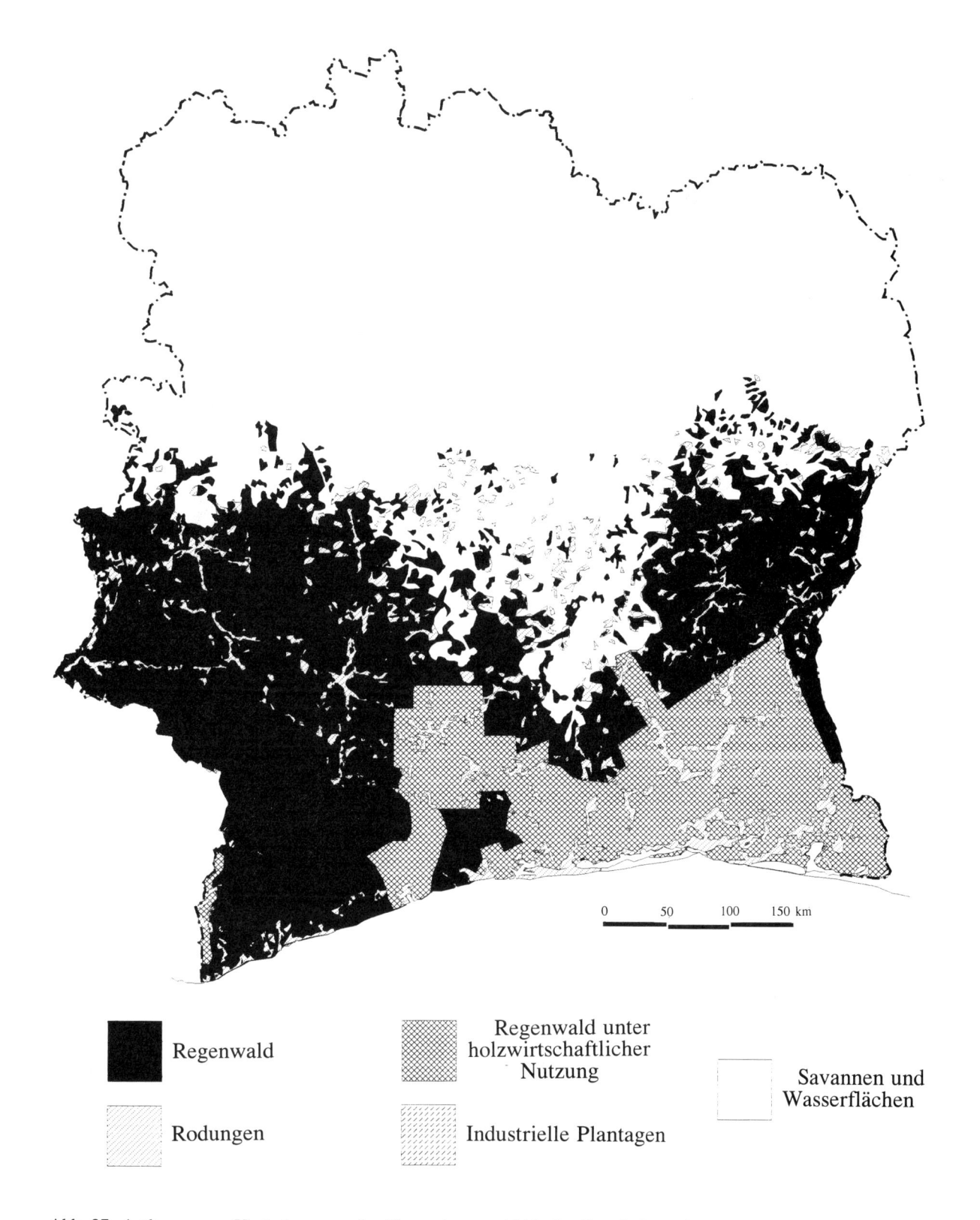

Legende:
- Regenwald
- Rodungen
- Regenwald unter holzwirtschaftlicher Nutzung
- Industrielle Plantagen
- Savannen und Wasserflächen

Abb. 37: Anthropogene Veränderungen der Vegetation um 1940. Quellen: Infrastruktur- und Wirtschaftsentwicklung; ethnische Grenzlinien; Holzwirtschaft nach TRAORE (1949)

Verschärfung der bestehenden Erosionsprobleme im Raum Man, aber auch in der östlichen Regenwaldzone zur Folge:

"Dans les régions de Man et de Dimbokro, les massiv accidentés sont soumis à une érosion intense. ... Dans le Cercle de Dimbokro, on estime que l'erosion pluviale a stérilisé à elle seule 2250 kilomètres carrés du Cercle." (Service d'Agriculture de la Côte d'Ivoire 1949, o.S.)

Die Kriegszeit hat einem französischen Forscher die Muße beschert, erstmals einen integralen Ausschnitt der ivorischen Vegetation intensiv zu studieren. Roland SCHNELL verbrachte die Zeit von 1941 bis 1945 in den Monts Nimbas und hat die Ergebnisse seiner breit angelegten Arbeit 1952 publiziert. Sie lassen sich in Bezug auf die Fragestellung nach anthropogenen Veränderungen wie folgt zusammenfassen: In den 40er Jahren sind die östlichen Hänge des Mont Nimba zwischen 900 und 1700 Meter von einer baumlosen Bergheide bestanden. Der Bergwald übersteigt hier 900 Meter nicht, während er im westlichen Teil den Gipfel bei 1300 bis 1400 Meter bedeckt. Der nordöstliche Mont Nimba ist Harmattan exponiert, weshalb hier laubwerfender Regenwald steht, während am südwestlichen Mont Nimba immergrüner Regenwald existiert. Die *Hänge* und der *Bergfuß* unterlagen hier intensiver Rodung zum Zwecke des Trockenreisanbaus. In tieferen Hanglagen gab es praktisch nur mehr oder weniger stark degradierten *Sekundärwald*. Die oberen Hänge unterlagen religiösem Tabu und wurden nicht betreten. Dennoch betrachtet SCHNELL die *Bergheide* als anthropogene, durch Feuer geschaffene Vegetation. Er beobachtete, wie sich unter Starkwindeinfluß Feuer vom Hangfuß über Waldschneisen bis in die Gipfelregion ausbreiteten, und vermutete eine vormals größere Ausdehnung des Waldes, der seiner Meinung nach große Teile des jetzt mit Bergheide bestanden östlichen Bergmassiv bedeckt haben soll. Bergwald wurde an seiner unteren Grenze durch Rodungen reduziert, während er an seiner oberen Grenze dem Feuer ausgesetzt war. Die Bergwälder des Mont Tonkoui waren im Bereich der unteren Hänge stark degradiert (SCHNELL 1944, S. 114). Im Verlauf der >Campagne rizicole< der Jahre 1946 - 1947 wurde vor allem der Mont Tonkoui intensiv gerodet und gebrannt (Service d'Agriculture de la Côte d'Ivoire 1949).

Während die Holzwirtschaft durch den Krieg praktisch zum Erliegen kam, arbeitete die Forstverwaltung an der Klassifizierung des Bestandes. Nach 1945 wurde durch Ausdehnung der Holzexportpalette ein *zweiter Nutzungsdurchgang* in den östlichen Waldgebieten des immergrünen Regenwaldes eingeleitet. 1946 war das Jahr der Abschaffung der Zwangsarbeit. In der Folge gaben die französischen Kolonisten den Kaffee-/ Kakao-Anbau endgültig auf und wandten sich der Holzexploitation und dem Ananas- und Tafelbananen-Anbau zu. 1947 wurde das Mossigebiet zur Kolonie Haute-Volta zurückgeführt und Côte d'Ivoire hatte wieder seine Grenzen von 1932 (AVICE 1951, S. 8). 1948 lagen die Anbauflächen für Kaffee bei 135 000 Hektar. Bananenplantagen mit einer Ge-samtfläche von 2110 Hektar (AVICE 1951 S. 66,67) breiteten sich an den Lagunenufern um Abidjan, entlang der Eisenbahnlinie, an den Straßen nach Tiassalé und Adzopé sowie um die Mündung des Sassandra aus.

6.2.6. 1949-1955: Der Kaffee-Kakao-Boom

Während flächenhafte Entwaldung sich in der ersten Hälfte des 20. Jahrhunderts auf die Ausgangsräume der Plantagenwirtschaft, die Umgebung der städtischen Zentren (Nahrungsmittelbau, Feuerholz), die Eisenbahnlinie und die schiffbaren Gewässer beschränkte, drang sie nunmehr entlang vieler neuer Straßen in die Tiefe des Raumes. In den 50er Jahren setzte eine allmählich beschleunigende *Landnahme von Ost nach West*, bis zum Fluß Sassandra ein. Der Fluß bildete bis in die 60er Jahre eine Siedlungsbarriere gegen Westen (SCHWARTZ 1979). Die gegenwärtig vorherrschenden Prozesse *Landflucht* und *Aufsiedlung des Küstenraumes* wurden schon von AVICE (1951, S. 36) beobachtet.

Ein Ameliorationsschub im Straßenbau spiegelt den Bedeutungsgewinn des Automobilverkehrs gegenüber der Eisenbahn. Noch vor 1950 wurde die Straße von Gagnoa nach Abidjan ausgebaut. Das System der Verkehrsstraßen erhielt seine heutige Struktur, die durch Vorherrschaft der Nord-Süd Verbindung Abidjan - Bobo-Dioulasso (Anschluß an die "große Interkoloniale" Achse Dakar - Niger) und durch die vier Transversalen Abengourou-Agboville, Dimbokro-Daloa-Guiglo, Bondoukou-Bouaké-Seguela-Man sowie Bouna-Ferkéssedougou-Korhogo-Odienné gekennzeichnet ist. In den 50er Jahren entstanden Straßenverbindungen nach Gold Coast und Liberia.

Abb. 38: Erosion in einer Ananas-Plantage während der frühen Regenzeit (Landkreis Bonoua)

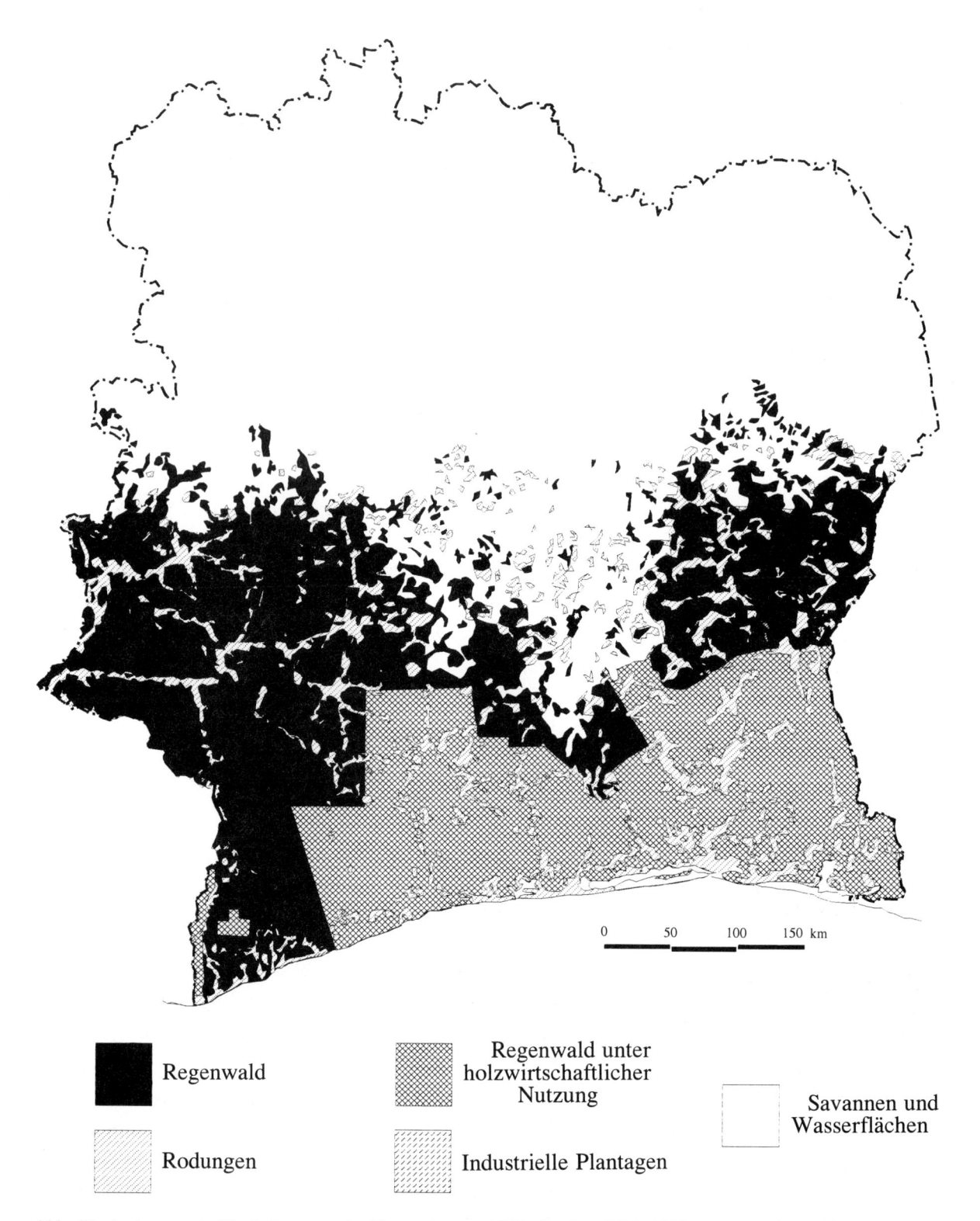

Abb. 39: Anthropogene Veränderungen der Vegetation um 1950. Quellen: IGN (1950); DUCHEMIN (1979); Holzwirtschaft nach CTFT (1967)

Legende:
- Regenwald
- Rodungen
- Regenwald unter holzwirtschaftlicher Nutzung
- Industrielle Plantagen
- Savannen und Wasserflächen

Mit Abschaffung der Zwangsarbeit und Boom der Kaffee-Kakaopreise auf dem Weltmarkt (1950 - 1955) setzte ein starkes *Wachstum der Plantagenwirtschaft* ein. Die Anfänge der industriellen Plantagenwirtschaft fallen in diese Zeit. 1950 belief sich die Anbaufläche mit Ölpalmen im Küstenraum auf 700 000 Hektar. Davon entfielen 6000 Hektar auf fünf industrielle Plantagen. MANGENOT (1955, S. 9) vermerkt, daß das Küstengebüsch zu dieser Zeit bereits weitgehend verschwunden und durch Kopraplantagen ersetzt worden war. Nach dem Zweiten Weltkrieg erwuchs mit der Ananaskultur, deren Fläche 1951 bei lediglich 300 Hektar lag, ein neuer Zweig der ivorischen Plantagenwirtschaft. In embryonalem Umfange waren jetzt auch Zitrusplantagen vorhanden (AVICE 1951, S. 67). Die Wirtschaftsentwicklung der Boomjahre ist durch Arbeitskräftemangel gekennzeichnet. Dieser erlaubt Rückschlüsse auf die regionale Differenzierung des Wachstums: Der Mangel war in den Räumen Abidjan, Abengourou, Agboville, Gagnoa, Grand Bassam und Sassandra besonders ausgeprägt. Arbeitskräfteüberschuß bestand in Seguela, Man und Korhogo (AVICE 1951, S. 34). Die Veränderungen der 50er Jahre wirkten sich aber keineswegs durchgängig negativ auf die Vegetation aus. So wurde der anthropogene Druck auf die Vegetation entlang der Eisenbahnlinie und der schiffbaren Gewässer, gerade in diesem niederschlagsreichen Jahrzehnt, durch den Ersatz der holzbefeuerten Dampfmaschinen durch Dieselmotoren nach dem Zweiten Weltkrieg merklich verringert. Die aus dem Kaffee- und Kakaoanbau bezogenen Einkommen *reduzierten* die Notwendigkeit brandrodungsintensiven Nahrungsmittelanbaues. Aufgrund der Gefährdung der perennierenden Kulturen wurde der Gebrauch des Feuers stark eingeschränkt, vor allem im Savanne-Regenwald Grenzraum. Dies hatte in den guineischen Savannen ein Wachstum der Gehölzvegetation auf Kosten der Gramineen - die "Regenwaldprogression" - zur Folge.

6.3. Der Zeitraum seit der Unabhängigkeit im Jahre 1960

6.3.1. 1955-1965: Diversifizierung der Landwirtschaft

Modell Côte d'Ivoire - Entwicklungstheoretische Bezüge

Nach der Unabhängigkeit suchte Côte d'Ivoire das wirtschaftliche Heil, im Gegensatz zu seinen Nachbarstaaten Ghana und Guinea, in der Zusammenarbeit mit der westlichen Staatengemeinschaft. Die Unabhängigkeit stellte daher keine wirtschaftliche und nur eine vergleichsweise schwache politische Zäsur dar. Vielmehr wurde der in den 50er Jahren beschrittene Weg der prioritären Entwicklung einer *exportorientierten Landwirtschaft* konsequent fortgeführt. Auf Grundlage reichlicher Inanspruchnahme der drei Produktionsfaktoren *Land* (Regenwald), *Arbeitskraft* aus dem Sahel und *Kapital* aus Frankreich wurde damit ein Wachstum des Bruttoinlandproduktes erzielt, daß während der 60er Jahre mit durchschnittlich 11 % in der gleichen Größenordnung lag wie dasjenige

Japans. Obwohl für die problematische Bemessung von "Entwicklung" sinnvollere Indikatoren als das Bruttoinlandprodukt, z.B. die Lebenserwartung oder der Alphabetisierungsgrad, herangezogen werden können, wurde Côte d'Ivoire aufgrund dieser beeindruckenden Wachstumsraten zum Modell des *modernisierungstheoretischen* Entwicklungsansatzes (ROSTOW 1960) erhoben, welchem zufolge über exportorientiertes Wirtschaftswachstum der endgültige >take off into selfsustained growth< erreicht werden kann. Im Rahmen dieses Entwicklungsmodells ist zur Erzeugung des Endzustandes auch der kurzfristige Verbrauch einer nicht erneuerbaren Ressource, z.B. des tropischen Regenwaldes, völlig legitim. Die Vertreter einer liberalistischen Ökonomie konnten in Côte d'Ivoire tatsächlich über viele Jahre hinweg die Bestätigung des Theorems der *komparativen Kostenvorteile* ausmachen, nach welchem bei zunehmender Integration in den Welthandel und größerer internationaler Spezialisierung einsetzende Verfall der >terms of trade<, eine nachhaltige Verschiebung der Preisentwicklung von

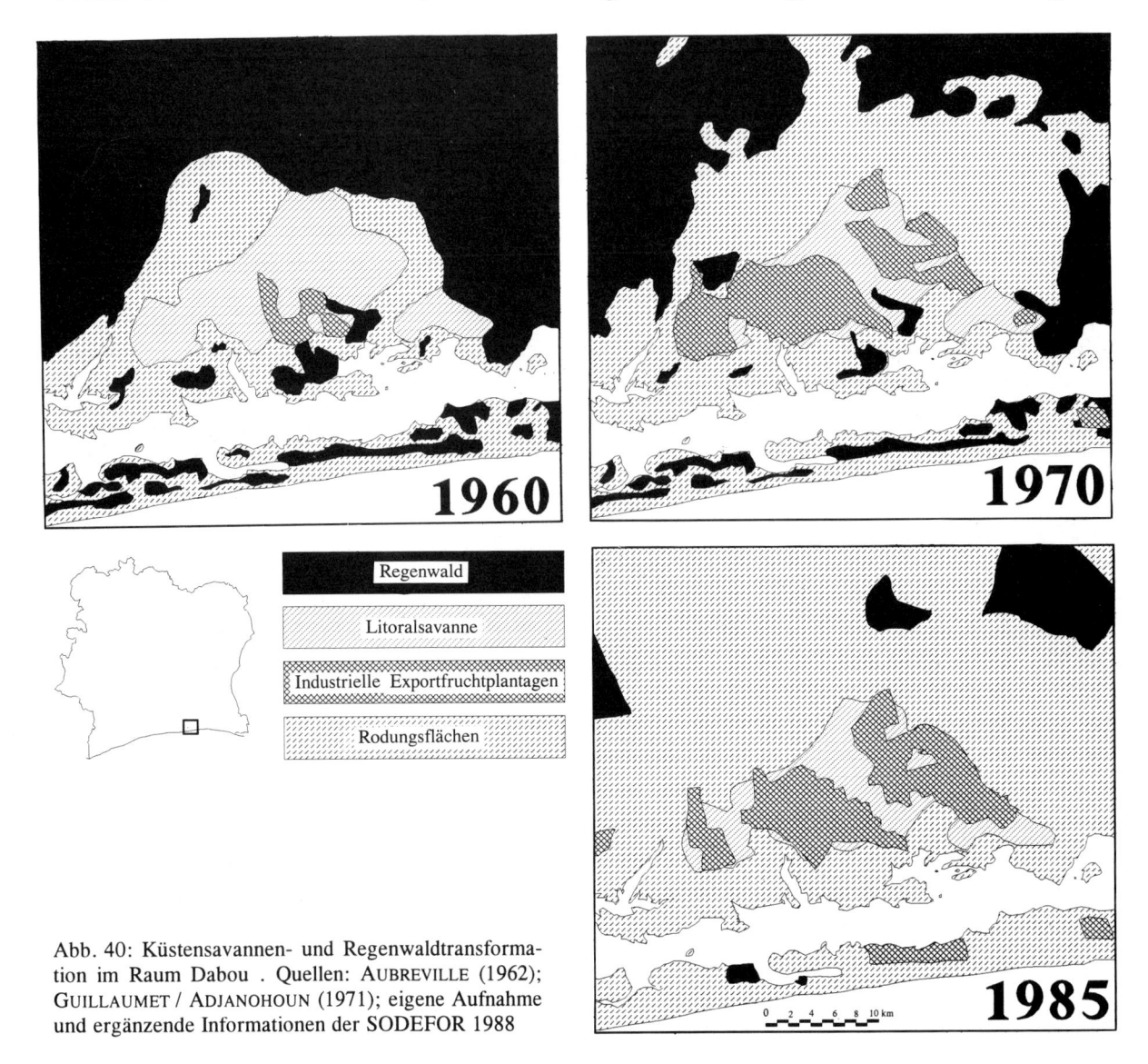

Abb. 40: Küstensavannen- und Regenwaldtransformation im Raum Dabou. Quellen: AUBREVILLE (1962); GUILLAUMET / ADJANOHOUN (1971); eigene Aufnahme und ergänzende Informationen der SODEFOR 1988

Rohstoffen und Fertigwaren zu Ungunsten der Rohstoffproduzenten, war allerdings, im Gegensatz zur dependenztheoretischen Analyse des Modell Côte d'Ivoire ("Wachstum ohne Entwicklung") (AMIN 1967), hier nicht vorgesehen. AMINs Analyse der ivorischen Ökonomie, welche die Entstehung eines sich selbstverstärkenden "Verelendungswachstums" postuliert, hat aber auch Erklärungswert für die Entwicklung der Landnutzung. Wie von AMIN prognostiziert, reagierten die ivorischen Pflanzer auf den Verfall der Weltmarktpreise für Kaffee und Kakao nicht mit einer Reduktion der Produktion, sondern mit einer stetigen Ausweitung der Produktion(sfläche). Jenseits dieser ideologisch belasteten, theoretischen Auseinandersetzung liegt das für Côte d'Ivoire existentielle Problem: die zukünftige Erhaltung des agrarischen Produktionspotentials. Es ist daher PRETZSCH (1986, S. 31) zuzustimmen, der die vorliegenden Analysen (sowohl liberalistischer als auch neomarxistischer Prägung) als veraltet bezeichnet, weil sie dieses Problem ausklammern, das allein einer *ökologisch* zentrierten Analyse zugängig ist.

Plantagen

Eine der wenigen Möglichkeiten zur Stabilisierung der einseitig strukturierten Volkswirtschaft von Côte d'Ivoire liegt in einer Diversifizierung der landwirtschaftlichen

Abb. 41: Hevea-Plantage bei Ousrou im Landkreis Dabou

Exportpalette, die trotz steigender Kaffee- und Kakaopreise noch in den 50er Jahren angestrebt wurde. Das notwendige Kapital kam letztendlich aus der Holzwirtschaft, deren Volumen in den 60er Jahren um 195 % wuchs. Seit Mitte der 50er Jahre erfolgte der Aufbau von Ölpalm- und Kautschukplantagen im Hinterland von Abidjan systematisch. Die nahezu vollständige *Transformation der Küstensavannen* in Palmölplantagen fällt in die erste Hälfte der 60er Jahre. Anthropogene Veränderungen der Vegetation des Raumes Dabou zwischen 1960 und 1985 konnten mittels der Arbeiten von AUBREVILLE (1962) und GUILLAUMET / ADJANOHOUN (1971) sowie eigenen Geländebeobachtungen und ergänzenden Informationen der SODEFOR rekonstruiert werden (*vgl. Abb. 40, S. 422*). Der untersuchte Raum liegt im Gürtel intensiver industrieller Plantagenwirtschaft, welcher konzentrisch an die Außengrenze der Zone intensiven Gartenbaues (mit Kleintierhaltung) für die Agglomeration Abidjan anschließt und in den 60er und 70er Jahren stark ausgebaut wurde. 1988 war der (Anfang der 80er Jahre) von der Autobahn Abidjan-Yamoussoukro zerteilte >Forêt classée de Mafé< ebenso wie der >Forêt classée de Kokoh< in landwirtschaftliche Nutzfläche überführt worden. Neben Palmöl- wurden auch Kautschuk-, Kopra- und Ananasplantagen angelegt.

Holzwirtschaft

In der zweiten Hälfte der 50er Jahre erfaßte ein erster Nutzungsdurchgang der Holzwirtschaft die südwestliche Regenwaldzone. Da der Transport hier immer noch sehr kostenintensiv war, betraf er nur die allerwertvollsten Holzarten und war in seinen Ausmaßen begrenzt. Im Südosten erfaßte ein zweiter Nutzungsdurchgang Werthölzer mittlerer Größenklassen, gleichzeitig wurde das Spektrum exportierter Holzarten durch Weißhölzer erweitert (LANLY 1969, S. 47). Die Nutzung von >Samba< (*Triplochiton scleroxylon*) markiert die *Erschließung des halbimmergrünen Regenwaldes*, die, in Verbindung mit dem starkem demographischen Druck an der Nordgrenze des Regenwaldes, zu hohen Waldflächenverlusten in den nördlichen Randgebieten führte (Ebd. S. 55). Die Verluste waren im dichtbevölkerten Raum Man besonders hoch. Dort ermöglichte der aufkommende Automobilverkehr jetzt Kaffeeanbau. Zur Verbesserung der Evakuationsmöglichkeiten beteiligte sich die Bevölkerung hier neben Holzwirtschaft und Staat in Eigeninitiative am Ausbau der Verkehrsinfrastruktur. Das besondere Interesse der Holzwirtschaft am Nordwesten erklärt sich durch weit nach Norden vorgeschobene Vorkommen hartholzreicher immergrüner Regen-wälder (*vgl. Abb. 10, S. 328*). Aus diesem Raum wurde schon früh auf die *Ausbreitung von Grasfluren* als Konsequenz einer permanenten Verkürzung der Brachzeit hingewiesen (MOUTON 1959, S. 227). AUBREVILLE (1957, S. 20) vermerkte, daß die Bevölkerung hier *nach* der Holzexploitation in "permanente Bewegung" geriet. Der Autor zeigte sich erstaunt über den Fortschritt der Entwaldung in den schwach besiedelten Räumen Guiglo - Issia. Als Schrittmacher bezeichnet er neben der Kaffee- vor allem die Trockenreiskultur der Gueré, die grundsätzlich in Primärwald angelegt wird und bei der nur eine Ernte kultiviert wird (weil es arbeitsaufwendiger ist, die Felder vor dem eindringenden Sekundärbusch zu schützen als den Primärwald zu roden). AUBREVILLE (1957, S. 20) registrierte, daß viele Dörfer auf der damals neuen Topographischen Karte 1 : 200 000 nicht mehr existierten, dafür aber andere, die nicht auf der Karte standen.

Regenwald

Die Fläche des Regenwaldes ging seit den 20er Jahren deutlich zurück. Als sie zwischen 1954 und 1956 durch das CTFT erstmals über Luftbilder ermittelt wurde, lag sie bei 118 000 km² (FAO 1981). LANLY (1969) schätzt den jährlichen Waldflächenverlust zu diesem Zeitpunkt auf 100 000 Hektar. Im hier betrachteten Zeitraum stieg dieser Wert stark an und erreichte einen Mittelwert von 280 000 Hektar pro Jahr (FAO 1981). Während die Waldfläche zunehmend reduziert wurde, arbeitete die ivorische Forstverwaltung intensiv an der Klassifizierung des Bestandes. Die nominale Fläche der geschützten Wälder stieg von 2 811 844 Hektar auf ein Maximum von 5 300 000 Hektar im Jahr 1959 an (NORMAND 1950, S. I-III). In die zweite Hälfte der 50er Jahre fallen auch die Anfänge der *Zersplitterung* der Regenwaldfläche, d.h. einer starken Zunahme der Zahl von Flächen die kleiner als 100 Hektar sind. In den "traditionellen" Kaffee und Kakaoanbaugebieten der östlichen Côte d'Ivoire bewirkten die weiterhin steigenden Weltmarktpreise, in Verbindung mit dem einsetzenden Automobilverkehr, eine zweite Welle der *Siedlungskonzentration* entlang bestehender und neuer Straßenverbindungen, diesmal auf freiwilliger Basis. Abseits der Eisenbahn war die Erschließung neuer Produktionsflächen in der *nordöstlichen* (vor allem im Raum M'Bahikro - Ouéllé - Daoukro) und *nordwestlichen Regenwaldzone* sowie im angrenzenden nordwestlichen V-Baoulé besonders intensiv. Wegen der fortschreitenden Ausbreitung perennierender Kulturen, möglicherweise auch aufgrund der relativ hohen Niederschläge in den 50er und der ersten Hälfte der 60er Jahre, nahm Gehölzvegetation auf den Regenerationsflächen des V-Baoulé auch in den frühen 60er Jahren noch zu:

"D'une manière générale, le V Baoulé s'est fortement reboisé pendant ces dernières années, en particulier dans la region de Toumodi à Singrobo." (ADJANOHOUN 1964, S. 128)

Auf einer Rundreise durch Côte d'Ivoire registrierte AUBREVILLE (1957, S. 18) - nach zwölfjähriger Abwesenheit - die gravierendsten Veränderungen im Raum Danané und der Grenzregion zu Guinea. Im allgemeinen "zog sich der Primärwald von den Straßen zurück". Das Vorhandensein von Primärwald wurde an der Straße zur bemerkenswerten Ausnahme. So vermerkt AUBREVILLE (1957, S. 17) Primärwald entlang der Routen Hiré-Oumé (Forêt du Sangoué) und Taï-Grabo. In der Regel mußten mehrere *Kilometer* Brachfelder und Kulturen durchquert werden (in den 30er Jahren waren es einige hundert Meter), um in reifen Hochwald zu gelangen (AUBREVILLE 1932, S. 239). In Räumen mit einer höheren Bevölkerungsdichte erfolgte die Entwaldung flächenhaft (AUBREVILLE 1957, S. 18) *(vgl. Abb. 42, S. 426).*

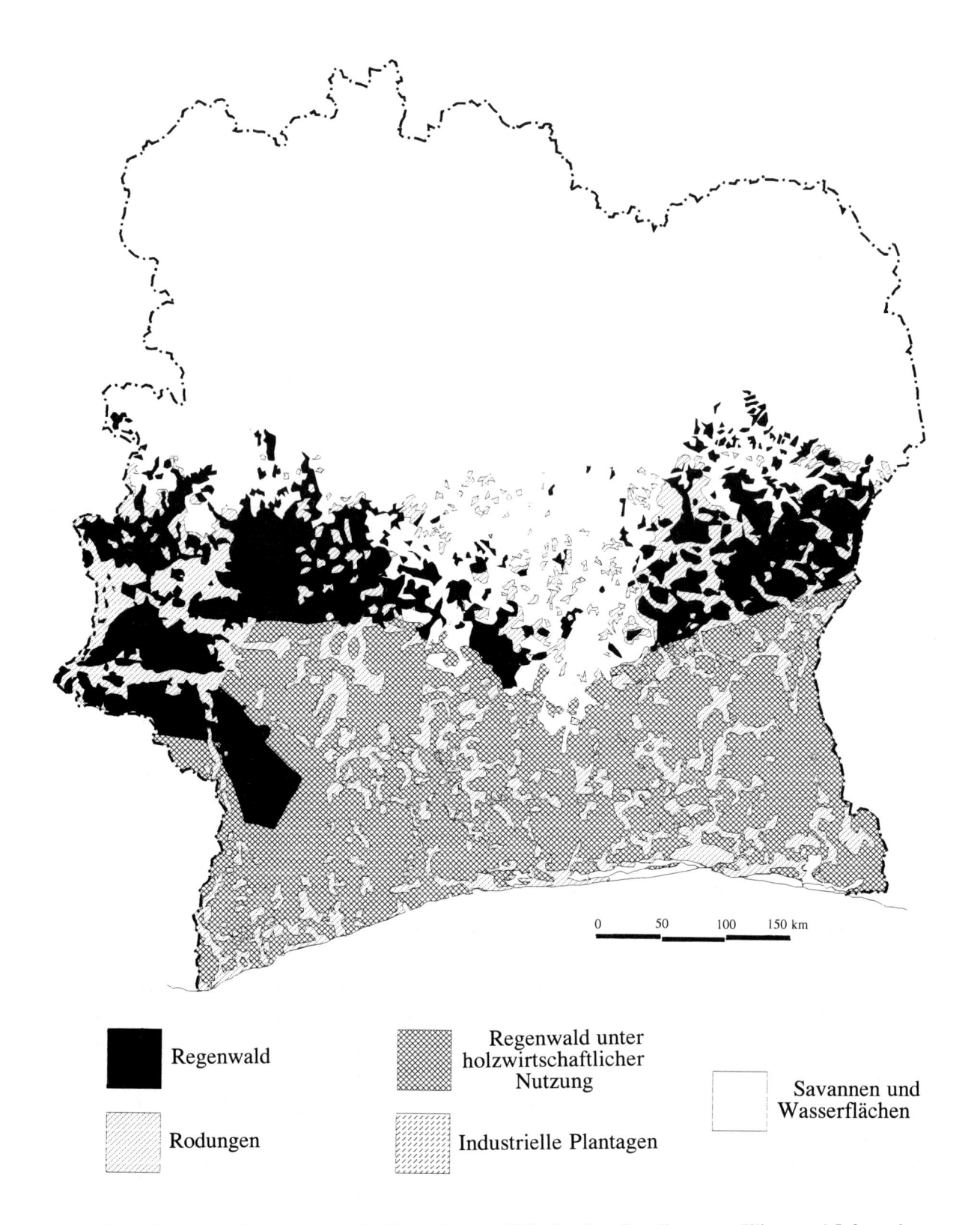

Abb. 42: Anthropogene Veränderungen der Vegetation um 1960. Quellen: Bevölkerungs-, Klima- und Infrastrukturentwicklung; Holzwirtschaft nach RIGOU (1972)

Legende:
- Regenwald
- Rodungen
- Regenwald unter holzwirtschaftlicher Nutzung
- Industrielle Plantagen
- Savannen und Wasserflächen

6.3.2. 1965-1975: "Finale" Erschließung des Südwestlichen Regenwaldes

Entwicklungsplanung

Im zweiten Jahrzehnt der Unabhängigkeit setzte sich das Wachstum des Bruttoinlandproduktes mit durchschnittlich 7 % jährlich in abflachender Form fort. Côte d'Ivoire ging aus der ersten großen Rohstoff-Baisse Ende der 60er Jahre mit verbesserten Marktanteilen hervor und konnte auch die Ölkrise, die Anfang der 70er Jahre die Budgets der Nicht-OPEC-Länder der Dritten Welt strapazierte, auf verhältnismäßig hohem Niveau überstehen. Diese Erfahrungen mögen dazu beigetragen haben, in den 70er Jahren - trotz gegenläufiger >terms of trade< - ein Investitionsprogramm zu wagen, welches in seiner ganzen Größe und Komplexität wohl nicht mehr zu überblicken war und sich zunehmend verselbständigte. In den Zeitraum 1965 - 1975 fallen Planung und Realisierung derjenigen *Projekte*, die entscheidend wurden für die weitgehende *Beseitigung des Regenwaldes* der südwestlichen Côte d'Ivoire. Bis 1970 waren die Holzressourcen des Südwestens aufgrund der mangelnden Evakuationsmöglichkeiten praktisch unangetastet. Das Ziel ihrer "Inwertsetzung" konnte nur mittels massiver Infrastrukturinvestitionen, das heißt durch *Fernstraßenausbau* sowie die Einrichtung eines neuen *Tiefwasserhafens*, erreicht werden.

Es hat nicht an Versuchen gefehlt, diese primär ökonomisch begründeten Projekte auch entwicklungspolitisch zu legitimieren. Vor dem theoretischen Hintergrund der französischen Schule der Regionalplanung, namentlich der Theorie der *Entwicklungspole* (PERROUX 1955), waren sowohl die Einrichtung des Hafens von San Pedro im Südwesten als auch die Anlage des Stausee von Kossou in der Zentralregion durchaus konsequent. Nach PERROUX sollen durch punktuelle Förderung von Wirtschaftssektoren/-räumen *Wachstumszentren* entstehen, die über Rückwärtskoppelungseffekte zu *Entwicklungspolen* für ihr Umland werden. Diese beiden Projekte, die auch mit der "Beseitigung regionaler Disparitäten" und der Notwendigkeit einer "postkolonialen Raumstruktur" begründet wurden, bildeten die Eckpfeiler eines kostspieligen Projektbündels, mit dessen Hilfe Côte d'Ivoire in den 70er Jahren zu einem "Großen Sprung nach vorn" ansetzte. In der Bilanz dieser Aktivitäten stehen wirtschaftliche Erfolge wie die produktive und relativ umweltverträgliche Palmöl- und Kautschukplantagenwirtschaft neben bislang noch ökonomisch erfolgreichen Aktivitäten wie dem mechanisierten Baumwollanbau im Raum Bouaké. Fragwürdig hingegen war von Anfang an der mit "Dezentralisierung" begründete Ausbau von Yamoussoukro - dem Geburtsort von Felix Houphouët-Boigny - zur neuen Hauptstadt von Côte d'Ivoire (seit 1983). Auch das räumlich wie finanziell bedeutendste Entwicklungsprojekt der 70er Jahre, der Stausee von Kossou, dessen Mauer knapp 50 Kilometer nordwestlich von Yamoussoukro steht, muß in Zusammenhang mit diesem Prestigeprojekt gesehen werden. Die aktuelle ökonomische wie ökologische Krise der Côte d'Ivoire beruht weitgehend auf den Folgen dieser, in den 70er Jahren begonnenen und seit 1980 überwiegend eingestellten Entwicklungsmaßnahmen.

Die neue Landeshauptstadt und ihr Stausee - welcher seit seinem Aufstau im Jahre 1972 zwischen 10 und 20 % der installierten Energieleistung erbracht hat - sind die größten unter einer Vielzahl von unproduktiven Investitionen der Vergangenheit, die dazu beigetragen haben, daß die Côte d'Ivoire in den 80er Jahren mehrfach zu Umschuldungsverhandlungen mit dem IMF gezwungen war. Auch wenn diese beiden Projekte, im Gegensatz zur Finanzierung des Hafens San Pedro (Bundesrepublik Deutschland) und des Straßenbaues in der Südwestregion (Europäischer Entwicklungsfond), zu kommerziellen Bedingungen realisiert wurden, muß zumindest der Stausee von Kossou als hervorragendes Beispiel eines "Weißen Elefanten" der technischen Zusammenarbeit betrachtet werden (WOHLFARTH-BOTTERMANN 1985). Das *Stauseeprojekt in der dicht besiedelten Zentralregion* und die Idee einer forcierten *Erschließung der menschenarmen Südwestregion* schienen einander zu ergänzen. Die planmäßige *Umsiedlung* der 80 000 durch den Stausee von Kossou vertriebenen Baoulé erwies sich bald als nicht gegen deren Willen durchführbar. Tatsächlich wurden ab April 1972 etwa 3500 Baoulé in vier Plandörfern östlich von San Pedro angesiedelt. Gleichwohl hat die Propaganda für die Umsiedlungsprogramme, in Verbindung mit dem ökologischen Notstand des Sahel, eine *Wanderungsbewegung* ins Leben gerufen, die sich der Planung durch die >Autorité pour la Region du Sud-Ouest< entzog und seit Mitte der 70er Jahre *spontan* verläuft.

Bis zur Eröffnung des Tiefseehafens von San Pedro wurde der wirtschaftliche Zugang zur Südwest- und Nordwestregion durch die Verkehrsstraßen im Raum Divo kontrolliert. Als mit deren planmäßigem Ausbau um 1965 (LANLY 1969) die staatlich geförderte "Finale" Erschließung des westlichen Regenwaldes einsetzte, lag dessen Gesamtfläche in Côte d'Ivoire bei 89 830 km^2 (FAO 1981). Die steigenden Waldflächenverluste waren noch bis etwa 1975 überwiegend auf *Binnenkolonisation* zurückzuführen. Der Schwerpunkt der Entwaldung lag in der nordwestlichen Regenwaldzone, deren Bewaldung von 56 % im Jahr 1966 auf 13 % im Jahr 1977 zurückging. Die Waldfläche der südwestlichen Regenwaldzone sank im gleichen Zeitraum lediglich um 10 %, auf 65 % ab (Délégation de la CEE 1982). Nachdem die "Inwertsetzung" des südwestlichen Regenwaldes mittels massiver Infrastrukturinvestitionen um 1968/69 einsetzte, erreichte der jährliche Waldflächenverlust schon gegen 1970 etwa 350 000 Hektar (BERTRAND 1983). Dieser Wert wird auch von FAO (1981) als Mittelwert für die Zeit von 1966 bis 1971 genannt. Der bestehende Trend einer nach Süden und Südwesten gerichteten Wanderung der Baoulé wurde durch die Infrastrukturmaßnahmen verstärkt. Der Beginn forcierter Landnahme westlich des Flusses Sassandra läßt sich mit der Eröffnung der Straßenbrücke bei Soubré auf Dezember 1970 datieren. Schon 1971 wurde die Allwetter-Fernstraße San Pedro-Soubré-Issia zur Kommunikations-und Erschließungsachse der Neusiedlungen. Sie diente als Hauptachse der Holztransporte. Durch den Fernstraßenausbau und die Einrichtung des Hafens von San Pedro konnte eine beträchtliche Steigerung der Rundholzexporte erzielt werden, die schon 1973 mit 3,5 Mio m^3 ihr kurzlebiges Maximum erreichten.

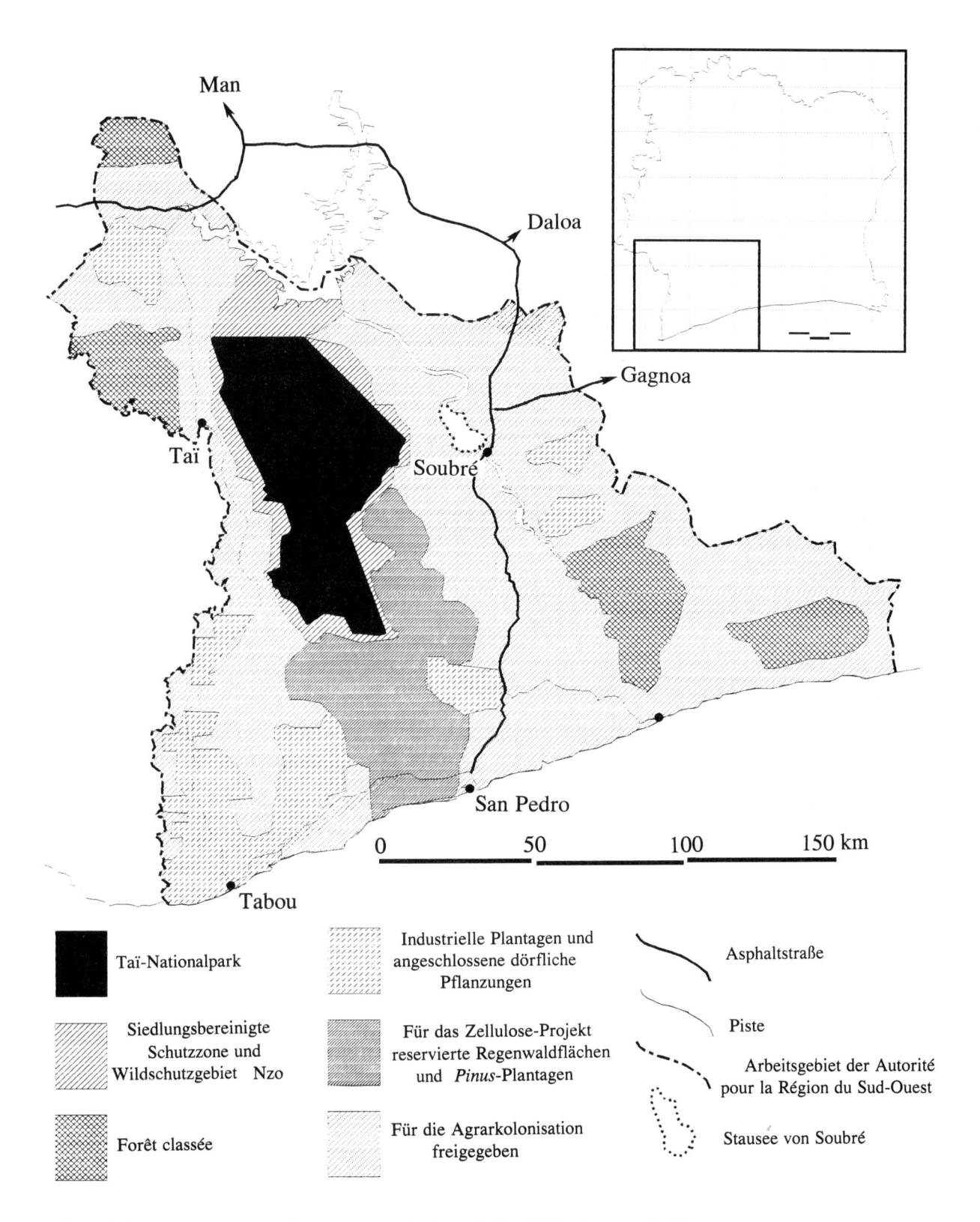

Abb. 43: Raumplanung in der Südwestregion. Quellen: ARSO (1977); SOURNIA (1978)

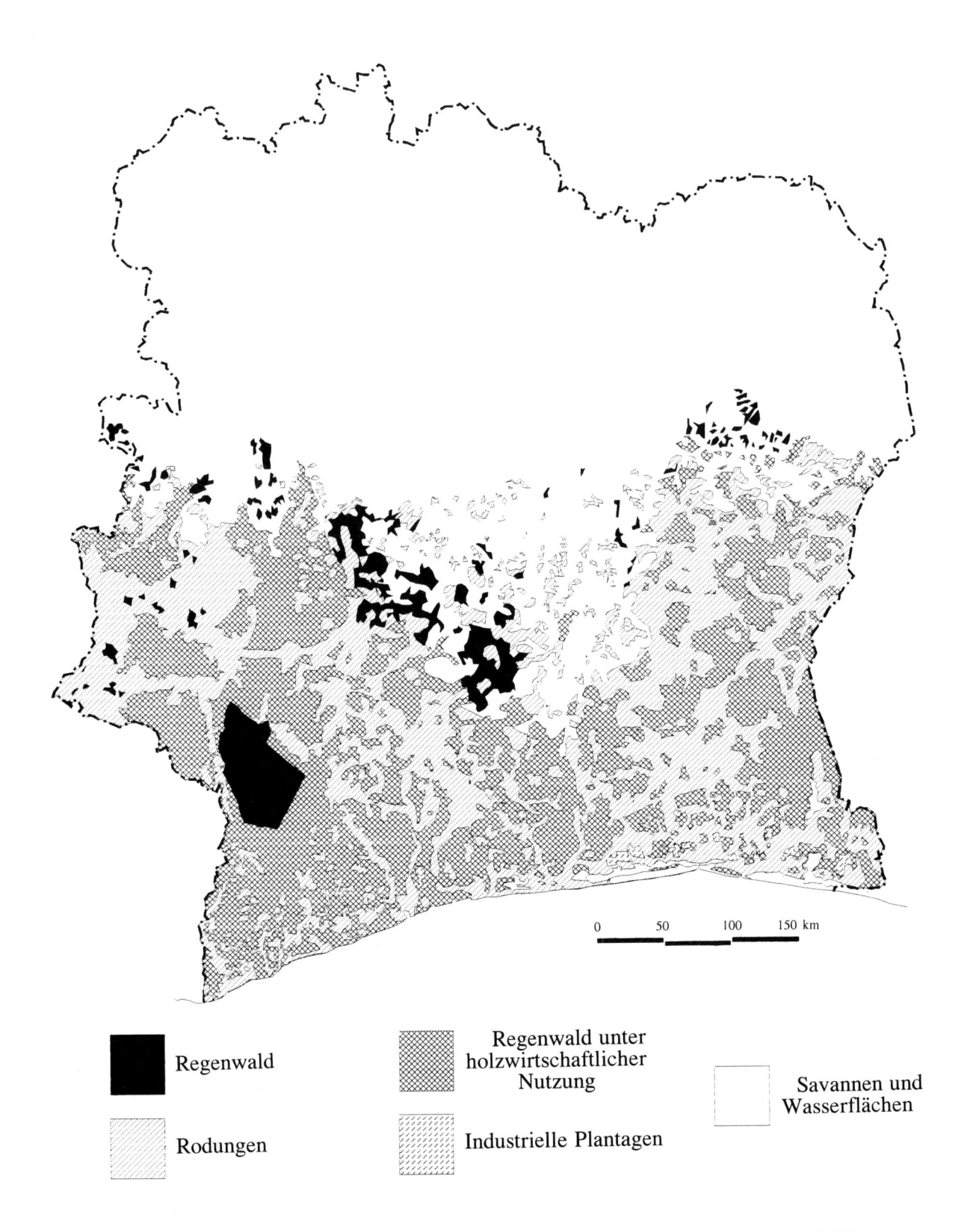

Abb. 44: Anthropogene Veränderungen der Vegetation um 1970. Quelle: GUILLAUMET / ADJANOHOUN (1971)

Die agroindustrielle Plantagenwirtschaft bemächtigt sich in den 70er Jahren, vor allem im Südosten des Landes, vorzugsweise klassifizierter Waldflächen, da hier nur mit einem Eigentümer verhandelt werden muß und traditionelle dörfliche Rechtsansprüche nicht anerkannt sind. Diesen industriellen Ölpalm- und Kautschukplantagen wurden zum Teil dörfliche Anbaublöcke angelagert.

Regenwaldzone

Das wesentliche Element der Veränderung der Vegetationsbedeckung war in den 70er Jahren die Zerstückelung des Regenwaldes in Flächen einer Größenordnung unter 2500 km^2, die als langfristig nicht überlebensfähig gelten. Die Taktik der Landnahme trug zur beschleunigten Waldzerstörung bei. *Spontansiedler* greifen den Wald nicht frontal an, sie bemächtigen sich auch keineswegs prioritär isolierter Waldstücke, sondern legen ihre Pflanzungen möglichst zentral in unberührten Waldstücken an, um sich ein größtmögliches Expansionspotential zu sichern. Die morphometrische Vermessung der Regenwaldflächen im Jahre 1970 (*vgl. Abb. 44, S. 430*) zeigt, daß die Summe von arithmetischem Mittelwert und Standardabweichung der 130 Waldflächen der Regenwaldzone in diesem Jahr auf 2419 km^2 absank. Die Summe der Regenwaldflächen belief sich im gleichen Jahr auf 73 648 km^2 [89 830 km^2 nach (FAO 1981)] oder 57,18 % des Regenwald-Klimaxareals. Die *Fragmentierung* des Regenwaldes bedingte eine Vervielfachung der Savanne-Waldgrenzen. Neben der Förderung typischer Sekundärgrasfluren (*Pennisetum purpureum-*, *Imperata cylindrica*) kam es dabei durch Ausbreitung typischer Gehölze der guineischen Savannen (z.B. *Daniella oliveri*, *Lophira lanceolota* zu einer *Florenveränderung*. Der mehr oder weniger potentiellen Progression des Regenwaldes an seiner Nordgrenze steht somit in seinem Inneren eine reale *Savannifikation* gegenüber. Dieser Prozeß wurde trotz der vorherrschenden Diskussion um die Regenwaldprogression schon früh aufgezeigt (*vgl.* ADJANOHOUN 1971, S. 109).

Beispiel: Der Regenwald im Nordwesten

Das Bergland im Raum Man - Danané diente als *Rückzugsgebiet* der Savannenvölker. Der anthropogene Druck war hier aufgrund des Nahrungsmittelfeldbaues bereits in präkolonialer Zeit beträchtlich und stieg nach der Pazifizierung, vor allem in den Ebenen, stark an. Seit den 50er Jahren hatte der Kaffee-Anbau den landwirtschaftliche Flächenbedarf verstärkt, so daß gegen Ende der Kolonialzeit mehr als 50 % der potentiellen Waldfläche im Bildausschnitt in landwirtschaftliche Nutzfläche umgewandelt waren (*vgl. Abb. 45, S. 432*). Dennoch kann die Waldbedeckung hier zu Beginn des 20. Jahrhunderts mit der potentiellen Ausdehnung des Regenwaldes nach GUILLAUMET / ADJANOHOUN (1971) gleichgesetzt werden. Die Entwaldung des Raumes Man - Danané - Toulepleu konnte auf der Grundlage eines Vergleiches dieser Karte mit einer LANDSAT-Szene vom 22.1.1974 quantifiziert und morphometrisch bearbeitet werden.

Morphometrie

Die Gesamtzahl der im Auswertungsmaßstab (1 : 500 000) identifizierbaren Waldflächen (Mindestgröße 25 Hektar) stieg während der Auflösung des Regenwaldes zwischen 1900 und 1970 von 46 auf 77 an, und sank dann im Zuge der weiteren Flächenreduktion bis 1974 wieder auf 66 ab. Die mittlere Größe dieser Flächen sank von 38 303 Hektar um 1900 auf 18 901 Hektar im Jahre 1970 und 6 521 Hektar 1974. Analog

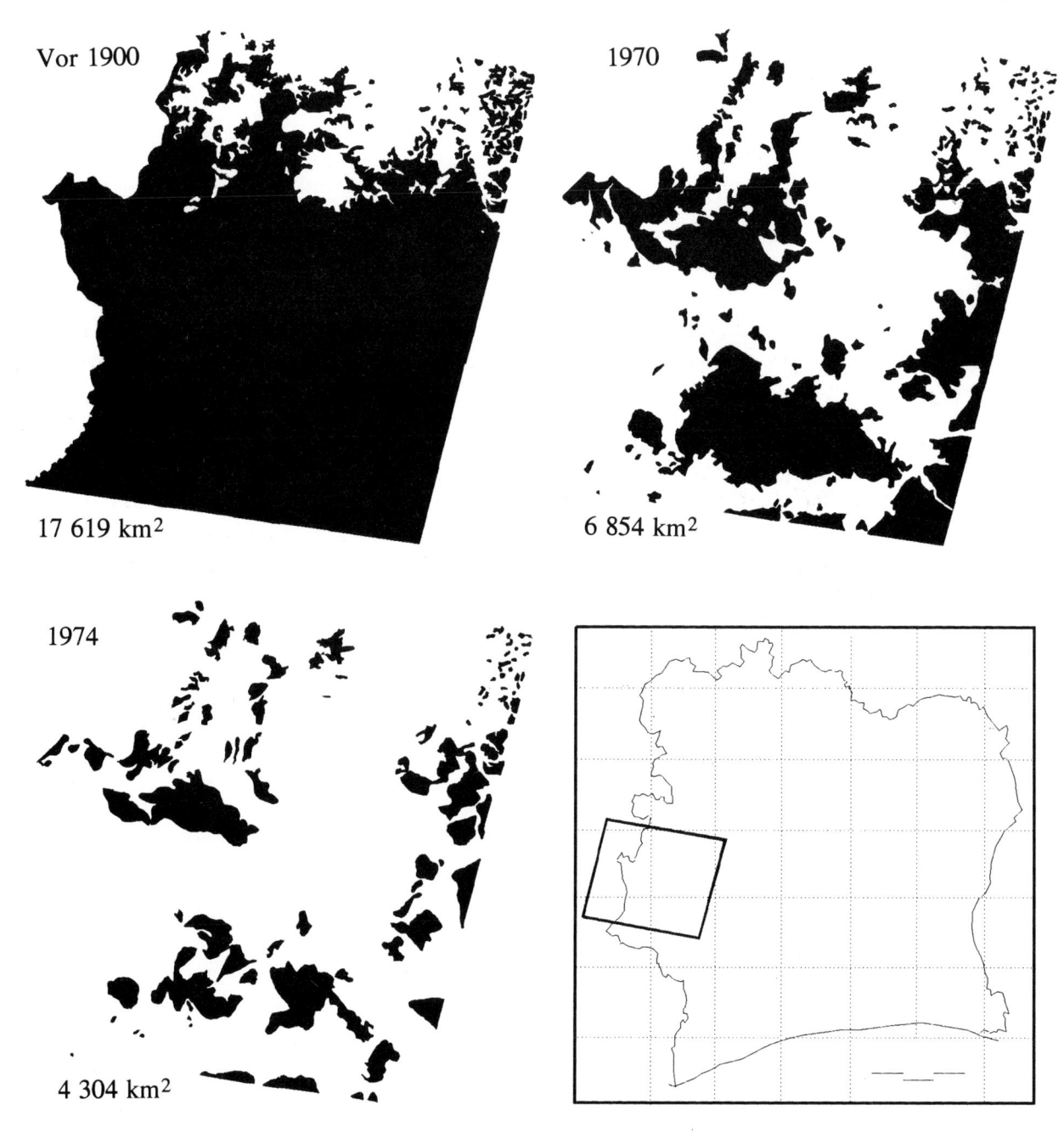

Abb. 45: Entwicklung der Regenwaldfläche im Nordwesten. Quellen: GUILLAUMET / ADJANOHOUN (1971); LANDSAT (213/55) 22.1.1974

verhielt sich auch die Standardabweichung, die von 255 650 Hektar (1900) über 34 907 Hektar (1970) auf 11 916 Hektar (1974) sank. Der neben der Verringerung der Gesamtfläche entscheidenden Vorgang - die *Auflösung der zusammenhängenden Regenwaldfläche* - kann mit der positiven Schiefe beschrieben werden. Ihre Absinken von 6,6 (vor 1900) über 4,8 (1970) auf den Wert 3,2 (1974) zeigt den Wandel der von einem einzigen großen Wert beherrschten Waldflächenverteilung im Jahre 1900, hin zu einer Annäherung an die Normalverteilung zahlreicher kleiner Flächen im Jahr 1974. Noch deutlicher als die Schiefe zeigt die Umfangsentwicklung (HUTCHINSON 1957) die Zerstückelung der Waldfläche.

Bedingt durch Bevölkerungswachstum und Anbauflächenverknappung (Kossou-Stausee) wurden in den guineischen Savannen, vor allem im V-Baoulé, während der ersten Hälfte der 70er Jahre zahlreiche isolierte Waldflächen transformiert (z.B. Forêt classée de Tos, Forêt classée de Sakassou).

Sudanzone

Obwohl die schwerwiegenden Vegetationsveränderungen der 70er Jahre im wesentlichen die Regenwaldzone, und hier deren südwestlichen Teil betrafen, war die "Entwicklung" in den sudanischen Savannen - trotz Abwanderungstendenzen - keineswegs stehen geblieben. Bevölkerungszunahme und Verdichtung ließen hier die Besiedlung gegen die Täler und ehemaligen Schutzwälder vorrücken. Die großen Täler der Sudanzone blieben allerdings bis zur Aufnahme des internationalen Onchozerkose-Programmes in der zweiten Hälfte der 70er Jahre siedlungsleer.

Plantagen

Industrieller Landbau ist in den Savannen der Côte d'Ivoire jünger und von vergleichsweise geringerer Bedeutung als in der Regenwaldzone. Trotz eines schnellen Wachstums liegt der Flächenanteil der Plantagen hier mit 0,8 % um $^{2}/_{3}$ unter demjenigen der industriellen Plantagen der Regenwaldzone. Der Anbau von >cash crops< war in den Savannen bis in die 70er Jahre hinein auf Baumwolle beschränkt, deren Anbau bei den Baoulé auf eine ausgeprägte präkoloniale Textilkultur zurückgeht. Nach dem Scheitern ihres großen, dem britischen >Gezira Scheme< (Sudan) nachempfundenen Baumwollprojektes im Nigerbinnendelta (Mali), hat die französische Kolonialmacht in den 20er Jahren diese autochthone Tradition im V-Baoulé aufgegriffen und mit Erfolg gefördert. Côte d'Ivoire wurde, nach Sudan und Ägypten, zum drittgrößten Baumwollproduzenten Afrikas. Dieses beeindruckende Wachstum wäre ohne weitgehende Mechanisierung, die intensive Verwendung von Kunstdünger und den rücksichtslosen Einsatz von Insektiziden nicht möglich gewesen. Folglich hat sich der Baumwollanbau zum größten *Pestizid-Emittenten* entwickelt, von dem eine beträchtliche Umweltbelastung für das Einzugsgebiet des Bandama ausgeht. Fischproben zeigten für DDT eine

Überschreitung bis zum neunfachen der deutschen Grenzwerte (KRUGMANN-RANDOLF 1984).

Neben dem auch genossenschaftlich betriebenen Baumwollanbau besteht in der Savannenzone seit den frühen 70er Jahren die inzwischen 34 000 Hektar (BERRON / VENNETIER 1983) umfassende, als hochtechnisierter Bewässerungslandbau betriebene Produktion von Zuckerrohr. Die Anbauflächen entfallen auf sechs Komplexe an vier Standorten mit angeschlossenen Raffinerien. Diese Bewässerungskomplexe konnten, im wesentlichen bedingt durch den seit den frühen 70er Jahren gesunkenen Zuckerpreis, niemals wirtschaftlich arbeiten und sollen zukünftig zur Nahrungsmittelproduktion herangezogen werden.

Auf der Grundlage der Vegetationskarte von GUILLAUMET / ADJANOHOUN (1971) sowie zweier LANDSAT-Szenen aus den Jahren 1974 und 1979 konnte die vegetationsräumliche Wirkung industriellen Bewässerungslandbaues am Beispiel der Zuckerrohrplantage Borotou im Nordwesten der Côte d'Ivoire untersucht werden (*vgl. Abb. 46*). Hier war die Vegetation noch 1970 von zahlreichen Trockenwäldern und großflächigen Waldsavannen geprägt. Im Jahr 1974 zeigt dieser Raum - noch vor Anlage des Bewässerungskomplexes - eine beträchtliche Ausdehnung der als Buschsavanne. Auch die landwirtschaftlichen Nutz-

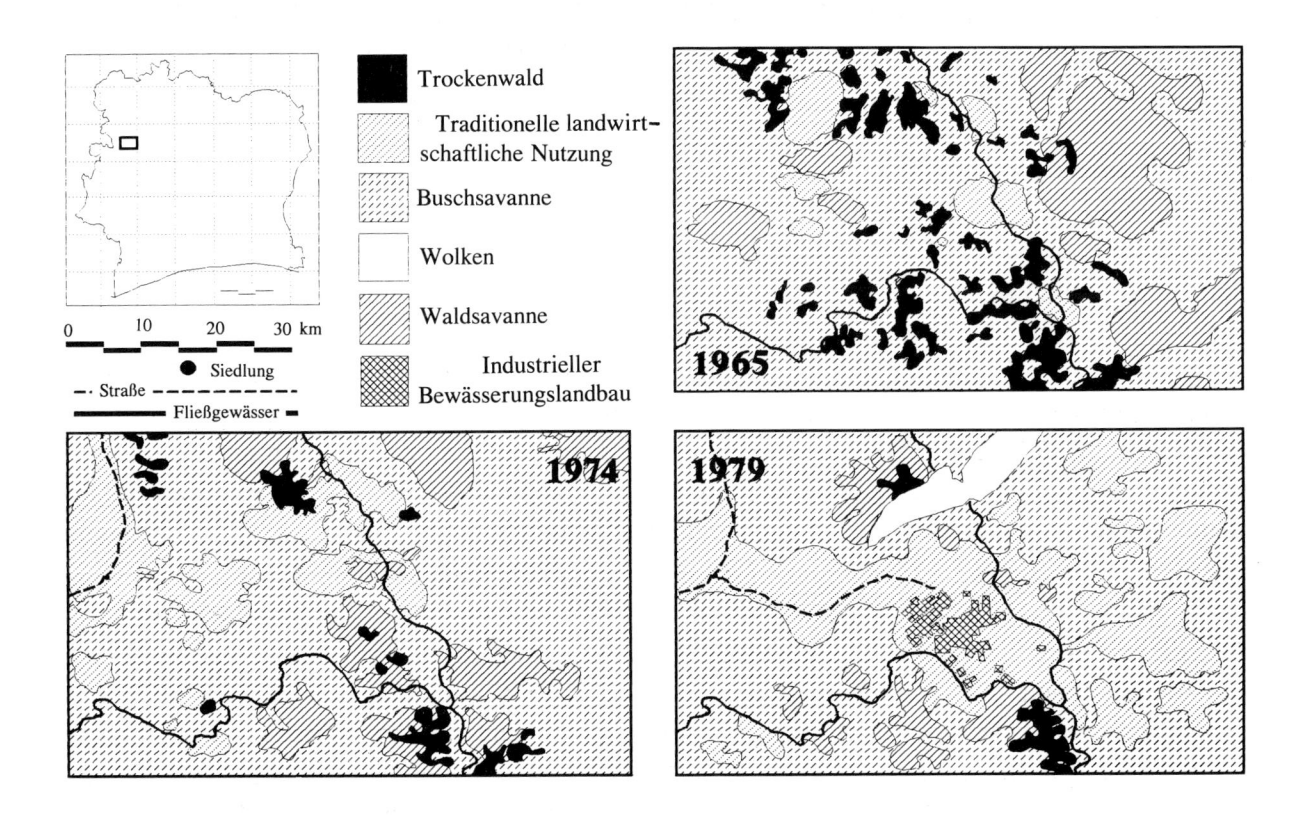

Abb. 46: Vegetationsveränderung im Raum des Zuckerrohr-Bewässerungskomplexes Borotou 1965 - 1974 - 1979. Quellen: GUILLAUMET / ADJANOHOUN (1971); LANDSAT (213/54) 9.2.1974; 14.1.1979

flächen des im Westen des Bildausschnittes gelegenen Straßendorfes Koro und anderer Siedlungen wurden auf Kosten der gehölzreicheren Vegetationsformationen vergrößert. Unklar bleibt, inwieweit die allgemeine Degradation der Vegetation durch direkte anthropogene Einflüsse oder aber durch die stark verminderten Niederschläge der frühen 70er Jahre ausgelöst wurde.

Im Zentrum des Bildausschnittes von 1979 sind die geometrischen Strukturen des zu diesem Zeitpunkt zu etwa 50 % fertiggestellten Bewässerungskomplexes klar zu erkennen. Entlang der Zufahrtsstraße und in der weiteren Umgebung des Projektes wurde die Gehölzvegetation im Verlauf der Bau- und Meliorationsarbeiten gänzlich beseitigt oder auf das Niveau landwirtschaftlicher Nutzflächen reduziert. Die Fläche der Trockenwälder und Waldsavannen im Bildauschnitt ging gegenüber 1974 weiter zurück. Obwohl Degradation im temporalen Vergleich der beherrschende Vorgang ist, kam es lokal (so entlang der A7 im Nordwesten des Bildausschnittes) auch zu, vermutlich brachebedingten, Erhöhungen des Gehölzanteiles der Vegetation.

Beispiel: Trockenwalddegradation

In der südwestlichen Sudanzone konnte die Degradation der Trockenwälder im Raum Touba - Borotou - Odienné auf der Grundlage eines Vergleiches der Vegetationskarte (GUILLAUMET / ADJANOHOUN 1971) mit LANDSAT-Szenen vom 9.2.1974 und 14.1.1979 morphometrisch bearbeitet werden. *Abb. 47* zeigt die Abnahme der Fläche. Die Zahl der im Bildausschnitt identifizierbaren Waldflächen fiel von 131 vor 1970 auf 91 im Jahre 1970, über 65 im Jahre 1974 auf 17 im Jahre 1979 ab. Dabei stieg die mittlere Größe dieser Flächen von 888 Hektar vor 1970 auf 1 183 Hektar im Jahre 1970 an, sank dann auf 716 Hektar im Jahre 1974 ab und lag 1979 wieder bei 991 Hektar. Die sinkende Umfangsentwicklung (von 15 auf 5,2) bestätigt den Trend zur *Zunahme der mittleren Größe* der verbliebenen Trockenwälder, die sich durch die besondere Anfälligkeit kleiner Trockenwälder gegen *Feuer* erklärt.

Mit der prioritären Förderung der Viehwirtschaft durch die ivorische Entwicklungspolitik ist seit Mitte der 70er Jahre auch die Be- und Überweidung zu einem relevanten Streßfaktor für die Savannenvegetation geworden. Durch LANDSAT-Szenen konnte die Vegetationsdegradation der nordwestlichen Savannenzone für das Jahr 1979 ermittelt werden. Die starke Degradation im Raum des Bandamabogens um Korhogo verweist auf die hohe Bevölkerungsdichten der Senoufo (bis zu 80 Ew/km^2), die nach Süden und Westen expandieren. Hier standen schon 1963 38 % aller landwirtschaftlich nutzbaren Flächen unter Kultur und 27 % der Flächen waren in *permanenten Feldbau* überführt worden (SCHLEICH u.a. 1987, S. 31). Außerhalb des Raumes Korhogo ist die Savannenzone immer noch nur schwach genutzt. Tatsächlich liegt hier in weiten Teilen bei geringer Bevölkerungsdichte auch der Anteil jährlich unter Kultur stehender Fläche bei nur drei bis acht Prozent, so daß nach einer zwei bis fünfjährigen Anbauperiode immer noch eine Brachzeit von mindestens 12-15 Jahren garantiert ist. Als intensiv genutzte Gebiete sind hiervon auszunehmen die Räume Korhogo, Niellé und die Achse Boundiali-Tengrela. Veränderungen der Vegetation konnten im Raum Korhogo durch LANDSAT-Szenen aus den Jahren 1974 und 1979 erfaßt werden. Der temporale Vergleich zeigt neben der Ausdehnung landwirtschaftlicher Nutzflächen im Bandamabogen und im Dreiländereck von Mali - Burkina - Côte d'Ivoire, einen starken Rückgang der gehölzreichen Vegetationsformationen, der nicht allein durch vermehrte landwirtschaftliche Aktivität erklärt werden kann. Hier sind Auswirkungen der *Dürre* von 1973 bis 1978 zu vermuten.

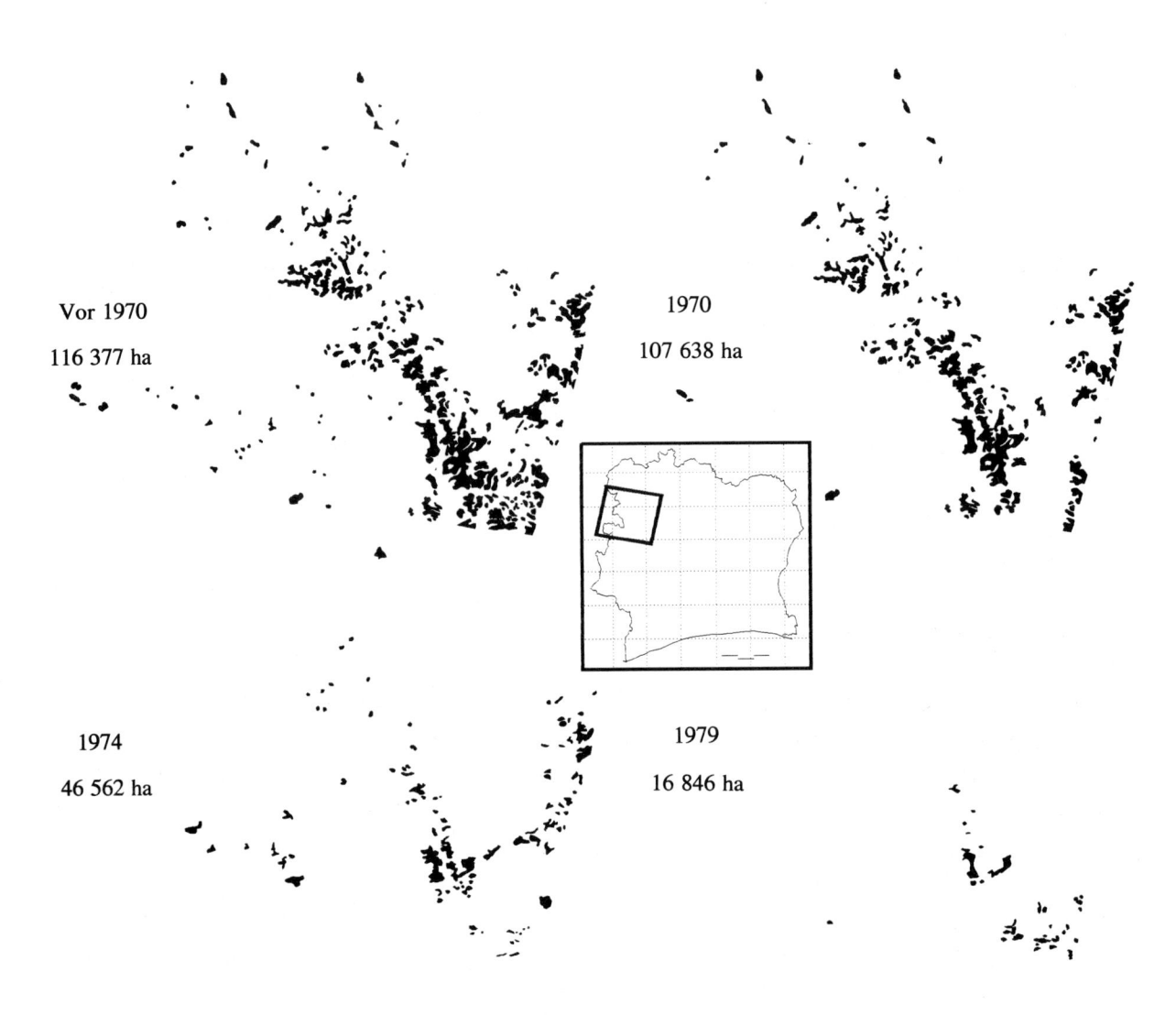

Vor 1970
116 377 ha

1970
107 638 ha

1974
46 562 ha

1979
16 846 ha

Abb. 47: Flächenreduktion des Trockenwaldes im Nordwesten. Quellen: GUILLAUMET / ADJANOHOUN (1971); LANDSAT (230/54) 9.2.74; 14.1.79

6.3.3. 1975 - Gegenwart: Krise

Der jährliche Flächenrückgang des ivorischen Regenwaldes erreichte mit nahezu 400 000 Hektar im Jahre 1973 sein *absolutes* Maximum. Er ist seit Beendigung der infrastrukturellen Maßnahmen in der Südwest- und der Zentralregion rückläufig und fiel im Mittel der Jahre 1974 - 1980 auf 315 000 Hektar pro Jahr (FAO 1981) ab. Leider beruht diese Entwicklung vor allem auf der Verknappung der Waldflächen, die im nordöstlichen Regenwald, sowie im Raum Daloa - Gagnoa bereits zu Beginn der 80er Jahre auf einen Anteil von unter 20 % abgesunken waren (BERTRAND 1981). Die immer noch hohen Verlustraten bewirkten in den 70er Jahren einen Rückgang der Regenwaldfläche von 62 000 km² im Jahre 1973 (FAO 1981), über 44 000 km² 1976 (RÖBEN 1980), 41 840 km² 1977 (Délégation de la CEE (1982) auf 36 230 km² im Jahre 1981 (BERTRAND 1983) (*vgl. Abb. 48, S. 438*). Der *relative* Waldverlust hingegen erreichte mit einer Reduktion von über 8 % der verbliebenen Waldfläche seinen Höhepunkt erst 1988.

Gegenwärtig ist das idealtypische Dorf der Regenwaldzone, in Abhängigkeit von Größe und Alter des Dorfes, von einer entwaldeten, aber keineswegs baumfreien Zone mit einem Radius von 10 - 15 Kilometern umgeben. Sie besteht aus einem komplexen Mosaik von perennierenden Exportkulturen, Nahrungsmittelanbauflächen, Obstgärten und Buschwald, die durch ein Netz verschlungener Pfade verbunden sind. Die Bewaldung steht somit, außerhalb der agroindustriell geprägten Räume, in engem Zusammenhang mit der Dichte der Siedlungen. Entlang der Straßen verschmelzen die entwaldeten Räume.

In Abwesenheit neuerer nationaler Forstinventuren kann der weitere Verlauf der Entwaldung in den 80er Jahren lediglich szenarisch fortgeschrieben werden. 1983 lag der jährliche Waldverlust bei 300 000 Hektar. BERTRAND (1983) prognostizierte einen weiteren Rückgang auf 280 000 Hektar im Jahre 1985. Auf der Basis eines mittleren jährlichen Flächenverlustes der 80er Jahre von 200 000 Hektar kann die im Jahre 1990 noch als Regenwaldvegetation anzusprechende Fläche auf etwa 17 500 km² geschätzt werden (*vgl. Abb. 49, S. 439*). Sie wird ergänzt durch etwa 1000 km² forstwirtschaftlich intensiv betreuten Naturwaldes und Holzplantagen in der ganzen Côte d'Ivoire (Soundele KONAN, Generaldirektor der >SODEFOR< in Fraternité Matin vom 7.1.86).

Die verbliebenen Regenwaldflächen sind in sehr unterschiedlichem Zustand. Bei dem überwiegenden Teil der heute existierenden Waldgebiete, die nicht auf den ersten Blick aufgrund ihres Stockwerkbaues als Sekundärgebüsch oder -wälder identifiziert werden können, handelt es sich um reife *Sekundärwälder*, die ihre sekundäre Genese bei genauerer Untersuchung durch die Präsenz von Kulturpflanzen oder bestimmte Bäumen offenbaren (*Elaeis guineensis*, >Iroko<), die während der Keimung relativ hohe Ansprüche an die Belichtung stellen. Etwa 10 000 km² dürften aufgrund ihres unzugänglichen und/oder legal konsequent geschützten Standortes noch als *Primärwälder* oder diesen sehr nahe stehende Waldformationen anzusprechen sein.

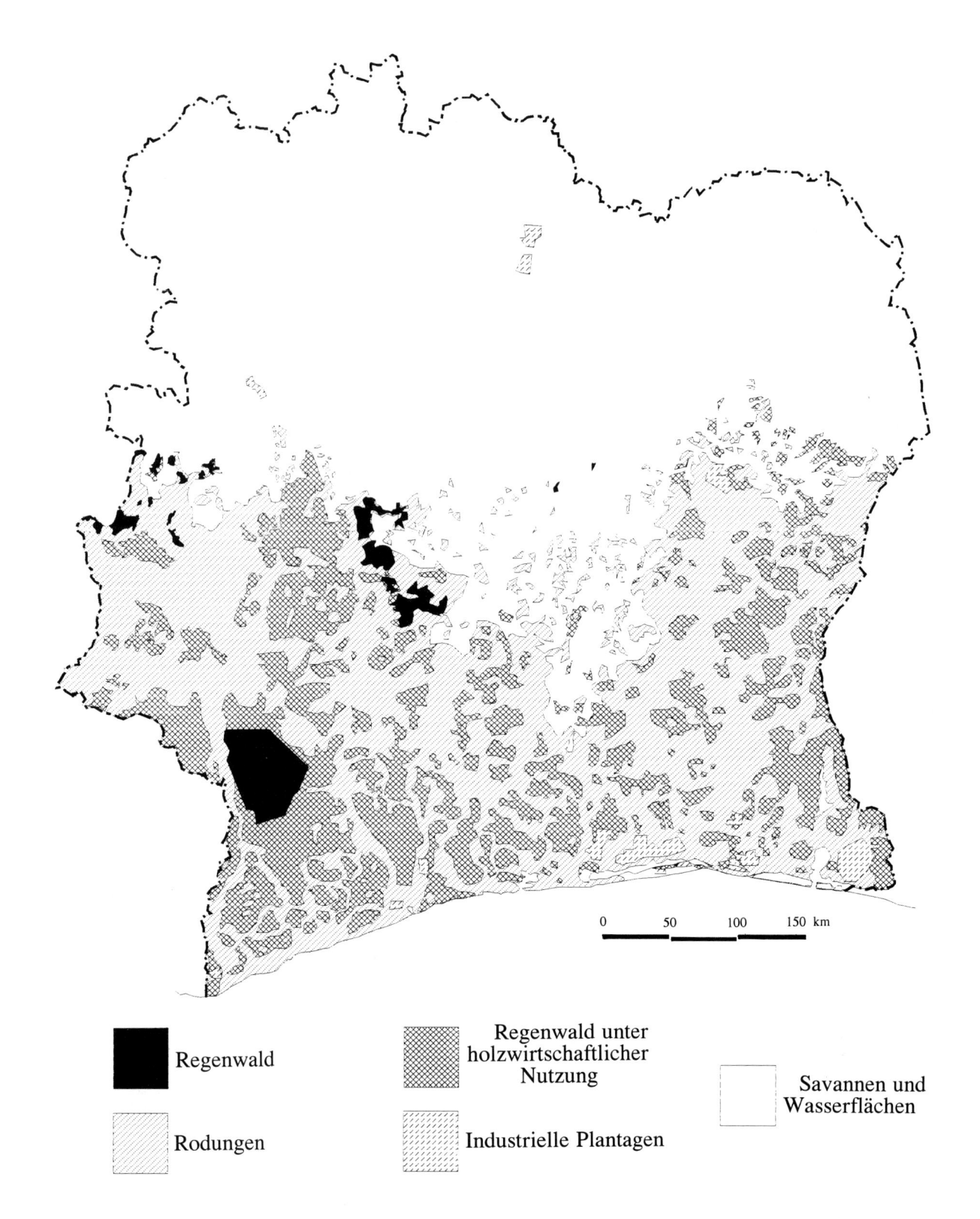

	Regenwald		Regenwald unter holzwirtschaftlicher Nutzung		Savannen und Wasserflächen
	Rodungen		Industrielle Plantagen		

Abb. 48: Anthropogene Veränderungen der Vegetation um 1980. Quellen: SODEFOR (1975); ARNAUD / SOURNIA (1983)

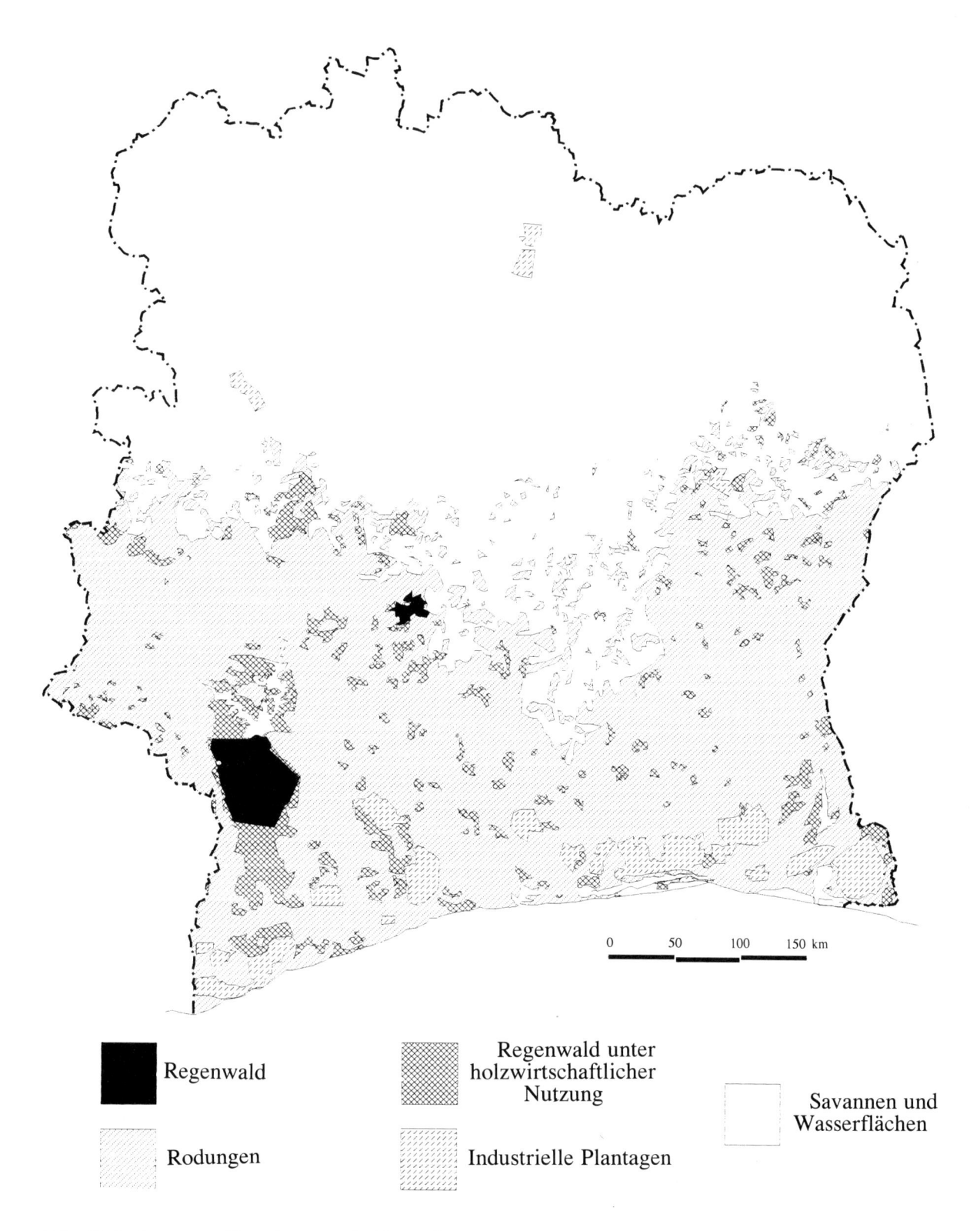

| Regenwald | Regenwald unter holzwirtschaftlicher Nutzung | Savannen und Wasserflächen |
| Rodungen | Industrielle Plantagen | |

Abb. 49: Anthropogene Veränderungen der Vegetation um 1990. Quellen: LANDSAT TM 1986; SPOT 1988; eigene Erhebungen; de ROUW / VELLEMA pers. Kom.

Beispiel: Der Raum östlich des Taï-Nationalpark

Spontane Agrarkolonisation, d.h. die Besiedlung und radikale Beseitigung des Regenwaldes durch *allochthone* Einwanderer, konzentrierte sich in der zweiten Hälfte der 70er Jahre auf den Raum Soubré, östlich des Taï-Nationalpark, wo der Kolonisationsprozeß inzwischen abgeschlossen ist. Hier wurde der naturnahe Regenwald zwischen der Nordostgrenze des Taï-Nationalparks und dem Fluß Sassandra in einem Zeitraum von weniger als 20 Jahren zur waldfreien, teilweise baumfreien landwirtschaftlichen Nutzfläche mit vereinzelten *Marantaceen* Gebüschen umgewandelt. Die Vegetationskarte (GUILLAUMET / ADJANOHOUN 1971, 1 : 500 000) zeigt, daß die permanenten Siedlungen und Felder der autochthonen Bété und Bakwé noch in den 60er Jahren auf einen Radius von fünf bis zehn Kilometer um die Präfektur Soubré sowie zwei schmale und keineswegs kontinuierliche Korridore entlang der Ufer des Sassandra und der Piste Soubré-San Pedro beschränkt waren. Die Holzexploitation hatte hier bis zu diesem Zeitpunkt lediglich in einigen Waldstücken an den Verkehrsträgern Fluß und Piste wertvolle Bäume geschlagen. Entlang der Bäche im Regenwald westlich der Piste fanden sich vereinzelte Gehöfte der jagenden, sammelnden und Wanderfeldbau treibenden Bakwé, deren Rodungen aber wieder vollständig zur Regeneration kamen. Etwa um 1970 drang die Holzexploitation in den Wald

Abb. 50: Aus spontaner Agrarkolonisation resultierende Kulturlandschaft: Kaffee-Mischkulturen der Baoulé-Immigranten östlich des Taï-Nationalpark

westlich der Piste ein und hatte hier bis 1975 ein in den Nationalpark hineinreichendes Netz von Holzabfuhrwegen und Rückegassen geschaffen, entlang dessen Hauptpiste seit 1972/73 Mossi- und Baoulégruppen siedelten. Die Zahl der Kolonisten nahm bis in die 80er Jahre hinein zu. BOUSQUET (1978 S. 30,44) nennt die Zahl von 10 000 Immigranten allein für das Jahr 1975 und konnte ein Voranschreiten der Landnahme entlang der Holzabfuhrpisten mit einer Geschwindigkeit von einem Kilometer pro Woche beobachten. Heute ist der Raum zwischen Taï-Nationalpark und Sassandra vollständig entwaldet. An der nördlichen Zugangsstraße zum Neusiedlungsgebiet ist das Straßendorf Petit Marché mit täglichem Markt entstanden, daß der Vermarktung der Kaffee- und Kakaoernte sowie der Versorgung der Kolonisten mit Werkzeug, Transportleistungen und Konsumgütern dient. Innerhalb des Nationalparks, und zwar im wesentlichen in dessen westlicher Hälfte, leben 5000 bis 8000 Menschen von illegaler Goldsuche und Wilderei. Ihre Aktivitäten haben zur Verarmung der Fauna, vor allem zum Rückgang der Zahl der Waldelefanten beigetragen.

Beispiel: Der Raum westlich des Taï-Nationalpark

Im Laufe der 80er Jahre verlagerte sich der Schwerpunkt der Agrarkolonisation auf den Raum Taï - Grabo westlich des Nationalparks, der bis zur Anlage der ersten Kakaoplantagen im Jahre 1978 wirtschaftlich auf Subsistenzniveau verblieben war. Degradation und Transformation der Gehölzvegetation konnten hier durch den Vergleich von Luftbildern aus der Befliegung von 1956 mit LANDSAT/TM- und SPOT-Szenen aus den Jahren 1986 und 1988 quantitativ erfaßt und qualitativ differenziert werden. Flächen, die mit einer Waldbedeckung von weniger als 50 % als entwaldet anzusprechen sind, waren 1956 auf die unmittelbare Umgebung der Siedlungen beschränkt und stellten insgesamt 8,45 % des betrachteten Raumes (*vgl. Abb. 51, S. 442*). *Brachflächen* und Holzexploitation fanden sich in einer Zone von maximal fünf Kilometer Tiefe östlich und westlich der Straße. Die Agrarkolonisation begann hier um 1978 (Pers. Komm. Anneke DE ROUW). *Abb. 52* zeigt, daß die Walddegradation hier auch 1986/88 noch verhältnismäßig schwach war, was sich im wesentlichen durch die Existenz einer autochthonen Bevölkerung (Oubi) mit relativ umweltfreundlichen Agrartechniken erklärt (*vgl. S. 354-357*), die hier einen Anteil von etwa 50 % an der Gesamtbevölkerung hat. Auch wird, bedingt durch die Konzentration administrativer und militärischer Autoritäten und deren Aktivierung durch die Station des >Institut d'Ecologie Tropicale< (IET), die Westgrenze des Nationalpark wesentlich stärker respektiert als dessen Ostgrenze. Der temporale Vergleich zeigt, daß die stärkste Degradation in den 1956 noch intakten Waldgebieten außerhalb des Nationalparks auftrat. Räume mit einer um mehr als 75 % reduzierten Waldbedeckung wurden von allochthonen Einwanderern kolonisiert. Keine oder schwache Intensivierung der Vegetationsdegradation ist vor allem in Siedlungsnähe und entlang der Pisten zu verzeichnen, wo die Veränderungen der letzten 20 Jahre gering und ausnahmsweise sogar positiv verlaufen ist. Der Kolonisationsprozeß ist hier noch nicht abgeschlossen.

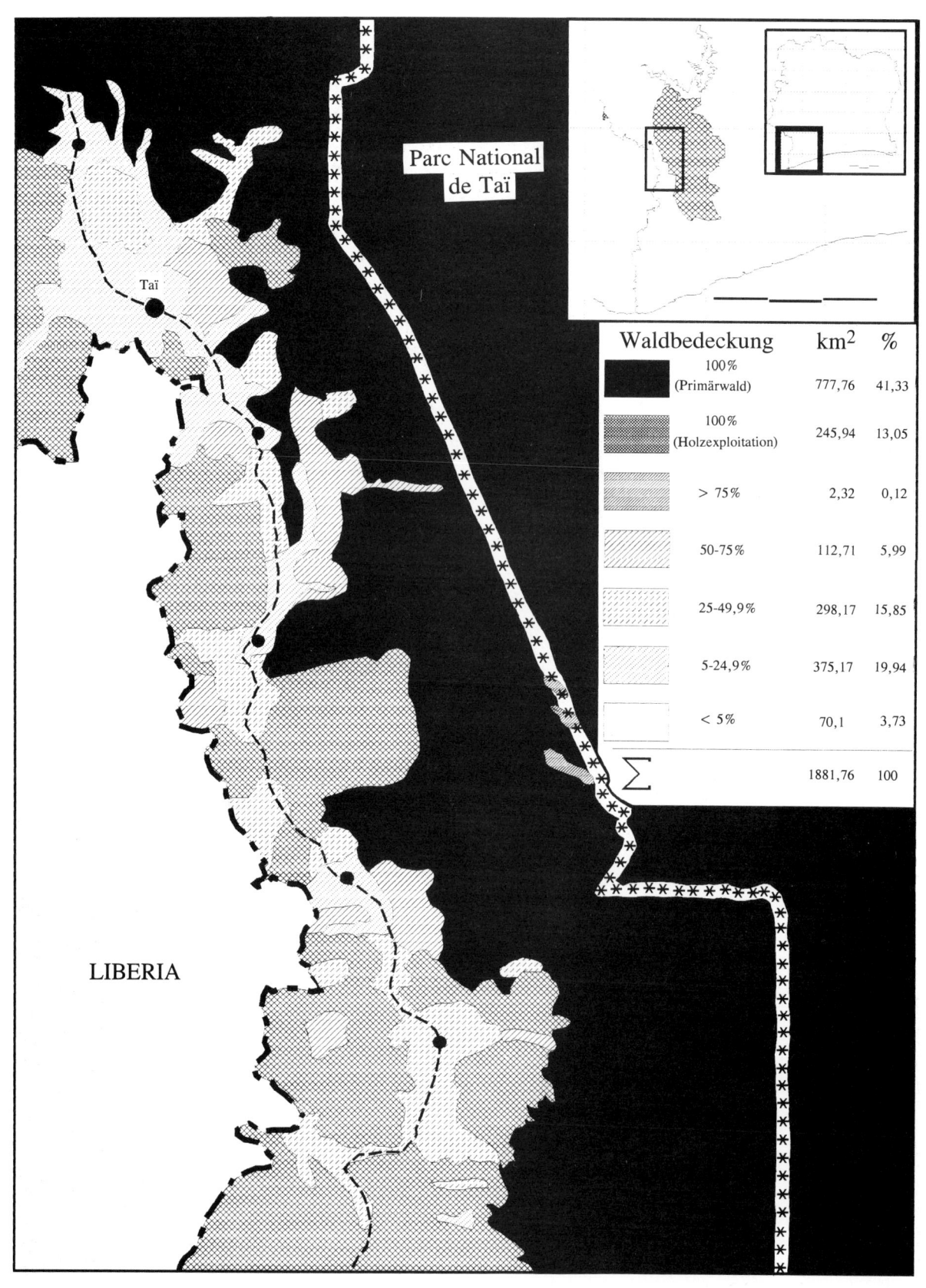

Waldbedeckung	km²	%
100% (Primärwald)	777,76	41,33
100% (Holzexploitation)	245,94	13,05
> 75%	2,32	0,12
50-75%	112,71	5,99
25-49,9%	298,17	15,85
5-24,9%	375,17	19,94
< 5%	70,1	3,73
∑	1881,76	100

Abb. 51: Regenwaldtransformation westlich des Taï-Nationalpark 1956. Quellen: Befliegung 1956; DE ROUW /VELLEMA pers. Kom.

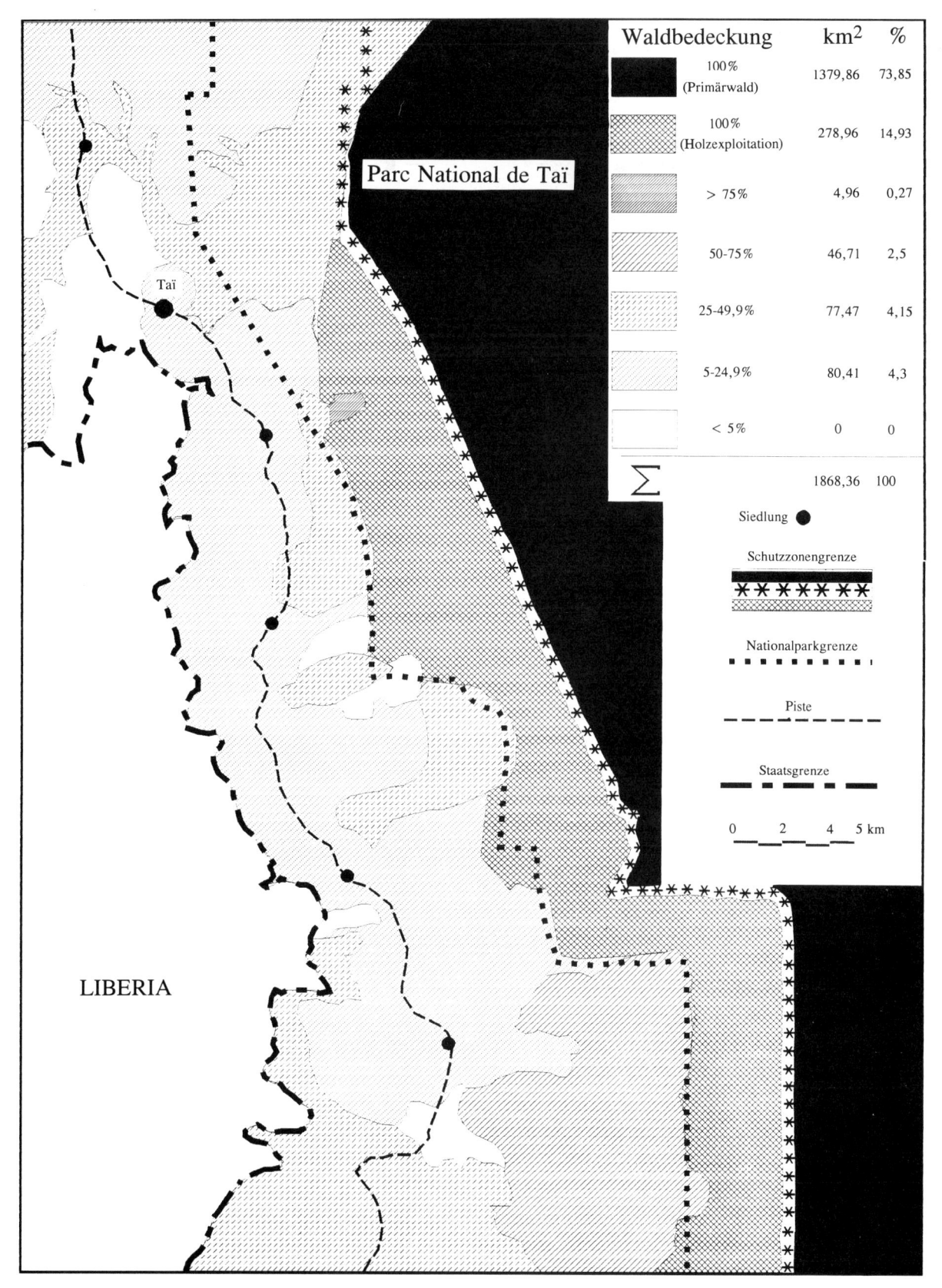

Abb. 52: Regenwaldtransformation westlich des Taï-Nationalpark 1986/1988. Quellen: SPOT/XS (1986); LANDSAT/TM (1988); eigene Feldaufnahmen 1988; DE ROUW / VELLEMA pers. Kom.

Waldbedeckung	km²	%
100% (Primärwald)	1379,86	73,85
100% (Holzexploitation)	278,96	14,93
> 75%	4,96	0,27
50-75%	46,71	2,5
25-49,9%	77,47	4,15
5-24,9%	80,41	4,3
< 5%	0	0
$\sum$	1868,36	100

Abb. 53: Anthropogene Vegetationsveränderung durch Holzexploitation und Agrarkolonisation vom immergrünen Primärregenwald über Sekundärregenwald zu Savanne. Nach AUBREVILLE (1949a) verändert

7. Zusammenfassung

In Abhängigkeit von den hygrischen Verhältnissen bildet die natürliche Vegetation des Raumes Côte d'Ivoire Formationen von unterschiedlicher *Resilianz* aus. Während die *Trockenwälder* der sudanischen Vegetationsdomäne durch Feuer schon in präkolonialer Zeit weiträumig zu offenen *Savannenlandschaften* degradiert wurden, waren die *Regenwälder* der guineischen Vegetationsdomäne zu Beginn der Kolonialisierung noch naturnah. Sie wurden erst im Verlaufe des 20. Jahrhunderts durch die Kombination von Rodung und Feuer *transformiert*: Die Fläche des Tropischen Regenwaldes ging im Raum Côte d'Ivoire seit der Kolonialisierung von 145 000 km² auf etwa 17 000 km² im Jahre 1990 zurück. Waldbedeckung wurde auf *elf Prozent* der Regenwaldzone reduziert. Etwa drei Prozent sind völlig vegetationsfrei. Die verstreuten Daten und Informationen zur Veränderung der Vegetation im Raum Côte d'Ivoire wurden zusammengetragen und mit dem Ziel einer Rekonstruktion der *räumlichen Entwicklung* anthropogener Veränderungen chronologisch interpretiert. Dabei standen die Fragen nach *Art und Umfang der prä- und frühkolonialen Vegetationsveränderungen* sowie *Ursachen und Folgen der rezenten Veränderungen* im Vordergrund der Untersuchung.

Ökologische Bedingungen

Ökologische Rahmenbedingungen wurden aufgezeigt und die Verbreitung der *natürlichen Vegetation* und ihre *Ruderalgesellschaften* beschrieben. Die Regeneration der immergrünen Regenwälder ist grundsätzlich vital. Sie wird schon in der Initialphase einer *Sukzession* von Gehölzen dominiert und entwickelt im Verlauf von fünf bis zehn Jahren einen niedrigen (10-20 Meter) Sekundärwald. Mit zunehmender Intensität anthropogener Eingriffe kommt es auch in der Regenwaldzone zur Ausbildung von mehr (*Imperata cylindrica*) oder weniger (*Pennisetum purpureum*) persistenten Grasfluren. Viele guineische (z. T. auch endemische) Arten verschwinden, während einige pantropische Nutzpflanzen, Gräser und feuerfeste Gehölze sich ausbreiten: Die *Flora verarmt*. Wesentlicher noch sind die *geoökologischen* Folgen. Mit der *strukturellen* Transformation des Regenwaldes kommt es zu praktisch *irreversiblen* Veränderungen der Energie-, Stoff- und Wasserhaushalte, in deren Folge die natürliche *Produktivität* des Ökosystems drastisch *verringert* wird.

Sozioökonomische Faktoren

Der heutige Zustand der Vegetation in Côte d'Ivoire ist das Resultat kolonial induzierter Entwicklungen: *Holzeinschlag*, außenorientierte *Agrarproduktion* und ein durch Immigration stimuliertes *Bevölkerungswachstum* wurden zu entscheidenden Faktoren. Durch politische und wirtschaftliche *Polarisierung* des Landes auf den Küstenraum bewirkte die Kolonialisierung eine fundamentale *Umkehrung* der präkolonialen *Raum-*

struktur. Der Entwicklungsprozeß erfolgte in enger Anlehnung an das Wachstum der *Verkehrsinfrastruktur.* Sozialstruktur und *Bodenrecht* erfuhren zunächst im Südosten, später im Zentrum und gegenwärtig im Südwesten der Regenwaldzone tiefe Umgestaltung. *Spontane Agrarkolonisation*, die als Folge moderner Raumordnungspolitik in großem Maßstab aufgetreten ist, hat durch die Übertragung *standortfremder* Methoden der Bodenbearbeitung anthropogene Einflüsse *hoher Intensität* zur Folge.

Rekonstruktion

Sudanische Vegetation

In der Sudanzone löste die Kolonialisierung Ende des 19. Jahrhunderts Kriege aus, in deren Folge die Bevölkerung der nördlichen Côte d'Ivoire drastisch reduziert wurde. Umsiedlungen und die unter Zwang eingeleitete Nord-Süd Wanderung trugen ebenfalls dazu bei die *stark anthropogen gestörte* sudanische Vegetation vom nahrungsmittelfeldbau- und beweidungsbedingten Streß zu *entlasten*. Emigration in die Regenwaldzone wurde erst in jüngerer Zeit durch Bevölkerungswachstum und Immigration aus dem Sahel kompensiert. Die Ausweisung des Comoé-Nationalpark im Nordosten des Landes ist eine Folge dieser Ereignisse. Da jedoch der Streß durch *Feuer* aufrechterhalten blieb, konnte sich die *Gehölzvegetation nur begrenzt regenerieren*. Dieser Raum, der in präkolonialer Zeit mit städtischen Zentren von überregionaler Bedeutung versehen war, ist heute menschenarm. In der westlichen und in der zentralen Sudanzone entstand ein Mosaik von Entleerungs- und Verdichtungsräumen, in dem die *Waldsavannen- und Trockenwaldrelikte* durch demographischen Druck und aride Klimaentwicklung gegenwärtig *stark degradiert* werden.

Guineische Vegetation

Die potentielle Regenwaldgrenze nach GUILLAUMET / ADJANOHOUN (1971) konnte für die frühe Kolonialzeit weitgehend bestätigt werden. *Anthropogene Störungen* hoher Intensität traten Ende des 19. Jahrhunderts lediglich *punktuell* auf. Sie waren auf das unmittelbare Hinterland der Küste, die Ufer der größeren Flüsse und einige Goldfundorte im südöstlichen Regenwald beschränkt. Dennoch waren um 1900 $2/3$ des ivorischen Regenwaldes als *reife Sekundärhochwälder* anzusprechen. Die aus dem Verhältnis von Sekundärwald und Nahrungsmittelanbauflächen ableitbare *mittlere Brachzeit* lag bei etwa 70 Jahren. Das historische Raummuster der Regenwaldtransformation entstand aus dem Zusammenwirken degradativer Entwicklungsfaktoren mit den geographischen Gegebenheiten. So ergab sich die Ausbreitung der Holzexploitation in der Frühzeit der Kolonialisierung aus den Schnitträumen des flößbaren Gewässersystems und den Arealen wertvoller Holzarten. Schon in vorkolonialer Zeit bewirkte die internationale Nachfrage nach Palmöl eine erhebliche Ausweitung traditioneller Ölpalmkulturen im Küstenraum. Zu Beginn des

20. Jahrhunderts versuchte Frankreich mit Zwangsarbeitern und europäischen Siedlern auch im Inneren der Regenwaldzone weltmarktorientierte Plantagen zu etablieren. Indigener Widerstand und koloniale Repression bewirkten jedoch, daß sich die Produktion von Kaffee und Kakao langsamer entwickelte als in der liberal verwalteten Gold Coast (Ghana). Erst nach Aufhebung der Zwangsarbeit und Unabhängigkeit des Landes wurde Côte d'Ivoire zum führenden Produzenten. In der südöstlichen und zentralen Regenwaldzone kam es mit wachsender *Verkehrsinfrastruktur* und zunehmender Kontrolle des Raumes durch die Kolonialmacht schon in den 20er Jahren zur Entstehung *linear angeordneter Degradationszentren*. Nahrungsmittelfeldbau der zwangsumgesiedelten Bevölkerung führte im Umland der Siedlungen und an den wichtigsten Verkehrsträgern in den 30er und 40er Jahren zu *flächenhafter Entwaldung* mit lokal gravierenden ökologischen Schäden. In den 50er und frühen 60er Jahren milderten hohe Niederschläge, Freizügigkeit und zunehmender Anbau von perennierenden Exportfrüchten den anthropogenen Impact zunächst: Die Resilianz der natürlichen Vegetation nahm zu, während demographischer Druck in die Tiefe des Raumes abgeleitet- und die Notwendigkeit brandrodungsintensiven Nahrungsmittelfeldbaues reduziert wurde. Infolge dieser Einflüsse kam es an der Regenwaldgrenze zur *Verdrängung von Grasfluren* durch Gehölzvegetation in der Größenordnung von ein bis zwei Metern pro Jahr.

Die Raumentwicklung der *Agrarbinnenkolonisation* wurde bis in die 70er Jahre auch durch den Verlauf *ethnischer Grenzlinien* beeinflußt. Durch gezielte Infrastrukturmaßnahmen zur "Inwertsetzung" der Südwestregion erreichte die *Habitatfragmentation* in den 70er Jahren Ausmaße, die ein langfristiges Überleben der verbliebenen Waldflächen weitgehend unmöglich machten. In den Kernräumen anthropogenen Einflusses haben sich heute *persistente sekundäre Grasfluren* etabliert, in denen die *Einwanderung feuerfester Gehölze* beobachtet werden kann. Diese *Savannifikation* wird zunehmend kennzeichnend für die anthropogenen Vegetationsveränderung in der Regenwaldzone.

Prognose

Mit dem Schwinden der Ressource ist der *absolute jährliche Verlust* an *Regenwald* seit der zweiten Hälfte der 70er Jahre *rückläufig*. Es ist anzunehmen, daß die in *marginalen Räumen* verbliebene *Regenwaldfläche* sich bis zum Jahr 2000 vermutlich bei einem Wert um 10 000 km^2 (6,3 % der Regenwaldzone) stabilisieren wird. Von dieser Fläche werden nur noch lokale ökologische Wirkungen ausgehen; es ist damit zu rechnen, daß sich vor allem die *klimaökologische* Situation verschärfen wird. *Dürrephasen* mit leeren Staudämmen und flächenhaften Bränden von Plantagen - wie in den 80er Jahren - werden dann auch in der Regenwaldzone keine Ausnahmeerscheinung mehr sein. Anthropogene Einflüsse werden sich zukünftig auf die *Brachfläche* konzentrieren. Die qualitative Entwicklung dieser bislang sehr heterogenen Kategorie wird zukünftig an Bedeutung gewinnen. Da die Samen vieler Kräuter und Gräser etwa sieben Jahre keimfähig sind, ist damit zu rechnen, daß die bereits heute dynamische *Flora der Krautschicht* aufgrund der zunehmenden Unterschreitung dieses Wertes durch die mittlere Brachzeit in der Regenwaldzone großräumig *destabilisiert* wird. Die Konsequenzen für die Landwirtschaft sind unvorhersehbar und potentiell schädlich. In den dichter besiedelten Räumen wurden Pflanzungen bereits in den frühen 80er Jahren durch das massive Auftreten von ehemals unproblematischen Kräutern geschädigt. Diese Entwicklungen setzen die Landwirtschaft als wirtschaftliche Grundlage von Côte d'Ivoire einer *existentiellen Bedrohung* aus.

Empfehlungen

(1) Integration der verbliebenen Waldflächen in das landwirtschaftliche System

Die Erhaltung und gegebenenfalls Ausdehnung der außerhalb von Nationalparks verbliebenen Waldflächen kann nur über deren Einbeziehung in eine *nachhaltige* wirtschaftliche Nutzung erreicht werden. Die Etablierung eines privaten, binnenmarktorientierten forstwirtschaftlichen Sektors und die rechtliche *Überführung der verbliebenen Waldflächen in das Eigentum der lokalen Bevölkerung* sind hierfür unumgängliche Voraussetzungen.

(2) Einführung permanenter Landnutzungssysteme für den Nahrungsmittelfeldbau

Die bisherigen Versuche zur Einführung permanenten Nahrungsmittelfeldbaues durch Mechanisierung und massiven Einsatz von Agrochemikalien sind weder ökologisch noch ökonomisch ermutigend. *Agroforstwirtschaftliche* Systeme, in denen die systemare Struktur des tropischen Waldes durch das landwirtschaftliche System übernommen wird, versprechen nachhaltige Nutzung. Die höhere Arbeitsintensivität, ihr ökonomischer Nachteil gegenüber traditionellem wie modernem Nahrungsmittelfeldbau, wird bei fortschreitender Flächenverknappung und knappem Kapital zunehmend ausgeglichen.

(3) Verminderung des Anreizes zur Erschließung neuer Kulturflächen

Anthropogener Druck auf die Vegetation resultiert in Côte d'Ivoire vor allem aus dem räumlichen Wachstum der extensiv betriebenen Landwirtschaft. Der Übergang zu einem *ertragsorientierten* und/oder *umweltverträglicheren* Wachstum setzt eine wesentlich bessere *Verfügbarkeit von Arbeitskraft* als bisher voraus. Diese kann politisch gesteuert werden, beispielsweise durch *Erhöhung des gesetzlichen landwirtschaftlichen Tagesmindestlohnsatzes*. Das niedrige Lohnniveau veranlaßt Migranten, ihre abhängige Beschäftigung so schnell wie möglich aufzugeben und stattdessen eine eigene Plantage anzulegen.

(4) Konsequenter Schutz der bestehenden Nationalparks

Die südwestliche Côte d'Ivoire ist ein *pleistozänes Refugium* von hoher Biodiversität. Durch konsequenten Schutz des gegenwärtig 3600 km² umfaßenden Taï-Nationalpark kann hier, auf geringem Raum, ein relativ großer Teil der Spezies *langfristig* erhalten werden.

7.1. Summary

Depending on the degree of humidity the natural vegetation of Ivory Coast consists of formations of varying *resilience*. While the *dry forests* of the sudanic vegetation zone were largely degraded by fire during the process of opening up the savanna landscape in precolonial times, *moist forests* of the guinean vegetation zone were still quite natural at the dawn of colonisation. They were only *transformed* during the 20th century by the combined effect of clearing and burning: The area of tropical moist forest in Ivory Coast was reduced from 145 000 km^2 at the beginning of colonisation to 17 000 km^2 in 1990. At present *eleven per cent* of moist forest zone are covered by forest. Approximately three per cent are completely denuded. With the aim of reconstructing the *spatial development* of anthropogenic change, scattered data and information on the change of vegetation in Ivory Coast were collected and chronologically analyzed. The study focuses on the questions of the *quality and quantity of pre- and early colonial vegetation change*, as well as *causes and consequences of recent change*.

Ecological Conditions

Research involved specifying ecological conditions and outlining the distribution of the *natural vegetation* and its *ruderal communities*. The *regeneration* of evergreen moist forests is principally vigorous. In its initial phase it is already dominated by coppice and develops in the course of five to ten years a low (10-20 meters) secondary forest. With the increasing intensity of anthropogenous interferences in the moist forest zone more (*Imperata cylindrica*) or less (*Pennisetum purpureum*) persistent grasslands are also being formed. Many guinean species (some of them endemic) disappear while some pantropical crops, grasses and fire-resistant shrubs spread: The *flora impoverishes*. The *geo-ecological* consequences are even more serious. *Structural* transformation of moist forest leads practicaly to *irreversible* changes of the energy, material and water balances. The consequence being a drastic *reduction* in the *natural productivity* of the ecosystem.

Socio-economic Factors

The present state of the vegetation in Ivory Coast is the result of colonially-induced developments: The decisive factors were *logging, export-led agricultural production* and a *population growth* stimulated by immigration. By *polarizing* the political and economic life of the country to the coastal area, colonization caused a fundamental *reverse of precolonial spatial structure*. The development process occured in close conjunction with the growth of *transport infrastructure*. The social structure and *land rights* were thoroughly rearranged in the southeastern, later the central and, at present, the southwestern moist forest zone. *Spontaneous agricultural colonization* was initiated on a large-scale by modern regional planning and proved to exercise anthropogenic *disturbances of high intensity* by transferring *unadapted foreign* methods of cultivation.

Reconstruction

Sudanic Vegetation

Towards the end of the 19th century colonization triggered off wars in the sudan-zone which led to a drastic reduction of the population in northern Ivory Coast. Anthropogenic stress due to crop cultivation and grazing on the *severely disturbed sudanic vegetation* was also *reduced* in consequence of resettlements and the originally enforced north-south migration. Migration into the moist forest zone has only been recently compensated for in northern Ivory Coast by demographic growth and immigration from the sahel zone. The allocation of the Comoé national park in the northeast of Ivory Coast is a consequence of these events. The whole area which boasted cities of over-regional importance in precolonial times is today only sparsely populated. A complete *regeneration of the savanna to dry deciduous forest could not take place* since vegetation stress due to *fire* persisted. Within the western and central sudan-zone historic events linked to colonization resulted in the creation of areas of concentration and evacuation. Here *relics of savanna woodland and dry deciduous forest* are currently being submitted to *strong degradation* in consequence of combined demographic pressure and arid climate development.

Guinean Vegetation

The potential northern limit of the moist forest according to GUILLAUMET / ADJANOHOUN (1971) was verified largely for the early colonial period. *Anthropogenous disturbances* of high intensity occured only *localized* towards the end of the 19th century. They were confined to the immediate hinterland of the coast, banks of the bigger rivers and some goldmining locations in the southeastern moist forest. Nevertheless, it may be assumed that at the beginning of colonization $2/3$ of the Ivorian moist forest was *mature secondary forest*. The *mean fallow time* which can be calculated from the ratio of secondary forest and food crop area averaged 70 years. The historical spatial pattern of the transformation of moist forest resulted from the interaction of degradative developmental factors and a given geographical setting. Thus, during the early colonial period the expansion of logging ensued at the surface of intersection of those parts of the drainage pattern which can float logs, and the regions of most cherished timber. In precolonial times international demand for palm oil was already causing a substantial expansion of traditional oilpalm cultivation in the coastal area. At the beginning of the 20th century France tried to establish plantations oriented towards the international market in the interior of the moist forest zone by means of forced labour and European settlers. Indigenous resistance and colonial repression, however, slowed down the development of cocoa and coffee production in comparison to the more liberally governed Gold Coast (Ghana). Only after the abolition of forced labour and more so after independence did Ivory Coast become the leading coffee and cocoa producer. In the southeastern and central part of the moist forest zone due to increasing spatial control of the colonial power and the associated growth of *transport infrastructure, linearly-arranged degradation centres* came into existence in the 1920's. In the 1930's and 40's food crop cultivation of the population, previously forced to resettle, led to *deforestation* in the areas surounding the settlements and along important traffic carriers. At this stage grave ecological damage occured on a local scale. A high level of precipitation as well as a liberal settlement policy and increasing cultivation of perennial cash crops initially softened the anthropogenic impact in the 1950's and early 60's: The natural vegetation's resiliance increased, while the demographic pressure was dispersed and the neccessity of intensive slash and burn food crop cultivation was reduced. In consequence of these influences an *encroachment of the ligneous vegetation upon the grassland* in the order of 1-2 meters per year was observed along the moist forest boundary.

Up until around 1970 spatial development of *inland agricultural colonization* was influenced by the course of *ethnic boundaries*. Infrastructure projects aimed at the valorisation of the southwest region brought *habitat fragmentation* to a level which made the long term survival of the remaining forest areas generally impossible. Today, *persistent secondary grasslands* have spread within the nuclear areas of anthropogenic influence which are also being *invaded by fire resistant ligneus vegetation*. This *savannification* is becoming increasingly typical for the anthropogenic vegetation change in the moist forest zone.

Prognosis

Annual loss of moist forest area has been on the decrease in absolute terms since the late 1970's. One can assume that the *moist forest area* left in *marginal locations* is likely to stabilize at a value of aproximately 10 000 km² (6,3 % of the moist forest zone) in the year 2000. Only local ecological effects will emanate from such an area. Furthermore, one can reckon especially with a *deterioration of the eco-climatological situation. Periods of drought* associated with empty reservoirs and large-scale plantation fires will no longer - as was the case in the 1980's - be an exception, but a regular feature of the moist forest zone. In future, man-induced degradation will focus on *fallow vegetation*. The qualitative development of this heterogeneous category will, in future, gain in ecological significance. Since the viability of many herbaceous seeds is limited to about seven years, it is expected that the decrease of the mean fallow time below this value, which is expected to happen in the 1990's, will induce additional dynamics to the (already unstable) *herbaceous flora* of the moist forest zone. The consequences for agriculture are unpredictable and potentially detrimental. Since the early 1980s plantations in densely populated areas have been suffering from massive occurrences of previously unproblematic weeds. These developments pose an *existential threat* to agriculture, which still serves as the economic basis of the Ivory Coast.

Recommendations

(1) Integration of the remaining forest areas into the agricultural system

Remaining non-national park forest areas can only be saved or possibly even extended if they are subjected to *sustainable* economic use. Prerequisites for this are the creation of a private forestry sector orientated towards the home market and the *transfer of legal property rights into the hands of the local population*.

(2) Introduction of permanent land use systems for food crop cultivation

Up until now al the projects which have tried to introduce permanent food cropping by means of mechanisation and the massive application of agrochemicals have been neither ecologically nor economically encouraging. Sustainable permanent land use can only be expected from *agroforestry* which adopts the systematic structure of a tropical forest to the agricultural system. High labour intensity - the economic disadvantage of which versus both traditional and modern food cultivation - is being increasingly compensated for by a progressing shortage of available land and a scarcity of capital.

(3) Reduction of the incentive to open new cultivated area

In Ivory Coast anthropogenic pressure on the vegetation is derived mainly from the spatial growth of extensive agriculture. The transition to *yield-orientated* and/or *environmentally compatible* growth calls for a *better availability of labour*. This could be achieved by an *increase in the legal minimum wage*. The low level of wages tempts migrant workers to quit their jobs and instead start up their own plantation as soon as possible.

(4) Strict protection of existing national parks

Southwestern Ivory Coast is a *pleistocene refuge area* of high biological diversity. Strict protection of the Taï-nationalpark, which presently covers an area of 3600 km^2, could still save a large number of species on comparatively little room *in the long run*.

7.2. Resumé

Dépendamment du degré d'humidité, la végétation naturelle présente des formations de *résilience* différente. Alors que les *forêts sèches* claires du domaine soudanais avaient été modifiées par le feu en savane et ceci déjà au temps précolonial et sur de vastes étendues, les *forêts denses humides* du domaine guinéen au début de la colonisation étaient encore naturelles. Celles-ci ont étés *transformées* au cours du 20ème siècle par la combinaison des processus de défrichement et de brûlures: La superficie de la forêt dense humide tropicale en Côte d'Ivoire est passée depuis la colonisation d'environ 145 000 km^2 à 17 000 km^2 en 1990. La couverture sylvestre de la forêt tropicale humide a été réduite à *onze pour cent*. Une surface de trois pour cent environ est complètement dénudée de végétation. La reconstruction du *développement spatial* de la modification humaine a été faite et chronologiquement interprétée à l'aide des dates et informations éparpillées qui ont été recueillies pour la Côte d'Ivoire. L'étude se concentre en premier lieu sur les questions concernant la *qualité et la quantité de la modification* au temps précolonial et au début de la colonisation ainsi que sur les causes et les conséquences des modifications récentes.

Conditions écologiques

Les données écologiques et l'étendue de la *végétation naturelle* ont été présentées et les *associatons rudérales* décrites. La reconstitution de la forêt dense humide ombrophile est en principe vitale. Dans un premier stade de reconstitution une *succession* de plantes ligneuses dominent et au cours de cinq à dix ans une forêt basse secondaire se développe. Des tapis verts plus (*Imperata cylindrica*) ou moins (*Pennisetum purpureum*) persistants résultent dans le Domaine guinéene d'une intervention humaine massive. Beaucoup d'espéces guinéennes (en partie endémiques) disparaissent pendant que quelques plantes utiles pantropiques herbacées et pyrophytes ligneux s'installent: *La flore s'appauvrie*. Les conséquences *géoécologiques* sont encore plus notoires. La transformation *structurelle* de la forêt tropicale humide apporte *d'irréversibles* changements concernant les régimes énergétiques, hydroliques et les matières amenant une *réduction* drastique de la *productivité* naturelle du système écologique.

Facteurs socio-économiques

L'état actuel de la végétation en Côte d'Ivoire retrace les développements induits de l'époque coloniale: *exploitation forêstière, production agraire* orientée vers le marché mondial et une croissance démographique structurée par l'immigration furent les facteurs décisifs. A cause de la *polarisation* politique et économique du pays en Basse Côte, la colonisation produisit un *renversement fondamental de la structure spatiale* précoloniale. Le processus entier de développement se déroula en fonction de la croissance de *l'infrastructure des transports*. La structure sociale et le *droit foncier* ont subi de profondes transformations tout d'abord au Sud-Est, après au centre et aujourd'hui au Sud-Ouest de la zone de la forêt dense humide. La colonisation *agricole anarchique*, apparue en conséquence de l'aménagement du territoire sur une grande échelle, a eu des *conséquences néfastes* sur le système écologique entre autre à cause des *méthodes qui n'avaient pas été développées sur place*.

Reconstruction

Domaine Soudanais

En Domaine Soudanais la colonisation provoqua des guerres à la fin du 19ième siécle qui eurent pour conséquence une réduction drastique de la population du nord de la Côte d'Ivoire. Les transferts de populations et ensuite la migration de celles-ci vers le sud ont contribué à un *allègement de la végétation dérangée excessivement* par l'action de

l'homme en ce qui concerne les cultures vivrières et les activités pastorales. Ce procédé d'émigration vers le sud a été compensé par l'immigration du Sahel et la croissance démographique à une époque plus récente. L'allocation du parc national Comoé au Nord-Est du pays est une conséquence de ces événements. Mais parce que la dégradation de la végétation par la *feu* suivit son cours, la végétation ligneuse ne put se *régénérer qu'en partie*. Cet espace géographique où se trouvaient les centres urbains de grande envergure est à l'heure actuelle dépeuplé. A l'Ouest et au centre du Domaine Soudanais, les conséquences historiques de la colonisation eurent pour cause la formation d'une mosaïque de zones à la fois denses et dépeuplées, où les i*lôts de forêts sèches* sont soumis de nos jours à une *forte dégradation* par la pression démographique et le développement aride du climat.
Domaine Guinéen

La lisière nord potentielle de la forêt dense humide d'après GUILLAUMET / ADJANOHOUN (1971) pouvait être confirmer en grande partie pour le début de la période coloniale. Il y a eu *localement* de massives *interventions humaines* à la fin du 19ème siècle. Elles se sont limitées à l'arrière pays de la Basse Côte Est, aux rives des grands fleuves et à quelques endroits où se trouve l'or dans la partie sud-est de la forêt dense humide. En Côte d'Ivoire la forêt dense humide était composée en 1900 au $^2/_3$ de *vieilles forêts secondaires*. La *moyenne du temps de jachère*, qui résulte du quotien de la forêt secondaire et des surfaces des cultures vivrières était de 70 ans. Le modèle d'espace historique de la transformation de la forêt dense humide a résulté de l'interaction des facteurs des développements dégradatifs et des données géographiques. C'est pourquoi au début de la colonisation, l'expansion de l'exploitation du bois se manifesta à l'intersection des réseaux hydrographiques flottables et des aires ayant les espèces de bois les plus demandées. Déjà au temp précolonial la demande d'huile de palme sur la scène internationale fut la cause d'une expansion de la culture traditionnelle des palmiers sur la région côtière. Au début du 20ème siècle à l'intérieur de la zone de la forêt dense humide, la France a essayé d'introduire le systéme des plantations orientées vers le marché mondial à l'aide de travailleurs restreints aux travaux forcés et de colons européens. La résistance indigène et la répression coloniale eurent pour conséquence un ralentissement du dévéloppement de la production de café et de cacao comparé à la Gold Coast (Ghana) qui était administrée sur des bases plus libérales. C'est seulement après l'abolition des travaux forcés et surtout après l'indépendance que la Côte d'Ivoire devint le plus grand producteur du monde. L'implantation de la puissance coloniale dans les années vingt amena une *infrastucture de transports* croissants et donc un plus grand contrôle de l'espace dans la zone centrale et sud-est de la forêt dense humide. Des *centres de dégradation linéairement rangés* se créaient alors. Dans les années trente et quarante les cultures vivrières de la population transferée causèrent les *déboisements* autour de la surface des cités et le long des voies de communication et à certains endroits provoquèrent de graves dégâts écologiques. Dans les années cinquante et au début des années soixante les hautes précipitations, la circulation libre et l'augmentation des cultures pérennes vouées à l'exportation atténuèrent l'action humaine: La résilience de la végétation naturelle augmenta, pendant que la pression démographique s'étendait au fin fond de l'espace rabaissant la nécessité de la production agricole de subsistance par écobouage intensif. Suite à ces influences une *conquête de la végétation ligneuse secondaire sur le tapis graminéen* de l'ordre de un à deux mètres fut observée chaque année.

Jusqu'en 1970 environ la colonisation *agricole intérieure* fut fortement influencée par le cours des *lignes de démarcation éthniques*. Dans les années soixante-dix les mesures d'infrastructures visèrent le mise en valeur de la région sud-ouest, d'où résulta la *fragmentation* du massif de la forêt dense humide d'ordre de grandeur moyenne nécessaire, qui ne garantissait plus une survie à long terme. L'influence humaine a fait mettre en place des *tapis herbeux secondaires persistants* dans les espaces nucléaires dans lesquels on peut observer aujourd'hui une *immigration des pyrophytes ligneux*. Cette *Savanification* caractérise de plus en plus la modification humaine de la végétation dans la zone de la forêt dense humide.

Prognostic

La *perte absolue annuelle* de la forêt dense humide est en *régression* depuis la seconde moitié des années soixante-dix dûe à la disparition de la Ressource. On peut penser que probablement *l'aire marginalisée de la forêt dense humide* va se stabiliser jusqu'en l'an 2000 sur une surface de 10 000 km2 (6,3 % de la zone de la forêt dense humide). Des effets écologiques issus de cette surface marginalisée ne se fera ressentir qu' à une échelle locale. Il faudra compter sur une aggravation de la situation climat-écologique. Des *périodes de sécheresse* où les barrages seront asséchés et où les feux dévasteront les plantations - comme dans les années 80 - ne seront plus des exceptions dans la zone de la forêt dense humide. L'action humaine va se concentrer à l'avenir sur la *végétation-jachère*. Le développement qualitatif de la catégorie hétérogène jouera un rôle plus important. Puisque beaucoup de graines herbacées sont germinatives pendant sept ans, on s'attend, dès que la durée moyenne de jachère aura décru, à ce que la *flore herbacée* (déjà assez labile) dans la zone forestière dense humide soit soumise à une *dynamique additionelle*. Il est impossible de prédire les conséquences de ces phénomènes qui certainement seront potentiellement nuisibles à l'agriculture. Déjà dans les années 80 les cultures ont été endommagées, dans les espaces où la concentration humaine était dense et ceci à cause de l'apparition massive d'herbes qui autrefois ne présentaient aucun problème. Par conséquent l'agriculture, qui est encore et toujours l'âme de l'économie de la Côte d'Ivoire, s'exposera à la *menace de son existence*.

Recommandations

(1) Intégration dans le système agricole de l'aire forestière restante

La conservation et, le cas échéant, l'extension de l'aire forestière restante en dehors des parc nationaux ne peuvent être pris en considération qu'en étant assimilées à une économie *soutenue*. L'établissement d'un secteur privé forestier orienté vers un marché intérieur et le *transfert juridique de l'aire forestier* en dehors des parc nationaux *dans les mains de la population locale* qui en serait donc le propriétaire sont des conditions incontournables.

(2) Introduction des systèmes d'utilisation des terres pour la culture vivrière

Les essais qui ont eu lieu jusqu'à présent concernant l'introduction des cultures vivrières permanentes à l'aide d'une mécanisation et d'apports chimiques massifs ne sont pas encourageants aussi bien du point de vue écologique que du point de vue économique. *Des systèmes agro-forestiers*, dans lequels on a repris le système agricole que l'on a adapté au système de structure de la forêt tropicale promettent une utilisation soutenue. L'intense travail que celui-ci exige, le désavantage économique qu'il représente face à l'agriculture vivrière traditionelle et moderne, ces facteurs sont compensés par la raréfaction progressive des surfaces et par le manque de capitaux.

(3) Réduction de l'attrait du défrichement des nouvelles surfaces cultivables

La pression humaine sur la végétation en Côte d'Ivoire résulte surtout de la croissance spatiale de l'agriculture extensive. La transition vers une croissance orientée sur le *rendement* et/ou sur une meilleure *compatibilité avec l'environnement* suppose une plus grande *disponibilité de la main d'oeuvre*. Ceci peut être mené par une politique tarifaire qui assurerait une *augmentation du salaire minimum agricole garanti*. Le bas niveau des salaires donne lieu à la démission des migrants qui installent des plantatioms à leur propre compte.

(4) Protection conséquente des parcs nationaux existants

Le sud-ouest de la Côte d'Ivoire est un *refuge quatenaire* de grande diversité biologique. La protection soutenue du parc national de Taï qui recouvre encore 3600 km² peut contribuer à *long terme* à la sauvegarde d'une relative grande partie des espèces qui s'y trouvent.

Danksagungen

Ich danke meinem Lehrer Prof. Dr. W. Lauer (Geographisches Institut der Universität Bonn), der das Thema angeregt hat. Dank gebührt auch dem Land Nordrhein-Westfalen für die finanzielle Unterstützung des Promotionsvorhabens über einen Zeitraum von zwei Jahren. Dr. Ake Assi (Centre National Floristique Abidjan) hat durch Diskussion, Literatur, praktische Hinweise und Kontakte vieles möglich gemacht. Den Herren W. Blokhuis und Dr. M.A. Mulders (Fachgruppe Tropische Bodenkunde/Fernerkundung der Universität Wageningen) danke ich für die freundliche Überlassung von LANDSAT-TM und SPOT Szenen, ebenso wie Dr. G. Esser (Fachgruppe Biologie der Universität Osnabrück) für LANDSAT Szenen und Anneke de Rouw und Hans Vellema (Centre Néerlandais d'Adiopodoumé) für Luftbilder aus der Befliegung von 1956. Mein Freund Wolfgang Lietzau (Fa. Geo-Service Hambrücken) und Heiko Bleher (Fa. Aquarium Rio Frankfurt) haben durch die Bereitstellung eines UNIMOG wesentlich dazu beigetragen, daß die Feldarbeiten - bei denen mich mein Freund Thomas Quirrenbach tatkräftig unterstützt hat - im vorliegenden Umfang durchgeführt werden konnten.

Schließlich danke ich meinen Eltern und meiner Familie für die große Geduld, mit der sie zeitweise geistige und physische Abwesenheit tolerierten.

8. Literaturverzeichnis

A. Schrifttum

ADJANOHOUN, E. (1964): La vegetation des savannes des rochers découverts en Côte d'Ivoire Centrale. Mém. ORSTOM, 7, Paris

ADJANOHOUN, E. (1971): Les problemes souleves par la conservation de la flore en Côte d'Ivoire. In: *Bull. Jard. Botan. Natl. Belg. Bruxelles*. 41, S. 107-33

ADJANOHOUN, E. / AKE ASSI, L. / GUILLAUMET, J.L. (1968): Essais de création de savannes incluses en Côte d'Ivoire forestière. In: *Ann. Univ. Abidjan*, fasc sc. 4, S. 237-56

ADJANOHOUN, E. / AKE ASSI, L. / GUILLAUMET, J.L. (1968): La Côte d'Ivoire in conservation of vegetation in Africa south of the Sahara. Symp. held 6th plenary meeting {Ass. étude taxon. flore d'Afr. trop.}(A.E.T.F.A.T.), Uppsala Sept.12th - 16th. In: *Acta Phytogeographica Suecisa*, 54, S. 76-80

ADJANOHOUN, E. / GUILLAUMET, J.L. (1964): Etude botanique entre Bas - Sassandra et Bas - Cavally. In: *Missions militaires* 1960 - 1961. ORSTOM, Abidjan - Adiopodoumé

AKE ASSI, L. (1963): Etude floristique de la Côte d'Ivoire. Paris

AKE ASSI, L. (1980): Cecropia-Peltata Moraceae its origins, introduction and expansion in the East of Ivory Coast (West Africa). In: *Bull. Inst. Fondam. Afr. Noire* Ser. A. Sci. Nat., 42 (1) S. 96-102

ALEXANDRE, D.-Y. (1977): Essai d'approche schématique des phénomènes de compétition au cours de la régénération et son application au problème. ORSTOM, unveröffentlichtes Manuskript, Abidjan

ALEXANDRE, D.-Y. (1978): Le rôle disseminateur des elephants en forêt de Tai (Côte d'Ivoire). In: *La Terre et la Vie*, 32, S. 47-71.

ALEXANDRE, D.-Y. (1982): Natural Regeneration Aspects of the Dense Forest of Ivory Coast. In: *Candollea*, 37 (2) S. 579-88

ALEXANDRE, D.Y. / GUILLAUMET, J.-L. / KAHN, F. / NAMUR, CH. (1978): Observations sur les premiers stades de reconstitution de la forêt dense humide (Sud-Ouest de la Côte d'Ivoire). In: *Cah. ORSTOM*, sér. Biol., 8, 3 S. 189-270

ALLISON, P.A. (1962): Historical Inferences to Be Drawn from the Effect of Human Settlement on the Vegetation of Africa. In: *J. African History* III, S. 241-249.

AMIN, S. (1971): L'Afrique de l'ouest bloqueé. Paris

AMON D'ABY, J. (1951): La Côte d'Ivoire dans la Cité Africaine. Paris

ANDERSON, D. / FISHWICK, R, (1984): Fuelwood Consumption and Deforestation in African Countries. Washington D.C.

ANDERSON, J.R., HARDY, E.E., ROACH, J.T. / WITMER, R.E. (1976): A Land Use and Land Cover Classification System for Use with Remote Sensor Data. USGS *Geological Survey Professional Paper* 964

ANGOULVANT, G. (1916): La pacification de la Côte d'Ivoire. 1908 - 1915, Methodes et résultats. Paris

Anonymus (1890): Conférence du capitaine Binger. In: *Bulletin de la société de Géographie de Lille* (13), S. 126-39

Anonymus (1894): Chronique Géographique. La Côte d'Ivoire et la Côte d'Or. In: *Bulletin de la Sociéte de Gèographie de Marseille*, t.XVIII

Anonymus (1900): Le projet de chemin de fer de la Côte d'Ivoire et le port de Bingerville. In: *Bull. d. Com. de l'Afr. Franc*. X, Febr. 1900

Anonymus (1910): Chronique Géographique. Zone forestiére de la Guinée. Missions Laurent, Joulia, Gros Gruvel, Chevalier. In: *Annales de Géographie*

Anonymus (1933): Annuaire Statistique A.O.F.

Anonymus (1978): L'Encyclopédie generale de la Côte d'Ivoire. 3 Bd., Paris/Abidjan
Anonymus (1982): La forêt ivoriénne en peril. In: *Le Courrier*, no.74, 8/82, S. 61-65
Anonymus (1987): Tropenwälder: Keine Ahnung. In: *Der Spiegel*, 9.11.87
ARNAUD, J.-C. (1975): Les Activites. In: Atlas Côte d'Ivoire, (C4a)
ARNAUD, J.-C. (1983): Economie du bois. In: VENNETIER [Hrsg.) (1983) S. 52-55
ARNAUD, J.-C. (1983): Géologie. In: VENNETIER [Hrsg.) (1983) S. 8-9
ARNAUD, J.-C. (1983): Relief. In: VENNETIER [Hrsg.) (1983) S. 6-7
ARNAUD, J.C. / SOURNIA, G. (1979): Les forêts de la Côte d'Ivoire: une richesse en voie de disparition. In: *Les Cahiers d'Outre-Mer*, n° 127, Jg. 132, S. 281-301
ARNAUD, J.C. / SOURNIA, G. (1980): Les forêts de la Côte d'Ivoire. In: *Annales de l'Univ. d'Abidjan* ser.G, t.XX
ARNAUD, S. / J.-C. (1983): Ethnies. In: VENNETIER [Hrsg.) (1983) S. 26-27
ARNOLD, P. (1980): Emergence et structur d'une paysannerie africaine. Les petit planteurs baoulé de la region de Bocanda et Daoukro. Thése de doctorat, Genéve
ATGER, P. (1962): La France en Côte d'Ivoire de 1843 à 1893. In: Université de Dakar, Publications de la section d'histoire.
AUBREVILLE, A. (1932): La Forêt de Côte d'Ivoire. Essai de géobotanique Forestiere. In: *Bull. Comm. et Hist. Sci. A.O.F.* t.15 nos. 2-3, S. 205-49
AUBREVILLE, A. (1934): Observations sur la Forêt equatoriale de la Côte d'Ivoire. In: *Bull. Soc. Biogéo.*
AUBREVILLE, A. (1936): La flore forestière de la Côte d'Ivoire. 3 Vol., Paris
AUBREVILLE, A. (1937): Dix Années d'Expériences sylvicoles en Côte d'Ivoire. In: *Rev. des Eaux et Forêts*, 4/5
AUBREVILLE, A. (1937): La Protection de la Flore en A.O.F. Contribution à l'Etude des Réserves naturelles et des Parcs nationaux. Paris
AUBREVILLE, A. (1939): Forêts reliques en Afrique francaise. In: *Rev. Bot. appl. et Agric. trop.*, S. 479-84
AUBREVILLE, A. (1949a): Climats, Forêts et Desertification de l'Afrique Tropicale. Paris
AUBREVILLE, A. (1949b): Ancienneté de la destruction de la couverture forestiére primitive de l'Afrique Tropicale. Conf.afric.sols, Goma en 1948. In: *Bull. agric Congo belge.*
AUBREVILLE, A. (1949c): Contribution à la Paléohistoire des Forêts de l'Afrique Tropicale. Paris
AUBREVILLE, A. (1950): Flore Forestiére Soudano-Guinéenne. Paris
AUBREVILLE, A. (1953): Les experiences de reconstitution de la savane boisée en Côte d'Ivoire. In: *Bois et For. Trop.* no 32, S. 3-10
AUBREVILLE, A. (1957): A la recherche de la forêt en Côte d'Ivoire. In: *Bois et For. Trop.* no 56 S. 17-32
AUBREVILLE, A. (1957): Accord á Yangambi sur la nomenclature tes types africaines de végétation. In: *Bois et For.Trop.* no 51
AUBREVILLE, A. (1959): La flore forestiére de la Côte d'Ivoire. In: *Publ. Centre Tecn. For. Trop.* no. 15. 2.rev.éd.t.1-3. Nogent-sur-Marne
AUBREVILLE, A. (1962): Savanisation tropicale et glaciations quaternaires. In: *Adansonia*, t.II, no 1, S. 16-84
AUBREVILLE, A. (1966): Les lisiéres forêt-savane des regions tropicales. In: *Adansonia*, t.VI, no 2, S. 175-88
AVENARD, J.L. (1969): Reflexions sur l'etat de la recherche concernant les problemes poses par les contacts foréts-savanes. In: *Documentation Techniques ORSTOM* no 14. Paris

AVENARD, J.M / BONVALLOT, J. / RENARD-DUGERDIL, M. / RICHARD, J. (1974): Aspects du contact Forêt-savane dans le Centre et l'Ouest de la Côte d'Ivoire. In: *Traveaux et Documents ORSTOM* no 35., Paris

AVENARD, J.M. / ELDIN, M. / GIRAD, G. / SIRCOULON, J. / TOUCHEBEUF, B. / GUILLAUMET, J.L. / ADJANOHOUN, E. / PERRAUD, A. (1971): Le milieu naturel de la Côte d'Ivoire. *Memoirs ORSTOM* no 50., Paris

AVICE, E. (1951): Côte d'Ivoire. Paris

AYODELE COLE, N. H. (1968): Review of classification of vegetation in Sierra Leone. In: *J. W. Afr. Sc. Ass.*, 13, 1, S. 81-92

BACH, W. (1976): Changes of the composition of the atmosphere and their impact upon climatic variability - an overview. In: *Bonner Meteorol. Abh.*, 24 S. 1-54, Bonn

BARBIER, L. (1916): La Côte d'Ivoire. Paris

BAROT, A. (1902): La Gaule africaine (Haute-Guinée et Haute-Côte de l'Ivoire); ses richesses, son avenir. In: *Rev. philomatique Bordeaux*, V, S. 460-75/513-28

BAUMGARTNER, A. (1982): Wald und Biosphäre. In: *Allg. Forst u. Jagdzeitung* Nr.21, S. 1-7

BEGUE, L. (1937): Contribution à l'Etude de la Vegetation Forestiére de la Haute-Côte d'Ivoire. Paris

BEGUE, M.L. (1939): Les richesses forestiéres de la Côte de`Ivoire. In: *Actes et Comptes Rendus de l'Association Colonies-Sciences*, (15) no 170

BELLIER, L. / GILLON, D. / Y. / GUILLAUMET, J.L. / PERRAUD, A. (1969): Recherches sur l'origine d'une savane incluse dans le bloc forestiére du Bas-Cavally en Côte d'Ivoire par l'etude des sols et de la biocénose. In: *Cahiers ORSTOM*, sér.biol., no 10, S. 65-94

BERKOFSKY, L. (1976): The Effect of Variable Surface Albedo on the Atmospheric Circulation in Desert Regions. In: *J. Appl. Met.*, 15, S. 1139-44

BERNHARD-REVERSAT, F. / HUTTEL, C. (1975): Research on the ecosystem of the subequatorial forest of the lower Ivory Coast. Part 2 Geographic Data. In: *Terre et Vie* (29) 2, S. 171-77

BERNHARD-REVERSAT, F. / HUTTEL, C. / LEMEE, G. (1978): Structure and functioning of evergreen rain forest ecosystems of the Ivory Coast. A state-of-knowledge report. In: *Tropical forest ecosystems* S. 557-74 FAO, Rom

BERRON, H. (1980): Tradition et Modernisme en pays lagunaires de basse Côte d'Ivoire. Gap

BERRON, H. (1983): Climat. In: VENNETIER [Hrsg.] (1983) S. 12-13

BERRON, H. / VENNETIER, P. (1983): Agriculture. In: VENNETIER [Hrsg.] (1983) S. 38-44

BERTIN, A. (1918): Les bois de la Côte d'Ivoire. Paris

BERTIN, A. (1918): Mission forestière coloniale, t.III, La question forestière coloniale. Paris

BERTRAND, A. (1983): La déforestation en zone de forêt en Côte d'Ivoire. In: *Revue Bois et Forêts des Tropiques*, no 202, S. 3-17

BINGER, L.G. (1889): Transactions, objets de commerce, monai des contrées d'entre le Niger et la Côte d'Or. In: *Bull. Soc. Géogr. Commec.*, t.XII, S. 77-90

BINGER, L.G. (1892): Du Niger au golfe de Guinée par le pays de Kong et le Mossi. Paris

BLANC-PAMARD, C. (1975): Un jeu écologique différenciél: les communautés rurales du contact forêt-savane au fond du "V-Baoulé" (Côte d'Ivoire). Thése de 3me cycle. Ecole Hautes Etud. sci. Soc. Genève

BLONDIAUX,. (1897): Du Soudan à la Côte d'Ivoire. La mission Blondiaux. In: *Bulletin du Comité de l'Afrique francaise*, 7e anée S. 367-76, 8 Paris

BOUQUET, A. / DEBRAY, M. (1974): Plantes médicinales de la Côte d'Ivoire. In: *Traveaux et documents de l'ORSTOM*, n° 32, Paris

BOURGERON, P. / GUILLAUMET, J.L. (1982): Vertical structure of trees in the Tai-forest (Ivory Coast). A Morphological and Structural Aproach. In: *Candollea*, 37 (2), S. 565-78

BOURKE, G. (1987): Côte d'Ivoire's dwindling forests. In: *West Africa*, 24.8.87, S. 1628

BOUSQUET, B. (1978): Un parc de forêt dense en Afrique. Le parc National de Tai (Côte d'Ivoire). In: *Bois et Foréts des Tropiques*, no 179/no 180, S. 27-46/23-37

BREMER, F. (1977): Endogene Voraussetzungen peripherer Entwicklungsprozesse an der Elfenbeinküste - Die Gesellschaftsformation der Anyi und ihre spezifischen Bedingungen für die Integration der weltmarktorientierten Produktion. Karlsruhe

BROWN, L. / WOLF, E. (1985): Reversing Africa's decline. In: *Worldwatch Paper*, no 65, Washington

BRÜENIG, E.F. (1985): Der Raubbau an den Wäldern ist bedrohlich. Freisetzung und Bindung von Kohlendioxid. In: *Umschau*, 3, S. 153-55

BRÜNIG, E. F. (1989): Die tropischen Regenwälder. In: *Universitas*, 2, S. 176-185.

CACHAN, P. (1967): Etude des limites et des différents aspects du domaine de la Côte d`Ivoire dense en Afrique de l'ouest. In: *Bull. Ec. sup. agro. Nancy*, 9, S. 35-49

CATINOT, R. (1984): Appui à la SODEFOR pour l'implantation D'un programme de protection contre les incendies de forêt. Rapport en sylviculture et aménagement. Programme de cooperation technique, Republique Côte d'Ivoire. FAO, Rom

CAUFIELD, C. (1982): Tropical Moist Forests. The Resource, The People, The Threat. London

CAUFIELD, C. (1987): Der Regenwald. Ein schwindendes Paradies. Frankfurt

Centre Technique et Fôrestier Tropical [Hrsg.] (1967): Inventaire fôrestier de la Côte d'Ivoire 1967. Nogent sur Marne

CESAR, J. (1978): Vegétation, Flore et Valeur Pastorale des Savanes du Parc National de la Comoe. Centre des recherches zootechniques de Minakro, no.13 PAT., Bouaké

CHARNEY, J.C. (1975): Dynamics of Desert and Drought in the Sahel. In: *Quarterly J. Roy. Met. Soc.*, 101, S. 193-202

CHARNEY, J.C. / QUIRK, W.J. / CHOW, S.H. / KORNFIELD, J. (1977): A Comparative Study of the Effectsof Albedo Change on Drought in Semi-Arid Regions. In: *J. Atm. Sci.*, 34, S. 1366-88

CHAUVEAU, J.P. / DOZON, J.P. / RICHARD, J. (1981): Histoires d'Igname: Le cas de la moyenne Côte d'Ivoire. In: *Africa* (51), S. 621-58

CHERVIN, R.M. (1979): Response of the NCAR General Circulation Model to Changed Land Surface Albedo. In: *GARP Publ. Series* N°22, S. 563-81

CHESNEAU, M. (1901): La mission du capitaine Woelffel; itinéraires et résultats scientifiques. In: *La Géographie*, III, S. 33-40

CHEVALIER, A. (1901): Note sur les observations botaniques et les collections recueillies dans le bassin du Haut Cavally par la Mission Woelffel en 1899. In: *Bull. du Muséum*, 1901, S. 83-93

CHEVALIER, A. (1902): Un voyage scientifique à travers l'Afrique occidentale. In: *Annales Institute colonial Marseille*, 10e année, 9e vol.

CHEVALIER, A. (1908): La forêt vierge de la Côte d'Ivoire. In: *La Géographie*, t.95, S. 200-210

CHEVALIER, A. (1909a): L'extension et la régression de la forêt vierge de l'Afrique occidentale. In: *C. R. Ac. Sciences*, S. 458-61

CHEVALIER, A. (1909b): Rapport sur une mission scientifique en Afrique occidentale. Recherches de 1901-1907 à la Côte d'Ivoire. In: *Nouv. Arch. Missions scient. litt.*, t.13, no. 3, S. 17-46

CHEVALIER, A. (1909c): Dans le nord de Côte d'Ivoire. In: *La Géographie*, t.20, S. 25-29

CHEVALIER, A. (1909d): Les massivs montagneux du nord-ouest de la Côte d'Ivoire. In: *La Géographie*, t.20, S. 209-24
CHEVALIER, A. (1911): Essai d'une carte botanique forestiére et pastorale de l'Afrique occidentale francaise. In: *C. R. Acad. Sc.*, t.152, S. 1614-17
CHEVALIER, A. (1920): Exploration botanique de l'Afrique occidentale francaise. I.- Énumération des plantes récoltées avec carte botanique, agricole et forestiére. Paris
CHEVALIER, A. (1924): Sur la forêt primitive tropicale et la forêt secondaire. In: *C. R. Soc. Biogéogr.*, S. 39-40
CHEVALIER, A. (1928): La végétation montagnarde de l'ouest africaine et sa genése. In: *C. R. Soc. Biogéogr.*, t.5, S. 3-5
CHEVALIER, A. (1929): Sur la dégradation des sols tropicaux causée par les feux de brousse et sur les formations végétales régressives, qui sont la consequence. In: *C. R. Acad. Sc. t.* 188, S. 84-86
CHEVALIER, A. (1931): Le rôle de l'homme dans la dispersion des plantes tropicales. Échanges d'espéces entre l'Afrique tropicale et l'Amerique du Sud. In: *Rev. Bot. int. appl. Agr. trop.* t.11, no 120, S. 633-50
CHEVALIER, A. (1933): Etude sur les prairies de l'ouest africain. In: *Rev. int. Bot. appl. Agr. trop.* t.13 / 14, S. 845-892 / 17-48/109-37
CHEVALIER, A. (1933): Les bois sacrés des Noirs de l'Afrique tropicale comme sanctuaires de la nature. In: *C. R. Soc. Biogéogr.* S. 37
CHEVALIER, A. (1948): L'origine de la Forêt de la Côte d'Ivoire. In: *C. R. Soc. Biogéogr.*, S. 39-40
CHEVALIER, A. / NORMAND, D. (1946): Foréts vierges et bois coloniaux. Paris
CHIPP, T.F. (1927): The Gold Coast forest, a study in synecology. In: *Oxford Forestry Memoirs*, 7, S. 1-94, Oxford
CHIVAS, B. (1906): La Côte d'Ivoire. Paris
CHOUARD, P. (1937): Notes de voyage botanique en A.O.F. In: *Bull. Ass. Géogr. francaise*, no 109, S. 130-43
CLOZEL, F. (1906): Dix ans à la Côte d'Ivoire. Paris
COLLINET, J. (1984): Hydrodynamique superficielle et érosion comparées de quelques sols ferrallitiques sur défriches forestières traditionelles (Côte d'Ivoire). Challenges in African Hydrobiology and Water Resources: Proceedings of the Harare Symposium, July 1984. I.A.H.I. Publ., n° 144, S. 499-515.
Colonie de la Côte d'Ivoire, Cabinet du Gouverneur (1908): Etat de la Colonisatation agricole européene adresse au Gouverneur par les administrateurs Commandants des cercles. Doc. multigr.
COULIBALY, S. (1977): La Problematique de la Reconstitution du Couvert Arboré dans la Zone Dense de Korhogo. In: *Annales de l'Univ. d'Abidjan*, sér.G., t.7 S. 5-39, Abidjan
D'ESPAGNAT, P. (1898): Jours de Guinée. Paris
D'OLLONE, C.A. (1901): De la Côte d'Ivoire au Soudan et à la Guinée. Missions Hostains - d'Ollone 1898-1900. Paris
D'OLLONE, C.A. (1903): Côte d'Ivoire et Liberia. Variations cartographiques relatives à ces contrées et état actuel de nos connaissances. cartes à 1:10.000.000 In: *Annales Géogr.* (12) S. 130-44/260
DARYL-FORDE, C. (1934): Habitat, Economy and Society. A Geographical Introduction to Ethnology. London
DAVIES, O. (1964): The Quarternary in the coastlands of Guinea. Glasgow
DE VOS, A. (1975): Africa, the devastated Continent? Man's Impact on the Ecology of Africa. Dordrecht

Delegation de la CEE á Abidjan (1982): La Forêt ivorienne en peril. In: Le Courrier, no 74 (7/8), S. 61-65

DELMAS, R. (1981): Sulfur balance and Atmospherique circulation in an equatorial environment. In: *Annales de l'Univ. d'Abidjan*, no.17, S. 27-46

DESCHAMPS, H. (1971): Histoire générale de l'Afrique Noire. Bd.II: De 1800 à nos jours. Paris

Deutscher Bundestag (Hrsg.) (1990): Schutz der tropischen Wälder: Eine internationale Schwerpunktaufgabe. Bonn

DEVINEAU, J.L. (1976): Principal pysiognomic and floristic Characteristics of Forest Formations in Lamto Central Ivory Coast. In: *Annales de l'Univ. d'Abidjan* ser.E.(9), S. 237-304

DEVINEAU, J.L. (1980): Angular canopy cover and forest architekture. Ivory Coast Studies. In: *Annales de l'Univ. d'Abidjan* ser.E., (13), S. 7-38

DEVINEAU, L. / LECORDIER, C. / VUATTOUX, R. (1984): Evolution of species diversity of trees in a fire protected savanna (Lamto, Ivory coast). In: *Candollea*, 39(1)

DOSSO, H. / GUILLAUMET, J.L. / HADLEY, M. (1981): The Tai-project: Land use problems in a tropical rain forest. In: *Ambio*, 10 (2/3) S. 120-25

DUCHEMIN, J.P. (1979): Densité de la population rurale. In: ORSTOM-IGT (1979), Abidjan

DUERR, H.P. (1978): Traumzeit. Über die Grenze zwischen Wildnis und Zivilisation. Frankfurt

DUGERDIL, M. (1970): Recherches sur la contact foret-savane en Côte d'Ivoire. 1.Qelques aspects de la végetation et son evolution en savane preforestiére. 2. Note floristique sur des ilots de flore semi-decidue. In: *Candollea*, 25(11/19) S. 235-43

DUVIARD, D. (1970): Place de Vernonia guineensis Benth. (composées) dans la biocoenose d'une savane preforestiére de Côte d'Ivoire. In: *Annales de l'Univ. d'Abidjan* ser.E. III. (1)

ELDIN, M. (1971): Le Climat In: AVENARD, J.M. u.a. (1971), S. 76-108

ELLENBERG, H. / MÜLLER-DOMBOIS, D. (1965): Tentative key to a physiognimic classification of plant formations of the earth. In: *Ber. Geobot. Inst. ETH*. Stiftg. Rübel 37

ENDLICHER, W. / GOSSMANN, H. (1985): Fernerkundung und Raumanalyse - klimatologische und landschaftsökologische Auswertung von Fernerkundungsdaten. Stuttgart

ENGLER, A. (1908): Die Pflanzenwelt Afrikas insbesondere seiner tropischen Gebiete. 5 Bde., Leipzig

EYSSERIC, J. (1898): Voyage d'exploration à la Côte d'Ivoire. carte 1 : 500 000 In: *Bull. Soc. Langued. de Géog.* 12, S. 60-66

EYSSERIC, J. (1899): Exploration du Bandama (Côte d'Ivoire, 1896/97). carte 1 : 1 000 000 In: *Annales de Géographie* (7), S. 273-277

FAO (1981): Projet d'evaluation de ressources forestiéres tropicales (GEMS). Ressources forestieréres de l'Afrique Tropicale. Rom

FLOHN, H. (1977): Some aspects of man-made climate modifications and desertification. In: *Applied Sciences and Development*, S. 44-58

FLOHN, H. (1985): Das eigentliche Risiko: Änderung des Wasserhaushaltes. In: *Umschau*, 3, S. 157-58

FÖLSTER, H. (1982): Nutrient loss during forest clearing. First international Symposium on land clearing and development in the tropics. Ibadan

FOURNIER, A. (1983): Herbaceous vegetation of savannas for Ouango-Fitini (Ivory Coast). In: *Candollea*, 38(1) S. 237-66

FRANKENBERG, P. (1982): Vegetation und Raum. Konzepte der Ordinierung und Klassifizierung. Paderborn

FRANKENBERG, P. (1985): Vegetationskundliche Grundlagen der Sahelproblematik. In: *Die Erde*, 116, S. 121-35

FRICKE, W. / KÖCHENDÖRFER-LUCIUS, G. (1988): Der Einfluß der Verkehrswege auf die Agrastrukturen - überprüft an der Wirkung ländlicher Nebenstraßen in den Monts des Dan (Elfenbeinküste). In: MÄCKEL / SICK (1988), S. 76-89

FRIEDRICH, E. (1900): Die französische Kolonie Côte d'Ivoire. Eine wirtschaftsgeographische Studie. Karte 1 : 6 000 000 In: *Deutsche geographische Blätter*, 23 S. 229-57

FRITSCH, E. (1982): Evolution des sols sous recrû forestier après mise en culture traditionnelle dans le Sud-Ouest de la Côte d'Ivoire. ORSTOM; unveröffenlichtes Manuskript, Abidjan

GASTON, J. (1944): Côte d'Ivoire. Paris.

GORMITZ, V. / NASA (1985): A survey of anthropogenic vegetation changes in west Africa during the last century - climatic implications. In: *Climatic Change*, 7, S. 327-41

Gouvernement Général de l'A.O.F. (1931): La Côte d'Ivoire. Paris

GUILLAUMET, J.L. (1967): Recherches sur la végétation et la flore de la Region du Bas-Cavally (Côte d'Ivoire). In: *Memoirs ORSTOM* no.20., Paris

GUILLAUMET, J.L. (1979): Végétation. In: Atlas Côte d'Ivoire.

GUILLAUMET, J.L. / ADJANOHOUN, E. (1971): La Végétation. In: AVENARD, J.M. u.a. (1971), Paris

HADEN-GUEST, S. / WRIGHT, J.K. / TECLAFF, E.M. (Hrsg.) (1956): A World Geography of Forest Resources. In: *Am. Geog. Soc. Spec. Publ.* 33.

HAFFER, J. (1982): General aspects of refuge theory. In: PRANCE (1982), S. 6-24, New York

HARRISON-CHURCH, R.J. (1963): West Africa, a study of the environment and of man's use of it. London

HARUKI, M. (1984): Silviecological Studies in the Savanna and Forest Zones of Cameroon. In: KADOMURA, H. [Hrsg.] (1984), S. 75-111

HAUDECOER, B. (1969): Le déterminisme du climat ivorien. Conference prononcée à Abidjan le 8/4, dans le cadre de la deuxième journée de la Climatologie en Côte d'Ivoire. doc. multigr.

HAUHOUOT, A.D. (1982): Problématique du développement dans le pays Lobi (Côte d'Ivoire). In: *Le Cahiers d'Outre-Mer*, Vol. 35, No.140, S. 307-21

HEDBERG, I. / O. (Hrsg.) (1968): Conservation of vegetation in Africa South of the Sahara. Proceedings. *Acta Phytogeographica Suecica* (54)

HEDIN, L. (1932): Esqisse rapide de la végétation des bords lagunaires dans la région de Grand Bassam et de Bingerville (Côte d'Ivoire). In: *Bull. mens. Agence Econom. Afr. occ. fr.* t.13. nos. 139/140, S. 211-215/251-56

HEDIN, L. (1933): Observations sur la végétation des bords lagunaires dans la région de Grand Bassam et de Bingerville (Côte d'Ivoire). In: *La Terre et la Vie*, t.3 no.10, S. 596-607

HEIM, R. (1941): Le haut Cavally et les Monts Nimba, point culminant de l'A.O.F. In: *C. R. Soc. Biogéogr.*, t.28, no.151-152, S. 733-34

HEIM, R. (1950): Sur la forêt de Basse Côte d'Ivoire In: *Bulletin de la Societé Botanique de France*, 97, S. 162-167

HEINZE, W. (1967): Der Verkehrssektor in der Entwicklungspolitik, unter besonderer Berücksichtigung des afrikanischen Raumes. München.

HENDERSEN-SELLERS, A. / GORMITZ, V. (1984): Possible Climatic Impacts of Land Deforestation. In: *Climatic Change*, 6, S. 231-57

HEPPER, F.N. (1976): The West African herbaria of Isert and Thonning. Kew

HETZEL, W. (1988): Neue Plantagen im Südwesten der Elfenbeinküste. In: MÄCKEL / SICK (1988), S. 53-75, Wiesbaden
HOLAS, B. (1962): Les Toura. Esquisse d'une civilisation montagnarde de Côte d'Ivoire. Paris
HOLAS, B. (1965): Industries et cultures en Côte d'Ivoire. Abidjan
HOPKINS, B. (1965): Forest and Savanna. Ibadan
HOUDAILLE,. (1900): Etude sur les propriétés et l'exploitation des bois de la Côte d'Ivoire. In: *Rev. des cult. col.*, t.6, S. 131-36
HOUGHTON, J. T. (Hrsg.) (1990): Climatic Change. The IPCC Scientific Assessment. Cambridge
HOWELL, F.C. / BOULIERE, F. (Hrsg.) (1964): African Ecology and human evolution. London
HOWELL, F.C. / CLARK, J.D. (1964): Acheulian hunter-gatherers of Sub-Saharan Africa In: HOWELL / BOULIERE (1964) S. 458-533, London
HUBERT, H. (1920): Le desséchement progressif (IIA) en A.O.F. In: *Bull. Con. D'Etudes Hist. et Sci.* S. 401-67
HUBERT, H. (1929): Sept années d'activité du Service géographique de l'A.O.F. In: *Buletin du Comité d'Afrique française*, 39, (4) S. 213-16
HÜCK, K. (1957): Die Ursprünglichkeit der Brasilianischen "Campos cerrados" und neue Beobachtungen an ihrer Südgrenze. In: *Erdkunde*, Bd.XI, Heft 3, S. 193-203
HUGHES, J.D. (1975): Ecology in ancient civilizations. Albuquerque
HUNTLEY, B.J. / WALKER, B.H. (1982): Ecology of tropical Savannas. Heidelberg/New York
HUTCHINSON, J. / DALZIEL, J.M. (1954): Flora of West Tropical Africa. London
Institut für Angewandte Geowissenschaften (1982): Côte d'Ivoire: Aptitude du sol, capacité de charge et coûts de la lutte contre la mouche tsé tsé. Rapport final. Frankfurt
IRVINE, F.R. (1961): Woody plants of Ghana. In: Oxford University Press, London
ISICHEI, E. (1977): History of West Africa since 1800. London
JAFFRE, T. / DE NAMUR, C. (1983): Evolution of the aboveground biomass during a secondary succession in southwestern Ivory Coast. In: *Acta oecol. plant.*, 4(3) S. 259-72
JENIK, J. (1984): Coastal upwelling and distributional pattern of West African végétation. In: *Preslia*, 56(3) S. 193-204
KADOMURA, H. (1984): Problems of past and recent environmental changes in the humid areas of Cameroon. In: KADOMURA, H. [Hrsg.] (1984), S. 7-20
KADOMURA, H. (Hrsg.) (1984): Natural and Man-induced environmental changes in tropical Africa: Case studies in Cameroon and Kenia. Hokkaido Univ. Special Publication No.3
KADOMURA, H. (Hrsg.) (1986): Natural and Man-induced environmental changes in tropical Africa: Case studies in Cameroon and Kenia. Hokkaido Univ. Special Publication No.4
KAHN, F. (1982): La réconstitution de la forêt tropicale humide. Sud-Ouest de la Côte d'Ivoire. In: *Mémoires ORSTOM*, n° 97 Paris
KNAPP, R. (1972): Die Vegetation von Afrika. Stuttgart
KOCHENDÖRFER-LUCIUS, G. (1988): Regionale Landwirtschaft und ländliche Nebenstraßen - Evolution oder Involution? Eine Untersuchung aus der westlichen Elfenbeinküste. Dissertation, Heidelberg
KOENIG DE, J. (1983): The forest of Banco Ivory Coast. In: *Meded Landouwogesch Wageningen*, 83(1) S. 1-156
KOROL, J. (1946): Note sur un gisement néolithique situe á Bouaké (Côte d'Ivoire). In: *Bull. IFAN*, (32), S. 23-24

KRUGMANN-RANDOLF, I. (1984): Ländliche Entwicklung in der Elfenbeinküste: Facetten deutsch-ivorischer Zusammenarbeit. In: *Entwicklung und Zusammenarbeit*, 84/1, S. 16-18

LAMBIN, E. (1988): L'Apport de la Teledetection dans l'etude des sytemes agraires d'Afrique: L'example du Burkina Faso. In: *Africa* 58 (3)

LAMPRECHT, H. (1986): Waldbau in den Tropen. Die tropischen Waldökosysteme und ihre Baumarten - Möglichkeiten und Methoden zu ihrer nachhaltigen Nutzung. Hamburg/Berlin

LANLY, J.-P. (1969): Regression de la forêt dense en Côte d'Ivoire. In: *Bois et Foréts Trop.*, 127, S. 45-59

LANLY, J.-P. (1982): Tropical Forest Resources in the Developing Countries. Rom

LANLY, J.-P. / CLEMENT, J. (1979): Present and Future Forest and Plantation Areas in the Tropics. Rom

LASNET (1898): Contribution à la géographie medicale. Mission du Baoulé. In: *Annales hygiéne et méd. col.* 1 S. 305-348, Paris

LASSAILLY, V. (1976): Espace utile et charge de population dans un des Secteurs touchés par la mise en eau du barrage de Kossou (Côte d'Ivoire). Thése de 3me cycle, Ecole Hautes Etudes Sci.Soc.

LAUER, W. (1952): Humide und aride Jahreszeiten in Afrika und Südamerika und ihre Beziehungen zu den Vegetationsgürteln. In: *Bonner Geographische Abhandlungen*, 9, Bonn

LAUER, W. / FRANKENBERG, P. (1979): Der Jahresgang der Trockengrenze in Afrika. In: *Erdkunde*, Bd.33, Lfg.4, S. 249-57

LAUER, W. / FRANKENBERG, P. (1979): Zur Klima- und Vegetationsgeschichte der westlichen Sahara. Wiesbaden

LAVEISSIERE, C. / HERVOUET, J.P. (1981): Tsetse fly populations and soil occupation. In: *Cahiers ORSTOM* ser.E 19(4) S. 247-60

LAVENU, F. (1972): Les exploitations forestiéres en Côte d'Ivoire. Memoir de maitrise Université d'Abidjan, IGT, Abidjan

LECHLER, E. (1985): Die Zentralen Orte der Elfenbeinküste. In: *Frankfurter Wirtschafts- und Sozialgeographische Schriften*, Heft 49

LECOMTE, G. / MONNIER, N. (1983): Population. In: VENNETIER [Hrsg.] (1983) S. 28-33

LENA, P. (1979): Transformation de l'espace rural dans le front pionnier du Sud-Ouest ivorien. ORSTOM, miméo, Abidjan

LENEUF, N. / AUBERT, G. (1956): Sur l'origine des savanes de la basse Côte d'Ivoire. In: *C. R. Acad. Sc.*, t.243 S. 859-60

LETOUZEY, R. (1969): Manuel de Botanique Forestiére Afrique Tropicale. Bd.1 Botanique Générale. Bd. 2a. Familles. Bd. 2b. Familles. Nogent s. Marne

LEVI-STRAUSS, C. (1958): Anthropologie Structurale. Paris

LEVIEUX, J. / DIOMANDE, T. (1985): Evolution of the populations of ants living in the soil as a function of the age of vegetation in a dense tropical Rainforest of the Ivory Coast and in several old fields. In: *Insectes soc.*, 32 (2) S. 128-39

LIETH, H. / WHITTAKER, R.H. (1975): Primary productivity of the biosphere. Heidelberg

LILLESAND, T.M. / KIEFER, R.W. (1979): Remote Sensing and Image Interpretation. New York

LOTH, H. (1981): Sklaverei. Die Geschichte des Sklavenhandels zwischen Afrika und Amerika. Wuppertal

LOUCOU, J.-N. (1983): Histoire. In: VENNETIER [Hrsg.] (1983) S. 24-25, Paris

LUIG, U. (1986): Naturverständnis und Agrarproduktion. Zur Agrarkultur der Baoulé in der Elfenbeinküste. In: *Peripherie*, N°22/23, S. 29-43

MACAIRE (1900): La richesse forestiére de la Côte d'Ivoire. In: *Rev. cult. col.*, t.6 S. 33-42
MÄCKEL, R. / SICK, W.-D. (Hrsg.) (1988): Natürliche Ressourcen und ländliche Entwicklungsprobleme der Tropen. Erdkundliches Wissen, Bd. 90, Wiesbaden
MANGENOT, G. (1950): Essai sur les forêts denses de la Côte d'Ivoire In: *Bulletin de la Societé Botanique de France*, 97, S. 159-162
MANGENOT, G. (1950): Les forêts de la Côte d'Ivoire In: *Bulletin de la Societé Botanique de France*, 97, S. 156-57
MANGENOT, G. (1954): Etude sur les forêts de plaines et plateaux de la Côte d'Ivoire. In: *Côte d'Ivoire - Guinée, SEDES* S. 3-56, Paris
MANGENOT, G. (1955): Etude sur les forêts de plaines et plateaux de la Côte d'Ivoire. In: *Etudes Eburnéenes*, 4 S. 5-61
MANGENOT, G. (1958): Les recherches sur la végétation dans les régions tropicales humides de l'Afrique occidentale. In: UNESCO (1958), S. 115-26, Paris
MANGENOT, G. / MIEGE, J. / AUBERT, G. (1948): Les éléments floristiques de la basse Côte d'Ivoire et leur répartition. In: *C. R. Soc. Biogéogr.*, 212-14, S. 30-34, Paris
MANSHARD, W. (1961): Die geographischen Grundlagen der Wirtschaft Ghanas. Unter besonderer Berücksichtigung der agrarischen Entwicklung. Wiesbaden
MARTIN, L. (1969): Datation de deux tourbes quaternaires du plateau continental ivorien. In: *C. R. Acad. Sc., D., Fr.*, t.269, 20, S. 1925-27
MARTINEAU, M. (1932): Protection de la forêt en Côte d'Ivoire. In: 2e congrés int. Prot. de la Nature S. 247-352, 1931, Paris
MATTHEWS, E. (1983): Global vegetation and land use: new high-resolution data bases for climatic studies. *Journal of Climate and Applied Meteorology*, 22, S. 474-87
MATZEK, R. (1981): Wenn wir das Holz nicht gehabt hätten ... Zum Beispiel Elfenbeinküste: Das Ökologieverständnis wächst. In: *Holz - Aktuell*, No.3, S. 72-78
MAUNY, R. (1961): Tableau géographique de l'Ouest africaine au moyen Age. In: *Mèm. Inst. Fr. Afr. noire*, no. 61 ., Dakar
MEILLASSOUX, C. (Hrsg.) (1971): Introduction. In: The Development of Indigenous Trade and Markets in Western Africa. Oxford
MENAUT, J.C. / CESAR, J. (1979): Structure and primary productivity of Lamto savannas, Côte d'Ivoire. In: *Ecology* 60(6), S. 1197-1210
MENAUT, J.C. / CESAR, J. (1982): The structure and dynamics of a West African savanna. In: HUNTLEY / WALKER (1982) S. 80-100
MENIAUD, J. (1920): La forêt de la Côte d'Ivoire et son exploitation. Paris
MENIAUD, J. (1930): L'arbre et la forêt en Afrique noire. Paris
MICHEL, P. (1969): Chronologie du Quaternaire des bassins des fleuves Sénégal et Gambie. Essai de synthese. 8è congrès de l'INQUA, Paris. Etudes sur le Quaternaire dans le monde. 2 vol. Suppl. au *Bull. de l'Ass.Fr. pour l'etude du Quarternaire*, 4, 1971
MICHELET / CLEMENT (1906): La Côte d'Ivoire. Paris
MIEGE, J. (1955): Les savanes et forets claires de Côte d'Ivoire. In: *Etudes Eburneenes*, no.6 S. 62-81
MIEGE, J. (1966): Observations sur les fluctuations des limites savanes- forêts en Basse Côte d'Ivoire. In: *Ann. Fac. Sc. Univ. Dakar*, 19, no. 3 S. 149-66
Ministére de la France d'Outre Mer (1950): Afrique Occidentale Francaise. La Côte d'Ivoire. Paris
Ministére Francais des Relations Exterieures, Cooperation et Developpement / Université d'Ottawa (Hrsg.) (1983): Actes du seminaire regional africain sur les statistiques des ressources naturelles de l'environnement, Abidjan 21 au 26 novembre. Vol. 1 et Vol. 2, Paris

MONNIER, M. (1892): De la Côte d'Ivoire au Soudan méridional: mission de M. le capitaine Binger. In: *C. R. Soc. de Géographie*. no.9/10 (15/16), pp, 248-49/406-08
MONNIER, M. (1894): France noir (Côte d'Ivoire et Soudan). Paris
MONNIER, M. (1894): Une jeune colonie - Côte d'Ivoire et Soudan meridional. In: *Annales de Gèographie* (3) S. 409-27
MONNIER, Y. (1968): Les effets des feux de brousse sur une savane preforestiere de Côte d'Ivoire. In: *Etudes Eburneenes*, 9, Abidjan
MONNIER, Y. (1983): Hydrographie. In: VENNETIER [Hrsg.] (1983) S. 10-11
MONNIER, Y. (1983): Les sols. In: VENNETIER [Hrsg.] (1983) S. 20-21
MONNIER, Y. (1983): Végétation. In: VENNETIER [Hrsg.] (1983) S. 16-19
MONOD, T. (1950): A propos des "campos cerrados". In: *Bull. IFAN*, XII, S. 844-49, Paris
MONTENY, B.A. (1986): Importance of the tropical rain forest as an atmospheric moisture source. In: Proceedings ISLSCP Conference, ESA SP-248, S. 449-54
MOOR, H.W. (1932): The Bisa Cocoa Problem. Zitiert von IRVINE (1961)
MOREAU, R. / DE NAMUR, C. (1978): The traditional system of cultivation of the Oubis of the Tai region Ivory Coast. In: *Cahiers ORSTOM*, ser.B 13(3) S. 191-96
MORGAN, W.B. (1988): Agricultural production frontiers in the humid tropics: Aspects of spontaneous and planned settlement. In: MÄCKEL / SICK (1988), S. 9-28
MORNET (1907): Les lagunes de la Côte d'Ivoire. In: *Renseignement col. et Documents Afr. fr. et comité Maroc*, no.17 S. 1. Comoté
MOUTON, J.A. (1959): Riziculture et déforestation dans la region de Man, Côte d'Ivoire. In: *L'Agronomie Tropicale*, 14, 2, S. 225-31
MÜHLENBERG, M. / STEINHAUER, B. (o.J.): Parc National de la Comoé. Guide touristique.
MÜLLER, J. (1984): Rechtliche, soziokulturelle und ökologische Wirkungen unter dem Einfluß von Bodenrechtswandel im Zuge kapitalwirtschaftlicher Entwicklung. Fallstudie zur Problematik dualistischen Bodenrechtes unter Bauerngesellschaften im tropischen Regenwald der Elfenbeinküste. In: MÜNCKNER (1984) S. 35-83
MÜNKNER, H. (Hrsg.) (1984): Entwicklungsrelevante Fragen der Agrarverfassung und des Bodenrechtes in Afrika südlich der Sahara. Marburg
MYERS, N. (1980): Conversion of Tropical Moist Forests. National Research Council, Washington D.C.
MYERS, N. (1989): Deforestation Rates in Tropical Forests and their Climatic Implications. A Friends of the Earth Report. London
N'GUESSAN, R. (1987): La sauvegarde de la forêt: Nous sommes tous concernés. In: *Fraternité Matin*, 19.6.87
NAMUR DE, C. (1978): Flora study Ivory Coast. In: *Cahiers ORSTOM*, ser.B 13(3) S. 203-10
NAMUR DE, C. / GUILLAUMET, J.L. (1978): Grands traits de la reconstitution dans le Sud-Ouest ivorién. In: *Cahiers ORSTOM*, ser.b. 13(3) S. 197-201
NICHOLSON, S.E. (1976): A climatic chronology for Africa: Synthesis of geological, historical and meteorological information and Data. Diss. Univ. of Wisconsin
NORMAND, D. (1950): Atlas de bois de Côte d'Ivoire. Nogent sur Marne
NYE, P. / GREENLAND, D.J. (1960): The soil under shifting cultivation. In: *Techn. Comm. Commonwealth Bureau Soil Sc.*, 51
OKAFOR, J.C. (1980): Edible indigenous woody plants in the rural economy of the Nigerian forest zone. In: *For. Ecol. and Manag.*, 3, 1, S. 45-55
ORSTOM / IGT (1979): Atlas Côte d'Ivoire. Abidjan.

OUTER DEN, R.W. (1972): Tentative determination key to 600 trees shrubs and climbers from Ivory Coast, Africa, mainly based on characters of the living bark, besides the rhytidome and the leaf. 1.Large Trees. Wageningen

PANMAN, J. / VAN DE POL, J. (1985): Etude d'agriculture traditionelle dans deux villages: Koulila (Mayombe) et Komono (Chaillu). ORSTOM Brazzaville. doc. multigr.

PECH et al. (1963): L'agriculture de la zone caféière. Etude pour la reconversion des cultures dans la Republique Côte d'Ivoire. BDPA, Paris

PELTRE, P. (1977): Le "V-Baoulé" (Côte d'Ivoire centrale) - Heritage gèomorphologique et paleoclimatique dans le trace du contact forêt - savane. *Traveaux et documents de l'ORSTOM* No.80, Paris

PERSSON, R. (1977): Forest Resources of Africa. Part II. In: *Roy. Col. Forest.*, N°22, Stockholm

POBEGUIN, H. (1898): Notes sur la Côte d'Ivoire. Region comprise depuis Grand-Lahou jusqu'au Cavally (Republique de Liberia). In: *Bull. Soc. Géogr.*, 7e série, 19 S. 328-74

PORTERES, R. (1949): Les arbres, arbustes et arbuisseaux conservés comme ombrage naturel dans les plantations caféièrs indigènes de la region de Macenta et leur signification. In: *Rev. Bot. appl.*, 29, S. 336-55

PORTERES, R. (1950): Problèmes sur la végétation de la Basse Côte d'Ivoire. In: *Bulletin de la Societé Botanique de France*, 97, S. 153-56

PORTERES, R. (1959): Une plante pionnière américaine dans l'Ouest africaine (Solanum verbascifolium L.) In: *Jour. Agr. trop. bot. appl.*, 6 (11) S. 598-600

POULSEN, G. (1981): L'homme et l'arbre en Afrique tropicale: trois essais sur le role des arbres dans l'environnement africain. Ottawa

PRANCE, G.T. (Hrsg.) (1982): Biological diversification in the Tropics. New York

PRANCE, G. T. (Hrsg.) (1986): Tropical rain forests and the world atmosphere. Westview

PRETZSCH, J. (1986): Traditionelle Bodenbewirtschaftung, weltmarktorientierte Plantagenproduktion und Tropenwaldzerstörung in der Republik Elfenbeinküste. In: *Schriftenreihe des Institutes für Landespflege der Universität Freiburg*, 7, Freiburg

PRETZSCH, J. (1987): Die Entwicklungsbeitäge von Holzexploitation und Holzindustrie in Ländern der Feuchten Tropen dargestellt am Beispiel der Elfenbeinküste. In: *Schriftenreihe des Institutes für Landespflege der Universität Freiburg*, 11, Freiburg

QUIQEREZ (1892): Exploration de la Côte d'Ivoire 1891. In: *Soc.géog.Bull.*, 2e trimestre S. 265-79

RAHM, U. (1954): La Côte d'Ivoire, Centre de Recherches tropicales. In: *Acta Tropica,* Vol.11, S. 222-295, Basel

RAUNKIAER, C. (1934): The life forms of plants and statistical plant geography. Oxford

REMMERT, H. (1988): Gleichgewicht durch Katastrophen. Stimmen unsere Vorstellungen von Harmonie und Gleichgewicht in der Ökologie noch? In: *Aus Forschung und Medizin*, 3, 1, 1988 S. 7-17

REPIQUET, J. (1903): Le Bas-Cavally francais. Carte 1 : 800 000 In: *Rens. col. et Doc. Comité Afr. Fr.*, 13 S. 277-29

RIBOREAU, G. (1965): L'exploitation forestiére ivorienne vit-elle sa belle époque? In: *Afrique*, mai n°46, S. 26-29

RIGOU, G. (1972): L'exploitation forestiére en Côte d'Ivoire. Memoire de maitrise, Université de Paris I, Paris

RÖBEN, P. (1980): Ende des Regenwaldes in Sicht? In: *Umschau*, 15 S. 459-62

ROMBAUT, D. / VAN VLAEDEREN, G. (o.J.): Manuel d'Agrostologie. Ministere de la Production Animale, Abidjan

ROOSE, E. (1981): Dynamique actuelle de sols ferralitiques et ferrugineux tropicaux d'Afrique Occidentale (Côte d'Ivoire, Haute-Volta). In: *Travaux et Documents de l'ORSTOM*, no.130, Paris

ROTH, H.H. / MÜHLENBERG, M. / RÖBEN, P. / BARTHLOTT, W. (1979): Etat actuel des parcs nationaux de la Comoe et de Tai ainsi que de la réseve d'Azagny et propositions visant à leur conservation et à leur développement aux fins de promotion du tourisme. P.N. 73.2085.6, 4 Bde. FGU - Kronberg GmbH

ROUGERIE, G. (1951): La forêt, âme de la Côte d'Ivoire. In: *Tropiques*, fev., S. 9-16

ROUGERIE, G. (1957): Les pays Agni du Sud - Est de la Côte d'Ivoire forestiére. In: *Etudes Eburnées* 4, Abidjan

ROUGERIE, G. (1960): Le faconnement actuel des modelès en Côte d'Ivoire forestiére. In: *Memoirs IFAN* no.58, Dakar

ROUW DE A. (1979): La culture traditionelle dans le Sud-Ouest de la Côte d'Ivoire (région de Taï). Le systeme Oubi confronté aux pratiques agricoles des Baoulé immigrés. In: *ORSTOM Adiopodoumé*, doc. multigr.

ROUW DE, A. (1987): Tree management as part of two farming systems in the wet forest zone (Ivory Coast). In: *Acta Oecologica*, Vol. 8, n° 1, S. 39-51

ROSTOW, W.W. (1960): The Stages of Economic Growth: A Non-Communist manifesto. Cambridge.

RUF, F. (1982): Ma forêt est finie. Ou planteur l'igname? In: Les cultures vivrières: Element strategique du développement agricole ivorien, Bd.1, S. 127-150, Abidjan

RUF, F. (1984): Evolution des derniers fronts pionniers du Sud-Ouest ivorien. Rapport de convention IRCC/IDESSA; doc. multigr. Abidjan

RUTHENBERG, H. (1976): Farming systems in the tropics. Oxford

SAINT-AUBIN DE, G. (1963): La forêt de Gabon. Nogent-sur-Marne

SAWADOGO, A. (1977): L'agriculture en Côte d'Ivoire. Paris

SCAETTA, H. (1941): Les prairies pyrophiles de l'Afrique occidentale francaise. In: *Revue de Botanique Appliquée et d'Agriculture Tropicale*, (21) S. 221-40

SCHAAF, T. / MANSHARD, W. (1988): Die Entwicklung der ungelenkten Agrarkolonisation im Grenzgebiet von Ghana und der Elfenbeinküste. In: *Erdkunde*, 42, S. 26-36

SCHIMPER, A.F.W. (1898): Pflanzengeographie auf physiologischer Grundlage. Jena

SCHLEICH, K. u.a. (1987): Entwicklung der Tierproduktion in Savannengebieten Westafrikas. Studien aus dem Norden der Elfenbeinküste. Eschborn

SCHMIDT, W. (1973): Vegetationskundliche Untersuchungen im Savannenreservat Lamto. In: *Vegetatio*, 28 (3-4) S. 145-200

SCHMITHÜSEN, F. (1976): Vom kolonialen Forstgesetz zum nationalstaatlichen Wirtschaftsrecht. Die Entwicklung der Forstgesetzgebung im frankophonen Westafrika. In: *Allgemeine Forst und Jagdzeitung*, 147 (6-7) S. 130-42

SCHMITHÜSEN, F. (1977): Forstpolitische Überlegungen zur Tropenwaldnutzung in der Elfenbeinküste. In: *Schweizer Z. Forstw.*, 128 (2) S. 69-82

SCHNELL, R. (1944): L'action de l'homme sur la végétation dans la region des monts Nimba et du Massiv des Dans (A.O.F.). In: *Bull. Soc. Hist. Nat. Afr. Nord*, 35 S. 111-16

SCHNELL, R. (1945): Structure et évolution de la vegétation des Monts Nimba en fonction du modelé du sol. In: *Bull. Inst. fr. Afr. noire*, 35 S. 80-100

SCHNELL, R. (1948): A propos d l'hypothése d'un peuplement négrille ancien de l'Afrique occidentale. In: *L'Anthropologie*, 52 (3-4) S. 229-42

SCHNELL, R. (1950): Remarques préliminaires sur le groupements végétaux de la forêt dense ouest-africaine. In: *Bull. Inst. fr. Afr. noire*, 12 (2) S. 297-314

SCHNELL, R. (1952): Contribution à une étude phytosociologique et phytogéographique de l'Afrique occidental: les groupements et les unités géobotaniques de la région guinéene. In: *Mem. de l'Inst. fr. d'Afr. Noire*, 18., Dakar

SCHNELL, R. (1952): Végétation et flore de la région montagneuse du Nimba. In: *Mem. de l'Inst. fr. d'Afr. Noire*, 22., Dakar

SCHNELL, R. (1970): Introduction a la phytogéographie des pays tropicaux. 1. Les flores - Les structures 2. Les milieux - Les groupements végétaux. Paris

SCHNELL, R. (1976): La flore et la végétation de l'Afrique tropicale. Paris

SCHWARTZ, A. (1979): Colonisation agricole spontanée et emergence de nouveaux milieux sociaux dans le Sud-Ouest ivoirien: l'exemple du canton bakwé de la Sous-Préfecture de Soubré. No. 1-2, S. 83-101 In: *Cahiers ORSTOM*, Sér. Sci. Humain., Vol.16

SERVANT, M. (1974): Les variations climatiques des régions intertropicales du continent africain depuis la fin du pléistocéne. In: C.R. XII journées de l'Hydraulique, Soc.Hydrotechn.fr. Paris

Service d'Agriculture de la Côte d'Ivoire (1949): Dégradation des sols en Côte d'Ivoire. Conf. afric. sols Goma en 1948. In: *Bull. agric. Congo. belge.*, Bruxelles

SOURNIA, G. (1974): Tendences Climatiques et Consequences de la Secheresse en Côte d'Ivoire. In: *Ann. Univ. Abidjan*, sér. G, t.6, S. 269-73

SOURNIA, G. (1983): Stratégie du développement. In: VENNETIER [Hrsg.] (1983) S. 67-69

SPICHIGER, R. (1975): Studies on the forest-savanna limit in the Ivory Coast. Ecological entities in a Loudetia simplex savanna in the south of the Baoulè country. In: *Candollea*, 30(1) S. 157-76

SPICHIGER, R. (1977): Contribution à l'etude du contact entre la flore sèche et humide sur les lisiéres de formations forestiéres humides semi-decidues du "V-Baoulé" et son extension nord-ouest (Côte d'Ivoire centrale). Thése no.1698, Faculté des sciences, Genève.

SPICHIGER, R. / LASSAILLY, V. (1981): Recherches sur le contact forêt-savane en Côte d'Ivoire : note sur l'evolution de la végétation de Bèoumi (Côte d'Ivoire centrale). In: *Candollea*, 36(1) S. 145-54

SPICHIGER, R. / PAMARD, C. (1973): Recherches sur la contact forêt-savane en Côte d'Ivoire: étude du recrú forestiér sur des parcelles cultivées en lisiére d'un ilot forestiér dans le sud du pays Baoulé. In: *Candollea*, 28 S. 21-37

SPOT IMAGE (Hrsg.) (1989): Programming your SPOT Scenes. Toulouse

Steigenberger Consulting GmbH [Hrsg.] (1973): Nationalpark - Studie Elfenbeinküste. Frankfurt/M.

SUD, Y.C. / FENNESSY, M. (1982): A Study of the Influence of Surface Albedo on July Circulation in Semi-Arid Regions using the GLAS GCM. In: *J. Clim.*, 2, S. 105-25

SURET-CANALE, J. (1969): Schwarzafrika: Geschichte West- und Zentralafrikas 1900-1945. Bd.2, Berlin (Ost)

Syndicat des Producteurs (o.J.): Bois de Côte d'Ivoire. o.O.

Syndicat des Producteurs (o.J.): Forestiérs de Côte d'Ivoire. o.O.

TALBOT, M.R. (1981): Holocene changes in tropical wind intensity and rainfall: evidence from Southeast Ghana. In: *Quarternary Research*, 16, S. 201-20

TERVER, P. (1947): Le commerce des bois tropicaux. Histoire du commerce des bois tropicaux francais. In: *Bois et For. Trop.*, 3 S. 55-65

THOMASSET, J.Y. (1900): La Côte d'Ivoire: étude de géographie physique. In: *Annales Géogr.*, 9 S. 159-72

TROLL, C. (1958): Zur Physiognomie der Tropengewächse. Sonderdruck aus dem Jahresbericht der Ges. von Fr. u. Förd. der R.F.-W.Univ., Bonn

TUCKER, R.P. / RICHARDS, J.F. (1983): Global Deforestation and the Nineteenth Century World Economy. Durham NC

UPTON, M. (1967): Socio-economic survey of some farm families in Nigeria. In: *Bull. Rur. Econ. Sociol.*, 2, 3, 1967; 1 + 3, 1968. Zitiert nach RUTHENBERG (1976) S. 277

VALLAT, C. (1979): L'immigration Baoulé en pays Bakwé: Etude d'un front pionier. In: *Cahiers ORSTOM*, Sèr. Sci. Hum., Vol. XVI, nos. 1-2, S. 103-10

VARESCHI, V. (1980): Vegetationsökologie der Tropen. Stuttgart

VENNETIER, P. (Hrsg.) (1983): Atlas de la Côte d'Ivoire. Editions Jeune Afrique. Paris

VERDIER, A. (1897): Trente-cinq années de lutte aux colonies Côte occidentale d'Afrique. Paris

VILLAMUR, R. / RICHAUD, L. (1903): Notre colonie de la Côte d'Ivoire. Challamel, Paris

VUATTOUX, R. (1970): Observations sur l'evolution des strates arborées et arbustives dans la savane de Lamto (Côte d'Ivoire). In: *Ann. Univ. Abidjan*, ser.E, 3 S. 285-315

WAGNER, H.G. (1984): Wirtschaftsräumliche Folgen von Straßenbaugroßprojekten in westafrikanischen Ländern. In: *Würzburger Geogr. Arb.*, H. 62

WAIBEL, L. (1933): Probleme der Landwirtschaftlichen Geographie. In: *Wirtschaftsgeogr. Abh.* Nr.1, Breslau

WALTER, H. / BRECKELE, S. (1983): Ökologie der Erde. Bd.1, Ökologische Grundlagen aus globaler Sicht. Stuttgart

WALTER, H. / BRECKELE, S. (1984): Ökologie der Erde. Bd.2. Spezielle Ökologie der Tropischen und Subtropischen Zonen. Stuttgart

WALTER, H. / LIETH, H. (1960): Klimadiagramm-Weltatlas. Jena

WEISCHET, W. (1977): Die ökologische Benachteiligung der Tropen. Stuttgart

WEISCHET, W. (1981): Ackerland aus Tropenwald - eine verhängnisvolle Illusion. In: *Holz - aktuell*, (3), S. 15-33

WEISKEL, T.C. (1973): L'écologie dans la pensée africaine traditionelle. In: *Culture*, UNESCO et Braconnière, Bd.1, (2), S. 129-151, Paris

WEISKEL, T.C. (1978): The Precolonial Baule. A Reconstruction. In: *Cahiers d'Études Africaines*, 72, 18, 4, S. 503-60

WEISKEL, T.J. (1989): The Ecological Lessons of the Past: An Anthropology of Environmental Decline. In: *The Ecologist*, Vol.19, No.3, S. 98-103

WESTPHAL, G. (1898): La Côte d'Ivoire: son avenir industriél et commercial. In: *Bull. Coc. Langued. de Géog.*, 21 S. 11-29/217-22, Montpellier

WHO: Ten years of onchocerciasis control in West Africa. o.o.

WIESE, B. (1988): Die Elfenbeinküste - Erfolge und Probleme eines Entwicklungslandes in den westafrikanischen Tropen. Wissenschaftliche Länderkunde, Bd. 29, Darmstadt

WILLIAMS, M. (1989): Deforestation: past and present. In: *Progress in Human Geography*, 13 (2), S. 176-208

WOELFFEL (1899): Rapport de mission du lieutenant Woeffel sur la mission envoyée par le Soudan dans le bassin de la Cavally. Doc. multigr.

WOHLFARTH-BOTTERMANN, M. (1985): Der Stausee von Kossou (Elfenbeinküste). Diplomarbeit Geographie, Universität Bonn

ZIMMERMANN, M. (1899): Résultats des missions Blondiaux et Eysséric. Dans le Nord-Ouest Côte d'Ivoire. In: *Ann. de Géog.*, t.VIII, S. 252-64

ZON, R. / SPARHAWK, W.N. (1923): Forest Resources of the World, Vol.II. New York

B. Karten

Anonymus (1973): Forêt classée et Réserve de Faune de Tai. 1 : 1 000 000
Anonymus (o. J. ca. 1975): Parc National de la Marahoue - Carte de la Végétation. 1 : 200 000
ARSO (1978): Carte d'Affectation des sols. 1 : 500 000
BACEL (1909): Region Bakoué. 1 : 200 000
BETSELLÈRE (1909): Operations contre les Gounanfras. Dirigées par Mr le Colonel Betsellère. 1 : 100 000
BINGER, L.G. (1892): Carte du Haute-Niger au Golfe de Guinée par le pays de Kong et le Mossi. 1 : 1 900 000
BLONDIAUX (1898): Carte de la Mission Blondiaux 1897-1898. Levée et dressée par le Chef de Mission. 1 : 250 000
CASSEL VAN (1903): La Haute Côte d'Ivoire Occidentale. 1 : 5 000 000
CHEVALIER, A. (1908): La Forêt vierge de la Côte d'Ivoire. 1 : 2 500 000
CHEVALIER, A. (1909): Mission Forestiere de la Côte d'Ivoire. Itineraire de la Mission et principales zones de végétation. 1 : 1 500 000
CHEVALIER, A. (1912): Carte botanique, forestière et pastorale de l'Afrique occidentale francaise. 1 : 3 000 000
EYSSERIC, J. (1899): Côte d'Ivoire - Mission J. Eysseric. 1 : 1 000 000
FRIEDRICH, F. (1900): Côte d'Ivoire. 1 : 6 000 000
Gouvernement général d'l AOF (1906): Extraite de l'ouvrage sur les Coutumes indigénes de la Côte d'Ivoire et completée. 1 : 4 000 000
GUILLAUMET, J.L. / ADJANOHOUN, E. (1968): Carte de la Vegétation de la Côte d'Ivoire. 1 : 500 000
HANSEN (1909): Mission Forestiére de la Côte d'Ivoire. Itineraire de la Mission et Principales zones de végétation. 1 : 1 500 000
IGN [Paris] (1950 ff.): Carte de l'Afrique de l'Ouest. 1 : 50 000
IGN [Paris] / IGCI (1979): République Côte d'Ivoire. 1 : 1 000 000
IGN [Paris] / IGCI (1952 - 1970): Carte de l'Afrique de l'Ouest. 1 : 200 000
LECHLER, E. (1985): Militärische Posten und koloniale Verwaltungsstellen als Ursprung heutiger Präfekturen und Subpräfekturen. 1 : 4 000 000
MARCHAND (1894): Le Bandama et le Ht-Bagoé. 1 : 500 000
MENIAUD, J. (1921): Carte Forestiére de la Côte d'Ivoire. 1 : 2 500 000
MEUNIER (1920): Carte de la Côte d'Ivoire. Dressée par A. Meunier d'apres les documents les plus récents. 1 : 250 000
MICHELET / CLEMENT (1906): Règion comprise entre les Lagunes Aby et Ebrié. 1 : 250 000
D'OLLONE, C. (1901): Mission Hostains - d'Ollone. Bassin du Cavally. 1 : 1 000 000
ORSTOM / IGT (1971 - 1979): Atlas de Côte d'Ivoire. 1 : 2 000 000
PERRAUD, A. (1963): Carte de la Végétation de la Région de Biribi, Côte d'Ivoire. 1 : 50 000
REPIQUET, M.J. (1903): Le Bas Cavally. 1 : 8 000 000
Service Gèographique (1939): Carte topographique reguliére. 1 : 200 000
SODEFOR (1975): Domaine Forestier. 1 : 1 150 000
THOMMASSET (1900): Côte d'Ivoire - Itinéraire de la mission Houdaillle. 1 : 2 000 000
TOLQUET (1909): Tournée de Récensement dans la Région Sud-Ouest du Bondoukou. 1 : 100 000
TRAORE, M. (1949): Forêt classées et zones d'Exploitation Forestière de la Côte d'Ivoire. 1 : 1 500 000
VENNETIER, P. (Hrsg.) (1983): Atlas de Côte d'Ivoire. 1 : 3 600 000

Indices

A. Sachindex

Abbey 404
Abron 381, 392
Acacia ataxacantha 386
Acajou d'Bassam 372
Agni 371, 396
    Migrationsverhalten 343
Agrarkolonisation 321, 337, 349, 440
    Raumentwicklung 351
    spontane 349
Ahafo 371
Akan 343, 355, 373, 375, 384, 385, 387, 396
Albedo 313
Albizia spp. 332
Amazakoué 340
Anacardium occidentale 342
Ananas comosus 408, 418, 419, 421, 424
Anthocleista nobilis 353
Anthropostreß 393
Arachis hypogagaea 375
Arten 318
    Baum 342
    endemische 315, 445
    gruppen 318
    heliophile 319
    heliophobe 353
    kommerzialisierte 339
    schnell wachsende 342
    wirtschaftlich begehrte 341
    xerotherme 319
Aschanti 343, 371
Assaméla 340
Atlantikum 319
Aucoumea klaineana 342
Aufforstung 341, 410
Automobil 324, 384, 419, 425
Autorité pour la Region du Sud-Ouest 428
Avokado 355
Azobé 330
Azonale Vegetation 317, 398
Bakwé 353, 440
Bananen 408, 413, 418
Baoulé 326, 345, 350, 353, 354, 355, 356, 372, 373, 378, 381, 385, 389, 428, 441
Baphia nitida 371
Baumkulturen 313
Baumsavanne 393
Baumwolle 406
Berg
    heide 418
    land 400, 431
    regionen 416
Bété 353, 410, 440
Bevölkerungsdichte 378, 379, 384, 385, 386, 392, 396, 397, 398, 406, 425, 435
Bewässerungslandbau 434
Binnen
    kolonisation 428
Boden 314, 315, 322, 333
    arten 325
    erosion 315, 357, 416, 418
    fauna 357
    güte 352
    klassifikation 325
    klima 314, 357
    recht 346, 355
    rechtsempfinden 346
    rechtstitel 346
    temperaturamplitude 315
    typen 325
    verdichtung 341
    wasserspeicher 315
Bombax spp. 353
Bongossi 330
Borassus aethiopum 373, 394
Bouclé de cacao 344
Brach
    fläche 368, 441
    zeit 368, 424, 435
Brandrodung 315, 319, 348
    Baoulé 354
    Selektivität 352
Brennholz 341, 342, 387
Brong 371
Busch
    savanne 330, 335
    wald 331, 437
Buschbrache 357
Butyrospermum parkii 334, 386
Campagne rizicole 418
Campos cerrados 370
Carnet de Chantier 406
Cash crops 337, 355, 357, 416, 433
Cashew Nuß 342
Ceiba pentandra 332, 353
Celtis spp. 333
Centre National Floristique 456
Chantier 338, 391
Chinin 413
Clorophora excelsa 345
CO_2 312
Cocos nucifera 372, 375
Code
    Civil 346
    Forestier 339
Cola spp. 352
Combretaceae 314
Cyperus spp. 403
Dan 385, 406
Daniella oliveri 431
DDT 433
Défrichements en peau de léopard 352
Degradation 312, 314, 315, 414, 435, 441
    Boden 315
    Gehölzanteil 334
    Lagunen 396
    Plantagenwirtschaft 393
    Savannen 335
    Trockenwälder 319, 392
    Waldinseln 373
    Zentren 404, 414
Desertifikation 313, 384
Devastation 370
Dialium Aubrévillei 353
Diospyros spp. 333, 348
Diula 372
Domaine
    Forestier
        de l'état 340

permanent 340
rural 340
Drachenbaum 332
Dürre 436
periode 313, 325
Eisenbahn 341, 384, 391, 396, 404, 407, 413, 418, 419
bau 338, 388, 398
linie 421
Elaeis guineensis 332, 386, 437
Elefantengrasflur 333
Elfenbein 371, 375
Entwaldung 345, 424, 437
flächenhafte 410, 413, 414, 419, 425
rate 312
des Küstenraumes 404
Entwicklungspole 408
Erytrophleum ivorense 353
Etymologische Deduktion 401
Eucalyptus spp. 342
Euphorbiaceae 331, 386
Evakuationskapazität 413
Evapotranspiration 313
Faciès
Ghanéen 318
Sassandrien 318
Fahrrad 348
Feldkapazität
Regenerationsfähigkeit 331
Ferrallite 314, 325
Feuer 319, 326, 354, 416, 418, 421
Boden 326
Flora 326
holz 419
katastrophen 342
streß 320, 393
Florenelemente 326
Forêt
Année de la 321
classée 340, 350, 384, 410
dense continue 403
déserte 406
protégé 340
vierge 370, 406
Forst
dekret 391
delikte 413
gesetz 413
inventur 437
plantagen 325, 341, 342, 410
Framiré 342
Fromager 332
Funtumia spp. 406
Galeriewald 322, 373, 393
Gehölzsavanne 330
Gelbfieber 382, 387
Gemeinschaftswald 339
Geschützte Wälder 340
Gmelina 342
Gold 372
aufkommen 390
staub 375
vorkommen 376, 392, 396, 408
Gouro 399, 400, 407
Gramineen 333, 403, 421
Feuer 326
Gras
flur 335
landschaft 373

savanne 330
vegetation 398
Grenzfunktion der Flüsse 373
Gros Indénié 408
Gueré 424
Guerzé 402
Guttapercha 391
Harmattan 418
Heilige
Berge 416
Haine 344
Heisteria parvifolia 348
Hevea brasiliensis 392, 423
Holz
abfall 336
abfuhrstraßen 336
abfuhrwege 441
arten 336, 339
Exploitation 335, 337, 338, 339, 340, 348, 390, 396, 404, 418, 424, 440, 441
export 337, 390, 407
industrie 339
qualität 336
wirtschaft 316, 339, 406, 408, 413
Hügelbeet 354
Hyparrhenia spp. 373
Imperata cylindrica 333, 335, 431
Industrielle Plantagenwirtschaft 424, 431
Infrastruktur 347, 404, 407, 413, 424, 427
Iroko 340, 437
Isoberlinia doka 326, 330
Itinerar 403
Jagd 326, 339, 393
Jäger 349
Jäger und Sammler 319
Journée de la Nature 321
Jus usufructi 346
Kaffee 320, 324, 349, 355, 391, 398, 407, 411, 413, 418, 421, 424
anbau 390, 408
forschungsstation 413
plantagen 408
Preise 421
Produktionsfläche 423
sorte 408
Kakao 349, 357, 391
Beginn des Anbau 391
Ausbreitung 425
indigener 365, 406, 411
anbaugebiet 324
Bodenanforderungen 326
Boom 421
Dichte der Bäume 355
Dürrefolgen 357
Gunstraum 320
Kolonisten 408, 418
Plantagenwirtschaft 411
Kakié 373
Kapok 332
Karité 334, 386
Kautschuk 390, 392, 396, 404, 424, 427
Khaya ivorensis 372, 391
Klima 322
Palaeo 316
Relikte 318
veränderungen 321, 325, 384
Klimax
gesellschaft 333
vegetation 320, 331

Klimax
    Feuer 334
Knollenfruchtbau 353
Kola 392
Koniferen 342
Kopra 421, 424
Körnerfruchtbau 343, 353
Koulango 371
Krou 343, 345, 353, 385, 392
Kunstdünger 433
Küsten
    gebüsch 421
    linie 323
    nehrung 397
    savannen 317
Land
    flucht 419
    nahme 321, 349, 372, 419, 428, 441
    nutzung 315, 423
        Formen 336, 345
        traditionelle 345
Laterit
    horizonte 318
    krusten 318, 325, 326
Latex 390, 391
Leelage 324
Leguminosen 332
Lianen 332
Lisiére Nord de la forêt dense 403
Litoralsavanne 398
Lophira
    alata 330, 353, 402
    lanceolota 431
Macaranga
    barteri 331
    hurifolia 331
    spp. 355
Mahagoni 372, 375, 391
Mais 375, 396
Mandé 343, 371, 380, 385, 392, 396
Mangrove 325, 410
Maniok 375, 396, 414
Mapania spp. 333, 348
Marantaceae 440
Mechanisierung 433
Méné 402
Middle Belt 386
Migration 347, 392
Mischkultur 313, 348, 440
Mobilität 372
Mossi 350, 353, 411, 418, 441
Musanga
    cecropioides 332, 355
    smithii 332
Mycorrhizae 314
Nafana 371
Nationalpark 340, 350, 361, 382, 408, 410, 441
Nebelbildung 314
Néré 334, 402
Nété 402
Niangon 342
Nicotiana tabacum 375
Niederschlag 313, 421
    Aufkommen 323, 325
    Bildung 313
    Defizit 324
    Rückgang 324
    Verteilung 324
Nutzpflanzen 375

Nutzungs
    durchgang 336, 340, 418, 424
    eingriffe 331
    rechte 340, 355
    statistiken 336
Ökoton 400
Ölpalme 332, 352, 364, 367, 386, 398, 401, 411, 421, 424
Onchozerkose 373, 433
Oubi 354
Palmöl 385, 390, 396, 397, 424, 427
Panicum
    phragmitoides 334
Panicum phragmitoides 334
Parasolier 332
Parc refuge 410, 411
Parkia
    africana 402
    biglobosa 334
Pax Francaise 386
Pazifizierung 404, 431
Pennisetum
    Grasflur 397, 414
    purpureum 333, 335, 431
Pestizide 433
Peul 373
Peuplierung 349
Pfeffer 371
Phanerophyten
    Feuer 326
Pidgin 385
Pinus spp. 342
Pionier
    fronten 338
    gehölz 333, 355
    pflanzen 368
    populationen 331
Plantagen 325, 342, 352, 364, 391
    produktion 316
    wirtschaft 393, 406, 411, 414
Plantane 355
Plantation mécanisée 342
Pollen 317
Polterplatz 336, 341
Primär
    produktivität 314
    regenwald 350, 396, 413, 414
    wald 353, 368, 424, 437
Privateigentum an Boden 346
Pufferzonen 373
Pycnanthus angolensis 353
Pyrophyten 326
Raum
    entwicklung 347, 393
    planung 429
Ravage 370
Recht des Niesbrauchs 346
Regeneration 331, 333, 368, 375, 393, 440
Regenwald 330
    flora 320
    grenze 323, 371, 373, 379, 381, 398, 399, 400, 401, 402
    insel 401, 403
    kultivierung 354
    progression 403, 421, 431
    rand 372, 404
    refugien 318
    regeneration 357
    reste 361

Régime Coutumier 346
Reis 416, 424
Réserve
　du Faune 339, 410
　naturelle partielle 340
Reservierte Wälder 340
Robusta 392
Rotholz 371
Rückegassen 340, 441
Rückzugsgebiet 373, 385, 394, 431
Rundholz 338, 339, 428
Samba 342, 424
Sammler 349
Savanneninseln 397, 402, 403
Savannifikation 431
Scaphopetalum amoenum 326
Schirmbaum 332
Sekundär
　busch 368, 425
　vegetation 333, 401
　wald 331, 332, 333, 353, 361, 368, 411, 414
Senoufo 371, 385, 386, 435
Service Eaux et Forêts 382, 384
Siedlungsverlagerung 349
Sipo 340
Sklavenhandel 372, 380
Sous-Préfecture 347
Speziesdiversität 315
Stausee 325, 365, 366, 427
Strahlung 312
　Globalstrahlung 313
　Haushalt 321
Strauchkulturen 313
Subsistenz
　früchten 320
　landwirtschaft 320, 349
　niveau 441
Sukzession 332, 333, 335
Symbiose 314
Tabak 375, 392
Tabu 345, 418
Take off into selfsustained growth 422
Taro 355
Taungya 341, 410
Teak 342
Tectona grandis 342, 410
Tépos 389
Terms of trade 422, 427
Tieghemella heckelii 345
Titre
　définitiv 346
　précaire et revocable 346
Totalrodung 341, 357
Toucouleur 380
Transnigérien 400
Trema guineensis 333, 355
Triangulationsnetz 402
Triplochiton scleroxylon 333, 424
Trockenwald 330, 393
Turreanthus
　africana 348
Überweidung 435
Uferbefestigung 410
Umfangsentwicklung 433
Umweltflüchtlinge 321, 350
Vanille 391
Vegetationsdomäne 331
Vegetationssektoren 331
Vetiveria nigritana 393
Vieh
　wirtschaft 387, 435
　zucht 343
Villages relais 388
Wald
　inseln 373, 393, 410, 416
　savanne 327, 330
　schutz 350
Wanderfeldbau 348, 353, 372, 403, 440
Wasser
　haushalt 313, 321
Weißhölzer 424
Weltmarkt 316, 364, 421, 423
Weltwirtschaftskrise 338, 365, 410, 411
Wiederaufforstung 341
Wilderei 441
Wildschutzgebiete 340
Würmglazial 318, 320
Xerotherm 319
Yams 343, 354, 357
Zea mays 375
Zellulose 342
Zitrus
　fruchtbäume 355
　plantagen 421
Zuckerrohr 434
Zwangs
　arbeit 391, 406, 411, 418, 421
　kulturen 342, 407
　rekrutierungen 407, 408
　umsiedlung 382, 404

B. Ortsindex

Abengourou 338, 391, 411, 419, 421
Abidjan 307, 338, 339, 341, 348, 361, 363, 388, 389, 407, 410, 413, 418, 419, 421, 424, 456
Aboisso 387, 396
Abokouamekro 321
Aby, Lagune 391, 396
Adzopé 346, 404, 418
Agboville 342, 389, 404, 413, 414, 419, 421
Agnibilekrou 382, 410, 414
Agniéby 389, 398
Ägypten 433
Air 324
Aix-en-Provence 307
Alépé 388, 389, 404
Amazonien 312
Amenvi 396
Asagny 389, 407
　Kanal 410
Assikasso 378, 382, 408
Assinié 372, 378, 387, 390, 391, 397
Attakrou 382, 387, 399
Attié 343, 396, 404
Attiéreby 387
Bafeletou 393

Bafing   400, 406
Bamako   349, 380, 389
Banco   410
Bandama   343, 353, 378, 388, 389, 410, 433
    Blanc   379
    bogen   385, 43
    Rouge   389
Banfora   413
Béréby   392
Bero, Massiv de   402
Bettié   387, 389
Beyla   380, 399
Biankouma   413
Biétri   363
Bingerville   382, 388, 389
Bisa   357
Bissandougou   380
Bliéron   378, 387
Bobo-Dioulasso   349, 388, 389, 407, 413, 419
Bondoukou   378, 381, 382, 386, 387, 388, 389, 393, 396, 399, 410, 411, 414, 419
Boola   402
Borotou   434, 435
Botro   344
Bouaflé   342, 407, 410, 414
Bouaké   342, 349, 363, 387, 406, 407, 410, 419, 427
Bouclé de cacao   344
Bouna   381, 382, 386, 387, 388, 408, 411, 419
Boundiali   325, 436
Bouré   380
Brasilien   312, 321
Burkina   350, 436
Buyo   367
Cape
    Palmas   324
    Three Points   324
Cavally   378, 379, 382, 392, 397, 401
Comoé   337, 375, 376, 381, 382, 388, 391, 396, 398, 411
    Parc National de la   382, 408
Cosrou   411
Côte des Mal Gens   372
Cross River   343
Dabakala   330, 386, 394, 408
Dabou   348, 372, 382, 387, 389, 391, 392, 398, 407, 410, 411, 424
Dadiassi   399
Dahatini, Mont   400
Dahomey   381
    Gap   324
Dakar   419
Daloa   342, 349, 407, 410, 411, 413, 414, 416, 419, 437
Dan, Monts des   402, 416
Danané   324, 385, 406, 425, 431
Daoukro   425
Dené   401
Dimbokro   344, 389, 404, 407, 411, 418, 419
Divo   324, 349, 428
Djimini   343
Douékoué   413
Drewin   411
Duékoué   406, 413
Ebrié Lagune   389, 390, 397, 398, 407
Ehi- Lagune   398
Ferkéssedougou   407, 408, 419
Fresco   325, 385
Futa Djalon   324, 380
Gabun   353, 381

Gagnoa   407, 410, 413, 419, 421, 437
Gambia   372
Ganda-Ganda   391
Gezira   433
Ghana   325, 343, 349, 364
Gold Coast   372, 376, 378, 381, 382, 404, 419
Grabo   397, 425, 441
Grand Bassam   348, 372, 376, 378, 381, 382, 387, 391, 397, 407, 410, 411, 421
Grand Béréby   378, 387
Grand Lahou   323, 371, 378, 385, 387, 397
Groumania   389, 399
Guelemu   381
Guessabo   406, 413
Guiglo   385, 389, 411, 419, 424
Guinea   319, 380, 382, 399, 401, 402, 425
Guineaküste   372
Guineazone
    Niederschlagsrückgang   324
Haute-Volta   411, 418
Hiré   425
Hoggar   324
Ibadan   315
Imperié   391
Indénié   343, 375, 378, 381, 396, 407
Issia   424, 428
Jaqueville   378, 387, 390
Joinville, Fort   372
Kamerun   319
Kangrasou   394
Kani   393
Kankan   389
Kapkin   314
Katiola   330, 407
Kohoua   393
Kokoh   424
Kong   376, 378, 381, 386, 387, 388, 389, 393
Kongasso   400
Korhogo   342, 385, 393, 408, 419, 421, 435, 436
Koroboué   388
Kossou   325, 366, 427, 428
Kotouba   408
Koudiokofi   381, 387, 394
Koun   414
Kumasi   388
Laine   401
Lakota   413
Liberia   324, 349, 364, 378, 404, 411, 419
Lokola   393
M'Bahikro   425
Mabi   396
Mafé   424
Malamalasso   388, 396
Mali   371, 433, 436
Man   342, 385, 401, 406, 410, 413, 414, 416, 419, 421, 424, 431
Marabadiassa   394
Marahoué   379, 389, 400
Massala   400
Mé   404
Méné   397
Middle Belt   381, 386
Mopri   342
Moronou   343, 375, 396
Mozambique   312
N'zo   339
Nemours, Fort   372
Niangbo   407
Niellé   436

Niénkoué, Mont 397
Niger 419
Nigeria 343, 353, 380
Nimba, Mont 396, 401, 403, 411, 416, 418
Nzi 404
Nzo 401
Odienné 386, 387, 419, 435
Ouélle 425
Oumé 342, 408, 425
Ousrou 423
Owé 380
Oyo 393
Petit Bassam 363
Petit Marché 441
Port Bouët 388, 410, 413
Proulo 392
Sahara 319, 345
Sahel 313, 319, 321, 324, 350, 421, 428
Sakassou 389, 399, 433
Salaga 389
San Pedro 342, 350, 378, 387, 391, 427, 428, 440
Sangbe, Monts 400
Sangoué 425
Sangrobo 394, 399
Sanwi 375, 396
Sassandra 339, 349, 372, 379, 387, 397, 406, 407, 410, 411, 413, 419, 421, 428, 441
    Niederschläge 323
    Réserve de 411
Satama 381, 389
Segou 380
Seguela 389, 413, 419, 421
Séguié 342
Senegal 376
Sierra Leone 353
Slave Coast 372
Songan 396
Soubré 339, 349, 366, 397, 406, 428, 440
Sudan 312, 380, 433

zone 324, 371, 376, 380, 381, 387, 399, 411, 446
Tabou 338, 378, 385, 387, 389, 397, 398
Tadio Lagune 389, 398, 407
Tafiré 407
Taï 308, 313, 315, 339, 349, 350, 354, 389, 397, 410, 411, 412, 425, 440, 441
Tendo Lagune 392, 396
Tené 342
Tengrela 436
Tiassalé 342, 378, 387, 389, 414, 418
Tiébissou 389
Timbuktu 376
Tonkoui, Mont 413, 418
Tos 433
Touba 324, 386, 387, 389, 400, 435
Touba 386
Toukourou 401
Toulepleu 411, 431
Toumodi 387, 389, 411
Toungouradougou 400
Toura, Monts des 401, 402, 416
Ujiji 376
VR-Congo 353
V-Baoulé 318, 320, 325, 342, 373, 379, 384, 385, 388, 389, 394, 399, 400, 403, 404, 406, 410, 425, 433
    Genese 319, 324
    Niederschlagsrückgang 324
    Kausalität 324
    Niederschlagsdefizit 323, 324
    relative Aridität 324
Watarodougou 386
Westafrika 311, 373
Yamoussoukro 321, 363, 424, 427
Yangambi 327
Yokoboué 411
Yorubaland 357
Zaranou 375, 387, 396, 404

C. Personenindex

Adam 406
Adjanohoun 319, 330, 331, 348, 373, 400, 411, 424, 425, 431
Ake Assi 411, 456
Alexandre 331, 333, 341, 357
Amangoua de Bonoua 391
Amin 423
Amon d'Aby 391
Angoulvant 404
Arago 378
Armand 378
Arnaud 338, 339, 342, 363, 364, 410
Arnold 384
Aubréville 310, 313, 319, 320, 322, 327, 382, 414, 416, 424, 425
Avenard 325
Avice 338, 392, 406, 407, 410, 413, 419
Ayodele-Cole 353
Bacel 397
Bach 312
Baud 381
Begué 384, 413, 414, 416
Bernard von den Niederlanden 350
Berron 363, 364, 372, 434
Bertaux 373

Bertin 382
Bertrand 316, 437
Betsellére 407
Binger 376, 378, 382, 388, 401, 403
Birot 319
Blokhuis 456
Blondiaux 380, 386, 387, 393, 399, 400
Boudet 404
Bourliere 323
Boutillier 343
Braulot 378
Breckle 361
Bretonnet 381
Bruenig 312
Büdel 365
Caillie 375
Cassel, van 384, 386, 394, 401
Catinot 325
Charney 313
Chauveau 375, 380, 384, 407, 411
Chesneau 401
Chevalier 368, 373, 382, 385, 388, 390, 396, 397, 398, 399, 402, 403, 406
Chipp 323
Chivas-Baron 404, 413, 414

Chouard 416
Cinton 390
Clozel 382, 393, 394, 399
Coetzee 319
Collinet 357
Condé 349
Crozat 378
Daryl-Forde 345
Devineau 320
Dozon 375, 380, 384
Duchemin 385, 411
Dugerdil 319
Ekman 324
Eldin 323
Eysséric 379, 380, 385, 399, 400, 403
Fleury 403
Fodio, Usman dan 380
Fölster 315
Frankenberg 319
Friedrich 384, 387, 388, 397, 398
Fritsch 357
Frobenius 402
Girad 322
Gnauck 360
Gornitz 339
Greenland 356
Guillaumet 315, 318, 319, 330, 331, 348, 373, 400, 411, 424
Habenicht 376
Harrison Church 323
Haudecoer 324
Hedin 414
Heise 310
Hildyard 312
Holas 385
Hopkins 334
Hostains 379, 380, 396
Houdaille 389, 391
Houghton 312
Houphouët-Boigny 321, 346, 350, 427
Howell 323
Hubert 410
Hück 370
Hutchinson 433
Jenik 319, 323, 324
Kahn 331
Knapp 332, 368
Krugmann-Randolf 434
Lamblin 381
Lamprecht 327
Lanly 310, 339, 424, 425, 428
Lasnet 389, 399
Lauer 319, 323, 456
Lechler 361, 363
Lecomte 385
Léna 414
Lieth 312
Livingstone 376
Luig 344
Macaire 390, 391, 398
Manet 378
Mangenot 319, 421
Manshard 349
Marchand 378, 381, 399, 400, 403
Martin 317
Martineau 318
Mhadi, Muhamad al 380
Michel 316
Miege 353

Miège 319
Monnier 378, 385, 387, 390, 391, 392, 393
Monteil 381
Monteny 315
Moor 357
Mouton 424
Mouttet 382
Mulders 357, 456
Müller 321, 347
Myers 310
Nebout 379, 399
Nicholson 324
Nye 356
Okafor 352, 353
Ollone, d' 376, 380, 396, 401, 402, 403, 404
Pamard 320
Panman 353
Pech 355
Pellegrin 382
Peltre 316
Pobéguin 378, 379, 399
Pol, van de 353
Porteres 319
Postel 310
Pretzsch 338, 341, 344, 361
Quiquerez 378, 385, 398
Repiquet 397, 398
Richard 375, 380, 384
Rigou 338
Robequain 416
Rostow 422
Rougerie 319, 337, 355
Rouw de 357, 441
Ruf 356
Ruthenberg 353
Saint-Aubain 353
Samory 380, 385, 390
Scaetta 319
Schaaf 349
Schiffer 397
Schleich 435
Schmidt 319
Schmithüsen 315, 316, 414
Schnell 319, 401, 416, 418
Schwartz 414, 419
Segonzac 378
Servant 319
Sircoulon 322
Sommer 310
Sournia 324
Spichiger 318, 320
Stanley 376
Straskraba 360
Tavernost 378
Tehe 341
Terver 338
Thomann 379
Thomasset 389
Tolquet 396
Touchebeuf 322
Treich-Laplaine 375, 376, 388
Upton 357
Vennetier 364, 434
Verdier 372, 375, 391
Vermeersch 381
Walter 361
Weischet 314
Weiskel 345
Whittaker 312

Woelffel 400
Wohlfarth-Bottermann 325, 366, 428
Zacharias 349
Zimmermann 364, 388, 394, 400
Zinderen-Bakker, van 319